线齿轮理论与应用基础

陈扬枝 等 著

科学出版社
北京

内 容 简 介

本书是在作者首部专著《线齿轮》的基础上，汇集近十年来线齿轮课题组研究的最新理论和应用成果撰写而成。全书共 7 章，第 1 章为绪论，主要介绍线齿轮的传动特点与应用分类；第 2 章介绍线齿轮啮合原理、构型设计理论与方法；第 3 章介绍纯滚动线齿轮设计理论及公式，内容包括平行轴内/外啮合纯滚动线齿轮、纯滚动线齿轮齿条、任意角度交叉轴纯滚动圆锥线齿轮等；第 4 章介绍线齿轮传动摩擦学，内容包括线齿轮副接触模型、线齿轮副弹流油润滑和弹流脂润滑设计、干摩擦工况下的线齿轮设计以及线齿固体涂层润滑技术等；第 5 章介绍线齿轮制造技术与装备，内容包括线齿轮专用数控铣削加工技术与装备、线齿轮专用数控磨削技术与装备、线齿轮专用搓齿加工技术与装备、线齿轮 3D 打印技术与工艺、线齿轮激光微纳加工技术与装备以及其他后处理二次加工技术与装备等；第 6 章介绍线齿轮传动能力、误差分析、制造精度检测技术与装备；第 7 章介绍线齿轮典型应用，内容包括典型应用产品的构型设计、制造工艺及装备、产品性能测试等。

本书可供从事线齿轮的研究和应用的科研人员、工程技术人员参考。

图书在版编目(CIP)数据

线齿轮理论与应用基础 / 陈扬枝等著. -- 北京 : 科学出版社, 2025. 3.
ISBN 978-7-03-080184-5

Ⅰ. TH132.41

中国国家版本馆CIP数据核字第20240NP651号

责任编辑：牛宇锋　纪四稳 / 责任校对：任苗苗
责任印制：肖　兴 / 封面设计：蓝　正

科学出版社 出版
北京东黄城根北街 16 号
邮政编码: 100717
http://www.sciencep.com
三河市骏杰印刷有限公司印刷
科学出版社发行　各地新华书店经销
*
2025 年 3 月第　一　版　开本：720 × 1000　1/16
2025 年 3 月第一次印刷　印张：24 1/2
字数：494 000

定价：228.00 元

（如有印装质量问题，我社负责调换）

作 者 简 介

陈扬枝，男，汉族，1965年8月出生于福建尤溪。

1986年6月本科毕业于天津大学机械制造专业；1995年2月获浙江大学机械学专业工学博士学位。1995年4月至今在华南理工大学机械与汽车工程学院工作，先后担任讲师(1995～1999年)、副教授暨硕士研究生导师(2000～2005年)、教授(2006年至今)、博士研究生导师(2008年至今)、三级教授(2013年至今)。2003年9月至2004年9月国家公派至英国华威大学纳米技术与微工程中心做访问学者。2008年任华南理工大学机械与汽车工程学院信息机械学术团队负责人，2013～2018年任机械学系首届系主任。2019年7月受组织委派作为华南理工大学阳江帮扶队成员，参加阳江应用型本科院校筹建办公室工作兼任学科组副组长；2021年1月在广东省教育厅、阳江市政府、广东海洋大学、华南理工大学“四方共建”的广东海洋大学阳江校区兼任机械与能源工程学院创院院长(党组织暨第一行政负责人)。兼任中国机械工程学会机械设计分会理事、机械传动分会理事，中国机械工业教育协会机械设计制造及其自动化学科教学委员会委员，《机械设计》和《机械传动》期刊编委。2021年12月兼任广东省现代产业学院海上风电学院创院院长。

主持完成3项省部级教学研究项目，获得广东省教育教学成果奖2项，华南理工大学教学成果奖一等奖1项、二等奖6项。2002年12月获得教育部霍英东教育基金会第八届青年教师基金和青年教师奖。

主持完成4项国家自然科学基金项目(含1项重点项目子项)、13项省部级基金或科技专项、20多项企业委托科技开发项目和产业化基金或创业英才项目等。在30多种国内外期刊和国际会议上发表论文150多篇；出版著作8部，其中首部专著为《线齿轮》；申请专利121项，其中包括PCT国际专利5项，授权美国专利4项和中国发明专利38项。领导课题组持续研究20多年，独创了线齿轮理论体系，发明了系列线齿轮机构及其制造技术与装备，实现了线齿轮产业化。获评“科学中国人2010年度人物”(第九届)和“2018年中国产学研合作创新奖”(个人)。

陈祯，男，汉族，1983 年 7 月出生于湖北孝感。

2005 年 7 月本科毕业于北京工业大学机械制造及其自动化专业；2013 年 6 月获华南理工大学机械工程专业工学博士学位。2013 年 7 月至 2022 年 12 月在中国地质大学(武汉)机械与电子信息学院工作，先后担任讲师(2013～2017 年)、硕士研究生导师(2018 年至今)、副教授(2020 年至今)。2022 年 12 月至今，在广东海洋大学机械与能源工程学院工作，任副教授、硕士研究生导师、机械设计制造及其自动化教研室主任、专业负责人。2018 年 11 月至 2019 年 1 月国家公派至美国罗切斯特理工学院齿轮研究实验室做访问学者。主讲“机械原理”“机械设计基础”“优化设计”等课程。兼任《机械传动》期刊青年编委。

主持 1 项国家自然科学基金面上项目、2 项省部级项目，作为主要成员参与国家自然科学基金等各类纵向及横向课题共 22 项。在国内外期刊和国际会议上发表论文 30 余篇；授权国际发明专利 1 项、美国发明专利 1 项、中国发明专利 15 项。

肖小平，男，汉族，1995 年 10 月出生于湖南隆回。

2017 年 6 月本科毕业于华南理工大学机械工程专业；2022 年 9 月获华南理工大学机械工程专业工学博士学位。2022 年 10 月至今，在广东海洋大学机械与能源工程学院工作，任讲师，主讲“机械原理”“计算方法”“机器视觉”等课程。兼任广东省机械工程学会摩擦学分会理事、《机械设计》期刊青年编委。

2017 年以来，主持 1 项国家自然科学基金青年科学基金项目、1 项市厅级科技攻关项目、1 项广东海洋大学教学质量工程项目，作为主要成员参与了国家自然科学基金等各类纵向及横向课题 5 项。

在 *Mechanism and Machine Theory*、*Proceedings of The Institution of Mechanical Engineers Part C—Journal of Mechani*、*Journal of Advanced Mechanical Design Systems and Manufacturing* 等国内外期刊发表论文 10 余篇；授权发明专利 8 项。

何超，男，汉族，1994 年 10 月出生于江西萍乡。

2017 年 6 月本科毕业于华南理工大学机械工程专业；2022 年 6 月获华南理工大学机械工程专业工学博士学位。2022 年 7 月至 2023 年 6 月在季华实验室工作，中级研究岗。2023 年 6 月至今，在广东海洋大学机械与能源工程学院工作，任讲师，主讲“机械设计”“机械设计基础”等课程。

2017 年以来，参与完成了国家自然科学基金面上项目“线齿轮副的润滑理论与技术基础”（51575191）和广东省科技专项“大型风电叶片智能打磨机器人”。

在 *Proceedings of The Institution of Mechanical Engineers Part C—Journal of Mechani*、*Strojniški Vestnik—Journal of Mechanical Engineering* 等国内外期刊发表论文 4 篇；申请专利 20 项，授权国际发明专利 1 项、美国发明专利 1 项、中国发明专利 9 项。

前　言

线齿轮研究已经走过了二十多年的历程。作者于 2003 年产生了线齿轮研究雏形，2007 年在法国举行的第十二届国际机构学与机器科学联合会世界大会上首次公开发表线齿轮啮合理论基本方程 $\boldsymbol{v}_{12}\cdot\boldsymbol{\beta}=0$，同年获批线齿轮研究的第一个国家自然科学基金面上项目；2011 年获批第二个国家自然科学基金面上项目；2013 年十年磨一剑提交首部专著《线齿轮》文稿，2014 年科学出版社正式出版该专著；2016 年获批第三个国家自然科学基金面上项目；2017 年在产业基金资助下开始线齿轮产业化工作；2018 年研发出世界首台线齿轮加工专用数控铣床；2019 年 4 月研发出首台线齿轮行星减速器样机；2019 年 7 月 23 日至今，作者受委派开启“四方共建”广东海洋大学阳江校区机械与能源工程学院的创院之路，与此同时，作者课题组坚持在线齿轮研究道路上负重前行。又一个十年磨一剑，2023 年汇集最近十年课题组在线齿轮设计理论、制造技术和应用基础方面的研究成果，完成了第二部学术专著《线齿轮理论与应用基础》全稿，2024 年交由科学出版社出版。

作者之所以持续二十多年研究线齿轮，一方面是因为线齿轮在空间受限、轻量化设计或者一些特殊要求(如纯滚动啮合传动、连续变轴角传动等)的应用场合具有独特的优势；另一方面是因为从线齿轮的设计理论到制造技术再到应用基础，都是从 0 到 1 的原创过程，虽然费时费力费钱，但是具有特别的科研价值和挑战性。正是出于这两个方面的考虑，作者下决心尽快出版具有较全面内容的第二部线齿轮学术专著，以方便学界同仁和后辈能较快和系统地了解线齿轮理论与应用，也方便更多的工程技术人员参与线齿轮的产业化研究和生产应用。

参与本书撰写的作者还有广东海洋大学机械与能源工程学院陈祯博士、副教授，肖小平博士、讲师，何超博士、讲师。陈扬枝负责第 1 章的撰写；陈祯负责第 2、3 章的撰写；肖小平博士负责第 4、5 章的撰写；何超博士负责第 6、7 章的撰写；华南理工大学博士研究生邵琰杰、何伟涛、郑茂溪和硕士研究生李湘彬、杨依敏也参与了部分章节内容的撰写和编辑整理工作。

限于作者的水平和时间，难免存在疏漏或不足之处，敬请广大读者批评指正。

陈扬枝

2024 年 5 月

目　录

主要物理量的符号、名称和单位

符号	名称	单位
a、b、c	线齿轮中心轴安装距	mm
D	线齿直径	mm
$\boldsymbol{i}$ 、$\boldsymbol{j}$ 、$\boldsymbol{k}$	坐标轴单位矢量	
i_{12}	传动比	
$\boldsymbol{L}$	母线	
m	螺旋半径	mm
$\boldsymbol{M}_{ij}$	坐标系 S_j 到坐标系 S_i 的坐标变换矩阵	
n	螺距参数	mm
$\boldsymbol{n}$	单位法矢量	
N_1 、N_2	线齿轮齿数	
p	螺距	mm
r_{1t} 、r_{2t}	线齿半径	mm
r_{1G} 、r_{2G}	线齿轮基圆半径	mm
$\boldsymbol{r}_i$	坐标系 S_i 中的位置矢量	
R_1 、R_2	线齿轮外圆半径	mm
S_i	坐标系，角标 i 代表不同的坐标系	
t 、t_e 、t_s	螺旋线参数	
$\boldsymbol{v}_j^{(12)}$	两轮的相对速度，j 代表坐标系	
$\boldsymbol{v}_j^{(i)}$	速度矢量，$i=1,2$ 分别代表小轮、大轮	
$\boldsymbol{\alpha}$	单位切矢	
$\boldsymbol{\beta}$	单位主法矢	
$\boldsymbol{\gamma}$	单位副法矢	
ε	重合度	

续表

符号	名称	单位
θ	角速度矢量夹角	(°)
λ	螺旋升角	(°)
$\Sigma_j^{(i)}$	曲面符号	
ω_1、ω_2	角速度	rad/s
$\boldsymbol{\omega}_j^{(i)}$	角速度矢量	
φ_1、φ_2	转角	rad

第1章 绪　　论

现代机械设计中，齿轮传动是最重要、应用最广泛的一种传动型式。传统的工业齿轮是为解决工业应用中的动力和运动传递问题而设计的一种常用功能零部件。齿轮传动的主要优点是：①工作可靠、寿命较长；②传动比稳定、传动效率高；③可实现平行轴、任意角相交轴、任意角交错轴之间的传动；④适用的功率和速度范围广。其缺点是：①加工和安装精度要求较高，制造成本也较高；②不适于远距离两轴之间的传动。

工业齿轮的类型很多，如果按照一对齿轮两轴线的相对位置来区分，如图 1.1 所示，其分类有平行轴（图 1.1（a）～（e））、垂直轴（图 1.1（f）和（g））、交叉轴（图 1.1（h）和（i））。常用的传统工业齿轮机构，包括直齿圆柱齿轮、斜齿圆柱齿轮、

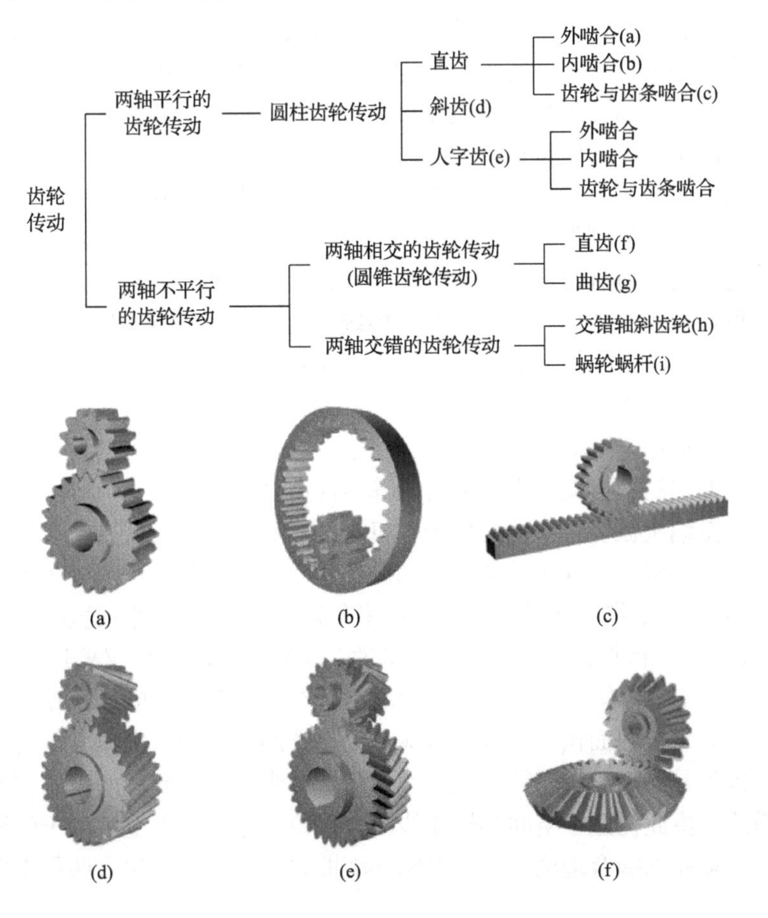

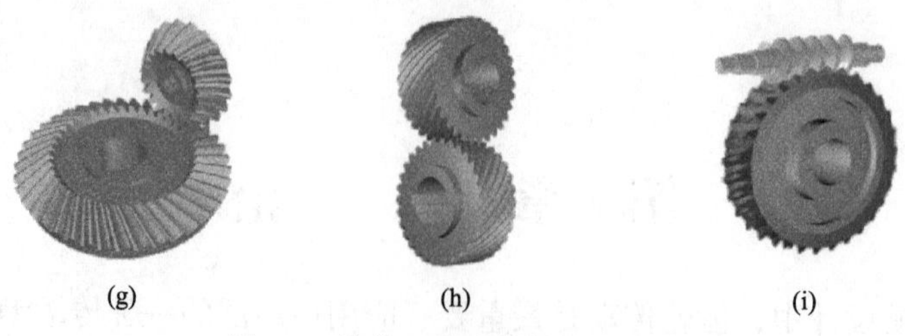

图 1.1　传统工业齿轮的主要类型

锥齿轮、蜗轮蜗杆、面齿轮等，其轮齿齿廓都是以某一种平面曲线(如外摆线、渐开线、圆弧等)为某截面齿形曲线而构造的复杂共轭曲面，两轴平行的平面齿轮中的直齿条是特例，如图 1.1(c)所示。

1.1　线齿轮传动的特点

一方面，后工业化时代人类社会生活的需求促进了微小机械装置(1～100mm)和微米机械装置(10μm～1mm)，甚至纳米机械装置(10nm～10μm)的快速发展，微小或微米、纳米机械装置的核心功能之一是实现微小功率和(或)极限空间内的连续传动。另一方面，现代的小型化机电产品的轻量化设计是必然趋势之一，其中传动系统的微小化和轻量化设计也成为核心功能需求之一。

一方面，传统工业齿轮以动力传递为主要功能设计，其齿廓为复杂的三维曲面，其制造过程中受到轮齿根切的制约，设计时要考虑最少齿数或变位。因此，包括面齿轮在内的所有传统齿轮的空间尺寸都是受限的。换言之，传统齿轮的体积微小化设计遇到了瓶颈。但是，对于传统工业齿轮，其空间尺寸问题并无特别设计要求，所以几百年来工业齿轮的应用领域越来越广泛。另一方面，目前的微纳制造技术还无法满足微小空间尺寸零部件的三维复杂曲面加工，微纳米级齿轮制造技术还仅适用于平面二维齿轮模型。迄今，微小传动装置的设计十分复杂、成本昂贵，如定制版机械手表含微齿轮等零件达百多个。

微小或微纳机械装置中的齿轮传动机构的核心功能是实现微小空间内的微小功率或运动连续传递，其设计核心问题的数学模式是实现连续啮合传动的齿轮机构占用空间最小化(微小化或微米化和纳米化)。换言之，微小或微纳机械中的新型齿轮机构，既要保持齿轮连续啮合传动的“运动”模式不变，又要通过轮齿“形”的模式变化，实现齿轮零件空间尺寸的最小化设计。为此，2005 年作者提出了轮齿齿廓从空间复杂曲面构造三维实体演变为以空间曲线构造简单实体的设计思想和方法，也就是给出了齿轮微小化或微米化和纳米化设计问题的齿廓“形”变化的数学模式，由此构建了空间共轭曲线啮合理论，它从根本上区别于传统工业齿轮的空间共轭曲面啮合理论。根据空间共轭曲线啮合理论，作者课题组发明了一系列新型齿轮机构，把轮齿定义为线齿(line teeth)，它是以某一对空间共轭曲线作为接触线的简单曲线体或准曲线体(曲线轴柱体或其变形)；把这些新型齿轮机构定义为线齿轮[1](line gear，LG)。

总而言之，线齿轮设计理论内涵是：齿轮齿廓构造“形”的模式发生了根本性变化，不是以某一对空间共轭曲面构造三维复杂实体，而是以某一对空间共轭曲线构造简单曲线体或准曲线体，即长径比大的空间曲线轴柱体或其变形。线齿轮传动保持了连续啮合“运动”的模式不变，但是齿廓“形”模式变化，使得线齿轮传动过程的接触本质发生了变化，即一对空间共轭曲线(主、从动线齿接触线)始终保持点接触状态的啮合传动过程，它的啮合点轨迹构成一条空间曲线(曲线啮合迹)。这从根本上区别于传统工业齿轮传动的线(点)接触啮合传动，即一对空间共轭曲面始终保持线(点)接触状态的啮合传动，它的啮合线轨迹构成了一个空间曲面(曲面啮合迹)[2,3]。对于一些特殊的传统工业齿轮的点接触啮合状态，则是经过齿廓局部化设计处理后获得的，而不是由传统齿轮的原始齿形决定的。

图 1.2 为线齿轮机构实物照片。

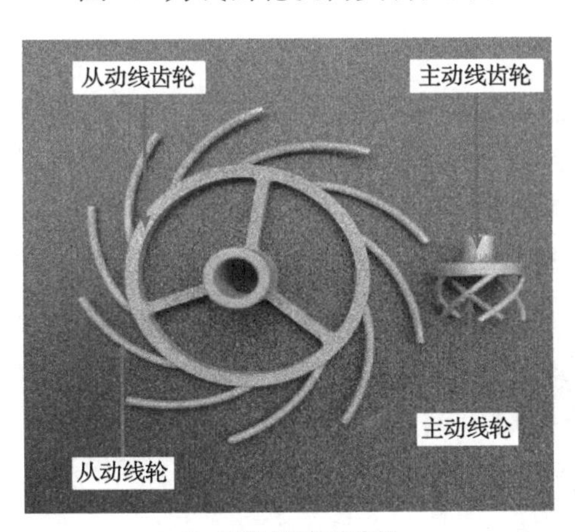

(a) 悬臂式结构线齿轮

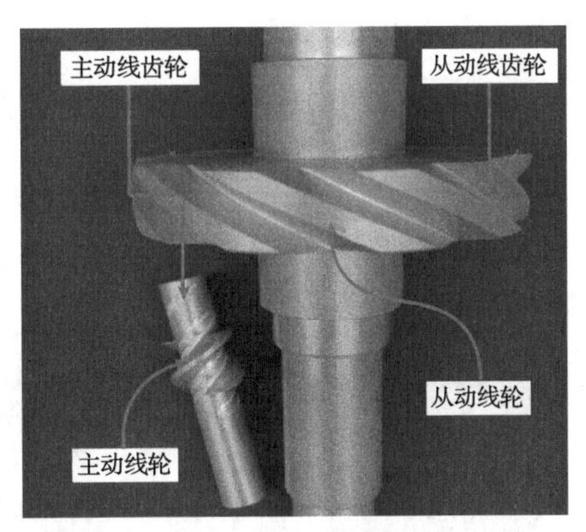

(b) 整体式结构线齿轮

图 1.2 不同线齿结构型式的线齿轮

由于线齿轮齿廓“形”模式变化为长径比大的空间曲线轴柱体或其变形，线齿轮制造技术变得更为简易，目前适用于2.0维或2.5维制造的微纳制造技术也可用于线齿轮加工，这就为线齿轮的微纳传动应用奠定了制造技术基础。线齿轮从理论上解决了齿轮根切问题。

总结以上，线齿轮传动具有以下特点：

(1)线齿轮没有根切现象，从理论上解决了数百年来制约传统齿轮设计和制造的根切问题。

(2)线齿轮可实现平行轴、任意角交叉轴或交错轴传动，各种线齿轮机构的最少齿数可以达到 1，而传统齿轮除蜗轮蜗杆机构之外的设计都有最少齿数限制；一对普通线齿轮的单级传动比可以达到数十甚至更大。

(3)线齿的理论齿形是“线”，因此理论上线齿轮的尺度可以做到“无限小”，这就为线齿轮设计和制造的微小化或微米化和纳米化奠定了理论基础。

(4)线齿尺度可以按强度条件进行设计，线齿轮完全适用于常规尺度的小功率齿轮传动小型化和轻量化设计。

(5)线齿轮的加工仅需保证空间共轭主、从动线齿接触线啮合精度，因此线齿轮的制造技术比较简易。目前适用的制造技术有数控铣齿、滚齿、磨齿、搓齿、激光增材制造技术、纳秒激光烧蚀技术、电解擦削精加工技术等。

(6)在常规和大功率传动条件下，与传统渐开线齿轮相比，线齿轮的承载能力稍低，但是其具有滑动率低、弯曲强度高、抗偏载能力强等优点。

1.2　线齿轮的应用分类

1.2.1　常规应用线齿轮

常规尺度线齿轮及减速器是线齿轮的主要应用类型，具有广阔的应用领域(图 1.3)，包括：固定轴多级线齿轮减速器，如扫地机器人等微小型和轻量型机器人应用的线齿轮减速器、玩具应用线齿轮减速器等；同平面垂直轴线齿轮减速器，如自动化产线传送应用线齿轮减速器等；线齿轮行星齿轮减速器；交错轴线齿轮减速器等。

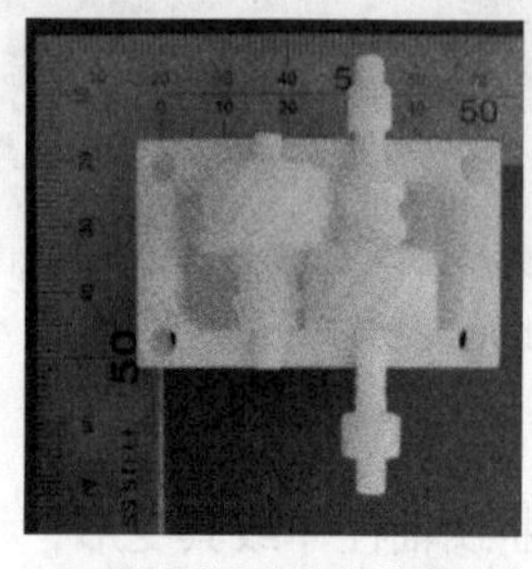

(a) 轻量化平行轴线齿轮副　　(b) 同平面垂直轴线齿轮减速器　　(c) 线齿轮行星齿轮减速器

图 1.3　常规线齿轮应用

1.2.2　特殊应用线齿轮

由于线齿轮设计原理灵活简便，可根据实际需要设计，以满足特殊应用的传动要求，如图 1.4 所示的无润滑的纯滚动线齿轮减速器、变传动比线齿轮减速器、双圆弧线齿轮泵等。

(a) 纯滚动线齿轮减速器

(b) 适于微制造的阿基米德螺线的线齿轮

(c) 适于微加工的圆锥线齿轮

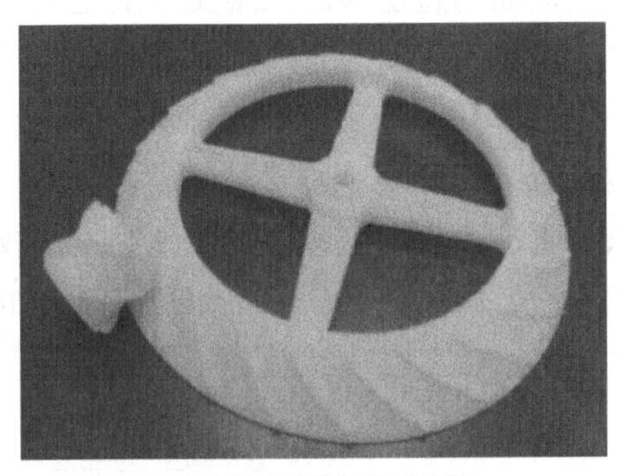

(d) 变传动比线齿轮减速器

(e) 无困油双圆弧线齿轮泵

图 1.4 特殊应用线齿轮

1.3 本章小结

本章为绪论,介绍了传统齿轮的主要分类和特点;阐述了线齿轮设计齿廓“形”模式变化,给出了线齿轮的定义;总结了线齿轮传动的特点;介绍了线齿轮常规应用和特殊应用的类型。

第 2 章　线齿轮啮合原理、构型设计理论与方法

2.1　线齿轮啮合原理

线齿轮的提出是为了解决齿轮传动空间最小化设计问题。线齿轮的齿廓设计，从以空间曲面构造复杂的三维实体演变为以空间曲线构造简单的准 2.0 维或 2.5 维实体，即物理空间的简单线体或准线体(柱体)或其变形。

根据微分几何基本知识，对于任意一条空间曲线(非平面曲线)，在曲线上一个非逗留点 P 都有相互垂直的矢量 $\boldsymbol{\alpha}$ 、$\boldsymbol{\beta}$ 、$\boldsymbol{\gamma}$ ，其中 $\boldsymbol{\alpha}$ 为切矢，$\boldsymbol{\beta}$ 为主法矢，$\boldsymbol{\gamma}$ 为副法矢。通过 P 点与 $\boldsymbol{\beta}$ 垂直的直线为主法线。同时，空间曲线过 P 点有三个彼此垂直的平面，即法面、从切面和密切面，如图 2.1[4]所示。

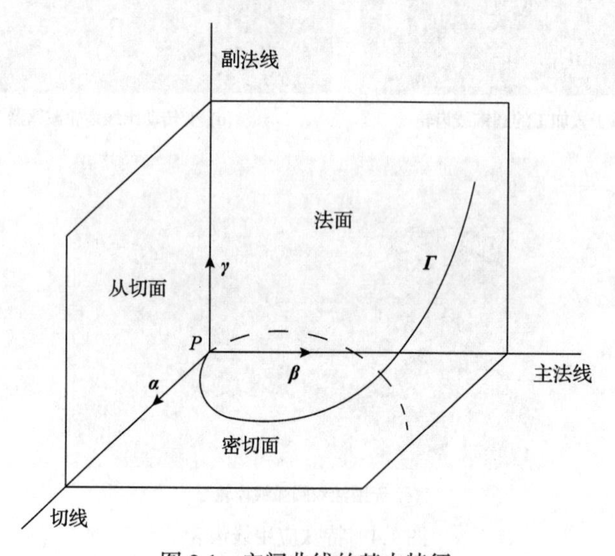

图 2.1　空间曲线的基本特征

线齿轮副与传统空间曲面啮合传动齿轮副不同，线齿轮的主动线齿和从动线齿的主、从接触线是主动设计的一对空间共轭曲线。一对空间共轭曲线啮合传动过程中，在任意瞬时都是相切接触的，它们相切于一个点(接触点)，而且它们在切点处应该有公共的主法线，同时，该对空间曲线在切点处的相对运动速度 $\boldsymbol{v}_{12}$ 也一定与主法线垂直。这样就能保证两条空间曲线在啮合过程中既不会脱开，也不会发生干涉。一对空间共轭曲线啮合，在该对空间曲线任意接触点

处必须满足式(2.1)[5-8]：

$$\boldsymbol{v}_{12} \cdot \boldsymbol{\beta} = 0 \tag{2.1}$$

式(2.1)称为空间共轭曲线啮合基本方程，式中，$\boldsymbol{\beta}$ 为切点主法矢；$\boldsymbol{v}_{12}$ 为切点处的相对运动速度。

这里必须指出，根据微分几何的基本知识，将主法矢 $\boldsymbol{\beta}$ 换成图 2.1 中法面上的任一法矢，式(2.1)都成立。考虑到同样条件下按式(2.1)设计的线齿轮副传动力最大，式(2.1)也最为简洁，便于线齿轮几何公式的推导。本书建议线齿轮设计一般情况下以式(2.1)为空间共轭曲线啮合基本方程。特殊情况下，也可以有其他变化，例如，设计图 1.4(b)主动接触线为阿基米德螺线的线齿轮副时，其空间共轭曲线啮合基本方程为[9]

$$\boldsymbol{v}_{12} \cdot \boldsymbol{z} = 0 \tag{2.2}$$

也就是说，当以某一种平面曲线作为主动接触线时，取平面曲线所在平面的法向量 $\boldsymbol{z}$ 作为啮合方程中的法线。其物理意义为：$\boldsymbol{v}_{12}$ 始终在主动接触线所在的平面上，不会脱离也不会相交，即 $\boldsymbol{v}_{12}$ 在 $\boldsymbol{z}$ 方向上的分量为零。

在线齿轮设计理论中，任意空间曲线(平面曲线是空间曲线的一种特例)都可作为线齿轮的主动接触线，考虑到加工制造的难度和精度，圆柱螺旋线是空间曲线(不包括平面曲线)的最优选择，因为其形成过程最为简单：一个旋转轴外的点绕着这根轴进行匀速旋转且沿这根轴匀速直线运动的轨迹。阿基米德螺线是平面曲线中的最优选择，其形成过程为：一个点匀速离开一根轴，同时又绕着这根轴进行匀速旋转的轨迹。两者的形成过程区别是阿基米德螺线的形成过程将动点匀速直线运动的运动方向从沿着转轴方向变成垂直于转轴方向。

2.2　线齿轮构型设计理论与方法

线齿轮构型设计理论与方法是以空间共轭曲线啮合基本方程为基础建立的。

本节以 0°～180°任意角交错轴线齿轮(全文简称交错线齿轮)的空间曲线啮合方程为例[10]，简明扼要地介绍各种类型线齿轮的空间共轭曲线啮合基本方程的构建方法，各种类型线齿轮的主、从动接触线的基本方程，线齿轮实体构建，以及线齿中心线方程。

2.2.1　交错线齿轮坐标系及其坐标变换

图 2.2 是交错线齿轮的坐标系，$O\text{-}xyz$、$O_p\text{-}x_py_pz_p$ 与 $O_q\text{-}x_qy_qz_q$ 是三个空间笛卡儿直角坐标系，平面 xOz 与平面 $x_pO_pz_p$ 在同一平面内，O_p 点到 z 轴的距离为 $|a|$，

O_p点到 x 轴的距离为$|b|$，O_q-$x_qy_qz_q$是在 O_p-$x_py_pz_p$ 的基础上沿着 y_p 方向平移一个距离$|c|$得到的，记 z 与 z_p 两轴夹角的补角为θ ($0°<\theta<180°$)，空间笛卡儿坐标系 O_1-$x_1y_1z_1$ 与主动轮固连，空间笛卡儿坐标系 O_3-$x_3y_3z_3$ 与从动轮固连。在任意时刻，原点 O_1 与点 O 重合，z_1 轴与 z 轴重合，原点 O_3 与点 O_q 重合，z_3 轴与 z_q 轴重合，啮合开始后，主动轮以匀角速度ϖ_1绕 z 轴旋转，主动轮角速度方向为 z 轴负方向，主动轮绕 z 轴转过的角度为φ_1；从动轮以匀角速度ϖ_2绕 z_q 轴旋转，从动轮绕 z_q 轴转过的角度为φ_3。

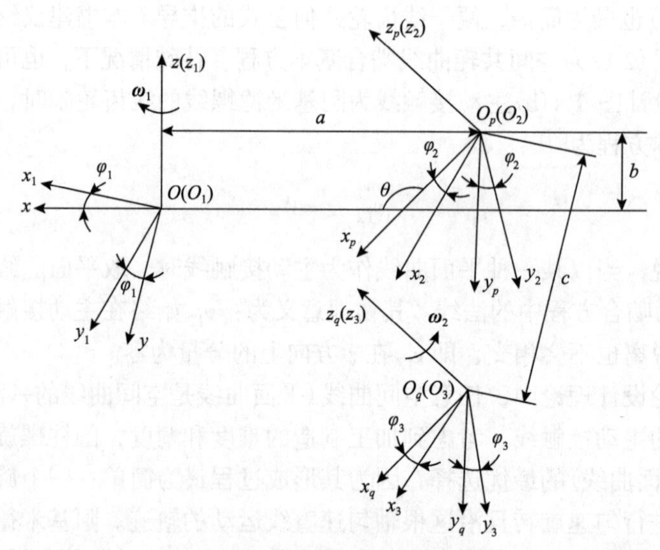

图 2.2　交错线齿轮的坐标系

图 2.2 坐标系中，O-xyz 与 O_1-$x_1y_1z_1$ 之间的坐标变换矩阵为$\boldsymbol{M}_{O1}$，O_q-$x_qy_qz_q$ 与 O-xyz 之间的坐标变换矩阵为$\boldsymbol{M}_{qO}$，其表达式分别为

$$\boldsymbol{M}_{O1}=\begin{bmatrix}\cos\varphi_1 & \sin\varphi_1 & 0 & 0\\ -\sin\varphi_1 & \cos\varphi_1 & 0 & 0\\ 0 & 0 & 1 & 0\\ 0 & 0 & 0 & 1\end{bmatrix} \tag{2.3}$$

$$\boldsymbol{M}_{qO}=\begin{bmatrix}-\cos\theta & 0 & -\sin\theta & -a\cos\theta+b\sin\theta\\ 0 & 1 & 0 & -c\\ \sin\theta & 0 & -\cos\theta & a\sin\theta+b\cos\theta\\ 0 & 0 & 0 & 1\end{bmatrix} \tag{2.4}$$

(1)当$0°<\theta<90°$时，从动轮角速度ϖ_2和转过的角度φ_3与图 2.2 所示相反，

则 $O_3\text{-}x_3y_3z_3$ 和 $O_q\text{-}x_qy_qz_q$ 之间的变换矩阵为

$$\boldsymbol{M}_{3q}=\begin{bmatrix}\cos\varphi_3 & -\sin\varphi_3 & 0 & 0\\ \sin\varphi_3 & \cos\varphi_3 & 0 & 0\\ 0 & 0 & 1 & 0\\ 0 & 0 & 0 & 1\end{bmatrix} \tag{2.5}$$

从而得到 $O_3\text{-}x_3y_3z_3$ 与 $O_1\text{-}x_1y_1z_1$ 之间的坐标转换矩阵为

$$\boldsymbol{M}_{31}=\begin{bmatrix}-\cos\theta\cos\varphi_3\cos\varphi_1+\sin\varphi_3\sin\varphi_1 & -\cos\theta\cos\varphi_3\sin\varphi_1-\sin\varphi_3\cos\varphi_1 & -\sin\theta\cos\varphi_3 & (-a\cos\theta+b\sin\theta)\cos\varphi_3+c\sin\varphi_3\\ -\cos\theta\sin\varphi_3\cos\varphi_1-\cos\varphi_3\sin\varphi_1 & -\cos\theta\sin\varphi_3\sin\varphi_1+\cos\varphi_3\cos\varphi & -\sin\theta\sin\varphi_3 & (-a\cos\theta+b\sin\theta)\sin\varphi_3-c\cos\varphi_3\\ \sin\theta\cos\varphi_1 & \sin\theta\sin\varphi_1 & -\cos\theta & a\sin\theta+b\cos\theta\\ 0 & 0 & 0 & 1\end{bmatrix} \tag{2.6}$$

(2) 当 $90°\leqslant\theta<180°$ 时，从动轮角速度 ϖ_2 和转过的角度 φ_3，方向如图 2.2 所示，则从 $O_3\text{-}x_3y_3z_3$ 到 $O_q\text{-}x_qy_qz_q$ 的坐标变换矩阵为

$$\boldsymbol{M}_{3q}=\begin{bmatrix}\cos\varphi_3 & \sin\varphi_3 & 0 & 0\\ -\sin\varphi_3 & \cos\varphi_3 & 0 & 0\\ 0 & 0 & 1 & 0\\ 0 & 0 & 0 & 1\end{bmatrix} \tag{2.7}$$

从而得到 $O_3\text{-}x_3y_3z_3$ 与 $O_1\text{-}x_1y_1z_1$ 之间的坐标转换矩阵为

$$\boldsymbol{M}_{31}=\begin{bmatrix}-\cos\theta\cos\varphi_3\cos\varphi_1-\sin\varphi_3\sin\varphi_1 & -\cos\theta\cos\varphi_3\sin\varphi_1+\sin\varphi_3\cos\varphi_1 & -\sin\theta\cos\varphi_3 & (-a\cos\theta+b\sin\theta)\cos\varphi_3-c\sin\varphi_3\\ \cos\theta\sin\varphi_3\cos\varphi_1-\cos\varphi_3\sin\varphi_1 & \cos\theta\sin\varphi_3\sin\varphi_1+\cos\varphi_3\cos\varphi & \sin\theta\sin\varphi_3 & (-a\cos\theta+b\sin\theta)(-\sin\varphi_3)-c\cos\varphi_3\\ \sin\theta\cos\varphi_1 & \sin\theta\sin\varphi_1 & -\cos\theta & a\sin\theta+b\cos\theta\\ 0 & 0 & 0 & 1\end{bmatrix} \tag{2.8}$$

2.2.2 交错线齿轮空间曲线啮合基本方程

交错线齿轮空间曲线啮合基本方程由式(2.1)推导得到。

设主动接触线在 $O_1\text{-}x_1y_1z_1$ 坐标系中的表达式为

$$\begin{cases} x_M^{(1)} = x_M^{(1)}(t) \\ y_M^{(1)} = y_M^{(1)}(t) \\ z_M^{(1)} = z_M^{(1)}(t) \end{cases} \tag{2.9}$$

根据坐标变换关系，主动接触线在 $O\text{-}xyz$ 坐标系下的表达式为

$$\begin{cases} x_M = x_M^{(1)}\cos\varphi_1 + y_M^{(1)}\sin\varphi_1 \\ y_M = -x_M^{(1)}\sin\varphi_1 + y_M^{(1)}\cos\varphi_1 \\ z_M = z_M^{(1)} \end{cases} \tag{2.10}$$

设 $\boldsymbol{\beta}^{(1)}$、$\boldsymbol{\gamma}^{(1)}$ 分别为主动接触线在 $O_1\text{-}x_1y_1z_1$ 坐标系中的主法矢和副法矢，$\boldsymbol{\beta}^{(1)} = \beta_x^{(1)}\boldsymbol{i}^{(1)} + \beta_y^{(1)}\boldsymbol{j}^{(1)} + \beta_z^{(1)}\boldsymbol{k}^{(1)}$，其中 $\boldsymbol{i}^{(1)}$、$\boldsymbol{j}^{(1)}$、$\boldsymbol{k}^{(1)}$ 是 x_1 轴、y_1 轴、z_1 轴的单位向量，$\beta_x^{(1)}$、$\beta_y^{(1)}$、$\beta_z^{(1)}$ 三个分量的表达式为

$$\begin{aligned}
\beta_x^{(1)} = {} & \left\{ x_M^{(1)''}(t)\left[\left(x_M^{(1)'}(t)\right)^2 + \left(y_M^{(1)'}(t)\right)^2 + \left(z_M^{(1)'}(t)\right)^2\right] - x_M^{(1)'}(t)\left[x_M^{(1)'}(t)x_M^{(1)''}(t) + y_M^{(1)'}(t)y_M^{(1)''}(t)\right.\right. \\
& \left.\left. + z_M^{(1)'}(t)z_M^{(1)''}(t)\right]\right\} \Big/ \left\{\left[\left(x_M^{(1)'}(t)\right)^2 + \left(y_M^{(1)'}(t)\right)^2 + \left(z_M^{(1)'}(t)\right)^2\right]^2\right\} \\
\beta_y^{(1)} = {} & \left\{ y_M^{(1)''}(t)\left[\left(x_M^{(1)'}(t)\right)^2 + \left(y_M^{(1)'}(t)\right)^2 + \left(z_M^{(1)'}(t)\right)^2\right] - y_M^{(1)'}(t)\left[x_M^{(1)'}(t)x_M^{(1)''}(t) + y_M^{(1)'}(t)y_M^{(1)''}(t)\right.\right. \\
& \left.\left. + z_M^{(1)'}(t)z_M^{(1)''}(t)\right]\right\} \Big/ \left\{\left[\left(x_M^{(1)'}(t)\right)^2 + \left(y_M^{(1)'}(t)\right)^2 + \left(z_M^{(1)'}(t)\right)^2\right]^2\right\} \\
\beta_z^{(1)} = {} & \left\{ z_M^{(1)''}(t)\left[\left(x_M^{(1)'}(t)\right)^2 + \left(y_M^{(1)'}(t)\right)^2 + \left(z_M^{(1)'}(t)\right)^2\right] - z_M^{(1)'}(t)\left[x_M^{(1)'}(t)x_M^{(1)''}(t) + y_M^{(1)'}(t)y_M^{(1)''}(t)\right.\right. \\
& \left.\left. + z_M^{(1)'}(t)z_M^{(1)''}(t)\right]\right\} \Big/ \left\{\left[\left(x_M^{(1)'}(t)\right)^2 + \left(y_M^{(1)'}(t)\right)^2 + \left(z_M^{(1)'}(t)\right)^2\right]^2\right\}
\end{aligned} \tag{2.11}$$

再把它转换到 O-xyz 坐标系下，则有

$$\boldsymbol{\beta} = \begin{bmatrix} \beta_x^{(1)} \cos\varphi_1 + \beta_y^{(1)} \sin\varphi_1 \\ -\beta_x^{(1)} \sin\varphi_1 + \beta_y^{(1)} \cos\varphi_1 \\ \beta_z^{(1)} \end{bmatrix} \tag{2.12}$$

主动线齿在接触点处的速度为

$$\boldsymbol{v}_1 = \boldsymbol{\omega}_1 \times \boldsymbol{r}_1 = y_M \varpi_1 \boldsymbol{i} - x_M \varpi_1 \boldsymbol{j} \tag{2.13}$$

以下分别给出当 $0° < \theta < 90°$ 、$90° \leqslant \theta < 180°$ 时，交错线齿轮的啮合基本方程。

(1) 当 $0° < \theta < 90°$ 时，从动线齿在接触点处的速度为

$$\begin{aligned} \boldsymbol{v}_2 = \boldsymbol{\omega}_2 \times \boldsymbol{r}_2 = & -\varpi_2 \cos\theta (y_M - c) \boldsymbol{i} \\ & + \varpi_2 \left[\sin\theta (z_M - b) + \cos\theta (x_M + a) \right] \boldsymbol{j} - \varpi_2 \sin\theta (y_M - c) \boldsymbol{k} \end{aligned} \tag{2.14}$$

由式 (2.13) 和式 (2.14)，在 O-xyz 坐标系下，主、从动线齿在接触点处的相对速度为

$$\begin{aligned} \boldsymbol{v}_{12} = \boldsymbol{v}_1 - \boldsymbol{v}_2 = & \left[y_M \varpi_1 + \varpi_2 \cos\theta (y_M - c) \right] \boldsymbol{i} \\ & - \left[\varpi_2 \sin\theta (z_M - b) + \varpi_2 \cos\theta (x_M + a) + x_M \varpi_1 \right] \boldsymbol{j} + \varpi_2 \sin\theta (y_M - c) \boldsymbol{k} \end{aligned} \tag{2.15}$$

在 O-xyz 坐标系下，主、从动线齿在接触点处的相对速度表示为

$$\begin{aligned} \boldsymbol{v}_{12} = & \left(-x_M^{(1)} \sin\varphi_1 + y_M^{(1)} \cos\varphi_1 \right) \left(\varpi_1 + \varpi_2 \cos\theta \right) - c\varpi_2 \cos\theta - \left(x_M^{(1)} \cos\varphi_1 \right. \\ & \left. + y_M^{(1)} \sin\varphi_1 \right) \varpi_1 - \left(z_M^{(1)} - b \right) \varpi_2 \sin\theta - \left(x_M^{(1)} \cos\varphi_1 \right. \\ & \left. + y_M^{(1)} \sin\varphi_1 + a \right) \varpi_2 \cos\theta \left(-x_M^{(1)} \sin\varphi_1 + y_M^{(1)} \cos\varphi_1 - c \right) \varpi_2 \sin\theta \end{aligned} \tag{2.16}$$

由式 (2.1) 、式 (2.12) 和式 (2.16) 得，当 $0° < \theta < 90°$ 时，交错线齿轮空间曲线啮合方程为

$$\begin{aligned} & y_M^{(1)} \varpi_1 \beta_x^{(1)} + y_M^{(1)} \varpi_2 \beta_x^{(1)} \cos\theta - \varpi_2 c \beta_x^{(1)} \cos\theta \cos\varphi_1 - x_M^{(1)} \varpi_1 \beta_y^{(1)} - x_M^{(1)} \varpi_2 \beta_y^{(1)} \cos\theta \\ & - \varpi_2 c \beta_y^{(1)} \cos\theta \sin\varphi_1 + (z_M^{(1)} - b) \varpi_2 \beta_x^{(1)} \sin\theta \sin\varphi_1 - (z_M^{(1)} - b) \varpi_2 \beta_y^{(1)} \sin\theta \cos\varphi_1 \\ & + a\varpi_2 \beta_x^{(1)} \cos\theta \sin\varphi_1 - a\varpi_2 \beta_y^{(1)} \cos\theta \cos\varphi_1 + (-x_M^{(1)} \sin\varphi_1 + y_M^{(1)} \cos\varphi_1 - c) \varpi_2 \beta_z^{(1)} \sin\theta = 0 \end{aligned} \tag{2.17}$$

（2）当$90° \leqslant \theta < 180°$时，从动线齿在接触点处的速度为

$$\boldsymbol{v}_2 = \boldsymbol{\omega}_2 \times \boldsymbol{r}_2 = \varpi_2 \cos\theta\left(y_M - c\right)\boldsymbol{i} + \varpi_2\left[-\sin\theta\left(z_M - b\right) - \cos\theta\left(x_M + a\right)\right]\boldsymbol{j} + \varpi_2 \sin\theta\left(y_M - c\right)\boldsymbol{k} \tag{2.18}$$

在 $O\text{-}xyz$ 坐标系下，主、从动线齿在接触点处的相对速度为

$$\boldsymbol{v}_{12} = \boldsymbol{v}_1 - \boldsymbol{v}_2 = \left[y_M \varpi_1 - \varpi_2 \cos\theta\left(y_M - c\right)\right]\boldsymbol{i} + \left[\varpi_2 \sin\theta\left(z_M - b\right) + \varpi_2 \cos\theta\left(x_M + a\right) - x_M \varpi_1\right]\boldsymbol{j} - \varpi_2 \sin\theta\left(y_M - c\right)\boldsymbol{k} \tag{2.19}$$

在 $O_1\text{-}x_1y_1z_1$ 坐标系下，主、从动线齿在接触点处的相对速度表示为

$$\begin{aligned}\boldsymbol{v}_{12} = &\left(-x_M^{(1)} \sin\varphi_1 + y_M^{(1)} \cos\varphi_1\right)\left(\varpi_1 - \varpi_2 \cos\theta\right) + \varpi_2 c \cos\theta - \left(x_M^{(1)} \cos\varphi_1\right.\\ &\left.+ y_M^{(1)} \sin\varphi_1\right)\varpi_1 + \left(z_M^{(1)} - b\right)\varpi_2 \sin\theta + \left(x_M^{(1)} \cos\varphi_1 + y_M^{(1)} \sin\varphi_1 + a\right)\varpi_2 \cos\theta \\ &- \left(-x_M^{(1)} \sin\varphi_1 + y_M^{(1)} \cos\varphi_1 - c\right)\varpi_2 \sin\theta\end{aligned} \tag{2.20}$$

由式（2.1）、式（2.12）和式（2.20）得，当$90° \leqslant \theta < 180°$，交错线齿轮空间曲线啮合方程为

$$\begin{aligned}&y_M^{(1)}\varpi_1\beta_x^{(1)} - y_M^{(1)}\varpi_2\beta_x^{(1)} \cos\theta + \varpi_2 c\beta_x^{(1)} \cos\theta\cos\varphi_1 - x_M^{(1)}\varpi_1\beta_y^{(1)} + x_M^{(1)}\varpi_2\beta_y^{(1)} \cos\theta \\ &+\varpi_2 c\beta_y^{(1)} \cos\theta\sin\varphi_1 - (z_M^{(1)} - b)\varpi_2\beta_x^{(1)} \sin\theta\sin\varphi_1 + (z_M^{(1)} - b)\varpi_2\beta_y^{(1)} \sin\theta\cos\varphi_1 \\ &-a\varpi_2\beta_x^{(1)} \cos\theta\sin\varphi_1 + a\varpi_2\beta_y^{(1)} \cos\theta\cos\varphi_1 + (x_M^{(1)} \sin\varphi_1 - y_M^{(1)} \cos\varphi_1 + c)\varpi_2\beta_z^{(1)} \sin\theta = 0\end{aligned} \tag{2.21}$$

其中，$\varpi_2 = i_{21}\varpi_1$，$i_{21}$为主动线齿轮与从动线齿轮的传动比。

2.2.3 交错线齿轮的主、从动接触线方程

通常情况下，先给定某一条空间曲线为主动接触线，如空间螺旋线（含圆柱螺旋线和圆锥螺旋线），再根据线齿轮啮合基本方程推导得到与之共轭的从动接触线方程。这里分别给出根据主动接触线方程（2.9）推导得到的，当$0° < \theta < 90°$和$90° \leqslant \theta < 180°$时交错线齿轮的从动接触线方程。

当$0° < \theta < 90°$时，从动接触线在 $O_3\text{-}x_3y_3z_3$ 坐标系下的方程为

$$\begin{cases} x_M^{(3)} = \left(-\cos\varphi_1\cos\varphi_3\cos\theta + \sin\varphi_1\sin\varphi_3\right)x_M^{(1)} + \left(-\sin\varphi_1\cos\varphi_3\cos\theta - \cos\varphi_1\sin\varphi_3\right)y_M^{(1)} \\ \qquad - z_M^{(1)}\cos\varphi_3\sin\theta + \left(-a\cos\varphi_3\cos\theta + b\cos\varphi_3\sin\theta + c\sin\varphi_3\right) \\ y_M^{(3)} = \left(-\cos\varphi_1\sin\varphi_3\cos\theta - \sin\varphi_1\cos\varphi_3\right)x_M^{(1)} + \left(-\sin\varphi_1\sin\varphi_3\cos\theta + \cos\varphi_1\cos\varphi_3\right)y_M^{(1)} \\ \qquad - z_M^{(1)}\sin\varphi_3\sin\theta + \left(-a\sin\varphi_3\cos\theta + b\sin\varphi_3\sin\theta - c\cos\varphi_3\right) \\ z_M^{(3)} = x_M^{(1)}\cos\varphi_1\sin\theta + y_M^{(1)}\sin\varphi_1\sin\theta - z_M^{(1)}\cos\theta + \left(a\sin\theta + b\cos\theta\right) \end{cases} \tag{2.22}$$

当$90° \leqslant \theta < 180°$时，从动接触线在$O_3\text{-}x_3y_3z_3$坐标系下的方程为

$$\begin{cases} x_M^{(3)} = \left(-\cos\varphi_1\cos\varphi_3\cos\theta - \sin\varphi_1\sin\varphi_3\right)x_M^{(1)} + \left(-\sin\varphi_1\cos\varphi_3\cos\theta + \cos\varphi_1\sin\varphi_3\right)y_M^{(1)} \\ \qquad - z_M^{(1)}\cos\varphi_3\sin\theta + \left(-a\cos\varphi_3\cos\theta + b\cos\varphi_3\sin\theta - c\sin\varphi_3\right) \\ y_M^{(3)} = \left(\cos\varphi_1\sin\varphi_3\cos\theta - \sin\varphi_1\cos\varphi_3\right)x_M^{(1)} + \left(\sin\varphi_1\sin\varphi_3\cos\theta + \cos\varphi_1\cos\varphi_3\right)y_M^{(1)} \\ \qquad + z_M^{(1)}\sin\varphi_3\sin\theta + \left(a\sin\varphi_3\cos\theta - b\sin\varphi_3\sin\theta - c\cos\varphi_3\right) \\ z_M^{(3)} = x_M^{(1)}\cos\varphi_1\sin\theta + y_M^{(1)}\sin\varphi_1\sin\theta - z_M^{(1)}\cos\theta + \left(a\sin\theta + b\cos\theta\right) \end{cases} \tag{2.23}$$

其中，$\varphi_3 = i_{21}\varphi_1$。

这里必须指出，在交错线齿轮基本啮合方程的推导过程中，无论是采用直接法、运动学法还是包络法，其结果都是一样的，推导工作没有本质的差别。本节应用运动学法推导得到交错线齿轮空间曲线啮合基本方程。

2.2.4　共面线齿轮的啮合基本方程

本书仅介绍任意角度交错线齿轮空间曲线啮合基本方程。

当设计其他类型的轴线共面的线齿轮[6,11,12]（简称共面线齿轮），包括任意角度斜交轴线齿轮（简称斜交线齿轮）、垂直轴线齿轮（简称垂直线齿轮）或者平行轴线齿轮（简称平行线齿轮），啮合基本方程都可以从交错线齿轮啮合基本方程简化得到，具体方法如下：

(1) 对于交错线齿轮，当如图2.2所示的安装轴距c等于零时，就变成斜交线齿轮。对于式(2.17)或式(2.21)，令式中$c=0$，得到斜交线齿轮的啮合基本方程。

(2) 对于斜交线齿轮，当两轴交角$\theta = 90°$时，就变成正交线齿轮。对于式(2.17)或式(2.21)，令式中$c=0$、$\theta=90°$，得到垂直线齿轮的啮合基本方程。

(3) 对于斜交线齿轮，当两轴交角等于0°或者180°时，就变成平行线齿轮。对于式(2.18)或式(2.22)，令式中$c=0$、$\theta=0°$或者$\theta=180°$，得到平行线齿轮的啮合基本方程。

总之，本书以交错线齿轮空间共轭啮合曲线方程为线齿轮啮合基本方程的通式。对于各种类型的线齿轮构型设计，其主、从动线齿的接触线方程和中心线方程(以圆截面为线齿齿廓时)都可以采用本书介绍的空间共轭曲线啮合基本方程进行设计。

2.2.5 主、从动线齿的构建方法与中心线方程

在主动设计得到线齿轮的主、从动线齿接触线之后，应用三维计算机辅助诊断(computer aided diagnosis, CAD)软件以设定的一条曲线为母线，沿着主、从接触线扫掠分别构建主、从动线齿实体。根据线齿轮啮合理论，只要保证线齿能满足强度和几何不干涉条件，线齿的齿廓(即沿接触线扫掠的母线)可以设计为任意截面形状(如圆/圆弧/圆环、椭圆/椭圆弧/椭圆环、渐开线、摆线等)[13-15]。为了制造简便，通常情况下线齿实体设计为空间圆柱体或其变形，如空间螺旋圆柱体。

如图 2.3 所示的空间螺旋圆柱体，在任一啮合时刻的接触点处，分别在主、从动线齿接触点副法矢的两侧方向($-\gamma_1$和γ_1)分别构建一个圆，然后两个圆分别沿主、从动接触线运动扫掠构建出主、从动线齿实体。设啮合点在空间中的位置为M，主、从动线齿表面在啮合时刻与M重合的点分别为$M^{(1)}$、$M^{(2)}$。$M^{(1)}$的集合为主动线齿上所有参与啮合的点的轨迹，即主动接触线；$M^{(2)}$的集合为从动线齿上所有参与啮合的点的轨迹，即从动接触线[13]。

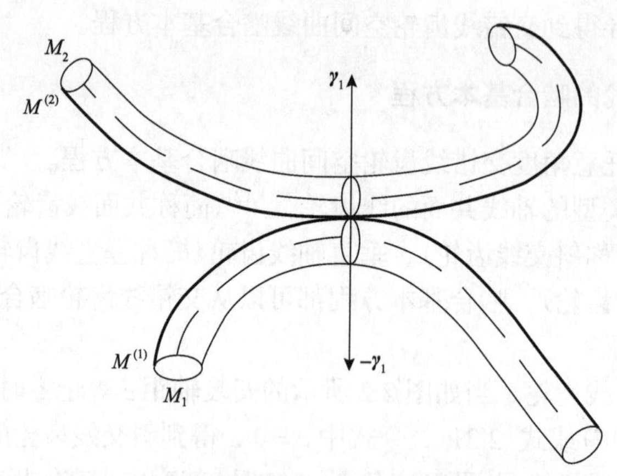

图 2.3 空间螺旋圆柱体线齿构建方法示意图[13]

如图 2.3 所示，由于主、从动线齿横截面两圆外切于接触点，两圆位于接触点的两侧且共法线，所以主、从动线齿之间相互不会干涉。因此，只要主、从动线齿具有相同的一对空间共轭啮合曲线，主、从动线齿就可以采用不同半径的圆

而保持正确的连续啮合关系，当然也要保证不发生其他几何干涉。设主、从动齿轮的线齿半径大小分别为 r_{1t} 和 r_{2t}，则 $\boldsymbol{r}_{1t}^{(1)} = -r_{1t}\boldsymbol{\gamma}^{(1)} = \overrightarrow{MM_1}$，$\boldsymbol{r}_{2t}^{(1)} = r_{2t}\boldsymbol{\gamma}^{(1)} = \overrightarrow{MM_2}$，其中 $\boldsymbol{\gamma}^{(1)}$ 为主动接触线啮合点处在 $O_1\text{-}x_1y_1z_1$ 坐标系中的副法矢。设 $\overrightarrow{MM_1}$ 和 $\overrightarrow{MM_2}$ 在 $O_1\text{-}x_1y_1z_1$ 下的坐标分别表示为 $[x_{MM_1}^{(1)} \quad y_{MM_1}^{(1)} \quad z_{MM_1}^{(1)}]^{\mathrm{T}}$ 和 $[x_{MM_2}^{(1)} \quad y_{MM_2}^{(1)} \quad z_{MM_2}^{(1)}]^{\mathrm{T}}$，可得主动线齿中心线方程和从动线齿中心线方程为

$$\begin{cases} x_{M_1}^{(1)} = x_M^{(1)} + x_{MM_1}^{(1)} \\ y_{M_1}^{(1)} = y_M^{(1)} + y_{MM_1}^{(1)} \\ z_{M_1}^{(1)} = z_M^{(1)} + z_{MM_1}^{(1)} \end{cases} \tag{2.24}$$

$$\begin{bmatrix} x_{M_2}^{(3)} \\ y_{M_2}^{(3)} \\ z_{M_2}^{(3)} \end{bmatrix} = \boldsymbol{M}_{31} \begin{bmatrix} x_M^{(1)} + x_{MM_2}^{(1)} \\ y_M^{(1)} + y_{MM_2}^{(1)} \\ z_M^{(1)} + z_{MM_2}^{(1)} \end{bmatrix} = \begin{bmatrix} x_M^{(3)} \\ y_M^{(3)} \\ z_M^{(3)} \end{bmatrix} + \boldsymbol{M}_{31} \begin{bmatrix} x_{MM_2}^{(1)} \\ y_{MM_2}^{(1)} \\ z_{MM_2}^{(1)} \end{bmatrix} \tag{2.25}$$

以上方法构建的线齿为凸凸弧齿廓接触的线齿轮副。

为了提高主、从动线齿接触强度，需要设计凹凸弧接触的线齿轮副，此时 $\overrightarrow{MM_1}$、$\overrightarrow{MM_2}$ 同向，即 $\boldsymbol{r}_{2t}^{(1)} = -r_{2t}\boldsymbol{\gamma}^{(1)} = \overrightarrow{MM_2}$，且 $r_{2t}^{(1)} > r_{1t}^{(1)}$。同理，可推导得到凹凸弧线齿轮中心线方程。

2.2.6　主、从动线齿及线齿轮实体构建方法

得到了主、从动接触线方程和主、从动线齿中心线方程之后，应用三维 CAD 软件构建单个主、从动线齿实体。然后应用 CAD 软件镜像功能，构建均布于主、从动轮基体上的全部主、从动线齿，从而得到主动线齿轮和从动线齿轮的实体。对于线齿轮，其线齿与基体的连接关系可以是悬臂梁式(图 1.2(a))，也可以是整体式(图 1.2(b))，不论哪种线齿轮结构型式，都需要得到线齿轮副全部几何参数后才能完成线齿轮的实体构建。

主动设计的一对主、从动接触线只能保证线齿轮的单向精确传动。若需要设计双向传动的线齿轮机构，可以按以上相同的方法设计另一对主、从动接触线，相关公式推导时只需把主动轮的角速度矢量设为负方向即可。

以接触线为扫描线扫掠整圆截面构建线齿的方法适用于悬臂梁式的线齿轮设计；但线齿与基体为一个整体的整体式线齿轮，其线齿齿廓并非一个整圆。例如，双向传动线齿轮副(图 1.2(b))的主、从动线齿的齿廓都是由两段圆弧加一段直线构成的。

2.3 线齿轮副重合度设计公式

根据文献[16]，齿轮传动的重合度可定义为：齿轮在啮合传动过程中，从动齿轮某单轮齿从进入啮合到退出啮合转过的角度除以从动齿轮相邻两个轮齿开始啮合(或退出啮合)的转角差。齿轮传动重合度用式(2.26)[16]表示：

$$\varepsilon = T_c / T_z \tag{2.26}$$

式中，T_c为从动齿轮某个轮齿从进入啮合到退出啮合转过的角度；T_z为从动齿轮相邻两个轮齿开始啮合(或退出啮合)的转角差，即从动线齿轮相邻两轮齿所夹的圆心角，即$T_z = 360° / N_2$，N_2为从动线齿轮齿数。

线齿轮也是轮式啮合传动机构，因而线齿轮副重合度的定义也可参照传统齿轮机构。故线齿轮机构的重合度可以定义为：线齿轮在啮合传动过程中，从动线齿轮上某个线齿从进入啮合到退出啮合转过的角度除以从动线齿轮相邻两线齿所夹的圆心角，即用式(2.27)[16]表示：

$$\varepsilon = T_c / T_z = T_c N_2 / 360° \tag{2.27}$$

式中，T_c为从动线齿轮上某个线齿从进入啮合到退出啮合所转过的角度；N_2为从动线齿轮线齿数。

2.3.1 交错线齿轮副的重合度

根据文献[17]，交错线齿轮副的重合度也可以定义为：交错线齿轮副在啮合过程中，某个线齿从开始啮合到终止啮合，从动线齿轮转过的角度除以其相邻两线齿所夹的圆心角。

由交错线齿轮的空间曲线啮合方程(2.17)可得交错线齿轮副的重合度表达式：

$$\begin{aligned}\varepsilon &= \frac{\Delta\varphi_1 N_1}{2\pi} \\ &= \frac{\arctan\left(\dfrac{c\cos\theta}{a\cos\theta + (n\pi + nt_e - b)\sin\theta}\right) - \arctan\left(\dfrac{c\cos\theta}{a\cos\theta + (n\pi + nt_s - b)\sin\theta}\right) + (t_e - t_s)}{2\pi} N_1\end{aligned} \tag{2.28}$$

设$\Delta t = t_e - t_s$为啮合过程参数t的变化范围，则方程(2.28)可化简为

$$\begin{aligned}\varepsilon &= \varepsilon_1 + \varepsilon_2 \\ &= \frac{\Delta t N_1}{2\pi} \\ &\quad - \frac{N_1}{2\pi}\arctan\left(\frac{c\Delta t n\cos\theta\sin\theta}{(c\cos\theta)^2 + \left[a\cos\theta + \left(n\pi + nt_e - b\right)\sin\theta\right]\left[a\cos\theta + \left(n\pi + nt_s - b\right)\sin\theta\right]}\right)\end{aligned} \tag{2.29}$$

式中

$$\varepsilon_1 = \Delta t N_1 / (2\pi)$$

$$\begin{aligned}&\varepsilon_2 \\ &= -\frac{N_1}{2\pi}\arctan\left(\frac{c\Delta t n\cos\theta\sin\theta}{(c\cos\theta)^2 + \left[a\cos\theta + \left(n\pi + nt_e - b\right)\sin\theta\right]\left[a\cos\theta + \left(n\pi + nt_s - b\right)\sin\theta\right]}\right)\end{aligned}$$

由式(2.29)可知，当 $\theta = 90°$ 时，交错线齿轮副的重合度表达式可化简为 $\varepsilon = \Delta t N_1 / (2\pi)$，该式和交叉轴线齿轮副的重合度公式[17]一样，影响因素[17]也一样，在前面的研究中已经讨论过，故此这里不做讨论。下面主要讨论非垂直交错线齿轮副的重合度的影响因素。

2.3.2　非垂直交错线齿轮副重合度的影响因素

由式(2.29)可知，非垂直交错线齿轮副的重合度和 N_1、Δt、t_s、c、a、b、n、θ 八个参数有关。由反正切函数的值域可知，ε_2 的值域为 $[-N_1/4, N_1/4]$，则非垂直交错线齿轮副的重合度 ε 的值域为 $[\Delta t N_1/(2\pi) - N_1/4,\ \Delta t N_1/(2\pi) + N_1/4]$。由此可知，影响非垂直交错线齿轮副的重合度取值的决定性因素为 N_1 和 Δt。

1. 参数 a 与 b 对非垂直交错线齿轮副重合度的影响

1）参数 a 对非垂直交错线齿轮副重合度的影响

以参数 a 为变量，非垂直交错线齿轮副的重合度公式表示为

$$\begin{aligned}\varepsilon(a) = \frac{\Delta t N_1}{2\pi} - \frac{N_1}{2\pi}\arctan\Big((c\Delta t n\cos\theta\sin\theta)\Big/\Big\{(c\cos\theta)^2 \\ + \left[a\cos\theta + \left(n\pi + nt_e - b\right)\sin\theta\right]\left[a\cos\theta + \left(n\pi + nt_s - b\right)\sin\theta\right]\Big\}\Big)\end{aligned} \tag{2.30}$$

对于式(2.30)，$a \to +\infty$ 或者 $a \to -\infty$，$\varepsilon(a)$ 都收敛于 $\varepsilon = \Delta t N_1 / (2\pi)$，因此求得式(2.30)的极值点为 $a^{(0)} = -(n\pi + nt_e/2 + nt_s/2 - b)\sin\theta / \cos\theta$。

通过研究可知，若令 $(c\cos\theta)^2 - \Delta t^2 n^2 \sin^2\theta / 4 > 0$，则当 $c\cos\theta < 0$ 时，$\varepsilon(a)$ 在 $(-\infty, a^{(0)}]$ 上单调递增，在 $(a^{(0)}, +\infty)$ 上单调递减，$\varepsilon(a)$ 的最小值为 $\Delta t N_1 / (2\pi)$，

$\Delta t N_1/(2\pi) \geqslant 1$即可满足重合度大于 1 的要求；而当$c\cos\theta > 0$时，$\varepsilon(a)$在$(-\infty, a^{(0)}]$单调递减，在$(a^{(0)}, +\infty)$单调递增，当在$a^{(0)}$时，$\varepsilon(a^{(0)}) \geqslant 1$即可满足重合度大于 1 的要求。应用 MATLAB 计算式(2.30)，得到位置参数 a 与重合度的关系曲线，如图 2.4 所示。

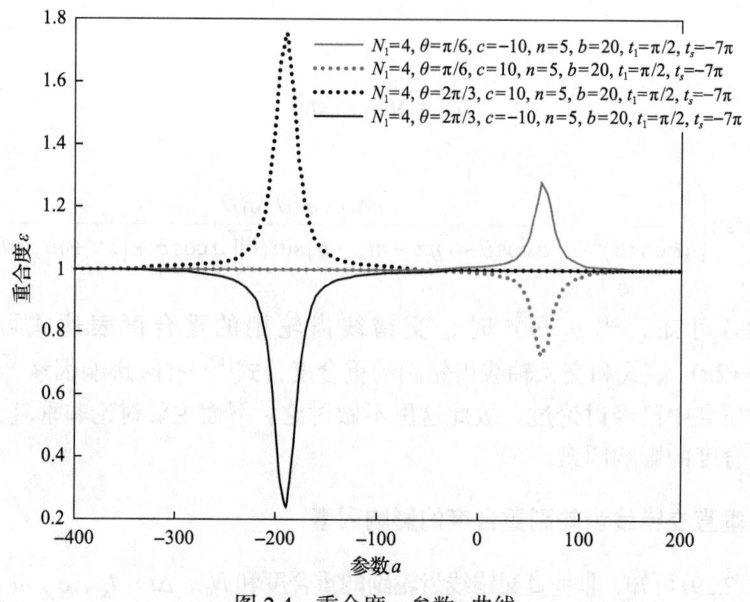

图 2.4　重合度ε-参数a曲线

2) 参数 b 对非垂直交错线齿轮副重合度的影响

以参数 b 为变量，非垂直交错线齿轮副的重合度公式可表示为

$$\varepsilon(b) = \frac{\Delta t N_1}{2\pi} - \frac{N_1}{2\pi}\arctan\Big((c\Delta t n\cos\theta\sin\theta)\Big/\Big\{(c\cos\theta)^2 + \big[a\cos\theta + (n\pi + nt_s + n\Delta t - b)\sin\theta\big]\big[a\cos\theta + (n\pi + nt_s - b)\sin\theta\big]\Big\}\Big) \tag{2.31}$$

对于式(2.31)，$b \to +\infty$ 或者 $b \to -\infty$，$\varepsilon(b)$ 都收敛于 $\varepsilon = \Delta t N_1/(2\pi)$，且式(2.31)的极值点为$b^{(0)} = (n\pi + nt_e/2 + nt_s/2) + a\cos\theta/\sin\theta$。

通过研究可知，若令$(c\cos\theta)^2 - \Delta t^2 n^2 \sin^2\theta/4 > 0$，则当$c\cos\theta < 0$时，$\varepsilon(b)$在$(-\infty, b^{(0)}]$上单调递增，在$[b^{(0)}, +\infty)$上单调递减，$\varepsilon(b)$的最小值为$\Delta t N_1/(2\pi)$，$\Delta t N_1/(2\pi) \geqslant 1$即可满足重合度大于 1 的要求；而当$c\cos\theta > 0$时，$\varepsilon(b)$在$(-\infty, b^{(0)}]$上单调递减，在$[b^{(0)}, +\infty)$上单调递增，当在$b^{(0)}$时，$\varepsilon(b^{(0)}) \geqslant 1$，即可满足重合度大于等于 1 的要求。应用 MATLAB 计算式(2.31)，得到位置参数 b 与重合度的关

系曲线，如图 2.5 所示。

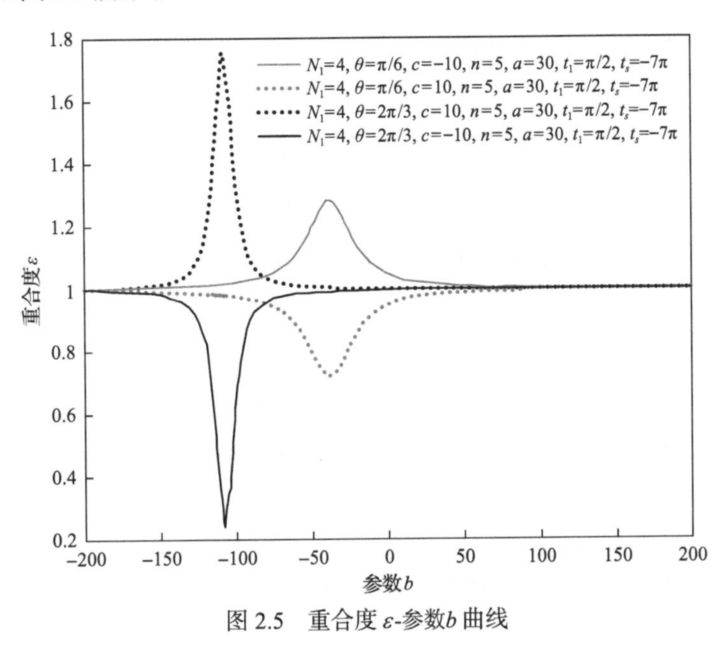

图 2.5　重合度 ε-参数b 曲线

2. 参数 a 与 b 关系确定后的非垂直交错线齿轮副重合度的影响因素分析

尽管参数 a 与 b 对重合度的影响如上述讨论，但是根据文献[18]，设 $a\cos\theta+(n\pi-b)\sin\theta=0$ 和 $t_st_e\geqslant 0$，t 值的选择和重合度的公式会得到简化，故本节将主要讨论 a 和 b 值关系确定后，其他六个参数对重合度的影响。非垂直交错线齿轮副重合度公式(2.29)可化简为

$$\varepsilon=\frac{\Delta tN_1}{2\pi}-\frac{N_1}{2\pi}\arctan\left(\frac{c\Delta tn\cos\theta\sin\theta}{c^2\cos^2\theta+n^2t_st_e\sin^2\theta}\right)\tag{2.32}$$

此时影响非垂直交错线齿轮副重合度的参数为 N_1、Δt、t_s、c、n、θ，重合度的公式变得稍微简单一些。

令 $A=\Delta tN_1/(2\pi)$，$B=\dfrac{\Delta tN_1}{2\pi}-\dfrac{N_1}{2\pi}$，$C=\dfrac{\Delta tN_1}{2\pi}+\dfrac{N_1}{2\pi}\arctan\left(\dfrac{\Delta t}{2\sqrt{t_st_e}}\right)$。

1) 参数 c 对非垂直交错线齿轮副重合度的影响

以线齿轮两轴之间的距离参数 c 为变量，非垂直交错线齿轮副重合度公式表示为

$$\varepsilon(c)=\frac{\Delta tN_1}{2\pi}-\frac{N_1}{2\pi}\arctan\left(\frac{c\Delta tn\cos\theta\sin\theta}{c^2\cos^2\theta+n^2t_st_e\sin^2\theta}\right)\tag{2.33}$$

由式(2.33)知，当 $c_1^{(0)}=-\sqrt{n^2t_st_e\sin^2\theta/\cos^2\theta}$ 和 $c_2^{(0)}=\sqrt{n^2t_st_e\sin^2\theta/\cos^2\theta}$ 时，重合度取得极值，极值分别为 $\varepsilon(c_1^{(0)})=\Delta tN_1/(2\pi)-N_1\arctan\left(\Delta t/(2\sqrt{t_st_e})\right)\Big/(2\pi)$ 和 $\varepsilon(c_2^{(0)})=\Delta tN_1/(2\pi)+N_1\arctan\left(\Delta t/(2\sqrt{t_st_e})\right)\Big/(2\pi)$；当 $c\to+\infty$ 或 $c\to-\infty$ 时，非垂直交错线齿轮副重合度 $\varepsilon(c)$ 都收敛于 $\Delta tN_1/(2\pi)$。

当 $0<\theta<90°$ 时，$\varepsilon(c)$ 在 $(-\infty,c_1^{(0)})$ 上单调递增，值域为 $(\Delta tN_1/(2\pi),\varepsilon(c_1^{(0)}))$；$\varepsilon(c)$ 在 $[c_1^{(0)},c_2^{(0)}]$ 上单调递减，值域为 $[\varepsilon(c_2^{(0)}),\varepsilon(c_1^{(0)})]$；$\varepsilon(c)$ 在 $(c_2^{(0)},+\infty)$ 上单调递增，值域为 $(\varepsilon(c_2^{(0)}),\Delta tN_1/(2\pi))$。由此可知，当 $\varepsilon(c_2^{(0)})\geqslant1$ 时，满足非垂直交错线齿轮副重合度大于 1 的要求。

当 $90°\leqslant\theta<180°$ 时，$\varepsilon(c)$ 在 $(-\infty,c_1^{(0)})$ 上单调递减，值域为 $(\varepsilon(c_1^{(0)}),\Delta tN_1/(2\pi))$；$\varepsilon(c)$ 在 $[c_1^{(0)},c_2^{(0)}]$ 上单调递增，值域为 $[\varepsilon(c_1^{(0)}),\varepsilon(c_2^{(0)})]$；$\varepsilon(c)$ 在 $(c_2^{(0)},+\infty)$ 上单调递减，值域为 $(\Delta tN_1/(2\pi),\varepsilon(c_2^{(0)}))$。由此可知，当 $\varepsilon(c_1^{(0)})\geqslant1$ 时，满足重合度大于 1 的要求。重合度的单调性如表 2.1 所示，应用 MATLAB 计算式(2.33)，得到位置参数 c 值与重合度关系曲线，如图 2.6 所示。

表 2.1 重合度 $\varepsilon(c)$ 的单调性

项目	$0°<\theta<90°$			$90°\leqslant\theta<180°$		
c	$(-\infty,c_1^{(0)})$	$[c_1^{(0)},c_2^{(0)}]$	$(c_2^{(0)},+\infty)$	$(-\infty,c_1^{(0)})$	$[c_1^{(0)},c_2^{(0)}]$	$(c_2^{(0)},+\infty)$
$\varepsilon(c)$ 单调性	↑	↓	↑	↓	↑	↓
$\varepsilon(c)$ 的可行域	(A,C)	$[B,C]$	(B,A)	(B,A)	$[B,C]$	(A,C)
$\varepsilon(c)$ 的最小值		B			B	

2）参数 n 对非垂直交错线齿轮副重合度的影响

以线齿轮主动线齿轮的螺距参数 n 为变量，非垂直交错线齿轮副重合度公式可表示为

$$\varepsilon(n)=\frac{\Delta tN_1}{2\pi}-\frac{N_1}{2\pi}\arctan\left(\frac{c\Delta tn\cos\theta\sin\theta}{c^2\cos^2\theta+n^2t_st_e\sin^2\theta}\right)\tag{2.34}$$

对于交错线齿轮副，要求 $n>0$，由方程(2.34)可知，$n\to0$ 或 $n\to\infty$，ε 收敛于 $\Delta tN_1/(2\pi)$，且在 $n^{(0)}=\sqrt{c^2\cos^2\theta/(t_st_e\sin^2\theta)}$ 时，重合度 $\varepsilon(n)$ 取得极值。

当 $c\cos\theta<0$ 时，重合度 $\varepsilon(n)$ 在 $(0,n^{(0)})$ 上单调递增，值域为 $[\Delta tN_1/(2\pi),\varepsilon(n^{(0)})]=\left[\Delta tN_1/(2\pi),\Delta tN_1/(2\pi)+N_1\arctan\left(\Delta t/(2\sqrt{t_st_e})\right)\Big/(2\pi)\right]$；重合度 $\varepsilon(n)$ 在

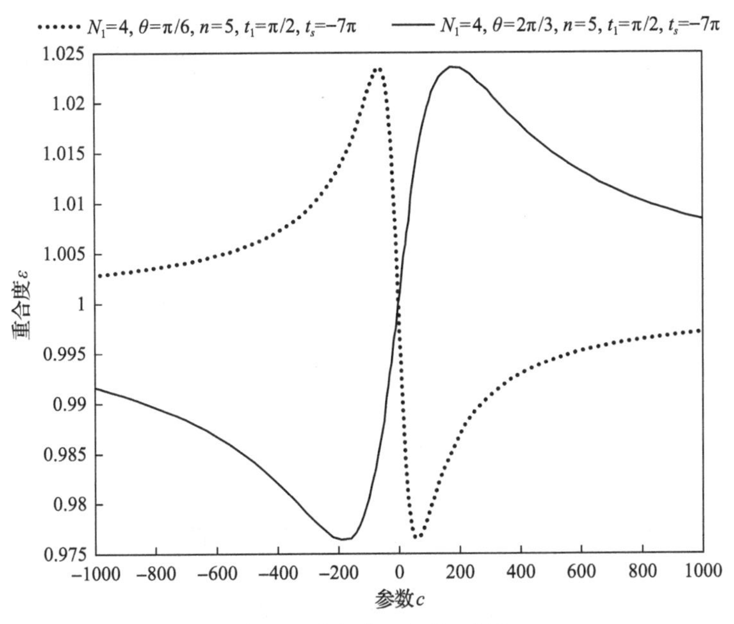

图 2.6　重合度 ε-参数c 曲线

$[n^{(0)},+\infty)$ 上单调递减，值域为 $[\Delta t N_1/(2\pi),\varepsilon(n^{(0)})]=\left[\Delta t N_1/(2\pi),\Delta t N_1/(2\pi)+N_1\arctan\left(\Delta t/(2\sqrt{t_s t_e})\right)/(2\pi)\right]$。故可得 $\varepsilon(n)$ 的最小值为 $\Delta t N_1/(2\pi)$，$\Delta t N_1/(2\pi)\geqslant 1$ 即可保证重合度大于 1。

当 $c\cos\theta>0$ 时，重合度 $\varepsilon(n)$ 在 $(0,n^{(0)}]$ 上单调递减，值域为 $[\Delta t N_1/(2\pi),\varepsilon(n^{(0)})]=\left[\Delta t N_1/(2\pi),\Delta t N_1/(2\pi)-N_1\arctan\left(\Delta t/(2\sqrt{t_s t_e})\right)/(2\pi)\right]$；重合度 $\varepsilon(n)$ 在 $[n^{(0)},+\infty)$ 上单调递增，值域为 $\left[\Delta t N_1/(2\pi),\varepsilon(n^{(0)})\right]=\left[\Delta t N_1/(2\pi),\Delta t N_1/(2\pi)-N_1\arctan(\Delta t/(2\sqrt{t_s t_e}))/(2\pi)\right]$。当在 $n^{(0)}$ 时，$\Delta t N_1/(2\pi)-N_1\arctan(\Delta t/(2\sqrt{t_s t_e}))/(2\pi)\geqslant 1$，即可满足重合度大于等于 1 的要求。重合度的单调性如表 2.2 所示，应用 MATLAB 计算式(2.34)，得到参数 n 值与重合度的关系曲线，如图 2.7 所示。

表 2.2　重合度 $\varepsilon(n)$ 的单调性

项目	$c\cos\theta<0$		$c\cos\theta>0$	
n	$(0,n^{(0)})$	$[n^{(0)},+\infty)$	$(0,n^{(0)})$	$[n^{(0)},+\infty)$
$\varepsilon(n)$ 的单调性	↑	↓	↓	↑
$\varepsilon(n)$ 的可行域	(A,C)	$[A,C]$	(B,A)	(B,A)
$\varepsilon(n)$ 的最小值	A		B	

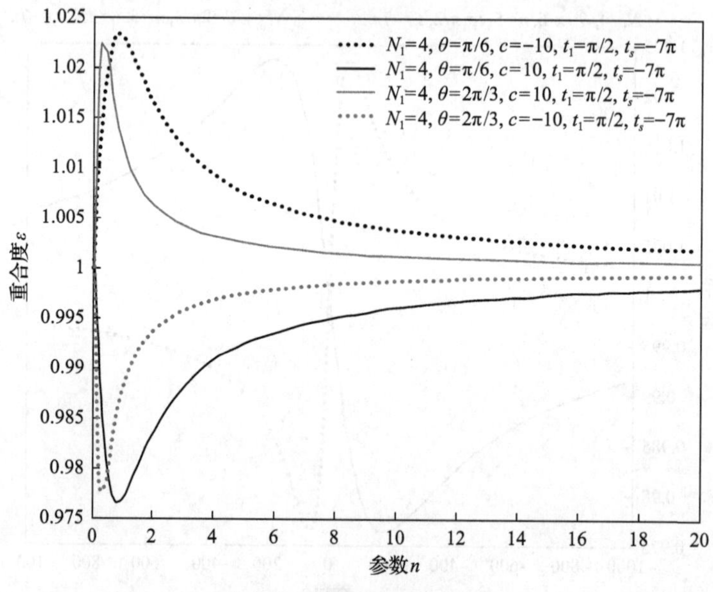

图 2.7 重合度 ε-参数n 曲线

3）参数 t_s 对非垂直交错线齿轮副重合度的影响

以线齿轮副初始啮合参数 t_s 为变量，非垂直交错线齿轮副的重合度公式可表示为

$$\varepsilon\left(t_s\right)=\frac{\Delta tN_1}{2\pi}-\frac{N_1}{2\pi}\arctan\left(\frac{c\Delta tn\cos\theta\sin\theta}{c^2\cos^2\theta+n^2t_st_e\sin^2\theta}\right) \tag{2.35}$$

由式(2.35)可知，$t_s\to-\infty$ 或 $t_s\to+\infty$，$\varepsilon(t_s)$ 都收敛于 $\Delta tN_1/(2\pi)$，式(2.35)存在极值点 $t_s^{(0)}=-n^2\Delta t\sin^2\theta/(2n^2\sin^2\theta)=-\Delta t/2$，极值为 $\varepsilon(t_s^{(0)})=\Delta tN_1/(2\pi)-N_1\arctan(c\Delta tn\cos\theta\sin\theta/(c^2\cos^2\theta-n^2\Delta t\sin\theta/4))/(2\pi)$。

由于 $t_st_e\geqslant0$，所以有 $t_s>0$ 或者 $t_s<-\Delta t$，故有当 $c\cos\theta<0$ 时，重合度 $\varepsilon(t_s)$ 在 $(-\infty,-\Delta t)$ 上单调递增，在 $(0,+\infty)$ 上单调递减，值域都为 $[\Delta tN_1/(2\pi),\Delta tN_1/(2\pi)-N_1\arctan(\Delta tn\sin\theta/(c\cos\theta))/(2\pi)]$，要求重合度大于 1，即要求 $\varepsilon\left(t_s\right)$ 的最小值 $\Delta tN_1/(2\pi)\geqslant1$；当 $c\cos\theta>0$ 时，重合度 $\varepsilon(t_s)$ 在 $(-\infty,t_s^{(0)}]$ 上单调递减，在 $(t_s^{(0)},+\infty)$ 上单调递增，值域都为 $[\Delta tN_1/(2\pi)-N_1\arctan(\Delta tn\sin\theta/(c\cos\theta))/(2\pi),\Delta tN_1/(2\pi)]$，要求重合度大于 1，即要求 $\Delta tN_1/(2\pi)-N_1\arctan(\Delta tn\sin\theta/(c\cos\theta))/(2\pi)\geqslant1$。

令 $E=\Delta tN_1-N_1\arctan(\Delta tn\sin\theta/(c\cos\theta))/(2\pi)$，重合度的单调性如表 2.3 所示，应用 MATLAB 计算式(2.35)，得到初始啮合点 t_s 与重合度的关系曲线，如图 2.8 所示。

表 2.3　重合度 $\varepsilon(t_s)$ 的单调性

项目	$c\cos\theta<0$		$c\cos\theta>0$	
t_s	$(-\infty,-\Delta t]$	$(0,+\infty)$	$(-\infty,-\Delta t_s^{(0)}]$	$(t_s^{(0)},+\infty)$
$\varepsilon(t_s)$ 的单调性	↑	↓	↓	↑
$\varepsilon(t_s)$ 的可行域	(A,E)	$[A,E]$	(E,A)	(E,A)
$\varepsilon(t_s)$ 的最小值	A		E	

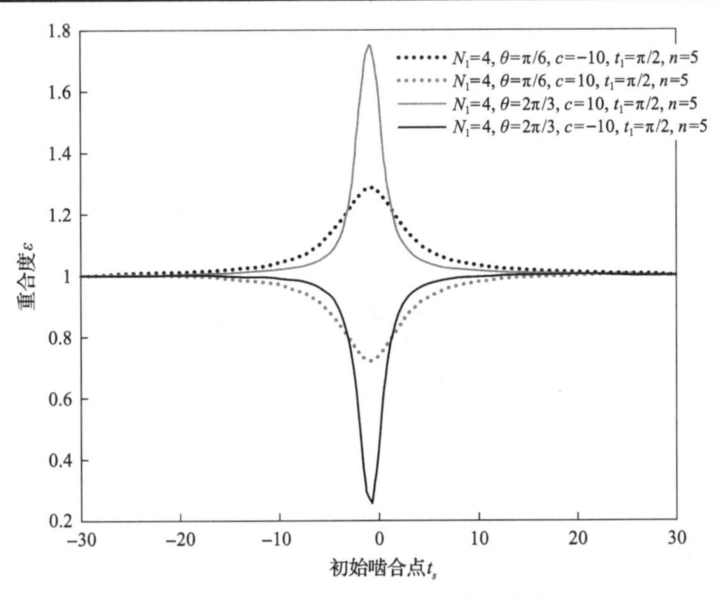

图 2.8　重合度 ε- 初始啮合点 t_s 曲线

4) 参数 θ 对非垂直交错线齿轮副重合度的影响

以两交错轴夹角 θ 为变量，非垂直交错线齿轮副的重合度公式可以表示为

$$\varepsilon(\theta)=\frac{\Delta t N_1}{2\pi}-\frac{N_1}{2\pi}\arctan\left(\frac{c\Delta t n\cos\theta\sin\theta}{c^2\cos^2\theta+n^2 t_s t_e\sin^2\theta}\right) \tag{2.36}$$

当 $0<\theta<180°$ 时，由式(2.36)得在 $\theta_1^{(0)}=\arctan\left(\sqrt{c^2/(n^2t_et_s)}\right)$ 和 $\theta_2^{(0)}=\pi-\arctan\left(\sqrt{c^2/(n^2t_et_s)}\right)$ 处取得极值，极值为 $\varepsilon\left(\theta^{(0)}\right)=\Delta tN_1/(2\pi)\pm N_1\arctan\left(\Delta t/(2\sqrt{t_et_s})\right)/(2\pi)$。当 $\theta\to0°$ 或 $\theta\to180°$ 时，$\varepsilon(\theta)\to\Delta tN_1/(2\pi)$。

当 $c\leqslant0$ 时，在 $(0,\ \theta_1^{(0)})$ 区间内，$\varepsilon(\theta)$ 单调递增，值域为 $\left(\Delta tN_1/(2\pi),\Delta tN_1/(2\pi)+N_1\arctan\left(\Delta t/(2\sqrt{t_et_s})\right)/(2\pi)\right)$；在 $[\theta_1^{(0)},\ \theta_2^{(0)}]$ 区间内，$\varepsilon(\theta)$ 单调递减，值域为 $[\Delta tN_1/(2\pi)-N_1\arctan\left(\Delta t/(2\sqrt{t_et_s})\right)/(2\pi),\Delta tN_1/(2\pi)+$

$N_1\arctan(\Delta t/(2\sqrt{t_e t_s}))/(2\pi)]$；在 $(\theta_2^{(0)},\pi)$ 区间内，$\varepsilon(\theta)$ 单调递增，值域为 $\left(\Delta tN_1/(2\pi)-N_1\arctan(\Delta t/(2\sqrt{t_e t_s}))/(2\pi),\Delta tN_1/(2\pi)\right)$。故只要 $\Delta tN_1/(2\pi)-N_1\arctan(\Delta t/(2\sqrt{t_e t_s}))/(2\pi)\geqslant 1$，即可满足重合度大于 1 的要求。

当 $c>0$ 时，在 $(0,\theta_1^{(0)})$ 区间内，$\varepsilon(\theta)$ 单调递减，值域为 $(\Delta tN_1/(2\pi)-N_1\arctan(\Delta t/(2\sqrt{t_s t_e}))/(2\pi),\Delta tN_1/(2\pi))$；在 $[\theta_1^{(0)},\theta_2^{(0)}]$ 区间内，$\varepsilon(\theta)$ 单调递增，值域为 $[\Delta tN_1/(2\pi)-N_1\arctan(\Delta t/(2\sqrt{t_s t_e}))/(2\pi),\Delta tN_1/(2\pi)+N_1\arctan(\Delta t/(2\sqrt{t_s t_e}))/(2\pi)]$；在 $(\theta_2^{(0)},\pi)$ 区间内，$\varepsilon(\theta)$ 单调递减，值域为 $(\Delta tN_1/(2\pi),\Delta tN_1/(2\pi)+N_1\arctan(\Delta t/(2\sqrt{t_s t_e}))/(2\pi))$。故只要 $\Delta tN_1/(2\pi)-N_1\arctan(\Delta t/(2\sqrt{t_s t_e}))/(2\pi)\geqslant 1$，即可满足重合度大于 1 的要求。重合度的单调性总结如表 2.4 所示，应用 MATLAB 计算式(2.36)，得到两交错轴夹角 θ 与重合度关系曲线，如图 2.9 所示。

表 2.4　重合度 $\varepsilon(\theta)$ 的单调性

项目	$c\leqslant 0$			$c>0$		
θ	$(0,\theta_1^{(0)})$	$[\theta_1^{(0)},\theta_2^{(0)}]$	$(\theta_2^{(0)},\pi)$	$(0,\theta_1^{(0)})$	$[\theta_1^{(0)},\theta_2^{(0)}]$	$(\theta_2^{(0)},\pi)$
$\varepsilon(\theta)$ 的单调性	↑	↓	↑	↓	↑	↓
$\varepsilon(\theta)$ 的可行域	(A,C)	$[B,C]$	(B,A)	(B,A)	$[B,C]$	(A,C)
$\varepsilon(\theta)$ 的最小值	B	B				

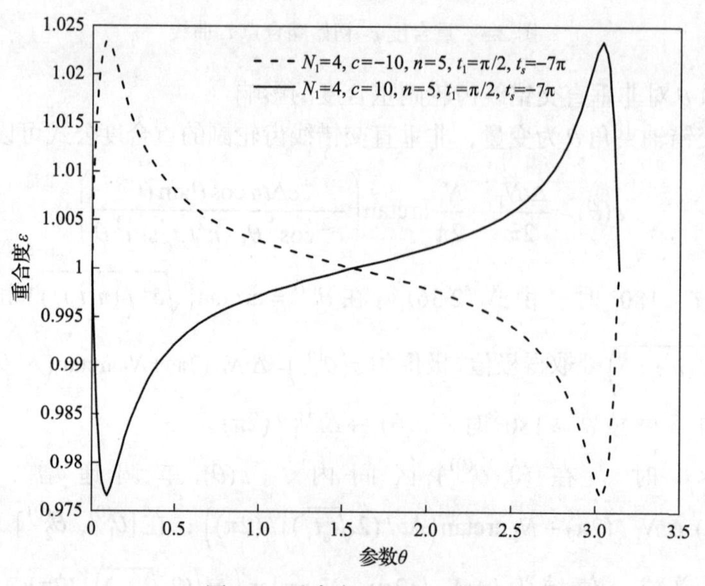

图 2.9　重合度 ε-参数 θ 曲线

5) 参数 Δt 对非垂直交错线齿轮副重合度的影响

以啮合点参数范围 Δt 为变量，非垂直交错线齿轮副的重合度公式可以表示为

$$\varepsilon(\Delta t)=\frac{\Delta t N_1}{2\pi}-\frac{N_1}{2\pi}\arctan\left(\frac{c\Delta t n\cos\theta\sin\theta}{c^2\cos^2\theta+n^2 t_s t_e\sin^2\theta}\right) \tag{2.37}$$

$\Delta t>0$，由式(2.37)可知，当 $\Delta t=-(c^2\cos^2\theta+n^2 t_s^2\sin^2\theta)/(n^2 t_s\sin^2\theta)$ 时，$\varepsilon(\Delta t)$ 存在断点。对式(2.37)进行单调性分析，可得参数 Δt 对重合度的影响是呈单调递增的。应用 MATLAB 计算式(2.37)，得到啮合点参数范围 Δt 与重合度的关系曲线，如图 2.10 所示。

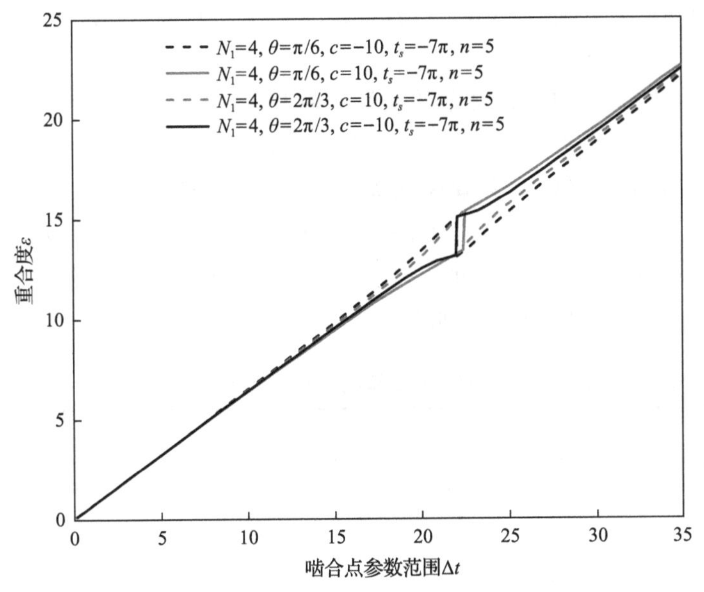

图 2.10 重合度 ε- 啮合点参数范围 Δt 曲线

6) 参数 N_1 对非垂直交错线齿轮副重合度的影响

以主动线齿轮的线齿数 N_1 为变量，非垂直交错线齿轮副的重合度公式可以表示为

$$\varepsilon(N_1)=N_1\left(\frac{\Delta t}{2\pi}-\frac{1}{2\pi}\arctan\left(\frac{c\Delta t n\cos\theta\sin\theta}{c^2\cos^2\theta+n^2 t_s t_e\sin^2\theta}\right)\right) \tag{2.38}$$

由式(2.38)可明显看到，参数 N_1 对重合度的影响是成正比的，即主动线齿轮的线齿数越大，线齿轮的重合度也越大。

2.3.3　计算实例

总结 2.3.2 节内容，在 $a\cos\theta+(n\pi-b)\sin\theta=0$ 和 $t_st_e\geqslant 0$ 条件下，当 $c\cos\theta<0$ 时，无论 c、θ、t_s、n 取何值，只要保证 $\Delta tN_1/(2\pi)\geqslant 1$ 即可满足重合度大于等于 1 的要求；当 $c\cos\theta>0$ 时，在 $\varepsilon=\Delta tN_1/(2\pi)-N_1\arctan(c\Delta tn\cos\theta\sin\theta/(c^2\cos^2\theta+n^2t_st_e\sin^2\theta))/(2\pi)$ 中，由于 $c^2\cos^2\theta+n^2t_st_e\sin^2\theta\geqslant 0$，$c\Delta tn\cos\theta\sin\theta\geqslant 0$，且 $(c^2\cos^2\theta+n^2t_st_e\sin^2\theta)-(c\Delta tn\cos\theta\sin\theta)\geqslant 0$，所以 $c\Delta tn\cos\theta\sin\theta/(c^2\cos^2\theta+n^2t_st_e\sin^2\theta)\leqslant 1$，$\varepsilon\geqslant\Delta tN_1/(2\pi)-N_1(\pi/4)/(2\pi)=\Delta tN_1/(2\pi)-N_1/8$，且 $\varepsilon\leqslant\Delta tN_1/(2\pi)$。因此，无论 c、θ、t_s、n 取何值，只要 $\Delta tN_1/(2\pi)-N_1/8\geqslant 1$，则重合度大于 1。当 $\Delta tN_1/(2\pi)<1$ 或者 $\Delta tN_1/(2\pi)-N_1/8<1$ 时，只要 c、θ、t_s、n 选择得当，重合度也有可能大于 1。

本节重合度算例是以 2.3.2 节的研究结果为例，设计 3 组交错线齿轮副，这 3 组交错线齿轮副的参数如表 2.5～表 2.7 所示。其中，对应表 2.5 的数据 $c\cos\theta<0$ 或者表 2.6 的数据 $\theta=90°$，只要保证 $\Delta tN_1/(2\pi)\geqslant 1$，无论 c、θ、t_s、n 取何值，重合度都大于等于 1；对应表 2.7 的数据 $c\cos\theta>0$，只要保证 $\Delta tN_1/(2\pi)-N_1/8\geqslant 1$，无论 c、θ、t_s、n 取何值，重合度都大于 1。根据计算得到的所有数据，应用 Pro/E 建模，得到三维模型如图 2.11 所示。

表 2.5　$c\cos\theta<0$ 交错线齿轮的重合度实例参数

项目	1	2	3	4
θ	$\theta=45°$		$\theta=155°$	
c/mm	−17	−17	12	12
m/mm	5	5	5	5
i_{12}	3	3	3	5
n/mm	6	6	6	6
a/mm	16.9647	16.9647	21.0181	36.2373
b/mm	35.8142	35.8142	−26.224	−58.8615
t_s	1.57π	1.57π	−2.8π	−5π
Δt	0.5π	0.5π	0.5π	2π
N_1	4	6	4	1
ε	1.0704	1.6055	1.0522	1.0255

表 2.6　$\theta=90°$ 交错线齿轮的重合度实例参数

项目	1	2
c / mm	20	20
m / mm	5	5
i_{12}	3	3
n / mm	6	6
a / mm	5	5
b / mm	6π	6π
t_s	−1.95π	−2.2π
Δt	0.5π	π
N_1	6	8
ε	1.5	4

表 2.7　$c\cos\theta>0$ 交错线齿轮的重合度实例参数

项目	1	2	3	4
θ	$\theta=20°$		$\theta=155°$	
c / mm	8	15	−9	−9
m / mm	5	5	5	5
i_{12}	5	3	3	3
n / mm	6	4	6	6
a / mm	23.4283	4.2093	16.3288	17.2394
b / mm	83.2182	24.1314	−16.1677	−18.1204
t_s	3.775π	π	−2.15π	−2.275π
Δt	4.525π	1.75π	0.5π	0.75π
N_1	4	5	8	4
ε	1.4698	1.3764	1.8587	1.3928

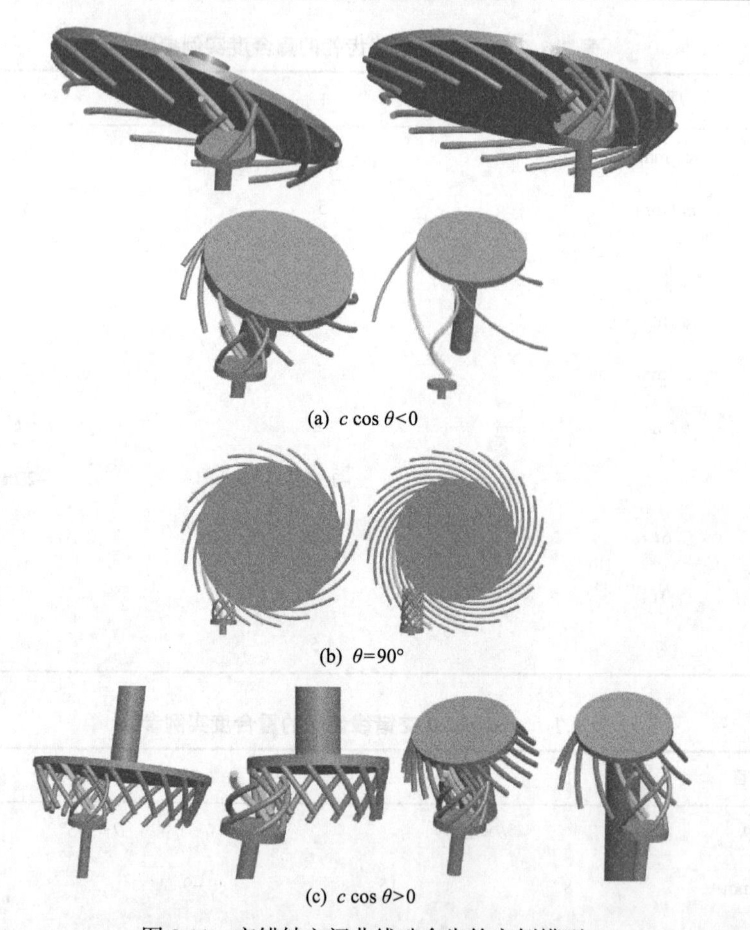

(a) $c\cos\theta<0$

(b) θ=90°

(c) $c\cos\theta>0$

图 2.11 交错轴空间曲线啮合齿轮实例模型

表 2.5 的第 1、2 组数据中除了 N_1，其他参数都一样，所得重合度和 N_1 呈正比关系；第 1、4 组或者第 2、3 组数据对比可知 c、θ 和 t_s 都不一样，$\Delta tN_1/(2\pi)\geqslant 1$，则重合度大于 1，并可得到主动线齿数为 1 的交错线齿轮副。由表 2.6 的第 1、2 组数据对比可知，当 $\theta=90°$ 时，Δt、N_1 与重合度呈正比关系，其他参数对重合度没有影响。由表 2.7 的第 1、2、3 和 4 组数据对比可知，当 $c\cos\theta>0$ 时，只要保证 $\Delta tN_1/(2\pi)-N_1/8\geqslant 1$，无论 c、θ、t_s、n 取何值，重合度都大于 1。

2.4 线齿轮几何参数设计计算公式

传统齿轮的几何参数计算公式不适用于线齿轮，例如，线齿轮设计不用模数这个参数。工业化应用线齿轮的几何参数设计公式主要涉及主、从动轮的半径，主、从动线齿长度，齿高，齿距，螺旋升角，主、从动轮最大外圆直径，基圆直径等几何参数。

2.4.1 标准线齿轮几何参数设计计算公式

本节给出标准的正交线齿轮、斜交线齿轮和交错线齿轮的几何参数计算公式，如表 2.8～表 2.10。

表 2.8　标准正交线齿轮几何参数设计公式

序号	尺寸名称	代号	计算公式
1	线齿直径	D	已知，根据受力及强度条件确定
2	主动轮基圆半径	r_{1G}	$r_{1G}=m$，m 已知，要求 $m>N_1D/\pi$
3	主动轮外圆半径	R_1	$R_1=m+2D$
4	主动线齿导程	p	已知
5	主动线齿螺旋升角	λ	$\lambda=\arctan\dfrac{p}{2\pi m}$，$\lambda$ 通常取 25°～45°
6	空间中心距	a，b	已知
7	主动线齿齿根参数	θ_{s1}	$-\pi$
8	主动线齿齿顶参数	θ_{e1}	$\theta_{e1}=\dfrac{1}{k}\theta_e$，$\theta_e$ 由公式 $m-i_{21}\left[\dfrac{p(\theta_e+\pi)}{2\pi}-b\right]\sin\theta_e=0$ 解出，k 通常取 0.95
9	从动线齿齿顶参数	θ_{s2}	$\theta_{s2}=-k\pi$，k 通常取 0.95
10	从动线齿齿根参数	θ_{e2}	$\theta_{e2}=\theta_e$，θ_e 可由公式 $m-i_{21}\left[\dfrac{p(\theta_e+\pi)}{2\pi}-b\right]\sin\theta_e=0$ 解出
11	从动轮基圆半径	r_{2G}	$r_{2G}=m\sqrt{\cos^2\theta_e+1/\left(i_{21}^2\sin^2\theta_e\right)}$
12	从动轮外圆半径	R_2	$R_2=b-(pk\theta_s+p\pi)/(2\pi)$，$k$ 通常取 0.95

表 2.9　标准斜交线齿轮几何参数设计公式

序号	尺寸名称	符号	计算公式
1	主动轮齿数	N_1	已知
2	从动轮齿数	N_2	$N_2=i_{12}N_1$
3	主动线齿中心线参数	m，n	已知
4	主动线齿中心线螺距	p	$p=2\pi n$
5	主动线齿中心线螺旋升角	λ	$\lambda=\arctan\dfrac{n}{m}$，$\lambda$ 通常取 25°～45°
6	中间量	k_m，k_n	$k_m=m/\sqrt{m^2+n^2}$，$k_n=n/\sqrt{m^2+n^2}$

续表

序号	尺寸名称	符号	计算公式
7	主动线齿间隙系数	k_{1d}	$k_{1d} > 1.5$
8	线齿直径	D	$D = \dfrac{2\pi m k_n}{N_1\left(1 + k_{1d}\right)}$
9	主动接触线参数修正系数	k_c	$0.98 \leqslant k_c \leqslant 0.99$
10	中心距	a	$a = m i_{12} + \left(\dfrac{D}{2k_m} + \dfrac{\pi n}{2}\right) \times \sin\theta - m\cos\theta$ 结果取整
11	主动线齿中心线参数	t_c	$-\pi \leqslant t_c \leqslant -k_{l2}\pi / 2$
12	主动线齿中心线参数修正系数	k_{l1}	$k_{l1} = k_c + \dfrac{k_m D}{n\pi} - \dfrac{D}{k_m \pi n}$
13	主动线齿全齿高	h_1	$h_1 = \left(1 - \dfrac{k_c}{2}\right) \times \pi n + \dfrac{D}{2k_m}$
14	主动轮基圆半径	r_{1G}	$r_{1G} = m$
15	主动轮外圆半径	R_1	$R_1 \geqslant m + \dfrac{D}{2}$
16	从动线齿中心线参数	t_c	$-\pi \leqslant t_c \leqslant -k_{l2}\pi / 2$
17	从动线齿中心线参数修正系数	k_{l2}	$0.9 \leqslant k_{l2} \leqslant 0.95$
18	从动轮基圆半径	r_2^G	$r_2^G = \sqrt{\left\{m\cos\theta - \left[\pi n\left(1 - \dfrac{k_c}{2}\right) + \dfrac{D}{2k_m} + \dfrac{D}{2k_m}\right]\sin\theta + a\right\}^2 + \left(\dfrac{k_n D}{2}\right)^2}$
19	从动轮外圆半径	R_2	$R_2 = \sqrt{\left[m\cos\theta - \left(\dfrac{k_m D}{2} + \dfrac{D}{2k_m}\right)\sin\theta + a\right]^2 + \left(\dfrac{k_n D}{2}\right)^2}$

表 2.10　标准交错线齿轮几何参数设计公式

定义	计算公式或符号表示
圆柱半径	m
螺距	$p_1 = 2\pi\lvert n\rvert$
螺旋线高度	$h_1 = \lvert n\left(t_s - t_e\right)\rvert$
螺旋升角	$\lambda_1 = \arctan(p_1 / (2\pi m_1)) = \arctan(\lvert n\rvert / m_1)$
接触线间角度	$\psi_1 = 2\pi / N_1$

续表

定义	计算公式或符号表示		
θ	$0°<\theta<90°$	$\theta=90°$	$90°<\theta<180°$
c/mm	给定	$c>\dfrac{\pi n^2}{4m}-ni$	给定
m/mm	给定	给定	给定
i_{12}	给定	给定	给定
n/mm	$n\geqslant\max\left\{0,\dfrac{cm\sin\theta-m^2\sin\theta}{mi+m\cos\theta-c\cos\theta}\right\}$	给定	$n\geqslant\max\left\{0,\dfrac{-cm\sin\theta+m^2\sin\theta}{mi-m\cos\theta+c\cos\theta}\right\}$
a/mm	$a=nt_s\cos\theta\sin\theta-(m\cos(\varphi_{1s}-t_s))\sin^2\theta$	$a=m$	$a=nt_s\cos\theta\sin\theta-(m\cos(\varphi_{1s}-t_s))\sin^2\theta$
b/mm	$b=\dfrac{a\cos\theta}{\sin\theta}+n\pi$	$b=n\pi$	$b=\dfrac{a\cos\theta}{\sin\theta}+n\pi$
t_m	$f(t_m)=0$	$f(t_m)=0$	$f(t_m)=0$
t_s	$t_m=(t_s+t_e)/2$ $t_e-t_s=\pi/2,\quad t_s\geqslant0$	$t_m=(t_s+t_e)/2$ $t_e-t_s=\pi/2$	$t_m=(t_s+t_e)/2$ $t_e-t_s=\pi/2$
t_e	$t_m=(t_s+t_e)/2$ $t_e-t_s=\pi/2$	$t_e\leqslant0$ $t_m=(t_s+t_e)/2$ $t_e-t_s=\pi/2$	$t_e\leqslant0$ $t_m=(t_s+t_e)/2$ $t_e-t_s=\pi/2$

几点说明如下：

表 2.10 中，当$0°<\theta<90°$时，有

$$
\begin{aligned}
f(t)=&mi+m\cos\theta+c\sin(\varphi_1-t)\cos\theta+nt\sin\theta\cos(\varphi_1-t)\\
&-m\sin\theta(m\sin(\varphi_1-t)+c)/n
\end{aligned}
$$

当$90°\leqslant\theta<180°$时，有

$$
\begin{aligned}
f(t)=&mi-m\cos\theta-c\sin(\varphi_1-t)\cos\theta-nt\sin\theta\cos(\varphi_1-t)\\
&+m\sin\theta(m\sin(\varphi_1-t)+c)/n
\end{aligned}
$$

交错线齿轮的主动接触线为等距圆柱螺旋线，非垂直轴从动接触线为变直径变螺距的双塔形螺旋线，垂直轴从动接触线为变形的渐开线。

2.4.2　线齿轮传动的几何约束与不干涉条件

1. 共面线齿轮的几何约束与不干涉条件

首先，要考虑线齿接触线的几何约束与不干涉条件。常用共面线齿轮的主动

接触线一般设定为空间圆柱螺旋线，这里给出其从动接触线的几何约束和不干涉条件，如表 2.11 和表 2.12。

表 2.11　共面线齿轮的从动接触线的几何约束

尺寸名称	符号	定义	取值		
			$\theta \neq 0, \pi/2, \pi$	$\theta = \pi/2$	$\theta = 0$ 或 $\theta = \pi$
从动接触线螺旋半径	m_2	$m_2 = \left\lvert \rho_M^{(2)} \right\rvert$	$\left\lvert \dfrac{m_1 - a}{\cos\theta} - n\Delta t \sin\theta \right\rvert$	$\lvert n\pi + nt - b \rvert$	$\lvert m_1 - a \rvert$
轴向螺距	P_{z2}	$P_{z2} = \left\lvert \Delta z_M^{(2)} \right\rvert$	$\lvert 2\pi i_{12} n \cos\theta \rvert$	$2\pi i_{12} n$	0
径向螺距	P_{r2}	$P_{r2} = \left\lvert \Delta \rho_M^{(2)} \right\rvert$	$\lvert 2\pi i_{12} n \sin\theta \rvert$	0	$2\pi i_{12} n$
母线螺距	P_2	$P_2 = \sqrt{P_{r2}^2 + P_{n2}^2}$		$2\pi i_{12} n$	
螺旋高度	h_2	$h_2 = \lvert z_2 \rvert$	$\lvert -n\Delta t \cos\theta \rvert$	0	$\lvert n\Delta t \rvert$
锥度	C_2	$C_2 = 2 \lvert \tan\theta \rvert$	$2 \lvert \tan\theta \rvert$	—	0
分度锥度	δ_2	$\tan\delta_2 = \lvert \tan\theta \rvert$	$\delta_2 = \arctan \lvert \tan\theta \rvert$	—	0
瞬时螺旋升角	λ_{2t}	$\lambda_{2t} = \arctan \dfrac{P_2}{2\pi \rho_M^{(2)}}$	$\arctan \dfrac{i_{12} n}{\dfrac{m_1 - a}{\cos\theta} - n\Delta t \sin\theta}$	$\arctan \dfrac{i_{12} n}{n\pi + nt - b}$	$\arctan \dfrac{i_{12} n}{m_1 - a}$
相邻接触线夹角	ψ_2	$\psi_2 = 2\pi / z_2$		$2\pi / z_2$	

表 2.12　共面线齿轮的从动接触线不干涉条件

轴线类型	θ	不干涉条件	从动接触线旋向	啮合方式
相交轴	$0 < \theta < \pi/2$	$a < m_1 - (t_E + \pi) n \sin\theta \cos\theta$	右旋	内啮合
	$\pi/2 < \theta < \pi$	$a > m_1 - (t_E + \pi) n \sin\theta \cos\theta$	左旋	外啮合
垂直轴	$\theta = \pi/2$	$b > n(t_E + \pi)$	平面	内啮合与外啮合的临界
平行轴	$\theta = 0$	$a < m_1$	右旋	内啮合
	$\theta = \pi$	$a > m_1$	左旋	外啮合

如图 2.12 所示，一般的共面线齿轮副的相对位置关系可以看成主动线齿节圆柱和从动线齿节圆台相切，共面线齿轮副主、从动线齿轮轴的中心线共面，将共面线齿轮副的几何关系转换到坐标系 $O\text{-}xyz$ 中考虑，得到表 2.13 和表 2.14 所示的共面线齿轮副几何关键点参数设计公式。

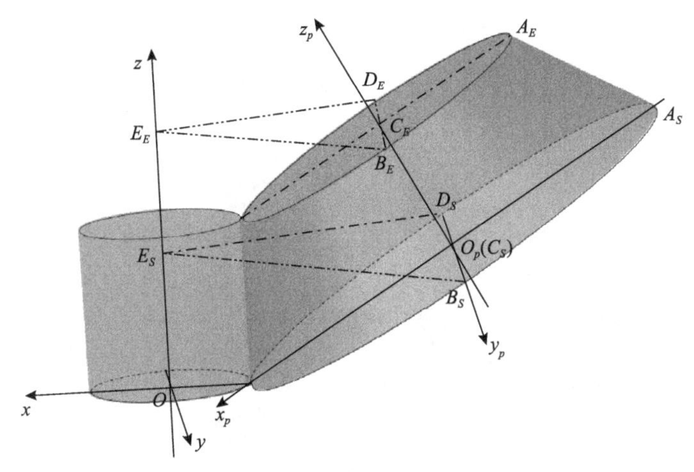

图 2.12　共面线齿轮副的几何关键点坐标

表 2.13　共面线齿轮副几何关键点参数设计公式

起始圆		终止圆	
A_S	$[\rho_{2S}\cos\theta - a\ \ 0\ \ b+\rho_{2S}\sin\theta]^{\mathrm{T}}$	A_E	$[\rho_{2E}\cos\theta - a + z_{2E}\sin\theta\ \ 0\ \ b - z_{2E}\cos\theta + \rho_{2S}\sin\theta]^{\mathrm{T}}$
B_S	$[-a\ \ \rho_{2S}\ \ b]^{\mathrm{T}}$	B_E	$[z_{2E}\sin\theta - a\ \ \rho_{2E}\ \ b - z_{2E}\cos\theta]^{\mathrm{T}}$
C_S	$[-a\ \ 0\ \ b]^{\mathrm{T}}$	C_E	$[z_{2E}\sin\theta - a\ \ 0\ \ b - z_{2E}\cos\theta]^{\mathrm{T}}$
D_S	$[-a\ \ -\rho_{2S}\ \ b]^{\mathrm{T}}$	D_E	$[z_{2E}\sin\theta - a\ \ -\rho_{2E}\ \ b - z_{2E}\cos\theta]^{\mathrm{T}}$

表 2.14　共面线齿轮副参数 ρ_{2S}、ρ_{2E}、z_{2E} 的设计公式

θ	ρ_{2S}	ρ_{2E}	z_{2E}
$\theta=0$	m_1-a	m_1-a	$-n(t_E+\pi)$
$0<\theta<\pi/2$	$\dfrac{m_1-a}{\cos\theta}$	$\dfrac{m_1-a}{\cos\theta}-n(t_E+\pi)\sin\theta$	$-n(t_E+\pi)\cos\theta$
$\theta=\pi/2$	b	$-(n\pi+nt_E-b)$	0
$\pi/2<\theta<\pi$	$\dfrac{m_1-a}{\cos\theta}$	$\dfrac{m_1-a}{\cos\theta}-n(t_E+\pi)\sin\theta$	$-n(t_E+\pi)\cos\theta$
$\theta=\pi$	$-(m_1-a)$	$-(m_1-a)$	$n(t_E+\pi)$

然后，考虑如图 2.13 所示的共面线齿轮副的几何约束关系，得到如表 2.15 所示的共面线齿轮副的几何约束修正参数设计公式。

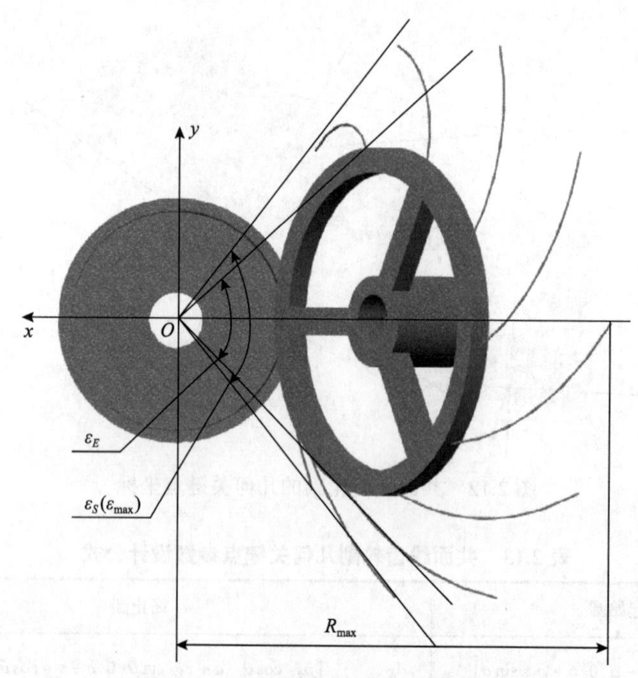

图 2.13　共面线齿轮副的几何约束关系

表 2.15　共面线齿轮副的几何约束修正参数设计公式

初始值	修正值
m_1	$m_1' = m_1 + r_{1t}$
m_2	$m_2' = \left\|\rho_M^{(2)}\right\| + r_{2t}$
齿轮副最大半径 R_{max}	$R_{max}' = R_{max} + r_{2t}$，$R_{max} = \max\left\{m_1, \left\|y_{AS}\right\|, \sqrt{x_{BS}^2 + y_{BS}^2}\right\}$
齿轮副高度 H_{max}	$H_{max}' = H_{max} + r_{1t} + r_{2t}$，$H_{max} = \left\|z_{A_E}\right\|$
从动轮的初始张角 ε_S 的修正值	$\varepsilon_S' = 2\arctan\dfrac{\left\|-a\right\| + 2r_{2t}}{\left\|\rho_{2S}\right\|}$
从动轮的终止张角 ε_E 的修正值	$\varepsilon_E' = 2\arctan\dfrac{\left\|z_2\sin\theta - a\right\| + 2r_{2t}}{\left\|\rho_{2E}\right\|}$

设计共面线齿轮副时，还必须考虑相邻线齿接触线的距离与线齿半径之间的关系，使得相邻线齿对之间互不干涉。如图 2.14 所示，将主动轮平面和从动轮平面展开，得到共面线齿轮主、从动线齿互不干涉的几何条件，如表 2.16 所示。

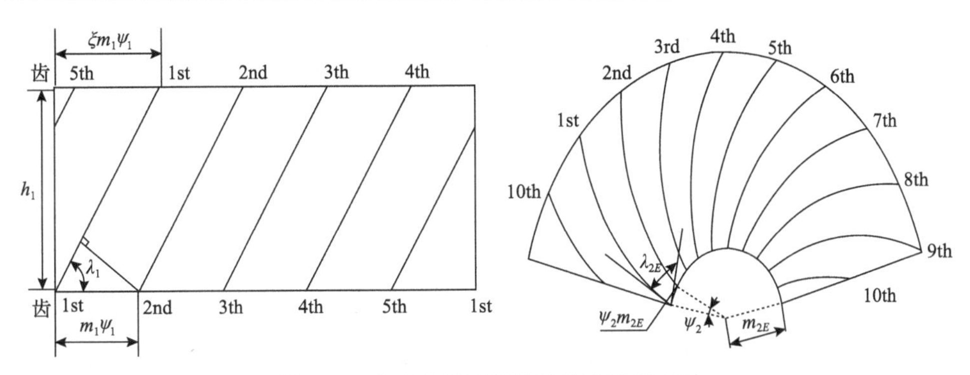

图 2.14　主动轮平面和从动轮平面展开图

表 2.16　共面线齿轮主、从动线齿互不干涉的几何条件

条件	几何设计公式
条件 1	$m_1\psi_1 \sin\lambda_1 > r_{1t} + r_{2t}$
条件 2	$m_2\psi_2 \sin\lambda_{2t} > r_{1t} + r_{2t}$ $m_{2E}\psi_2 \sin\lambda_{2E} > r_{1t} + r_{2t}$

注：由于起始圆半径大于等于终止圆半径（$m_{2S} \geqslant m_{2E}$），条件 2 的两式等价。

2. 交错线齿轮副的几何约束与不干涉条件

主动线齿数 N_1 越大，线齿轮重合度越大，但是 N_1 过大，有可能因相邻两线齿间的间隙过小而导致啮合齿和其他非啮合齿直接发生干涉，如图 2.15 所示。

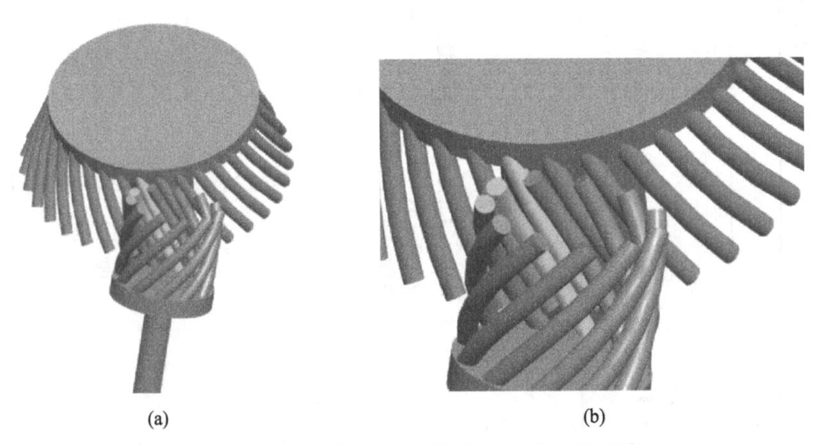

图 2.15　主动线齿 N_1 的数目过大引起的干涉

这种干涉又分从动线齿轮接触线齿与主动线齿轮非接触线齿干涉、主动线齿轮接触线齿与从动线齿轮非接触线齿干涉两种情况，这里分别给出避免这两种干涉的条件，如表 2.17 所示。

表 2.17　交错线齿轮副的不干涉条件

<table>
<tr><th>干涉类型</th><th colspan="2">不干涉条件</th></tr>
<tr><td>从动线齿轮接触线齿与主动线齿轮非接触线齿干涉</td><td colspan="2">$m\psi_1 \sin\lambda_1 > 2k_1(r_{1t}+r_{2t}), N_1 < \pi m\left(n\Big/\sqrt{m^2+n^2}\right)\Big/\left[k_1(r_{1t}+r_{2t})\right]$
其中，ψ_1 为主动线齿轮线齿间在轮体上的夹角，$\psi_1 = 2\pi / N_1$；λ_1 为主动线齿轮螺旋升角，$\lambda_1 = \tan(n/m)$；r_{1t}、r_{2t} 分别为主、从动线齿的半径；k_1 为大于等于 1 的系数，k_1 取值由主动接触线齿的弯曲程度和是否需要过大齿间间隙决定，一般取值为 $1 \leqslant k_1 \leqslant 1.5$</td></tr>
<tr><td rowspan="3">主动线齿轮接触线齿与从动线齿轮非接触线齿干涉</td><td colspan="2">$P_r\psi_2 \sin\lambda_{2t} > 2k_2(r_{1t}+r_{2t}), \lambda_{2t} = \arcsin\left(\dfrac{\left|z_M^{(2)\prime}\right|}{\sqrt{(x_M^{(2)\prime})^2+(y_M^{(2)\prime})^2+(z_M^{(2)\prime})^2}}\right)$
其中，λ_{2t} 为从动接触线螺旋升角；P_r 为从动接触线的螺旋半径；ψ_2 为从动线齿轮线齿间在轮体底面上的圆心角，$\psi_2 = 2\pi / N_2 = 2\pi / (iN_1)$；$\lambda_{2t}$ 为从动接触线螺旋升角；r_{1t}、r_{2t} 分别为主、从动线齿的半径；k_2 为大于 1 的系数，k_2 取值由主动接触线齿的弯曲程度决定</td></tr>
<tr><td>$0° < \theta < 90°$</td><td>$\sin\lambda_{2t} = \dfrac{\left|(-m(\varphi_1'-1)\sin(\varphi_1-t)\sin\theta - n\cos\theta)\right|}{\sqrt{\left(\dfrac{m\sin(\varphi_1-t)+c}{\sin(\varphi_1-t)}\varphi_3'\cos\theta + m(\varphi_1'-1)\right)^2 + \left[(m\sin(\varphi_1-t)+c)\varphi_3'\sin\theta - n\right]^2}}$
在 t_s 处，$P_{rs}\psi_2\sin\lambda_{2t_s}$ 最小，保证 $N_1 < \pi P_{rs}\sin(\lambda_{2t_s})/[k_2 i_{12}(r_1+r_2)]$ 即可</td></tr>
<tr><td>$90° \leqslant \theta < 180°$</td><td>$\sin\lambda_{2t} = \dfrac{\left|\left[-m(\varphi_1'-1)\sin(\varphi_1-t)\sin\theta - n\cos\theta\right]\right|}{\sqrt{\left[\dfrac{\sin(\varphi_1-t)m+c}{\sin(\varphi_1-t)}\varphi_3'\cos\theta - m(\varphi_1'-1)\right]^2 + \left[(m\sin(\varphi_1-t)+c)\varphi_3'\sin\theta - n\right]^2}}$
在 t_e 处，$P_{re}\psi_2\sin\lambda_{2t_e}$ 最小，保证 $N_1 < \pi P_{re}\sin(\lambda_{2t_e})/[k_2 i_{12}(r_{1t}+r_{2t})]$ 即可</td></tr>
</table>

3. 凹凸弧线齿轮副的几何约束与不干涉条件

凹凸弧线齿轮副的设计需要考虑三种不干涉条件，它们分别是齿面互不干涉、齿顶与齿底互不干涉，以及轮体互不干涉。

如图 2.16 所示，若只考虑齿廓圆弧在啮合点处相切，则主动线齿和从动线齿的实际表面可能在啮合点外相互干扰，导致啮合异常。线齿轮齿面可以看成接触线上各点的法平面齿廓的集合，因此齿面的不干涉条件是点 O_E 与从动线齿轮齿廓圆弧上任何点的距离不小于 ρ_1。

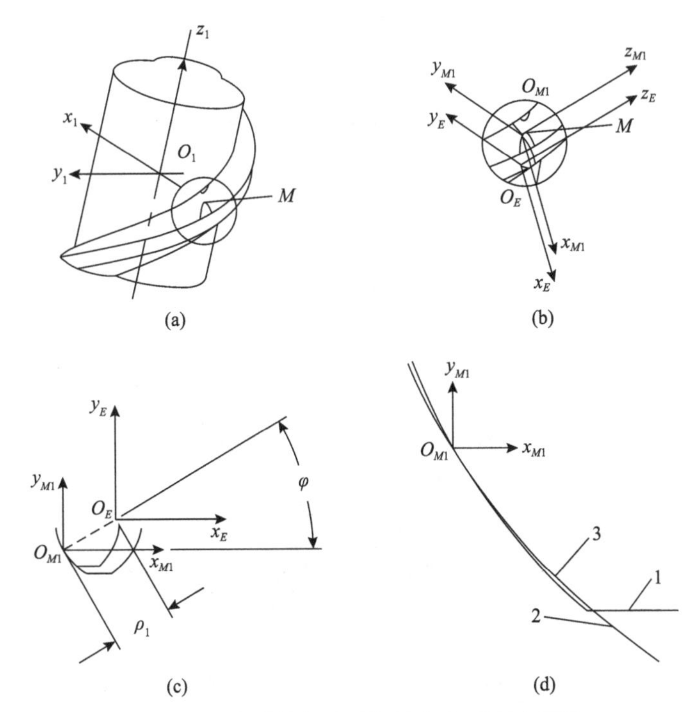

图 2.16　主动轮与从动轮的齿廓干涉示意图

1.主动轮的圆弧齿廓；2.主动接触线上啮合点法平面上的从动轮圆弧齿廓；3.干涉区域

凹凸弧线齿轮副的几何不干涉条件如表 2.18 所示。

4. 线齿轮组的几何约束与不干涉条件

如图 2.17 所示，一个线齿轮组包括一个主动轮、至少两个从动轮。在同一个齿轮组中，每个从动轮与主动轮同时在不同的点啮合，分别组成了一个线齿轮副。

对于某一个线齿轮副，主、从动轮中心线所在的平面定义为线齿轮副平面。显然，所有线齿轮副平面都经过从动轮中心线，并与 xOy 平面垂直。根据图 2.17，线齿轮组参数定义及不干涉条件如表 2.19 所示。

表 2.18　凹凸弧线齿轮副的几何不干涉条件

不干涉类型	不干涉条件
线齿互不干涉	$\begin{cases} X < -\sqrt{\rho_1^{\ 2} - (-\rho_1 \sin\varphi - h_{a1})^2} \\ Y = -\rho_1 \sin\varphi - h_{a1} \\ Z = 0 \end{cases}$ 或 $\begin{cases} X < -\sqrt{\rho_1^{\ 2} - (-\rho_1 \sin\varphi + h_{a1})^2} \\ Y = -\rho_1 \sin\varphi + h_{a1} \\ Z = 0 \end{cases}$ $h_{a1} = h_a^{\ *} \times \rho_1 (1 - \sin\varphi)$，式中，$h_a^{\ *}$ 为齿顶高系数，取值为 0.8～0.97 $h_{f2} = h_f^{\ *} \times h_{a1}$，式中，$h_f^{\ *}$ 为齿根高系数，取值为 1.4～2
体互不干涉	$\begin{cases} \dfrac{d_{f1}}{2} + \dfrac{d_{a2}}{2}\cos(\pi - \theta) < a, & \theta \neq \dfrac{\pi}{2} \\ \dfrac{d_{f1}}{2} + h_{a2} < m, & \theta = \dfrac{\pi}{2} \end{cases}$

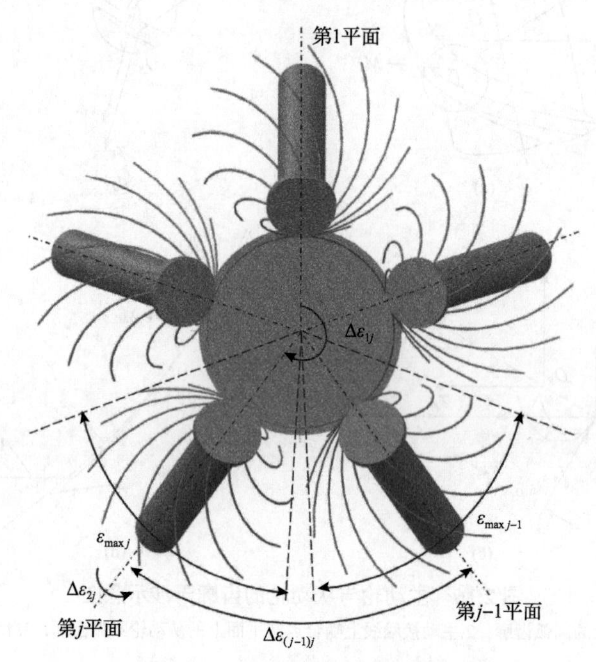

图 2.17　线齿轮组的几何约束

表 2.19　线齿轮组参数定义及不干涉条件

参数定义	不干涉条件
$\Delta\varepsilon_{1j}$	图 2.17 选定主动轮和任意一个从动轮作为参考线齿轮副，记为第 1 个线齿轮副。设第 $j(j = 2,3,\cdots,N)$ 个线齿轮副平面与第 1 个线齿轮副平面的夹角为 $\Delta\varepsilon_{1j}$
$\Delta\varepsilon_{(j-1)j} = \Delta\varepsilon_{1j} - \Delta\varepsilon_{1(j-1)}$	相邻线齿轮副夹角为 $\Delta\varepsilon_{(j-1)j} = \Delta\varepsilon_{1j} - \Delta\varepsilon_{1(j-1)}$，当从动轮绕着主动轮的中心线成轴对称分布时，有 $\Delta\varepsilon_{(j-1)j} = 2\pi / N$

续表

参数定义	不干涉条件
$\Delta\varepsilon_{2j}$	设第 1 个从动轮转过 $\Delta\varepsilon_{2j}$ 后与主动轮的啮合点，跟第 j 个从动轮与主动轮的初始啮合点重合，将 $\Delta\varepsilon_{2j}$ 定义为第 j 个从动轮与第 1 个从动轮转过的相对相位差，有 $\Delta\varepsilon_{2j}=\Delta\varepsilon_{1j}/i_{12}$
$\Delta\varepsilon_{\max}$	设第 j 个从动轮的最大张角为 $\Delta\varepsilon_{\max j}$，相邻从动轮之间不产生干涉，要求两从动轮的最大张角之和的一半小于相邻齿轮副平面之间的夹角，即齿轮组互不干涉条件一：$1/[2(\varepsilon_{\max k-1}+\varepsilon_{\max k})]<\Delta\varepsilon_{(k-1)k}$。所有从动轮的最大张角之和必须小于一个圆周，即齿轮组互不干涉条件二：$\sum_{i=1}^{N}\varepsilon_{\max i}<2\pi$

2.5　其他构型线齿轮设计

线齿轮设计灵活，除了上述几种构型的线齿轮，本节还将介绍两种其他构型的线齿轮，这两种构型的线齿轮的共同特点是具备双自由度，即线齿轮副除了两轴传动，还具备另一个方向的自由度。

2.5.1　可变角度线齿轮设计

当两轴中心线交角发生变化时仍可稳定传动的机构称为角度调节机构，它是机械传动中重要的传动形式。目前，最常用的角度调节机构是万向节机构，弹性联轴器、软轴和球齿轮等结构也具备角度调节的功能。这些常见角度调节机构无法实现两轴定速比的变转速传动，且球齿轮存在易于干涉和加工困难的缺点。因此，本节提出可变角度线齿轮设计，可以同时实现角度调节和定速比的变转速传动的功能，这种机构的应用为如上所述需要调节两轴交角的定速比传动的机械装置设计提供了直接、简易的解决方案，该机械可应用于角度调节机构传动场合的实际机械设计[19-21]。

可变角度线齿轮机构[22]也是由主动线齿轮和从动线齿轮组成的。在稳定的连续啮合传动过程中，当两轴的轴线交角发生变化时，变角度线齿轮传动副保持固定的速比，其主动接触线不变，而从动接触线随着两轴交角的变化而变化，这样由一系列连续变化的从动接触线构成了一个线齿工作面，即从动线齿工作面；反之，也可以使主动接触线随着两轴交角连续变化，从而形成主线齿工作面；也可以使主动接触线和从动接触线同时随着两轴交角连续变化，进而形成线齿轮的两个主、从动线齿工作面。总之，可变角度线齿轮的核心思想是基于不同空间共轭曲线实现不同两轴交角下的连续传动。

在可变角度线齿轮的设计中，对应连续变化的轴交角，可以建立由一系列从动接触线构成的从动线齿的曲面方程，即构造一个从动线齿工作面。从动接触线方程中，当轴交角作为一个独立变量在设定范围内连续变化时，得到一个连续变化的一系列主动接触线构成的主动线齿工作面。

变轴交角线齿轮的坐标系如图 2.18 所示。

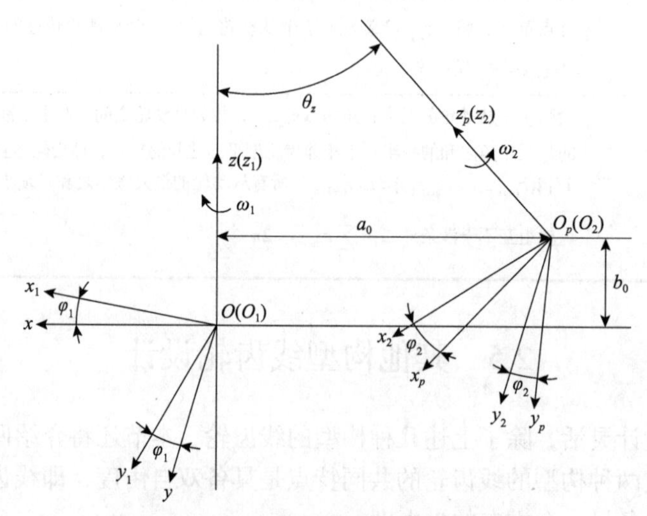

图 2.18　变轴交角线齿轮坐标系

根据线齿轮的基本理论，设给定轴交角 θ_z 下的主动接触线在坐标系 O_2-$x_2y_2z_2$ 中的方程为

$$\begin{cases} x_M^{(2)} = \left[(m-a_0)\cos(\pi-\theta_z)-(n\pi+nt-b_0)\sin(\pi-\theta_z)\right]\cos\left(\dfrac{t+\pi}{i}\right) \\ y_M^{(2)} = -\left[(m-a_0)\cos(\pi-\theta_z)-(n\pi+nt-b_0)\sin(\pi-\theta_z)\right]\sin\left(\dfrac{t+\pi}{i}\right) \\ z_M^{(2)} = -(m-a_0)\sin(\pi-\theta_z)-(n\pi+nt-b_0)\cos(\pi-\theta_z) \end{cases} \tag{2.39}$$

其中，m 为主动接触线的螺旋半径；n 为主动接触线与螺距有关的参数；t 为主动接触线参数。

当给定主动接触线为式(2.39)时，按给定轴交角 θ_z 传动的从动接触线在坐标系 O_1-$x_1y_1z_1$ 中的方程为

$$\begin{cases} x_M^{(1)} = m\cos t \\ y_M^{(1)} = m\sin t \\ z_M^{(1)} = n\pi + nt \end{cases} \tag{2.40}$$

对于方程(2.39)，当轴交角 θ_z 作为一个独立变量在设定范围内连续变化时，得到一个连续变化的一系列主动接触线构成的主动线齿工作面。在坐标系 O_p-$x_py_pz_p$ 中，主动线齿工作面的方程表达为

$$\begin{cases} x_M^{(2)} = \left[(m-a_0)\cos(\pi-\theta_z)-(n\pi+nt-b_0)\sin(\pi-\theta_z)\right]\cos\left(\dfrac{t+\pi}{i}\right) \\ y_M^{(2)} = -\left[(m-a_0)\cos(\pi-\theta_z)-(n\pi+nt-b_0)\sin(\pi-\theta_z)\right]\sin\left(\dfrac{t+\pi}{i}\right) \\ z_M^{(2)} = -(m-a_0)\sin(\pi-\theta_z)-(n\pi+nt-b_0)\cos(\pi-\theta_z) \\ \theta_z = \pi t_1 \end{cases} \tag{2.41}$$

式中，t_1 为轴交角 θ_z 变化范围的参数。

方程(2.41)和(2.39)的区别在于，方程(2.41)中的轴交角 θ_z 是一个变量，可以是某个取值范围内的任意值；而方程(2.39)中的轴交角 θ_z 取某个定值。由此建立了以方程(2.40)和方程(2.41)为基础的变轴交角线齿轮副的基本方程。

基于变轴交角线齿轮副的基本方程，应用 Mathematica 软件，可以建立主动线齿工作面和从动接触线的接触模型，如图 2.19 所示。

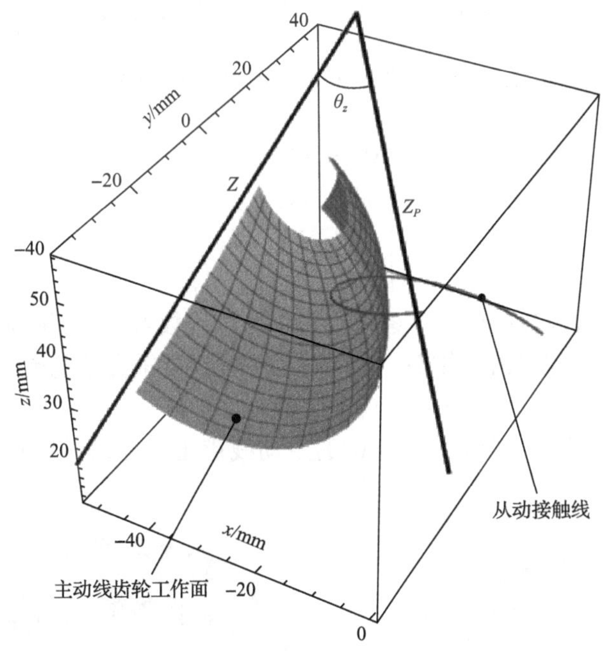

图 2.19　变角度线齿轮的传动接触模型

对于变角度线齿轮的传动接触模型，当轴交角 θ_z 不变时，在接触模型啮合转动过程中，从动接触线始终与主动线齿工作面上对应的一条主动接触线保持接触，并与之形成一对共轭曲线；当连续改变轴交角 θ_z 时，从动接触线始终与主动工作面保持接触，对于任意轴交角，主动工作面上始终有一条主动接触线与从动接触线构成一对相互接触的共轭曲线。因此，只要保证主动线齿工作面和从动接触线的精度，就能保证变轴交角线齿轮机构的传动精度。

变轴交角线齿轮副有两个自由度，第一个自由度是两齿轮之间定速比传动的转动自由度，这个转动自由度具备传动功能，可以将运动由主动轮传动至从动轮；第二个自由度是两齿轮轴交角的摆动，当轴交角变化时，从动轮相对主动轮发生转动，而主动轮不做运动，从动轮与主动轮仅接触而没有力的作用，第二个自由度不具备传动的功能。

本节提出一个设计实例，设定的变轴交角线齿轮的轴交角 θ_z 变化范围为 75°～90°，线齿接触线参数 t 的范围为 5～9，其他参数设置为 $m=12.5\text{mm}$、$n=6\text{mm}$、$a_0=30\text{mm}$、$b_0=10\text{mm}$、$i=2$。输入相关设计参数后，获得主动线齿工作面与从动接触线的方程为

$$
\begin{cases}
x_M^{(2)}=\left[-35\cos(\pi-\theta_z)-(12\pi+12t-20)\sin(\pi-\theta_z)\right]\cos\left(\dfrac{t+\pi}{2}\right)\\
y_M^{(2)}=-\left[-35\cos(\pi-\theta_z)-(12\pi+12t-20)\sin(\pi-\theta_z)\right]\sin\left(\dfrac{t+\pi}{2}\right)\\
z_M^{(2)}=35\sin(\pi-\theta_z)-(12\pi+12t-20)\cos(\pi-\theta_z)
\end{cases}
\tag{2.42}
$$

$$
\begin{cases}
x_M^{(1)}=25\cos t\\
y_M^{(1)}=25\sin t\\
z_M^{(1)}=12\pi+12t
\end{cases}
\tag{2.43}
$$

在变轴交角线齿轮副的实体建模过程中，应用数条对应不同轴交角的主动接触线拟合出整个主动线齿工作面，实际建模中设计的轴交角范围大于理论设计范围。本设计案例中，设计了 6 条对应不同轴交角(74°、78°、82°、86°、90°、94°)的主动接触线，其中轴交角大于 90°的主动线齿工作面区域仅作支撑作用，如图 2.20 所示。

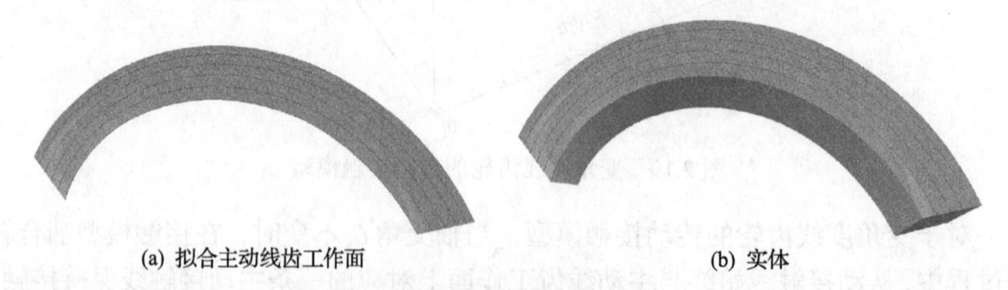

(a) 拟合主动线齿工作面　　　　(b) 实体

图 2.20　拟合主动线齿工作面及其实体

在获得从动轮线齿实体后，可以进一步建立变轴交角线齿轮副装配模型，如图 2.21 所示。

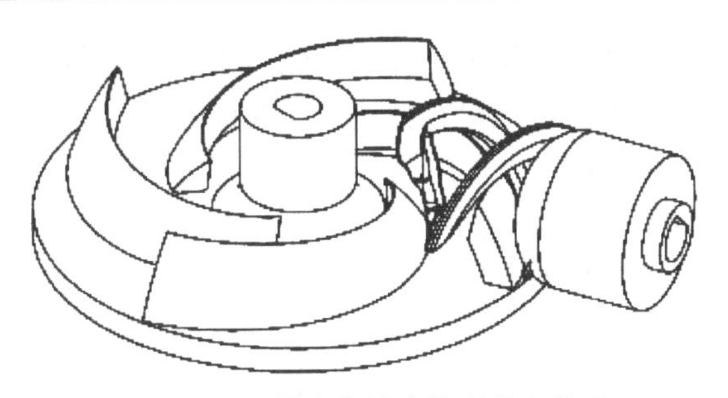

图 2.21 变轴交角线齿轮副装配模型

将上述三维模型用快速成型技术制造出变轴交角线齿轮实物图，得到如图 2.22 所示的变轴交角线齿轮样件。

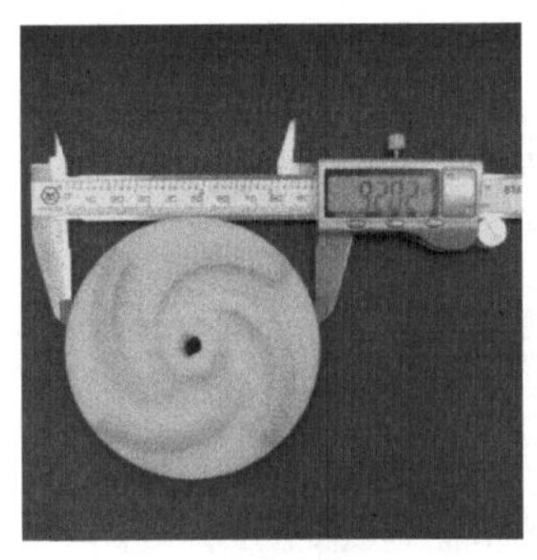

(a) 主动轮

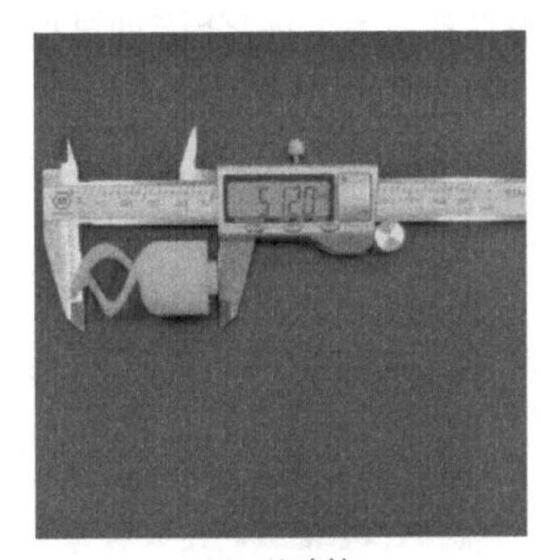

(b) 从动轮

图 2.22 3D 打印变轴交角线齿轮模型

参照万向节运动学特性试验[23]，通过调节不同的轴交角，测量变轴交角线齿轮副的运动学性能来验证本节的设计理论，试验原理如图 2.23 所示。

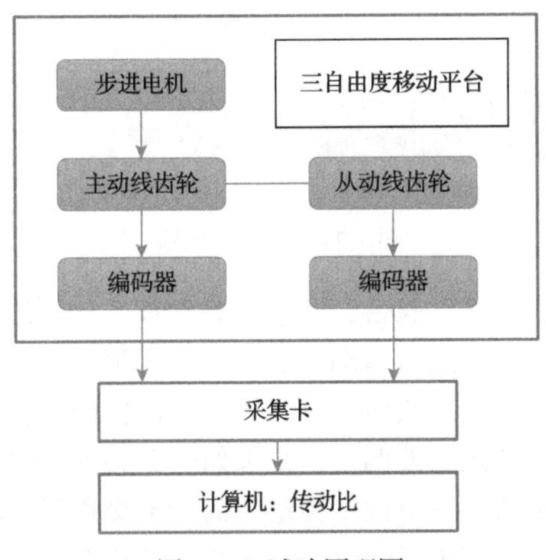

图 2.23 试验原理图

在试验过程中，主动线齿轮和从动线齿轮分别安装编码器以测量变轴交角线齿轮副的传动性能。由于步进电机在低速工作时的抖动会导致变轴交角线齿轮副运动不平稳，综合考虑编码器的采样频率，所以步进电机的转速设定为 180r/min，编码器的采样频率设定为 0.15s/次。对于轴交角的选取，试验采用取点测量的方法，即选取从最小轴交角到最大轴交角的 8 个角度，将其分为两组：其中 4 个轴交角与上述理论设计中的 4 个轴交角完全一致，为第一组试验；另外 4 个轴交角与上述理论设计的角度不一致，为第二组试验。两组试验形成对照试验，第一组试验中，轴交角分别设定为 90°、86°、82°、78°，如图 2.24 所示。第二组试验中，轴交角分别设定为 88°、84°、80°、75°，如图 2.25 所示。第一组试验是理论设计的主、从动接触线的啮合传动试验，而第二组试验是从动接触线与主动线齿面上拟合生成的主动接触线的啮合传动试验。

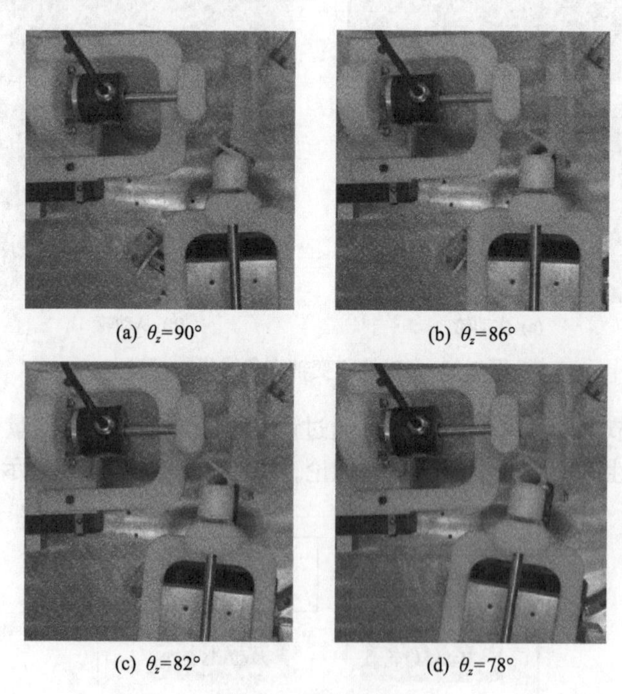

(a) $\theta_z=90°$　(b) $\theta_z=86°$

(c) $\theta_z=82°$　(d) $\theta_z=78°$

图 2.24　第一组试验

在安装线齿轮后，调整试验台，调节试验参数，分别进行第一组试验和第二组试验。在对应的轴交角下进行运动学试验，测得第一组试验和第二组试验传动比的数据。基于上述变轴交角线齿轮副的运动学试验的试验数据，对数据进行分析，主要分析其平均传动比及其偏差，结果如表 2.20 和表 2.21 所示。

由以上试验数据可知，一对设定传动比的变轴交角线齿轮副，其平均传动比稳定，误差小，并且当轴交角变化时，其平均传动比与平均传动比偏差都很小，

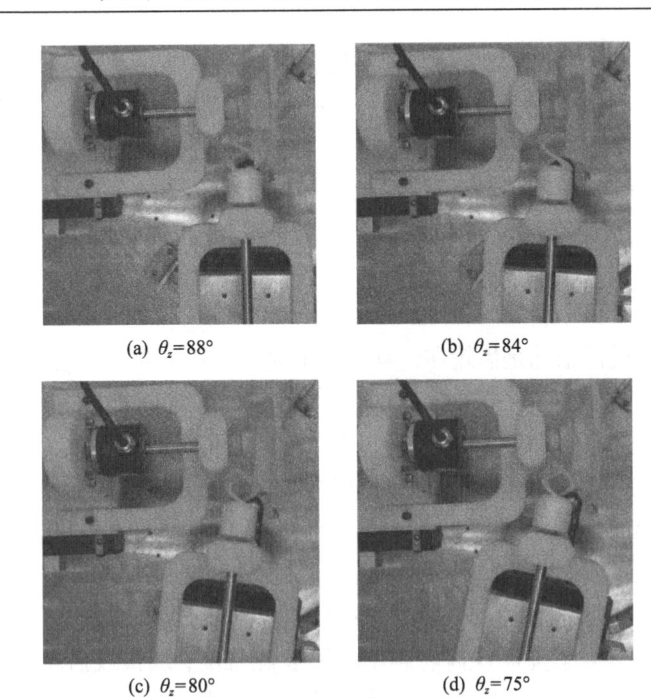

(a) θ_z=88°　(b) θ_z=84°

(c) θ_z=80°　(d) θ_z=75°

图 2.25　第二组试验

表 2.20　变轴交角线齿轮样件的传动误差(第一组试验)

轴交角	平均传动比	平均传动比偏差	标准差	极差
90°	2.000008	0.000008	0.009398	0.031227
86°	2.000133	0.000133	0.011373	0.038573
82°	2.000077	0.000077	0.011123	0.036705
78°	2.000224	0.000224	0.011924	0.037987

表 2.21　变轴交角线齿轮样件的传动误差(第二组试验)

轴交角	平均传动比	平均传动比偏差	标准差	极差
88°	2.000183	0.000183	0.008357	0.028447
84°	2.000215	0.000215	0.011986	0.037024
80°	2.000126	0.000125	0.010527	0.034256
75°	2.000133	0.000133	0.008221	0.029918

能达到预期传动比要求。上述 8 个不同轴交角条件下的平均传动比最大值为 2.000224，平均传动比偏差最大值为 0.000224，标准差最大值为 0.011986，极差最大值为 0.038573。基于以上数据，可以得出结论：本节所研究的变轴交角线齿轮机构的设计理论和公式是正确的，所研制的变轴交角线齿轮副样件可以实现稳定、准确的连续啮合传动。

试验表明，同一对线齿轮副，在对应两组试验共 8 个不同轴交角的条件下，传动过程稳定，试验测得的传动比精确，两组试验的数据无明显差别。由此可见，本节提出的变轴交角线齿轮模型的建立方法没有问题；设计的同一条从动接触线，无论是与设计得到的主动线齿工作面上预先设计的共轭主动接触线比较，还是与拟合得到的主动接触线比较，都能实现精确的啮合传动过程。

2.5.2 具备可分性的线齿轮设计

齿轮可分性设计指的是齿轮在传动过程中允许一定量的中心距安装误差[24,25]。在齿轮正常传动的同时，具备可分性的齿轮还将具备另一个方向的自由度，即两齿轮的轴距变化。传统齿轮中，渐开线齿轮具备可分性，其传动对中心距安装误差不敏感，在设计过程中可以通过试凑法确定渐开线齿轮副的中心距[26]；其余齿轮如圆弧齿轮、摆线齿轮等没有可分性，中心距安装误差将会导致齿轮副的传动性能下降[27,28]。

一般而言，线齿轮副都是按照一些固定的线齿轮接触线进行传动的，因此它们不具备可分性。为了降低线齿轮副中心距装配难度，加快线齿轮的应用和推广，本节以平行轴线齿轮副为例，提出一种具备可分性的线齿轮副设计方法。

理论上，基于空间共轭曲线啮合理论设计的平行轴线齿轮副只需要两条接触线即可传动，且平行轴线齿轮副接触线通常设计为等螺距圆柱螺旋线[29]；实际上，如图 2.26 所示，线齿轮传动中的接触线必然存在于某个实体曲面上，这个曲面就是线齿轮的工作齿面。

一对平行轴线齿轮副的主动线齿轮和从动线齿轮都由轮体和线齿组成，如图 2.27 所示。

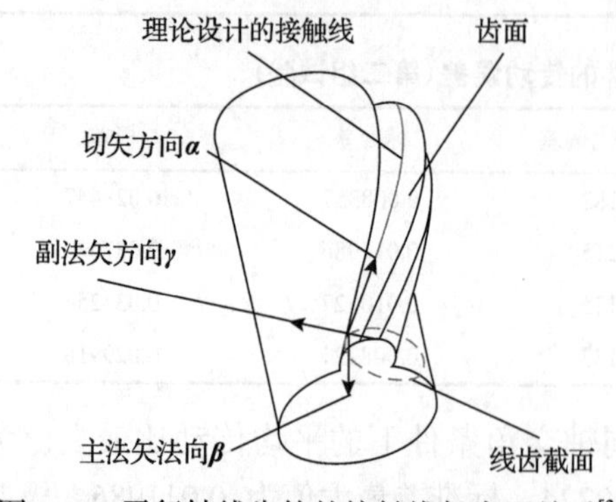

图 2.26　平行轴线齿轮的接触线与齿面关系[30]

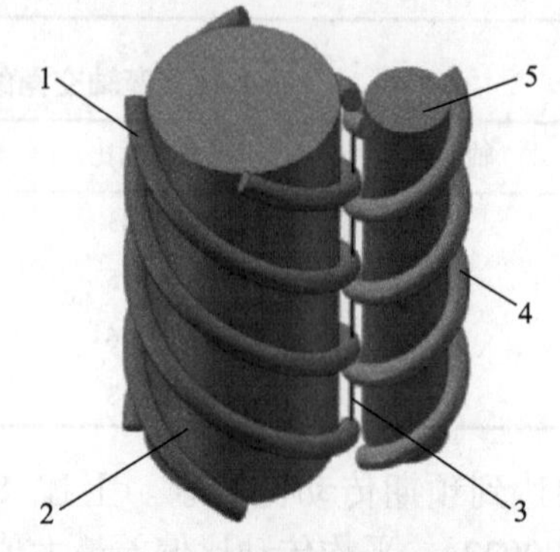

图 2.27　平行轴线齿轮副示意图

在图 2.27 中，1 为主动轮线齿，2 为主动轮轮体，3 为啮合点运动轨迹线，4 为从动轮线齿，5 为从动轮轮体。根据平行轴线齿轮的基本设计理论，主动接触线和从动接触线为一对空间共轭的圆柱螺旋线。

由图 2.26 可知，理论上平行轴线齿轮副必须在精确的中心距下才能按所设计的接触线进行传动，中心距稍微变动就会使平行轴线齿轮副不能按照所设计的共轭曲线进行啮合传动。然而，实际上平行轴线齿轮副在装配中必然存在一定的中心距偏差。因此，研究平行轴线齿轮副的可分性问题十分有必要。

由平行轴线齿轮接触线方程可知，平行轴线齿轮副的主动接触线和从动接触线的螺旋半径、螺距以及传动比等参数如表 2.22 所示。

表 2.22　平行轴线齿轮副接触线有关参数

平行轴线齿轮副	螺旋半径	螺距	传动比
主动接触线	m	$2\pi n$	i
从动接触线	$a-m$	$2\pi ni$	

由表 2.22 可知，平行轴线齿轮副的传动比等于从动接触线的螺距除以主动接触线的螺距。

平行轴线齿轮副的可分性定义为：平行轴线齿轮副在不同中心距下都可以实现相同传动比的传动。换而言之，平行轴线齿轮副可分性具体指的是，对于一对平行轴线齿轮副，在不同中心距下，主动齿面和从动齿面上分别存在一条空间共轭曲线作为接触线，这两条空间共轭曲线可以实现连续稳定的啮合运动，从而使平行轴线齿轮副在不同中心距下保持定速比传动。结合表 2.22 可知，保持不同中心距下主动接触线和从动接触线的螺距不变，是让平行轴线齿轮副具有可分性最直接的方法。因此，随中心距连续变化的主动接触线和从动接触线可以构成两个曲面，即平行轴线齿轮副的主动齿面和从动齿面。换而言之，平行轴线齿轮的齿面形成一系列接触线的集合，如图 2.28 所示。

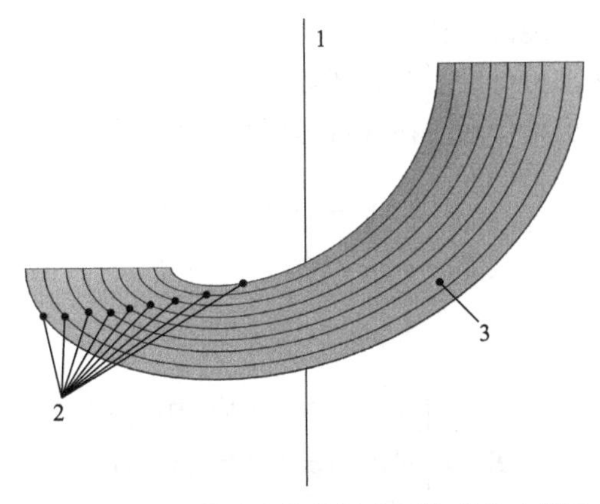

图 2.28　平行轴线齿轮接触齿面的形成示意图

在图 2.28 中，1 为平行轴线齿轮的轴线，2 为不同中心距下的接触线，3 为线齿轮齿面。在传动过程中，线齿轮在不同中心距下的传动对应着两齿面上不同的接触线，而传动比保持不变，这就是平行轴线齿轮副的可分性设计。

平行轴线齿轮副在中心距变化时，主动接触线和从动接触线分别在主动轮坐标系和从动轮坐标系下的方程为

$$\boldsymbol{R}_1^1=\begin{cases} x_M^{(1)}=-(m+\varDelta_1)\cos t \\ y_M^{(1)}=(m+\varDelta_1)\sin t \\ z_M^{(1)}=-n\pi-nt \end{cases} \tag{2.44}$$

$$\boldsymbol{R}_2^2=\begin{cases} x_M^{(2)}=(a-m+\varDelta_2)\cos(t/i) \\ y_M^{(2)}=(a-m+\varDelta_2)\sin(t/i) \\ z_M^{(2)}=-nt \end{cases} \tag{2.45}$$

其中，a 为初始中心距；$\varDelta_1$ 为主动接触线螺旋半径的变化量；$\varDelta_2$ 为从动接触线螺旋半径的变化量。在中心距变化后，平行轴线齿轮副的中心距为 $a-m+\varDelta_2$。

纯滚动传动的线齿轮副的滑动率为零，无滑动摩擦磨损，传动效率高，适合无须润滑和难润滑的应用场合[31,32]。纯滚动传动是平行轴线齿轮副的主要研究方向，因此有必要对有可分性的平行轴线齿轮副进行纯滚动设计。

对于有可分性的平行轴线齿轮副，其在任一中心距下的接触线参数方程如式(2.44)和式(2.45)所示，其纯滚动传动条件可以用式(2.46)表示：

$$i=\frac{a-m+\varDelta_2}{m+\varDelta_1} \tag{2.46}$$

同时具备可分性和纯滚动传动特性的平行轴线齿轮副简称为纯滚动可分性平行轴线齿轮副。纯滚动可分性平行轴线齿轮副在任一中心距下的传动为纯滚动传动，其主动接触线和从动接触线在各自坐标系下的方程分别为

$$\boldsymbol{R}_1^1=\begin{cases} x_M^{(1)}=-(m+\varDelta_1)\cos t \\ y_M^{(1)}=(m+\varDelta_1)\sin t \\ z_M^{(1)}=-n\pi-nt \end{cases} \tag{2.47}$$

$$\boldsymbol{R}_2^2=\begin{cases} x_M^{(2)}=(m+\varDelta_1)i\cos(t/i) \\ y_M^{(2)}=(m+\varDelta_1)i\sin(t/i) \\ z_M^{(2)}=-nt \end{cases} \tag{2.48}$$

在任一中心距下，纯滚动可分性平行轴线齿轮副的中心距为 $(m+\Delta_1)(i+1)$。

由式(2.47)和式(2.48)可知，纯滚动可分性平行轴线齿轮副的中心距的变化与齿数和接触线的长度无关，根据线齿轮副的重合度计算方法[33]，纯滚动可分性平行轴线齿轮副的重合度在中心距变动时保持不变。

从齿廓位置的角度分析，纯滚动可分性平行轴线齿轮副正确传动条件是：在任一位置的线齿轮端面上，主动线齿轮齿廓和从动线齿轮齿廓各自随主动轮和从动轮定速比传动，仅当接触点出现在该端面时，两齿廓相切接触，且接触点到两齿廓旋转中心的距离分别等于两条接触线的螺旋半径；在其余位置，两齿廓不接触，如图 2.29 所示。

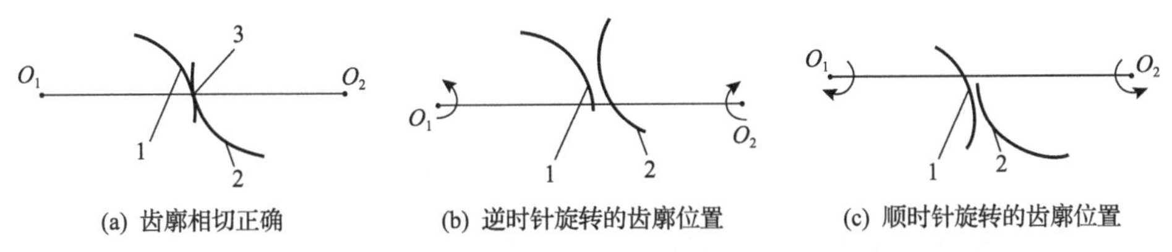

(a) 齿廓相切正确　(b) 逆时针旋转的齿廓位置　(c) 顺时针旋转的齿廓位置

图 2.29　纯滚动可分性平行轴线齿轮副传动时齿廓位置情况

下面以圆弧齿廓的线齿轮副为例详细介绍具备可分性的线齿轮副的设计方法。

如图 2.30 中的圆弧齿廓，1 表示主动齿廓，2 表示从动齿廓，从动齿廓为主动齿廓等比例缩放，该比例值为传动比值。两个圆弧齿廓绕各自旋转中心连续相切转动(简称相切转动)可以简化为平面四连杆机构运动，如图 2.31 所示。

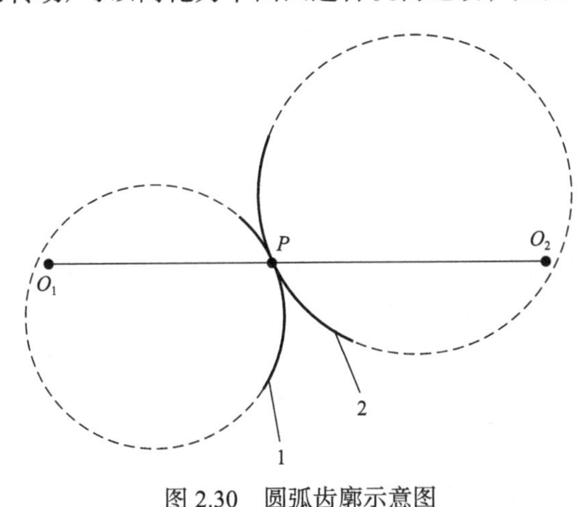

图 2.30　圆弧齿廓示意图

图 2.31 中的几个角度之间的关系为

$$\alpha_1+\alpha_2=\beta_1+\beta_2 \tag{2.49}$$

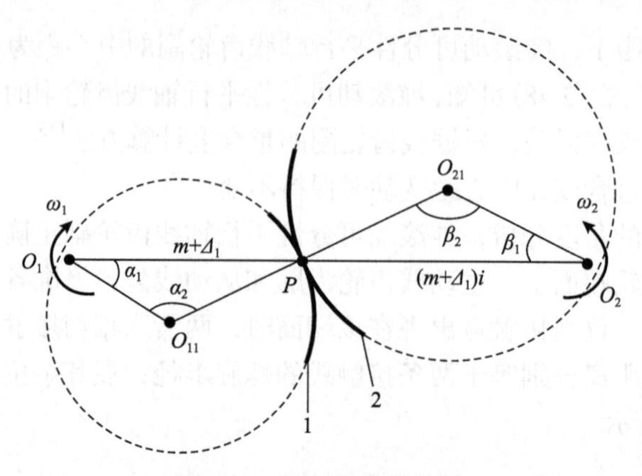

图 2.31　圆弧齿廓分析图

根据刚体运动学公式：

$$|\varpi_1|(m+\Delta_1)\sin\alpha_2 = |\varpi_2|(m+\Delta_1)i\sin\beta_2 \tag{2.50}$$

当主动线齿轮齿廓顺时针转动时，齿廓的位置变化如图 2.32 所示。

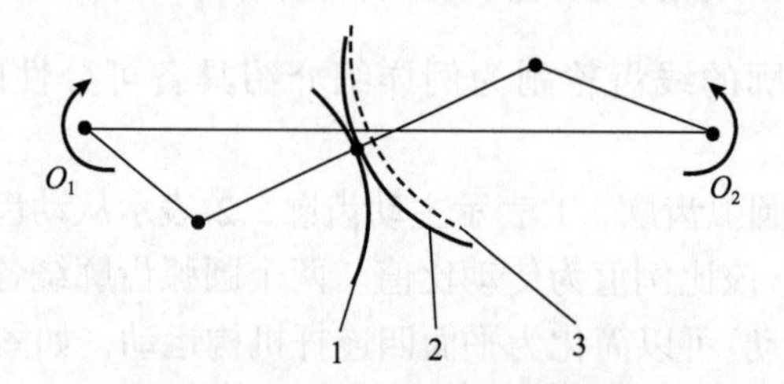

图 2.32　圆弧齿廓运动后的位置

当主动线齿轮齿廓逆时针旋转时，齿廓的位置变化如图 2.33 所示。

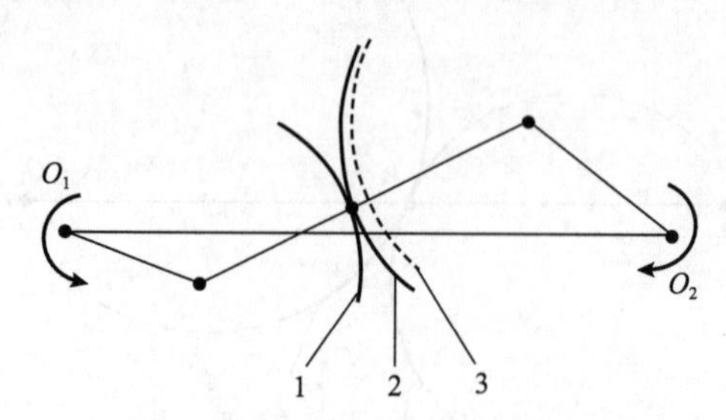

图 2.33　圆弧齿廓反转运动后的位置

在上述图中，1 表示主动线齿轮齿廓，2 表示按相切转动的从动线齿轮齿廓，3 表示按定速比旋转的从动线齿轮齿廓。对于纯滚动可分性平行轴线齿轮副，按定速比旋转的从动线齿轮齿廓的位置是从动线齿轮齿廓的真实位置。因此，所分析的圆弧齿廓满足纯滚动可分性平行轴线齿轮副的正确传动条件。

因此，可以采用圆弧曲线作为纯滚动可分性平行轴线齿轮副的齿廓，其相应的线齿轮副的齿面方程为

$$S_1=\begin{cases}x_M^{(1)}=(r\cos\theta+k)\cos t+r\sin\theta\sin t\\ y_M^{(1)}=-(r\cos\theta+k)\sin t+r\sin\theta\cos t,\quad -90^\circ\leqslant\theta\leqslant 90^\circ\\ z_M^{(1)}=-n\pi-nt\end{cases}\tag{2.51}$$

$$S_2=\begin{cases}x_M^{(2)}=(r\cos\theta+k)i\cos(t/i)-ri\sin\theta\sin(t/i)\\ y_M^{(2)}=(r\cos\theta+k)i\sin(t/i)+ri\sin\theta\cos(t/i),\quad -90^\circ\leqslant\theta\leqslant 90^\circ\\ z_M^{(2)}=-nt\end{cases}\tag{2.52}$$

所设计的具备可分性的线齿轮副，其中心距变动范围为 $\sqrt{k^2+r^2}(i+1)$ ～ $(k+r)(i+1)$。

一对纯滚动可分性平行轴圆弧齿廓线齿轮副实例设计如下。在各自坐标系下，主动线齿轮齿面和从动线齿轮齿面的参数方程分别为

$$S_1=\begin{cases}x_M^{(1)}=(8\cos\theta+30)\cos t+4i\sin\theta\sin t\\ y_M^{(1)}=-(8\cos\theta+30)\sin t+4i\sin\theta\cos t,\quad -90^\circ\leqslant\theta\leqslant 90^\circ,0\leqslant t\leqslant 1.2\pi\\ z_M^{(1)}=-159.9-50.92t\end{cases}\tag{2.53}$$

$$S_2=\begin{cases}x_M^{(2)}=(4\cos\theta+15)\cos 2t-4\sin\theta\sin(2t)\\ y_M^{(2)}=(4\cos\theta+15)\sin 2t+4\sin\theta\cos(2t),\quad -90^\circ\leqslant\theta\leqslant 90^\circ,0\leqslant t\leqslant 1.2\pi\\ z_M^{(2)}=-25.46t\end{cases}\tag{2.54}$$

其中，$-90^\circ\leqslant\theta\leqslant 0^\circ$ 和 $0^\circ<\theta\leqslant 90^\circ$ 所对应的线齿轮的齿廓，分别表示线齿轮正转和反转时参与工作的齿廓。所设计的线齿轮副，其传动比为 0.5，理论中心距的变化范围为 46.57～57mm。

设计主动线齿轮和从动线齿轮的齿数分别为 12 和 6，并采用成型加工工艺，加工出一对纯滚动可分性平行轴圆弧齿廓线齿轮副实物，如图 2.34 所示。

经过运动学试验(图 2.35)，可以直接验证所设计的线齿轮副的可分性，即在不同中心距下测试齿轮副的传动性能。

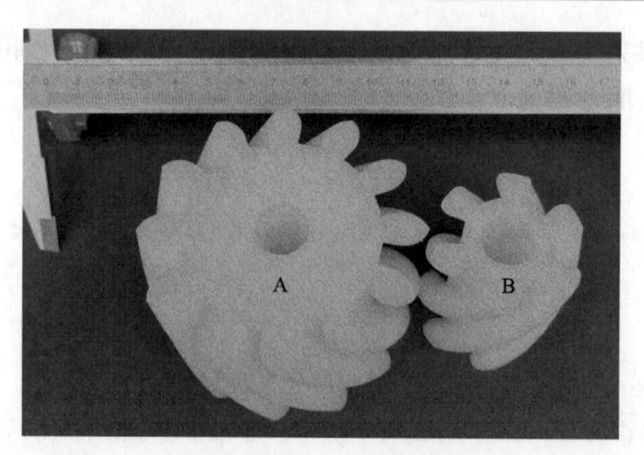

图 2.34　圆弧齿廓线齿轮副实物

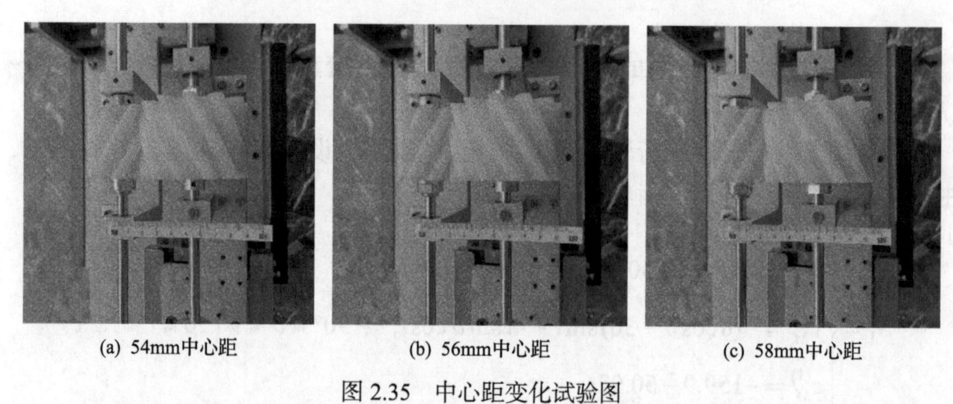

(a) 54mm中心距　　(b) 56mm中心距　　(c) 58mm中心距

图 2.35　中心距变化试验图

试验通过动态扭矩传感器采集得到主动线齿轮和从动线齿轮转速的数据，获得线齿轮副的传动比(图 2.36)和啮合效率(图 2.37)。

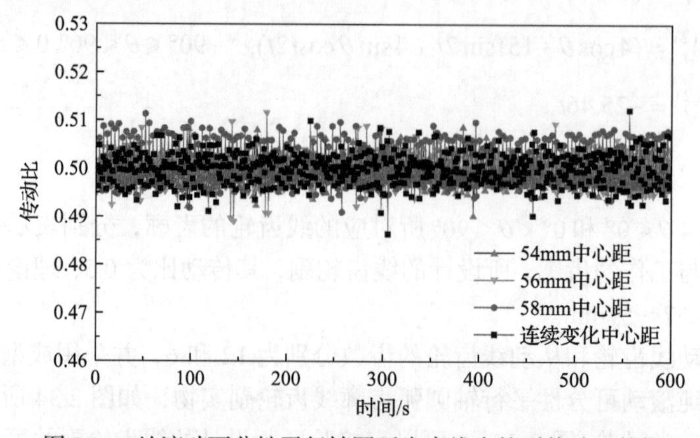

图 2.36　纯滚动可分性平行轴圆弧齿廓线齿轮副传动比数据

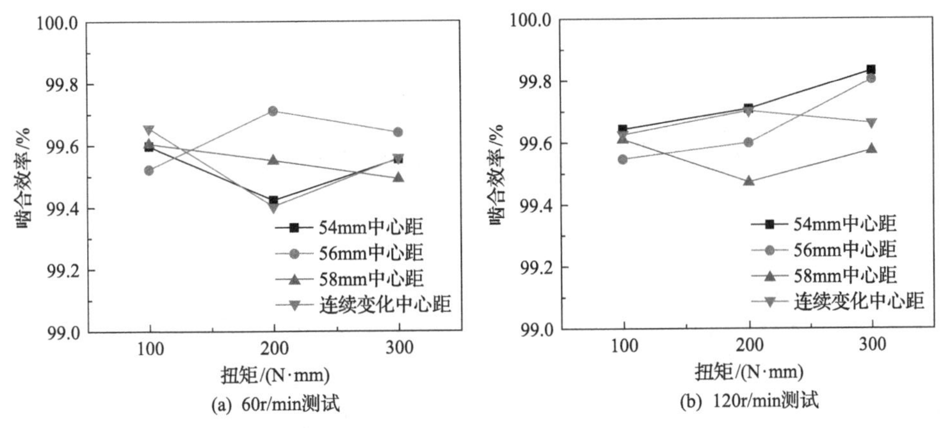

(a) 60r/min测试 (b) 120r/min测试

图 2.37 纯滚动可分性平行轴圆弧齿廓线齿轮副啮合效率

图 2.36 表明，在不同中心距下，同一对线齿轮副的传动比稳定，传动比误差范围一致。由表 2.23 可知，纯滚动可分性平行轴圆弧齿廓线齿轮副在中心距变化时，其传动比误差小。图 2.37 表明，设计的齿轮副啮合效率高，没有滑动摩擦损失。试验结果直接表明，纯滚动可分性平行轴圆弧齿廓线齿轮副具有可分性。

表 2.23 纯滚动可分性平行轴圆弧齿廓线齿轮副传动比误差数据表

中心距	标准差	极差
54mm	0.0024	0.018
56mm	0.0028	0.022
58mm	0.0029	0.020
连续变化(54～58mm)	0.0032	0.026

2.6 本 章 小 结

本章介绍了线齿轮啮合原理、构型设计理论与方法、重合度计算公式与几何参数设计计算公式。线齿轮构型设计理论与方法包括交错线齿轮坐标系及其坐标变换，交错线齿轮空间曲线啮合基本方程，交错线齿轮的主、从动接触线方程，共面线齿轮的啮合基本方程以及主、从动线齿的构建方法与中心线方程，主、从动线齿及线齿轮实体构建方法；线齿轮几何参数设计计算公式包括标准齿轮几何参数设计计算公式和线齿轮传动的几何约束与不干涉条件。根据本章内容，可以系统地了解线齿轮啮合原理及其微分几何基础，掌握各种构型的主、从动线齿及线齿轮的三维实体构建基本方法。可以应用提供的线齿轮几何参数设计计算公式图表，计算得到所设计线齿轮的主要几何尺寸，然后应用三维 CAD 软件进行主、从动线齿轮的完整模型构建，并完成线齿轮传动过程几何不干涉的运动学仿真试验。

第3章　纯滚动线齿轮设计理论及公式

本章介绍理论上纯滚动啮合的共面轴传动线齿轮机构，其啮合原理遵循线齿轮的空间曲线啮合理论，共轭啮合传动的主、从动线齿轮旋转轴线共面，其传动形式可分为平行轴内、外啮合传动，齿轮齿条传动，正交轴传动以及任意角度交叉轴传动；重点介绍基于啮合线参数方程的共面纯滚动线齿轮啮合机理及其齿面主动设计理论，并分别以纯滚动线齿轮的不同传统类型完成齿面啮合性能与力学性能的实例对比分析。需要注意的是，为了便于和传统渐开线斜齿轮传动性能进行对比，本章论述的线齿轮设计参数引入与渐开线斜齿轮相同的模数、压力角和螺旋角参数。

3.1　共面纯滚动线齿轮啮合线参数方程

3.1.1　共面纯滚动线齿轮啮合原理

课题组前期平行轴无相对滑动的凹-凸啮合螺旋圆弧齿轮[34]研究表明，小轮和大轮圆柱瞬轴面的切线上每个点的相对运动速度均为零，此时实现了凹-凸啮合螺旋圆弧齿轮的纯滚动啮合。因此，推广至共面轴传动，相对运动速度为零的啮合线是切实存在的：只需设定啮合线为瞬轴面的切线，即可保证小轮、大轮的啮合为纯滚动的点啮合，确保啮合线上每一个啮合点的相对运动速度均为零。相对速度为零的所有啮合点同时满足空间曲面啮合方程（见文献[35]和[36]）和空间曲线啮合方程（见文献[1]），即可实现理论上的纯滚动共轭啮合传动。

根据线齿轮曲线啮合理论[1]，一对共轭啮合的空间曲线啮合形式为点接触啮合。啮合点在固定坐标系的集合为啮合线，同时啮合点在小轮和大轮坐标系下分别形成齿面上的主、从动接触线（假定小轮为主动轮）。若已知啮合线在固定坐标系下的参数方程，且该啮合线上的啮合点均无相对滑动，则可以通过运动学法和坐标变换推导得到小轮和大轮上的接触线。如此一来，即可构建一对纯滚动啮合的空间共轭曲线。然后基于这对空间共轭曲线，可以构造小轮和大轮的齿面，从而设计出符合曲线啮合理论的线齿轮机构，其啮合点的轨迹在固定坐标系中必然沿着已知的啮合线运动。

3.1.2　不同运动规律的纯滚动啮合线参数方程

同平面交叉轴线齿轮传动，小轮和大轮的角速度矢量夹角为 θ，$0°\leqslant\theta\leqslant180°$。当 $\theta=0°$ 时，线齿轮传动为平行轴内啮合传动；当 $\theta=180°$ 时，线齿轮传动为平行轴外啮合传动；当 $\theta=90°$ 时，线齿轮传动为正交轴外啮合传动；当 $0°<\theta<180°$ 时，线齿轮传动为任意角度交叉轴啮合传动。

当设计 $\theta=180°$ 的平行轴外啮合线齿轮副时，建立一个共面轴传动的空间啮合坐标系，如图 3.1 所示。其中，坐标系 $S_p(O_p\text{-}x_py_pz_p)$、$S_g(O_g\text{-}x_gy_gz_g)$、$S_k(O_k\text{-}x_ky_kz_k)$ 为固定坐标系，固连于齿轮箱体；而坐标系 $S_1(O\text{-}x_1y_1z_1)$ 与 $S_2(O_p\text{-}x_2y_2z_2)$ 分别固连于主动轮和从动轮。z_1 和 z_2 分别与主动轮和从动轮的回转轴线重合。小轮的角速度为 $\boldsymbol{\omega}_1$，大轮的角速度为 $\boldsymbol{\omega}_2$。小轮和大轮的转角分别为 φ_1 和 φ_2。小轮和大轮的圆柱瞬轴面分别为 I 和 II，它们相切于直线 $K\text{-}K$。平面 $x_kO_kz_k$ 与平面 $x_pO_pz_p$ 和平面 $x_gO_gz_g$ 共面。小轮分度圆柱体的半径为 R_1，大轮分度圆柱体的半径为 R_2，小轮与大轮的中心距为 a。

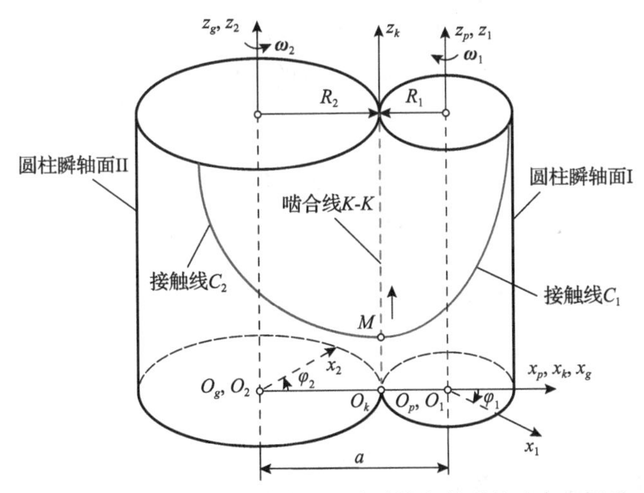

图 3.1　平行轴外啮合传动的纯滚动线齿轮副的啮合坐标系

当设计 $0°<\theta<180°$ 为任意角度交叉轴线齿轮副时，建立一个共面轴传动空间啮合坐标系，如图 3.2 所示。设定主、从圆锥瞬轴面的切线作为啮合线，坐标系 $S_p(O_p\text{-}x_py_pz_p)$、$S_g(O_g\text{-}x_gy_gz_g)$ 和 $S_k(O_k\text{-}x_ky_kz_k)$ 为固定坐标系，固连于齿轮箱体；而坐标系 $S_1(O_1\text{-}x_1y_1z_1)$ 与 $S_2(O_2\text{-}x_2y_2z_2)$ 分别固连于主动轮和从动轮。z_1 和 z_2 分别与主动轮和从动轮的回转轴线重合。小轮的角速度为 $\boldsymbol{\omega}_1$，大轮的角速度为 $\boldsymbol{\omega}_2$。小轮和大轮的转角分别为 φ_1 和 φ_2。小轮和大轮的圆锥瞬轴面分别为 I 和 II，它们相切于直线 $K\text{-}K$。平面 $x_kO_kz_k$ 与平面 $x_pO_pz_p$ 和平面 $x_gO_gz_g$ 共面。小轮分度圆锥体的大端半径为 R_1，大轮分度圆锥体的大端半径为 R_2。

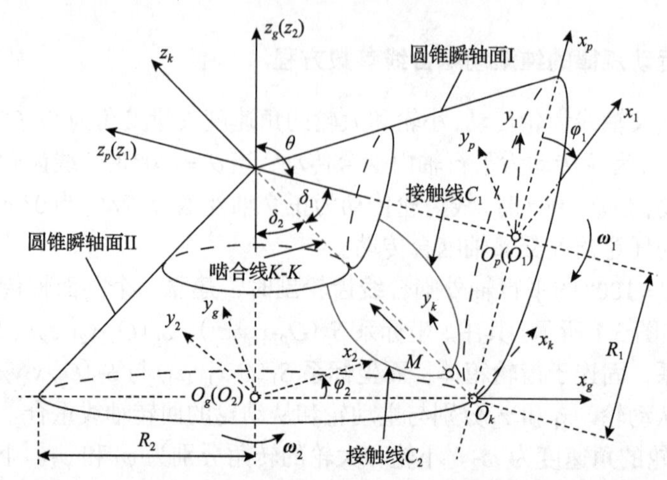

图 3.2　任意角度交叉轴传动的纯滚动线齿轮副的啮合坐标系

图 3.1 和图 3.2 坐标系中，$S_1(O_1\text{-}x_1y_1z_1)$与$S_p(O_p\text{-}x_py_pz_p)$和$S_p(O_p\text{-}x_py_pz_p)$与$S_k(O_k\text{-}x_ky_kz_k)$的坐标变换矩阵分别为$\boldsymbol{M}_{1p}$和$\boldsymbol{M}_{pk}$。$S_2(O_2\text{-}x_2y_2z_2)$与$S_g(O_g\text{-}x_gy_gz_g)$和$S_g(O_g\text{-}x_gy_gz_g)$与$S_k(O_k\text{-}x_ky_kz_k)$的坐标变换矩阵分别为$\boldsymbol{M}_{2g}$和$\boldsymbol{M}_{gk}$。$S_1(O_1\text{-}x_1y_1z_1)$与$S_k(O_k\text{-}x_ky_kz_k)$和$S_2(O_2\text{-}x_2y_2z_2)$与$S_k(O_k\text{-}x_ky_kz_k)$的坐标变换矩阵分别$\boldsymbol{M}_{1k}$为$\boldsymbol{M}_{2k}$，坐标变换关系可表示为

$$\begin{cases}\boldsymbol{M}_{1k}=\boldsymbol{M}_{1p}\boldsymbol{M}_{pk}\\ \boldsymbol{M}_{2k}=\boldsymbol{M}_{2g}\boldsymbol{M}_{gk}\end{cases} \tag{3.1}$$

小轮和大轮的转角关系为

$$\begin{cases}\varphi_1=k_\varphi t\\ \varphi_2=\varphi_1/i_{12}\end{cases} \tag{3.2}$$

图 3.1 中R_1和R_2的关系为

$$i_{12}=\frac{\omega_1}{\omega_2}=\frac{\varphi_1}{\varphi_2}=\frac{Z_2}{Z_1}=\frac{R_2}{R_1} \tag{3.3}$$

图 3.2 中δ_1和δ_2、R_1和R_2的关系为

$$i_{12}=\frac{\omega_1}{\omega_2}=\frac{\varphi_1}{\varphi_2}=\frac{Z_2}{Z_1}=\frac{R_2}{R_1}=\frac{\sin\delta_2}{\sin\delta_1} \tag{3.4}$$

$$\delta_1+\delta_2=\pi-\theta \tag{3.5}$$

式(3.1)～式(3.5)中，k_{φ}为啮合点运动特性系数，表示转角与运动参数 t 之间的线性关系；Z_1 为小轮齿数；Z_2 为大轮齿数；i_{12} 为小轮与大轮的传动比；δ_1 为小轮的分度圆锥角；δ_2 为大轮的分度圆锥角。

假设啮合点 M 为啮合线 K-K 上的某一点，其移动方向如图 3.2 所示。当小轮和大轮按照一定的传动比匀速转动时，啮合点 M 沿着啮合线 K-K 从 O_k 点开始逐点移动。同时，啮合点 M 在小轮和大轮瞬轴面上分别形成的接触线记为 C_1 和 C_2。这里采用高次多项式描述啮合点 M 的运动规律：

$$z_k(t) = c_0 + c_1 t + c_2 t^2 + \cdots + c_n t^n \tag{3.6}$$

式中，$c_0, c_1, c_2, \cdots, c_n$ 均为多项式系数；t 为运动参数，$t \geqslant 0$。

式(3.6)即通用的共面轴传动纯滚动啮合点 M 沿啮合 K-K 线运动的参数方程，反映了共面轴齿轮机构纯滚动啮合点的一般运动情况。事实上，啮合点 M 的运动可以为匀速直线运动、匀加速直线运动、匀减速直线运动等。事实上，啮合点的运动还可以为几种简单运动规律的复合运动，如匀加速-匀减速的复合运动、匀减速-匀加速的复合运动、匀加速-匀速-匀减速的复合运动，以及匀减速-匀速-匀加速的复合运动。上述啮合点的运动规律如图 3.3 所示。下面针对啮合点的几种特殊运动规律分别进行讨论。

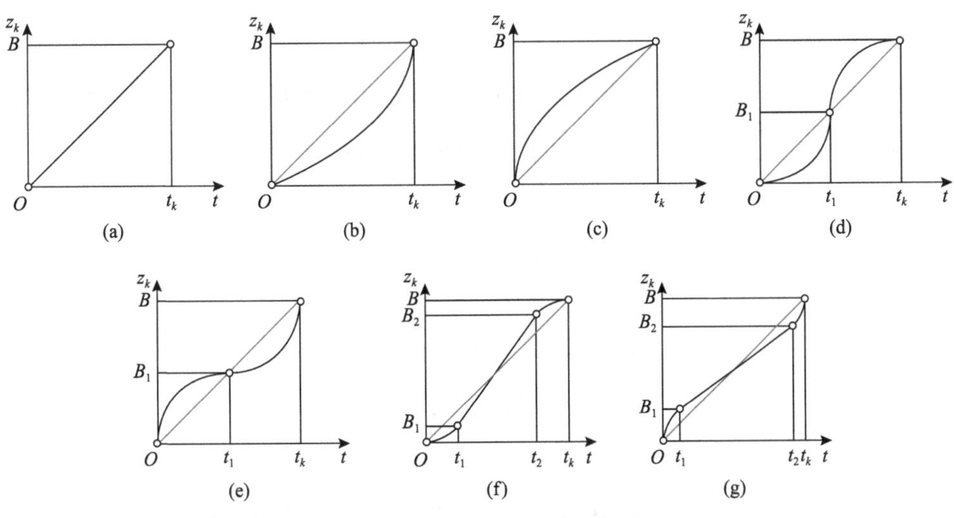

图 3.3　啮合点运动规律示意图

1. 啮合点运动为匀速运动

如图 3.3(a)所示，式(3.6)取前两项，可得啮合点 M 的坐标表达式：

$$
\begin{cases}
x_k = 0 \\
y_k = 0 \\
z_k = z_k(t) = c_0 + c_1 t, \quad 0 \leqslant t \leqslant t_k
\end{cases}
\tag{3.7}
$$

2. 啮合点运动为匀加速运动或匀减速运动

如图 3.3(b)、(c)所示，式(3.6)取前三项，可得啮合点 M 的坐标表达式：

$$
\begin{cases}
x_k = 0 \\
y_k = 0 \\
z_k = z_k(t) = c_0 + c_1 t + c_2 t^2, \quad 0 \leqslant t \leqslant t_k
\end{cases}
\tag{3.8}
$$

3. 啮合点运动为匀加速-匀减速复合运动或匀减速-匀加速复合运动

如图 3.3(d)、(e)所示，可得啮合点 M 的坐标表达式：

$$
\begin{cases}
x_k = 0 \\
y_k = 0 \\
z_k = z_k(t) = \begin{cases} c_0' + c_1' t + c_2' t^2, & 0 \leqslant t \leqslant t_1 \\ c_0'' + c_1'' t + c_2'' t^2, & t_1 \leqslant t \leqslant t_k \end{cases}
\end{cases}
\tag{3.9}
$$

4. 啮合点运动为匀加速-匀速-匀减速复合运动或匀减速-匀速-匀加速复合运动

如图 3.3(f)、(g)所示，可得啮合点 M 的坐标表达式：

$$
\begin{cases}
x_k = 0 \\
y_k = 0 \\
z_k = z_k(t) = \begin{cases} c_0' + c_1' t + c_2' t^2, & 0 \leqslant t \leqslant t_1 \\ c_0'' + c_1'' t + c_2'' t^2, & t_1 \leqslant t \leqslant t_2 \\ c_0''' + c_1''' t + c_2''' t^2, & t_2 \leqslant t \leqslant t_k \end{cases}
\end{cases}
\tag{3.10}
$$

3.2　纯滚动线齿轮齿面主动设计方法

3.2.1　“点-线-面”齿面螺旋运动成形原理

本节介绍的线齿轮齿面设计不同于现有齿轮齿面设计，即不需要事先设定某个已知的主动齿面数学模型。现有齿轮齿面设计基本方法[37]如图 3.4 所示。本节介绍的纯滚动线齿轮齿面主动设计方法基于啮合线参数方程的“点-线-面”齿面螺旋运动成形原理[38]。具体而言，首先由纯滚动的啮合点得到小轮和大轮的接触线；其次，设计不同的母线作为齿面生成的齿廓发生线；最后，当发生线沿着主、从动接触线移动时，扫掠形成主、从齿面。

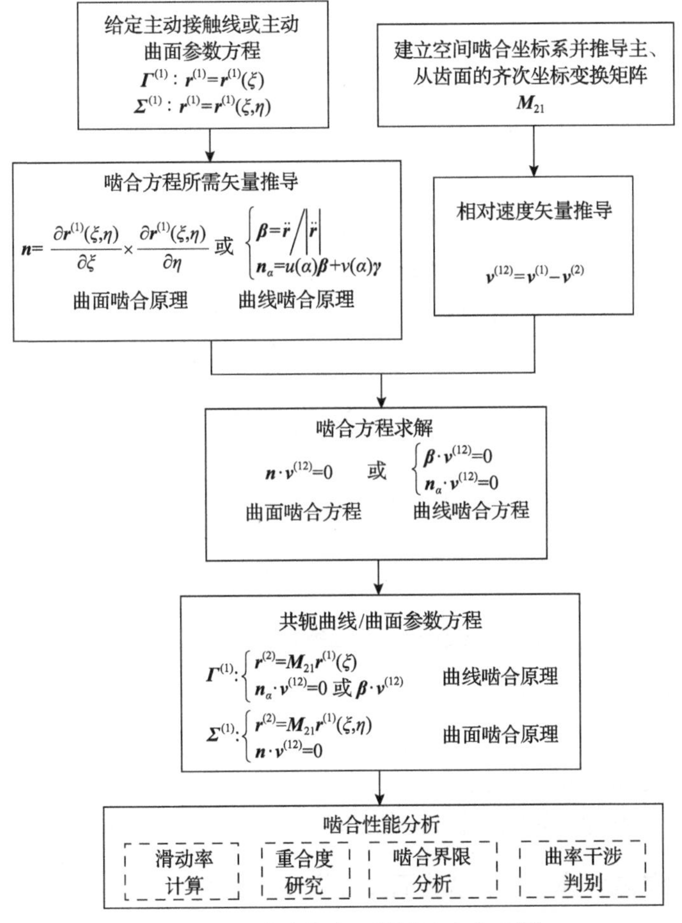

图 3.4　现有齿轮齿面设计基本方法[37]

由纯滚动啮合线参数方程推导得到小轮和大轮瞬轴面上的纯滚动接触线之后，小轮和大轮的啮合即可看成一对接触线的纯滚动啮合。由于工程实际中，没有单纯的“线”元素的存在，同时考虑到齿轮需传递一定的载荷，因此齿面几何截形，即齿面的母线，是下一步必须考虑的问题。“点-线-面”的齿面螺旋运动成形原理具体如图 3.5 所示。

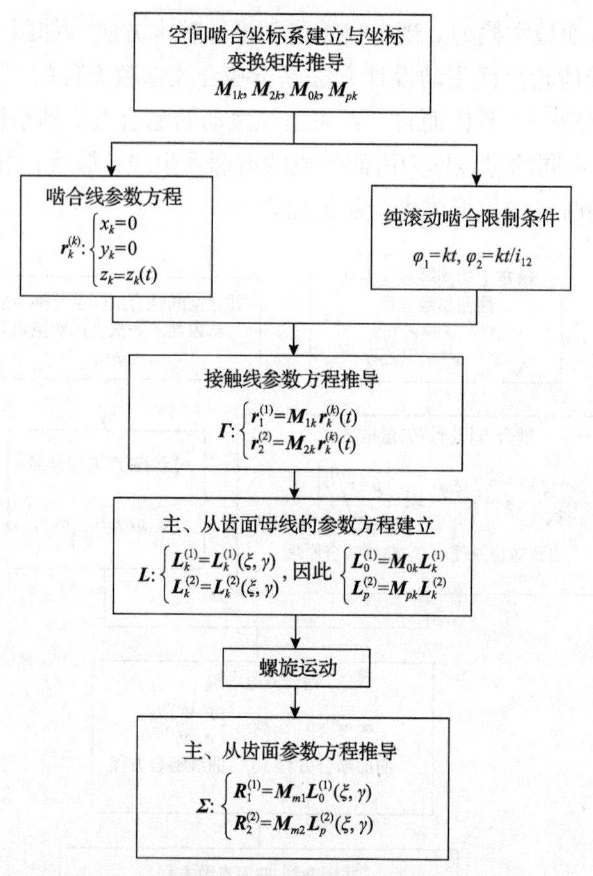

图 3.5　“点-线-面”齿面螺旋运动成形原理[38]

上述“点-线-面”齿面螺旋运动成形原理的步骤 1 是先确保啮合点必须都为纯滚动的啮合点，3.1 节已经详细阐述了纯滚动啮合线参数方程的建立，在此不必复述；步骤 2 是推导得到小轮和大轮上的接触线参数方程，此问题将在本节详细阐述；步骤 3 是设计小轮和大轮齿面的母线，此问题将在 3.4 节详细阐述。

3.2.2　纯滚动圆柱线齿轮主、从齿面接触线参数方程

如图 3.1 所示，啮合点 M 在小轮和大轮圆柱瞬轴面上分别形成的接触线记为 C_1 和 C_2。坐标系 $S_1(O_1\text{-}x_1y_1z_1)$ 和 $S_k(O_k\text{-}x_ky_kz_k)$ 之间的齐次变换关系为

$$\begin{bmatrix} x_1 \\ y_1 \\ z_1 \\ 1 \end{bmatrix} = \begin{bmatrix} \cos\varphi_1 & -\sin\varphi_1 & 0 & -R_1\cos\varphi_1 \\ \sin\varphi_1 & \cos\varphi_1 & 0 & -R_1\sin\varphi_1 \\ 0 & 0 & 1 & 0 \\ 0 & 0 & 0 & 1 \end{bmatrix} \begin{bmatrix} x_k \\ y_k \\ z_k \\ 1 \end{bmatrix} \tag{3.11}$$

坐标系 $S_2(O_2\text{-}x_2y_2z_2)$ 和 $S_k(O_k\text{-}x_ky_kz_k)$ 之间的齐次变换关系为

$$\begin{bmatrix} x_2 \\ y_2 \\ z_2 \\ 1 \end{bmatrix} = \begin{bmatrix} \cos\varphi_2 & \sin\varphi_2 & 0 & R_2\cos\varphi_2 \\ -\sin\varphi_2 & \cos\varphi_2 & 0 & -R_2\sin\varphi_2 \\ 0 & 0 & 1 & 0 \\ 0 & 0 & 0 & 1 \end{bmatrix} \begin{bmatrix} x_k \\ y_k \\ z_k \\ 1 \end{bmatrix} \tag{3.12}$$

把啮合点 M 的坐标分别代入式(3.11)和式(3.12)，即可得到共面纯滚动啮合的小轮和大轮的通用接触线参数方程，分别表示为

$$\begin{cases} x_1 = -R_1\cos\varphi_1 \\ y_1 = -R_1\sin\varphi_1 \\ z_1 = z(t) \end{cases} \tag{3.13}$$

$$\begin{cases} x_2 = R_2\cos\varphi_2 \\ y_2 = -R_2\sin\varphi_2 \\ z_2 = z(t) \end{cases} \tag{3.14}$$

1. 啮合点 M 的运动规律为匀速运动

当啮合点 M 做匀速运动时，将式(3.7)分别代入式(3.13)和式(3.14)，得到小轮和大轮的接触线参数方程，分别为

$$\begin{cases} x_1 = -R_1\cos\left(k_\varphi t\right) = -R_1\cos T \\ y_1 = -R_1\sin\left(k_\varphi t\right) = -R_1\sin T \\ z_1 = c_1 t = \dfrac{c_1}{k_\varphi} T \end{cases} \tag{3.15}$$

$$\begin{cases} x_2 = R_2\cos\dfrac{k_\varphi t}{i_{12}} = i_{12}R_1\cos\dfrac{T}{i_{12}} \\ y_2 = -R_2\sin\dfrac{k_\varphi t}{i_{12}} = -i_{12}R_1\sin\dfrac{T}{i_{12}} \\ z_2 = c_1 t = \dfrac{c_1}{k_\varphi} T \end{cases} \tag{3.16}$$

式中，T 为螺旋角参数。

式(3.15)和式(3.16)表明，当啮合点 M 做匀速运动时，啮合点 M 在小轮和大轮瞬轴面上分别形成等节距圆柱螺旋线，其螺旋角大小相等，旋向相反，得到的

小轮和大轮接触线参数方程如图 3.6 所示。

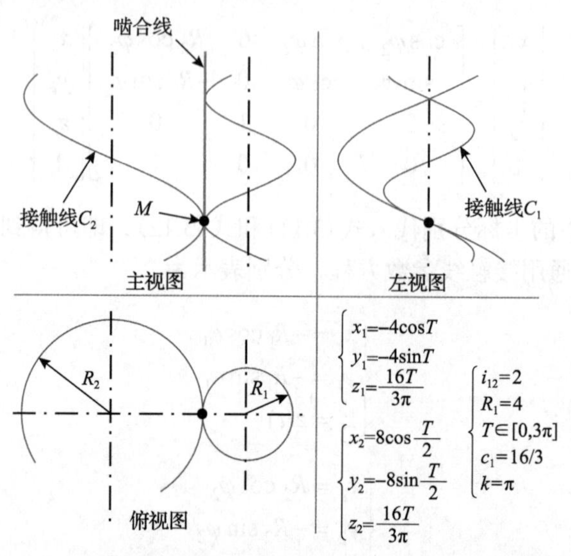

图 3.6　啮合点匀速运动的平行轴外啮合纯滚动啮合线[37]

2. 啮合点 M 的运动规律为匀加速运动

当啮合点 M 做匀加速运动时，将式(3.8)分别代入式(3.13)和式(3.14)，可得小轮和大轮的接触线参数方程，分别为

$$\begin{cases} x_1 = -R_1\cos\left(k_\varphi t\right) = -R_1\cos T \\ y_1 = -R_1\sin\left(k_\varphi t\right) = -R_1\sin T \\ z_1 = c_1 t + c_2 t^2 = \dfrac{c_1}{k_\varphi}T + \dfrac{c_2}{k_\varphi^2}T^2 \end{cases} \tag{3.17}$$

$$\begin{cases} x_2 = R_2\cos\dfrac{k_\varphi t}{i_{12}} = i_{12}R_1\cos\dfrac{T}{i_{12}} \\ y_2 = -R_2\sin\dfrac{k_\varphi t}{i_{12}} = -i_{12}R_1\sin\dfrac{T}{i_{12}} \\ z_2 = c_1 t + c_2 t^2 = \dfrac{c_1}{k_\varphi}T + \dfrac{c_2}{k_\varphi^2}T^2 \end{cases} \tag{3.18}$$

式(3.17)和式(3.18)表明，当啮合点 M 做匀加速运动时，啮合点 M 在小轮和大轮瞬轴面上分别形成变节距圆柱螺旋线，其螺旋角旋向相反，同时螺旋角不为

常数，得到的小轮和大轮接触线参数方程如图 3.7 所示。

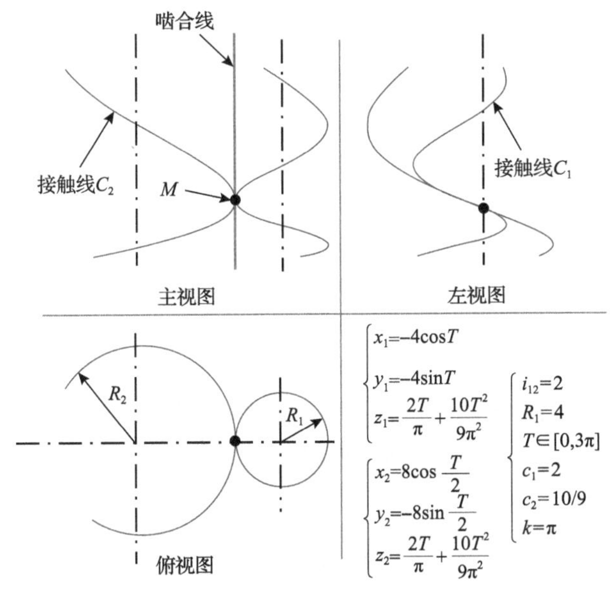

图 3.7　啮合点匀加速运动的平行轴外啮合纯滚动啮合线[37]

3.2.3　纯滚动圆锥线齿轮主、从齿面接触线参数方程

如图 3.2 所示，啮合点 M 在小轮和大轮圆锥瞬轴面上分别形成的接触线记为 C_1 和 C_2。坐标系 $S_1(O_1\text{-}x_1y_1z_1)$ 和 $S_k(O_k\text{-}x_ky_kz_k)$ 之间的齐次变换关系为

$$\begin{bmatrix} x_1 \\ y_1 \\ z_1 \\ 1 \end{bmatrix}=\begin{bmatrix} \cos\varphi_1\cos\delta_1 & -\sin\varphi_1 & \cos\varphi_1\sin\delta_1 & -R_1\cos\varphi_1 \\ \sin\varphi_1\cos\delta_1 & \cos\varphi_1 & \sin\varphi_1\sin\delta_1 & -R_1\sin\varphi_1 \\ -\sin\delta_1 & 0 & \cos\delta_1 & 0 \\ 0 & 0 & 0 & 1 \end{bmatrix}\begin{bmatrix} x_k \\ y_k \\ z_k \\ 1 \end{bmatrix} \tag{3.19}$$

坐标系 $S_2(O_2\text{-}x_2y_2z_2)$ 和 $S_k(O_k\text{-}x_ky_kz_k)$ 之间的齐次变换关系为

$$\begin{bmatrix} x_2 \\ y_2 \\ z_2 \\ 1 \end{bmatrix}=\begin{bmatrix} \cos\varphi_2\cos\delta_2 & \sin\varphi_2 & -\cos\varphi_2\sin\delta_2 & R_2\cos\varphi_2 \\ -\sin\varphi_2\cos\delta_2 & \cos\varphi_2 & \sin\varphi_2\sin\delta_2 & -R_2\sin\varphi_2 \\ \sin\delta_2 & 0 & \cos\delta_2 & 0 \\ 0 & 0 & 0 & 1 \end{bmatrix}\begin{bmatrix} x_k \\ y_k \\ z_k \\ 1 \end{bmatrix} \tag{3.20}$$

将啮合点 M 的坐标分别代入式(3.19)和式(3.20)，即可得到纯滚动圆锥线齿轮小轮和大轮的通用接触线参数方程，分别为

$$\begin{cases} x_1 = -\left(R_1 - z(t)\sin\delta_1\right)\cos\varphi_1 \\ y_1 = -\left(R_1 - z(t)\sin\delta_1\right)\sin\varphi_1 \\ z_1 = z(t)\cos\delta_1 \end{cases} \tag{3.21}$$

$$\begin{cases} x_2 = -\left(R_2 - z(t)\sin\delta_2\right)\cos\varphi_2 \\ y_2 = -\left(R_2 - z(t)\sin\delta_2\right)\sin\varphi_2 \\ z_2 = z(t)\cos\delta_2 \end{cases} \tag{3.22}$$

1. 啮合点 M 的运动规律为匀速运动

当啮合点 M 做匀速运动时，将式(3.7)分别代入式(3.21)和式(3.22)，可得小轮和大轮的接触线参数方程，分别表示为

$$\begin{cases} x_1 = -\left(R_1 - \dfrac{c_1}{k_\varphi}T\sin\delta_1\right)\cos T \\ y_1 = -\left(R_1 - \dfrac{c_1}{k_\varphi}T\sin\delta_1\right)\sin T \\ z_1 = c_1 t\cos\delta_1 = \dfrac{c_1}{k_\varphi}T\cos\delta_1 \end{cases} \tag{3.23}$$

$$\begin{cases} x_2 = i_{12}\left(R_1 - \dfrac{c_1}{k_\varphi}T\sin\delta_1\right)\cos\dfrac{T}{i_{12}} \\ y_2 = -i_{12}\left(R_1 - \dfrac{c_1}{k_\varphi}T\sin\delta_1\right)\sin\dfrac{T}{i_{12}} \\ z_2 = \dfrac{c_1}{k_\varphi}T\cos\delta_2 \end{cases} \tag{3.24}$$

式(3.23)和式(3.24)表明，当啮合点 M 做匀速运动时，啮合点 M 在小轮和大轮瞬轴面上分别形成等节距圆锥螺旋线，其螺旋角旋向相反。

2. 啮合点 M 的运动规律为匀加速运动

当啮合点 M 做匀加速运动时，将式(3.8)分别代入式(3.21)和式(3.22)，可得小轮和大轮的接触线参数方程，分别表示为

$$\begin{cases} x_1 = -\left[R_1 - \left(c_1 \dfrac{c_1}{k_\varphi} T + \dfrac{c_2}{k_\varphi^2} T^2\right) \sin\delta_1\right] \cos T \\ y_1 = -\left[R_1 - \left(c_1 \dfrac{c_1}{k_\varphi} T + \dfrac{c_2}{k_\varphi^2} T^2\right) \sin\delta_1\right] \sin T \\ z_1 = \left(c_1 \dfrac{c_1}{k_\varphi} T + \dfrac{c_2}{k_\varphi^2} T^2\right) \cos\delta_1 \end{cases} \tag{3.25}$$

$$\begin{cases} x_2 = i_{12}\left[R_1 - \left(c_1 \dfrac{c_1}{k_\varphi} T + \dfrac{c_2}{k_\varphi^2} T^2\right) \sin\delta_1\right] \cos \dfrac{T}{i_{12}} \\ y_2 = -i_{12}\left[R_1 - \left(c_1 \dfrac{c_1}{k_\varphi} T + \dfrac{c_2}{k_\varphi^2} T^2\right) \sin\delta_1\right] \sin \dfrac{T}{i_{12}} \\ z_2 = \left(c_1 \dfrac{c_1}{k_\varphi} T + \dfrac{c_2}{k_\varphi^2} T^2\right) \cos\delta_2 \end{cases} \tag{3.26}$$

式(3.25)和式(3.26)表明，当啮合点 M 做匀加速运动时，啮合点 M 在小轮和大轮瞬轴面上分别形成变节距圆锥螺旋线，其螺旋角旋向相反。

3.2.4　齿廓截形设计

事实上，当得到小轮和大轮纯滚动接触线后，齿面的生成可以看成某条已知的母线，沿着主、从动接触线保持与啮合点沿啮合线相同规律的螺旋运动，母线在固定坐标系下的轨迹便可扫掠而成小轮和大轮的齿面[37,38]。由 3.2.3 节分析可知，当啮合点运动规律为匀速运动和匀加速运动时，主、从动接触线均为螺旋线，可知此时母线生成齿面的运动为螺旋运动。当啮合点运动规律为其他复杂运动规律时，母线生成齿面的运动将是更为复杂的空间运动形式。

1. 齿廓啮合类型

常见齿廓的啮合类型有：凸-凸啮合，如渐开线外啮合齿轮传动；凸-凹啮合，如渐开线内啮合齿轮传动、圆弧齿轮传动；凸-平啮合，如渐开线齿轮齿条传动。本节研究的纯滚动线齿轮传动，可分为以下五类[39-48]，分别为凸-凹啮合、凹-凸啮合、凸-平啮合、平-凸啮合、凸-凸啮合，其中小轮的齿廓类型在前，如图 3.8 所示。

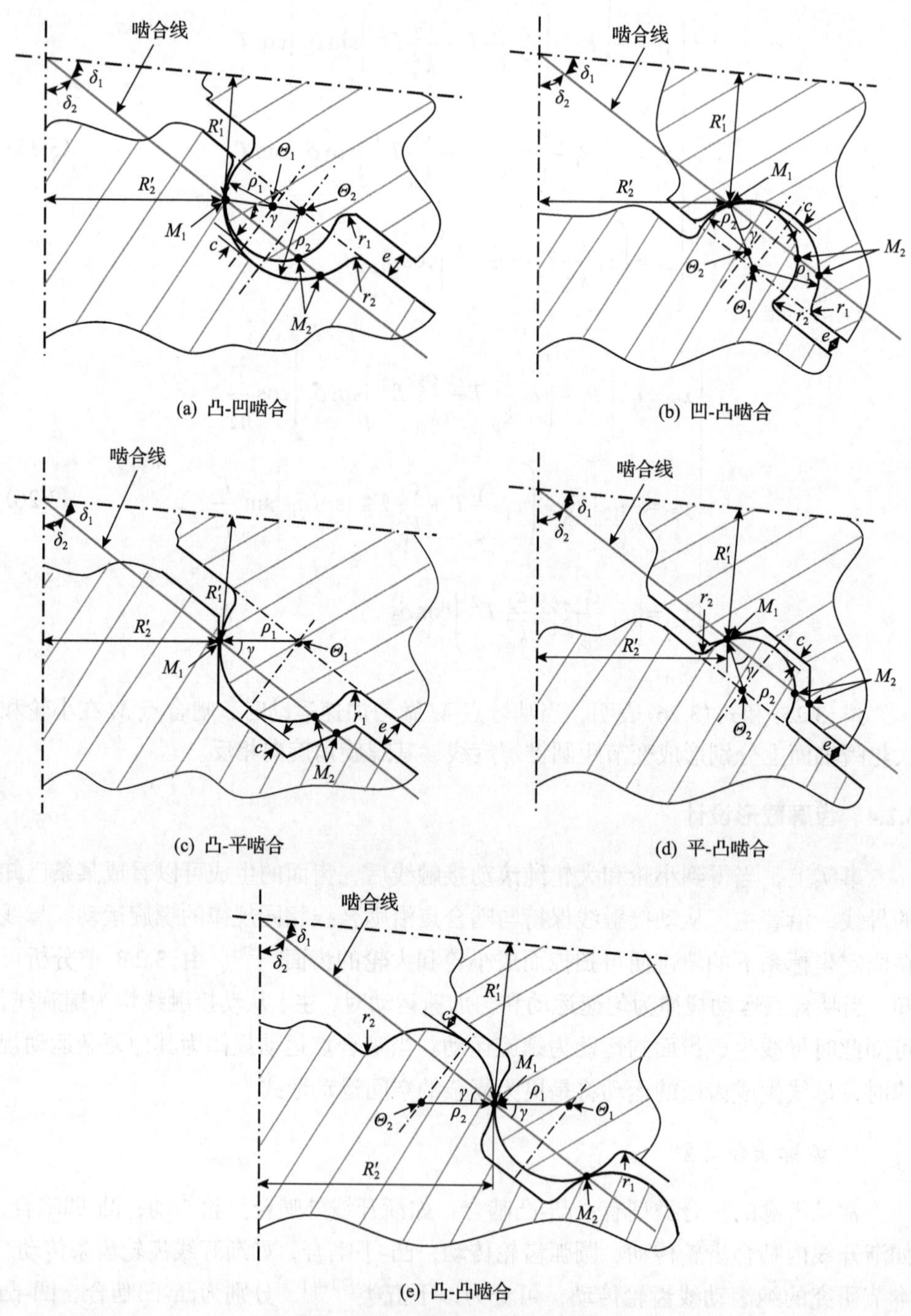

图 3.8　五种齿面啮合类型示意图[39]

2. 法向齿廓截形设计

以平行轴外啮合纯滚动线齿轮为例，具体阐述法向齿廓截形设计。此时，小轮和大轮的母线位于啮合线上某点的法平面内。

设定小轮轮齿的法向齿廓母线为凸圆弧，与之共轭啮合的大轮轮齿的法向齿廓为凹圆弧，如图 3.9 所示，一对正常啮合的凸-凹圆弧啮合于 M 点。凸圆弧和凹圆弧的半径分别 ρ_1 和 ρ_2 ，且 $\rho_2 > \rho_1$ 。图中红色直线为啮合点在固定坐标系下的轨迹，即啮合线。考虑到轮齿的加工，小轮轮齿根部和大轮轮齿顶部均设有圆弧过渡，其过渡圆弧半径分别为 r_1 和 r_2 。大轮的齿顶圆和小轮的齿根圆之间有间隙 c。与之类似，同样也可设置大轮轮齿为凸圆弧齿廓，小轮轮齿为凹圆弧齿廓，此时啮合类型即为凹-凸啮合类型，具体齿廓截形设计在此省略。

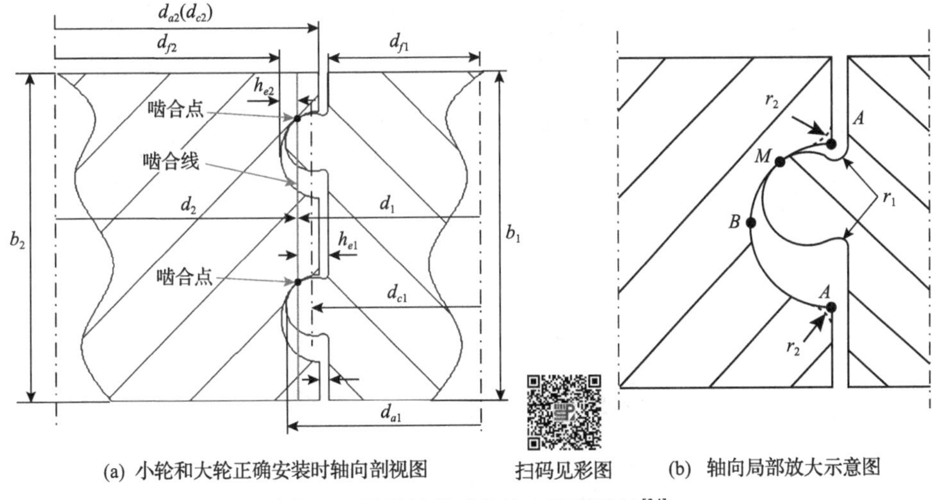

(a) 小轮和大轮正确安装时轴向剖视图　　扫码见彩图　　(b) 轴向局部放大示意图

图 3.9　平行轴传动的法向齿廓设计[34]

这种法向齿廓截形设计，小轮和大轮的母线选取均为圆弧。其特点为，在任意啮合点，齿面的法向截形均和母线相同。此外，母线也可以选取其他类型的曲线。但需要指出的是，为避免齿面干涉，需确保啮合点的凹曲线的曲率半径大于凸曲线的曲率半径。因此，这类法向齿廓截形设计的线齿轮具有较大的侧隙，不利于频繁正反转传动。

3. 轴向齿廓截形设计

以任意角度交叉轴外啮合纯滚动线齿轮为例，具体阐述轴向齿廓截形设计。此时，小轮和大轮的母线位于啮合线上某点的轴向平面内。考虑五种啮合类型，其轴向齿廓截形示意图如图 3.10 所示。

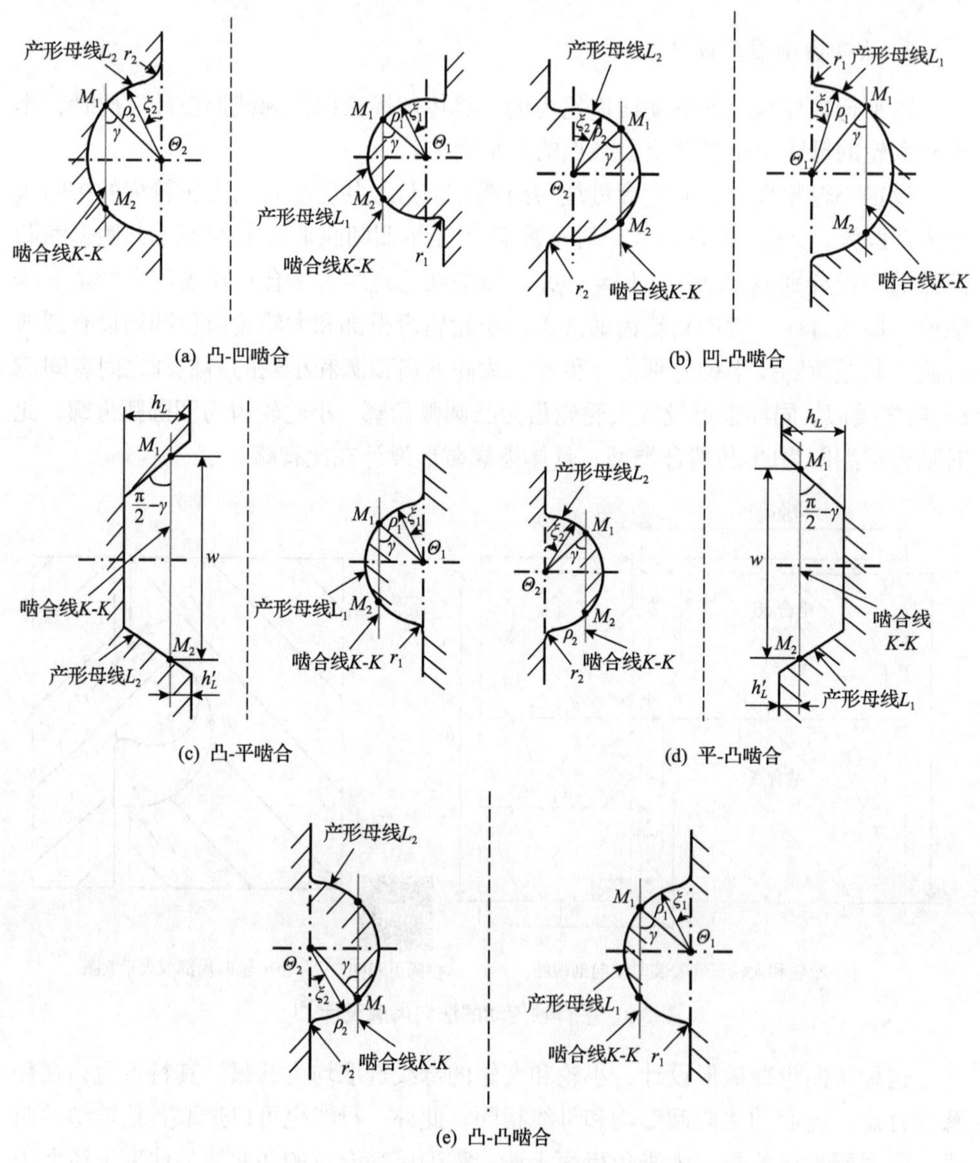

图 3.10　五种啮合类型的轴向齿廓截形结构[39]

上述轴向齿廓截形机构设计中，小轮和大轮母线的凸齿廓和凹齿廓同样采取圆弧齿廓，平齿廓则由倾斜的直线段组成。它们组成的齿廓均位于通过小轮和大轮轴线的平面。其特点为，在任意啮合点，齿面的轴向截形均和母线相同。此外，母线也可以选取其他类型的曲线。但需要额外指出的是，为避免齿面干涉，需确保大轮和小轮正反啮合点间的轴向距离大于零，因此这类轴向齿廓设计的线齿轮具有较大的侧隙，不利于频繁正反转传动。

4. 端面齿廓截形设计

本部分以平行轴外啮合纯滚动线齿轮为例，具体阐述端面齿廓截形设计。图3.11为平行轴外啮合纯滚动线齿轮端面齿廓截形对比示意图。图中红色齿廓为标准渐开线齿轮的全齿廓(包括工作齿廓-渐开线齿廓和齿根过渡曲线)，黑色齿廓代表平行轴外啮合纯滚动线齿轮的全齿廓(包括工作齿廓-圆弧和齿根过渡曲线-Hermite曲线)。M点为渐开线齿廓和圆弧齿廓的节点。同时，这两对齿廓在M点具有相同的端面压力角α_t。圆弧齿廓的圆心分别位于O_a点与O_b点，圆弧半径分别为ρ_1与ρ_2，其值分别小于M点渐开线曲率半径。此外，大轮和小轮的齿根过渡曲线均为Hermite曲线，光滑连接齿根圆和圆弧齿廓。小轮端面齿廓的Hermite曲线由点P_{0P}和P_{1P}确定，大轮端面齿廓的Hermite曲线由点P_{0G}和P_{1G}确定。P_{0P}、P_{0G}和P_{1P}、P_{1G}分别为Hermite曲线的起始点和终止点。

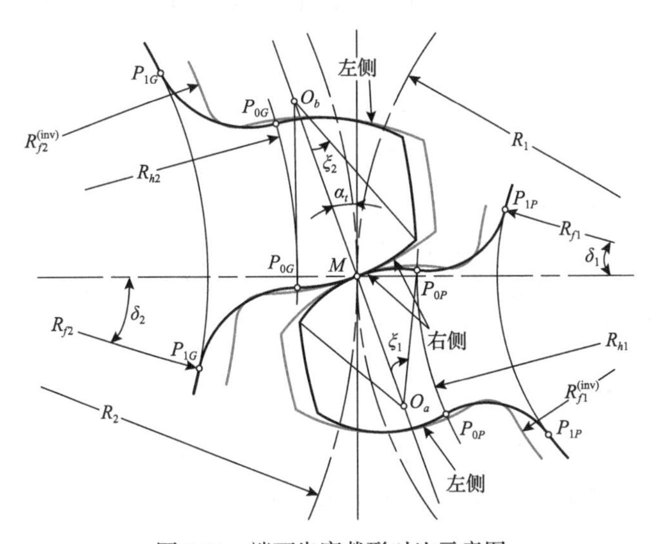

图3.11　端面齿廓截形对比示意图

以小轮左侧的过渡曲线即Hermite曲线为例，阐述其参数方程的推导过程。根据文献[49]，其参数方程表达式为

$$\begin{cases} x^{(H1l)} = b_1 x(P_0) + b_2 x(P_1) + T_H m_t \left(b_3 x(T_0) + b_4 x(T_1)\right) \\ y^{(H1l)} = b_1 y(P_0) + b_2 y(P_1) + T_H m_t \left(b_3 y(T_0) + b_4 y(T_1)\right) \\ z^{(H1l)} = b_1 z(P_0) + b_2 z(P_1) + T_H m_t \left(b_3 z(T_0) + b_4 z(T_1)\right) \end{cases} \tag{3.27}$$

$$\begin{cases} b_1 = 2t_H^3 - 3t_H^2 + 1 \\ b_2 = -2t_H^3 + 3t_H^1 \\ b_3 = t_H^3 - 2t_H^2 + t_H \\ b_4 = t_H^3 - t_H^2 \end{cases} \tag{3.28}$$

式中，$x(P_0)$、$y(P_0)$、$z(P_0)$为 Hermite 曲线起始点 P_{0P} 的坐标分量；$x(P_1)$、$y(P_1)$、$z(P_1)$为 Hermite 曲线终止点 P_{1P} 的坐标分量；$x(T_0)$、$y(T_0)$、$z(T_0)$为 Hermite 曲线起始点 P_{0P} 的切矢量的坐标分量；$x(T_1)$、$y(T_1)$、$z(T_1)$为 Hermite 曲线终止点 P_{1P} 的切矢量的坐标分量；t_H 为 Hermite 曲线参数，$0 \leqslant t_H \leqslant 1$；$T_H$ 为 Hermite 曲线切线长度参数，$0.2 \leqslant t_H \leqslant 1.5$。

3.3　平行轴外啮合纯滚动线齿轮设计

平行轴齿轮传动是目前工业领域应用最为广泛的齿轮传动形式，包括平行轴内啮合和外啮合两种基本形式。本节以平行轴外啮合传动形式为例，详细阐述基于啮合线参数方程的纯滚动线齿轮设计，并通过齿面接触分析(tooth contact analysis, TCA)技术、齿面承载接触分析(loaded tooth contact analys, LTCA)技术和有限元法(finite element method, FEM)分析包括接触椭圆、接触迹线、传动误差在内的齿面啮合性能和齿面接触应力、齿根弯曲应力等力学性能，并对传统渐开线外啮合齿轮副开展研究。

3.3.1　齿面数学模型

本节设定啮合点做匀速运动，建立空间啮合坐标系如图 3.1 所示[50]，则啮合线的参数方程为式(3.7)，小轮和大轮的接触线参数方程分别为式(3.15)和式(3.16)。

考虑到法向和轴向齿廓截形均存在较大的齿侧间隙，本节选择端面齿廓截形，如图 3.12 所示。下面分别推导其小轮和大轮的齿面数学模型。

1. 小轮工作齿面参数方程

由图 3.12 可得，小轮右侧齿廓母线在坐标系 $S_a(O_a\text{-}x_ay_az_a)$中的参数方程为

$$\begin{cases} x_a^{(L1r)} = \rho_1 \sin\xi_1 \\ y_a^{(L1r)} = \rho_1 \cos\xi_1 \\ z_a^{(L1r)} = 0 \end{cases} \tag{3.29}$$

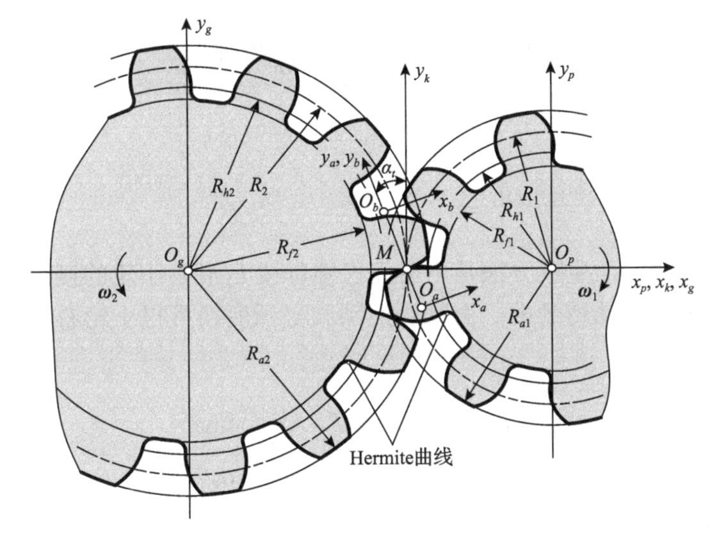

图 3.12　平行轴外啮合纯滚动齿轮端面示意图

坐标系 $S_a(O_a\text{-}x_ay_az_a)$ 与 $S_k(O_k\text{-}x_ky_kz_k)$ 之间的齐次坐标变换矩阵为

$$\boldsymbol{M}_{ka}=\begin{bmatrix}\cos\alpha_t & -\sin\alpha_t & 0 & \rho_1\sin\alpha_t\\ \sin\alpha_t & \cos\alpha_t & 0 & -\rho_1\cos\alpha_t\\ 0 & 0 & 1 & 0\\ 0 & 0 & 0 & 1\end{bmatrix} \tag{3.30}$$

由式(3.29)可得，小轮右侧齿廓母线在坐标系 $S_k(O_k\text{-}x_ky_kz_k)$ 中的参数方程为

$$\begin{cases}x_k^{(L1r)}=\rho_1\sin\xi_1\cos\alpha_t-\rho_1\cos\xi_1\sin\alpha_t+\rho_1\sin\alpha_t\\ y_k^{(L1r)}=\rho_1\sin\xi_1\sin\alpha_t+\rho_1\cos\xi_1\cos\alpha_t-\rho_1\cos\alpha_t\\ z_k^{(L1r)}=0\end{cases} \tag{3.31}$$

由坐标系 $S_k(O_k\text{-}x_ky_kz_k)$ 与 $S_p(O_p\text{-}x_py_pz_p)$ 之间的齐次坐标变换矩阵 $\boldsymbol{M}_{pk}$ 可得，小轮右侧齿廓母线在坐标系 $S_p(O_p\text{-}x_py_pz_p)$ 中的参数方程为

$$\begin{cases}x_p^{(L1r)}=\rho_1\sin\xi_1\cos\alpha_t-\rho_1\cos\xi_1\sin\alpha_t+\rho_1\sin\alpha_t-R_1\\ y_p^{(L1r)}=\rho_1\sin\xi_1\sin\alpha_t+\rho_1\cos\xi_1\cos\alpha_t-\rho_1\cos\alpha_t\\ z_p^{(L1r)}=0\end{cases} \tag{3.32}$$

这里，小轮左侧齿廓母线的生成方法是：小轮右侧齿廓母线以坐标轴 x_p 做镜像，再绕坐标轴 z_p 顺时针旋转一个角度 π/Z_1。根据坐标变换，可得小轮左侧齿廓母线在坐标系 $S_p(O_p\text{-}x_py_pz_p)$ 中的参数方程为

$$\begin{cases} x_p^{(L1l)} = x_p^{(L1r)} \cos\dfrac{\pi}{Z_1} + y_p^{(L1r)} \sin\dfrac{\pi}{Z_1} \\ y_p^{(L1l)} = x_p^{(L1r)} \sin\dfrac{\pi}{Z_1} - y_p^{(L1r)} \cos\dfrac{\pi}{Z_1} \\ z_p^{(L1l)} = 0 \end{cases} \tag{3.33}$$

小轮的右侧齿面生成方法是由右侧齿廓母线L_1沿着小轮的接触线做右旋等节距的圆柱螺旋运动得到的。由螺旋运动和坐标变换可得小轮右侧齿面的参数方程为

$$\begin{cases} X_1^{(1r)} = x_p^{(L1r)} \cos T - y_p^{(L1r)} \sin T \\ Y_1^{(1r)} = x_p^{(L1r)} \sin T + y_p^{(L1r)} \cos T \\ Z_1^{(1r)} = \dfrac{c_M}{k_\varphi} T \end{cases} \tag{3.34}$$

类似地，小轮的左侧齿面由左侧齿廓母线L_1做右旋等节距的圆柱螺旋运动得到。由螺旋运动和坐标变换可得小轮左侧齿面的参数方程为

$$\begin{cases} X_1^{(1l)} = x_p^{(L1l)} \cos T - y_p^{(L1l)} \sin T \\ Y_1^{(1l)} = x_p^{(L1l)} \sin T + y_p^{(L1l)} \cos T \\ Z_1^{(1l)} = \dfrac{c_M}{k_\varphi} T \end{cases} \tag{3.35}$$

2. 大轮工作齿面参数方程

由图3.12可得，大轮右侧齿廓母线在坐标系$S_b(O_b\text{-}x_b y_b z_b)$中的参数方程为

$$\begin{cases} x_b^{(L2r)} = \rho_2 \sin\xi_2 \\ y_b^{(L2r)} = -\rho_2 \cos\xi_2 \\ z_b^{(L2r)} = 0 \end{cases} \tag{3.36}$$

坐标系$S_b(O_b\text{-}x_b y_b z_b)$与$S_k(O_k\text{-}x_k y_k z_k)$之间的齐次坐标变换矩阵为

$$\boldsymbol{M}_{kb} = \begin{bmatrix} \cos\alpha_t & -\sin\alpha_t & 0 & -\rho_2 \sin\alpha_t \\ \sin\alpha_t & \cos\alpha_t & 0 & \rho_2 \cos\alpha_t \\ 0 & 0 & 1 & 0 \\ 0 & 0 & 0 & 1 \end{bmatrix} \tag{3.37}$$

大轮右侧齿廓母线在坐标系 $S_k(O_k\text{-}x_ky_kz_k)$ 中的参数方程表示为

$$\begin{cases} x_k^{(L2r)} = \rho_2 \sin\xi_2 \cos\alpha_t + \rho_1 \cos\xi_2 \sin\alpha_t - \rho_2 \sin\alpha_t \\ y_k^{(L2r)} = \rho_2 \sin\xi_2 \sin\alpha_t - \rho_2 \cos\xi_2 \cos\alpha_t + \rho_2 \cos\alpha_t \\ z_k^{(L2r)} = 0 \end{cases} \tag{3.38}$$

由坐标系 $S_k(O_k\text{-}x_ky_kz_k)$ 与 $S_p(O_p\text{-}x_py_pz_p)$ 之间的齐次坐标变换矩阵 $\boldsymbol{M}_{pk}$ 可得，大轮右侧齿廓在坐标系 $S_p(O_p\text{-}x_py_pz_p)$ 中的参数方程为

$$\begin{cases} x_k^{(L2r)} = \rho_2 \sin\xi_2 \cos\alpha_t + \rho_1 \cos\xi_2 \sin\alpha_t - \rho_2 \sin\alpha_t + R_2 \\ y_k^{(L2r)} = \rho_2 \sin\xi_2 \sin\alpha_t - \rho_2 \cos\xi_2 \cos\alpha_t + \rho_2 \cos\alpha_t \\ z_k^{(L2r)} = 0 \end{cases} \tag{3.39}$$

大轮左侧齿廓母线的生成方法是：大轮右侧齿廓母线以坐标轴 x_g 做镜像，再绕坐标轴 z_g 顺时针旋转一个角度 π / Z_2。根据坐标变换，可得大轮左侧齿廓母线在坐标系 $S_p(O_p\text{-}x_py_pz_p)$ 中的参数方程为

$$\begin{cases} x_k^{(L2l)} = x_p^{(L2r)} \cos\dfrac{\pi}{Z_2} + y_p^{(L2r)} \sin\dfrac{\pi}{Z_2} \\ y_k^{(L2l)} = x_0^{(L2r)} \sin\dfrac{\pi}{Z_2} - y_0^{(L2r)} \cos\dfrac{\pi}{Z_2} \\ z_k^{(L2l)} = 0 \end{cases} \tag{3.40}$$

大轮的右侧齿面由右侧齿廓母线 L_2 沿着大轮的接触线做左旋等节距的圆柱螺旋运动得到。由螺旋运动和坐标变换可得大轮右侧齿面的参数方程为

$$\begin{cases} X_2^{(2r)} = x_p^{(L2r)} \cos\dfrac{T}{i_{12}} + y_p^{(L2r)} \sin\dfrac{T}{i_{12}} \\ Y_2^{(2r)} = -x_p^{(L2r)} \sin\dfrac{T}{i_{12}} + y_p^{(L2r)} \cos\dfrac{T}{i_{12}} \\ Z_2^{(2r)} = \dfrac{c_M}{k_\varphi} T \end{cases} \tag{3.41}$$

类似地，大轮的左侧齿面由左侧齿廓母线 L_2 做左旋等节距的圆柱螺旋运动得到。由螺旋运动和坐标变换可得大轮左侧齿面的参数方程为

$$\begin{cases} X_2^{(2l)} = x_g^{(L2l)} \cos\dfrac{T}{i_{12}} + y_g^{(L2l)} \sin\dfrac{T}{i_{12}} \\ Y_2^{(2l)} = -x_g^{(L2l)} \sin\dfrac{T}{i_{12}} + y_g^{(L2l)} \cos\dfrac{T}{i_{12}} \\ Z_2^{(2l)} = \dfrac{c_M}{k_\varphi} T \end{cases} \tag{3.42}$$

3. 小轮过渡齿面参数方程

小轮的右侧过渡齿面由右侧 Hermite 曲线做右旋等节距的圆柱螺旋运动得到。由螺旋运动和坐标变换可得小轮右侧过渡齿面的参数方程为

$$\begin{cases} X_1^{(H1r)} = x_p^{(H1r)} \cos T - y_p^{(H1r)} \sin T \\ Y_1^{(H1r)} = x_p^{(H1r)} \sin T + y_p^{(H1r)} \cos T \\ Z_1^{(H1r)} = \dfrac{c_M}{k_\varphi} T \end{cases} \tag{3.43}$$

小轮的左侧过渡齿面由左侧 Hermite 曲线做右旋等节距的圆柱螺旋运动得到。由螺旋运动和坐标变换可得小轮左侧过渡齿面的参数方程为

$$\begin{cases} X_1^{(H1l)} = x_p^{(H1l)} \cos T - y_p^{(H1l)} \sin T \\ Y_1^{(H1l)} = x_p^{(H1l)} \sin T + y_p^{(H1l)} \cos T \\ Z_1^{(H1l)} = \dfrac{c_M}{k_\varphi} T \end{cases} \tag{3.44}$$

4. 大轮过渡齿面参数方程

大轮的右侧过渡齿面由右侧 Hermite 曲线做左旋等节距的圆柱螺旋运动得到。由螺旋运动和坐标变换可得大轮右侧过渡齿面的参数方程为

$$\begin{cases} X_2^{(H2r)} = x_g^{(H2r)} \cos T + y_g^{(H2r)} \sin T \\ Y_2^{(H2r)} = -x_g^{(H2r)} \sin T + y_g^{(H2r)} \cos T \\ Z_2^{(H2r)} = \dfrac{c_M}{k_\varphi} T \end{cases} \tag{3.45}$$

大轮的左侧过渡齿面由左侧 Hermite 曲线做左旋等节距的圆柱螺旋运动得到。

由螺旋运动和坐标变换可得大轮左侧过渡齿面的参数方程为

$$\begin{cases} X_2^{(H2l)} = x_g^{(H2l)} \cos T - y_g^{(H2l)} \sin T \\ Y_2^{(H2l)} = -x_g^{(H2l)} \sin T + y_g^{(H2l)} \cos T \\ Z_2^{(H2l)} = \dfrac{c_M}{k_\varphi} T \end{cases} \tag{3.46}$$

3.3.2　齿轮几何学设计

本节的平行轴外啮合纯滚动线齿轮的基本设计参数如表 3.1 所示。为了与标准平行轴渐开线斜齿轮进行齿面啮合性能和齿轮力学性能的对比分析，设定分度圆半径、压力角、螺旋角、齿宽系数和传动比等基本设计参数相同。如表 3.1 所示，实例 1 代表一对平行轴外啮合的纯滚动齿轮副，实例 2～4 代表外啮合的标准渐开线斜齿轮副。

表 3.1　用于对比分析的纯滚动齿轮与渐开线斜齿轮基本设计参数

设计参数	符号	单位	实例 1	实例 2	实例 3	实例 4
传动比	i_{12}	—	3	3	3	3
法向模数	m_n	mm	6	2	2.5	3
小轮齿数	Z_1	—	10	30	24	20
法向压力角	α_n	(°)	20	20	20	20
螺旋角	β	(°)	22.1954	22.1954	22.1954	22.1954
齿宽系数	Φ_d	—	1.1	1.1	1.1	1.1
齿顶高系数	h_{an}^*	—	0.3	1	1	1
顶隙系数	c_n^*	—	0.4	0.25	0.25	0.25
啮合点运动参数范围	Δt	—	2/7	—	—	—
啮合点运动比例系数	k_φ	rad	π	—	—	—
啮合点运动多项式系数	c_M	—	249.4868	—	—	—
端面截形 L_1 的圆弧半径	ρ_1	mm	9.5	—	—	—

根据表 3.1 中的基本设计参数和齿面参数方程，可以确定平行轴纯滚动线齿轮副的三维模型和基本尺寸参数，其基本设计参数计算公式如表 3.2 所示。

表 3.2　纯滚动齿轮与渐开线斜齿轮基本设计参数计算公式

名词术语	符号	设计公式	单位
重合度	ε	$\varepsilon = \dfrac{Z_1 \Delta t}{2}$	—
螺旋角	β	$\beta = \pm\arctan\dfrac{k_\varphi \Delta t}{2\Phi_d}$	(°)
端面模数	m_t	$m_t = \dfrac{m_n}{\cos\beta}$	mm
端面压力角	α_t	$\alpha_t = \arctan\dfrac{\tan\alpha_n}{\cos\beta}$	(°)
大轮齿数	Z_2	$Z_2 = i_{12} Z_1$	—
小轮分度圆半径	R_1	$R_1 = \dfrac{m_t Z_1}{2}$	mm
小轮分度圆直径	d_1	$d_1 = 2R_1$	mm
大轮分度圆半径	R_2	$R_2 = \dfrac{m_t Z_2}{2}$	mm
大轮分度圆直径	d_2	$d_2 = 2R_2$	mm
中心距	a	$a = R_1 + R_2$	mm
齿宽	b	$b = \Phi_d d_1$	mm
端面齿距	p_t	$p_t = \pi m_t$	mm
齿顶高	h_a	$h_a = h_{an}^* m_n$	mm
齿根高	h_f	$h_f = \left(h_{an}^* + c_n^*\right) m_n$	mm
齿全高	h	$h = h_a + h_f$	mm
小轮齿顶圆半径	R_{a1}	$R_{a1} = R_1 + h_a$	mm
小轮齿根圆半径	R_{f1}	$R_{f1} = R_1 - h_f$	mm
小轮过渡曲线起始点半径	R_{h1}	$R_{h1} = R_1 - h_a$	mm
大轮齿顶圆半径	R_{a2}	$R_{a2} = R_2 + h_2$	mm
大轮齿根圆半径	R_{f2}	$R_{f2} = R_2 - h_f$	mm
大轮过渡曲线起始点半径	R_{h2}	$R_{h2} = R_2 - h_a$	mm
端面截形 L_1 的圆弧半径	ρ_1	$\rho_1 < R_1 \sin\alpha_t$	mm
端面截形 L_2 的圆弧半径	ρ_2	$\rho_2 = i_{12}\rho_1$	mm
顶隙	c	$c = c_n^* m_n$	mm

3.3.3　齿面接触分析

本节采用一种 TCA 算法[51]，来验证本节设计的平行轴外啮合纯滚动线齿轮的啮合迹线、接触椭圆和传动误差曲线。这种算法考虑齿面的刚性接触条件，不考虑齿面的弹性变形，两齿面接触的最小距离为 0.0065mm。在每一个啮合位置，当齿面的法向距离小于或等于 0.0065mm 时，就认为两齿面发生了接触，同时每个啮合位置的接触椭圆会显示在齿面上。这种 TCA 算法不仅适用于线接触，也适用于点接触和边缘接触。在整个算法中，将小轮的两个周节角划分为 21 个连续的啮合位置分别进行齿面接触分析，求解每个位置的接触椭圆并在主、从齿面上显示，得到连续的啮合迹线和传动误差曲线。

为了消除边缘接触影响且提升啮合性能，对四组齿轮副都进行了齿面修形。其中，针对实例 1 的小轮，进行了齿向抛物线修形，修形量为 10μm。针对实例 2～4 的小轮，进行了同样 10μm 的齿向抛物线修形，此外小轮还进行了 10μm 的齿廓圆弧修形，其目的是获得与实例 1 相似的接触椭圆。

由 TCA 算法得到理想安装情况下，四组齿轮副的接触椭圆如图 3.13～图 3.16 所示。如图 3.13 所示，每个啮合位置的接触椭圆均位于小轮和大轮的工作齿面的中心即节点处，与纯滚动啮合点的主动设计保持一致，沿着齿宽的每个啮合位置，小轮和大轮齿面均为节点啮合，即为纯滚动啮合。图 3.13～图 3.16 为施加了 10μm 的齿廓圆弧修形和 10μm 的齿向抛物线修形后渐开线斜齿轮的接触椭圆，这些修形使得接触斑痕的形状类似于如图 3.13 所示的纯滚动齿轮副椭圆形状。图 3.14～图 3.16 表明了修形后的渐开线斜齿轮同样也变为了点接触啮合，但是其接触椭圆

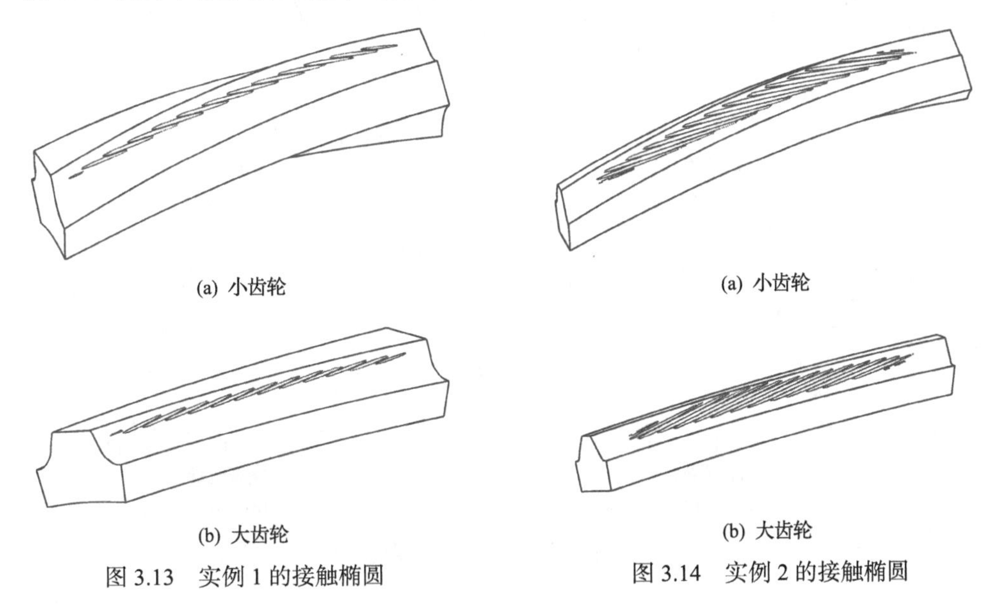

(a) 小齿轮　(b) 大齿轮

图 3.13　实例 1 的接触椭圆

(a) 小齿轮　(b) 大齿轮

图 3.14　实例 2 的接触椭圆

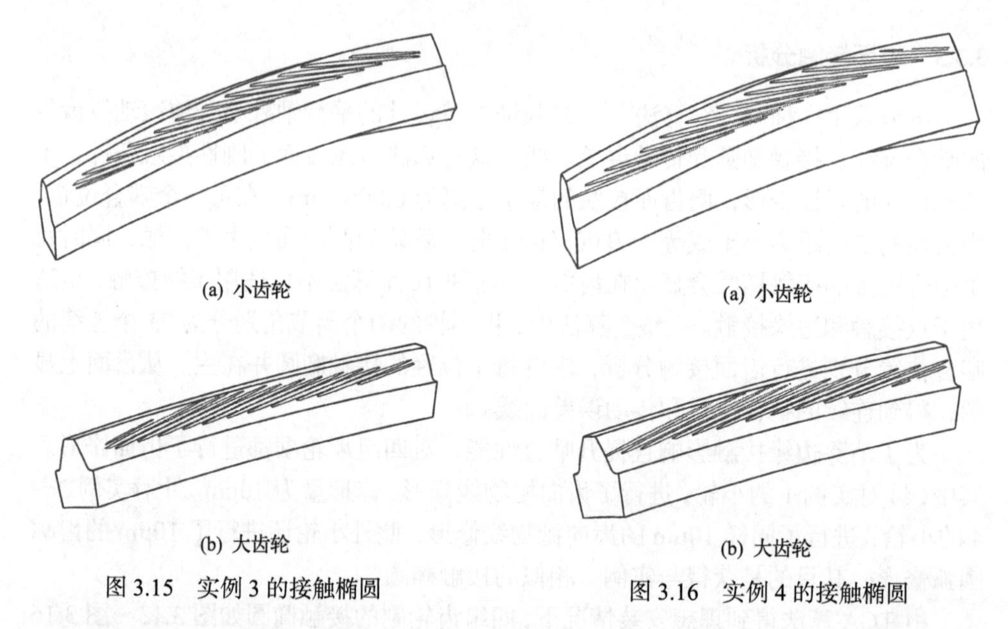

(a) 小齿轮　　　　(a) 小齿轮

(b) 大齿轮　　　　(b) 大齿轮

图 3.15　实例 3 的接触椭圆　　　　图 3.16　实例 4 的接触椭圆

形状分布从齿顶延伸到了齿根，并且接触椭圆的长轴长度要比图 3.13 中接触椭圆的长轴长度更大。

由 TCA 算法得到的四组齿轮副的空载传动误差如图 3.17 所示。图 3.17(a) 为纯滚动线齿轮副的空载传动误差曲线，它呈现出抛物线的形状，最大传动误差幅

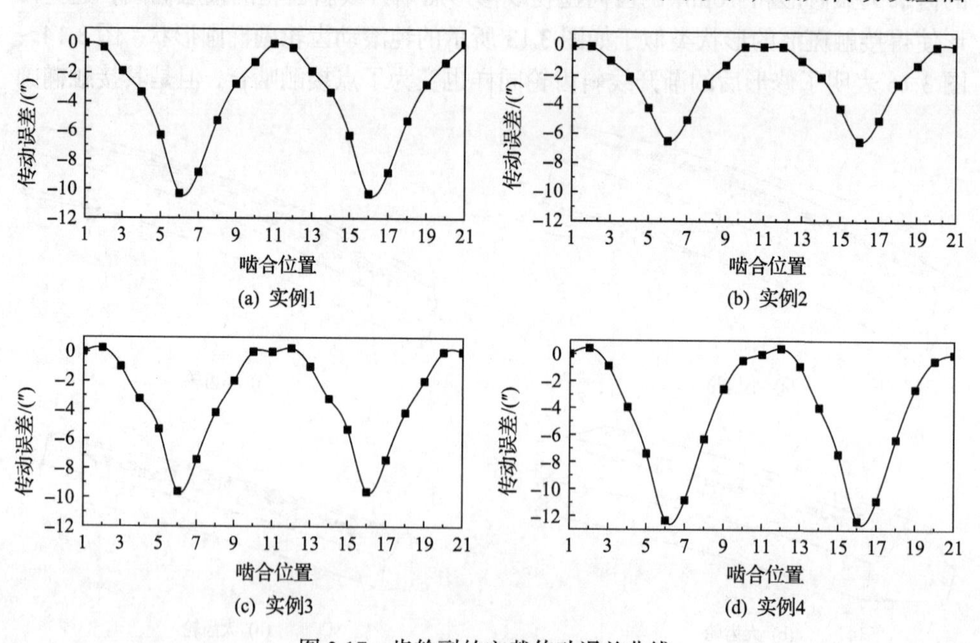

(a) 实例1　　(b) 实例2

(c) 实例3　　(d) 实例4

图 3.17　齿轮副的空载传动误差曲线

值为 10″。这是由于在小轮齿面施加了 10μm 的齿向抛物线修形。同样由于 10μm 的齿向抛物线修形，图 3.17(b)～(d)也呈现出抛物线的传动误差曲线形状。随着齿轮模数的增大，实例 2～4 的最大传动误差幅值由 6.5″增加到了 12.3″。

3.3.4　齿面应力分析

本节采用五对轮齿做有限元应力分析模型，对实例 1 进行分析，以避免边界条件对接触应力、弯曲应力和齿间载荷分配计算结果的影响。而对实例 2～4 则采用七对轮齿的有限元模型，因为考虑到实例 2～4 的渐开线斜齿轮具有更大的重合度。

图 3.18 所示，一对纯滚动线齿轮副的有限元分析模型，其大轮的工作齿面设定为主接触面，小轮的工作齿面设定为从接触面。应用 Abaqus 软件，设定轮齿齿长方向的单元数为 35，全齿廓方向的单元数为 42(其中齿根过渡齿廓的单元数为 12)，采用线性八节点六面体单元划分网格。在每一个啮合位置进行静态的有限元分析，包括考虑接触的增强拉格朗日算法。小轮和大轮的材料均设定泊松比为 0.3，弹性模量为 210GPa。同时，150N·m 扭矩施加在四组有限元模型的小轮参考节点上。大轮的刚性齿面连接到一个位于轴向的参考节点，其所有自由度都被约束。四组设计的小轮齿面 von Mises 应力曲线如图 3.19 所示。

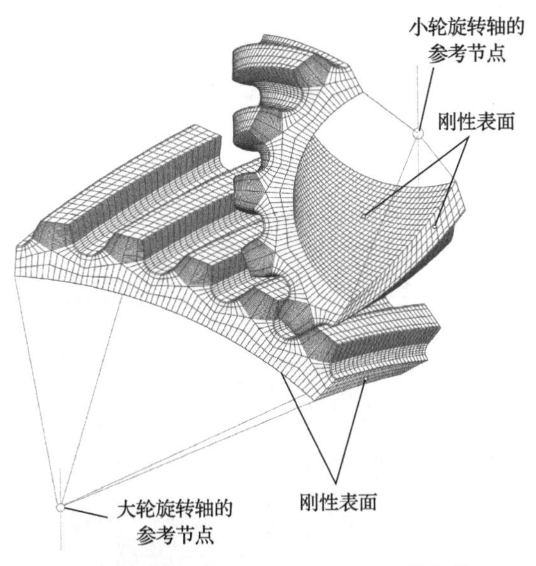

图 3.18　纯滚动线齿轮副的有限元分析模型

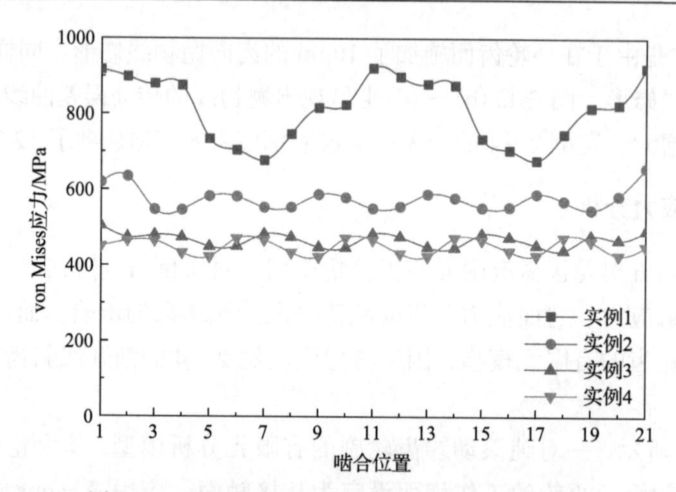

图 3.19　四组设计的小轮齿面 von Mises 应力曲线

图 3.20 表示了四组设计的小轮齿面上某参考啮合位置的 von Mises 应力云图。在理想安装情况下，实例 1 的 von Mises 应力是四组设计中最大的，它产生的接触椭圆在四组设计中是最小的。这是由于实例 1 的啮合点处综合曲率半径是四组设计中最小的。实例 1 的最大 von Mises 应力约为实例 4 的 2 倍。

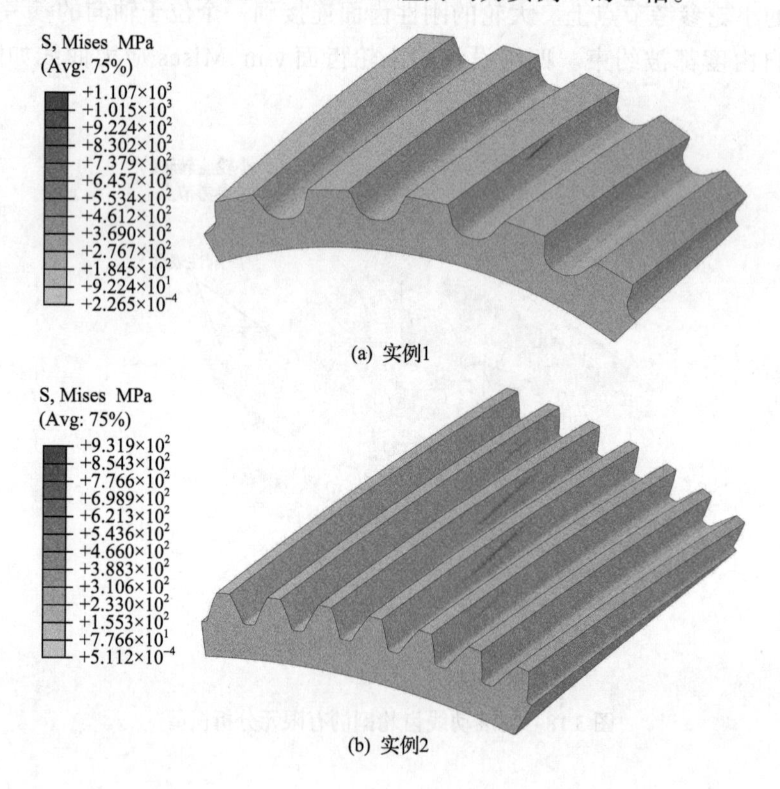

(a) 实例1

(b) 实例2

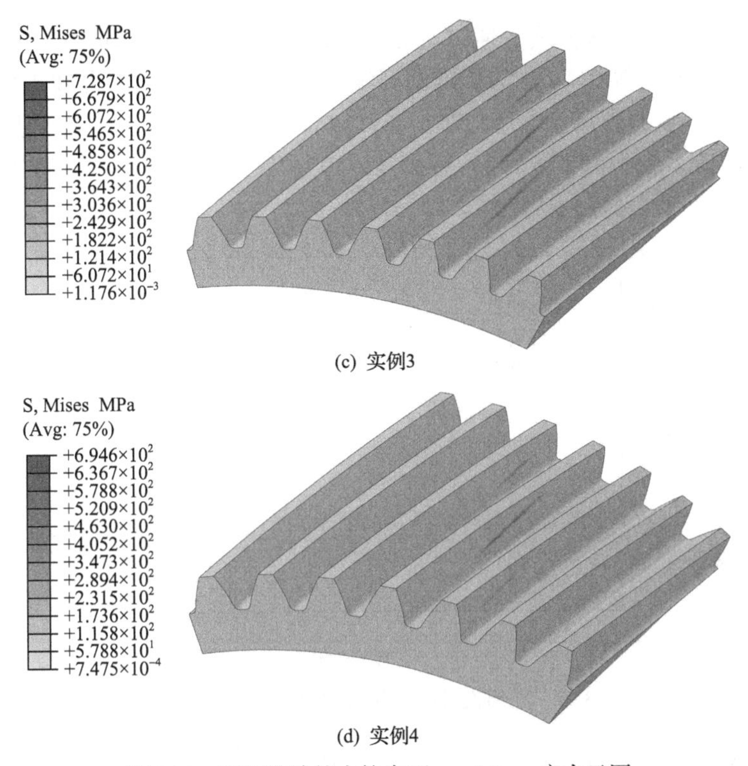

(c) 实例3

(d) 实例4

图 3.20　四组设计的小轮齿面 von Mises 应力云图

图 3.21 为四组设计的小轮齿根最大弯曲应力曲线，在理想安装情况下实例 1 的最小齿根弯曲应力是四组设计中最小的，它小于实例 2 的小轮齿根最大弯曲应力的一半。一方面，实例 1 的模数为 6mm，而实例 2 的模数仅为 2mm，实例 2 的齿厚小于实例 1 的一半。另一方面，由于实例 1 设计中采用 Hermite 曲线替代

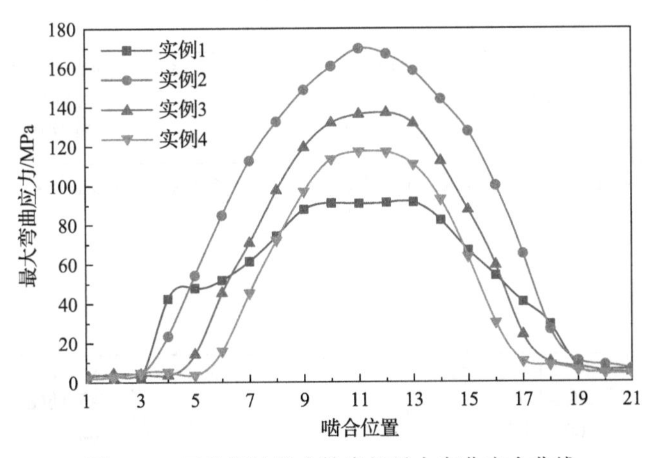

图 3.21　四组设计的小轮齿根最大弯曲应力曲线

圆弧曲线作为齿根过渡曲线，通过 Hermite 曲线参数值的合理选取，可以减小根部弯曲应力，而实例 2～4 均为标准渐开线斜齿轮，其根部过渡曲线为标准圆弧，此外，实例 2～4 的圆弧齿廓修形减小了其重合度。因此，实例 1 在四组设计中小轮齿根弯曲应力最小。同样，可以在图 3.21 中发现类似的结果。图 3.22 为四组设计的大轮齿根最大弯曲应力曲线。

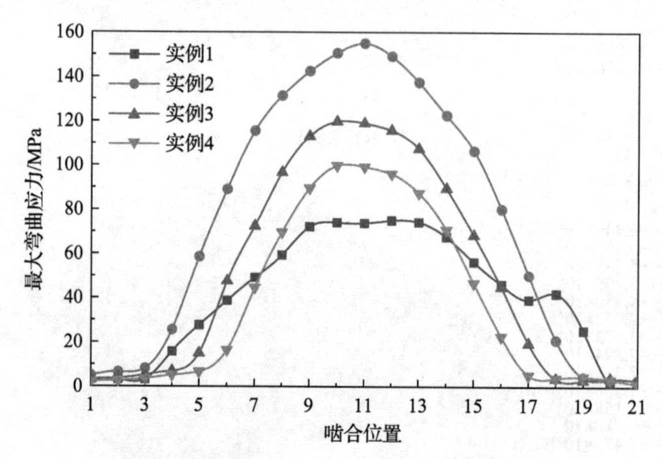

图 3.22　四组设计的大轮齿根最大弯曲应力曲线

四组设计的齿轮副承载传动误差曲线如图 3.23 所示，它基于齿面接触分析的结果与有限元分析的结果结合接触表面的变形和轮齿变形来计算。由于考虑了啮

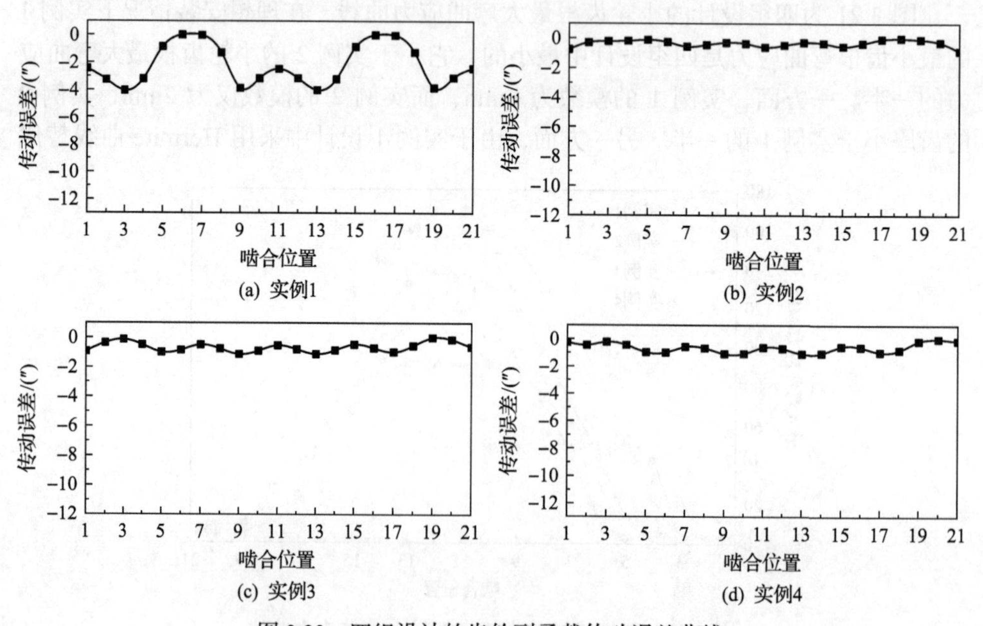

图 3.23　四组设计的齿轮副承载传动误差曲线

合过程中接触区域的表面变形和轮齿变形，图 3.23 与图 3.17 齿轮副的空载传动误差曲线相比，实例 1～4 的承载传动误差曲线有所变化，对于所有四种设计情况，传动误差的最大幅值都有所减小，且其形状均为抛物线形。实例 2 的传动误差的最大幅值最小，仅为 0.8″。实例 1 传动误差的最大幅值最大，为 4.0″。

3.4　变螺旋角平行轴外啮合纯滚动线齿轮设计

3.3 节介绍了平行轴外啮合纯滚动线齿轮设计理论及几何参数设计计算公式，本节介绍变螺旋角平行轴外啮合纯滚动线齿轮设计方法，并通过 TCA、LTCA 技术和 FEM 分析包括接触椭圆、接触迹线、传动误差在内的啮合性能和齿面接触应力、齿根弯曲应力等力学性能，并展开外啮合齿轮副的对比研究。

3.4.1　啮合点运动规律

平行轴外啮合传动线齿轮的空间啮合坐标系如图 3.24 所示[52]，它是空间中的固定坐标系，固连于齿轮箱体。其中，坐标系 $S_p(O_p\text{-}x_py_pz_p)$、$S_g(O_g\text{-}x_gy_gz_g)$ 和 $S_k(O_k\text{-}x_ky_kz_k)$ 分别与主动轮和从动轮固连；z_1 和 z_2 分别与主动轮和从动轮的回转轴线重合。小轮的角速度为 $\boldsymbol{\omega}_1$，大轮的角速度为 $\boldsymbol{\omega}_2$。小轮和大轮的转角分别为 φ_1 和 φ_2。小轮和大轮的圆柱瞬轴面分别为 I 和 II，它们相切于红色虚直线 $K\text{-}K$，即纯滚动点组成的啮合线。平面 $x_kO_kz_k$ 与平面 $x_pO_pz_p$ 和平面 xOz 共面。小轮分度圆柱体的半径为 R_1，大轮分度圆柱体的半径为 R_2，小轮和大轮的中心距为 a。

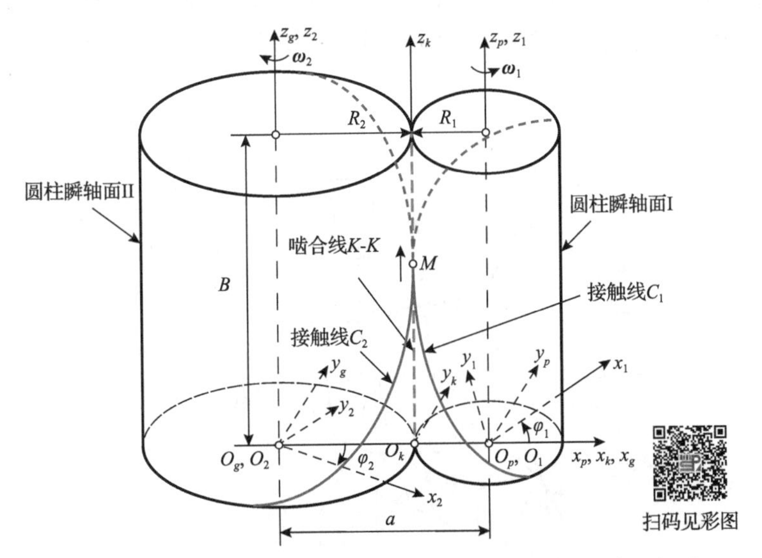

图 3.24　变螺旋角平行轴外啮合纯滚动线齿轮副的啮合坐标系

图 3.24 中，坐标系 $S_k(O_k\text{-}x_ky_kz_k)$、$S_1(O_1\text{-}x_1y_1z_1)$ 和 $S_2(O_2\text{-}x_2y_2z_2)$ 之间的坐标变换矩阵表达式如式(3.1)所示。

其中，坐标系 $S_k(O_k\text{-}x_ky_kz_k)$ 到 $S_1(O_1\text{-}x_1y_1z_1)$ 的齐次坐标变换矩阵为

$$\boldsymbol{M}_{1k}=\begin{bmatrix}\cos\varphi_1 & -\sin\varphi_1 & 0 & -R_1\cos\varphi_1\\ \sin\varphi_1 & \cos\varphi_1 & 0 & -R_1\sin\varphi_1\\ 0 & 0 & 1 & 0\\ 0 & 0 & 0 & 1\end{bmatrix} \tag{3.47}$$

坐标系 $S_k(O_k\text{-}x_ky_kz_k)$ 到 $S_2(O_2\text{-}x_2y_2z_2)$ 的齐次坐标变换矩阵为

$$\boldsymbol{M}_{2k}=\begin{bmatrix}\cos\varphi_2 & -\sin\varphi_2 & 0 & R_2\cos\varphi_2\\ \sin\varphi_2 & \cos\varphi_2 & 0 & -R_2\sin\varphi_2\\ 0 & 0 & 1 & 0\\ 0 & 0 & 0 & 1\end{bmatrix} \tag{3.48}$$

其中，小轮和大轮的转角关系为式(3.2)。

3.4.2　齿面数学模型

本节选择圆弧作为变螺旋角平行轴外啮合纯滚动线齿轮的端面齿廓截形，它与标准渐开线端面齿廓的比较如图 3.25 所示。考虑端面齿廓的凸-凸啮合类型，并用圆弧齿廓(图中黑色线)代替传统渐开线齿廓(图中红色线)作为纯滚动线齿轮的主动齿廓。点 O_a 与 O_b 分别为大轮和小轮端面圆弧齿廓的圆心，且位于啮合线(黑色点划线)上，同时确保大轮和小轮端面圆弧齿廓在节点 M 以预设的端面压力角

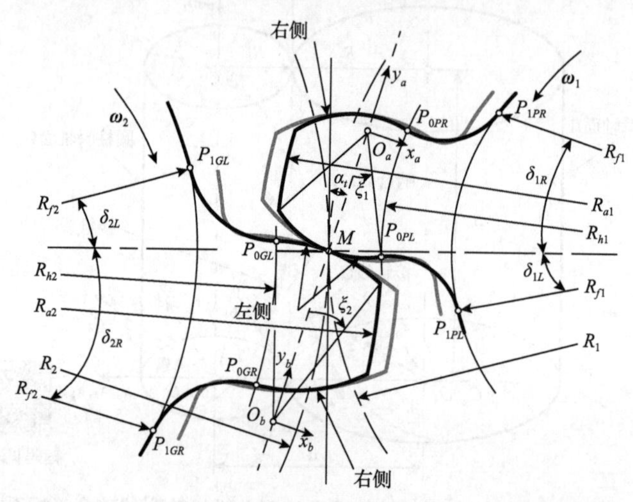

图 3.25　平行轴变螺旋角纯滚动线齿轮端面齿廓截形设计

啮合。Hermite 曲线用作齿根过渡曲线来提升根部的弯曲强度。主动齿廓与根部过渡曲线在点 P_{0Pi} 与 P_{0Gi}（i=R、L，分别代表右侧齿廓与左侧齿廓）光滑连接。同时，根部过渡曲线在点 P_{1Pi} 与 P_{1Gi} 与齿根圆光滑连接。

点 P_{0PR}、P_{0PL} 和 P_{0GR}、P_{0GL} 的具体位置分别取决于 R_{h1} 和 R_{h2}。点 P_{1PR} 和 P_{1GR} 具体位置分别取决于 R_{f1}、δ_{1R} 和 R_{f2}、δ_{2R}。同样，点 P_{1PL} 和 P_{1GL} 具体位置分别取决于 R_{f1}、δ_{1L} 和 R_{f2}、δ_{2L}。端面圆弧齿廓的角度参数 ξ_1 和 ξ_2 的取值范围分别取决于半径 R_{a1}、R_{h1} 和 R_{a2}、R_{h2}。上述参数的计算公式分别如下：

$$\begin{cases} R_{h1} = R_1 - h_{a1} \\ R_{f1} = R_1 - h_{f1} \\ R_{a1} = R_1 + h_{a1} \end{cases} \tag{3.49}$$

$$\begin{cases} R_{h2} = R_2 - h_{a2} \\ R_{f2} = R_2 - h_{f2} \\ R_{a2} = R_2 + h_{a2} \end{cases} \tag{3.50}$$

$$\begin{cases} R_1 = Z_1 m_t \\ R_2 = Z_2 m_t \\ h_{a1} = h_{a2} = h_a = h_{an}^* m_n \\ h_{f1} = h_{f2} = h_f = (h_{an}^* + c_n^*) m_n \\ m_t = \dfrac{m_n}{\cos\beta} \end{cases} \tag{3.51}$$

$$\begin{cases} \delta_{1L} = 2\pi / (5Z_1) \\ \delta_{2L} = 2\pi / (5Z_2) \\ \delta_{1R} = 7\pi / (5Z_1) \\ \delta_{2R} = 7\pi / (5Z_2) \end{cases} \tag{3.52}$$

$$\alpha_t = \arctan\left(\frac{\tan\alpha_n}{\cos\beta}\right) \tag{3.53}$$

在点 O_a 与 O_b 分别建立辅助坐标系 $S_a(O_a\text{-}x_a y_a z_a)$ 和 $S_b(O_b\text{-}x_b y_b z_b)$ 来表示端面齿廓方程。小轮左侧端面齿廓位置矢量 $\boldsymbol{r}_a^{(1l)}$ 在坐标系 $S_a(O_a\text{-}x_a y_a z_a)$ 中的表达式为

$$\boldsymbol{r}_a^{(1l)} = \begin{cases} x_a^{(1l)} = \rho_1 \sin\xi_1 \\ y_a^{(1l)} = -\rho_1 \cos\xi_1 \\ z_a^{(1l)} = 0 \end{cases} \tag{3.54}$$

大轮左侧端面齿廓 $\boldsymbol{r}_b^{(2l)}$ 在坐标系 $S_b(O_b\text{-}x_by_bz_b)$ 中的表达式为

$$\boldsymbol{r}_b^{(2l)}=\begin{cases}x_b^{(2l)}=\rho_2\sin\xi_2\\ y_b^{(2l)}=\rho_2\cos\xi_2\\ z_b^{(2l)}=0\end{cases}\tag{3.55}$$

式中，ξ_1 和 ξ_2 分别为小轮和大轮端面圆弧齿廓的角度参数；ρ_1 和 ρ_2 分别为小轮和大轮端面圆弧齿廓的半径，$\rho_2=i_{12}\rho_1$。

通过坐标变换，可得小轮和大轮左侧齿廓参数方程分别在坐标系 S_p 与 S_g 下的表达式为

$$\boldsymbol{r}_p^{(1l)}=\begin{cases}x_p^{(1l)}=\rho_1\sin\xi_1\cos\alpha_t-\rho_1\cos\xi_1\sin\alpha_t+\rho_1\sin\alpha_t-R_1\\ y_p^{(1l)}=-\rho_1\sin\xi_1\sin\alpha_t-\rho_1\cos\xi_1\cos\alpha_t+\rho_1\cos\alpha_t\\ z_p^{(1l)}=0\end{cases}\tag{3.56}$$

$$\boldsymbol{r}_g^{(2l)}=\begin{cases}x_g^{(2l)}=\rho_2\sin\xi_2\cos\alpha_t+\rho_2\cos\xi_2\sin\alpha_t-\rho_2\sin\alpha_t+R_2\\ y_g^{(2l)}=-\rho_2\sin\xi_2\sin\alpha_t+\rho_2\cos\xi_2\cos\alpha_t-\rho_2\cos\alpha_t\\ z_g^{(2l)}=0\end{cases}\tag{3.57}$$

小轮的右侧齿廓均可由它们的左侧齿廓通过关于 x_p 轴镜像并绕 z_p 轴旋转得到，其位置参数矢量表达式为

$$\boldsymbol{r}_p^{(1r)}=\begin{cases}x_p^{(1r)}=x_p^{(1l)}\cos\dfrac{\pi}{Z_1}-y_p^{(1l)}\sin\dfrac{\pi}{Z_1}\\ y_p^{(1r)}=-x_p^{(1l)}\sin\dfrac{\pi}{Z_1}-y_p^{(1l)}\cos\dfrac{\pi}{Z_1}\\ z_p^{(1r)}=0\end{cases}\tag{3.58}$$

同理，大轮的右侧齿廓位置参数矢量表达式为

$$\boldsymbol{r}_g^{(2r)}=\begin{cases}x_p^{(1r)}=x_g^{(2l)}\cos\dfrac{\pi}{Z_2}-y_g^{(2l)}\sin\dfrac{\pi}{Z_2}\\ y_p^{(1r)}=-x_g^{(2l)}\sin\dfrac{\pi}{Z_2}-y_g^{(2l)}\cos\dfrac{\pi}{Z_1}\\ z_p^{(1r)}=0\end{cases}\tag{3.59}$$

小轮和大轮根部的过渡曲线即 Hermite 曲线的设计方法与 3.2 节相同,故不再复述。

实例 A(图 3.3(a))所述的外啮合纯滚动线齿轮，其小轮左右侧主动齿面方程分别为式(3.60)和式(3.61)。同理，其大轮的左右侧主动齿面方程分别为式(3.62)和式(3.63)：

$$\boldsymbol{r}_1^{(l)}=\begin{cases}x_1^{(1l)}=x_p^{(1l)}\cos\left(k_\varphi t\right)+y_p^{(1l)}\sin\left(k_\varphi t\right)\\ y_1^{(1l)}=-x_p^{(1l)}\sin\left(k_\varphi t\right)+y_p^{(1l)}\cos\left(k_\varphi t\right),\quad 0\leqslant t\leqslant t_k\\ z_1^{(1l)}=c_1t\end{cases}\tag{3.60}$$

$$\boldsymbol{r}_1^{(r)}=\begin{cases}x_1^{(1r)}=x_p^{(1r)}\cos\left(k_\varphi t\right)+y_p^{(1r)}\sin\left(k_\varphi t\right)\\ y_1^{(1r)}=-x_p^{(1r)}\sin\left(k_\varphi t\right)+y_p^{(1r)}\cos\left(k_\varphi t\right),\quad 0\leqslant t\leqslant t_k\\ z_1^{(1r)}=c_1t\end{cases}\tag{3.61}$$

$$\boldsymbol{r}_2^{(l)}=\begin{cases}x_2^{(2l)}=x_g^{(2l)}\cos\left(k_\varphi t/i_{12}\right)-y_g^{(2l)}\sin\left(k_\varphi t/i_{12}\right)\\ y_2^{(2l)}=x_g^{(2l)}\sin\left(k_\varphi t/i_{12}\right)+y_g^{(2l)}\cos\left(k_\varphi t/i_{12}\right),\quad 0\leqslant t\leqslant t_k\\ z_2^{(2l)}=c_1t\end{cases}\tag{3.62}$$

$$\boldsymbol{r}_2^{(r)}=\begin{cases}x_2^{(2r)}=x_g^{(2r)}\cos\left(k_\varphi t/i_{12}\right)-y_g^{(2r)}\sin\left(k_\varphi t/i_{12}\right)\\ y_2^{(2r)}=x_g^{(2r)}\sin\left(k_\varphi t/i_{12}\right)+y_g^{(2r)}\cos\left(k_\varphi t/i_{12}\right),\quad 0\leqslant t\leqslant t_k\\ z_2^{(2r)}=c_1t\end{cases}\tag{3.63}$$

实例 B(图 3.3(b))和实例 C(图 3.3(c))所述的外啮合纯滚动线齿轮小轮左右侧主动齿面方程分别为式(3.64)和式(3.65)。同理，其大轮的左右侧主动齿面方程分别为式(3.66)和式(3.67)：

$$\boldsymbol{r}_1^{(l)}=\begin{cases}x_1^{(1l)}=x_p^{(1l)}\cos\left(k_\varphi t\right)+y_p^{(1l)}\sin\left(k_\varphi t\right)\\ y_1^{(1l)}=-x_p^{(1l)}\sin\left(k_\varphi t\right)+y_p^{(1l)}\cos\left(k_\varphi t\right),\quad 0\leqslant t\leqslant t_k\\ z_1^{(1l)}=c_1t+c_2t^2\end{cases}\tag{3.64}$$

$$\boldsymbol{r}_1^{(r)}=\begin{cases}x_1^{(1r)}=x_p^{(1r)}\cos\left(k_\varphi t\right)+y_p^{(1r)}\sin\left(k_\varphi t\right)\\ y_1^{(1r)}=-x_p^{(1r)}\sin\left(k_\varphi t\right)+y_p^{(1r)}\cos\left(k_\varphi t\right),\quad 0\leqslant t\leqslant t_k\\ z_1^{(1r)}=c_1t+c_2t^2\end{cases}\tag{3.65}$$

$$\boldsymbol{r}_2^{(l)}=\begin{cases}x_2^{(2l)}=x_g^{(2l)}\cos\left(k_\varphi t/i_{12}\right)-y_g^{(2l)}\sin\left(k_\varphi t/i_{12}\right)\\ y_2^{(2l)}=x_g^{(2l)}\sin\left(k_\varphi t/i_{12}\right)+y_g^{(2l)}\cos\left(k_\varphi t/i_{12}\right),\quad 0\leqslant t\leqslant t_k\\ z_2^{(2l)}=c_1t+c_2t^2\end{cases}\tag{3.66}$$

$$\boldsymbol{r}_2^{(r)}=\begin{cases}x_2^{(2r)}=x_g^{(2r)}\cos\left(k_\varphi t/i_{12}\right)-y_g^{(2r)}\sin\left(k_\varphi t/i_{12}\right)\\ y_2^{(2r)}=x_g^{(2r)}\sin\left(k_\varphi t/i_{12}\right)+y_g^{(2r)}\cos\left(k_\varphi t/i_{12}\right),\quad 0\leqslant t\leqslant t_k\\ z_2^{(2r)}=c_1t+c_2t^2\end{cases}\tag{3.67}$$

实例D(图3.3(d))和实例E(图3.3(e))所述的外啮合纯滚动线齿轮小轮左右侧主动齿面方程分别为式(3.68)和式(3.69)。同理，其大轮的左右侧主动齿面方程分别为式(3.70)和式(3.71)：

$$\boldsymbol{r}_1^{(l)}=\begin{cases}x_1^{(1l)}=x_p^{(1l)}\cos\left(k_\varphi t\right)+y_p^{(1l)}\sin\left(k_\varphi t\right)\\ y_1^{(1l)}=-x_p^{(1l)}\sin\left(k_\varphi t\right)+y_p^{(1l)}\cos\left(k_\varphi t\right),\quad 0\leqslant t\leqslant t_k\\ z_1^{(1l)}=\begin{cases}c_0'+c_1't+c_2't^2,\quad 0\leqslant t\leqslant t_1\\ c_0''+c_1''t+c_2''t^2,\quad t_1\leqslant t\leqslant t_k\end{cases}\end{cases}\tag{3.68}$$

$$\boldsymbol{r}_1^{(r)}=\begin{cases}x_1^{(1r)}=x_p^{(1r)}\cos\left(k_\varphi t\right)+y_p^{(1r)}\sin\left(k_\varphi t\right)\\ y_1^{(1r)}=-x_p^{(1r)}\sin\left(k_\varphi t\right)+y_p^{(1r)}\cos\left(k_\varphi t\right),\quad 0\leqslant t\leqslant t_k\\ z_1^{(1r)}=\begin{cases}c_0'+c_1't+c_2't^2,\quad 0\leqslant t\leqslant t_1\\ c_0''+c_1''t+c_2''t^2,\quad t_1\leqslant t\leqslant t_k\end{cases}\end{cases}\tag{3.69}$$

$$\boldsymbol{r}_2^{(l)}=\begin{cases}x_2^{(2l)}=x_g^{(2l)}\cos\left(k_\varphi t/i_{12}\right)-y_g^{(2l)}\sin\left(k_\varphi t/i_{12}\right)\\ y_2^{(2l)}=x_g^{(2l)}\sin\left(k_\varphi t/i_{12}\right)+y_g^{(2l)}\cos\left(k_\varphi t/i_{12}\right),\quad 0\leqslant t\leqslant t_k\\ z_2^{(2l)}=\begin{cases}c_0'+c_1't+c_2't^2,\quad 0\leqslant t\leqslant t_1\\ c_0''+c_1''t+c_2''t^2,\quad t_1\leqslant t\leqslant t_k\end{cases}\end{cases}\tag{3.70}$$

$$\boldsymbol{r}_2^{(r)}=\begin{cases}x_2^{(2r)}=x_g^{(2r)}\cos\left(k_\varphi t/i_{12}\right)-y_g^{(2r)}\sin\left(k_\varphi t/i_{12}\right)\\ y_2^{(2r)}=x_g^{(2r)}\sin\left(k_\varphi t/i_{12}\right)+y_g^{(2r)}\cos\left(k_\varphi t/i_{12}\right),\quad 0\leqslant t\leqslant t_k\\ z_2^{(2r)}=\begin{cases}c_0'+c_1't+c_2't^2,\quad 0\leqslant t\leqslant t_1\\ c_0''+c_1''t+c_2''t^2,\quad t_1\leqslant t\leqslant t_k\end{cases}\end{cases}\tag{3.71}$$

实例 F(图 3.3(f))和实例 G(图 3.3(g))所述的外啮合纯滚动线齿轮小轮左右侧主动齿面方程分别为式(3.72)和式(3.73)。同理，其大轮的左右侧主动齿面方程分别为式(3.74)和式(3.75)：

$$
\boldsymbol{r}_1^{(l)}=\begin{cases}
x_1^{(1l)}=x_p^{(1l)}\cos\left(k_\varphi t\right)+y_p^{(1l)}\sin\left(k_\varphi t\right)\\
y_1^{(1l)}=-x_p^{(1l)}\sin\left(k_\varphi t\right)+y_p^{(1l)}\cos\left(k_\varphi t\right)\\
z_1^{(1l)}=\begin{cases}
c_0'+c_1't+c_2't^2, & 0\leqslant t\leqslant t_1\\
c_0''+c_1''t+c_2''t^2, & t_1\leqslant t\leqslant t_2\,, t_k\geqslant 0\\
c_0'''+c_1'''t+c_2'''t^2, & t_2\leqslant t\leqslant t_k
\end{cases}
\end{cases}\tag{3.72}
$$

$$
\boldsymbol{r}_1^{(r)}=\begin{cases}
x_1^{(1r)}=x_p^{(1r)}\cos\left(k_\varphi t\right)+y_p^{(1r)}\sin\left(k_\varphi t\right)\\
y_1^{(1r)}=-x_p^{(1r)}\sin\left(k_\varphi t\right)+y_p^{(1r)}\cos\left(k_\varphi t\right)\\
z_1^{(1r)}=\begin{cases}
c_0'+c_1't+c_2't^2, & 0\leqslant t\leqslant t_1\\
c_0''+c_1''t+c_2''t^2, & t_1\leqslant t\leqslant t_2\,, t_k\geqslant 0\\
c_0'''+c_1'''t+c_2'''t^2, & t_2\leqslant t\leqslant t_k
\end{cases}
\end{cases}\tag{3.73}
$$

$$
\boldsymbol{r}_2^{(l)}=\begin{cases}
x_2^{(2l)}=x_g^{(2l)}\cos\left(k_\varphi t/i_{12}\right)-y_g^{(2l)}\sin\left(k_\varphi t/i_{12}\right)\\
y_2^{(2l)}=x_g^{(2l)}\sin\left(k_\varphi t/i_{12}\right)+y_g^{(2l)}\cos\left(k_\varphi t/i_{12}\right)\\
z_2^{(2l)}=\begin{cases}
c_0'+c_1't+c_2't^2, & 0\leqslant t\leqslant t_1\\
c_0''+c_1''t+c_2''t^2, & t_1\leqslant t\leqslant t_2\,, t_k\geqslant 0\\
c_0'''+c_1'''t+c_2'''t^2, & t_2\leqslant t\leqslant t_k
\end{cases}
\end{cases}\tag{3.74}
$$

$$
\boldsymbol{r}_2^{(r)}=\begin{cases}
x_2^{(2r)}=x_g^{(2r)}\cos\left(k_\varphi t/i_{12}\right)-y_g^{(2r)}\sin\left(k_\varphi t/i_{12}\right)\\
y_2^{(2r)}=x_g^{(2r)}\sin\left(k_\varphi t/i_{12}\right)+y_g^{(2r)}\cos\left(k_\varphi t/i_{12}\right)\\
z_2^{(2r)}=\begin{cases}
c_0'+c_1't+c_2't^2, & 0\leqslant t\leqslant t_1\\
c_0''+c_1''t+c_2''t^2, & t_1\leqslant t\leqslant t_2\,, t_k\geqslant 0\\
c_0'''+c_1'''t+c_2'''t^2, & t_2\leqslant t\leqslant t_k
\end{cases}
\end{cases}\tag{3.75}
$$

齿根过渡曲面的参数方程推导过程与主动齿面参数方程求解类似，这里省略。

3.4.3 齿轮几何学设计

本节的变螺旋角平行轴外啮合纯滚动线齿轮以及与之对比的渐开线斜齿轮的基本设计参数如表 3.3 和表 3.4 所示。为了与标准平行轴渐开线斜齿轮副进行 TCA 和 FEM 的对比分析，本节设定分度圆半径、压力角、平均螺旋角、齿宽系数和传动比等基本设计参数，如表 3.3 所示，实例 A～G 为不同螺旋角的平行轴外啮合纯滚动线齿轮副，实例 H 为具有相同齿顶高系数和顶隙系数的渐开线斜齿轮副。

表 3.3　变螺旋角纯滚动线齿轮设计参数(实例 A～D)

设计参数	单位	实例 A	实例 B	实例 C	实例 D
传动比 i_{12}	—	3	3	3	3
法向模数 m_n	mm	2.5	2.5	2.5	2.5
小轮齿数 Z_1	—	8	8	8	8
法向压力角 α_n	(°)	20	20	20	20
平均螺旋角 β	(°)	20.4302	20.4302	20.4302	20.4302
中心距 a	mm	42.6850	42.6850	42.6850	42.6850
齿宽 B	mm	30	30	30	30
齿顶高系数 h_{an}^*	—	0.4	0.4	0.4	0.4
顶隙系数 c_n^*	—	0.4	0.4	0.4	0.4
啮合点运动比例系数 k_φ	rad	π	π	π	π
Hermite 曲线系数 T_H	—	0.35	0.35	0.35	0.35
小轮端面圆弧齿廓半径 ρ_1	mm	3.3	3.3	3.3	3.3
啮合点运动参数 t_k	—	1/3	1/3	1/3	1/3
啮合点运动参数 t_1	—	—	—	—	1/6
啮合点运动参数 t_2	—	—	—	—	—
啮合点运动系数 c_0	—	—	—	—	0,–10
啮合点运动系数 c_1	—	90	60	120	60,180
啮合点运动系数 c_2	—	—	90	–90	180,–180

表 3.4　变螺旋角纯滚动线齿轮与斜齿轮设计参数(实例 E～H)

设计参数	单位	实例 E	实例 F	实例 G	实例 H
传动比 i_{12}	—	3	3	3	3
法向模数 m_n	mm	2.5	2.5	2.5	2.5
小轮齿数 Z_1	—	8	8	8	8

续表

设计参数	单位	实例 E	实例 F	实例 G	实例 H
法向压力角 α_n	(°)	20	20	20	20
平均螺旋角 β	(°)	20.4302	20.4302	20.4302	20.4302
中心距 a	mm	42.6850	42.6850	42.6850	42.6850
齿宽 B	mm	30	30	30	30
齿顶高系数 h_{an}^*	—	0.4	0.4	0.4	0.4
顶隙系数 c_n^*	—	0.4	0.4	0.4	0.4
啮合点运动比例系数 k_φ	rad	π	π	π	—
Hermite 曲线系数 T_H	—	0.35	0.35	0.35	—
小轮端面圆弧齿廓半径 ρ_1	mm	3.3	3.3	3.3	—
啮合点运动参数 t_k	—	1/3	1/3	1/3	—
啮合点运动参数 t_1	—	1/6	1/12	1/12	—
啮合点运动参数 t_2	—	—	1/4	1/4	—
啮合点运动系数 c_0	—	0,10	0,–2,–20	0,–2,–20	—
啮合点运动系数 c_1	—	120,0	54,102,246	126,78,–66	—
啮合点运动系数 c_2	—	–180,180	288,0,–288	288,0,–288	—

根据表 3.3 和表 3.4 的设计参数进行三维建模，得到八组斜齿轮模型，如图 3.26 所示。

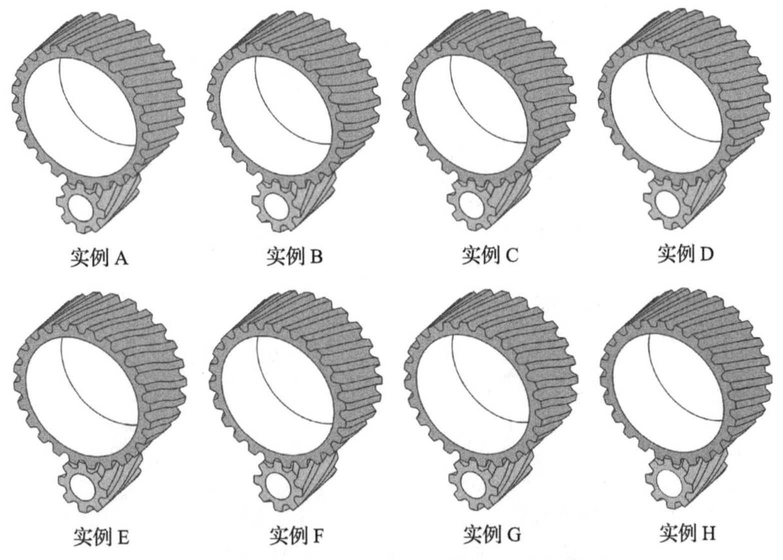

图 3.26　用于对比的八组斜齿轮三维模型

3.4.4　齿面接触分析

本节采用相同的 TCA 算法来对比分析八组设计的啮合迹线、接触椭圆和传动误差曲线。为了消除边缘接触的影响，七组纯滚动线齿轮副的小轮都进行了沿着齿长方向的两端齿面修形，其中修形长度为 2.5mm，去除量为 3μm。作为性能分析的对照组，实例 H 未做任何齿面修形。经过齿面接触分析得到的齿面接触斑痕如图 3.27 所示。

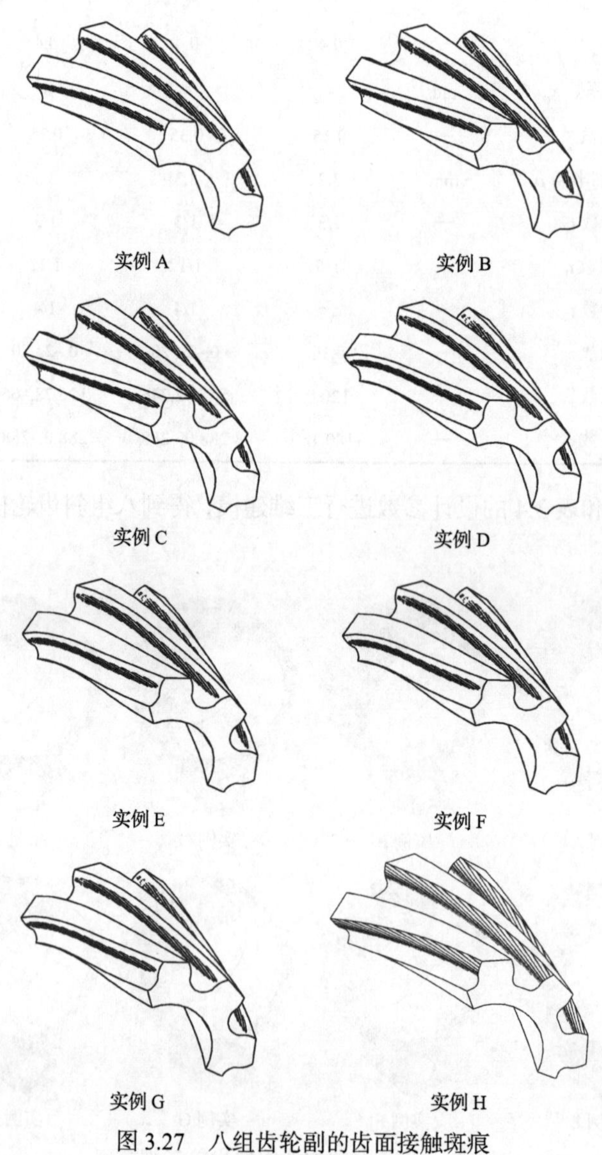

图 3.27　八组齿轮副的齿面接触斑痕

前七组纯滚动线齿轮副小轮的瞬时接触椭圆如图 3.27 所示，在任何啮合时刻均位于齿轮节线附近。并且在齿长两端，由于齿面两端修形的影响，接触椭圆有所变小，使得相邻轮齿之间的载荷传递更为平滑。齿面接触分析的接触椭圆表明，七组不同螺旋角的线齿轮均为节点纯滚动啮合，可以使得齿面间的相对滑动处于一个较低的水平。

不考虑齿长两端的修形影响时，实例 A 的瞬时接触椭圆的大小、长轴倾斜角均保持不变，因为纯滚动啮合点的运动规律为匀速运动规律。此时，线齿轮的螺旋角沿着接触路径保持不变。而实例 B 和实例 C 的接触椭圆随着啮合点的变化而变化。其中，对于实例 B，从齿轮前端到后端螺旋角逐渐减小，接触椭圆长轴的长度随着啮合点沿啮合线 *K*-*K* 位移而逐渐增大。对于实例 C，从齿轮前端到后端螺旋角逐渐增加，接触椭圆长轴的长度随着啮合点沿啮合线 *K*-*K* 位移而逐渐减小。螺旋角的变化取决于啮合点的运动规律。对于实例 D，螺旋角先减小后增大，其瞬时接触椭圆在齿面的前后端逐渐减小，在齿面中间部分其瞬时接触椭圆具有最大的长轴长度。相反，对于实例 E，螺旋角先增大后减小，其瞬时接触椭圆在齿面中间部分具有最小的长轴长度。对于实例 F，螺旋角首先减小，然后保持不变，最后增大，其瞬时接触椭圆在齿面中间部分保持恒定，在靠近两端逐渐减小。相反，对于实例 G，螺旋角首先增加，然后保持不变，最后减小，其瞬时接触椭圆在齿面中间部分保持恒定，在靠近两端逐渐增加。实例 H 为一对未经任何修形的非标准渐开线斜齿轮副，其处于线接触状态，其接触斑痕覆盖整个轮齿表面，可见其接触状态完全不同于线齿轮。

3.4.5　齿面应力分析

本节采用相同的齿面应力分析步骤来对比分析八组设计的齿面接触应力、齿根弯曲应力和承载传动误差。为了避免边界条件对接触应力和弯曲应力计算结果的影响，并考虑连续接触齿对之间的载荷分配，本节采用五对接触齿作为有限元分析模型，如图 3.28 所示。其小轮和大轮的材料均设定泊松比为 0.3，弹性模量为 210GPa。同时，设定小轮扭矩为 15N·m。

八组设计的小轮齿面的接触应力曲线如图 3.29 所示。图 3.30 和图 3.31 为八组设计的小轮齿面在第 11 个啮合位置的 von Mises 应力云图。在理想安装情况下，实例 H 的 von Mises 应力平均值在八种设计实例中是最低的。然而，它在轮齿表面的顶部边缘形成边缘接触，这将导致高接触应力，如图 3.31 所示。相反，实例 A～G 没有形成边缘接触，实例 D 在单对接触齿的啮合部分的瞬时接触椭圆在七种线齿轮副中是最大的。实例 D 的最大 von Mises 应力是七种纯滚动线齿轮设计中最低的，其 von Mises 应力平均值比实例 A 低 2.3%。

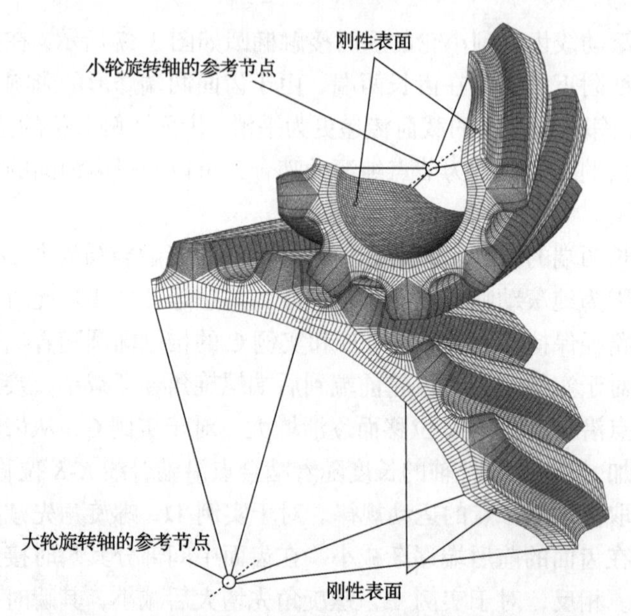

图 3.28　变螺旋角纯滚动线齿轮副的有限元分析模型

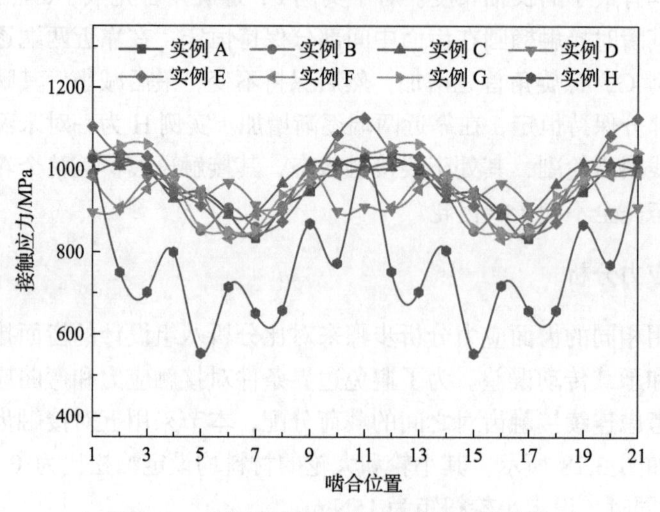

图 3.29　八组设计的小轮齿面接触应力曲线

图 3.32 显示了考虑的八种设计情况中小轮根部最大弯曲应力的演变。如图 3.32 所示，实例 H 小轮最大弯曲应力曲线低于其他七种设计，而实例 D 在七种纯滚动线齿轮设计中最大弯曲应力值最低。在纯滚动线齿轮传动的七种设计实例中，实例 E 的小轮根部最大弯曲应力最大。类似的结果出现在大轮上，如图 3.33 所示。与实例 A 相比，实例 D 小轮的最大弯曲应力降低约 6.4%，但与实例 H 相比增加约 6.8%。与实例 A 相比，实例 D 大轮根部最大弯曲应力降低约 6.8%，但与实例 H 相比增

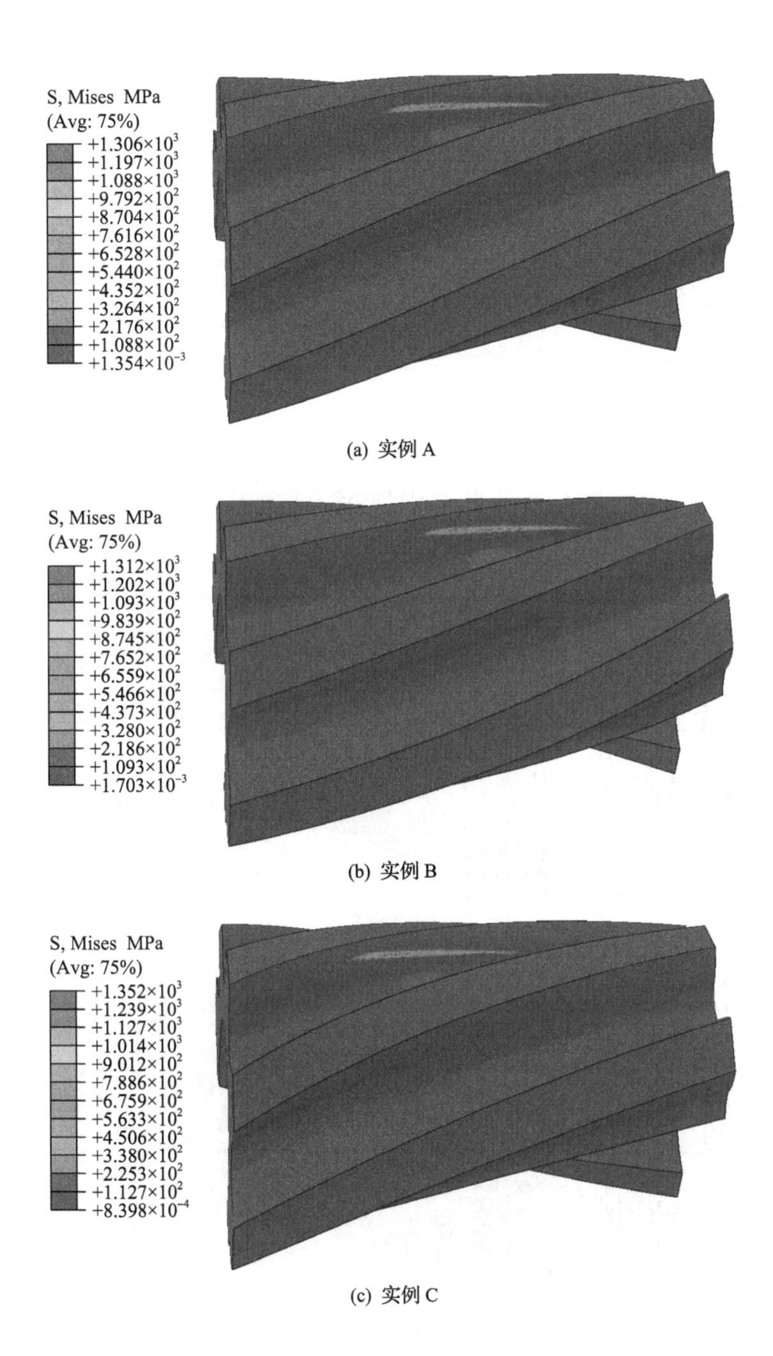

(a) 实例 A

(b) 实例 B

(c) 实例 C

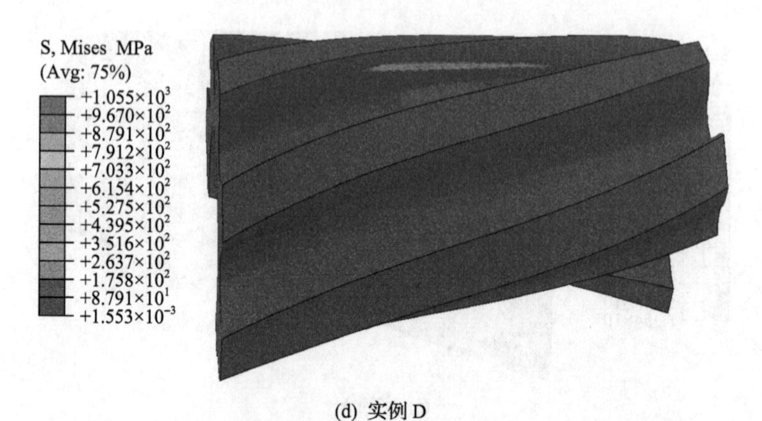

(d) 实例 D

图 3.30　实例 A～D 的小轮接触应力云图

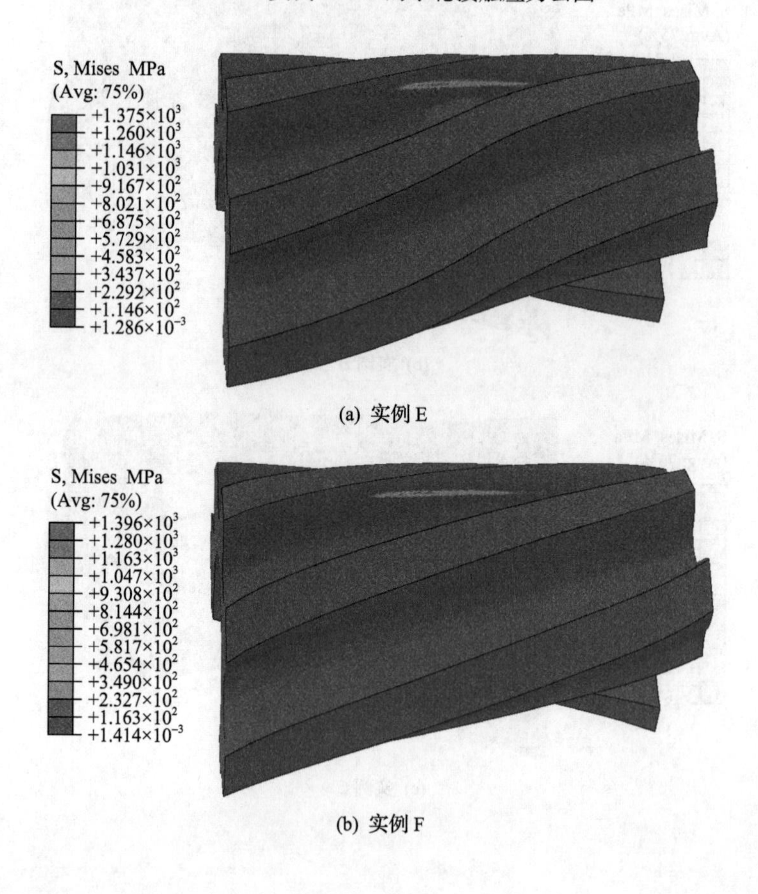

(a) 实例 E

(b) 实例 F

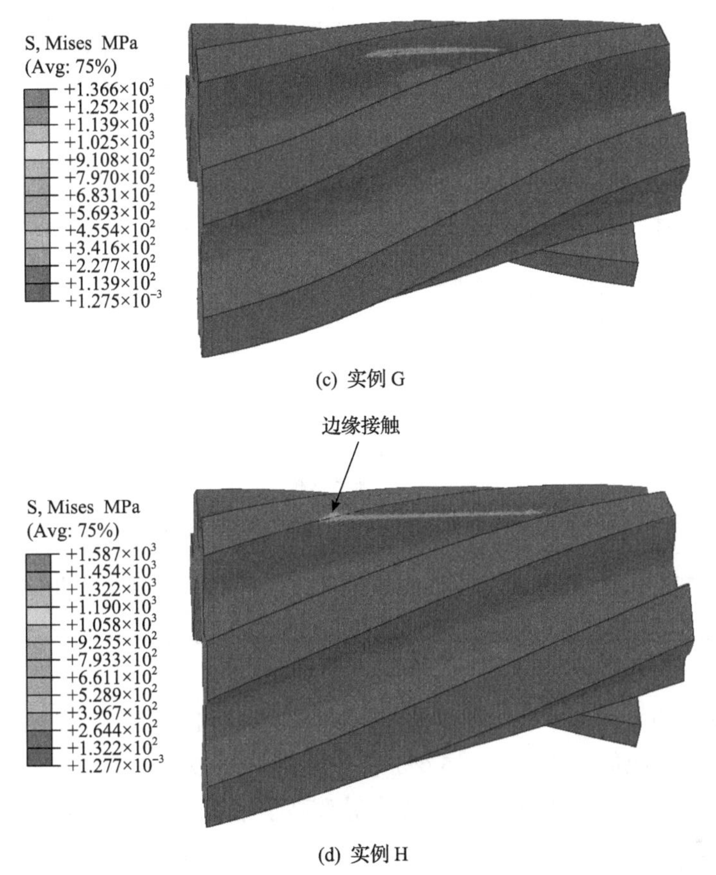

(c) 实例 G

(d) 实例 H

图 3.31　实例 E～H 的小轮接触应力云图

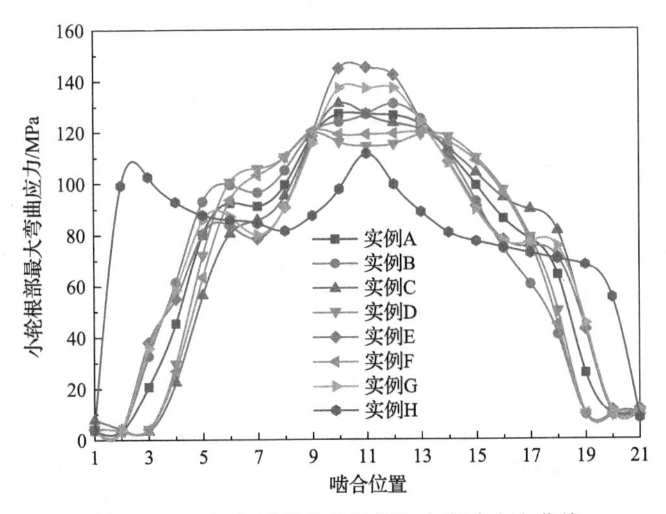

图 3.32　八组实例的小轮根部最大弯曲应力曲线

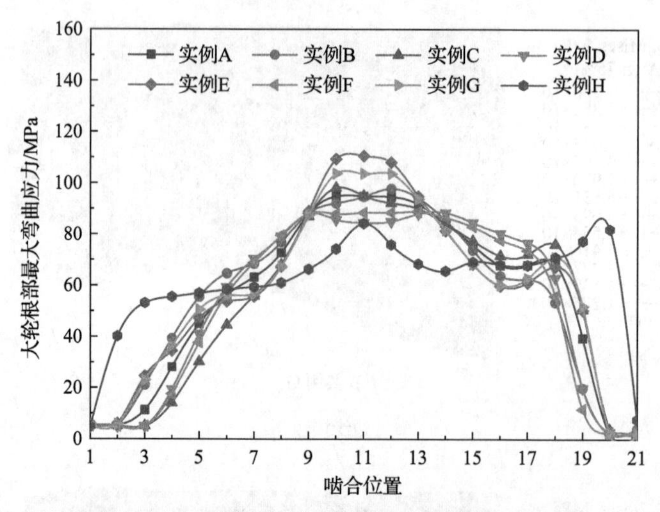

图 3.33　八组实例的大轮根部最大弯曲应力曲线

加约 4.9%。这是因为实例 H 为线接触的渐开线齿轮，具有更大的曲率半径和更大的重合度以适应轮齿间的载荷分配，即弯曲应力取决于危险界面尺寸、根部过渡圆角半径和重合度。

八组设计的齿轮副承载传动误差曲线如图 3.34 和图 3.35 所示。实例 D 的承载传动误差最大幅值最小，仅为 5.6″，低于实例 H 的 9.7″。实例 E 的承载传动误差最大幅值最大，约为 36.1″，这可能会导致高水平的噪声和振动。

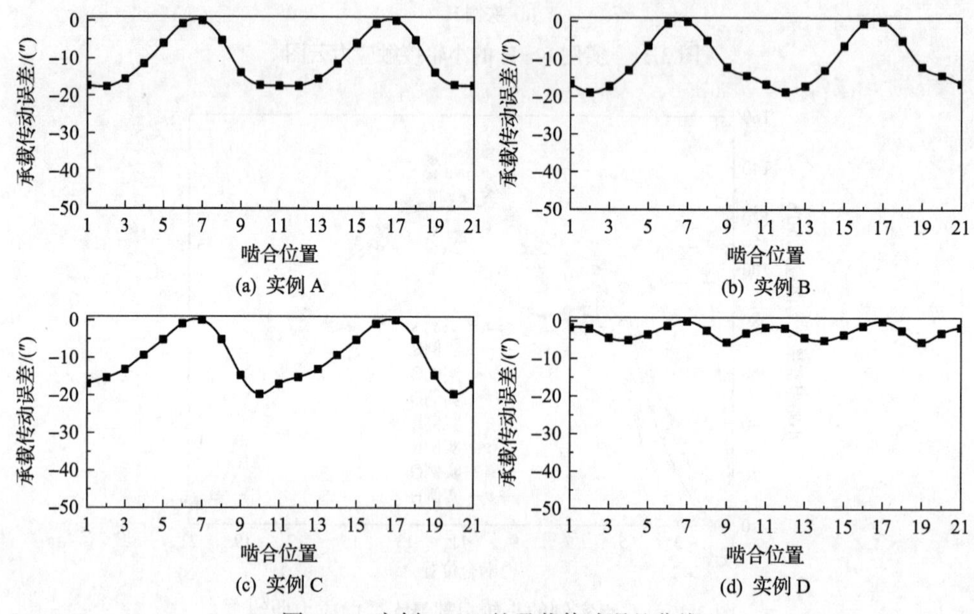

图 3.34　实例 A～D 的承载传动误差曲线

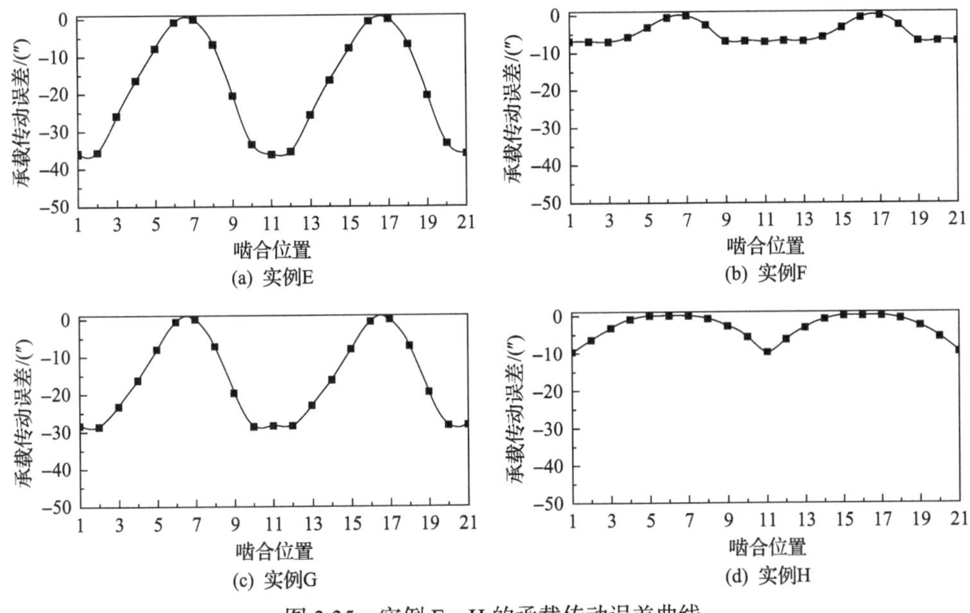

图3.35　实例E～H的承载传动误差曲线

3.4.6　考虑齿面抛物线修形的实例对比分析

为了比较纯滚动线齿轮最佳设计与非标准渐开线斜齿轮在类似接触斑痕和齿面修形情况下的啮合性能，对实例D和实例H均采取齿向抛物线修形代替之前的两端修形，抛物线修形量均为2μm。此外，为了获得与实例D相似的纯滚动接触条件，对实例H进行了5μm的齿廓圆弧修形。TCA和FEM的所有其他设置保持不变。瞬时接触椭圆如图3.36所示。在理想安装情况下，小轮齿面的接触应力的演变如图3.37所示。小轮齿面参考接触位置11处的von Mises应力云图如图3.38

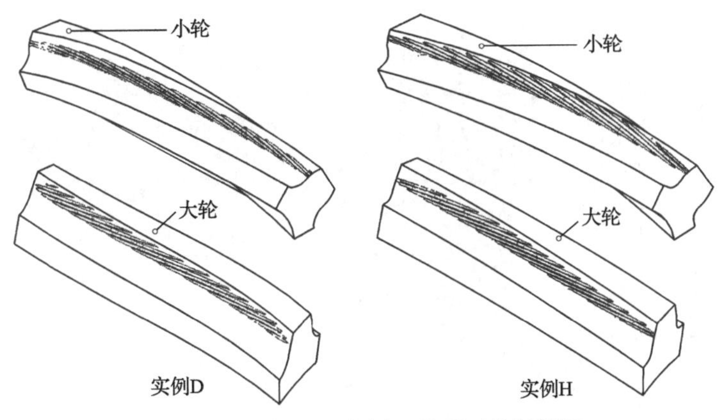

图3.36　实例D和实例H的瞬时接触椭圆

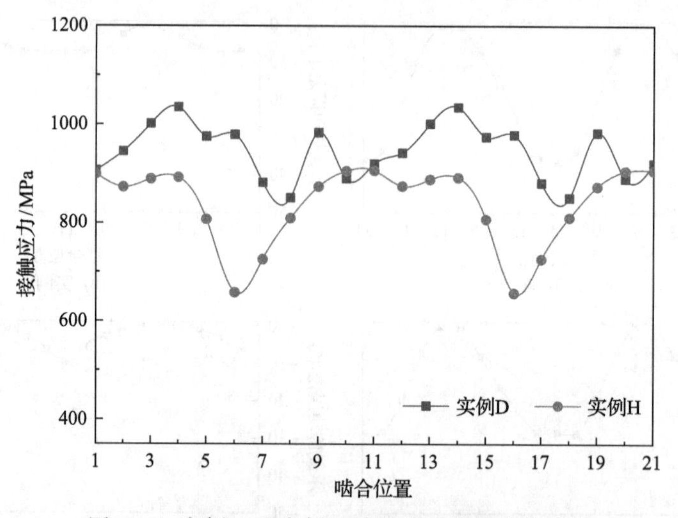

图 3.37　实例 D 和实例 H 小轮齿面接触应力曲线

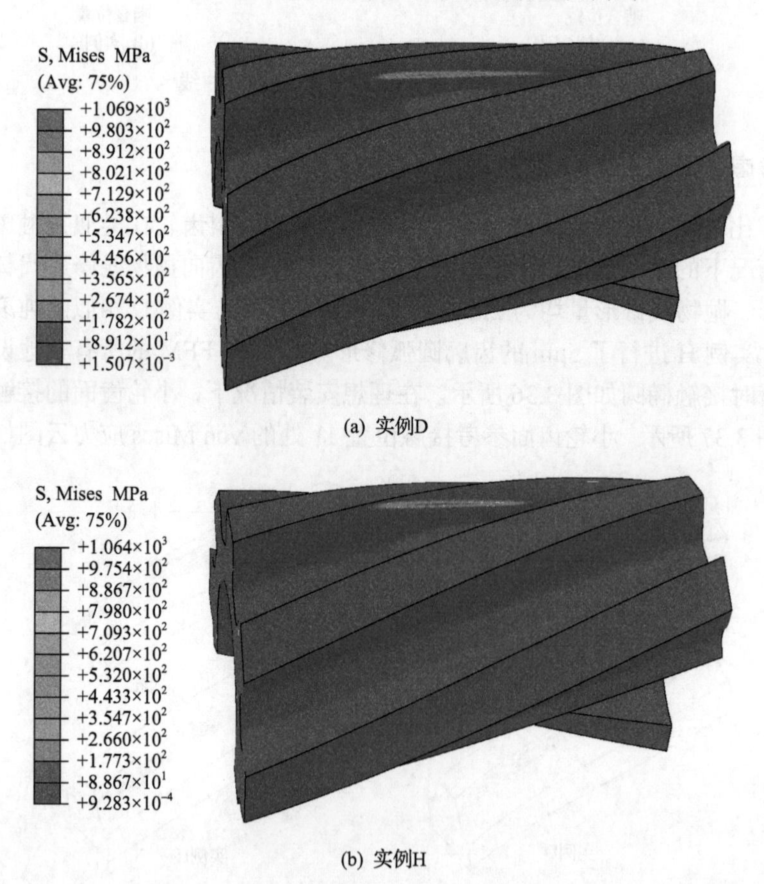

(a) 实例D

(b) 实例H

图 3.38　实例 D 和实例 H 小轮齿面接触应力云图

所示。小轮和大轮的最大弯曲应力的演变如图 3.39 所示，承载传动误差曲线如图 3.40 所示。

实例 D 的接触斑痕与图 3.27 实例 D 相似。但是，由于对实例 H 齿面进行了微观几何修改，因此实例 H 的接触模式由原来的线接触变为与纯滚动线齿轮类似的局部点接触，如图 3.36 和图 3.38 所示。其最大接触应力也反映了接触模式的差异，如图 3.37 所示，实例 D 的最大接触应力高于实例 H(通过修形避免了齿顶的边缘接触)，比实例 H 高约 14.2%。但是，实例 D 的小轮和大轮的齿根最大弯曲应力均低于实例 H。与实例 H 相比，它们分别减小了 27.2%和 27.6%。齿面微观几何形状的修改对实例 D 和 H 有不同的影响。对于点接触啮合的线齿轮实例 D，

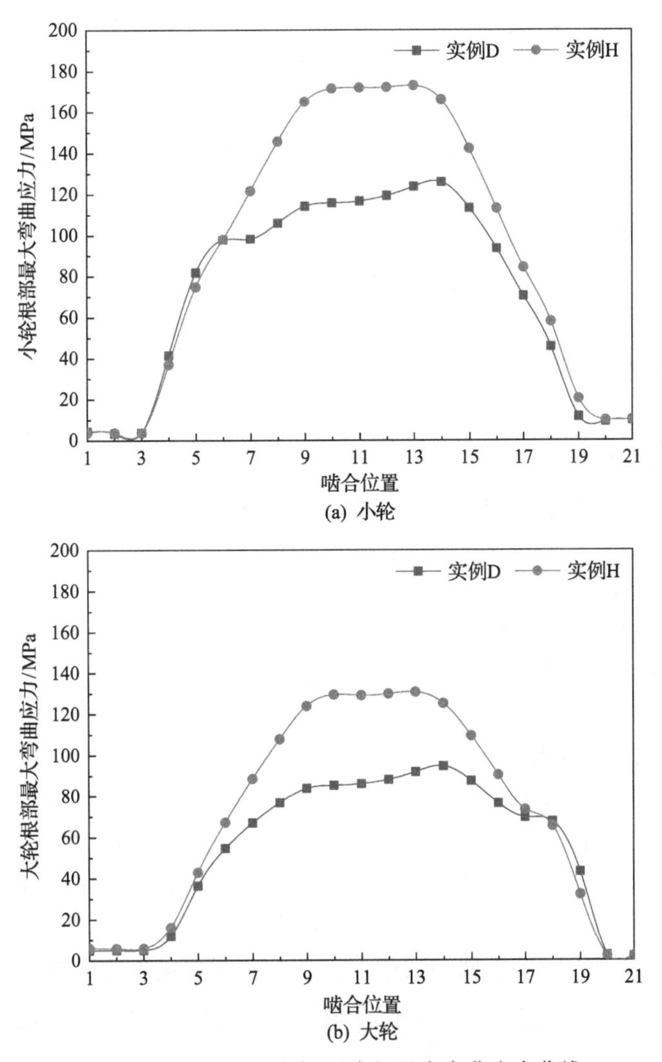

图 3.39 实例 D 和实例 H 齿根最大弯曲应力曲线

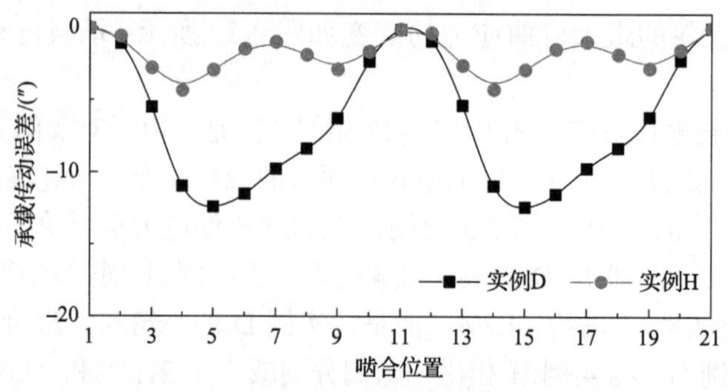

图 3.40　实例 D 和实例 H 的承载传动误差曲线

抛物线修形对根部弯曲应力的影响较小。然而，齿向抛物线修形与齿廓方向的圆弧修形对实例 E 有极大影响，不仅使原来的线接触变为局部点接触，同时还增大了根部弯曲应力和接触应力。

实例 D 和实例 H 的承载传动误差曲线均为抛物线形状，如图 3.40 所示。它们的承载传动误差曲线的最大幅值分别为 12.4″和 4.4″。

3.5　平行轴内啮合纯滚动线齿轮设计

3.5.1　组合齿廓设计

平行轴内啮合传动是应用极其广泛的传动类型，广泛应用于机器人、汽车、风电齿轮箱、机床等的行星轮系。本节介绍平行轴内啮合纯滚动线齿轮的设计方法。

平行轴内啮合纯滚动线齿轮空间啮合坐标系如图 3.41 所示[53]，其中，坐标系 $S_p(O_p\text{-}x_py_pz_p)$、$S_g(O_g\text{-}x_gy_gz_g)$ 和 $S_k(O_k\text{-}x_ky_kz_k)$ 为固定坐标系，固连于齿轮箱体。而坐标系 $S_1(O_1\text{-}x_1y_1z_1)$ 与 $S_2(O_2\text{-}x_2y_2z_2)$ 分别固连于主动轮和从动轮，z_1 和 z_2 分别与主动轮和从动轮的回转轴线重合。小轮的角速度为 $\boldsymbol{\omega}_1$，大轮的角速度为 $\boldsymbol{\omega}_2$。小轮和大轮的转角分别为 φ_1 和 φ_2。小轮和大轮的圆柱瞬轴面分别为 I 和 II，它们相切于直线 $K\text{-}K$。平面 $x_kO_kz_k$ 与平面 $x_pO_pz_p$ 和平面 $x_gO_gz_g$ 共面。小轮分度圆柱体的半径为 R_1，大轮分度圆柱体的半径为 R_2。小轮与大轮的中心距为 a。本节设定啮合点做匀速运动，则啮合线的参数方程为式(3.7)，小轮和大轮的接触线参数方程分别为式(3.13)和式(3.14)。

本节提出基于多个齿廓控制点光滑连接的端面组合齿廓来设计非展成的纯滚动线齿轮齿面。小轮和内齿轮的端面齿廓组合如图 3.42 所示。小轮和内齿圈端面齿廓的左右两侧都由三条平面曲线组成，这些曲线连接齿顶圆控制点到齿根圆控制点，分别记为 Σ_{1a}^i、Σ_{1b}^i、Σ_{1c}^i(小轮)和 Σ_{2a}^i、Σ_{2b}^i、Σ_{2c}^i(内齿圈)，其中 i=r、l 分别代表右侧齿廓和左侧齿廓。上述曲线在控制点光滑连接。Σ_{1a}^i 与 Σ_{1b}^i 组成小

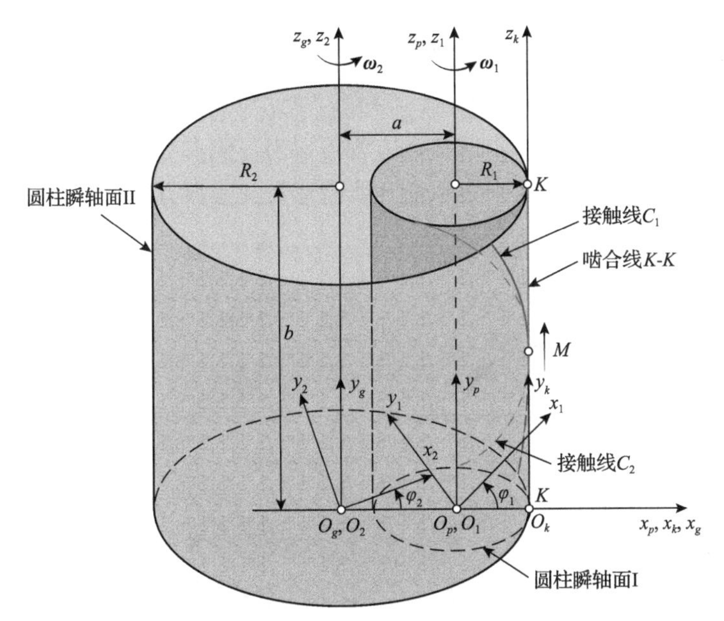

图 3.41　平行轴内啮合纯滚动线齿轮空间啮合坐标系

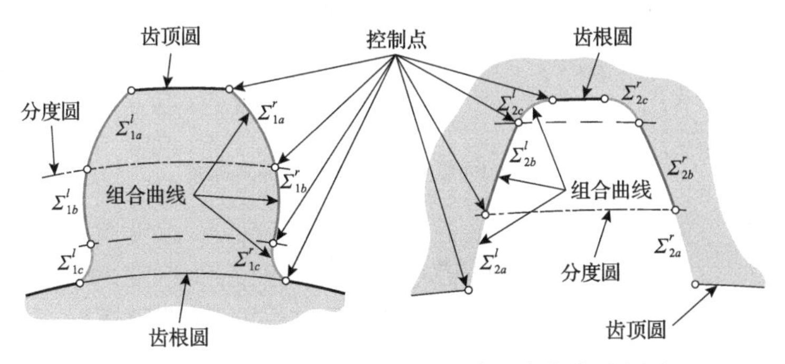

图 3.42　小轮和内齿轮的端面齿廓组合曲线示意图

轮主动齿廓，Σ^i_{1c} 形成小轮根部过渡曲线形状。类似地，Σ^i_{2a} 与 Σ^i_{2b} 组成内齿圈齿廓，Σ^i_{2c} 形成内齿圈根部过渡曲线形状。控制点的选择需要考虑啮合线方程与齿轮的尺寸。例如，选择节点作为纯滚动线齿轮主动齿廓的最重要的关键控制点，其他控制点根据齿顶和齿根圆半径进行选择。一般而言，主动齿廓的平面曲线组合很多，可以选择包括圆弧、抛物线、摆线曲线或渐开线在内的各种曲线。齿根过渡曲线同样如此，可以选择 Hermite 曲线以及圆弧、椭圆、延伸外摆线、贝塞尔曲线或传统旋轮线等。本节选择圆弧和渐开线作为平面曲线，来研究内啮合线齿轮的主动齿廓组合。通过形状调整来优化结构降低根部最大弯曲应力，选择 Hermite 曲线作为齿根过渡曲线。

以内啮合纯滚动线齿轮左侧齿廓为例，介绍齿面参数方程的推导过程。建立

辅助坐标系 $S_a(O_a\text{-}x_ay_az_a)$、$S_b(O_b\text{-}x_by_bz_b)$、$S_c(O_c\text{-}x_cy_cz_c)$ 和 $S_d(O_d\text{-}x_dy_dz_d)$，如图 3.43 所示，来表示端面左侧组合齿廓 Σ_{1a}^l、Σ_{1b}^l、Σ_{2a}^l 和 Σ_{2b}^l 的参数方程。端面右侧组合齿廓 Σ_{1a}^r、Σ_{1b}^r、Σ_{2a}^r 和 Σ_{2b}^r 的参数方程可以由左侧参数方程推导得到。同时，建立如图 3.44 所示的坐标系来表示渐开线齿廓及其参数方程。

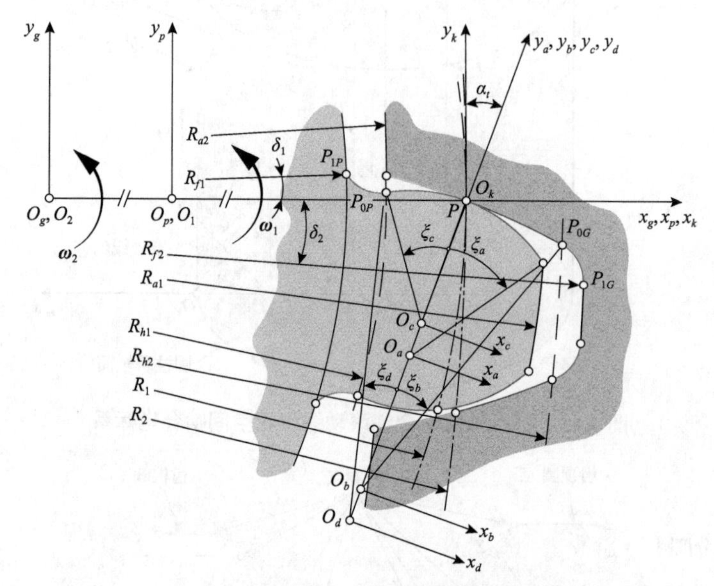

图 3.43　端面组合齿廓及其局部坐标系

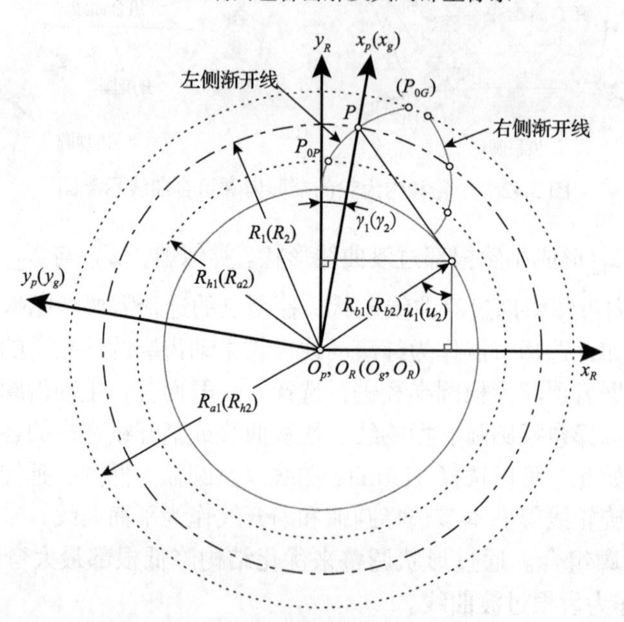

图 3.44　渐开线齿廓的笛卡儿坐标系

实例 1：双圆弧齿廓与双圆弧齿廓的啮合组合

本组合小轮与内齿轮的端面主动齿廓均为半径不等的双圆弧齿廓组合，根部过渡曲线为 Hermite 曲线组成。小轮上的 Hermite 曲线分别在点 P_{0P} 与点 P_{1P} 光滑连接圆弧齿廓 Σ_{1b}^{l} 和齿根圆。同理，内齿圈上的 Hermite 曲线分别在点 P_{0G} 与点 P_{1G} 光滑连接圆弧齿廓 Σ_{2b}^{l} 和齿根圆。

圆弧齿廓 Σ_{1a}^{l} 在坐标系 S_a 下的参数表达式为

$$\begin{cases} x_a^{\left(\Sigma_{1a}^{l}\right)} = \rho_a \sin\xi_a \\ y_a^{\left(\Sigma_{1a}^{l}\right)} = \rho_a \cos\xi_a, \quad 0 \leqslant \xi_a \leqslant \xi_{a\max} \\ z_a^{\left(\Sigma_{1a}^{l}\right)} = 0 \end{cases} \tag{3.76}$$

圆弧齿廓 Σ_{1b}^{l} 在坐标系 S_c 下的参数表达式为

$$\begin{cases} x_c^{\left(\Sigma_{1b}^{l}\right)} = -\rho_c \sin\xi_c \\ y_c^{\left(\Sigma_{1b}^{l}\right)} = \rho_c \cos\xi_c, \quad 0 \leqslant \xi_c \leqslant \xi_{c\max} \\ z_c^{\left(\Sigma_{1b}^{l}\right)} = 0 \end{cases} \tag{3.77}$$

圆弧齿廓 Σ_{2a}^{l} 在坐标系 S_d 下的参数表达式为

$$\begin{cases} x_d^{\left(\Sigma_{2a}^{l}\right)} = -\rho_d \sin\xi_d \\ y_d^{\left(\Sigma_{2a}^{l}\right)} = \rho_d \cos\xi_d, \quad 0 \leqslant \xi_d \leqslant \xi_{d\max} \\ z_d^{\left(\Sigma_{2a}^{l}\right)} = 0 \end{cases} \tag{3.78}$$

圆弧齿廓 Σ_{2b}^{l} 在坐标系 S_b 下的参数表达式为

$$\begin{cases} x_b^{\left(\Sigma_{2b}^{l}\right)} = \rho_b \sin\xi_b \\ y_b^{\left(\Sigma_{2b}^{l}\right)} = \rho_b \cos\xi_b, \quad 0 \leqslant \xi_b \leqslant \xi_{b\max} \\ z_b^{\left(\Sigma_{2b}^{l}\right)} = 0 \end{cases} \tag{3.79}$$

通过坐标变换可得，在坐标系 S_p 下，小轮端面圆弧齿廓 Σ_{1a}^{l} 与 Σ_{1b}^{l} 位置矢量的表达式分别为

$$\boldsymbol{r}_p^{\left(\Sigma_{1a}^l\right)}=\begin{cases}x_p^{\left(\Sigma_{1a}^l\right)}=\rho_a\sin\xi_a\cos\alpha_t+\rho_a\cos\xi_a\sin\alpha_t+R_1-\rho_a\sin\alpha_t\\ y_p^{\left(\Sigma_{1a}^l\right)}=-\rho_a\sin\xi_a\sin\alpha_t+\rho_a\cos\xi_a\cos\alpha_t-\rho_a\cos\alpha_t\\ z_p^{\left(\Sigma_{1a}^l\right)}=0\end{cases}\tag{3.80}$$

$$\boldsymbol{r}_p^{\left(\Sigma_{1b}^l\right)}=\begin{cases}x_p^{\left(\Sigma_{1b}^l\right)}=-\rho_c\sin\xi_c\cos\alpha_t+\rho_c\cos\xi_c\sin\alpha_t+R_1-\rho_c\sin\alpha_t\\ y_p^{\left(\Sigma_{1b}^l\right)}=\rho_c\sin\xi_c\sin\alpha_t+\rho_c\cos\xi_c\cos\alpha_t-\rho_c\cos\alpha_t\\ z_p^{\left(\Sigma_{1b}^l\right)}=0\end{cases}\tag{3.81}$$

通过坐标变换可得，在坐标系 S_g 下，内齿圈端面圆弧齿廓 Σ_{2a}^{l} 与 Σ_{2b}^{l} 位置矢量的表达式分别为

$$\boldsymbol{r}_g^{\left(\Sigma_{2a}^l\right)}=\begin{cases}x_g^{\left(\Sigma_{2a}^l\right)}=-\rho_d\sin\xi_d\cos\alpha_t+\rho_d\cos\xi_d\sin\alpha_t+R_d-\rho_d\sin\alpha_t\\ y_g^{\left(\Sigma_{2a}^l\right)}=\rho_d\sin\xi_d\sin\alpha_t+\rho_d\cos\xi_d\cos\alpha_t-\rho_d\cos\alpha_t\\ z_g^{\left(\Sigma_{2a}^l\right)}=0\end{cases}\tag{3.82}$$

$$\boldsymbol{r}_g^{\left(\Sigma_{2b}^l\right)}=\begin{cases}x_g^{\left(\Sigma_{2b}^l\right)}=\rho_b\sin\xi_b\cos\alpha_t+\rho_b\cos\xi_b\sin\alpha_t+R_b-\rho_b\sin\alpha_t\\ y_g^{\left(\Sigma_{2b}^l\right)}=-\rho_b\sin\xi_b\sin\alpha_t+\rho_b\cos\xi_b\cos\alpha_t-\rho_b\cos\alpha_t\\ z_g^{\left(\Sigma_{2b}^l\right)}=0\end{cases}\tag{3.83}$$

实例 2：双圆弧齿廓与单圆弧齿廓的啮合组合

本组合小轮的端面齿廓由两个圆弧齿廓 Σ_{1a}^{l} 和 Σ_{1b}^{l} 光滑连接组成，其参数方程和实例 1 相同。内齿圈的两个圆弧齿廓 Σ_{2a}^{l} 和 Σ_{2b}^{l} 具有相同的半径，组成一个端面圆弧齿廓，记为 Σ_{2}^{l}。在坐标系 S_b 下，其参数方程为

$$\begin{cases} x_b^{\left(\Sigma_2^l\right)} = \rho_b \sin \xi_2 \\ y_b^{\left(\Sigma_2^l\right)} = \rho_b \cos \xi_2, \quad \xi_{2\min} \leqslant \xi_2 \leqslant \xi_{b\max} \\ z_b^{\left(\Sigma_2^l\right)} = 0 \end{cases} \tag{3.84}$$

其中，ξ_2 为圆弧齿廓 Σ_2^l 的参数；$\xi_{2\min}$ 的值取决于齿顶圆半径 R_{a2}。

通过坐标变换可得，在坐标系 S_g 下，内齿圈端面圆弧齿廓 Σ_2^l 位置矢量的表达式为

$$\boldsymbol{r}_g^{\left(\Sigma_2^l\right)} = \begin{cases} x_g^{\left(\Sigma_2^l\right)} = \rho_b \sin \xi_2 \cos \alpha_t + \rho_b \cos \xi_2 \sin \alpha_t + R_b - \rho_b \sin \alpha_t \\ y_g^{\left(\Sigma_2^l\right)} = -\rho_b \sin \xi_2 \sin \alpha_t + \rho_b \cos \xi_2 \cos \alpha_t - \rho_b \cos \alpha_t \\ z_g^{\left(\Sigma_2^l\right)} = 0 \end{cases} \tag{3.85}$$

实例 3：双圆弧齿廓与渐开线齿廓的啮合组合

本实例的小轮端面组合齿廓与实例 1 相同，而内齿圈的端面齿廓为渐开线齿廓，记为 Σ_2^l。

由图 3.44 可得，在坐标系 S_R 下，Σ_2^l 的参数方程表达式为

$$\begin{cases} x_R^{\left(\Sigma_2^l\right)} = R_{b2} \sin u_2 - u_2 R_{b2} \cos u_2 \\ y_R^{\left(\Sigma_2^l\right)} = R_{b2} \cos u_2 + u_2 R_{b2} \sin u_2, \quad u_{a2} \leqslant u_2 \leqslant u_{h2} \\ z_R^{\left(\Sigma_2^l\right)} = 0 \end{cases} \tag{3.86}$$

其中，R_{b2} 为内齿圈渐开线的基圆；u_2 为渐开线函数；u_{a2} 与 u_{h2} 分别取决于 R_{a2} 和 R_{h2} 的大小。

通过坐标变换可得，在坐标系 S_g 下，内齿圈端面渐开线齿廓 Σ_2^l 位置矢量的表达式为

$$\boldsymbol{r}_g^{\left(\Sigma_2^l\right)} = \begin{cases} x_g^{\left(\Sigma_2^l\right)} = x_R^{\left(\Sigma_2^l\right)} \sin \gamma_2 + y_R^{\left(\Sigma_2^l\right)} \cos \gamma_2 \\ y_g^{\left(\Sigma_2^l\right)} = -x_R^{\left(\Sigma_2^l\right)} \cos \gamma_2 + y_R^{\left(\Sigma_2^l\right)} \sin \gamma_2 \\ z_g^{\left(\Sigma_2^l\right)} = 0 \end{cases} \tag{3.87}$$

实例 4：圆弧齿廓加渐开线齿廓与圆弧齿廓加渐开线齿廓的啮合组合

本实例小轮和内齿圈的齿廓均为圆弧齿廓与渐开线齿廓的组合，它们光滑连接于节点 P，分别记为 Σ_{1a}^{l}、Σ_{1b}^{l}、Σ_{2a}^{l} 和 Σ_{2b}^{l}。在坐标系 S_a 下，Σ_{1a}^{l} 的参数表达式为式(3.76)。在坐标系 S_R 下，渐开线齿廓 Σ_{1b}^{l} 的参数表达式为

$$\begin{cases} x_R^{\left(\Sigma_{1b}^{l}\right)} = R_{b1}\sin u_{1b} - u_{1b}R_{b1}\cos u_{1b} \\ y_R^{\left(\Sigma_{1b}^{l}\right)} = R_{b1}\cos u_{1b} + u_{1b}R_{b1}\sin u_{1b}, \quad u_{h1} \leqslant u_{1b} \leqslant u_{p1} \\ z_R^{\left(\Sigma_{1b}^{l}\right)} = 0 \end{cases} \tag{3.88}$$

其中，R_{b1} 为小轮渐开线的基圆；u_{1b} 是 Σ_{1b}^{l} 的渐开线函数；u_{h1} 与 u_{p1} 分别取决于 R_{h1} 和 R_1 的大小。

同理，在坐标系 S_d 下，Σ_{2a}^{l} 的参数表达式为式(3.78)，在坐标系 S_R 下，渐开线齿廓 Σ_{2b}^{l} 的参数表达式为

$$\begin{cases} x_R^{\left(\Sigma_{2b}^{l}\right)} = R_{b2}\sin u_{2b} - u_{2b}R_{b2}\cos u_{2b} \\ y_R^{\left(\Sigma_{2b}^{l}\right)} = R_{b2}\cos u_{2b} + u_{2b}R_{b2}\sin u_{2b}, \quad u_{p2} \leqslant u_{2b} \leqslant u_{h2} \\ z_R^{\left(\Sigma_{2b}^{l}\right)} = 0 \end{cases} \tag{3.89}$$

其中，u_{2b} 为 Σ_{2b}^{l} 的渐开线函数；u_{p2} 与 u_{h2} 分别取决于 R_2 和 R_{h2} 的大小。

通过坐标变换可得，在坐标系 S_p 下，内齿圈端面渐开线齿廓 Σ_{1b}^{l} 的位置矢量表达式为

$$\boldsymbol{r}_p^{\left(\Sigma_{1b}^{l}\right)} = \begin{cases} x_p^{\left(\Sigma_{1b}^{l}\right)} = x_R^{\left(\Sigma_{1b}^{l}\right)}\sin\gamma_1 + y_R^{\left(\Sigma_{1b}^{l}\right)}\cos\gamma_1 \\ y_p^{\left(\Sigma_{1b}^{l}\right)} = -x_R^{\left(\Sigma_{1b}^{l}\right)}\cos\gamma_1 + y_R^{\left(\Sigma_{1b}^{l}\right)}\sin\gamma_1 \\ z_p^{\left(\Sigma_{1b}^{l}\right)} = 0 \end{cases} \tag{3.90}$$

通过坐标变换可得，在坐标系 S_g 下，内齿圈端面渐开线齿廓 Σ_{2b}^{l} 的位置矢量表达式为

$$\boldsymbol{r}_g^{\left(\Sigma_{2b}^l\right)}=\begin{cases}x_g^{\left(\Sigma_{2b}^l\right)}=x_R^{\left(\Sigma_{2b}^l\right)}\sin\gamma_2+y_R^{\left(\Sigma_{2b}^l\right)}\cos\gamma_2\\ y_g^{\left(\Sigma_{2b}^l\right)}=-x_R^{\left(\Sigma_{2b}^l\right)}\cos\gamma_2+y_R^{\left(\Sigma_{2b}^l\right)}\sin\gamma_2\\ z_g^{\left(\Sigma_{2b}^l\right)}=0\end{cases}\tag{3.91}$$

实例 5：单圆弧齿廓与单圆弧齿廓的啮合组合

当端面圆弧齿廓 Σ_{1a}^l、Σ_{1b}^l、Σ_{2a}^l 和 Σ_{2b}^l 具有相等的半径时，小轮和内齿圈的主动齿廓均为单圆弧齿廓，分别记为 Σ_1^l 和 Σ_2^l。在坐标系 S_b 下，Σ_2^l 的参数方程为式(3.86)。在坐标系 S_a 下，Σ_1^l 参数方程的表达式为

$$\begin{cases}x_a^{\left(\Sigma_1^l\right)}=\rho_a\sin\xi_1\\ y_a^{\left(\Sigma_1^l\right)}=\rho_a\cos\xi_1,\quad \xi_{1\min}\leqslant\xi_1\leqslant\xi_{a\max}\\ z_a^{\left(\Sigma_1^l\right)}=0\end{cases}\tag{3.92}$$

其中，ξ_1 是圆弧齿廓 Σ_1^l 的参数；$\xi_{1\min}$ 的值取决于 R_{h1} 的大小。

通过坐标变换可得，在坐标系 S_p 下，小轮端面渐开线齿廓 Σ_1^l 的位置矢量表达式为

$$\boldsymbol{r}_p^{\left(\Sigma_1^l\right)}=\begin{cases}x_p^{\left(\Sigma_1^l\right)}=\rho_a\sin\xi_1\cos\alpha_t+\rho_a\cos\xi_1\sin\alpha_t+R_1-\rho_a\sin\alpha_t\\ y_p^{\left(\Sigma_1^l\right)}=-\rho_a\sin\xi_1\sin\alpha_t+\rho_a\cos\xi_1\cos\alpha_t-\rho_a\cos\alpha_t\\ z_p^{\left(\Sigma_1^l\right)}=0\end{cases}\tag{3.93}$$

实例 6：渐开线齿廓与渐开线齿廓的啮合组合

本实例小轮和内齿圈的主动齿廓均设定为渐开线齿廓，后期将对齿面进行修形以达到类似的接触条件来比较六种设计实例的齿面力学性能。小轮的渐开线齿廓 Σ_1^l 参数方程在坐标系 S_R 的表达式如下：

$$\begin{cases}x_R^{\left(\Sigma_1^l\right)}=R_{b1}\sin u_1-u_1R_{b1}\cos u_1\\ y_R^{\left(\Sigma_1^l\right)}=R_{b1}\cos u_1+u_1R_{b1}\sin u_1,\quad u_{h1}\leqslant u_1\leqslant u_{a1}\\ z_R^{\left(\Sigma_1^l\right)}=0\end{cases}\tag{3.94}$$

其中，u_1 为渐开线齿廓 Σ_1^l 的参数；u_{h1} 与 u_{a1} 分别取决于 R_{h1} 和 R_{a1} 的大小。

通过坐标变换可得，在坐标系 S_p 下，小轮端面渐开线齿廓 Σ_1^l 的位置矢量表达式为

$$\boldsymbol{r}_p^{\left(\Sigma_1^l\right)}=\begin{cases}x_p^{\left(\Sigma_1^l\right)}=x_R^{\left(\Sigma_1^l\right)}\sin\gamma_1+y_R^{\left(\Sigma_1^l\right)}\cos\gamma_1\\ y_p^{\left(\Sigma_1^l\right)}=-x_R^{\left(\Sigma_1^l\right)}\cos\gamma_1+y_R^{\left(\Sigma_1^l\right)}\sin\gamma_1\\ z_p^{\left(\Sigma_1^l\right)}=0\end{cases}\tag{3.95}$$

在坐标系 S_p 下，内齿圈端面渐开线齿廓 Σ_2^l 的位置矢量表达式为式(3.90)。

上述六种设计实例的小轮和内齿圈的齿根过渡齿廓均采用 Hermite 曲线，分别记为 Σ_{1c}^l 和 Σ_{2c}^l，其参数方程见 3.3 节，在此不再赘述。

3.5.2　齿面数学模型

小轮和内齿圈的左右侧齿面分别通过端面左右侧齿廓沿着接触线 C_1 和 C_2 按照左手螺旋运动形成，其螺旋运动的规律与啮合点规律保持一致。因此，小轮和内齿圈的齿面均可以看成由端面组合齿廓螺旋运动生成的组合齿面。小轮的左侧组合齿面分别记为 Ω_{1a}^l、Ω_{1b}^l、Ω_{1c}^l，内齿圈的左侧组合齿面记为 Ω_{2a}^l、Ω_{2b}^l、Ω_{2c}^l，它们的位置矢量表达式为

$$\boldsymbol{r}_1^{\left(\Omega_{1i}^l\right)}=\begin{cases}x_p^{\left(\Sigma_{1i}^l\right)}=x_p^{\left(\Sigma_{1i}^l\right)}\cos\left(k_\varphi t\right)+y_p^{\left(\Sigma_{1i}^l\right)}\sin\left(k_\varphi t\right)\\ y_p^{\left(\Sigma_{1i}^l\right)}=-x_p^{\left(\Sigma_{1i}^l\right)}\sin\left(k_\varphi t\right)+y_p^{\left(\Sigma_{1i}^l\right)}\cos\left(k_\varphi t\right)\\ z_p^{\left(\Sigma_{1i}^l\right)}=c_1t\end{cases}\tag{3.96}$$

$$\boldsymbol{r}_2^{\left(\Omega_{2i}^l\right)}=\begin{cases}x_g^{\left(\Sigma_{2i}^l\right)}=x_g^{\left(\Sigma_{2i}^l\right)}\cos\left(k_\varphi t/i_{12}\right)+y_g^{\left(\Sigma_{2i}^l\right)}\sin\left(k_\varphi t/i_{12}\right)\\ y_g^{\left(\Sigma_{2i}^l\right)}=-x_g^{\left(\Sigma_{2i}^l\right)}\sin\left(k_\varphi t/i_{12}\right)+y_g^{\left(\Sigma_{2i}^l\right)}\cos\left(k_\varphi t/i_{12}\right)\\ z_g^{\left(\Sigma_{2i}^l\right)}=c_1t\end{cases}\tag{3.97}$$

其中，$i=a$、b、c 分别为端面齿廓曲线 Σ_{1a}^l、Σ_{1b}^l、Σ_{1c}^l 和 Σ_{2a}^l、Σ_{2b}^l、Σ_{2c}^l。

小轮右侧组合齿廓位置矢量表达式为

$$\boldsymbol{r}_p^{\left(\Sigma_{1i}^r\right)}=\boldsymbol{R}_p^{(\lambda_1/2)}\boldsymbol{R}_{px}\boldsymbol{r}_p^{\left(\Sigma_{1i}^l\right)}\tag{3.98}$$

其中，$\boldsymbol{R}_p^{(\lambda_1/2)}$ 为绕 z_p 轴顺时针旋转一个角度 $\lambda_1/2$ 的齐次坐标变换矩阵；$\boldsymbol{R}_{px}$ 为关于 x_p 轴镜像的齐次坐标变换矩阵：

$$\boldsymbol{R}_{px}=\begin{bmatrix}1&0&0&0\\0&-1&0&0\\0&0&1&0\\0&0&0&1\end{bmatrix}\tag{3.99}$$

$$\boldsymbol{R}_p^{(\lambda_1/2)}=\begin{bmatrix}\cos(\lambda_1/2)&\sin(\lambda_1/2)&0&0\\-\sin(\lambda_1/2)&\cos(\lambda_1/2)&0&0\\0&0&1&0\\0&0&0&1\end{bmatrix}\tag{3.100}$$

内齿圈右侧组合齿廓位置矢量表达式为

$$\boldsymbol{r}_g^{(\Sigma_{1i}^r)}=\boldsymbol{R}_g^{(\lambda_2/2)}\boldsymbol{R}_{gx}\boldsymbol{r}_g^{(\Sigma_{2i}^l)}\tag{3.101}$$

其中，$\boldsymbol{R}_g^{(\lambda_2/2)}$ 为绕 z_g 轴顺时针旋转一个角度 $\lambda_2/2$ 的齐次坐标变换矩阵；$\boldsymbol{R}_{gx}$ 为关于 x_g 轴镜像的齐次坐标变换矩阵：

$$\boldsymbol{R}_{px}=\boldsymbol{R}_{gx}=\begin{bmatrix}1&0&0&0\\0&-1&0&0\\0&0&1&0\\0&0&0&1\end{bmatrix}\tag{3.102}$$

$$\boldsymbol{R}_g^{(\lambda_2/2)}=\begin{bmatrix}\cos(\lambda_2/2)&\sin(\lambda_2/2)&0&0\\-\sin(\lambda_2/2)&\cos(\lambda_2/2)&0&0\\0&0&1&0\\0&0&0&1\end{bmatrix}\tag{3.103}$$

通过坐标变换可得，小轮右侧组合齿面 Ω_{1a}^r、Ω_{1b}^r、Ω_{1c}^r 的位置矢量表达式为

$$\boldsymbol{r}_1^{(\Omega_{1i}^r)}=\begin{cases}x_p^{(\Sigma_{1i}^r)}=x_p^{(\Sigma_{1i}^r)}\cos(k_\varphi t)+y_p^{(\Sigma_{1i}^r)}\sin(k_\varphi t)\\y_p^{(\Sigma_{1i}^r)}=-x_p^{(\Sigma_{1i}^r)}\sin(k_\varphi t)+y_p^{(\Sigma_{1i}^r)}\cos(k_\varphi t)\\z_p^{(\Sigma_{1i}^r)}=c_1 t\end{cases}\tag{3.104}$$

同理可得，内齿圈右侧组合齿面 Ω_{2a}^r、Ω_{2b}^r、Ω_{2c}^r 的位置矢量表达式为

$$\boldsymbol{r}_2^{\left(\Omega_{2i}^r\right)}=\begin{cases}x_g^{\left(\Sigma_{2i}^r\right)}=x_g^{\left(\Sigma_{2i}^r\right)}\cos\left(k_\varphi t/i_{12}\right)+y_g^{\left(\Sigma_{2i}^r\right)}\sin\left(k_\varphi t/i_{12}\right)\\ y_g^{\left(\Sigma_{2i}^r\right)}=-x_g^{\left(\Sigma_{2i}^r\right)}\sin\left(k_\varphi t/i_{12}\right)+y_g^{\left(\Sigma_{2i}^r\right)}\cos\left(k_\varphi t/i_{12}\right)\\ z_g^{\left(\Sigma_{2i}^r\right)}=c_1 t\end{cases} \tag{3.105}$$

3.5.3 齿轮几何学设计

纯滚动内啮合线齿轮的主要几何设计参数计算公式为

$$\begin{cases}R_1=Z_1 m_t\\ R_2=Z_2 m_t=i_{12}R_1\\ a=R_2-R_1\\ \beta=\arctan\dfrac{\pi t_k}{2\Phi_d}\\ m_t=m_n/\cos\beta\\ \alpha_t=\arctan\dfrac{\tan\alpha_n}{\cos\beta}\\ R_{bi}=R_i\cos\alpha_t\\ h_{a1}=h_{a2}=h_{an}^* m_n\\ h_{f1}=h_{f2}=\left(h_{an}^*+c_n^*\right)m_n\\ b=2\Phi_d R_1\end{cases} \tag{3.106}$$

其中，Z_1 为小轮齿数；Z_2 为内齿圈齿数；m_t 为端面模数；m_n 为法向模数；Φ_d 为齿宽系数；h_{an}^* 为齿顶高系数；c_n^* 为顶隙系数；β 为螺旋角。

半径计算公式为

$$\begin{cases}R_{a1}=R_1+h_{a1}\\ R_{h1}=R_1-h_{a1}\\ R_{f1}=R_1-h_{f1}\\ R_{a2}=R_2-h_{a1}\\ R_{h2}=R_2+h_{a2}\\ R_{f2}=R_2+h_{f2}\end{cases} \tag{3.107}$$

角度参数计算公式为

$$\begin{cases}\delta_1 = 2\pi / (5Z_1) \\ \delta_2 = 2\pi / (5Z_2) \\ \lambda_1 = 2\pi / Z_1 \\ \lambda_2 = 2\pi / Z_2\end{cases} \tag{3.108}$$

端面组合齿廓的圆弧半径计算公式为

$$\begin{cases}\rho_a = R_1 \sin\alpha_t - \Delta\rho_a \\ \rho_c = R_1 \sin\alpha_t - \Delta\rho_c \\ \rho_b = R_2 \sin\alpha_t + \Delta\rho_b \\ \rho_d = R_2 \sin\alpha_t + \Delta\rho_d\end{cases} \tag{3.109}$$

渐开线齿廓参数的计算公式为

$$\begin{cases}u_{ai} = \sqrt{R_{ai}^2 / R_{bi}^2 - 1} \\ u_{pi} = \sqrt{R_i^2 / R_{bi}^2 - 1} \\ u_{hi} = \sqrt{R_{hi}^2 / R_{bi}^2 - 1}\end{cases} \tag{3.110}$$

用于对比分析的六组设计实例的内啮合齿轮副的基本设计参数如表 3.5 所示。根据式(3.106)、式(3.107)和式(3.109)可得六组设计实例的内啮合齿轮副的几何尺寸参数如表 3.6 所示。

表 3.5　六组实例的基本设计参数

设计参数	实例 1	实例 2	实例 3	实例 4	实例 5	实例 6	单位
i_{12}			4.0			4.0	—
m_n			2.0			2.0	mm
Z_1			36			36	—
α_n			20.0			20.0	(°)
h_{an}^*			1.0			1.0	—
c_n^*			0.25			0.25	—
Φ_d			0.5			0.5	—

续表

设计参数	实例 1	实例 2	实例 3	实例 4	实例 5	实例 6	单位
T_H			0.5			0.5	—
k_φ			π			—	rad
t_K			0.12			—	—
c_1			320.610			—	—
$\Delta\rho_a$	0.0	0.0	0.0	0.0	3.0	—	mm
$\Delta\rho_b$	0.0	0.0	—	—	0.0	—	mm
$\Delta\rho_c$	3.0	3.0	3.0	—	3.0	—	mm
$\Delta\rho_d$	–3.0	0.0	—	6.0	0.0	—	mm

表 3.6　六组实例的几何尺寸参数

设计参数	实例 1	实例 2	实例 3	实例 4	实例 5	实例 6	单位
a			115.420				—
b			38.473				mm
ε_β			2.160				—
β			20.656				(°)
m_t			2.137				—
α_t			21.255				—
R_1			38.473				—
R_{a1}			40.473				—
R_{f1}			35.973				rad
R_2			153.893				—
R_{a2}			151.893				—
R_{f2}			156.393				
ρ_a	13.947	13.947	13.947	13.947	10.947	—	mm
ρ_b	55.789	55.789	—	—	55.789	—	mm
ρ_c	10.947	10.947	10.947	—	10.947	—	mm
ρ_d	52.789	55.789	—	61.789	55.789	—	mm

图 3.45 为根据表 3.5 和表 3.6 得到的实例 1 纯滚动内啮合线齿轮副的三维实体图。

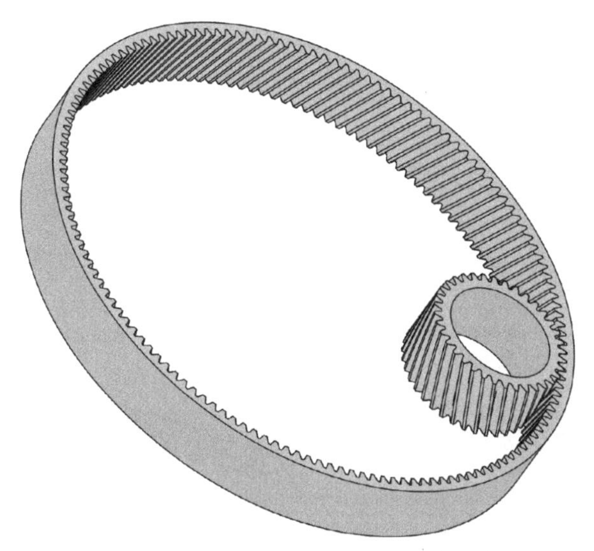

图 3.45　内啮合纯滚动线齿轮三维实体

3.5.4　齿面接触分析

本节采用相同的 TCA 算法来对比分析六组设计的啮合迹线、接触椭圆和传动误差曲线。为了获得类似的接触椭圆来比较齿面接触性能和力学性能，实例 6 采取齿顶修缘。同时，六组实例均采取相同的齿向抛物线修形来获得预设的抛物线传动误差曲线。具体齿面修形的参数如表 3.7 所示。

表 3.7　六组实例的齿面修形参数

修形类型及参数	单位	实例 1～5	实例 6
齿向抛物线修形	μm	2	2
齿廓修形长度	mm	—	2
齿廓修形量	μm	—	12

如图 3.46 和图 3.47 所示，实例 1～5 的每个接触位置的瞬时接触椭圆中心均位于小轮和内齿圈节线上，并且瞬时接触椭圆的长轴长度超过齿宽的一半。按照本节提出的设计意图，小轮和内齿圈在节点处处于点接触状态，这有助于将接触面之间的相对滑动限制在非常低的水平。实例 5 显示了具有最短长轴的接触椭圆，实例 4 显示了从 1～5 的设计实例中具有最长长轴的接触椭圆。实例 1～5 的瞬时接触椭圆均不到达小轮齿面的上边缘，并且由于啮合点纯匀速运动规律的设计，

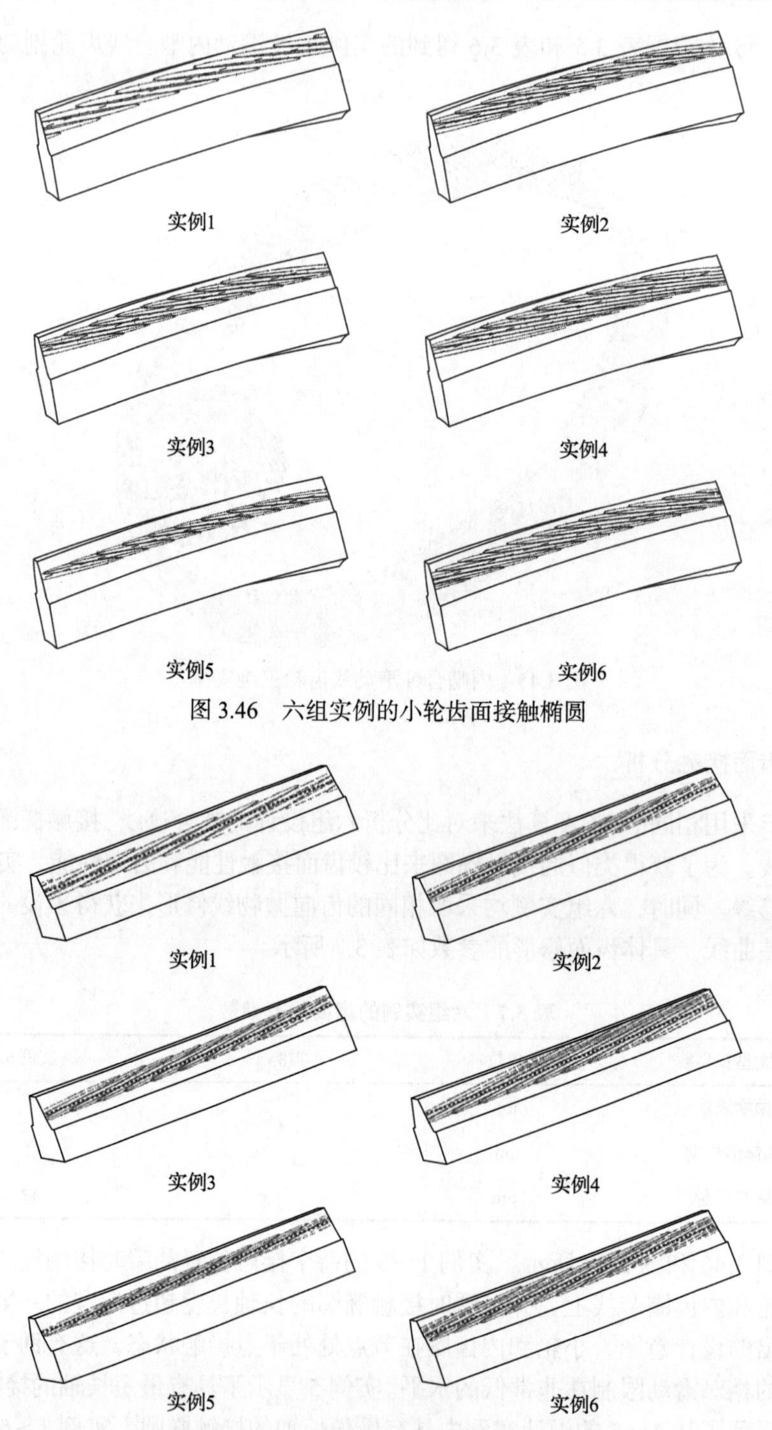

图 3.46　六组实例的小轮齿面接触椭圆

图 3.47　六组实例的内齿圈齿面接触椭圆

除齿面两端的所有接触椭圆沿接触路径均保持不变。作为对比参考的实例 6，其齿顶修缘沿半径 2mm 长度方向，修形量为 12μm，得到如实例 1～5 相似的纯滚动接触椭圆，如图 3.46 和图 3.47 所示，渐开线内啮合斜齿轮的线接触变为点接触类型。在这种情况下，实例 6 的接触斑痕与实例 1～5 的接触斑痕相似，从而确保在最大接触应力和弯曲应力以及承载传动误差的比较时具备等同条件。

3.5.5　齿面应力分析

本节采用相同的齿面应力分析的步骤来对比分析六组设计的齿面接触应力、齿根弯曲应力和承载传动误差。为了避免边界条件对获得的接触应力和弯曲应力的影响，研究连续接触齿对之间的载荷分配，采用五对接触齿组成的有限元模型；同时，建立对应四个周节角的小轮旋转角度从–20°～20°的有限元模型，考虑 21 个连续且均匀分布的接触位置，以获取中心齿的整个啮合过程。

图 3.48 为完成应力分析的有限元模型，其网格划分为齿长方向 45 个单元，主动齿廓方向 35 个单元，根部过渡曲线方向 15 个单元。齿轮材料选择钢，泊松比为 0.3，弹性模量为 207GPa。小轮施加 200N·m 的扭矩，对于每个接触位置，在 Abaqus 中执行静态有限元分析。本节将齿面上的最大 von Mises 应力视为接触

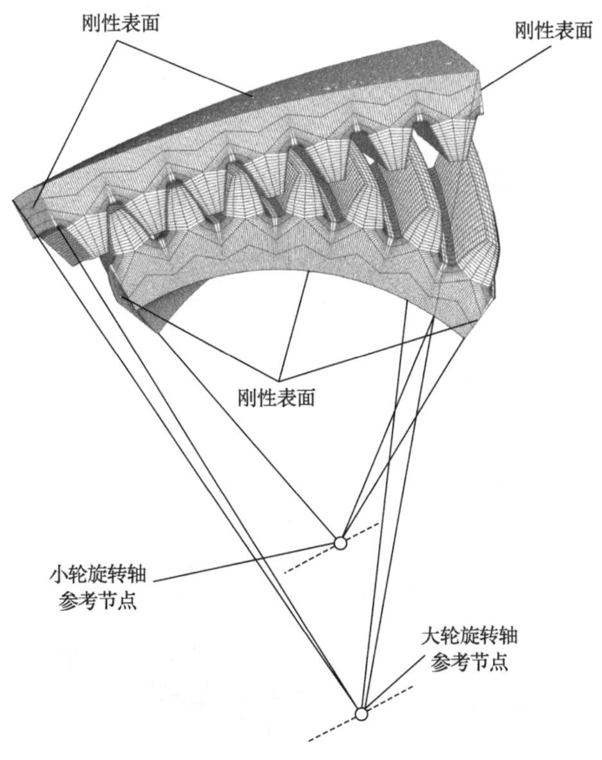

图 3.48　内啮合纯滚动线齿轮有限元分析模型

应力，将根部过渡曲线处的最大主应力视为弯曲应力。

图 3.49 为六组设计实例的小轮齿面上最大 von Mises 应力的演变情况。图 3.50 显示了其中一个接触位置的六组设计实例中小轮齿面最大 von Mises 应力。如图 3.50 所示，六组设计都呈现出相似的接触椭圆。因为当对实例 6 进行齿顶修缘时，实例 6 的接触椭圆将不会延伸到小轮齿面的顶部边缘，从而避免了齿顶的边缘接触。

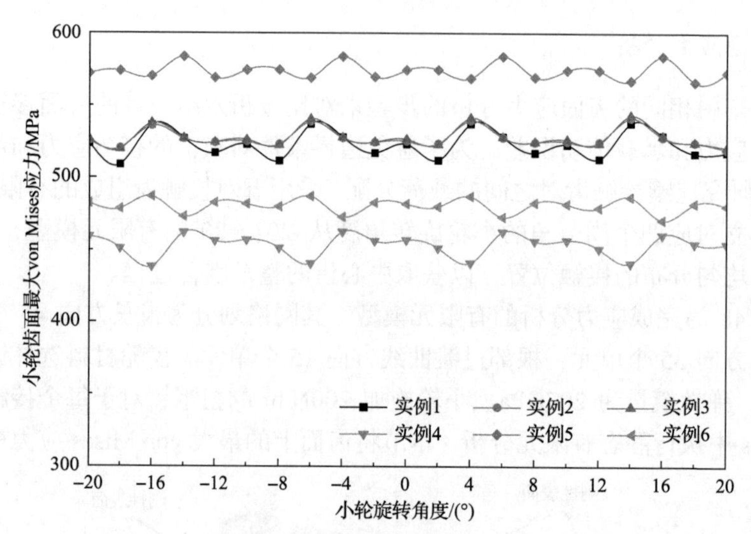

图 3.49　六组实例的小轮齿面最大 von Mises 应力曲线

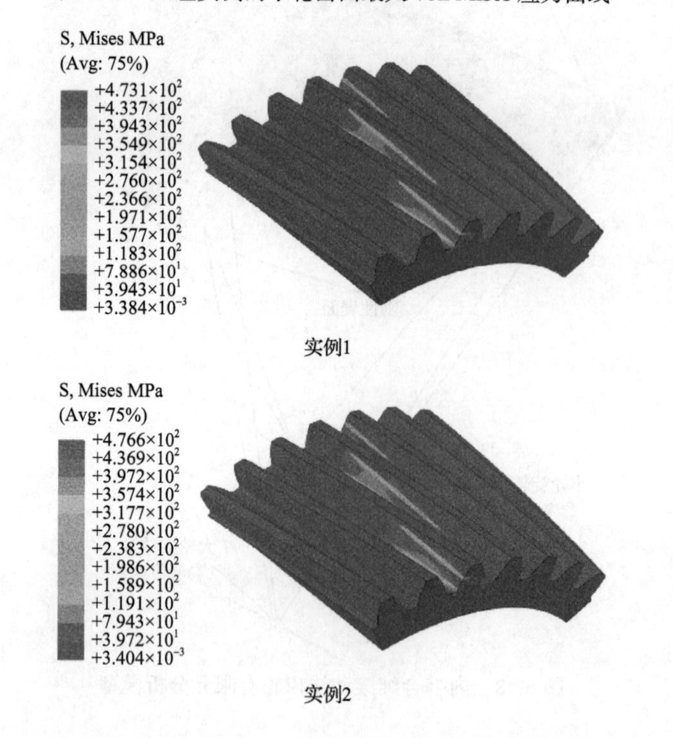

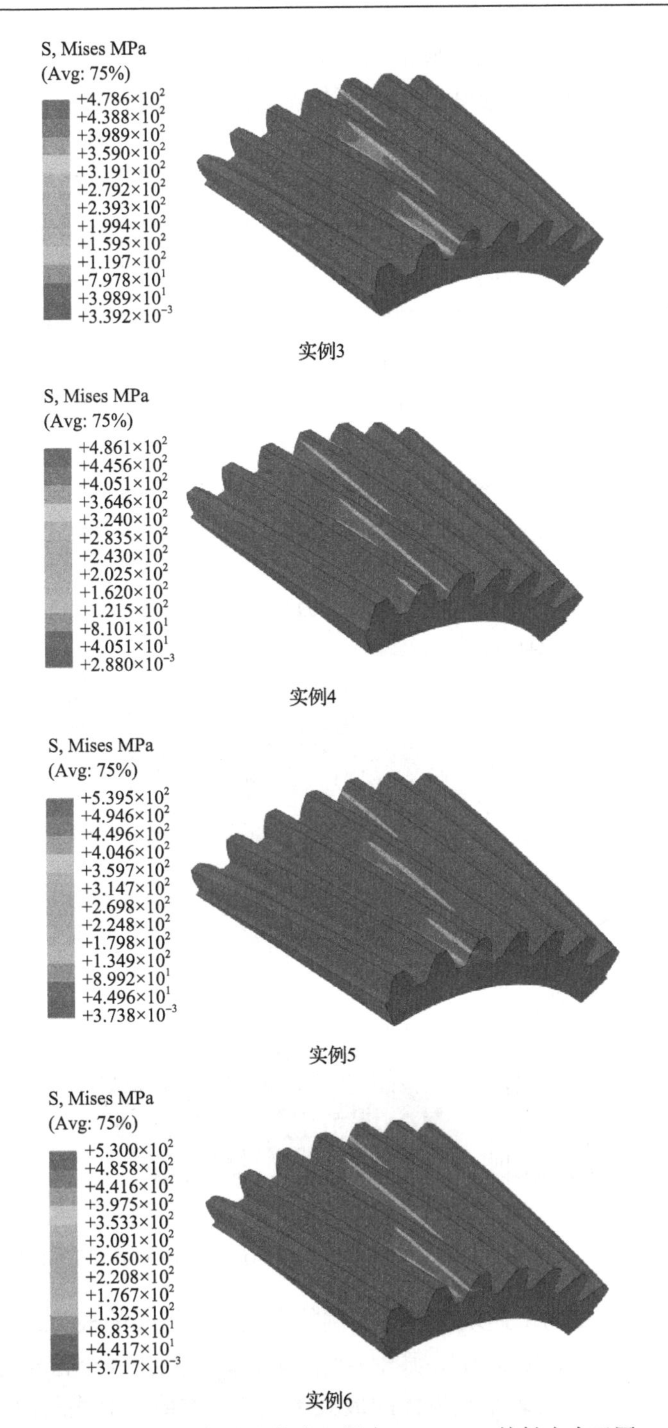

图 3.50　六组实例的小轮齿面最大 von Mises 接触应力云图

在实例 1～3 中，小轮的主动齿廓由两个圆弧组成，这两个圆弧光滑连接于节圆上的纯滚动啮合点，有效地避免了齿顶的边缘接触。对于实例 4，小轮和内齿圈的主动齿廓都由圆弧和渐开线组成，后者还受控于节圆上的纯滚动啮合点。因此，此情况下还可以通过设置适当的圆弧来避免小轮齿顶的边缘接触。

图 3.51 为当 $\Delta\rho_d = 3$mm 和 $\Delta\rho_d = 6$mm 时，实例 4 的内齿圈最大 von Mises 应力云图。如图 3.51 所示，$\Delta\rho_d = 3$mm 的值不足以绝对避免内齿圈齿顶的边缘接触。$\Delta\rho_d = 3$mm 的内齿圈上的最大接触应力大于 $\Delta\rho_d = 6$mm 的最大 von Mises 应力。$\Delta\rho_d = 6$mm 的值有效地避免了内齿圈齿顶的边缘接触引起的应力集中。根据主动齿廓组合曲线设计，图 3.51 中，实例 1～6 的所有接触椭圆的长轴长度均超过齿宽的一半，有助于降低接触应力。与实例 5 相比，实例 1～4 和实例 6 的小轮最大 von Mises 应力分别小了 7.92%、7.32%、6.84%、20.87%和 16.69%。与实例 6 相比，实例 4 的小轮最大 von Mises 应力小了 5.02%。

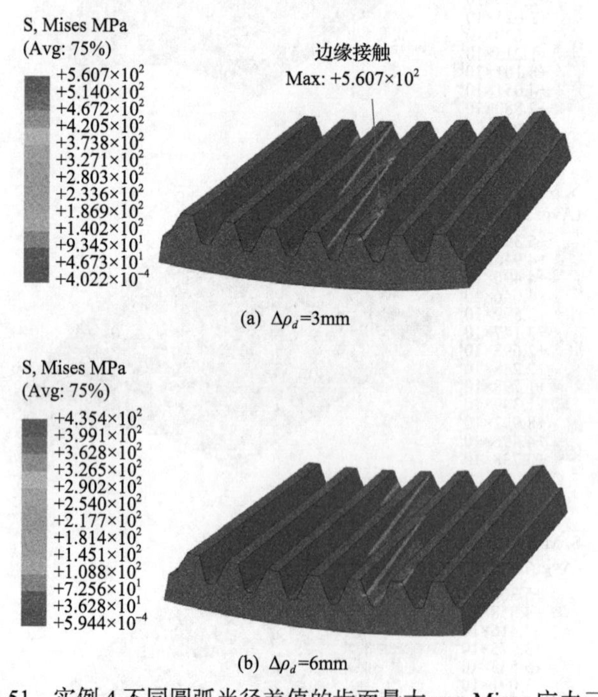

图 3.51　实例 4 不同圆弧半径差值的齿面最大 von Mises 应力云图

图 3.52 和图 3.53 为上述六组设计实例的小轮和内齿圈的根部最大弯曲应力曲线。最大应力及其差值见表 3.8，其中 $\Delta\sigma_{bp}$ 和 $\Delta\sigma_{bg}$ 分别代表小轮和内齿圈根部最大应力的差值，$\Delta\sigma_{eq}$ 代表小轮齿面的最大接触应力差值。上述六种设计实例中，实例 5 的内齿圈具有最大弯曲应力的最大值，实例 1～3 的小轮和内齿圈的最大弯曲应力相似。实例 2 在六种设计中小轮的最大弯曲应力值最大。与实例 2 相比，

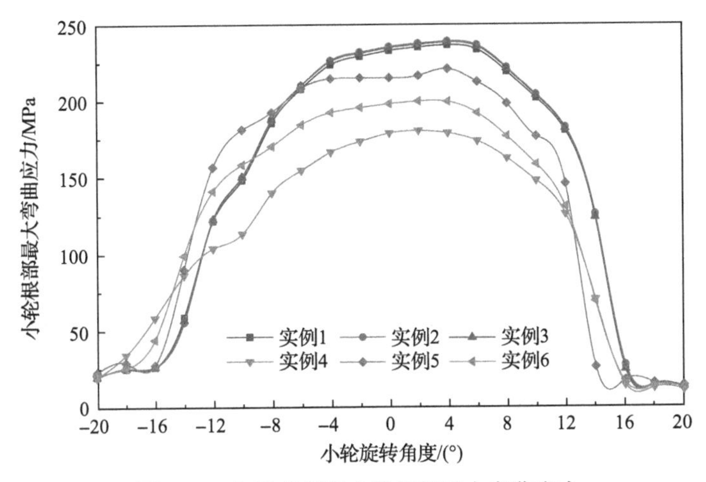

图 3.52　六组实例的小轮根部最大弯曲应力

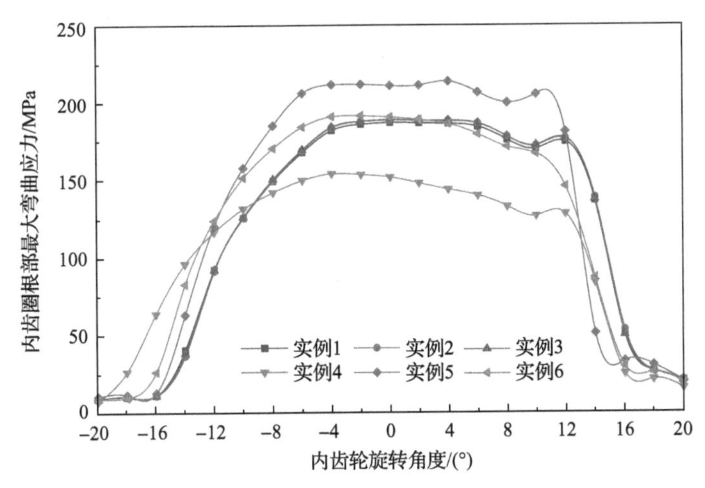

图 3.53　六组实例的内齿圈根部最大弯曲应力

表 3.8　六组实例的最大应力　　（单位：MPa）

实例	σ_{bp}	σ_{bg}	σ_{eqp}	$\Delta\sigma_{bp}$	$\Delta\sigma_{bg}$	$\Delta\sigma_{eq}$
实例 1	236.01	186.68	538.20	−2.38	−26.89	−46.28
实例 2	238.39	188.47	541.72	0.00	−25.10	−42.76
实例 3	237.83	188.64	544.49	−0.56	−24.93	−39.99
实例 4	180.12	153.92	462.48	−58.27	−59.69	−122.00
实例 5	220.52	213.57	584.48	−17.87	0.00	0.00
实例 6	199.27	191.11	486.91	−39.12	−22.46	−97.57

实例 4 的小轮最大弯曲应力小了 24.44%，实例 5 小了 7.50%，实例 6 小了 16.41%。与实例 5 相比，实例 1 的内齿圈的最大弯曲应力小了 12.59%，实例 2 小了 11.75%，实例 3 小了 11.67%，实例 4 小了 27.93%，实例 6 小了 10.52%。在所有内啮合纯滚动线齿轮设计实例中，实例 4 的最大接触应力和最大弯曲应力最低。与实例 6 相比，实例 4 的小轮和内齿圈的最大弯曲应力分别小了 9.61%和 19.46%。此外，与实例 6 相比，实例 4 的小齿轮的最大接触应力小了 5.02%。

承载传动误差曲线是基于有限元分析得到的齿面接触变形和弯曲变形结果来求解的。本节六组实例的承载传动误差曲线如图 3.54 所示，图中显示的灰色区域为有限元模型的边界条件对承载传动误差函数的影响，可以不予考虑。这是由于有限元模型的第一个或最后一个齿上具有部分承载接触，其应用了模型的边界条件。通常可以通过增加有限元模型的接触齿对数来消除这种影响。六种设计实例的承载传动误差曲线的幅值都非常低，均低于 1.2″。实例 4 的幅值最低，仅为 0.51″。实例 5 的承载传动误差曲线的幅值最大，为 1.10″。其余几个实例的承载传动误差曲线的幅值分别为 0.72″(实例 1)、0.75″(实例 2)、0.75″(实例 3)和 0.69″(实例 6)。

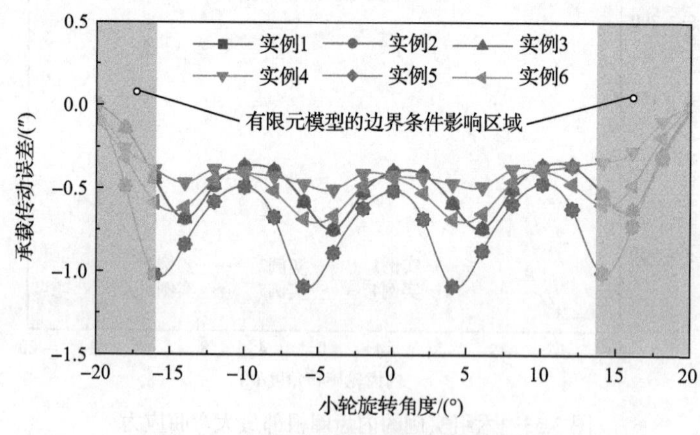

图 3.54　六组实例的承载传动误差曲线

研究结果表明，实例 4 的小轮和内齿圈的主动齿廓采取圆弧和渐开线的端面齿廓组合，是六种设计中最好的，它具有最小的齿面最大接触应力和齿根最大弯曲应力。因此，采取组合齿廓设计可以减小轮根部最大弯曲应力和齿面接触应力，同时具有较小的承载传动误差幅值，并且可实现内啮合纯滚动设计，从而减小齿面间的相对滑动。

3.6　纯滚动线齿轮齿条传动设计

齿轮齿条传动也是目前工业领域应用较多的齿轮传动形式，可以看成平行轴齿轮传动的特例。当一对啮合线齿轮的大轮分度圆变为无穷大时，两个线齿轮的传动就演化为齿轮齿条的传动。本节详细阐述基于啮合线参数方程的纯滚动线齿轮齿条机构设计，并通过 TCA、LTCA 技术和 FEM 开展与传统渐开线斜齿轮齿条机构包括接触椭圆、接触迹线、传动误差啮合性能和齿面接触应力、齿根弯曲应力等力学性能的对比研究。

3.6.1　齿面数学模型

本节设定啮合点做匀速运动，线齿轮的空间啮合坐标系如图 3.55 所示[54]。啮合线的参数方程如式(3.7)所示。齿轮的转角和齿条的移动速度之间的关系如式(3.111)所示，小轮的接触线参数方程如式(3.15)所示，齿条的接触线参数方程如式(3.112)所示。坐标系 $S_k(O_k\text{-}x_ky_kz_k)$ 与 $S_2(O_2\text{-}x_2y_2z_2)$ 之间的齐次坐标变换矩阵为式(3.113)：

$$\begin{cases}\varphi_1 = k_\varphi t \\ v_2 = \omega_1 R_1\end{cases} \tag{3.111}$$

$$\begin{cases}x_2 = 0 \\ y_2 = -R_1 T \\ z_2 = \dfrac{c_1}{k_\varphi} T\end{cases} \tag{3.112}$$

$$\boldsymbol{M}_{2k} = \begin{bmatrix} 1 & 0 & 0 & 0 \\ 0 & 1 & 0 & -\varphi_1 R_1 \\ 0 & 0 & 1 & 0 \\ 0 & 0 & 0 & 1 \end{bmatrix} \tag{3.113}$$

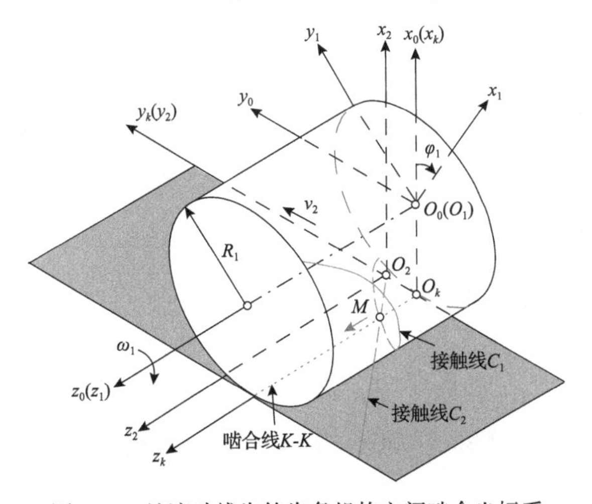

图 3.55　纯滚动线齿轮齿条机构空间啮合坐标系

考虑到法向和轴向齿廓截形均存在较大的齿侧间隙，本节选择端面齿廓截形，如图 3.56 所示。其小轮的黑色线为标准渐开线齿廓，蓝色线为端面圆弧齿廓。其齿条的黑色线为与标准渐开线齿形对应的直线齿廓，绿色线和紫色线分别为凹圆弧齿廓和凸圆弧齿廓。此外，齿根过渡曲线均选用 Hermite 曲线。本节将针对凸-凹啮合、凸-平啮合和凸-凸啮合三种啮合类型分别设计基于啮合线参数方程的纯滚动线齿轮齿条机构。以下分别推导所述三类线齿轮齿条机构的齿面数学模型。

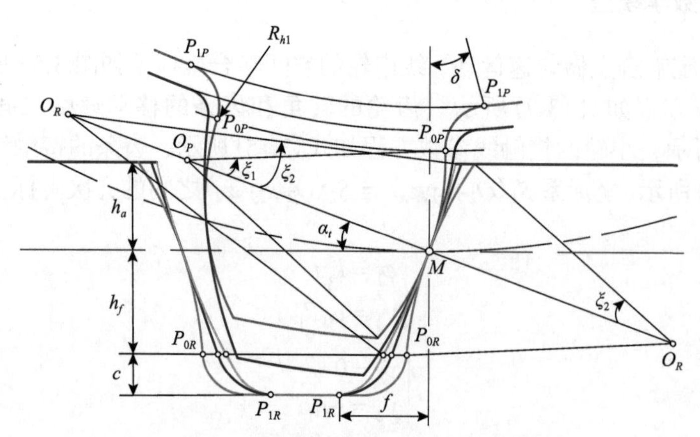

图 3.56 纯滚动线齿轮齿条机构的端面齿廓

本节所述纯滚动线齿轮齿条机构的小轮与 3.3 节平行轴外啮合纯滚动线齿轮的小轮结构类似，因此小轮的齿面参数方程与 3.3 节小轮齿面参数方程一致。本节主要推导三类不同结构的齿条齿面方程。

1. 凸-凹啮合的齿面参数方程

齿条左侧母线齿廓方程为

$$\begin{cases} x_k^{(L2l)} = \rho_2 \sin\xi_2 \cos\alpha_t - \rho_2 \cos\xi_2 \sin\alpha_t + \rho_2 \sin\alpha_t \\ y_k^{(L2l)} = \rho_2 \sin\xi_2 \sin\alpha_t + \rho_2 \cos\xi_2 \cos\alpha_t - \rho_2 \cos\alpha_t \\ z_k^{(L2l)} = 0 \end{cases} \tag{3.114}$$

齿条右侧母线齿廓方程为

$$\begin{cases} x_k^{(L2r)} = \rho_2 \sin\xi_2 \cos\alpha_t - \rho_2 \cos\xi_2 \sin\alpha_t + \rho_2 \sin\alpha_t \\ y_k^{(L2r)} = -\rho_2 \sin\xi_2 \sin\alpha_t - \rho_2 \cos\xi_2 \cos\alpha_t + \rho_2 \cos\alpha_t + \dfrac{R_1\pi}{Z_1} \\ z_k^{(L2r)} = 0 \end{cases} \tag{3.115}$$

齿条的齿面生成方法：由端面母线齿廓沿着齿条上的接触线平移得到。根据坐标变换可得齿条左侧齿面的参数方程和右侧齿面的参数方程为

$$\begin{cases} X_2^{(2l)} = x_k^{(L2l)} \\ Y_2^{(2l)} = y_k^{(L2l)} - R_1 T \\ Z_2^{(2l)} = \dfrac{c_M}{k_\varphi} T \end{cases} \tag{3.116}$$

$$\begin{cases} X_2^{(2r)} = x_k^{(L2r)} \\ Y_2^{(2r)} = y_k^{(L2r)} - R_1 T \\ Z_2^{(2r)} = \dfrac{c_M}{k_\varphi} T \end{cases} \tag{3.117}$$

2. 凸-平啮合的齿面参数方程

齿条左侧母线齿廓方程为

$$\begin{cases} x_k^{(L2l)} = h_h \\ y_k^{(L2l)} = h_h \tan\alpha_t \\ z_k^{(L2l)} = 0 \end{cases} \tag{3.118}$$

齿条右侧母线齿廓方程为

$$\begin{cases} x_k^{(L2r)} = h_h \\ y_k^{(L2r)} = -h_h \tan\alpha_t + \dfrac{R_1 \pi}{Z_1} \\ z_k^{(L2r)} = 0 \end{cases} \tag{3.119}$$

通过坐标变换得到齿条左侧齿面的参数方程和右侧齿面的参数方程为

$$\begin{cases} X_2^{(2l)} = h_h \\ Y_2^{(2l)} = h_h \tan\alpha_t - R_1 T \\ Z_2^{(2l)} = \dfrac{c_M}{k_\varphi} T \end{cases} \tag{3.120}$$

$$\begin{cases} X_2^{(2r)} = x_k^{(L2r)} \\ Y_2^{(2r)} = -h_h \tan\alpha_t + \dfrac{R_1\pi}{Z_1} - R_1 T \\ Z_2^{(2r)} = \dfrac{c_M}{k_\varphi} T \end{cases} \tag{3.121}$$

3. 凸-凸啮合的齿面参数方程

齿条左侧母线齿廓方程为

$$\begin{cases} x_k^{(L2l)} = \rho_2 \sin\xi_2 \cos\alpha_t + \rho_2 \cos\xi_2 \sin\alpha_t - \rho_2 \sin\alpha_t \\ y_k^{(L2l)} = \rho_2 \sin\xi_2 \sin\alpha_t - \rho_2 \cos\xi_2 \cos\alpha_t + \rho_2 \cos\alpha_t \\ z_k^{(L2l)} = 0 \end{cases} \tag{3.122}$$

齿条右侧母线齿廓方程为

$$\begin{cases} x_k^{(L2r)} = \rho_2 \sin\xi_2 \cos\alpha_t + \rho_2 \cos\xi_2 \sin\alpha_t - \rho_2 \sin\alpha_t \\ y_k^{(L2r)} = -\rho_2 \sin\xi_2 \sin\alpha_t + \rho_2 \cos\xi_2 \cos\alpha_t - \rho_2 \cos\alpha_t + \dfrac{R_1\pi}{Z_1} \\ z_k^{(L2r)} = 0 \end{cases} \tag{3.123}$$

通过坐标变换得到齿条左侧齿面的参数方程(3.116)和右侧齿面的参数方程(3.117)。

3.6.2 齿轮几何学设计

1. 基本设计参数

本节所述纯滚动线齿轮齿条机构的基本设计参数如表 3.9 所示。为了与标准渐开线斜齿轮齿条机构进行 TCA 与 FEM 对比分析，这里设定分度圆半径、压力角、螺旋角、齿宽系数和传动比等基本设计参数相同。如表 3.9 所示，实例 1～3 分别代表三种啮合形式的纯滚动线齿轮齿条机构，其中，实例 1 为凸-凹啮合的纯滚动线齿轮齿条机构，实例 2 为凸-平啮合的纯滚动线齿轮齿条机构，实例 3 为凸-凸啮合的纯滚动线齿轮齿条机构，实例 4 代表标准渐开线斜齿轮齿条机构。

表 3.9　纯滚动线齿轮与渐开线斜齿轮基本设计参数

设计参数	符号	单位	实例 1	实例 2	实例 3	实例 4
法向模数	m_n	mm	5	5	5	2
小轮齿数	Z_1	—	8	8	8	20
法向压力角	α_n	(°)	20	20	20	20
螺旋角	β	(°)	22.6117	22.6117	22.6117	22.6117
齿宽系数	Φ_d	—	1.1	1.1	1.1	1.1
齿顶高系数	h_{an}^*	—	0.3	0.3	0.3	1
顶隙系数	c_n^*	—	0.4	0.4	0.4	0.25
啮合点运动参数取值范围	Δt	—	7/24	7/24	7/24	—
啮合点运动比例系数	k_φ	—	π	π	π	—
啮合点运动表达式系数	c_M	—	163.4174	163.4174	163.4174	—
端面截形 L_1 圆弧半径	ρ_1	mm	6	6	6	—
端面截形 L_2 圆弧半径	ρ_2	mm	30	—	30	—

2. 基本结构参数

根据表 3.9 中的基本设计参数和 3.6.1 节推导的齿面参数方程，可以确定纯滚动线齿轮齿条机构的三维模型和基本尺寸参数，其计算结果如表 3.10 所示。三种纯滚动线齿轮齿条机构正确啮合示意图分别如图 3.57～图 3.59 所示。

表 3.10　纯滚动线齿轮与渐开线斜齿轮基本尺寸参数计算

名词术语	符号	设计公式	值	单位
重合度	ε	$\varepsilon=\dfrac{Z_1\Delta t}{2}$	1.17	—
螺旋角	β	$\beta=\pm\arctan\dfrac{k_\varphi\Delta t}{2\Phi_d}$	22.6117	(°)
倾斜角	λ	$\lambda=\mp\arctan\dfrac{k_\varphi\Delta t}{2\Phi_d}$	–22.6117	(°)
端面模数	m_t	$m_t=\dfrac{m_n}{\cos\beta}$	5.4163	mm
端面压力角	α_t	$\alpha_t=\arctan\dfrac{\tan\alpha_n}{\cos\beta}$	21.5182	(°)

续表

名词术语	符号	设计公式	值	单位
端面齿距	p_t	$p_t = \pi m_t$	17.0158	mm
小轮分度圆半径	R_1	$R_1 = \dfrac{m_t Z_1}{2}$	21.6652	mm
小轮分度圆直径	d_1	$d_1 = 2R_1$	43.3304	mm
齿宽	b	$b = \Phi_d d_1$	47.6634	mm
齿厚	p_s	$p_s = \dfrac{p_t}{2}$	8.5079	mm
齿槽宽	p_e	$p_e = \dfrac{p_t}{2}$	8.5079	mm
齿顶高	h_a	$h_a = h_{an}^* m_n$	1.5	mm
齿根高	h_f	$h_f = \left(h_{an}^* + c_n^*\right) m_n$	3.5	mm
齿全高	h	$h = h_a + h_f$	5	mm
小轮齿顶圆半径	R_{a1}	$R_{a1} = R_1 + h_a$	23.1652	mm
小轮齿根圆半径	R_{f1}	$R_{f1} = R_1 - h_f$	17.6652	mm
小轮过渡曲线起始点半径	R_{h1}	$R_{h1} = R_1 - h_a$	20.1652	mm
顶隙	c	$c = c_n^* m_n$	2	mm

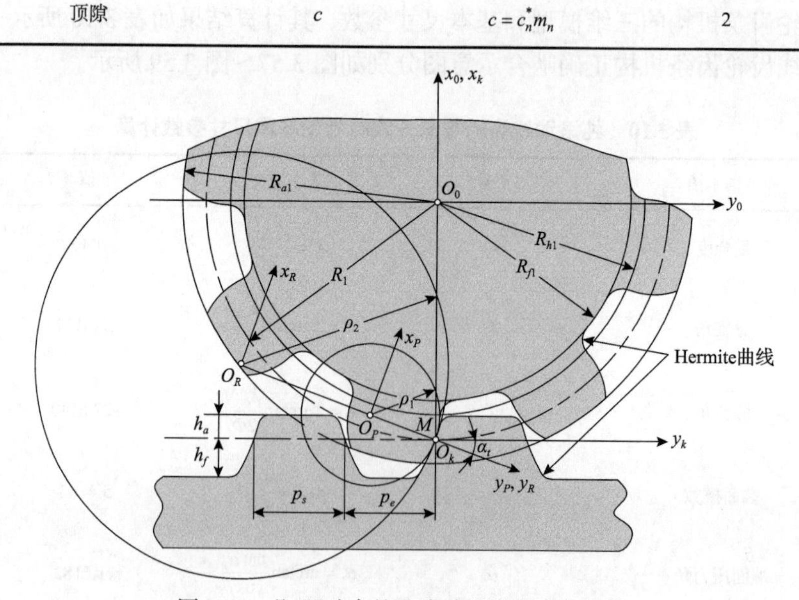

图 3.57　凸-凹啮合的纯滚动线齿轮齿条机构

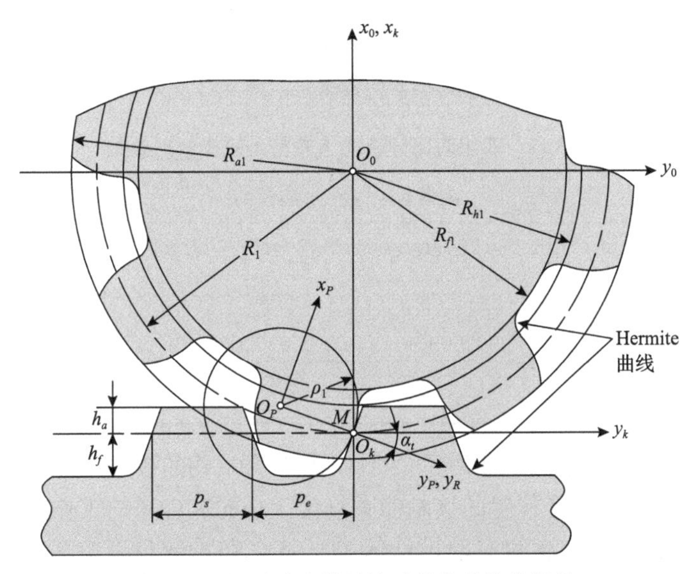

图 3.58　凸-平啮合的纯滚动线齿轮齿条机构

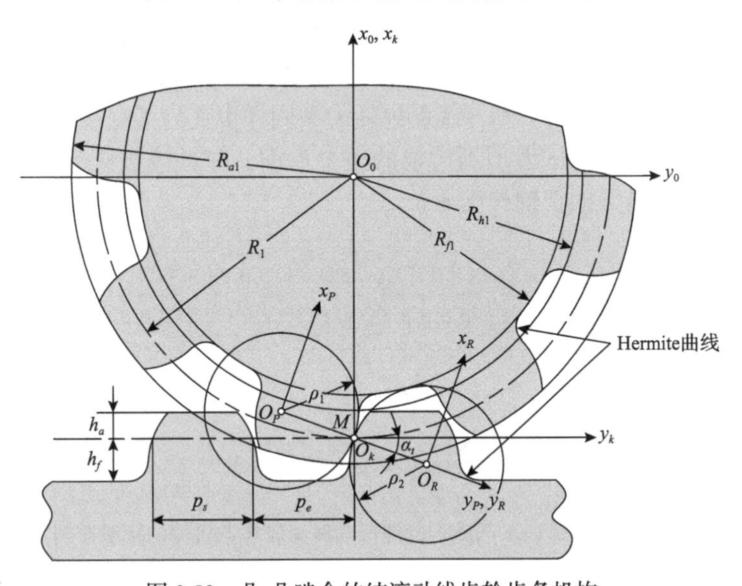

图 3.59　凸-凸啮合的纯滚动线齿轮齿条机构

3.6.3　齿面接触分析

本节采用与 3.3 节相同的 TCA 算法。为了消除齿面边缘接触的影响和提升其啮合性能，对四组齿轮副都进行了齿面修形。其中，针对实例 1 至实例 4 的小轮，进行了齿向抛物线修形，其修形量为 10μm。针对实例 1 和实例 2 的小轮，齿顶进行抛物线修形，其修形量为 200μm、修形长度为 1mm。此外，对实例 4 的小轮进行了 10μm 的齿廓圆弧修形，其目的是获得与实例 1 相似的接触椭圆。四组设计的齿轮齿条机构的修形参数如表 3.11 所示。

表 3.11　四组对比分析的齿轮齿条机构修形参数

修形类型及参数	单位	实例 1	实例 2	实例 3	实例 4
齿向抛物线修形	μm	10	10	10	10
齿廓抛物线修形	μm	200	200	—	—
齿廓抛物线修形长度	mm	1	1	—	—
齿廓圆弧修形	μm	—	—	—	10

由 TCA 得到，在理想安装情况下，四组齿轮齿条机构的接触椭圆分别如图 3.60～图 3.63 所示。每个啮合位置的接触椭圆均位于小轮和齿条的工作齿面的中心(节点)处。与纯滚动啮合点的主动设计保持一致，在沿着齿宽的每个啮合位置，小轮和齿条齿面均在节点处点啮合，也称为纯滚动啮合。图 3.63 表示完成了 10μm 齿廓圆弧修形和 10μm 齿向抛物线修形后的渐开线斜齿轮齿条的接触椭圆。这些修形使得接触椭圆的形状类似于图 3.60 所示的纯滚动线齿轮齿条的接触椭圆形状。图 3.63 表明，修形后的渐开线斜齿轮齿条同样也变为了点接触啮合；但是，其接触椭圆形状分布于从齿顶到齿根的整个齿面，并且接触椭圆的长轴长度要比图 3.60 的接触椭圆的长轴长度更长。

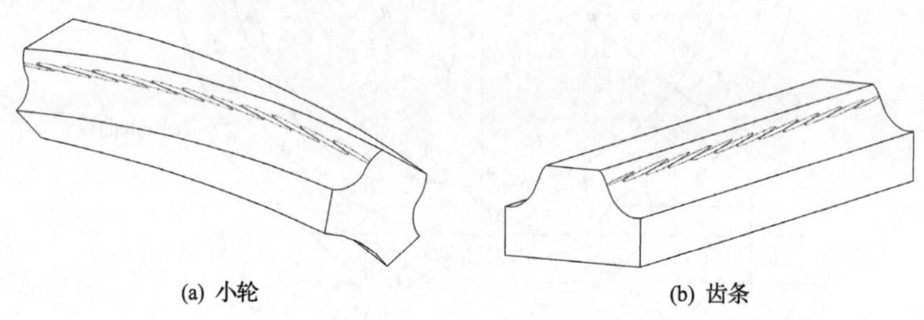

(a) 小轮　　(b) 齿条

图 3.60　实例 1 凸-凸啮合的纯滚动线齿轮齿条机构的接触椭圆

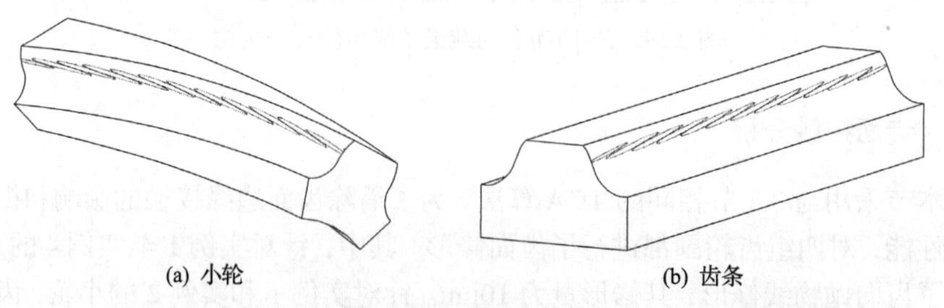

(a) 小轮　　(b) 齿条

图 3.61　实例 2 凸-平啮合的纯滚动线齿轮齿条机构的接触椭圆

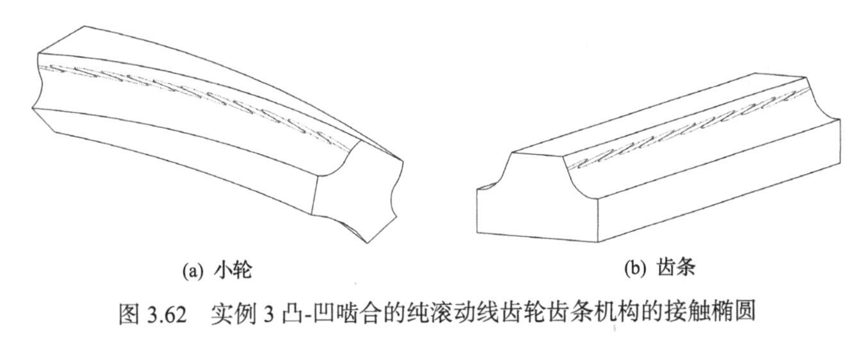

(a) 小轮　　(b) 齿条

图 3.62　实例 3 凸-凹啮合的纯滚动线齿轮齿条机构的接触椭圆

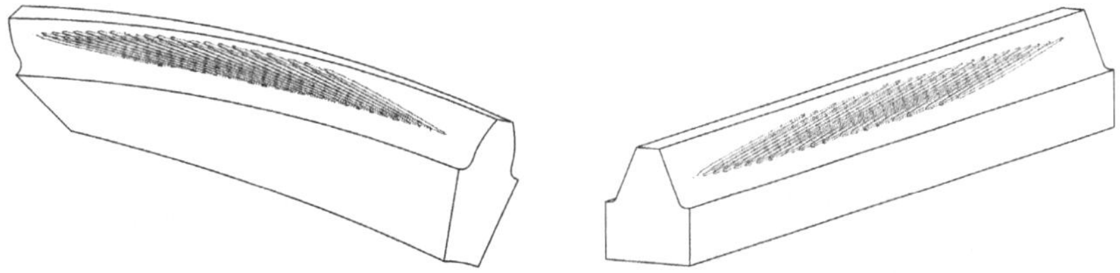

(a) 小轮　　(b) 齿条

图 3.63　实例 4 渐开线斜齿轮齿条机构的接触椭圆

由 TCA 得到，四组齿轮齿条机构的空载传动误差如图 3.64 所示。其中，图 3.64(a)～(c)表示纯滚动线齿轮齿条机构的空载传动误差曲线，它呈现出抛物线形状，最大传动误差幅值约为 7″。这是由于对小轮齿面进行了 10μm 齿向抛物

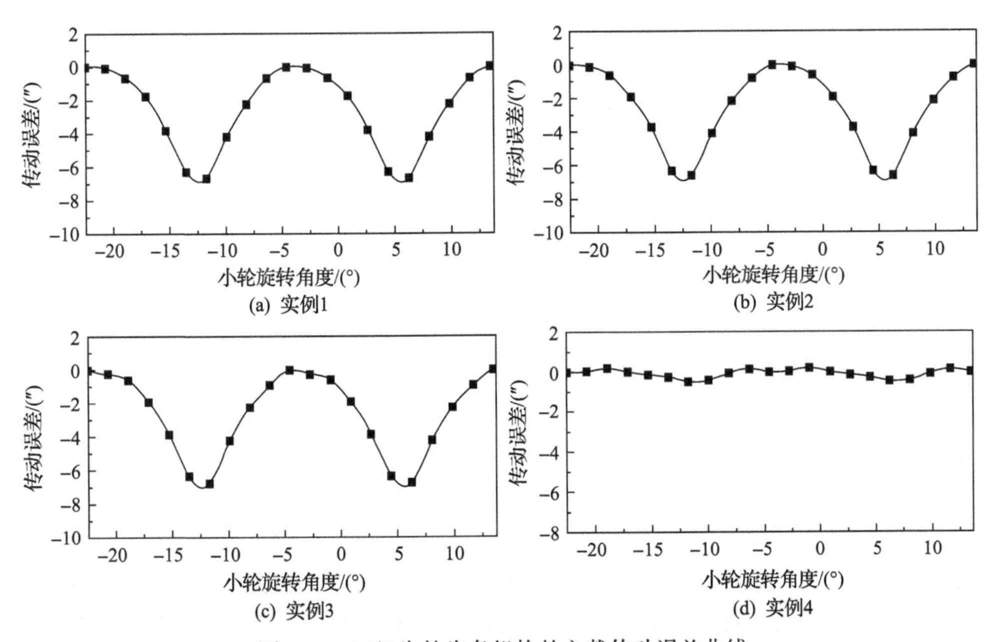

(a) 实例1　　(b) 实例2

(c) 实例3　　(d) 实例4

图 3.64　四组齿轮齿条机构的空载传动误差曲线

线修形所致。同样，由于对齿面进行了 10μm 齿向抛物线修形，图 3.64(d)的传动误差曲线也呈现出抛物线形状，但其最大传动误差幅值是四组设计中最小的，约为 1.2″。

3.6.4 齿面应力分析

本节采用 5 对轮齿的有限元应力分析模型，分别对实例 1～3 进行分析，以消除边界条件对接触应力和弯曲应力计算结果的影响，以及对齿间载荷分配的影响。特别地，对于实例 4，采用 7 对轮齿的有限元模型进行分析，因为实例 4 的渐开线斜齿轮齿条机构的重合度大于 4。

图 3.65 表示一对纯滚动啮合的线齿轮齿条机构的有限元分析模型。其中，齿条的工作齿面设定为主动接触齿面，而齿轮的工作齿面设定为从动接触齿面。设定轮齿齿长方向的单元数为 35，全齿廓方向的单元数为 42，采用线性八节点六面体单元划分网格。采用与前几节相同的增强拉格朗日算法进行有限元分析。齿轮齿条的材料均设定泊松比为 0.3，弹性模量为 210GPa。同时，在四组有限元模型中，小轮参考节点上均施加了 150N·m 扭矩。齿条的刚性齿面连接于一个参考节点，其所有自由度都被约束。

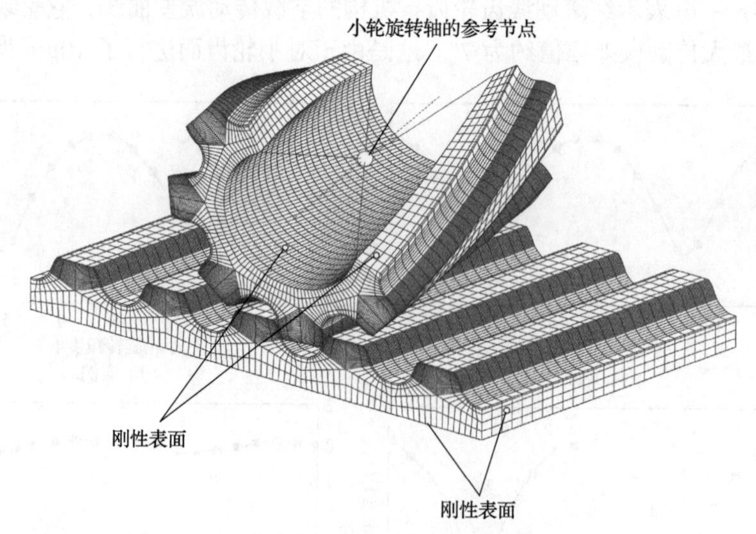

图 3.65　纯滚动线齿轮齿条机构的有限元分析模型

四组设计的齿条齿面的最大 von Mises 应力曲线如图 3.66 所示。图 3.67 表示四组设计的齿条齿面在某参考啮合位置的 von Mises 应力云图。在理想安装情况下，实例 4 的最大 von Mises 应力在四组设计中最小，那是因为在实例 4 的啮合点处综合曲率半径是四组设计中最小的。同时，在理想安装情况下，在纯滚动线齿轮齿条机构的三组设计中，实例 2 的最大 von Mises 应力是三组纯滚动线齿轮齿条设计中最小的，但是其值却约等于实例 4 最大 von Mises 等效应力值的 2 倍。

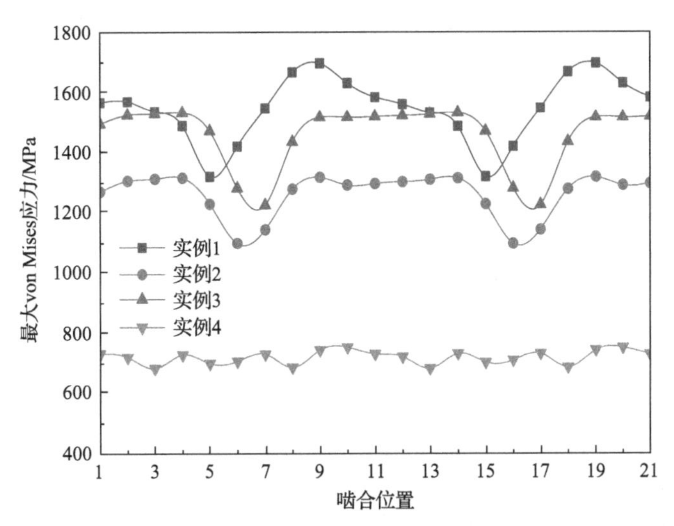

图 3.66　四组设计的齿条齿面最大 von Mises 应力曲线

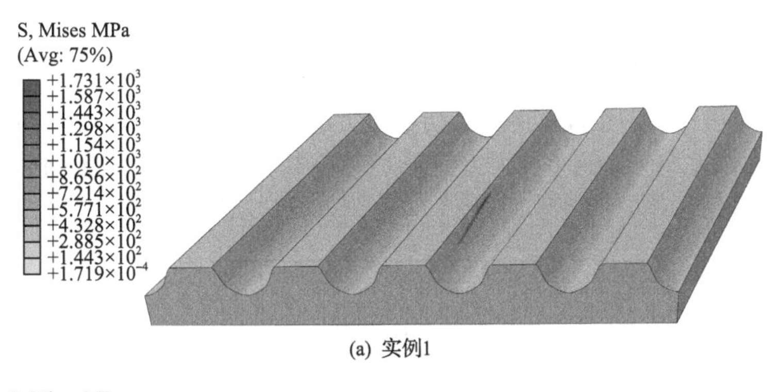

(a) 实例1

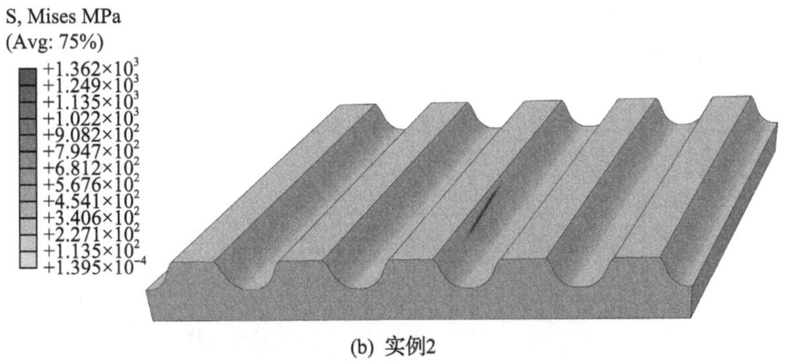

(b) 实例2

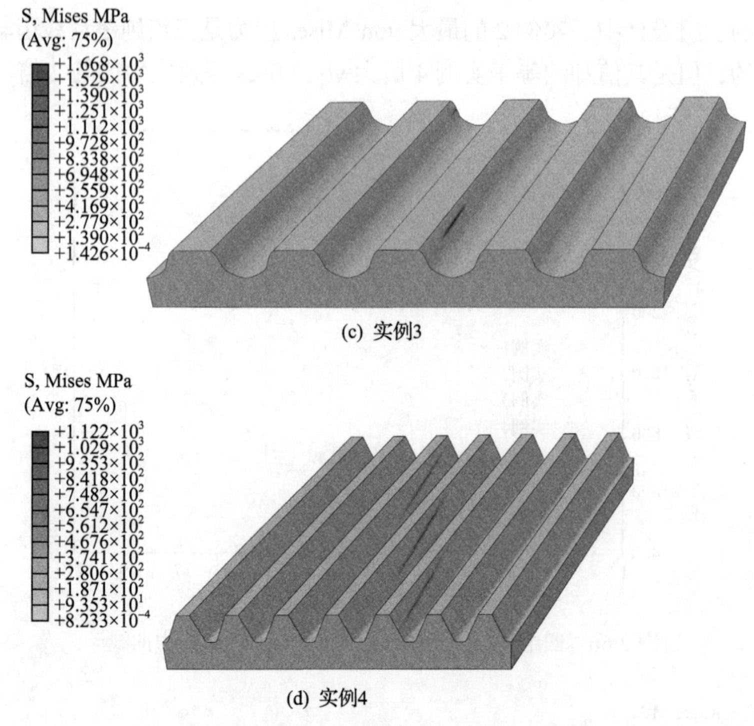

(c) 实例3

(d) 实例4

图 3.67　四组设计的齿条齿面 von Mises 应力云图

图 3.68 表示了四组设计的齿条齿根最大弯曲应力曲线。实例 1～3 的齿根最大弯曲应力都比实例 4 的小，因为实例 1～3 的模数为 5mm 而实例 4 的模数仅为 2mm，实例 4 的齿厚小于实例 1～3 的一半。另外，在实例 1～3 设计中，应用 Hermite

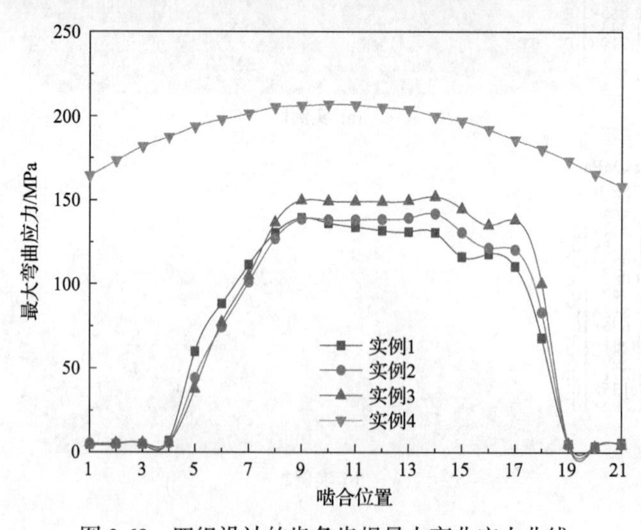

图 3.68　四组设计的齿条齿根最大弯曲应力曲线

曲线替代圆弧曲线作为齿根过渡曲线，通过 Hermite 曲线参数值的选取设计，可以减小根部弯曲应力；而实例 4 为标准渐开线斜齿轮，其根部过渡曲线采用展成法形成的过渡曲线。此外，对实例 4 的齿面进行圆弧修形使得其重合度减小了。因此，实例 4 的齿条齿根弯曲应力在四组设计中是最大的。同样，图 3.69 表示了类似的结果，实例 1 中小轮的齿根最大弯曲应力是四组设计中最小的。

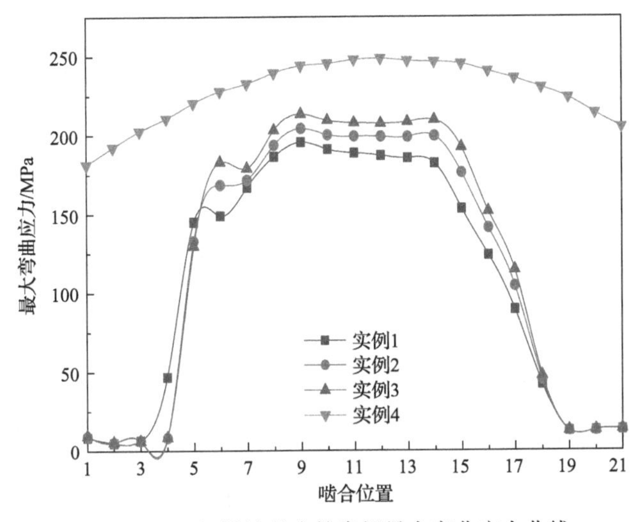

图 3.69　四组设计的小轮齿根最大弯曲应力曲线

3.7　正交轴纯滚动圆锥线齿轮设计

正交轴线齿轮传动是共面轴线齿轮传动的常见应用形式，也称为垂直轴线齿轮传动，两轮轴线的夹角为 90°。本节应用 3.1 节和 3.2 节介绍的主动设计方法，考虑啮合点匀速运动和匀加速运动的不同运动规律，详细阐述基于啮合线参数方程的正交轴纯滚动线齿轮机构设计，推导齿面数学模型，分析基本设计参数和几何结构参数。最后，通过算例展示正交轴纯滚动线齿轮副的设计过程，并完成所设计齿轮副的运动学试验。

3.7.1　齿面数学模型

用于正交轴传动的纯滚动啮合圆锥线齿轮机构，其空间啮合坐标系如图 3.70 所示[38]，其两轴线的角速度矢量夹角为 $\theta = 90°$，两瞬轴面切线 K-K 设定为圆锥线齿轮副的啮合线。M 点为啮合线 K-K 上的任意一个啮合点。φ_1 和 φ_2 分别表示两圆锥瞬轴面的转角。R_1 和 R_2 分别表示两圆锥瞬轴面大端的半径。小轮的角速度为 $\boldsymbol{\omega}_1$，大轮的角速度为 $\boldsymbol{\omega}_2$。

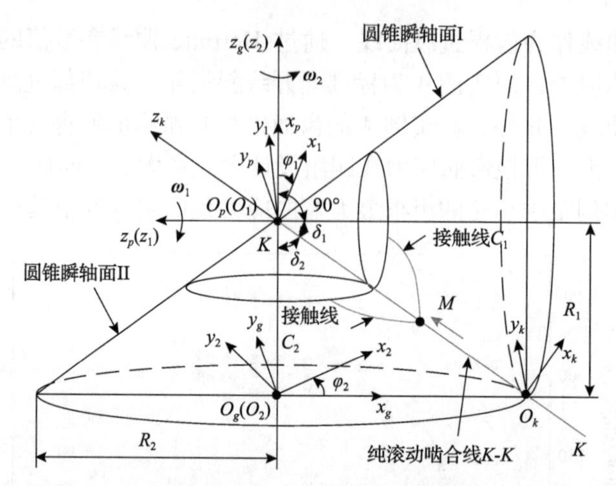

图 3.70　正交轴传动的纯滚动线齿轮副的啮合坐标系

由图 3.70 可得，坐标变换矩阵 $\boldsymbol{M}_{1k}$ 和 $\boldsymbol{M}_{2k}$ 分别表示为

$$\boldsymbol{M}_{1k} = \begin{bmatrix} \cos\varphi_1\cos\delta_1 & -\sin\varphi_1 & \cos\varphi_1\sin\delta_1 & -R_1\cos\varphi_1 \\ \sin\varphi_1\cos\delta_1 & \cos\varphi_1 & \sin\varphi_1\sin\delta_1 & -R_1\sin\varphi_1 \\ -\sin\delta_1 & 0 & \cos\delta_1 & -R_1\cot\delta_1 \\ 0 & 0 & 0 & 1 \end{bmatrix} \tag{3.124}$$

$$\boldsymbol{M}_{2k} = \begin{bmatrix} \cos\varphi_2\cos\delta_2 & \sin\varphi_2 & -\cos\varphi_2\sin\delta_2 & R_2\cos\varphi_2 \\ -\sin\varphi_2\cos\delta_2 & \cos\varphi_2 & \sin\varphi_2\sin\delta_2 & -R_2\sin\varphi_2 \\ \sin\delta_2 & 0 & \cos\delta_2 & 0 \\ 0 & 0 & 0 & 1 \end{bmatrix} \tag{3.125}$$

本节主要针对两类啮合点的运动规律，分别阐述正交轴纯滚动圆锥线齿轮副的齿面数学模型的建立过程。

1. 啮合点运动为匀速运动

此时，啮合点的运动规律如式(3.7)所示。由坐标系 $S_1(O_1\text{-}x_1y_1z_1)$ 和 $S_k(O_k\text{-}x_ky_kz_k)$ 之间的齐次变换关系可得，小轮接触线的参数方程为

$$\begin{cases} x_1 = -(R_1 - c_1 t\sin\delta_1)\cos(k_\varphi t) = -\left(R_1 - \dfrac{c_1 T}{k_\varphi}\sin\delta_1\right)\cos T \\ y_1 = -(R_1 - c_1 t\sin\delta_1)\sin(k_\varphi t) = -\left(R_1 - \dfrac{c_1 T}{k_\varphi}\sin\delta_1\right)\sin T \\ z_1 = c_1 t\cos\delta_1 - R_1\cot\delta_1 = \dfrac{c_1 T}{k_\varphi}\cos\delta_1 - i_{12}R_1 \end{cases} \tag{3.126}$$

由坐标系 $S_k(O_2\text{-}x_2y_2z_2)$ 和 $S_k(O_k\text{-}x_ky_kz_k)$ 之间的齐次变换关系，可得大轮接触线的参数方程为

$$\begin{cases} x_2=(i_{12}R_1-c_1t\sin\delta_2)\cos\dfrac{k_\varphi t}{i_{12}}=\left(i_{12}R_1-\dfrac{c_1T}{k_\varphi}\cos\delta_1\right)\cos\dfrac{T}{i_{12}} \\ y_2=-(i_{12}R_1-c_1t\sin\delta_2)\sin\dfrac{k_\varphi t}{i_{12}}=-\left(i_{12}R_1-\dfrac{c_1T}{k_\varphi}\cos\delta_1\right)\sin\dfrac{T}{i_{12}} \\ z_2=c_1t\cos\delta_2=\dfrac{c_1T}{k_\varphi}\cos\delta_2 \end{cases} \tag{3.127}$$

啮合点做匀速运动的正交轴纯滚动线齿轮副，其主、从动轮的接触线均为等节距圆锥螺旋线，如图 3.71 所示，其参数方程分别如式(3.126)和式(3.127)所示。主、从动轮齿面的生成方法为：分别由小轮和大轮的母线沿着其接触线做圆锥螺旋运动得到。因此，主、从动轮齿面都是圆锥螺旋面。本节设定产形母线的齿廓

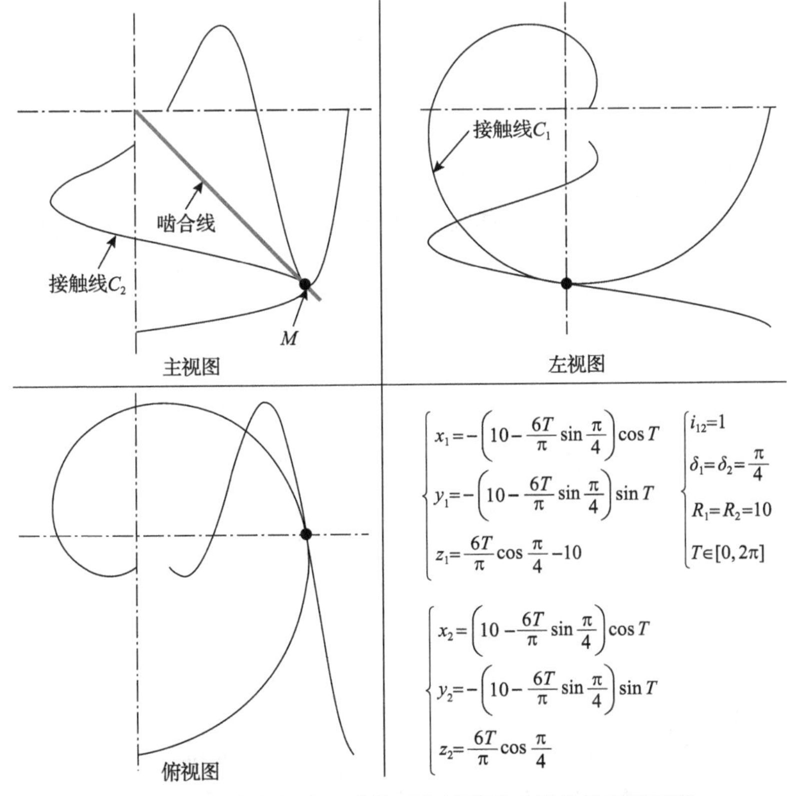

图 3.71　啮合点匀速运动的正交轴纯滚动线齿轮副接触线

截形为轴向齿廓截形，考虑到凸-凹啮合类型的齿面接触强度大的优点，选取凸-凹啮合作为正交轴线齿轮副的齿面啮合类型，如图 3.72 所示。点 M_1 和点 M_2 分别为不同旋转方向的啮合点。轴向啮合角记为 γ，其值越小，表示啮合点 M 越接近齿廓的边缘。主、从动轮轮体间隙记为 e，主、从动轮的过渡圆角半径分别记为 r_1 和 r_2。

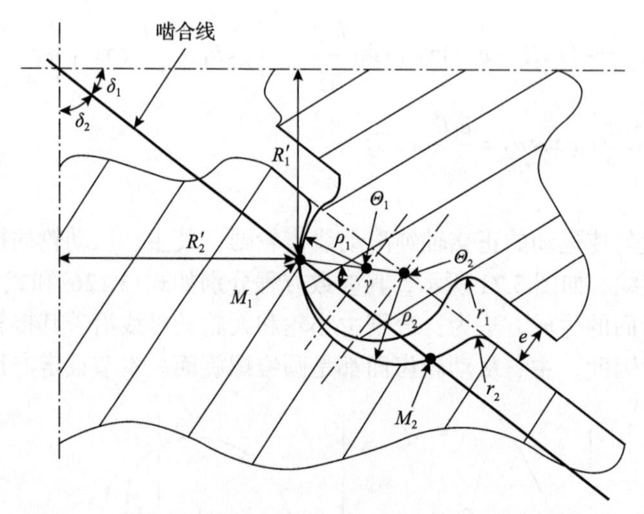

图 3.72　正交轴凸-凹啮合纯滚动线齿轮副的齿面轴向截形

主、从动轮产形母线圆及其角度参数 ξ_1 和 ξ_2 如图 3.73 所示。主、从动线齿轮的齿面可以通过产形母线的圆锥螺旋运动形成。圆锥螺旋运动的螺距必须与接触线的螺距相同，以确保齿廓上的啮合点 M 的运动定律。

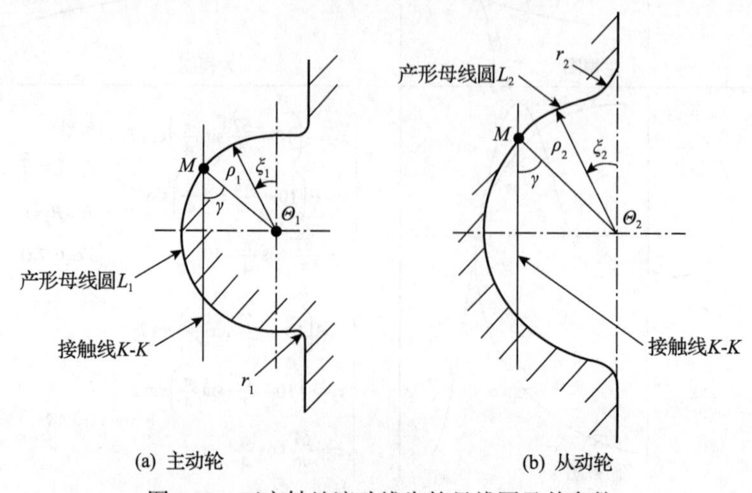

图 3.73　正交轴纯滚动线齿轮母线圆及其参数

设定啮合点位于坐标系原点 O_k，在坐标系 $S_k(O_k\text{-}x_k y_k z_k)$ 中，主动轮的产形母线圆的参数方程为

$$\begin{cases} x_k^{(L1)} = -\rho_1 \sin\xi_1 + \rho_1 \sin\gamma \\ y_k^{(L1)} = 0 \\ z_k^{(L1)} = \rho_1 \cos\xi_1 - \rho_1 \cos\gamma \end{cases} \tag{3.128}$$

式中，上标“(L_1)”为主动轮1的产形母线圆。

在坐标系 $S_k(O_k\text{-}x_k y_k z_k)$ 中，从动轮的产形母线圆的参数方程如式(3.129)所示：

$$\begin{cases} x_k^{(L2)} = -\rho_2 \sin\xi_2 + \rho_2 \sin\gamma \\ y_k^{(L2)} = 0 \\ z_k^{(L2)} = \rho_2 \cos\xi_2 - \rho_2 \cos\gamma \end{cases} \tag{3.129}$$

式中，上标“(L_2)”为从动轮2的产形母线圆。

通过坐标变换矩阵 $\boldsymbol{M}_{pk}$ 可得，在坐标系 $S_p(O_p\text{-}x_p y_p z_p)$ 中，主动轮的产形母线圆的参数方程为

$$\begin{cases} x_p^{(L1)} = \rho_1(\sin\gamma - \sin\xi_1)\cos\delta_1 - \rho_1(\cos\gamma - \cos\xi_1)\sin\delta_1 - R_1 \\ y_p^{(L1)} = 0 \\ z_p^{(L1)} = -\rho_1(\sin\gamma - \sin\xi_1)\sin\delta_1 - \rho_1(\cos\gamma - \cos\xi_1)\cos\delta_1 - R_1\cot\delta_1 \end{cases} \tag{3.130}$$

通过坐标变换矩阵 $\boldsymbol{M}_{gk}$ 可得，在坐标系 $S_g(O_g\text{-}x_g y_g z_g)$ 中，从动轮的产形母线圆的参数方程为

$$\begin{cases} x_g^{(L2)} = \rho_2(\sin\gamma - \sin\xi_2)\cos\delta_2 + \rho_2(\cos\gamma - \cos\xi_1)\sin\delta_2 + R_2 \\ y_g^{(L2)} = 0 \\ z_g^{(L2)} = \rho_2(\sin\gamma - \sin\xi_2)\sin\delta_2 - \rho_2(\cos\gamma - \cos\xi_1)\cos\delta_2 \end{cases} \tag{3.131}$$

通过右手等节距圆锥螺旋运动可得，在坐标系 $S_1(O_1\text{-}x_1 y_1 z_1)$ 中，小轮齿面的参数方程为

$$\begin{cases} X_1^{(1)} = -\left[R_1 - \rho_1 (\sin\gamma - \sin\xi_1)\cos\delta_1 + \rho_1 (\cos\gamma - \cos\xi_1)\sin\delta_1 - \dfrac{c_1 T}{k}\sin\delta_1 \right]\cos T \\ Y_1^{(1)} = -\left[R_1 - \rho_1 (\sin\gamma - \sin\xi_1)\cos\delta_1 + \rho_1 (\cos\gamma - \cos\xi_1)\sin\delta_1 - \dfrac{c_1 T}{k}\sin\delta_1 \right]\sin T \\ Z_1^{(1)} = \dfrac{c_1 T}{k}\cos\delta_1 - \rho_1 (\sin\gamma - \sin\xi_1)\sin\delta_1 - \rho_1 (\cos\gamma - \cos\xi_1)\cos\delta_1 - i_{12} R_1 \end{cases} \tag{3.132}$$

式中，上标“(1)”为主动轮 1 的齿面。

通过左手等节距圆锥螺旋运动可得，在坐标系 $S_2(O_2\text{-}x_2y_2z_2)$ 中，大轮齿面的参数方程为

$$\begin{cases} X_2^{(2)} = \left[\rho_2 (\sin\gamma - \sin\xi_2)\cos\delta_2 + \rho_2 (\cos\gamma - \cos\xi_2)\sin\delta_2 + i_{12} R_1 - \dfrac{c_1 T}{k}\sin\delta_2 \right]\cos\dfrac{T}{i_{12}} \\ Y_2^{(2)} = -\left[\rho_2 (\sin\gamma - \sin\xi_2)\cos\delta_2 + \rho_2 (\cos\gamma - \cos\xi_2)\sin\delta_2 + i_{12} R_1 - \dfrac{c_1 T}{k}\sin\delta_2 \right]\sin\dfrac{T}{i_{12}} \\ Z_2^{(2)} = \rho_2 (\sin\gamma - \sin\xi_2)\sin\delta_2 - \rho_2 (\cos\gamma - \cos\xi_2)\cos\delta_2 + \dfrac{c_1 T}{k}\cos\delta_2 \end{cases} \tag{3.133}$$

式中，上标“(2)”为从动轮 2 的齿面。

式(3.132)和式(3.133)表明，啮合点做匀速运动时，正交轴纯滚动线齿轮副的主、从动轮齿面均为等节距圆锥螺旋面。

2. 啮合点运动为匀加速运动

此时，啮合点的运动规律如式(3.8)所示。通过坐标系 $S_1(O_1\text{-}x_1y_1z_1)$ 和 $S_k(O_k\text{-}x_ky_kz_k)$ 之间的齐次变换关系可得，小轮接触线的参数方程为

$$\begin{cases} x_1 = -\left[R_1 - \left(\dfrac{c_1}{k_\varphi} T + \dfrac{c_2}{k_\varphi^2} T^2 \right)\sin\delta_1 \right]\cos T \\ y_1 = -\left[R_1 - \left(\dfrac{c_1}{k_\varphi} T + \dfrac{c_2}{k_\varphi^2} T^2 \right)\sin\delta_1 \right]\sin T \\ z_1 = \left(\dfrac{c_1}{k_\varphi} T + \dfrac{c_2}{k_\varphi^2} T^2 \right)\cos\delta_1 - i_{12} R_1 \end{cases} \tag{3.134}$$

通过坐标系 $S_2(O_2\text{-}x_2y_2z_2)$ 和 $S_k(O_k\text{-}x_ky_kz_k)$ 之间的齐次变换关系可得，大轮接触线的参数方程为式(3.135)。图 3.74 表示当啮合点做匀加速运动时的正交轴纯滚动线齿轮副接触线。

$$
\begin{cases}
x_2 = \left[i_{12}R_1 - \left(\dfrac{c_1}{k_\varphi}T + \dfrac{c_2}{k_\varphi^2}T^2 \right)\sin\delta_2 \right]\cos\dfrac{T}{i_{12}} \\
y_2 = -\left[i_{12}R_1 - \left(\dfrac{c_1}{k_\varphi}T + \dfrac{c_2}{k_\varphi^2}T^2 \right)\sin\delta_2 \right]\sin\dfrac{T}{i_{12}} \\
z_2 = \left(\dfrac{c_1}{k_\varphi}T + \dfrac{c_2}{k_\varphi^2}T^2 \right)\cos\delta_2
\end{cases}
\tag{3.135}
$$

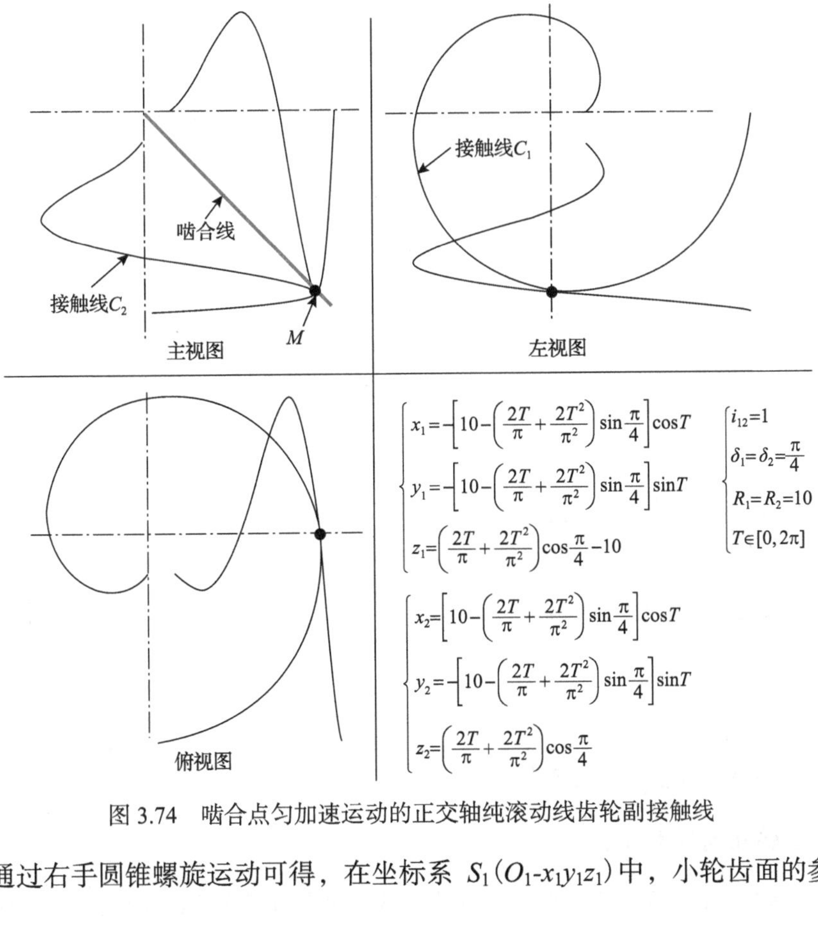

$$
\begin{cases}
x_1 = -\left[10 - \left(\dfrac{2T}{\pi} + \dfrac{2T^2}{\pi^2} \right)\sin\dfrac{\pi}{4} \right]\cos T \\
y_1 = -\left[10 - \left(\dfrac{2T}{\pi} + \dfrac{2T^2}{\pi^2} \right)\sin\dfrac{\pi}{4} \right]\sin T \\
z_1 = \left(\dfrac{2T}{\pi} + \dfrac{2T^2}{\pi^2} \right)\cos\dfrac{\pi}{4} - 10
\end{cases}
\qquad
\begin{cases}
i_{12}=1 \\
\delta_1=\delta_2=\dfrac{\pi}{4} \\
R_1=R_2=10 \\
T\in[0,2\pi]
\end{cases}
$$

$$
\begin{cases}
x_2 = \left[10 - \left(\dfrac{2T}{\pi} + \dfrac{2T^2}{\pi^2} \right)\sin\dfrac{\pi}{4} \right]\cos T \\
y_2 = -\left[10 - \left(\dfrac{2T}{\pi} + \dfrac{2T^2}{\pi^2} \right)\sin\dfrac{\pi}{4} \right]\sin T \\
z_2 = \left(\dfrac{2T}{\pi} + \dfrac{2T^2}{\pi^2} \right)\cos\dfrac{\pi}{4}
\end{cases}
$$

图 3.74　啮合点匀加速运动的正交轴纯滚动线齿轮副接触线

通过右手圆锥螺旋运动可得，在坐标系 $S_1(O_1\text{-}x_1y_1z_1)$ 中，小轮齿面的参数方程为

$$
\begin{cases}
X_1^{(1)} = -\left[R_1 - \rho_1(\sin\gamma - \sin\xi_1)\cos\delta_1 + \rho_1(\cos\gamma - \cos\xi_1)\sin\delta_1\right.\\
\qquad\left. -\left(\dfrac{c_1}{k_\varphi}T + \dfrac{c_2}{k_\varphi^2}T^2\right)\sin\delta_1\right]\cos T\\
Y_1^{(1)} = -\left[R_1 - \rho_1(\sin\gamma - \sin\xi_1)\cos\delta_1 + \rho_1(\cos\gamma - \cos\xi_1)\sin\delta_1\right.\\
\qquad\left. -\left(\dfrac{c_1}{k_\varphi}T + \dfrac{c_2}{k_\varphi^2}T^2\right)\sin\delta_1\right]\sin T\\
Z_1^{(1)} = \left(\dfrac{c_1}{k_\varphi}T + \dfrac{c_2}{k^2}T^2\right)\cos\delta_1 - \rho_1(\sin\gamma - \sin\xi_1)\sin\delta_1 - \rho_1(\cos\gamma - \cos\xi_1)\cos\delta_1 - i_{12}R_1
\end{cases}
\tag{3.136}
$$

通过左手圆锥螺旋运动可得，在坐标系 $S_2(O_2\text{-}x_2y_2z_2)$ 中，大轮齿面的参数方程为

$$
\begin{cases}
X_2^{(2)} = \left[\rho_2(\sin\gamma - \sin\xi_2)\cos\delta_2 + \rho_2(\cos\gamma - \cos\xi_2)\sin\delta_2 + i_{12}R_1\right.\\
\qquad\left. -\left(\dfrac{c_1}{k_\varphi}T + \dfrac{c_2}{k_\varphi^2}T^2\right)\sin\delta_2\right]\cos\dfrac{T}{i_{12}}\\
Y_2^{(2)} = -\left[\rho_2(\sin\gamma - \sin\xi_2)\cos\delta_2 + \rho_2(\cos\gamma - \cos\xi_2)\sin\delta_2 + i_{12}R_1\right.\\
\qquad\left. -\left(\dfrac{c_1}{k_\varphi}T + \dfrac{c_2}{k_\varphi^2}T^2\right)\sin\delta_2\right]\sin\dfrac{T}{i_{12}}\\
Z_2^{(2)} = \rho_2(\sin\gamma - \sin\xi_2)\sin\delta_2 - \rho_2(\cos\gamma - \cos\xi_2)\cos\delta_2 + \left(\dfrac{c_1}{k_\varphi}T + \dfrac{c_2}{k_\varphi^2}T^2\right)\cos\delta_2
\end{cases}
\tag{3.137}
$$

式(3.136)和式(3.137)表明，当啮合点做匀加速运动时的正交轴纯滚动线齿轮的主、从动齿轮齿面均为变节距圆锥螺旋面。

3.7.2 齿轮几何学设计

根据前文所述两种啮合点运动规律，建立两组正交轴纯滚动圆锥线齿轮的数

值算例，其具有相同的主要设计参数，包括齿数、传动比、轴向啮合角等，如表 3.12 所示。

表 3.12　正交轴纯滚动圆锥线齿轮的主要设计参数

Z_1	i_{12}	R_1/mm	ρ_1/mm	ρ_2/mm	γ/(°)	r_1, r_2/mm	e/mm
4	2	25	2	2.5	30	1	1

其他设计参数通过式(3.138)～式(3.142)计算：

$$Z_2 = i_{12} Z_1 \tag{3.138}$$

$$R_2 = i_{12} R_1 \tag{3.139}$$

$$\delta_1 = \arcsin\frac{1}{\sqrt{i_{12}^2+1}}, \quad \delta_2 = \arcsin\frac{i_{12}}{\sqrt{i_{12}^2+1}} \tag{3.140}$$

$$\Delta z_k = \frac{c_1}{k}(T_2 - T_1) = \frac{c_1}{k}\Delta T, \quad \Delta z_1 = \Delta z_k \sin\delta_2, \quad \Delta z_2 = \Delta z_k \sin\delta_1 \tag{3.141}$$

$$\Delta z_k = \frac{c_1}{k}(T_2 - T_1) + \frac{c_2}{k^2}\left(T_2^2 - T_1^2\right), \quad \Delta z_1 = \Delta z_k \sin\delta_2, \quad \Delta z_2 = \Delta z_k \sin\delta_1 \tag{3.142}$$

其中，式(3.141)用于啮合点做匀速运动的纯滚动线齿轮设计；式(3.142)用于啮合点做匀加速运动的纯滚动线齿轮设计。

当啮合点做匀速运动时，设定 $c_1 = 15\sqrt{5}$，$k = \pi$，$T \in [0, 2\pi/3]$，通过式(3.141)计算得到啮合线长度为 $\Delta z_k = 10\sqrt{5}$ mm。采用 Pro/E Wildfire 4.0 建立正交轴传动纯滚动螺旋齿轮副并进行运动仿真，如图 3.75 所示。

图 3.75　啮合点做匀速运动的正交轴纯滚动线齿轮运动仿真

当啮合点做匀加速运动时，设定 $c_1 = 15\sqrt{5}$，$c_2 = 45\sqrt{5}/8$，$k = \pi$，$T \in [0, 2\pi/3]$，通过式(3.142)计算得到啮合线长度 $\Delta z_k = 25\sqrt{5}/2$ mm。采用 Pro/E Wildfire 4.0 建立正交轴传动纯滚动螺旋齿轮副并进行运动仿真，如图 3.76 所示。

图 3.76　啮合点做匀加速运动的正交轴纯滚动线齿轮运动仿真

3.7.3　运动学试验研究

为了验证本节研究的基于啮合线参数方程的正交轴纯滚动线齿轮副设计方法的正确性，搭建齿轮运动学试验台并进行试验研究。齿轮运动学试验台的测试系统由以下部分组成：光电旋转编码器、STC89C52 单片机为核心的信号采集单元、串口等。根据设计得到的正交轴传动纯滚动线齿轮副三维模型，采用光固化成型(stereo lithograph apparatus, SLA)制造正交轴凸-凹啮合的纯滚动线齿轮原型样品，并正确安装于齿轮运动学试验台，如图 3.77 和图 3.78 所示。本试验研究应用的 SLA 设备型号为 Lite450HD，树脂材料型号为 Somos GP Plus 14122，光斑直径为 0.12～0.2mm，层高为 0.05～0.25mm，位置误差精度为 0.008mm，分辨率为 0.001mm，形状精度为–0.1～0.1mm。

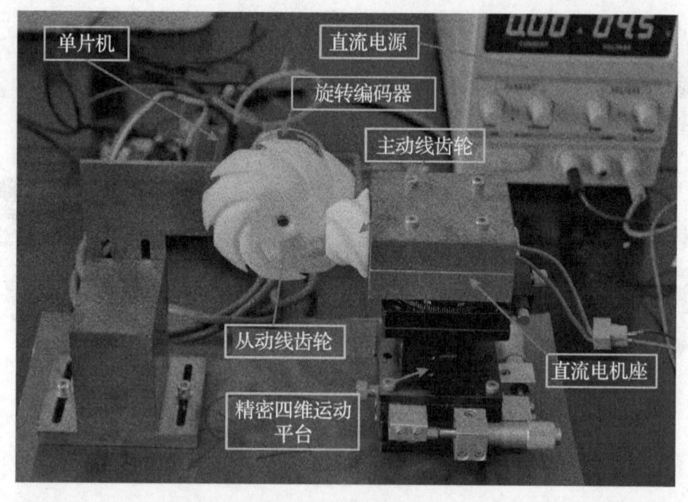

图 3.77　啮合点匀速运动的正交轴纯滚动线齿轮副运动学试验图

在本试验中，采样频率设置为 5Hz，测得微直流电机的转速为 176(°)/s；直流电压设置为 4.5V。瞬时传动比为 $i_{12} = \omega_1 / \omega_2$。试验结果如图 3.79 所示，两组正交轴凸-凹啮合纯滚动线齿轮副样品的平均传动比分别为 1.992 和 1.989，非常接近于理论值 2。其传动比的相对误差分别为 0.4%和 0.55%，其传动比的标准差分别为 0.026 和 0.036，其传动比的最大偏差分别为 0.05 和 0.07。

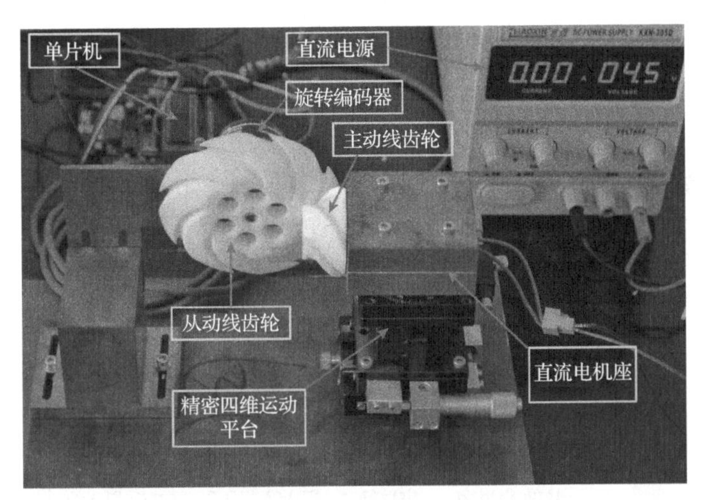

图 3.78　啮合点匀加速运动的正交轴纯滚动线齿轮副运动学试验图

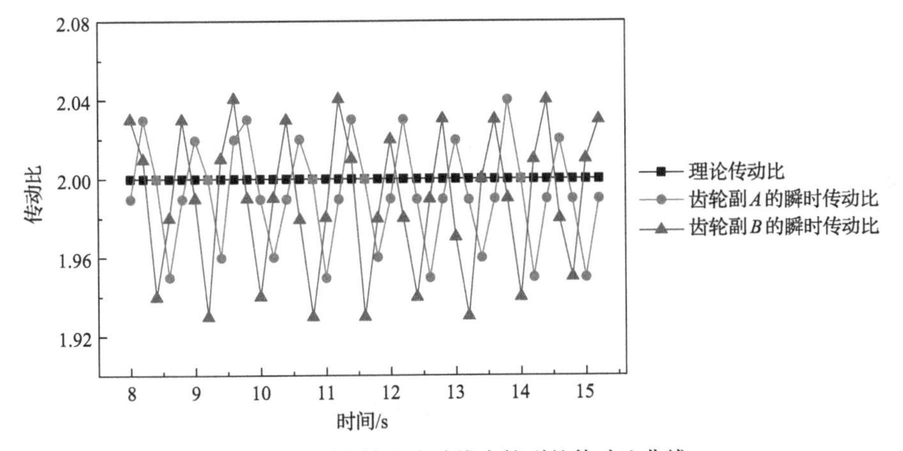

图 3.79　正交轴纯滚动线齿轮副的传动比曲线

产生传动比相对误差的原因有：3D 打印的线齿轮副样件存在制造误差、安装误差以及测量误差等。尽管本试验的传动比存在小幅度误差波动，但足以证明本节设计的正交轴纯滚动线齿轮副可以实现稳定传动比的传动。

3.8　任意角度交叉轴纯滚动圆锥线齿轮设计

交叉轴齿轮传动指的是轴线夹角在 0°～180°的共面轴传动，它也是工业领域常见的传动方式。本节以任意角度交叉轴啮合传动形式为例，应用 3.1 节和 3.2 节介绍的主动设计方法，详细阐述基于啮合线参数方程的任意角度交叉轴纯滚动线齿轮机构设计方法，分别推导凸-凹啮合、凸-平啮合和凸-凸啮合三种啮合类型的齿面数学模型，分析基本设计参数和几何结构参数。最后，通过算例阐述任意角度交叉轴纯滚动线齿轮副的设计过程，并完成所设计线齿轮副的运动学试验研究。

3.8.1 齿面数学模型

任意角度交叉轴纯滚动圆锥线齿轮机构[39]，其空间啮合坐标系如图 3.2 所示。其啮合点的运动规律选择匀速直线运动，表达式为式(3.7)。小轮和大轮上的接触线参数方程分别为式(3.126)和式(3.127)。

由图 3.2 可得，坐标变换矩阵 $\boldsymbol{M}_{1k}$ 和 $\boldsymbol{M}_{2k}$ 分别为

$$\boldsymbol{M}_{1k}=\begin{bmatrix}\cos\varphi_1\cos\delta_1 & -\sin\varphi_1 & \cos\varphi_1\sin\delta_1 & -R_1\cos\varphi_1\\ \sin\varphi_1\cos\delta_1 & \cos\varphi_1 & \sin\varphi_1\sin\delta_1 & -R_1\sin\varphi_1\\ -\sin\delta_1 & 0 & \cos\delta_1 & 0\\ 0 & 0 & 0 & 1\end{bmatrix} \tag{3.143}$$

$$\boldsymbol{M}_{2k}=\begin{bmatrix}\cos\varphi_2\cos\delta_2 & \sin\varphi_2 & -\cos\varphi_2\sin\delta_2 & R_2\cos\varphi_2\\ -\sin\varphi_2\cos\delta_2 & \cos\varphi_2 & \sin\varphi_2\sin\delta_2 & -R_2\sin\varphi_2\\ \sin\delta_2 & 0 & \cos\delta_2 & 0\\ 0 & 0 & 0 & 1\end{bmatrix} \tag{3.144}$$

其中，小轮和大轮的转角关系为式(3.2)。

1. 凸-凹啮合的任意角度交叉轴纯滚动圆锥线齿轮副

设定啮合类型如图 3.8(a)所示，其轴向齿廓截形如图 3.10(a)所示。小轮的产形母线圆的参数方程为式(3.128)，大轮的产形母线圆的参数方程为式(3.129)。

通过坐标变换矩阵 $\boldsymbol{M}_{pk}$ 可得，在坐标系 $S_p(O_p\text{-}x_py_pz_p)$ 中，小轮的产形母线圆的参数方程为

$$\begin{cases}x_p^{(L1)}=\rho_1(\sin\gamma-\sin\xi_1)\cos\delta_1-\rho_1(\cos\gamma-\cos\xi_1)\sin\delta_1-R_1\\ y_p^{(L1)}=0\\ z_p^{(L1)}=-\rho_1(\sin\gamma-\sin\xi_1)\sin\delta_1-\rho_1(\cos\gamma-\cos\xi_1)\cos\delta_1\end{cases} \tag{3.145}$$

通过坐标变换矩阵 $\boldsymbol{M}_{gk}$ 可得，在坐标系 $S_g(O_g\text{-}x_gy_gz_g)$ 中，大轮的产形母线圆的参数方程为式(3.131)。

通过右手等节距圆锥螺旋运动可得，在坐标系 $S_1(O_1\text{-}x_1y_1z_1)$ 中，小轮齿面的参数方程为

$$\begin{cases} X_1^{(1)} = -\left[R_1 - \rho_1(\sin\gamma - \sin\xi_1)\cos\delta_1 + \rho_1(\cos\gamma - \cos\xi_1)\sin\delta_1 - \dfrac{c_1 T}{k_\varphi}\sin\delta_1\right]\cos T \\ Y_1^{(1)} = -\left[R_1 - \rho_1(\sin\gamma - \sin\xi_1)\cos\delta_1 + \rho_1(\cos\gamma - \cos\xi_1)\sin\delta_1 - \dfrac{c_1 T}{k_\varphi}\sin\delta_1\right]\sin T \\ Z_1^{(1)} = \dfrac{c_1 T}{k_\varphi}\cos\delta_1 - \rho_1(\sin\gamma - \sin\xi_1)\sin\delta_1 - \rho_1(\cos\gamma - \cos\xi_1)\cos\delta_1 \end{cases} \tag{3.146}$$

式中，上标“(1)”为小轮 1 的齿面。

通过左手等节距圆锥螺旋运动可得，在坐标系 $S_2(O_2\text{-}x_2y_2z_2)$ 中，大轮齿面的参数方程如式(3.133)所示。

式(3.146)和式(3.133)表明，当啮合点做匀速运动时交叉轴纯滚动线齿轮副的主、从动轮的齿面均为等节距圆锥螺旋面。

2. 凸-平啮合的任意角度交叉轴纯滚动圆锥线齿轮副

设定啮合类型如图 3.8(c)所示，其轴向齿廓截形如图 3.10(c)所示。小轮的产形母线圆的参数方程如式(3.128)所示，小轮齿面的参数方程如式(3.146)所示。

在坐标系 $S_k(O_k\text{-}x_ky_kz_k)$ 中，大轮的上侧母线方程为

$$\begin{cases} x_k^{(L2a)} = u \\ y_k^{(L2a)} = 0 \\ z_k^{(L2a)} = u\tan\gamma \end{cases}, \quad u \in [h_L' - h_L, h_L'] \tag{3.147}$$

在坐标系 $S_k(O_k\text{-}x_ky_kz_k)$ 中，大轮的下侧母线方程为

$$\begin{cases} x_k^{(L2b)} = u \\ y_k^{(L2b)} = 0 \\ z_k^{(L2b)} = -w - u\tan\gamma \end{cases}, \quad u \in [h_L' - h_L, h_L'] \tag{3.148}$$

通过坐标变换矩阵 $\boldsymbol{M}_{gk}$ 可得，在坐标系 $S_g(O_g\text{-}x_gy_gz_g)$ 中，大轮上侧的产形母线的参数方程为

$$\begin{cases} x_g^{(L2a)} = u\cos\delta_2 - (w + u\tan\gamma)\sin\delta_2 + R_2 \\ y_g^{(L2a)} = 0 \\ z_g^{(L2a)} = u\sin\delta_2 - (w + u\tan\gamma)\cos\delta_2 \end{cases} \tag{3.149}$$

通过左手等节距圆锥螺旋运动可得，在坐标系 $S_2(O_2\text{-}x_2y_2z_2)$ 中，大轮上侧齿面的参数方程为

$$\begin{cases} X_2^{(1a)} = \left(i_{12}R_1 + u\cos\delta_2 - u\tan\gamma\sin\delta_2 - \dfrac{c_1T}{k_\varphi}\sin\delta_2\right)\cos\dfrac{T}{i_{12}} \\ Y_2^{(1a)} = \left(i_{12}R_1 + u\cos\delta_2 - u\tan\gamma\sin\delta_2 - \dfrac{c_1T}{k_\varphi}\sin\delta_2\right)\sin\dfrac{T}{i_{12}} \\ Z_2^{(1a)} = \dfrac{c_1T}{k_\varphi}\cos\delta_1 + u\cos\delta_2 + u\tan\gamma\cos\delta_2 \end{cases} \tag{3.150}$$

通过左手等节距圆锥螺旋运动可得，在坐标系 $S_2(O_2\text{-}x_2y_2z_2)$ 中，大轮下侧齿面的参数方程为

$$\begin{cases} X_2^{(1b)} = \left[i_{12}R_1 + u\cos\delta_2 - (w + u\tan\gamma)\sin\delta_2 - \dfrac{c_1T}{k_\varphi}\sin\delta_2\right]\cos\dfrac{T}{i_{12}} \\ Y_2^{(1b)} = \left[i_{12}R_1 + u\cos\delta_2 - (w + u\tan\gamma)\sin\delta_2 - \dfrac{c_1T}{k_\varphi}\sin\delta_2\right]\sin\dfrac{T}{i_{12}} \\ Z_2^{(1b)} = \dfrac{c_1T}{k_\varphi}\cos\delta_1 + u\cos\delta_2 + (w + u\tan\gamma)\cos\delta_2 \end{cases} \tag{3.151}$$

式(3.146)、式(3.150)和式(3.151)表明，啮合点做匀速运动时，交叉轴纯滚动线齿轮副的主、从动轮齿面均为等节距圆锥螺旋面。

3. 凸-凸啮合的任意角度交叉轴纯滚动圆锥线齿轮副

设定啮合类型如图 3.8(e)所示，其轴向齿廓截形如图 3.10(e)所示。小轮的产形母线圆的参数方程如式(3.128)所示，小轮齿面的参数方程如式(3.146)所示。

在坐标系 $S_k(O_k\text{-}x_ky_kz_k)$ 中，大轮的母线方程为

$$\begin{cases} x_k^{(L2)} = \rho_2\sin\xi_2 - \rho_2\sin\gamma \\ y_k^{(L2)} = 0 \\ z_k^{(L2)} = -\rho_2\cos\xi_2 + \rho_2\cos\gamma \end{cases} \tag{3.152}$$

通过坐标变换矩阵 $\boldsymbol{M}_{gk}$ 可得，在坐标系 $S_g(O_g\text{-}x_gy_gz_g)$ 中，大轮的产形母线圆的参数方程为

$$\begin{cases} x_g^{(L2)} = -\rho_2\left(\sin\gamma - \sin\xi_2\right)\cos\delta_2 - \rho_2\left(\cos\gamma - \cos\xi_1\right)\sin\delta_2 + R_2 \\ y_g^{(L2)} = 0 \\ z_g^{(L2)} = -\rho_2\left(\sin\gamma - \sin\xi_2\right)\sin\delta_2 + \rho_2\left(\cos\gamma - \cos\xi_1\right)\cos\delta_2 \end{cases} \tag{3.153}$$

通过左手等节距圆锥螺旋运动可得，在坐标系 $S_2(O_2\text{-}x_2y_2z_2)$ 中，大轮齿面的参数方程为

$$\begin{cases} X_2^{(2)} = \left[-\rho_2\left(\sin\gamma - \sin\xi_2\right)\cos\delta_2 - \rho_2\left(\cos\gamma - \cos\xi_2\right)\sin\delta_2 + i_{12}R_1 - \dfrac{c_1 T}{k}\sin\delta_2\right]\cos\dfrac{T}{i_{12}} \\ Y_2^{(2)} = -\left[-\rho_2\left(\sin\gamma - \sin\xi_2\right)\cos\delta_2 - \rho_2\left(\cos\gamma - \cos\xi_2\right)\sin\delta_2 + i_{12}R_1 - \dfrac{c_1 T}{k}\sin\delta_2\right]\sin\dfrac{T}{i_{12}} \\ Z_2^{(2)} = -\rho_2\left(\sin\gamma - \sin\xi_2\right)\sin\delta_2 + \rho_2\left(\cos\gamma - \cos\xi_2\right)\cos\delta_2 + \dfrac{c_1 T}{k}\cos\delta_2 \end{cases} \tag{3.154}$$

3.8.2　齿轮几何学设计

本节所述三种啮合类型交叉轴纯滚动圆锥线齿轮机构，它们的主要设计参数如表 3.13 所示。这三类啮合类型的交叉轴纯滚动圆锥线齿轮机构，其轴向结构剖视图如图 3.80 和图 3.81 所示。由图 3.80 和图 3.81 推导出线齿轮几何尺寸参数的计算公式，如表 3.13 所示。根据 3.8.1 节推导的齿面参数方程与表 3.14 所示的几何结构参数计算公式，建立三类啮合类型任意角度交叉轴纯滚动圆锥线齿轮副三维模型，分别如图 3.82～图 3.84 所示。

表 3.13　三种啮合类型交叉轴纯滚动圆锥线齿轮机构的主要设计参数

名词术语	符合	单位
角速度矢量夹角	θ	rad
传动比	i_{12}	—
小轮分度圆直径	R_1	mm
齿数	Z_1，$Z_2 = i_{12}Z_1$	—
啮合点运动参数取值范围	Δt	—
啮合点运动表达式系数	c_1	—
啮合点运动比例系数	k_φ	—
齿厚修正系数	$k, k\in[0.9,1]$	—
轴向啮合角	$\gamma_1 = \gamma_2 = \gamma_3$	rad
重合度	ε	—

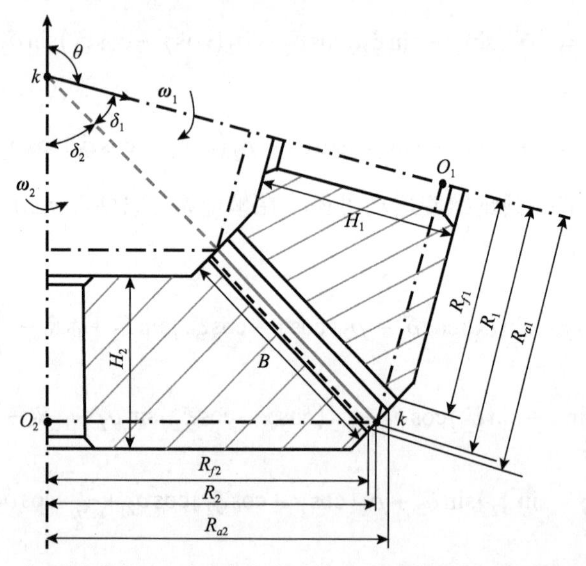

图 3.80　凸-凹啮合与凸-平啮合的交叉轴纯滚动线齿轮副轴向结构示意图

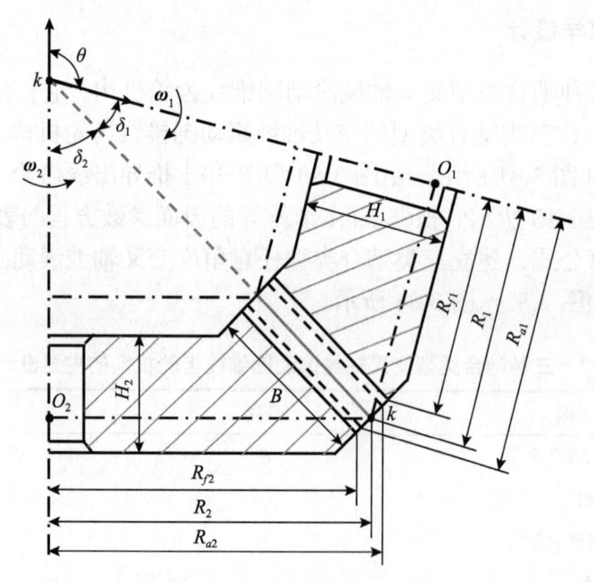

图 3.81　凸-凸啮合的交叉轴纯滚动线齿轮副轴向结构示意图

3.8.3　运动学试验研究

为了验证本节研究的基于啮合线参数方程的交叉轴纯滚动线齿轮副设计方法的正确性，应用搭建的齿轮运动学试验台进行试验研究。正确安装的三种啮合类型交叉轴纯滚动圆锥线齿轮副运动仿真分别如图 3.82～图 3.84 所示。三种啮合类型交叉轴纯滚动圆锥线齿轮副的主要设计参数如表 3.15 所示。

表 3.14　三种啮合类型交叉轴纯滚动线齿轮机构的几何结构参数计算公式

名词术语		符号	计算公式	
			小轮	大轮
分度圆锥角		δ	$\delta_1 = \arccos\dfrac{i_{12} - \cos\theta}{\sin\theta}$	$\delta_2 = \pi - \theta - \delta_1$
齿距		p	$p = \dfrac{2\pi c_1}{k_\varphi Z_1}$	
外锥距		R_w	$R_w = R_1 / \sin\delta_1$	
分度圆半径		R_1	$R_2 = i_{12}R_1$	R_1
分度圆直径		d	$d_1 = 2R_1$	$d_2 = 2R_2$
轮隙		e	$e = (1-k)p/2$	
过渡圆角半径		r	$r_1 = e/2$	$r_2 = e/2$
啮合线长度		B	$B = r_1\Delta t$	
轴向齿高		H	$H_1 = B\cos\delta_1$	$H_2 = B\cos\delta_2$
圆弧半径	凸凹啮合	ρ	$\rho_1 = kp/(4\cos\gamma)$	$\rho_2 = p/(4\cos\gamma)$
	凸平啮合		$\rho_1 = kp/(4\cos\gamma)$	—
	凸凸啮合		$\rho_1 = \rho_2 = p/(4\cos\gamma)$	
齿顶圆半径	凸凹啮合	R_a	$R_{a1} = R_1 + (\rho_1 - \rho_1\sin\gamma)\cos\delta_1$	$R_{a2} = R_2 + \rho_2\sin\gamma\cos\delta_2$
	凸平啮合		$R_{a1} = R_1 + (\rho_1 - \rho_1\sin\gamma)\cos\delta_1$	$R_{a2} = R_2 + (\rho_1\sin\gamma - e)\cos\delta_2$
	凸凸啮合		$R_{a1} = R_1 + \rho_1(1-\sin\gamma)\cos\delta_1$	$R_{a2} = R_2 + \rho_2(1-\sin\gamma)\cos\delta_2$
齿根圆半径	凸凹啮合	R_f	$R_{f1} = R_1 - (e + \rho_2\sin\gamma)\cos\delta_1$	$R_{f2} = R_2 - (\rho_2 - \rho_2\sin\gamma)\cos\delta_2$
	凸平啮合		$R_{f1} = R_1 - \rho_1\sin\gamma\cos\delta_1$	$R_{f2} = R_2 - (\rho_1 - \rho_1\sin\gamma + e)\cos\delta_2$
	凸凸啮合		$R_{f1} = R_1 - \rho_1\sin\gamma\cos\delta_1$	$R_{f2} = R_2 - \rho_2\sin\gamma\cos\delta_2$
齿厚	凸凹啮合	p_s	$p_{s1} = kp/2$	$p_{s2} = p/2$
	凸平啮合		$p_{s1} = kp/2$	$p_{s2} = p/2$
	凸凸啮合		$p_s = p/2$	
齿距	凸凹啮合	p_e	$p_{e1} = (2-k)p/2$	$p_{e2} = p/2$
	凸平啮合		$p_{e1} = (2-k)p/2$	$p_{e2} = p/2$
	凸凸啮合		$p_e = p/2$	
齿顶高	凸凹啮合	h_a	$h_{a1} = \rho_1(1-\sin\gamma)$	$h_{a2} = \rho_2\sin\gamma$
	凸平啮合		$h_{a1} = \rho_1(1-\sin\gamma)$	$h_{a2} = \rho_1\sin\gamma - e$
	凸凸啮合		$h_{a1} = \rho_1(1-\sin\gamma)$	$h_{a2} = \rho_2(1-\sin\gamma)$

续表

名词术语		符号	计算公式	
			小轮	大轮
齿根高	凸凹啮合	h_f	$h_{f1}=\rho_1\sin\gamma+e$	$h_{f2}=\rho_2(1-\sin\gamma)+e$
	凸平啮合		$h_{f1}=\rho_1\sin\gamma$	$h_{f2}=\rho_1(1-\sin\gamma)+e$
	凸凸啮合		$h_{f1}=\rho_1\sin\gamma$	$h_{f2}=\rho_2\sin\gamma$
齿全高	凸凹啮合	h	$h_1=\rho_1+e$	$h_2=\rho_2$
	凸平啮合		$h_1=\rho_1$	$h_2=\rho_1$
	凸凸啮合		$h_1=\rho_1$	$h_2=\rho_2$
齿根间隙	凸凹啮合	c	$c=(\rho_2-\rho_1)(1-\sin\gamma)$	
	凸平啮合		$c=e$	
	凸凸啮合		$c=(2\sin\gamma-1)\rho_1$	
轴向截形等腰梯形夹角	凸凹啮合	τ	—	—
	凸平啮合		—	$\tau=\dfrac{\pi}{2}-\gamma$
	凸凸啮合		—	—

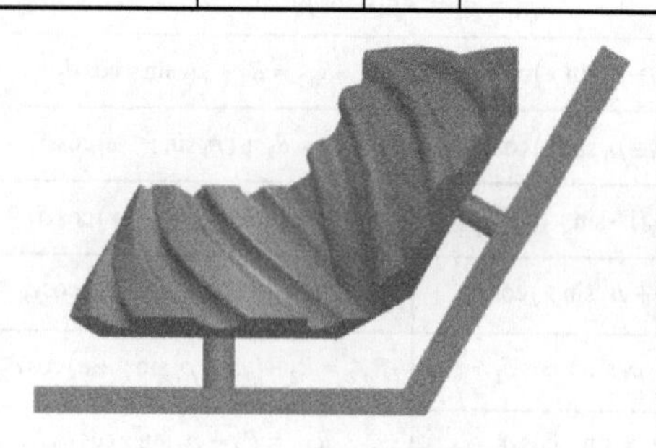

(a) 主视图

(b) 俯视图

图 3.82　凸-凹啮合类型交叉轴纯滚动圆锥线齿轮副

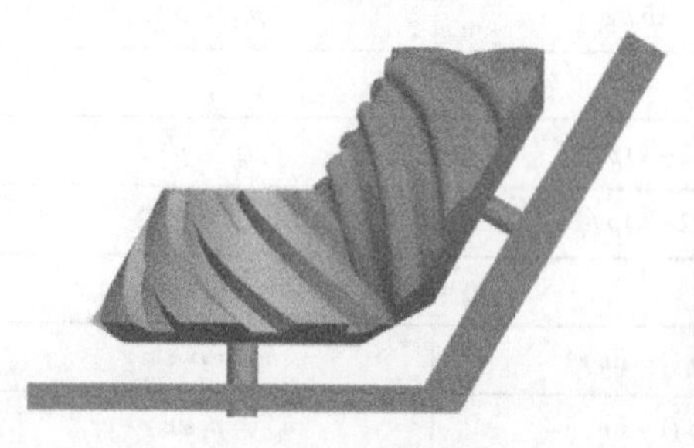

(a) 主视图

(b) 俯视图

图 3.83　凸-平啮合类型交叉轴纯滚动圆锥线齿轮副

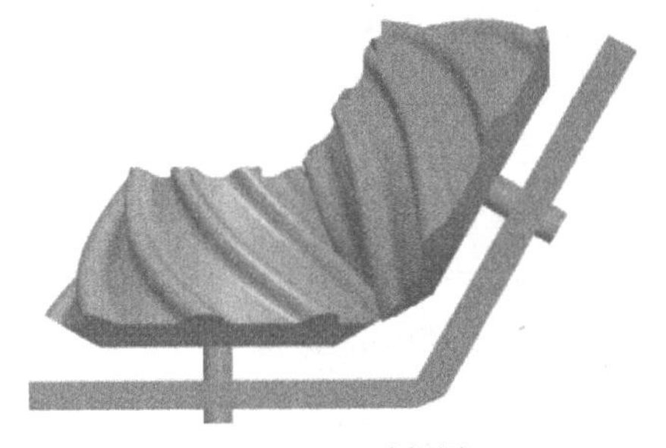

(a) 主视图

(b) 俯视图

图 3.84　凸-凸啮合类型交叉轴纯滚动圆锥线齿轮副

表 3.15　三类啮合类型的交叉轴纯滚动圆锥线齿轮副的主要设计参数

θ/rad	i_{12}	R_1/mm	Z_1	Δt	c_1/mm	k_φ/rad	k	γ/rad	ε
2π/3	1	30	8	0.5	60	π	0.95(1)	π/6	2

根据设计得到的交叉轴纯滚动圆锥线齿轮副三维模型，采用 SLA 技术制造三组交叉轴纯滚动线齿轮副原型样品，并正确安装于齿轮运动学试验台，如图 3.85～图 3.87 所示。本试验所采用的齿轮运动学试验台、SLA 设备型号及树脂材料型号与 3.7.3 节的内容一致。

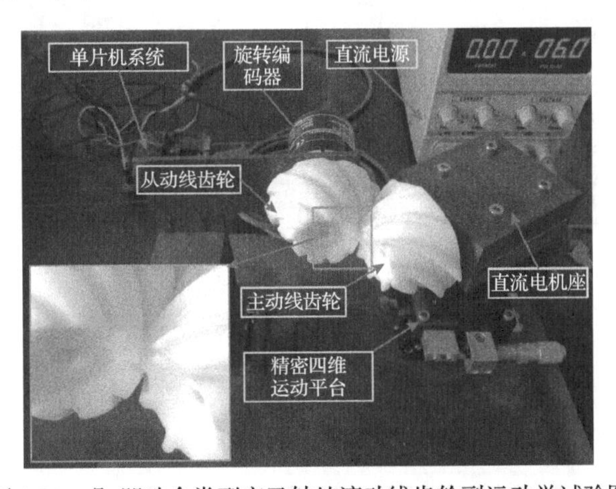

图 3.85　凸-凹啮合类型交叉轴纯滚动线齿轮副运动学试验图

在本试验中，采样频率设置为 10Hz，测得微直流电机的转速为 240(°)/s，直流电压设置为 6.0V。瞬时传动比为 $i_{12}=\omega_1/\omega_2$。得到的试验传动比结果如图 3.88 所示，三组交叉轴纯滚动线齿轮副的平均传动比分别为 0.9912、0.989 和 1.015，非常接近于理论值 1，其相对误差分别为 0.9%、1.1%和 1.5%，其标准差分别为 0.062、0.066 和 0.092，其最大偏差分别为 0.08、0.08 和 0.11。

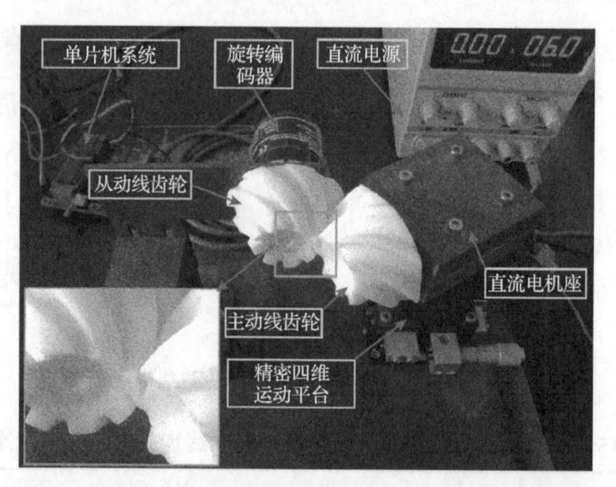

图 3.86　凸-平啮合类型交叉轴纯滚动线齿轮副运动学试验图

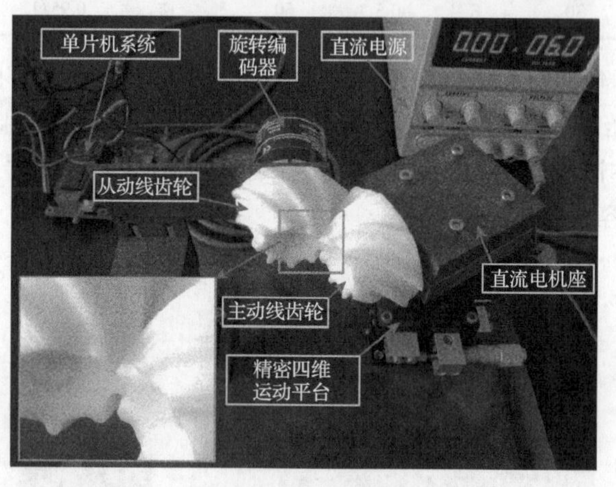

图 3.87　凸-凸啮合类型交叉轴纯滚动线齿轮副运动学试验图

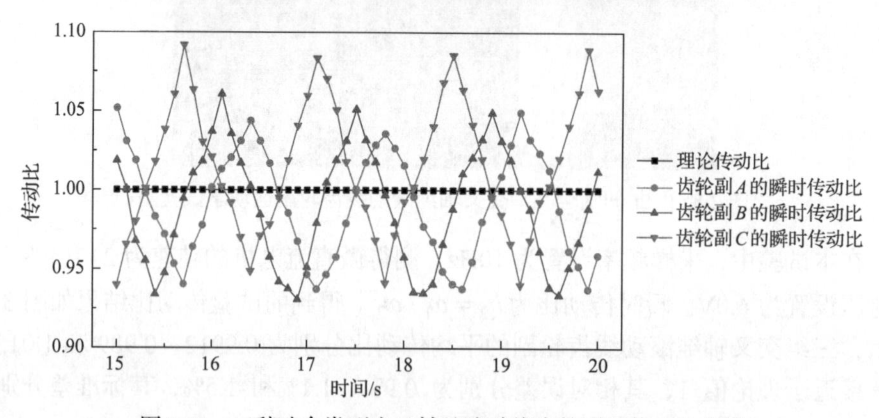

图 3.88　三种啮合类型交叉轴纯滚动线齿轮副的传动比曲线

试验传动比产生相对误差的原因有：所设计线齿轮存在样品制造误差、安装误差和测量误差等。尽管本试验传动比结果存在误差波动，但是足以证明本节阐述的交叉轴纯滚动线齿轮副设计方法的正确性。

3.9　本 章 小 结

本章全面阐述了基于啮合线参数方程的共面轴纯滚动线齿轮的主动设计理论和方法，具体地，分别介绍了共面轴纯滚动啮合线参数方程的一般形式、共轭啮合齿面的“点-线-面”主动设计方法以及齿廓截形设计方法。分别以平行轴外、内啮合纯滚动线齿轮机构，纯滚动线齿轮齿条机构，正交轴纯滚动圆锥线齿轮机构和任意角度交叉轴纯滚动圆锥线齿轮机构为例，详细阐述了基于啮合线参数方程的纯滚动线齿轮设计方法，并对照传统渐开线斜齿轮，进行了啮合特性与齿面力学性能的对比分析。对通过算例设计得到的齿轮样品进行了运动学对比试验研究，验证了基于啮合线参数方程的共面轴纯滚动线齿轮的设计理论、方法的正确性。

第4章　线齿轮传动摩擦学

线齿轮是一种新型齿轮传动机构，在小尺寸、大传动比、任意相对位置轴间的传动设计方面具有明显优势。为保证线齿轮在工业应用中的可靠性，需要对其摩擦、润滑特性进行设计及研究。本章研究线齿轮副的弹流油润滑设计理论、弹流脂润滑设计理论、固体润滑技术，以及干摩擦工况下塑料线齿轮的设计理论。显然，摩擦学设计由线齿轮的实际工况决定，本章将对适用于不同工况下的线齿轮传动摩擦学设计理论进行阐述。

4.1　线齿轮副的接触模型

4.1.1　当量几何模型

线齿轮副的接触模型一般如图 4.1(a)所示，属于点接触模型。根据接触力学的基础理论[55]，任意形状的点接触模型可表示为两个椭球体间的接触，如图 4.1(b)所示，其接触一般为椭圆接触，即接触面为椭圆。根据润滑理论的观点[56]，该点接触模型可等效为一个弹性椭球体和一个刚性平面间的接触，其中弹性椭球体即线齿轮副接触当量模型，如图 4.1(c)所示，弹性椭球体的半径用 R_x 和 R_y 表示。R_x 和 R_y 反映了在啮合点处两表面的相互接近程度，影响了该点处的润滑状态和接触强度等，为考察接触区的啮合情况，有必要对其进行计算和分析。

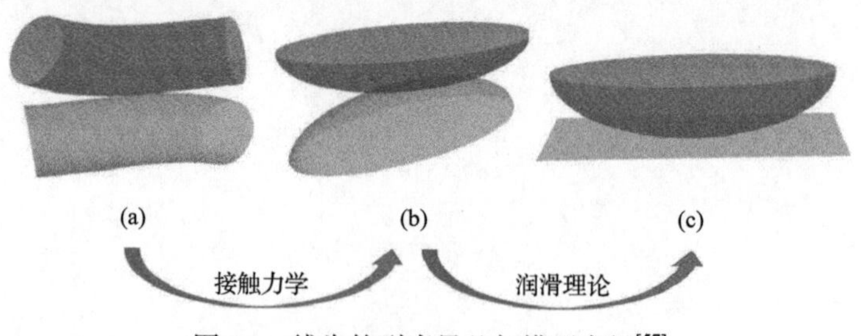

图 4.1　线齿轮副当量几何模型求解[57]

分别用参数 t 和 σ 对该齿面数学模型 $R(t,\sigma)$ 求一阶和二阶偏导，其求解公式如下：

$$\begin{cases} R_t = \dfrac{\partial R(t,\sigma)}{\partial t} \\ R_\sigma = \dfrac{\partial R(t,\sigma)}{\partial \sigma} \\ R_{tt} = \dfrac{\partial^2 R(t,\sigma)}{\partial t^2} \\ R_{\sigma\sigma} = \dfrac{\partial^2 R(t,\sigma)}{\partial \sigma^2} \\ R_{t\sigma} = \dfrac{\partial^2 R(t,\sigma)}{\partial t \partial \sigma} \end{cases} \tag{4.1}$$

式中，t 为线齿接触线参数；σ 为线齿截面参数，根据文献[57]第二章数学模型建立方法，主动接触线在主动线齿数学模型 $R_Z^{(1)}(t,\sigma_1)$ 的 $\sigma_1 = \pi/2$ 处，从动接触线在从动线齿数学模型 $R_C^{(3)}(t,\sigma_2)$ 的 $\sigma_2 = 3\pi/2$ 处；R_t 为在曲面 (t,σ) 点处沿参数 t 的切线方向；R_σ 为在曲面 (t,σ) 点处沿参数 σ 的切线方向；R_{tt} 为在曲面 (t,σ) 点处沿参数 t 的切线方向的变化率；$R_{\sigma\sigma}$ 为在曲面 (t,σ) 点处沿参数 σ 的切线方向的变化率。

为求第二基本齐式，还需求得曲面啮合点处的单位法向量 $\boldsymbol{n}_R$，已知曲面沿两参数 (t,σ) 的切线方向分别为 R_t 和 R_σ，对其进行叉乘即可得到点 (t,σ) 处的曲面法向量为

$$\boldsymbol{n}_R = \frac{R_t \times R_\sigma}{|R_t \times R_\sigma|} \tag{4.2}$$

据此可以得到第一和第二基本齐式，表达式为

$$\begin{gathered} \varPhi_1 = \mathrm{d}^2 R = R_t^2 \mathrm{d}t^2 + 2R_t R_\sigma \mathrm{d}t\mathrm{d}\sigma + R_\sigma^2 \mathrm{d}\sigma^2 \\ \varPhi_2 = -\mathrm{d}n_R \mathrm{d}R = n_R R_{tt} \mathrm{d}t^2 + 2n_R R_{t\sigma} \mathrm{d}t\mathrm{d}\sigma + n_R R_{\sigma\sigma} \mathrm{d}\sigma^2 \end{gathered} \tag{4.3}$$

令

$$\begin{cases} E = R_t^2 \\ F = R_t R_\sigma \\ G = R_\sigma^2 \\ L = n_R R_{tt} \\ M = n_R R_{t\sigma} \\ N = n_R R_{\sigma\sigma} \end{cases} \tag{4.4}$$

则第一和第二基本齐式可表示为

$$
\begin{aligned}
\varPhi_1 &= \mathrm{d}^2 R = E\mathrm{d}t^2 + 2F\mathrm{d}t\mathrm{d}\sigma + G\mathrm{d}\sigma^2 \\
\varPhi_2 &= -\mathrm{d}n_R \mathrm{d}R = L\mathrm{d}t^2 + 2M\mathrm{d}t\mathrm{d}\sigma + N\mathrm{d}\sigma^2
\end{aligned}
\tag{4.5}
$$

其中，式(4.4)是参数(t,σ)的纯量函数，即该量只随参数(t,σ)变化；E、F、G为第一类基本量；L、M、N为第二类基本量。

利用第一、二类基本量可以计算线齿曲面的主曲率及主方向。如图4.2所示，过曲面$R(t,\sigma)$上一点有法向量$\boldsymbol{n}_R$，经过法向量有无数个面，这些面均为法截面，法截面与曲面交线的曲率为法曲率，法曲率中的最大、最小值均为曲面在该点处的主曲率kn，主曲率对应的方向为主方向。

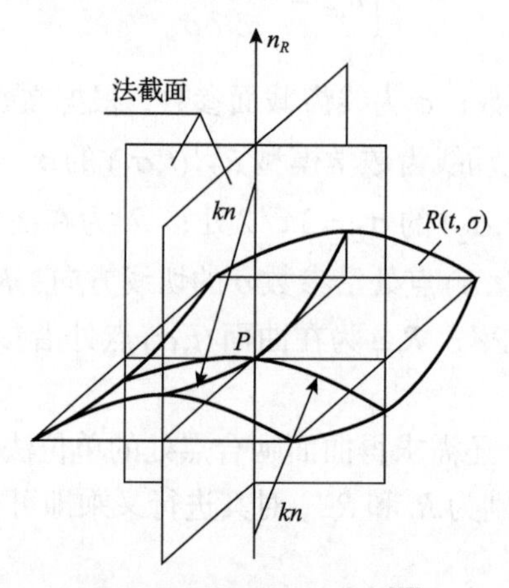

图4.2　曲面的主曲率[57]

通过第一和第二基本齐式可以推导得到含主曲率kn的一元二次方程，其表达式为

$$
(EG-F)^2 kn^2 - (EN - 2FM + GL)kn + (LN - M^2) = 0 \tag{4.6}
$$

将式(4.4)代入式(4.6)求解主曲率，详细推导过程见曲面建模理论[58]。主曲率和主方向的关系为

$$
\begin{cases}
kn(E\mathrm{d}t + F\mathrm{d}\sigma) - (L\mathrm{d}t + M\mathrm{d}\sigma) = 0 \\
kn(F\mathrm{d}t + G\mathrm{d}\sigma) - (M\mathrm{d}t + N\mathrm{d}\sigma) = 0
\end{cases}
\tag{4.7}
$$

消去kn可得

$$
(EM - FL)\frac{\mathrm{d}t^2}{\mathrm{d}\sigma^2} + (EN - GL)\frac{\mathrm{d}t}{\mathrm{d}\sigma} + (FN - GM) = 0 \tag{4.8}
$$

同样，该式为一元二次方程，可得到两个不同的主方向，对应其各自的主曲

率。求出主方向后，其对应于各自坐标系中的矢量表达式为

$$\mathrm{d}R = R_t \mathrm{d}t + R_\sigma \mathrm{d}\sigma \tag{4.9}$$

主曲率的倒数即为曲率半径，令其分别为 R_{ZX}、R_{ZY}、R_{CX}、R_{CY}，主曲率对应的单位主方向分别为 e_1、e_2、e_3、e_4。

通过适当的坐标调整，可以将接触区两线齿表面间的距离 s 表示为

$$s = \frac{1}{2}\left(\frac{x^2}{R_x} + \frac{y^2}{R_y}\right) \tag{4.10}$$

式中，有

$$\begin{gathered}
\frac{1}{R_x} + \frac{1}{R_y} = \frac{1}{R_{ZX}} + \frac{1}{R_{ZY}} + \frac{1}{R_{CX}} + \frac{1}{R_{CY}} \\
\frac{1}{R_y} - \frac{1}{R_x} = \left[\left(\frac{1}{R_{ZX}} - \frac{1}{R_{ZY}}\right)^2 + \left(\frac{1}{R_{CX}} - \frac{1}{R_{CY}}\right)^2 + 2\left(\frac{1}{R_{ZX}} - \frac{1}{R_{ZY}}\right)\left(\frac{1}{R_{CY}} - \frac{1}{R_{CY}}\right)\cos(2\gamma)\right]^{1/2} \\
\cos(2\gamma)=2(e_1 \cdot e_3)^2 - 1
\end{gathered} \tag{4.11}$$

求解式(4.11)可以得到线齿轮副的接触当量模型参数 R_x 和 R_y。

4.1.2　线齿轮副的受力分析

为了得到线齿轮副的啮合接触模型，需先对其进行受力分析。如图 4.3 所示，当从动轮以转矩 T 转动时，从动轮对主动轮产生齿面的正压力 $\boldsymbol{F}_n$，正压力 $\boldsymbol{F}_n$ 可分解为径向力 $\boldsymbol{F}_r$、轴向力 $\boldsymbol{F}_a$ 和圆周力 $\boldsymbol{F}_t$。分析得到各力的大小为

$$\begin{aligned}
\boldsymbol{F}_t &= \frac{T}{im} \\
\boldsymbol{F}_r &= \boldsymbol{F}' \tan\varepsilon = \frac{\boldsymbol{F}_t \tan\varepsilon}{\cos\alpha_t} \\
\boldsymbol{F}_a &= \boldsymbol{F}_t \tan\alpha_t \\
\boldsymbol{F}_n &= \frac{\boldsymbol{F}'}{\cos\varepsilon} = \frac{\boldsymbol{F}_t}{\cos\alpha_t \cos\varepsilon}
\end{aligned} \tag{4.12}$$

其中，T 为作用在从动轮上的转矩；α_t 为主动接触线螺旋升角的余角，其值为 $\arctan(n/m)$；ε 为接触翻转角度，是线齿轮截圆沿接触线扫掠时产生的参数，由图 4.3 可以看出，当 ε 为零时，线齿受力最好，随着 ε 增大到 90°，线齿轮传动实际转变为摩擦轮传动。综上，主动轮齿面法向力如式(4.13)所示，因此只要从动

轮载荷不变，作用于齿面的力 $\boldsymbol{F}_n$ 的大小和方向均是不变的。

$$\boldsymbol{F}_n = \frac{T}{i}\sqrt{\frac{1}{m^2}+\frac{1}{n^2}}\sec\varepsilon \tag{4.13}$$

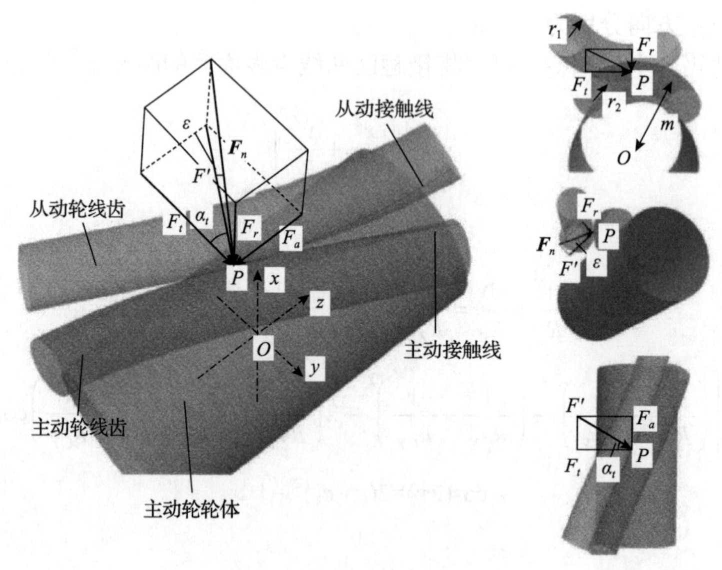

图 4.3　线齿轮受力分析

4.1.3　线齿轮副的卷吸速度

线齿轮副在啮合过程中，啮合点不断沿着接触线方向移动，因此其卷吸速度 U_S 沿着接触线的切矢方向，如图 4.4 所示。计算得到卷吸速度大小为

$$U_S = \frac{U_R}{\cos\alpha_t} = \frac{2\pi\omega_1 m}{60}\Big/\cos\alpha_t = \frac{2\pi\omega_1\sqrt{m^2+n^2}}{60} \tag{4.14}$$

其中，U_R 为接触点处的周线速度。

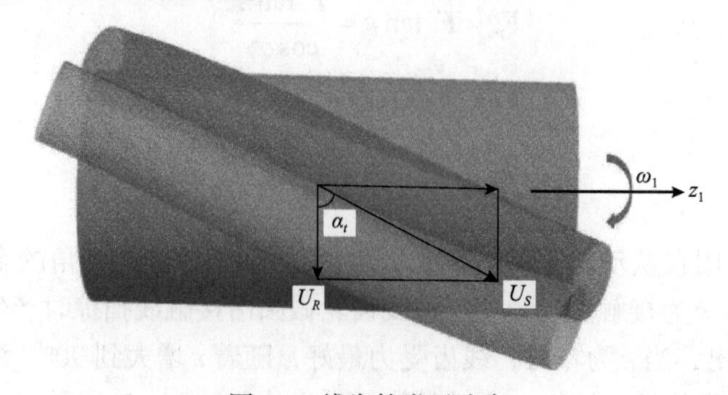

图 4.4　线齿轮卷吸速度

4.2　线齿轮副弹流油润滑设计

4.2.1　平行轴线齿轮副的弹流油润滑设计

1. 平行轴线齿轮副设计参数优选准则

在摩擦副材料、润滑介质参数以及接触表面粗糙度相同的条件下，摩擦副的参数为：接触当量椭球曲率半径 R_x 和 R_y、接触椭圆的椭圆率 k_e、法向力 $\boldsymbol{F}_n$、卷吸速度 $\boldsymbol{U}$ 以及接触椭圆长轴与卷吸速度方向夹角 ψ（其大小决定摩擦副能否形成有效润滑以及润滑状态好坏）。各参数对润滑状态的影响规律如下。

(1) 接触当量椭球曲率半径：R_x 和 R_y 越大，摩擦副承受载荷能力越大，相同法向力下接触区域内的接触应力越小，越利于润滑，反之，则越难形成有效的润滑。

(2) 椭圆率：接触区域内的平均接触应力相同的条件下，椭圆率 k_e 越大，摩擦副的润滑油端泄效应越严重，中心膜厚和最小膜厚均越小。

(3) 法向力：随着 $\boldsymbol{F}_n$ 的增大，接触区域内的接触应力变大，油膜受到挤压而变薄，反之则更容易形成油膜。

(4) 卷吸速度：卷吸速度 $\boldsymbol{U}$ 越大，越容易形成弹流润滑，提高卷吸速度是改善润滑状态的常用方法。

(5) 接触椭圆长轴与卷吸速度方向夹角：ψ 越小，摩擦副也越容易发生润滑油端泄，越不利于油膜的形成，所以 ψ 也是影响摩擦副润滑状态的重要参数。

为了能直观地对比法面圆弧齿廓和端面圆弧齿廓两种齿廓下平行轴线齿轮副的几何接触模型，下面给定如式(4.15)、式(4.16)所示相同的主、从动接触线，分别得到两种齿廓下的平行轴线齿轮副齿廓设计参数，如表 4.1 所示。

$$\boldsymbol{r}_1^Z(t^Z)=\begin{bmatrix}10\cos t^Z\\10\sin t^Z\\6t^Z\end{bmatrix},\quad t^Z\in[0,\pi] \tag{4.15}$$

$$\boldsymbol{r}_2^C(t^C)=\begin{bmatrix}30\cos t^C\\-30\sin t^C\\18\left(\pi+t^C\right)\end{bmatrix},\quad t^C\in\left[-\pi,-\frac{2\pi}{3}\right] \tag{4.16}$$

表 4.1　平行轴线齿轮副齿廓设计参数

参数	r^Z/mm	r^C/mm	k^Z/mm	k^C/mm	ε^Z/rad	ε^C/rad
法面圆弧齿廓	8.3	8.3	—	—	π / 3	π / 3
端面圆弧齿廓	10	30	10	30	—	—

根据以上接触线参数和齿廓设计参数，在同一工况（输出端负载扭矩 $T=200\text{N}\cdot\text{mm}$，主动轮转速 $n=500\text{r/min}$）下求得两种齿廓于啮合点处形成的润滑摩擦副的几何参数及工况参数，如表 4.2 所示。

表 4.2　啮合点处几何参数及工况参数

参数	R_x/mm	R_y/mm	k_e	F_n/N	U/(mm/s)	ψ/(°)
法面圆弧齿廓	20.40	4.25	2.71	7.48	610.62	0
端面圆弧齿廓	39.16	9.83	2.41	6.76	610.62	10.18

对比表 4.2 中法面圆弧齿廓和端面圆弧齿廓在啮合点处润滑摩擦副的几何参数及工况参数可知，在相同接触线和齿轮副应用工况条件下，端面圆弧齿廓的平行轴线齿轮副经参数优选后，在啮合点处的接触当量椭球曲率半径 R_x 和 R_y 更大，法向力 F_n 更小，即容易形成润滑油膜；同时，接触椭圆的椭圆率 k_e 更小、接触椭圆长轴与卷吸速度方向夹角 ψ 更大，即润滑油端泄效应更小；又因平行轴线齿轮副在无安装误差条件下卷吸速度方向均沿着主、从动接触线方向，所以在相同接触线和齿轮副应用工况条件下，两种齿廓的齿轮副在啮合点处卷吸速度相同。

综上，可以得出结论：对于平行轴线齿轮副，在相同接触线和齿轮副应用工况条件下，采用端面圆弧齿廓比法面圆弧齿廓理论上更容易形成弹流润滑。

2. 安装误差对平行轴线齿轮当量椭球模型的影响

在理想情况下，平行轴线齿轮副属于纯滚动啮合传动副，传动过程中滑动率始终为零[59]。这表明平行轴线齿轮副理论啮合功率损失为零，而在实际工况中，提高各零部件的加工精度也无法完全避免齿轮副的安装误差。

由线齿轮副接触模型的分析可知，平行轴线齿轮副的安装误差包括中心距安装误差 δ_a、轴向安装误差 δ_b、轴交错角安装误差 γ_h、轴交叉角安装误差 γ_v，如图 4.5 所示。这些误差的存在，会改变齿轮副啮合点附近的曲率等几何参数和卷吸速度等工况参数，从而改变平行轴线齿轮副润滑特性。当仅存在轴向安装误差 δ_b 时，线齿轮副啮合点依旧沿理论接触线运动，可知啮合点附近的几何、工况参数不会改变。所以下面针对其余类型安装误差，采用控制变量的方法分析单一误差类型下平行轴线齿轮副啮合点处的接触当量椭球曲率半径 R_x 和 R_y、法向力 F_n、卷吸速度 U 和滑动速度 V 以及接触椭圆长轴与卷吸速度方向夹角 ψ 的变化规律，根据结果判断各类型安装误差对平行轴线齿轮副传动和润滑状态的影响。

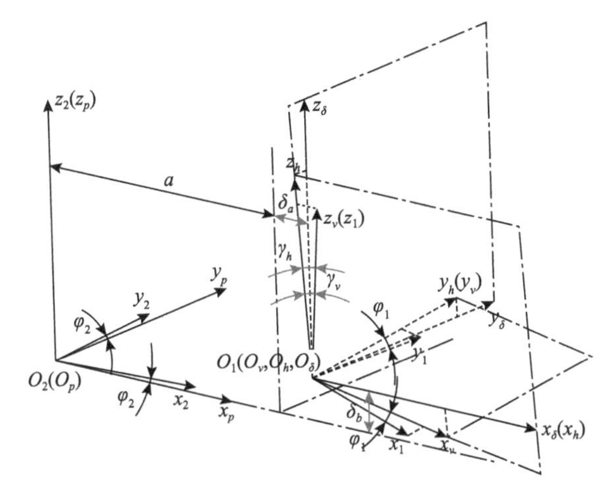

图 4.5　含安装误差的平行轴线齿轮副坐标系

1) 中心距安装误差的影响

由图 4.6 可知，当存在单一中心距安装误差 δ_a 时，啮合点处接触当量椭球曲率半径 R_x 发生变化，当 $\delta_a>0$ 即齿轮副中心距为正偏差时，其偏差越大 R_x 越小，当 $\delta_a<0$ 即齿轮副中心距为负偏差时，偏差越大 R_x 越大。但是单一的中心距安装误差 δ_a 不影响啮合点处接触当量椭球曲率半径 R_y 的大小。当齿轮副中心距为正偏差时，偏差越大，卷吸速度 U 越大；当齿轮副中心距为负偏差时，偏差越大，卷吸速度 U 越小。滑动速度 V 则随着 δ_a 绝对值的增大而增大，且 δ_a 绝对值相同时，正偏差的滑动速度比负偏差的滑动速度稍大。当齿轮副中心距为正偏差时，偏差

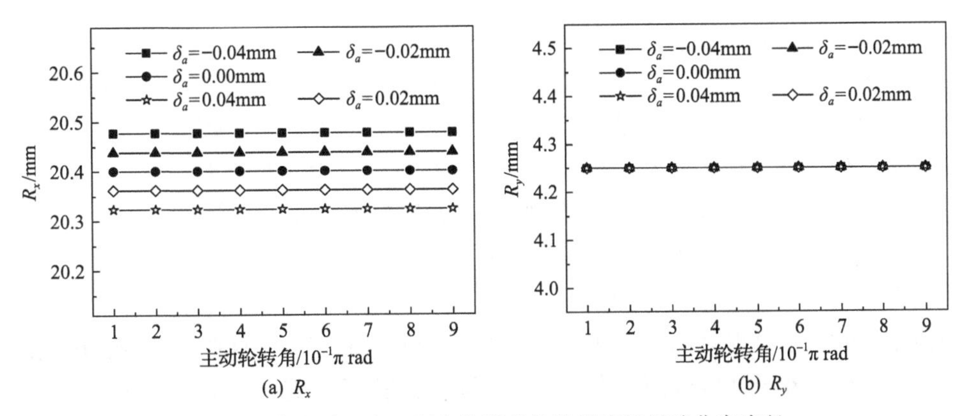

图 4.6　存在单一中心距安装误差的接触当量椭球曲率半径

越大，法向力 F_n 越大；当齿轮副中心距为负偏差时，偏差越大，法向力 F_n 越小。卷吸速度与接触椭圆长轴夹角 ψ 则随着 δ_a 绝对值的增大而增大。且在传动过程中，不同啮合点处的各参数均保持恒定，即单一中心距安装误差的存在不影响平行轴线齿轮副传动的平稳性。

2）轴交错角安装误差的影响

由图 4.7 可知，啮合点处接触当量椭球曲率半径 R_x、R_y 几乎不受单一轴交错角安装误差的影响，且在传动过程中保持恒定。单一轴交错角安装误差对卷吸速度和滑动速度的影响与齿轮副中心距安装误差趋势相同，正偏差时，偏差越大，卷吸速度 U 越大；负偏差时，偏差越大，卷吸速度 U 越小。滑动速度 V 则随着 γ_h 绝对值的增大而增大。啮合点处法向力 F_n 和卷吸速度与接触椭圆长轴夹角 ψ 均随单一轴交错角安装误差绝对值的增大而增大，其中法向力 F_n 变化较小，夹角 ψ 则较为明显。同样，在单一轴交错角安装误差的影响下，各参数在传动过程中仍能保持恒定，传动的平稳性受影响较小。

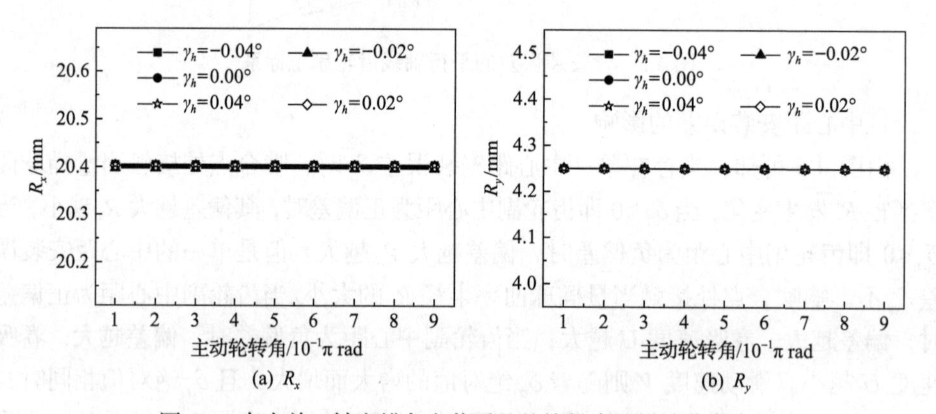

图 4.7　存在单一轴交错角安装误差的接触当量椭球曲率半径

3）轴交叉角安装误差的影响

由图 4.8 可知，当 $\gamma_v>0$ 即轴交叉角为正偏差时，偏差越大，啮合点处接触当量椭球曲率半径 R_x 越大，且在一个啮合周期的传动过程中，R_x 逐渐变大；当轴交叉角为负偏差时，偏差越大，R_x 越小，且在传动过程中逐渐变小。与中心距安装误差和轴交错角安装误差一致的是，啮合点处接触当量椭球曲率半径 R_y 均不随误差的增大而发生变化。当轴交叉角为正偏差时，啮合点处的卷吸速度 U 随偏差的增大而增大，且在一个啮合周期的传动过程中，卷吸速度逐渐变小；当轴交叉角为负偏差时，啮合点处的卷吸速度 U 随偏差的增大而减小，且在一个啮合周期的传动过程中，卷吸速度逐渐增大，滑动速度 V 则随着 δ_a 绝对值的增大而增大，且在一个啮合周期的传动过程中，滑动速度 V 逐渐变大。轴交叉角安装误差影响下

的啮合点处法向力 F_n 的变化趋势与卷吸速度 U 的变化趋势一致，角度偏差越大，F_n 偏离理想啮合位置的值越大。卷吸速度与接触椭圆长轴夹角 ψ 则随单一轴交叉角安装误差绝对值的增大而增大。

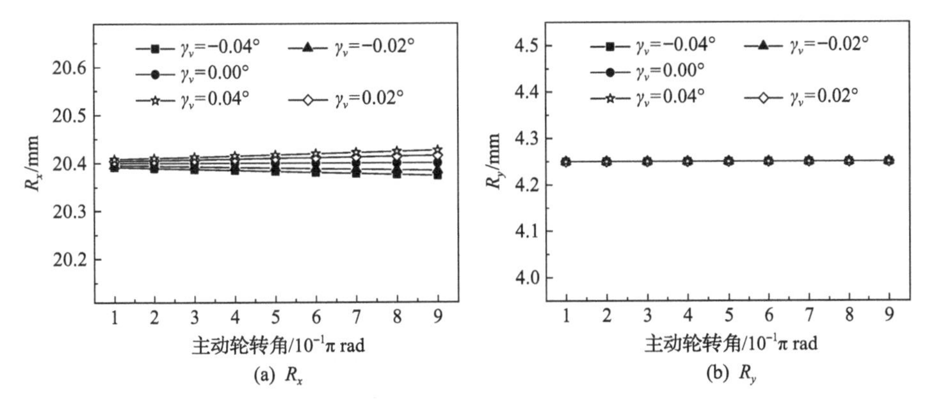

图 4.8　存在单一轴交叉角安装误差的接触当量椭球曲率半径

3. 粗糙度对平行轴线齿轮副弹流润滑的影响

在工程应用中，齿轮齿面严格意义上属于粗糙表面，且在齿轮弹流润滑中最小油膜厚度常小于 1μm，和齿面粗糙度值数量级相当，所以齿轮弹流润滑分析需要考虑齿面粗糙度的影响。对考虑安装误差的平行轴线齿轮副进行齿面接触分析，得到瞬时接触当量椭球模型、法向力、卷吸速度及滑动速度。在此基础上，可以考虑齿面粗糙度和安装误差，对平行轴线齿轮副进行弹流润滑数值计算。

由于安装误差的存在，平行轴线齿轮副在啮合点处的卷吸速度偏离接触椭圆长轴，但当安装误差较大时偏离角度也仅约为 0.006°。所以在数值计算中仍按卷吸速度沿椭圆长轴方向处理。线齿轮传动副一般应用于轻载、中低转速的工况下，所以采用等温椭圆接触弹流润滑模型，具体的数值计算方法和程序可以查阅课题组的相关研究成果，本节仅给出部分计算结果。

1）粗糙度的影响

以表 4.3 中给出的线齿轮副参数和工况为例，对其进行不同粗糙齿面的弹流润滑数值求解。数值计算中采用的相关参数如表 4.4 所示。图 4.9～图 4.11 分别为相同粗糙度下的随机粗糙齿面、横向粗糙齿面和三维粗糙齿面的弹流润滑数值解，其中图 4.9(a)、图 4.10(a)和图 4.11(a)均为啮合点油膜压力三维图，图 4.9(a)、图 4.10(a)和图 4.11(b)均为对称面(Y=0)上的压力和膜厚分布曲线。从弹流润滑数值解可以看出，不同粗糙纹理下油膜压力整体分布相同，均在出口处达到峰值。但由于齿面上粗糙峰的存在，啮合区域内的油膜压力会出现局部波动。波动规律与粗糙度函数相符，随机粗糙齿面下的压力波动具有随机性，横向粗糙齿面和三维粗糙齿面下的压力波动具有周期性。此外，粗糙度幅值相同时，不同粗糙纹理下的油膜厚度整体分布也大致相同，均在出口处出现颈缩现象。

表 4.3　平行轴线齿轮副设计参数

参数	主动轮	从动轮	单位
m, n	（10，6）	（30，18）	mm
R	8.5	8.5	Mm
ϕ_z	π/6	π/6	Rad
t_s, t_e	（0，π）	（−π，−2π/3）	rad
传动比 i	3		
重合度 ε_a	2		

表 4.4　弹流润滑数值计算参数

参数	值
节点数 N	65×65
量纲一化入口坐标 X_0	−2.5
量纲一化入口坐标 X_e	1.5
初始黏度 η_0 / (Pa · s)	0.18
黏压系数 z	0.68

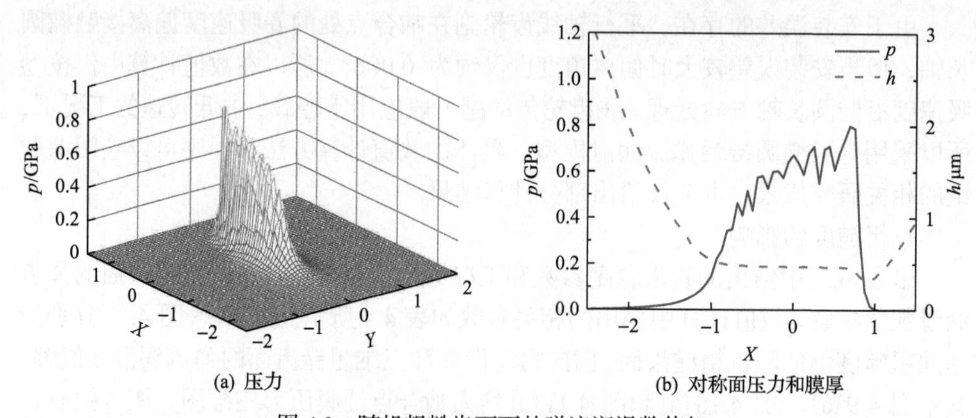

(a) 压力　　(b) 对称面压力和膜厚

图 4.9　随机粗糙齿面下的弹流润滑数值解

2）安装误差及粗糙度幅值的影响

安装误差会导致平行轴线齿轮副在啮合点处的接触当量模型几何参数和工况参数发生变化，特别是当轴交叉角安装误差存在时，单个啮合周期内啮合点处的

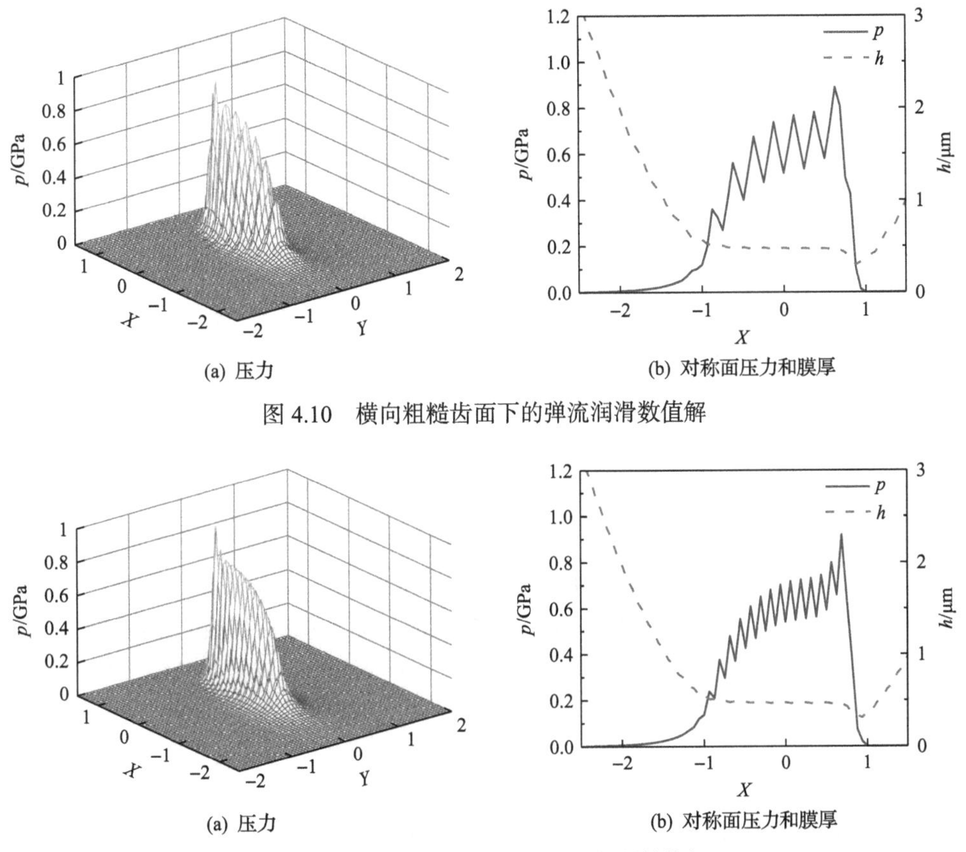

图 4.10　横向粗糙齿面下的弹流润滑数值解

(a) 压力　(b) 对称面压力和膜厚

图 4.11　三维粗糙齿面下的弹流润滑数值解

几何参数及工况参数发生渐变。所以为了分析安装误差所导致的接触点参数变化及粗糙度幅值对平行轴线齿轮副润滑状态的影响，以表 4.3 中的线齿轮副为例，在轴交叉角安装误差 γ_v=0.04° 的工况下，按前文中介绍的方法，求得在一个啮合周期中均匀选取的 9 个啮合瞬时的接触点几何参数及工况参数，如表 4.5 所示。

表 4.5　接触点处润滑摩擦副的几何参数及工况参数

ϕ_z	π/10	2π/10	3π/10	4π/10	5π/10	6π/10	7π/10	8π/10	9π/10
R_x /mm	20.408	20.411	20.413	20.415	20.417	20.419	20.422	20.424	20.426
R_y /mm	4.250	4.250	4.250	4.250	4.250	4.250	4.250	4.250	4.250
U/(mm/s)	610.745	610.726	610.707	610.688	610.669	610.650	610.631	610.612	610.593
F_n/N	7.483	7.483	7.483	7.483	7.482	7.482	7.482	7.482	7.481

在三个随机粗糙度幅值下求得每个啮合瞬时的最小膜厚，结果如图 4.12 所示。

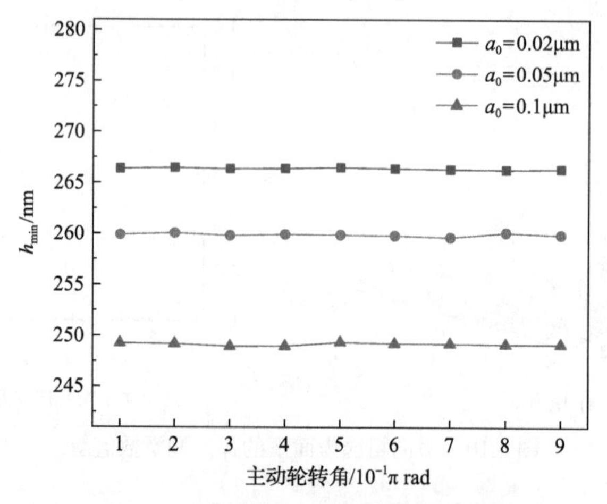

图 4.12　不同粗糙度幅值下的最小膜厚

由图 4.12 可知，安装误差所导致的接触点几何参数及工况参数的变化不会使油膜厚度发生明显变化，说明形成有效的润滑对降低安装误差带来的影响至关重要，如果不能形成有效的润滑，安装误差导致的齿面滑动将导致齿面干摩擦滑动，从而产生摩擦损耗、齿面振动及噪声。此外，粗糙度幅值对平行轴线齿轮副的润滑膜厚影响显著，粗糙度幅值越大，膜厚越小。

4.2.2　交叉轴线齿轮副的弹流油润滑设计

1. 影响交叉轴线齿轮当量椭球模型的参数[60]

根据 4.1 节，当量椭球模型的计算与交叉轴线齿轮参数ϕ、m_1、n、r_1、r_2、i_{12}、θ有关[61]。

1) ϕ参数对当量椭球模型的影响

应用 Mathematica10.0 计算得到ϕ与当量曲率半径 R_x和 R_y的关系曲线，当ϕ较小时，在θ靠近 180°时会出现奇异点，线齿轮取值应尽可能避免奇异点。在其他参数不变的情况下，ϕ越大，R_x 越小。同时可以明显看出，随着ϕ值的增大，R_x曲线下降的陡度减小。由此说明，取过大的ϕ值并不会使 R_x大幅减小，根据前文分析结果，这反而会恶化啮合点受力情况。因此，选取ϕ=30°是合适的。

2) m_1、n参数对当量椭球模型的影响

在线齿轮其他参数取值相同的情况下，比值R_x/R_y随θ的变化趋势与R_x随θ的变化趋势是一致的。也就是说，m_1与n的关系对 R_x 的影响比对 R_y 的影响要大得多。然而，m_1与n取值较为接近时，R_x 可能会出现奇异点。当$m_1 > 1.5n$时，R_x不会出现奇异点，且比值 R_x/R_y值较小。同时可以发现，当n不变时，随着m_1增大，R_x下降的陡度减小，这种现象在n较小时尤为明显，当$m_1 > 2n$时，R_x基本不

变。这说明 n 不变时，不可取过大的 m_1 值。因此，当 m_1、n 取值时，其设计准则为：$m_1 / n = 1.5 \sim 2$，或略大。

3) r_1、r_2 参数对当量椭球模型的影响

在线齿轮其他参数不变的情况下，r_1 越大 R_y 越大，在 r_1 不变且 $r_2 > r_1$ 情况下，r_2 越小 R_y 也越大，特别是当 θ 接近 0°且 r_1、r_2 值相差不大时，这种变化趋势尤其明显，在研究范围内，r_1 与 R_y 呈正相关，r_2 与 R_y 呈负相关。

在线齿轮其他参数不变的情况下，r_1 越大 R_x 越大，在 r_1 不变且 $r_2 > r_1$ 情况下，r_2 越小 R_x 也越大，特别是当 θ 接近 180°且 r_1、r_2 值相差不大时，这种变化趋势尤其明显。而当 r_1、r_2 取值较为接近时，R_x 可能会出现奇异点。在研究范围内 r_1 与 R_x 呈正相关，r_2 与 R_x 呈负相关。r_1、r_2 对 R_x、R_y 的总体影响趋势是一致的，所以要进一步分析 r_1、r_2 对比值 R_x/R_y 的影响。

当 r_1 不变且 r_2 大于 r_1 时，r_2 不能过于接近 r_1，这会使得比值 R_x/R_y 在 θ 靠近 180°时剧增，甚至出现奇异点。当 $r_2 > 2r_1$ 时，比值 R_x/R_y 才不会出现奇异点，且其值较小。同时可以发现，当 r_1 不变时，随 r_2 增大，比值 R_x/R_y 在全部 θ 值范围内变化趋于平缓。由此说明，r_1 不变时，不可取过大的 r_2 值。

当 r_1 较小时，即使依照本章的设计准则设计 r_1 和 r_2 以及 m_1 和 n 值，当 θ 接近 0°时，比值 R_x/R_y 依然会超过 10；而当 r_1 较大时，即使依照本章设计准则取值，当 θ 接近 180°时，比值 R_x/R_y 也会超过 10。当 r_1=(1/3～1/2)m_1 时，在全部 θ 取值范围内，R_x/R_y 均较小。

综上所述，当 r_1、r_2 取值时，其设计准则为：r_1=(1/3～1/2)m_1；r_2/r_1=2，或略大。

4) i_{12}、θ 参数对当量椭球模型的影响

i_{12} 越大，R_x 随 θ 的变化就越平缓，但是，当 θ 接近 90°时，R_x 值较大；而 i_{12} 越小，R_x 随 θ 的变化就越剧烈，当 θ 接近 90°时，R_x 值较小；但是，当 θ 接近 0°或 180°时，R_x 值剧增，特别是当 i_{12} =1 时，这种情况尤为严重。i_{12} 越大，R_y 随 θ 的变化就越平缓；当 i_{12} =1 时，R_y 随 θ 变化剧烈。

i_{12} 越大，比值 R_x/R_y 随 θ 的变化就越平缓。当 i_{12} =1 时，虽然对于部分 θ 值，R_x/R_y 比值可取得最小值，但是，其当 θ 接近 0°或 180°时剧增，甚至远超 10。当 $i_{12} \neq 1$ 时，对于全部 θ 值比值 R_x/R_y 变化都不大，均不超过 10。

在实际应用中，传动比 i_{12} 是由实际需要确定的，从有利于弹流润滑建立的角度，提出交叉轴线齿轮传动比的设计准则：当 θ =0°和 180°时，即设计平行轴线齿轮时，要求 $i_{12} > 1$。

综合全部分析结果，总结得到基于弹流润滑设计要求的交叉轴线齿轮副参数设计准则，如表 4.6 所示。

表 4.6　交叉轴线齿轮副参数设计准则

齿轮参数	设计准则	备注
ϕ	$\phi=30°$	
m_1	根据工况选取	
n	$n=m_1/2\sim 2m_1/3$	允许 n 值略小
r_1	$r_1=m_1/3\sim m_1/2$	
r_2	$r_2=2r_1$	允许 r_2 值略大
i_{12}	根据工况选取	平行轴线齿轮要求 $i_{12}>1$

2. 交叉轴线齿轮弹流油润滑应用工况分析

一般来说，弹流润滑转化为薄膜润滑或者边界润滑的临界膜厚值是 50～100nm[62]。但事实上，齿轮的润滑状态还与齿面粗糙度有关，润滑状态可通过膜厚比 $\lambda=h/\sigma$（其中 h 是平均油膜厚度，$\sigma=\sqrt{\sigma_1+\sigma_2}$ 是综合粗糙度）进行简单划分。当 $\lambda\geqslant 3$ 时，则认为摩擦副达到全膜润滑，两摩擦副表面粗糙峰互不接触，此时润滑状态主要以流体动压润滑和弹性流体润滑为主；当 $\lambda\leqslant 0.4$ 时，则认为摩擦副处于边界润滑状态[63]。因此，不能简单地认为 50nm 或者 100nm 为弹流润滑临界值。

1）交叉轴线齿轮弹流油润滑工况选择[60]

当线齿轮的转速、荷载、润滑油黏度、齿轮材质以及供油工况确定时，通过数值计算方法可以得到该工况下的最小油膜厚度 $h_{\min}$。但是，弹流润滑的实现还与齿面粗糙度有关。如果齿面粗糙度过大，即使数值计算结果表明油膜存在，弹流润滑也难以形成。

2）算例

选择交叉轴线齿轮弹流油润滑的适用工况时，可分为三步进行。第一步，通过线齿轮参数查表得到对应的当量模型参数；第二步，分析线齿表面接触线的粗糙度，得到能够形成弹流润滑的最小膜厚；第三步，根据实际要求结合等膜厚图可得到适用工况。

下面给出一个算例说明如何选择交叉轴线齿轮弹流油润滑的适用工况。

已知交叉轴线齿轮参数如表 4.7 所示，主、从动线齿表面接触区经抛光处理粗糙度为 $Ra=0.04\mu\text{m}$，选用的润滑油黏度为 $\eta_0=0.2\text{Pa}\cdot\text{s}$，设膜厚比 $\lambda\geqslant 2.5$，线齿轮副可实现弹流润滑，交叉轴线齿轮传动效率为 $\eta=0.97$。根据工况需要，要求从动轮输出扭矩 $T_2=0.5\text{N}\cdot\text{m}$。试问：该线齿轮副要达到弹流润滑状况，其转速和电机额定功率为多少？

根据 4.1 节相关内容或者根据插值法，求得该线齿轮副当量椭球模型参数。例如，当已知 $i_{12}=15$ 时，$(R_x, R_y, R_x/R_y)=(76.70,9.58,8.01)$；当已知 $i_{12}=20$ 时，$(R_x,$

$R_y, R_x/R_y)=(83.15,9.61,8.65)$；当已知 $i_{12}=18$ 时，$(R_x, R_y, R_x/R_y)=(80.57,9.60,8.39)$。

表 4.7　部分线齿轮参数取值

m_1 /mm	n /mm	r_1 /mm	r_2 /mm	i_{12}	θ /(°)
12	8	6	12	18	90

计算主动轮扭矩 T_1(N·m)：

$$T_1 = \frac{T_2}{\eta \times i_{12}} = 0.0286 \tag{4.17}$$

计算主动轮节点处载荷 w(N)：

$$w = \frac{T_1\sqrt{{m_1}^2 + n^2}}{m_1 n \cos\phi} = 4.9677 \approx 5 \tag{4.18}$$

计算油膜厚度 h(nm)：

$$h = \lambda \times \sqrt{\sigma_1^2 + \sigma_2^2} = 141 \tag{4.19}$$

取 $h=150$nm 为弹流润滑临界膜厚。

根据式(4.19)与当量椭球模型计算结果，可知实现弹流润滑的临界卷吸速度 U_S 约为 0.2m/s。则计算得到主动轮最小转速 ω(r/min) 为

$$\omega = \frac{30000 U_S}{\pi\sqrt{n^2 + {m_1}^2}} = 133 \tag{4.20}$$

计算电机所需功率 P(W)：

$$P = \frac{T_1 \times \omega}{9.550} = 0.4 \tag{4.21}$$

所以，该线齿轮副要实现弹流润滑，所用驱动电机的额定功率 $P \geqslant 0.4$W，其额定转速 $\omega \geqslant 133$r/min。

4.3　线齿轮副弹流脂润滑设计

4.3.1　线齿轮副润滑状态分析

在低速运行时，油润滑的齿轮往往会因为无法形成足够厚的润滑膜而产生磨损，这严重影响了齿轮寿命，所以在这种工况下有必要采用润滑脂对线齿轮进行润滑。4.1 节中已给出线齿轮齿面的正压力 F_n、卷吸速度 U_S 和接触当量模型参数

R_x、R_y 的求解方法，现给定一组线齿轮椭球接触模型、某品牌润滑脂及其运行工况，如表 4.8 所示，使用弹流脂润滑程序进行计算，此处同样使用乏脂工况。

表 4.8　线齿轮副接触模型脂润滑工况[57]

参数	值
椭球参数/mm	$\left(R_x,R_y\right)=(40,20)$
初始黏度/ (Pa · s)	4.415
流变指数 n^*	0.70,0.75,0.80
载荷 F_n / N	0.5
卷吸速度 U_S / (m/s)	0.1, 0.2, 0.3

计算得到膜厚形状，其中卷吸速度为 0.1m/s，流变指数为 0.75 的膜厚分布结果如图 4.13 所示。由图可以看出，线齿轮副的弹流脂润滑与弹流脂润滑膜厚形状基本类似，都有颈缩现象和马蹄形特征，呈现出良好的一致性。同样，该图最小膜厚所在点也在两耳郭处。其他工况下膜厚分布图像与此基本类似。

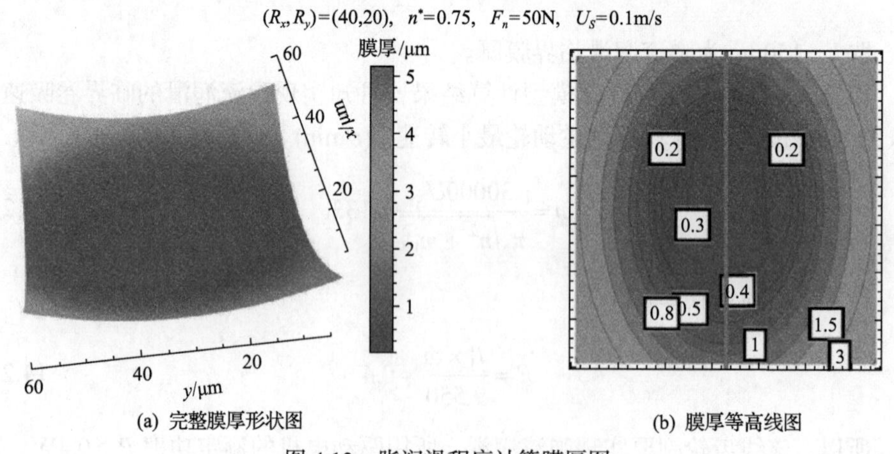

(a) 完整膜厚形状图　　(b) 膜厚等高线图

图 4.13　脂润滑程序计算膜厚图

以下分析在不同卷吸速度和不同流变指数下线齿轮副接触模型中心线的润滑状态。

图 4.14 为椭球接触模型中心膜厚与压力分布，其载荷为 50N，流变指数为 0.75，卷吸速度分别为 0.1m/s、0.2m/s、0.3m/s。图 4.14(a) 显示，不同卷吸速度下中心膜厚的中间部分基本呈水平状态，出口处颈缩。卷吸速度越大，得到的中心膜厚越大。图 4.14(b) 显示了不同卷吸速度下接触应力在中心线上的压力，其分布基本与 Hertz 接触应力分布相同，中点处平缓度过峰值，然后在出口处会有二次压力峰。为提高油膜厚度，直接提高线齿轮的转速效果是很好的。

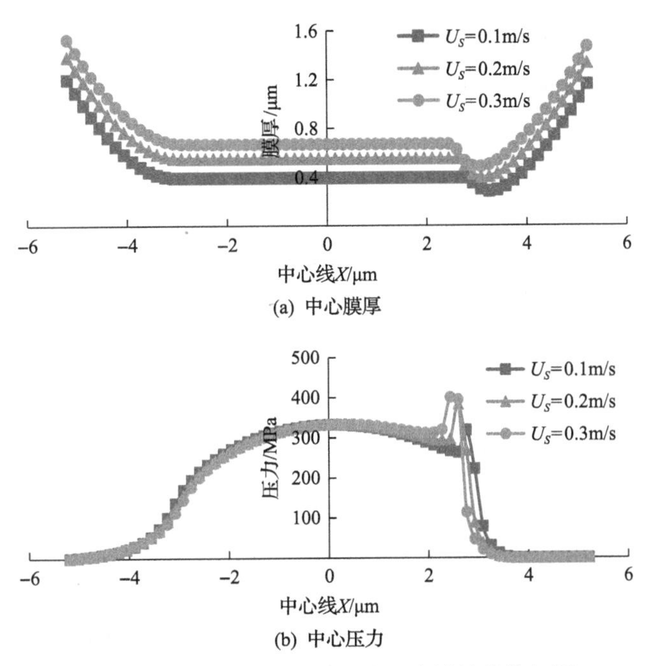

图 4.14　不同卷吸速度脂润滑程序计算数值解图

图 4.15 为椭球接触模型中心的膜厚与压力分布，其载荷为 50N，卷吸速度为 0.1m/s，流变指数分别为 0.70、0.75、0.80。其具体情况与图 4.14 卷吸速度下的膜

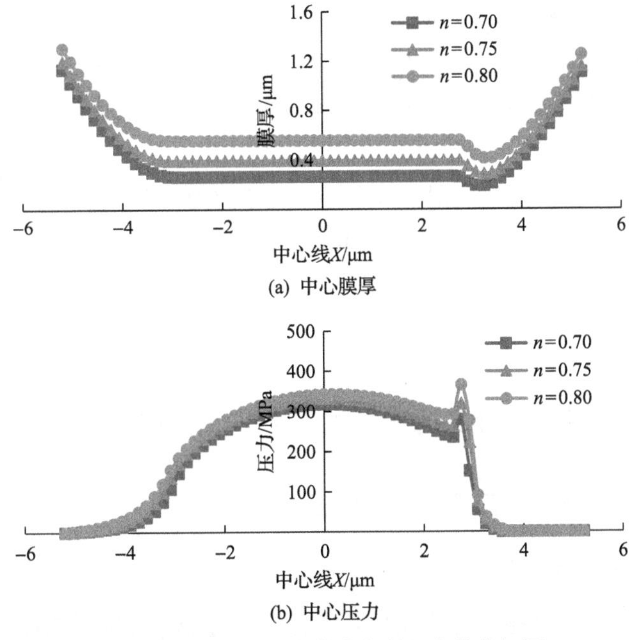

图 4.15　不同流变指数脂润滑程序数值解图

厚、压力分布类似。事实上，润滑脂的流变指数是温度的函数，一般而言，润滑脂在温度升高时会变稀，其非牛顿流体特性会减弱，即流变指数更趋近于 1，由图 4.15 可知，当齿轮运行时，齿轮箱温度会升高，导致润滑脂流变指数升高，而中心膜厚相应增大，润滑脂的这种特性对润滑是有利的。

一般工程应用以膜厚比(中心膜厚与两摩擦副的综合粗糙度之比)确定润滑状态，当膜厚比大于 3 时可以认为达到全膜润滑状态。为使线齿轮达到全膜润滑，可以先测得线齿轮的粗糙度，得到需要的最小膜厚值，然后应用本节弹流脂润滑数值计算程序得到达到此膜厚值的最低卷吸速度，反求出线齿轮运行的最低临界转速，从而确定线齿轮的适用工况。

4.3.2　线齿轮副油脂选用的边界条件

不同工况下适用于线齿轮副的润滑剂可能是不同的，为快速合理地确定适用于线齿轮副的润滑剂，本节将对线齿轮副的油脂边界条件进行研究。

为合理选用润滑剂，希望得到一个参数公式，将线齿轮副的一部分运行工况代入该参数公式可得到一个临界值，根据此临界值来确定不同润滑剂的选用。首先，不同当量模型下的线齿轮副适用工况是不同的，所以该参数公式中应有当量模型参数(主要指 R_x 和 R_y)。然后，在当量模型确定的情况下，影响润滑最重要的两个参数是卷吸速度和润滑剂的黏度，在一定范围内提高卷吸速度和润滑剂的黏度可有效增大润滑膜的厚度，因此润滑剂的黏度作为另一个参数。将以上参数代入公式，可以得到一个临界卷吸速度，当当量模型线齿轮副的卷吸速度低于临界速度时，选用润滑脂；而当线齿轮副的卷吸速度高于临界速度时，选用润滑油。

为确定该公式，需相关数值计算程序对油、脂所能形成的膜厚进行预测，预测结果为在临界速度时，润滑油和润滑脂形成的膜厚相当。本节利用等温弹流油润滑计算程序和等温弹流脂润滑计算程序来为临界速度参数公式提供基本数据[60]。

通过两组算例得到临界卷吸速度如下：

当 R_x=10 时，$U_S = 0.07k^{-35.7}\eta^{-6.67k}$；

当 R_x=5 时，$U_S = 0.317k^{-6.45}\eta^{-1.512k}$。

4.4　干摩擦工况下的线齿轮设计

4.4.1　干摩擦工况下的齿面接触应力和接触变形

1. 数值计算方法[30]

线齿轮副通过点接触的形式实现啮合传动。在第 j 对线齿啮合周期内的某个

啮合位置 r_j 处，主动线齿齿面 $\Sigma^{(1)}$ 和从动线齿齿面 $\Sigma^{(2)}$ 在啮合点 m_j 处开始发生接触，如图 4.16(a)中实线所示。这时，在齿面法向力的作用下，$\Sigma^{(1)}$ 和 $\Sigma^{(2)}$ 上初始间距为 z_{gh} 的相对的两点 O_{S1} 和 O_{S2}，由于线齿齿面的变形而发生接触；与此同时，啮合线齿内部相对的两点 O_{I1} 和 O_{I2}，也分别向点 m_j 趋近了 δ_{1mj} 和 δ_{2mj}，线齿齿面产生的接触变形如图 4.16(a)中虚线所示。

如图 4.16(b)所示，取一个由 $N_x \times N_y$ 个相同的矩形单元组成的网格区域作为齿面接触应力分布的计算区域。离散单元的节点 (g, h) 位于该单元的中心，对于计算区域内的任意单元节点 (g, h) $(g = 1, 2, \cdots, N_x;\ h = 1, 2, \cdots, N_y)$，均有如式(4.22)和式(4.23)所示的关系成立。

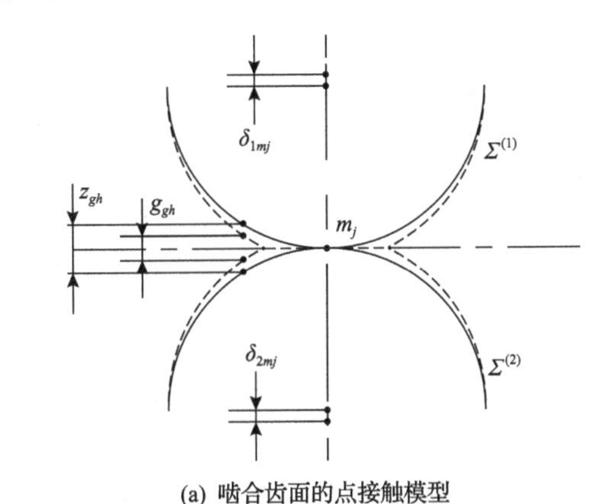

(a) 啮合齿面的点接触模型

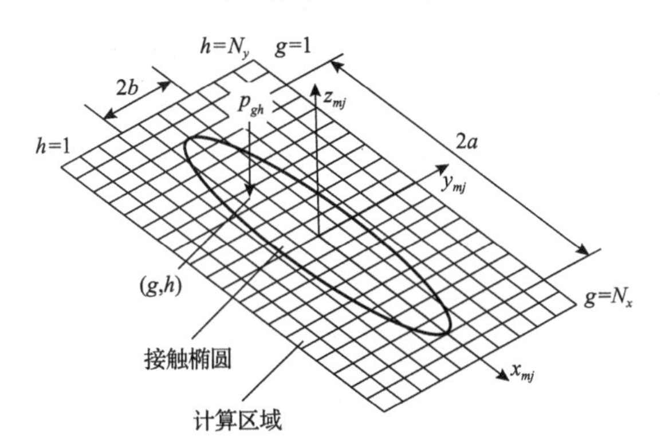

(b) 接触椭圆区域(移动网格)

图 4.16　啮合齿面之间的接触

当 (g, h) 在接触区内时，有

$$\begin{cases} g_{gh} = z_{gh} + u_{gh} - \delta_{rj} = 0 \\ p_{gh} > 0 \end{cases} \tag{4.22}$$

当 (g, h) 在接触区外时，有

$$\begin{cases} g_{gh} = z_{gh} + u_{gh} - \delta_{rj} > 0 \\ p_{gh} = 0 \end{cases} \tag{4.23}$$

式中，u_{gh} 为 (g, h) 处的接触形变；p_{gh} 为 (g, h) 处的接触应力；$\delta_{rj} = \delta_{1mj} + \delta_{2mj}$ 称为啮合位置 r_j 处的刚体趋近量；z_{gh} 和 g_{gh} 分别为齿面 $\Sigma^{(1)}$ 和 $\Sigma^{(2)}$ 上相对两点在加载前后的间距。

线齿轮齿面接触应力和接触变形的数值计算在 MATLAB 软件上完成，本节使用的计算程序是在弹性点接触接触应力和接触变形的计算程序的基础上进行改写的，将齿面几何参数 R_x、R_y 代入初始接触形状中，再根据齿面载荷作用的时间编写循环结构，最后通过共轭梯度法 (conjugate gradient method，CGM) 和快速傅里叶变换 (fast Fourier tansform，FFT) 方法，求解得到传动过程中任意时刻的齿面接触应力分布和接触变量，并进一步计算得到齿面最大接触应力、齿面平均接触应力和刚体趋近量。

2. 算例

以聚甲醛平行轴线齿轮副为例，求解主动线齿齿面 $\Sigma^{(1)}$ 的曲率半径 $R_{1\mathrm{I},rj}$ 和 $R_{1\mathrm{II},rj}$、从动线齿齿面 $\Sigma^{(2)}$ 的主曲率半径 $R_{2\mathrm{I},rj}$ 和 $R_{2\mathrm{II},rj}$，以及主方向 $\boldsymbol{e}_{1\mathrm{I},rj}$ 和 $\boldsymbol{e}_{2\mathrm{I},rj}$ 之间的夹角 γ_{ij}，求解得到三参量固体模型的参数 E_1、E_2 和 η_1，得到室温条件下聚甲醛的蠕变函数 $J(t)$，然后用影响系数法求解齿面接触应力。利用已知的线齿轮副齿面几何参数 R_x、R_y，聚甲醛材料的蠕变函数 $J(t)$，在 MATLAB 软件上，求解得到当输出力矩 $T_2 = 800\mathrm{N\cdot mm}$ 时啮合中点处的齿面接触应力分布如图 4.17

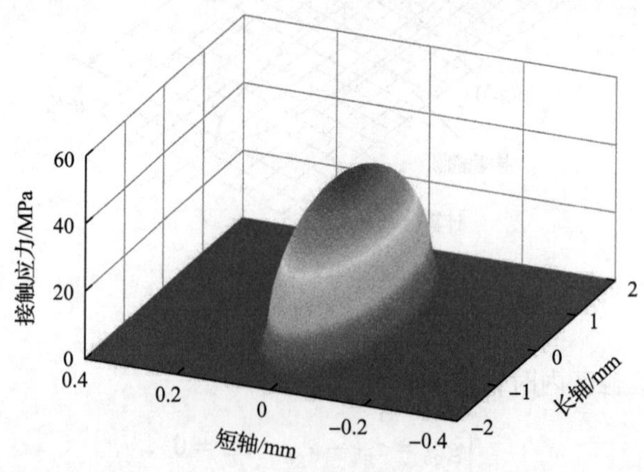

图 4.17　$T_2 = 800\mathrm{N\cdot mm}$ 时初始接触时刻啮合中点处的齿面接触应力分布

所示。不同输出力矩下啮合中点处齿面接触应力沿接触椭圆长轴方向的计算结果如图 4.18 所示。

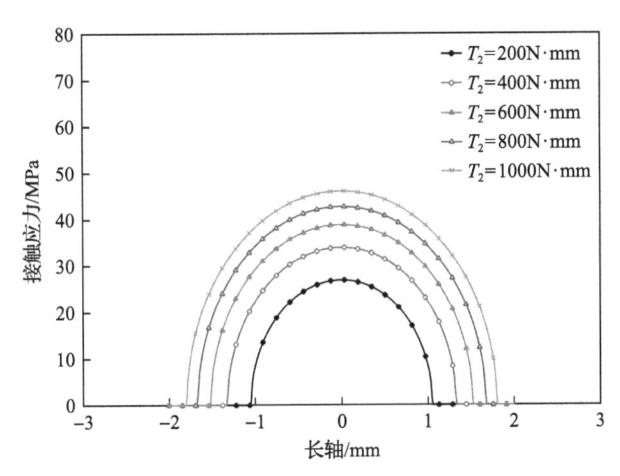

图 4.18　初始时刻啮合中点处的齿面接触应力沿接触椭圆长轴方向的分布

4.4.2　干摩擦工况下线齿轮副啮合效率的计算

1. 数值计算方法[30]

啮合效率是齿轮副传动性能的一个重要指标，提高齿轮副啮合效率对提高机械系统效率和节能减耗具有关键意义。以塑料线齿轮副为例，其干摩擦条件下啮合效率的计算方法如图 4.19 所示。

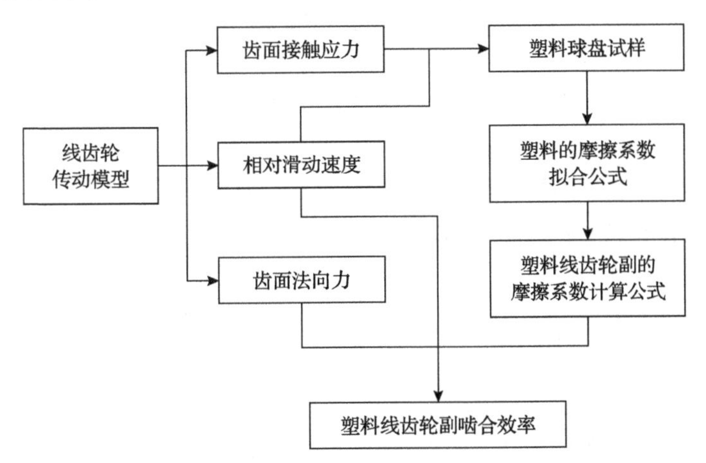

图 4.19　塑料线齿轮副啮合效率计算方法流程图

首先，通过给定的线齿轮设计参数建立线齿轮副的传动模型。假设传动过程中每对线齿的啮合情况相同，将一对线齿从进入啮合到退出啮合的一个啮合周期分成若干个啮合时刻。在给定线齿轮副输入转速和输出力矩的条件下，分别计算各啮合时刻的齿面法向力、齿面接触应力和相对滑动速度。由齿面平均接触应力和相对滑动速度确定摩擦试验的试验条件，进行塑料摩擦试验获得摩擦系数试验数据，拟合摩擦系数试验数据获得塑料线齿轮副摩擦系数计算公式。然后，根据各工况下的齿面法向力、相对滑动速度和摩擦系数，计算该条件下塑料线齿轮副的啮合效率。

在干摩擦条件下，塑料线齿轮副在啮合传动过程中的功率损耗主要是由滑动摩擦所导致的功率损耗。滑动摩擦功率损耗等于啮合齿面间的滑动摩擦力与相对滑动速度的乘积。在一个啮合周期内的某个时刻，有 J 对线齿同时参与啮合，则在该啮合时刻线齿轮副的瞬时滑动摩擦功率损耗为 J 对线齿产生的滑动摩擦功率损耗之和，可以表示为

$$P_{\text{ins}} = \sum_{j=1}^{J} \left(\mu F_n v^{(12)} \right) \tag{4.24}$$

式中，P_{ins} 为瞬时滑动摩擦功率损耗；μ 为线齿轮副的摩擦系数；F_n 为齿面法向力；$v^{(12)}$ 为啮合齿面间的相对滑动速度。

在该啮合时刻线齿轮副的瞬时啮合效率为

$$\eta_{\text{ins}} = 1 - \frac{P_{\text{ins}}}{T_2 \omega^{(2)} + P_{\text{ins}}} \tag{4.25}$$

式中，η_{ins} 为瞬时啮合效率；T_2 为线齿轮副的输出力矩；$\omega^{(2)}$ 为从动轮角速度的大小，即线齿轮副的输出转速。

将啮合周期内各个离散啮合时刻的瞬时啮合效率进行叠加，再取其平均值作为线齿轮副的平均啮合效率，可以表示为

$$\eta_{\text{cal}} = \frac{1}{R} \sum_{r=1}^{R} \eta_{\text{ins}} \tag{4.26}$$

2. 算例及计算结果

本节以聚甲醛平行轴线齿轮副为例，在给定的干摩擦工况条件下，研究塑料线齿轮副的啮合效率。聚甲醛平行轴线齿轮副的设计参数如表 4.9 所示。

表 4.9　聚甲醛平行轴线齿轮副的设计参数

参数	主动轮	从动轮	单位
m, n	(10，20)	(30，−60)	mm
R	4	4	mm
ϕ_z	30	150	(°)
t_s, t_e	(−π，−π/2)	(0，−π/6)	rad
Z	6	18	—
传动比 i_{12}	3		—
重合度 ε_a	1.5		—

图 4.20(a)为当输出力矩 T_2=300N·mm 时，聚甲醛平行轴线齿轮副摩擦系数 μ_{rj} 的计算结果；图 4.20(b)为当输入转速 n_1=300r/min 时 μ_{rj} 的计算结果。由图 4.20(a)和(b)都可以看出，在一个完整的啮合周期内，主动轮转角 φ_{1j} = 30°～60°是线齿轮副的单齿啮合区，φ_{1j} = 0°～30°和 φ_{1j} = 60°～90°是线齿轮副的双齿啮合区。

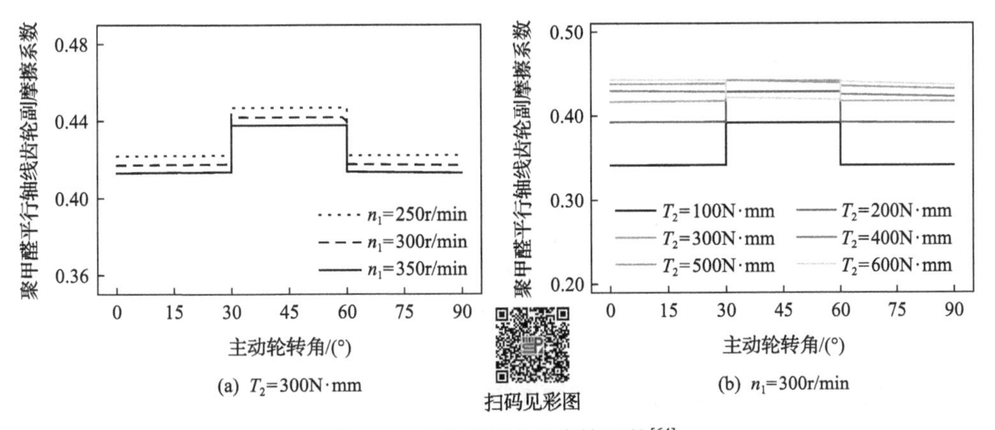

(a) T_2=300N·mm　　(b) n_1=300r/min

图 4.20　啮合过程中的摩擦系数[64]

如图 4.20(a)所示，当 T_2 =300N·mm 时，在单齿啮合区和双齿啮合区内，μ_{rj} 的值都几乎保持恒定，说明在本算例中，无论在单齿啮合区还是在双齿啮合区，线齿轮副的齿面载荷和相对滑动速度变化不大，因此摩擦系数变化不大。当输入转速从 250r/min 增大到 350r/min 时，线齿轮副的相对滑动速度随着转速的增大而增大，并且在此速度范围内，μ_{rj} 随着相对滑动速度的增大而减小。当输出力矩为 100N·mm、200N·mm、400N·mm、500N·mm 和 600N·mm 时，摩擦系数 μ_{rj} 在啮合周期内的变化情况也和图 4.20(a)类似。

如图 4.20(b)所示，n_1 =300r/min，当 T_2 =100～300N·mm 时，μ_{rj} 随着 T_2 的增

大而增大；当 T_2 =300～500N·mm 时，μ_{rj} 增大到峰值 0.45，μ_{rj} 随着 T_2 的增大而减小。当输入转速为 250r/min 和 350r/min 时，摩擦系数 μ_{rj} 在啮合周期内的变化情况也和图 4.20(b)类似。

聚甲醛平行轴线齿轮副在各工况条件下平均啮合效率的计算结果如图 4.21 所示。在输入转速为 250～350r/min 的范围内，同一输出力矩下的平均啮合效率随着转速的增大而增大。在输出力矩为 100～600N·mm 的范围内，同一输入转速下的平均啮合效率随着输出力矩的增大而呈现出先减小后增大的趋势。线齿轮副啮合效率随力矩和转速的变化情况与摩擦系数随力矩和转速的变化情况密切相关。特定工况下的啮合效率受到载荷、转速和摩擦系数的共同影响，因此线齿轮副啮合效率的计算结果出现图中的波动不可避免。由于本例中聚甲醛平行轴线齿轮副在啮合过程中产生的摩擦损耗极小，所以啮合效率的变化不大，算例工况下线齿轮副的啮合效率约为 99.88%。

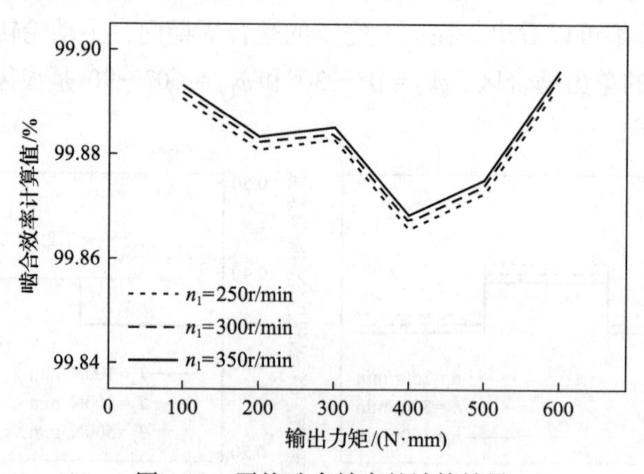

图 4.21　平均啮合效率的计算结果

4.4.3　干摩擦工况下线齿轮副的齿面磨损研究

1. 数值计算方法

磨损是齿轮等零部件失效的一种基本形式。磨损会造成齿面几何形状的改变，破坏齿轮副传动的平稳性，引起啮合效率降低、振动和噪声等问题。当磨损达到一定程度时可导致齿轮副的失效。为了了解线齿轮副在实际应用中的稳定性和可靠性，必须研究其齿面磨损。以塑料线齿轮副为例，在干摩擦条件下齿面磨损的计算方法如图 4.22 所示，具体的实现过程请查阅相关文献[30]。

2. 算例及计算结果分析

本节以聚甲醛平行轴线齿轮副为例，在给定的干摩擦工况条件下，研究塑料线齿轮副齿面磨损的情况。聚甲醛平行轴线齿轮副的设计参数如表 4.10 所示。

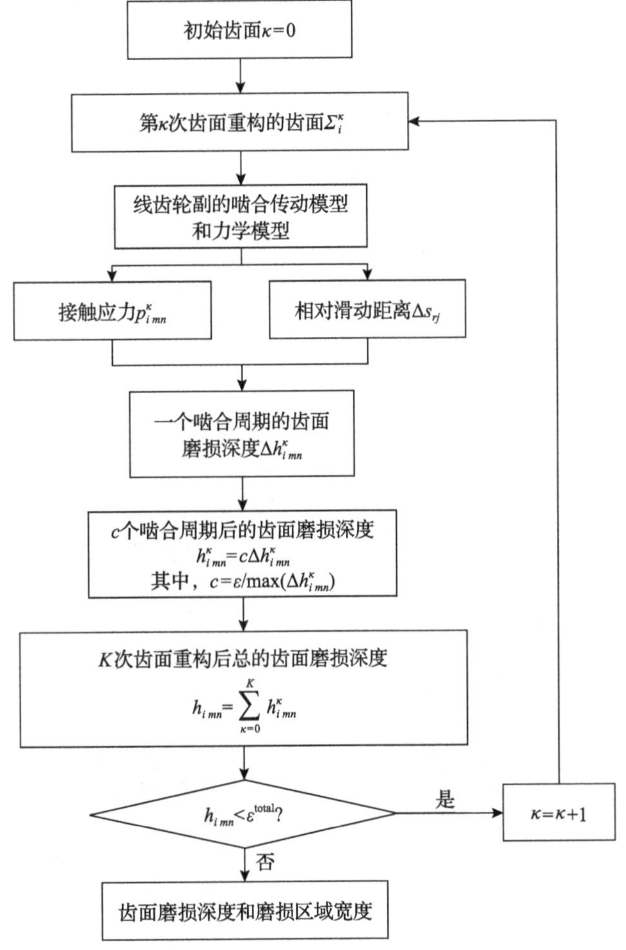

图 4.22　塑料线齿轮副齿面磨损的计算流程

表 4.10　聚甲醛平行轴线齿轮副的设计参数

参数	主动轮	从动轮	单位
m, n	(10，20)	(30，−60)	mm
R	4	4	mm
ϕ_z	30	150	(°)
t_s，t_e	(−π，−π/2)	(0，−π/6)	rad
z	8	24	—
传动比 i_{12}	3		—
重合度 ε_a	2		—

在$\kappa=1$、$\kappa=5$和$\kappa=10$次齿面几何形状重构后，求解得到主、从动齿面的磨损分布，分别如图 4.23(a)和(b)所示。由于接触和相对滑动只发生在接触线附近的“带”状区域，因而磨损也只发生在此“带”状区域内。由图 4.23 可以看出，在主、从动线齿齿面上对应的位置处，主动线齿齿面上的磨损深度大约是从动线齿齿面的 3 倍，这是因为聚甲醛平行轴线齿轮副的传动比为$i_{12}=3$，即主动线齿齿面经历的啮合次数为从动线齿齿面的 3 倍。由图 4.23 可以看出，在本节算例中，线齿轮副的齿面磨损并不均匀，在起始啮合点处齿面的磨损极小，而在终止啮合点处齿面的磨损较大。齿面磨损分布的不均匀与本例线齿轮副两回转轴线的平行度偏差有关。如图 4.24 所示，由于在本节算例中，聚甲醛平行轴线齿轮副两回转轴线之间存在平行度偏差，在线齿轮副啮合传动的过程中，其滑动率的绝对值从起始啮合点到终止啮合点呈现逐渐增大的趋势，在起始啮合点处滑动率的绝对值

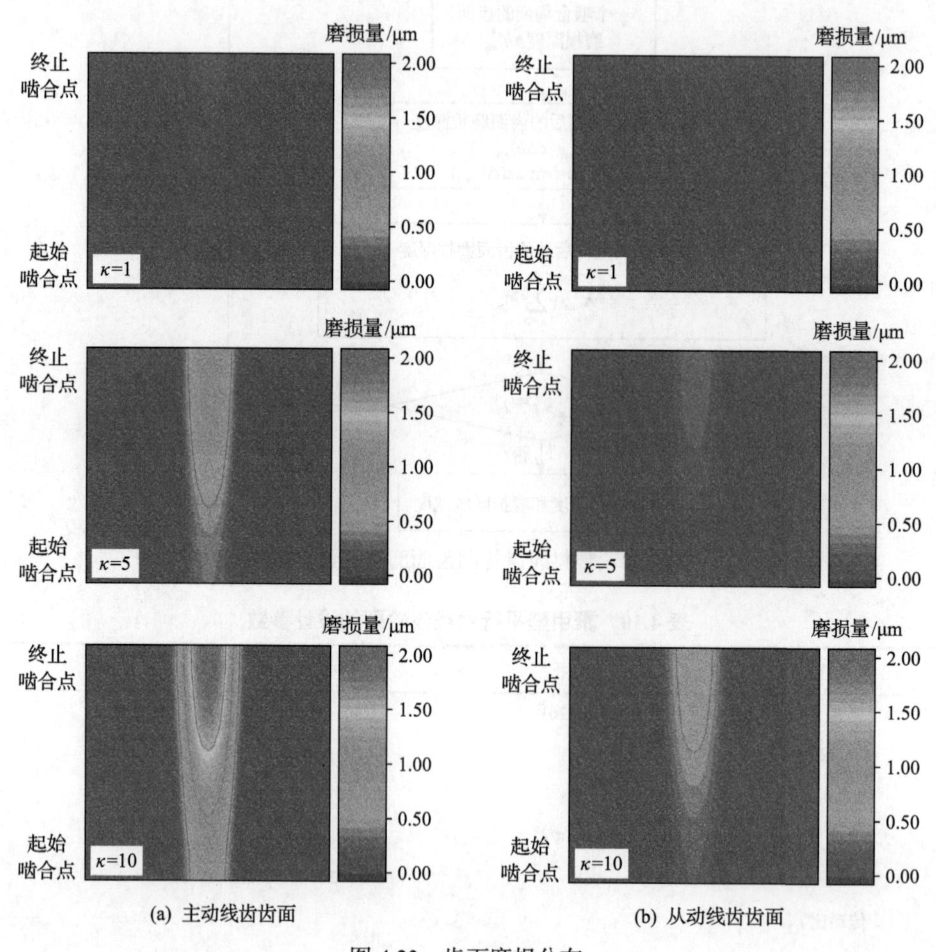

图 4.23　齿面磨损分布

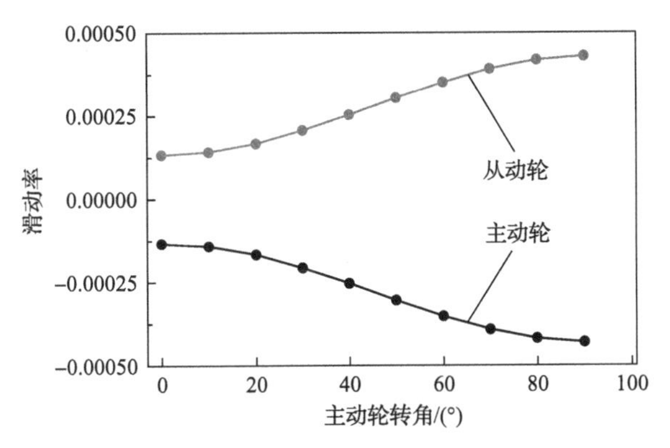

图 4.24　初始啮合齿面之间的滑动率

接近于零，在终止啮合点处滑动率的绝对值达到了最大值。说明，从起始啮合点到终止啮合点，啮合齿面之间的相对滑动在逐渐变大。

聚甲醛平行轴线齿轮副沿其主、从动接触线进行啮合传动，在传动载荷的作用下，接触“线”变成接触“带”，在传动过程的各啮合位置处，齿面接触应力的最大值位于接触线上，对于齿面发生接触的其他位置，随着其与接触线之间距离的增加，该位置上的接触应力值也逐渐减小。在 $\kappa=0$ 、$\kappa=1$ 、$\kappa=5$ 和 $\kappa=10$ 次齿面几何形状重构后，求解各啮合位置处的齿面接触应力分布，得到齿面接触应力的最大值在一个完整啮合周期内的变化情况如图 4.25 所示。同时，在 $\kappa=0$ 、$\kappa=1$ 、$\kappa=5$ 和 $\kappa=10$ 次齿面几何形状重构后，由磨损区域的边界，得到“带”状磨损区域的宽度在一个完整啮合周期内的变化情况如图 4.26 所示。

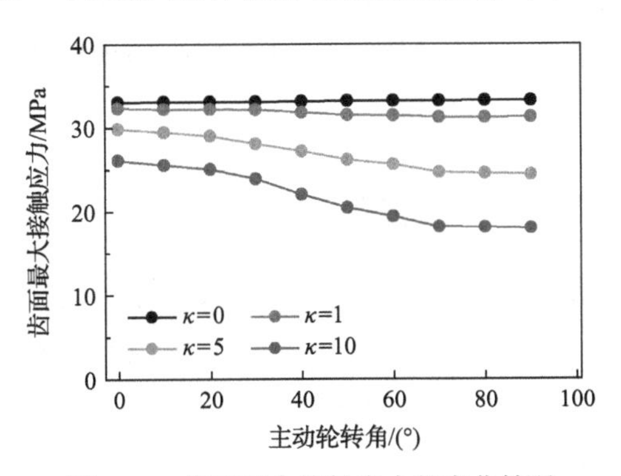

图 4.25　齿面最大接触应力的变化情况

在啮合传动初期，即当 $\kappa=0$ 时，即使本节算例中的聚甲醛平行轴线齿轮副存在平行度偏差，齿面最大接触应力在整个啮合周期内仍近似保持恒定，这说明在啮合传动的初期聚甲醛平行轴线齿轮副能实现稳定的啮合传动。随着啮合次数的增加，主、从动线齿齿面开始出现磨损。齿面接触应力和相对滑动距离共同决定

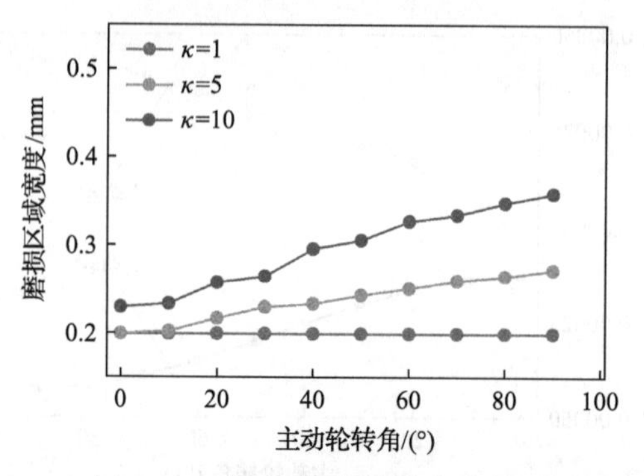

图 4.26 磨损区域宽度的变化情况

了主、从动线齿齿面的磨损情况，磨损改变了齿面的几何形状，使法向圆弧齿廓的半径逐渐增大，曲率逐渐减小，即法向圆弧齿廓逐渐被“磨平”，接触椭圆区域逐渐变大，齿面最大接触应力逐渐变小。变大的接触区域扩大了齿面磨损的区域，使得“带”状磨损区域的宽度逐渐变大。从 $\kappa=1$ 、$\kappa=5$ 和 $\kappa=10$ 的情况可以看出，齿面最大接触应力从起始啮合处到终止啮合处逐渐减小，“带”状磨损区域的宽度从起始啮合处到终止啮合处逐渐增大，尤其在 $\kappa=5$ 和 $\kappa=10$ 这两种情况下，齿面最大接触应力和“带”状磨损区域的宽度在啮合周期内的变化幅度比较明显。由于本例中的聚甲醛平行轴线齿轮副的两回转轴线之间存在平行度偏差，其啮合齿面之间的相对滑动从起始啮合点到终止啮合点逐渐增大。在经历了一定的啮合次数后，啮合齿面之间相对滑动的不均匀性加剧了齿面磨损的不均匀性，而齿面磨损的不均匀性又反过来影响齿面接触应力和相对滑动的不均匀性。导致在经历了较长时间的啮合传动后，聚甲醛平行轴线齿轮副出现较为明显的齿面磨损，难以继续维持其稳定传动。

4.5 线齿固体涂层润滑技术

在线齿轮副啮合过程中，线齿齿面处于一个点接触的状态，齿面接触应力较大，导致接触线附近磨损，影响线齿轮副的传动效率和寿命，在零部件表面沉积一层或多层高硬度、低摩擦系数的固体润滑涂层能够提高线齿轮副的耐磨性和使用寿命。本节结合 TiAlN 涂层和类金刚石薄膜(diamond like carbon，DLC)涂层的制备工艺，在材料为 45 号钢的线齿轮副表面制备了 TiAlN 涂层和 DLC 涂层，并探究两种涂层对线齿轮副摩擦学性能的影响[65]。

4.5.1 线齿表面涂层的制备

涂层与基体结合强度不好是涂层过早失效的一个重要原因。提高涂层和基体之间结合力常用的方法有提高基体的硬度、沉积过渡层、提高基体表面的光洁度等。基体的硬度越高，对涂层的支撑作用越强，涂层与基体的结合力越高；涂层和基体材料之间性能相差较大，会在涂层与基体结合处出现应力集中导致涂层容易剥落，通过在涂层和基体之间沉积一层过渡层，可以有效地提高涂层和基体之间的结合强度；提高基体的表面光洁度有利于增强涂层和基体之间的相互作用，从而使涂层和基体之间的结合强度得到显著提高。此外，针对基体与涂层之间结合强度的问题，传统齿轮经常将传统的表面强化技术(如渗碳、渗氮、碳氮共渗等)与涂层技术相结合，对于线齿轮，如何保证涂层与齿面良好的结合强度是线齿轮副表面涂层制备的一个难点。

课题组前期研究表明，通过对 45 号钢基体进行热处理，45 号钢硬度提高，TiAlN 涂层和 DLC 涂层与基体之间结合力显著提高，本节同样对 45 号钢毛坯进行整体热处理，提高毛坯的硬度。通过专用数控机床加工出来的线齿轮样品，采用 2000 目的砂纸抛光去掉表面毛刺，提高齿面的光洁度。在沉积 TiAlN 涂层和 DLC 涂层之前，分别在无水酒精和丙酮溶液中超声清洗，每次清洗 15min 并迅速烘干。当沉积 TiAlN 涂层时，预先沉积一层 TiN 过渡层，然后开始沉积 TiAlN 涂层；同样当沉积 DLC 涂层时，预先沉积一层纯 Ti 的过渡层，同时在沉积 DLC 涂层过程中，开启 Ti 靶，掺杂 Ti 元素，通过过渡层和掺杂 Ti 来减小涂层的内应力，达到提高齿面与涂层之间的结合强度。

镀膜设备真空室结构简图如图 4.27 所示。在支撑底座下面是一个行星轮系，中间的太阳轮与支撑底座固连，太阳轮转动过程中带动整个底座和自转架结构转动，称为公转；在整个系统公转的同时，行星轮的转动带动自转架转动，放置在自转架上的样品绕自转架自转，保证样品的每个面均能正对靶材，保证沉积涂层的均匀性。

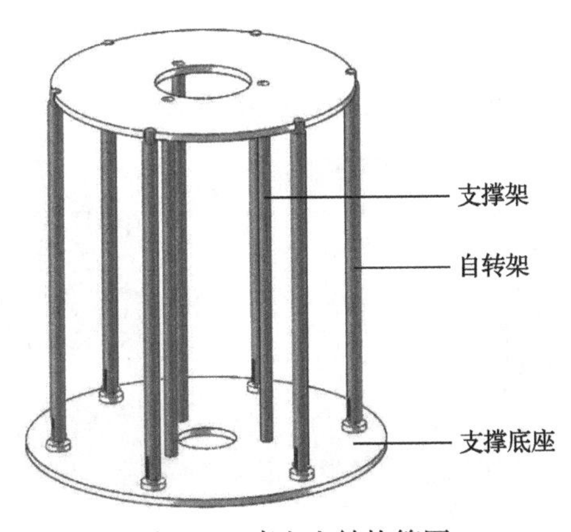

图 4.27　真空室结构简图

在线齿轮表面沉积涂层，线齿轮在自转架上的安装方式如图 4.28 所示。由图可以看出，将线齿轮通过轴套安装在自转架上，使得在镀膜过程中，线齿轮每个齿面正对靶材的概率和时间相同，以保证线齿轮齿面膜层的均匀性。

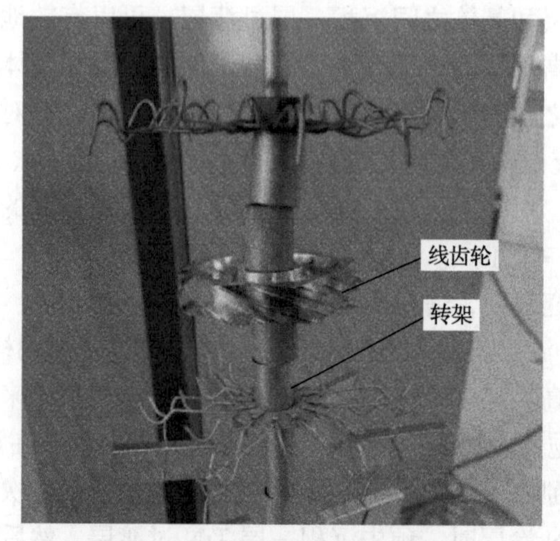

图 4.28　线齿轮样品安装方式

如图 4.29 和图 4.30 所示，经过涂层处理后的线齿表面均呈现暗黑色，DLC 涂

(a) 主动线齿轮

(b) 从动线齿轮

图 4.29　TiAlN 涂层线齿表面形貌

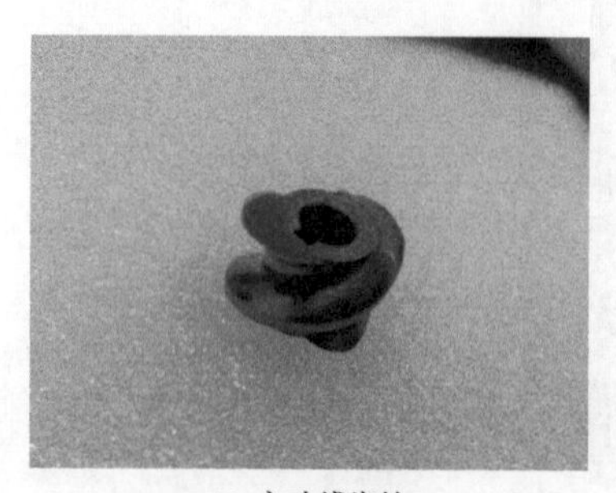

(a) 主动线齿轮

(b) 从动线齿轮

图 4.30　DLC 涂层线齿表面形貌

层处理后的线齿轮副表面颜色较浅，TiAlN 涂层处理后的线齿轮颜色略深，表面光洁度更高。

使用 3D 表面轮廓仪测量线齿轮接触线附近表面粗糙度，得到线齿轮主、从动轮的表面粗糙度如表 4.11 所示。

表 4.11　涂层前后线齿轮表面粗糙度　（单位：μm）

项目	镀膜前	TiAlN 涂层沉积后	DLC 涂层沉积后
主动线齿	0.867	0.627	0.807
从动线齿	0.908	0.668	0.828

由表 4.11 可以看出，表面涂层处理后线齿轮副的表面粗糙度数值有一定程度的降低，其中经过 TiAlN 涂层处理后，主、从动线齿轮齿面粗糙度分别为 Ra=0.627μm、Ra=0.668μm；DLC 涂层处理后，主、从动线齿轮齿面粗糙度分别为 Ra=0.807μm、Ra=0.828μm；TiAlN 涂层处理后线齿轮的表面光洁度更高。由图 4.31 可知，在扫描电子显微镜(SEM)下观察也可以看到，TiAlN 涂层的表面更为平整，小颗粒物质更少，因此经过 TiAlN 涂层处理的线齿轮表面粗糙度更低。

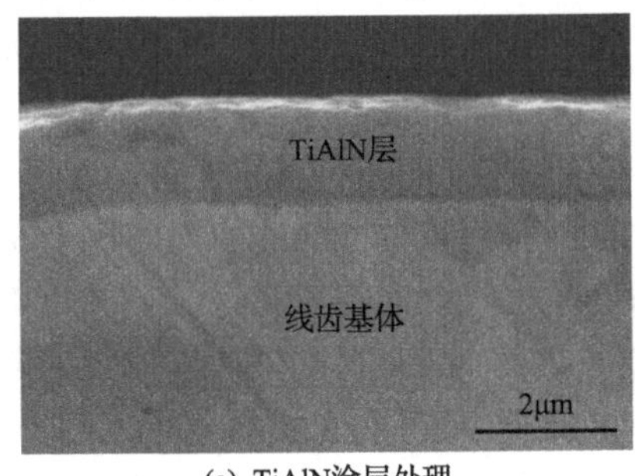

(a) TiAlN涂层处理

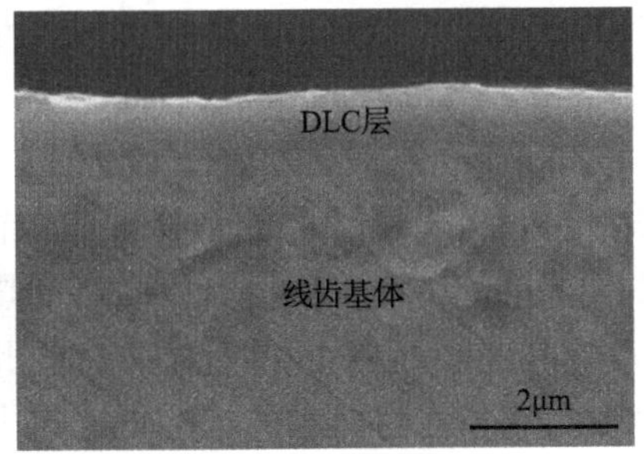

(b) DLC涂层处理

图 4.31　两种涂层线齿轮的 SEM 截面形貌

由于线齿齿面复杂的螺旋曲面结构，通过热处理和掺杂等手段提高膜层和基体之间的结合强度的同时，线齿齿面涂层均匀也是一个十分重要的要求。为了验证在线齿齿面沉积涂层的均匀性，将经过涂层处理的线齿轮沿线齿齿面法向切下一小段线齿，使用环氧树脂镶嵌小段线齿制样，将线齿轮法向端面用砂纸逐级打磨，然后使用金刚石抛光剂抛光至镜面，接着使用无水乙醇和去离子水清洗试样表面，使用 SEM 观察线齿齿面膜层的截面形貌图，图 4.31 表示线齿截面的 SEM 形貌图。由图 4.31 可以看出，两种涂层与线齿基体结合紧密，涂层生长连续致密，涂层和基体结合的界面处结合良好，没有出现裂纹和缝隙的情况。测量多个位置处膜层的厚度，可以发现两种涂层在线齿齿面的膜厚分布比较均匀，测得 TiAlN 涂层的膜层厚度的平均值为 1.45μm，DLC 涂层膜层厚度的平均值为 1.06μm。

4.5.2 涂层线齿轮台架试验方案

线齿轮副在传动过程中，其摩擦学性能会对线齿轮副的传动效率及使用寿命产生重要的影响。本节研究线齿轮副经过 TiAlN 涂层和 DLC 涂层处理后，两种涂层分别对线齿轮副摩擦学性能产生的影响，在线齿轮传动试验台上进行线齿轮副的传动效率测试试验。此外，还在油润滑的状态下，测试涂层处理对润滑油温升及线齿轮副耐磨性能的影响。具体试验方案设计如下所述。

1. 线齿轮副传动效率的试验设计

试验台所用电机功率为1.5kW，设定线齿轮减速器输入端转速分别为1000r/min和 1200r/min，室温环境为 23℃，根据齿轮箱所设计的安全载荷范围，施加负载从 0.5N·m 开始，逐渐增加负载，直至 10N·m，每隔 2N·m 记录一次齿轮箱的啮合效率。在上述转速和负载情况下，分别在两种不同润滑条件下，测试线齿轮副的传动效率。第一种在传动过程中采用油润滑，润滑油的高度没过从动线齿轮底部的齿，润滑油采用美孚速霸 1000 润滑油，美孚速霸 1000 润滑油在 25℃的初始黏度为 0.18Pa·s。第二种是在传动过程中不加润滑油的条件下，线齿轮啮合过程中处于一个干摩擦的啮合状态，检测线齿轮在润滑状况恶劣的条件下的传动情况。

2. 线齿轮副传动油温测试

线齿轮副由于在啮合过程中处于一个点接触的状态，接触应力大，在啮合过程中由于接触应力和摩擦会产生一定的热量，导致润滑油温度升高，润滑油黏度下降，润滑失效引起齿面的胶合失效，此外油温升高，引起线齿轮的啮合效率下降。在试验条件保持相同的情况下，线齿轮在啮合过程中因齿面摩擦产生的热量将直接反映在润滑油温度的变化上，因此通过润滑油温度的对比，能从侧面反映出经过不同涂层处理的线齿轮的摩擦情况。试验过程中，保持输入转速为1200r/min，负载为 6N·m，初始油温为室温，每隔半个小时记录线齿轮啮合区附近润滑油的温度，直至油温不再发生变化为止，得到油温随时间的变化图。

3. 线齿轮副耐磨性能测试

保持输入转速为 1200r/min，在线齿轮减速器安全的载荷范围内，通过磁粉制动器从 0.5N·m 开始逐级增加负载直至 10N·m，负载等级如表 4.12 所示。

在每级载荷下，保持线齿轮减速器运转 20min，将初始油温维持在室温，每一级载荷结束后，停止试验等待润滑油冷却。每一次载荷开始时，保证润滑油初始温度为室温。每一级载荷结束后，采用 SEM 或显微镜观测线齿轮接触线附近的齿面状况，若没有出现涂层剥落的情况，则继续试验。待试验结束后，比较三种不同表面处理的线齿轮副齿面的形貌，比较未涂层线齿轮副、涂层线齿轮副接触线附近的磨损程度。

表 4.12　载荷等级

载荷等级	1	2	3	4	5	6
力矩/(N·m)	0.5	2	4	6	8	10

4.5.3　试验结果及分析

1. 线齿轮副传动效率的试验结果及分析

图 4.32(a)表示在没有润滑的条件下线齿轮副传动效率曲线，其试验输入转速为 1000r/min，对比试验样品为未涂层线齿轮副、TiAlN 涂层线齿轮副和 DLC 涂层线齿轮副。由图 4.32(a)可以看出，TiAlN 涂层和 DLC 涂层的线齿轮副的啮合效率均有明显的提升。当负载逐渐增大时，线齿轮副啮合效率逐步提升，最后处于一稳定值。未涂层线齿轮副传动效率稳定值为 82.54%，经过 TiAlN 涂层处理后的线齿轮副传动效率稳定值为 87.16%，比未涂层处理的线齿轮副提高了 4.62 个百分点，经过 DLC 处理后的线齿轮副传动效率稳定值为 91.21%，相较未涂层线齿轮副提高了 8.67 个百分点，比涂层 TiAlN 处理的线齿轮副提高了 4.05 个百分点。

图 4.32(b)表示在没有润滑的条件下线齿轮副传动效率随负载的变化曲线，其试验输入转速为 1200r/min，对比试验样品为未涂层线齿轮副、TiAlN 涂层线齿轮副和 DLC 涂层线齿轮副。由图 4.32(b)可以看出，当转速提高时，在相同的负载下，线齿轮副的传动效率有所提升。未涂层线齿轮副、TiAlN 涂层线齿轮副、DLC 涂层线齿轮副的传动效率稳定值分别为 87.05%、89.78%、92.34%，TiAlN 涂层线齿轮副相较于未涂层线齿轮副传动效率提高了 2.73 个百分点，DLC 涂层线齿轮副

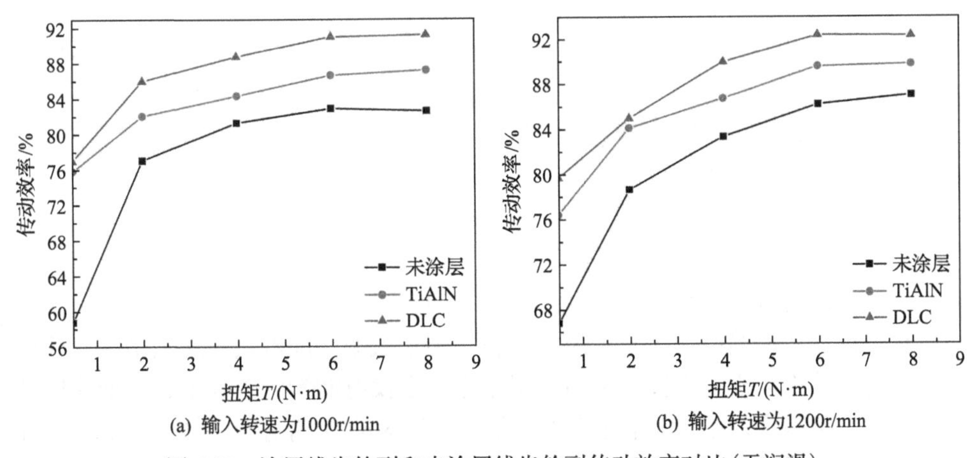

(a) 输入转速为1000r/min　(b) 输入转速为1200r/min

图 4.32　涂层线齿轮副和未涂层线齿轮副传动效率对比(无润滑)

相较于未涂层线齿轮副传动效率提高了 5.29 个百分点。

图 4.33(a)表示在油润滑的条件下试验得到的线齿轮副传动效率曲线，其试验输入转速为 1000r/min，对比试验样品为未涂层线齿轮副、TiAlN 涂层线齿轮副和 DLC 涂层线齿轮副。由图 4.33(a)可以看出，在油润滑条件下，当负载逐渐增大时，线齿轮副的传动效率迅速增加，当所加负载大于 4N·m 时，线齿轮副的传动效率逐渐变缓，最后传动效率趋于稳定。未涂层线齿轮副传动效率稳定值为 95.67%；TiAlN 涂层线齿轮副传动效率稳定值为 98.04%，比未涂层线齿轮副提高了 2.37 个百分点；DLC 涂层处理的线齿轮副传动效率稳定值为 98.79%，比未涂层处理的线齿轮副提高了 3.12 个百分点，比 TiAlN 涂层处理的线齿轮副提高了 0.75 个百分点。

图 4.33(b)表示在油润滑的条件下线齿轮副传动效率曲线，其试验输入转速为 1200r/min，对比试验样品为未涂层线齿轮副、TiAlN 涂层线齿轮副和 DLC 涂层线齿轮副。由图 4.33(b)可以看出，在传动效率趋于稳定时，同等负载条件下，随着输入转速的增大，线齿轮副传动效率均有所提升。未涂层线齿轮副、TiAlN 涂层线齿轮副、DLC 涂层线齿轮副传动效率稳定值分别为 96.02%、98.25%和 99.11%，TiAlN 涂层线齿轮副相比未涂层处理线齿轮副传动效率提高了 2.23 个百分点，DLC 涂层线齿轮副相比未涂层线齿轮副传动效率提高了 3.09 个百分点，相比 TiAlN 涂层线齿轮副其传动效率提高了 0.86 个百分点。

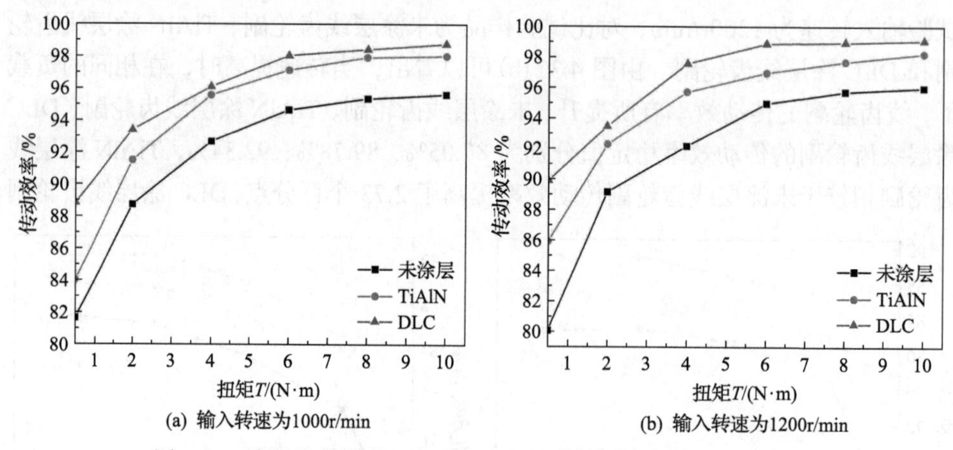

图 4.33　涂层线齿轮副和未涂层线齿轮副传动效率对比(有润滑)

在整个试验过程中可以看出，无论是在油润滑还是在干摩擦的条件下，涂层线齿轮副传动效率始终高于未涂层线齿轮副传动效率。随着负载逐渐增大，线齿轮副的传动效率均迅速提高，最后趋于稳定。在没有润滑的条件下，表面涂层处理对线齿轮副啮合效率提升非常明显，最高可达 8.67 个百分点；在油润滑的条件下，相比未涂层线齿轮副，涂层处理的线齿轮副传动效率能提高 2.23～3.12 个百分点。在线齿轮副的实际应用当中，通过对线齿副表面进行涂层处理，对于一些无法建立完全油润滑或者脂润滑的场合，涂层的固体润滑作用就十分重要，能有效减少齿面啮合过程中因为摩擦而导致的能量损失，提升线齿轮副的啮合效率；在有润滑的条件下，线齿轮副表面的固体润滑涂层，也能起到减少齿面摩擦损失的作用，也能在一定程度上提升线齿轮副的传动效率。因此，通过在线齿轮副表面沉积一层或多层固体润滑涂层，对于减少线齿轮副啮合过程中能量的损失，提高线齿轮副的承载能力、耐磨性能以及传动效率，延长线齿轮副的使用寿命均具有重要的意义。

2. 润滑油温测试结果及分析

试验负载设定为 6N·m，输入转速为 1200r/min，润滑方式采用浸油润滑，运行 4h。在试验过程中，每隔半个小时记录一次润滑油的温度，图 4.34 表示在该条件下润滑油的温度随时间变化的曲线。由图可以看出，表面未经涂层处理的线齿轮副，在试验过程中润滑油温度上升的速度更快。经过 3.5h 的运转，未经涂层处理的线齿轮副的润滑油温度升高了 17.8℃；试验样品为 TiAlN 涂层线齿轮副时其润滑油温度升高了 13.9℃，比照未涂层线齿轮副样品，其润滑油温度下降了 3.9℃；试验样品为 DLC 涂层线齿轮副时，其润滑油温度升高了 11.8℃，比照未涂层线齿轮副样品，其润滑油温度下降了 6℃，比照 TiAlN 涂层线齿轮副样品，其润滑油温度降低 2.1℃。由此可以看出，TiAlN 涂层和 DLC 涂层均能有效抑制润滑油温度的升高，其中 DLC 涂层抑制效果更加明显。TiAlN 涂层和 DLC 涂层线齿轮副样品对应的油温温升更小，主要得益于 TiAlN 涂层和 DLC 涂层良好的减摩性能，其中 DLC 涂层由于具有更低的摩擦系数，减摩效果优于 TiAlN 涂层。在线齿轮副

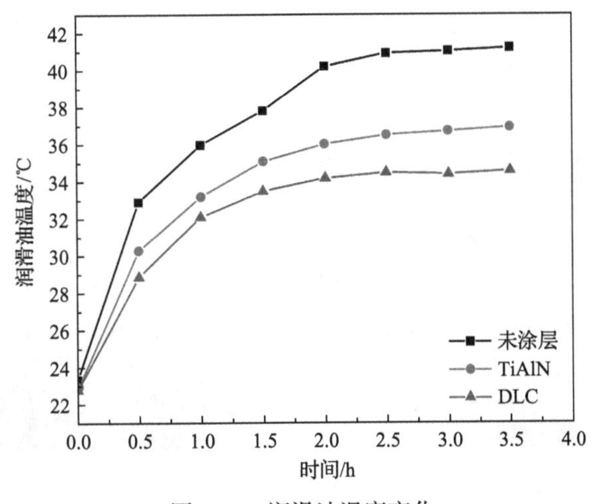

图 4.34　润滑油温度变化

啮合过程中，相对未涂层线齿轮副样品，TiAlN 涂层和 DLC 涂层样品具有更低的摩擦系数，减少了线齿轮齿面啮合过程中的摩擦损失，降低了线齿轮副啮合过程中由于齿面摩擦产生的热量和线齿轮减速器的能量损失。

线齿轮副在传动过程中，如果润滑油温度过高，将导致齿面接触区温度过高，极易引起齿面胶合破坏。控制润滑油温升能有效地提高线齿轮副的啮合效率和使用寿命。通过线齿轮齿面沉积 TiAlN 涂层和 DLC 涂层，能有效地控制润滑油的温升，这对提高线齿轮副的啮合效率、抗胶合能力和使用寿命具有十分重要的意义。

3. 涂层线齿轮耐磨性能测试结果及分析

利用线齿轮传动试验台和未涂层线齿轮副、TiAlN 涂层线齿轮副、DLC 涂层线齿轮副三种对比试验样品，进行线齿轮耐磨性能测试，并观察线齿轮副接触线附近的磨损情况。

图 4.35～图 4.37 分别显示了未涂层线齿轮副、TiAlN 涂层线齿轮副、DLC 涂层线齿轮副三种样品在对比试验前后的齿面形貌特征。由图 4.35(a)和(b)可以看出，未涂层线齿轮副在试验结束后，主、从动线齿轮接触线附近留下了明显的压痕，其中主动线齿轮接触线附近出现一明显较宽的磨痕，磨损十分明显。由图 4.36(a)和(b)可以看出，TiAlN 涂层线齿轮副在试验结束后，主、从动线齿轮在

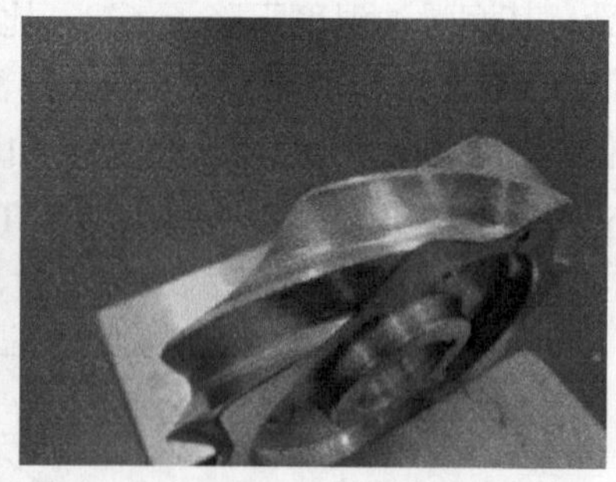

(a) 试验前

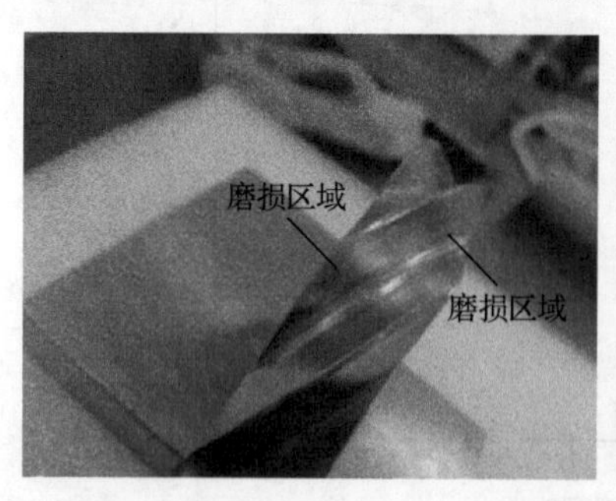

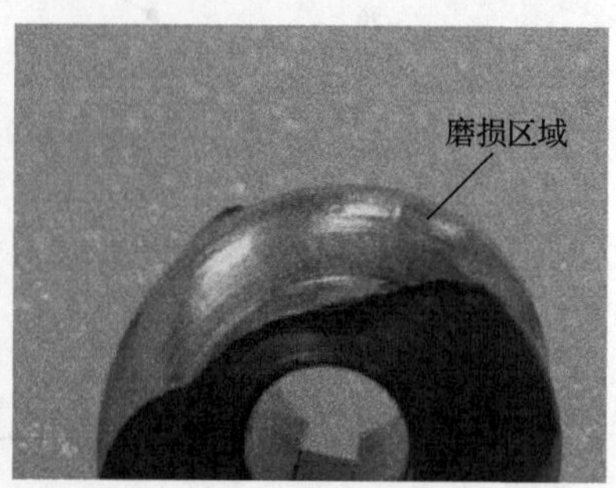

(b) 试验结束后

图 4.35　未涂层线齿轮副试验前后齿面形貌

(a) 试验前

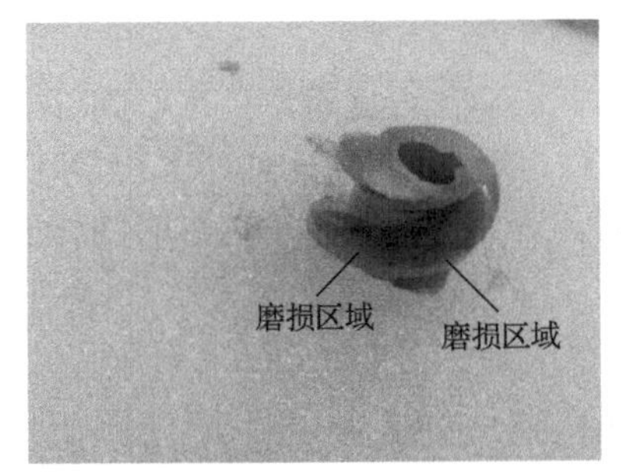

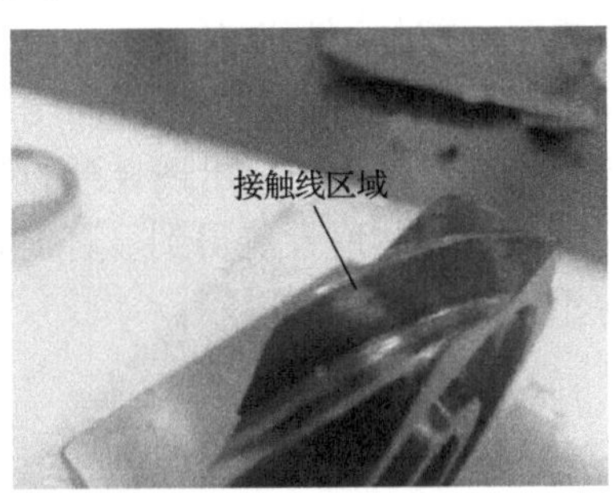

(b) 试验结束后

图 4.36　TiAlN 涂层线齿轮副试验前后齿面形貌

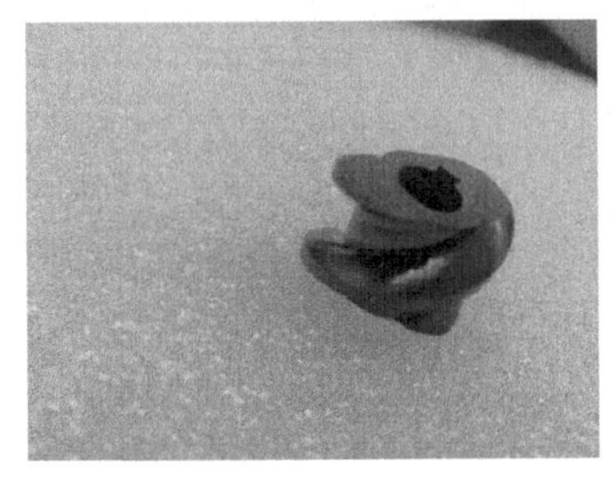
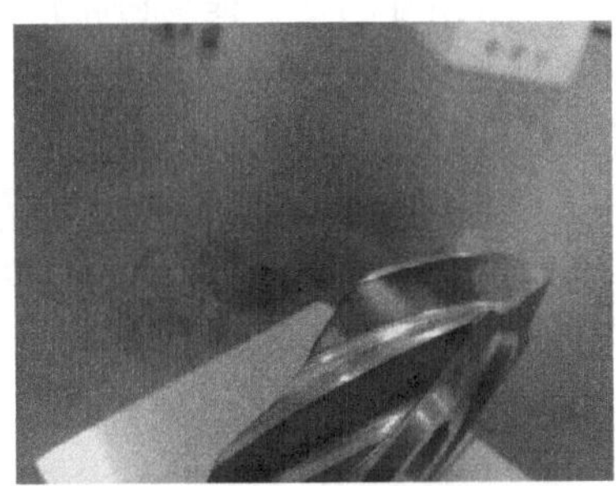

(a) 试验前

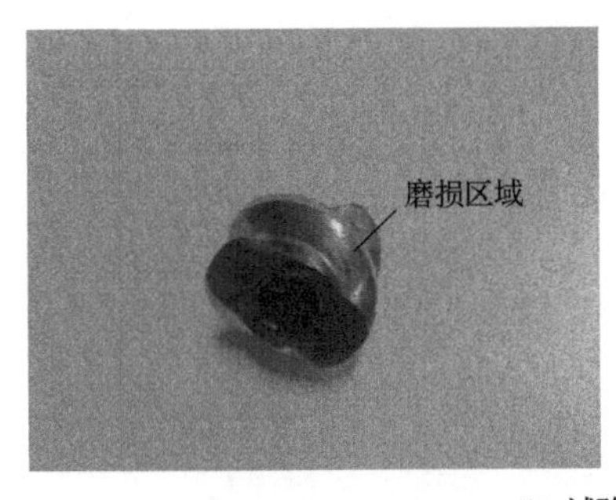

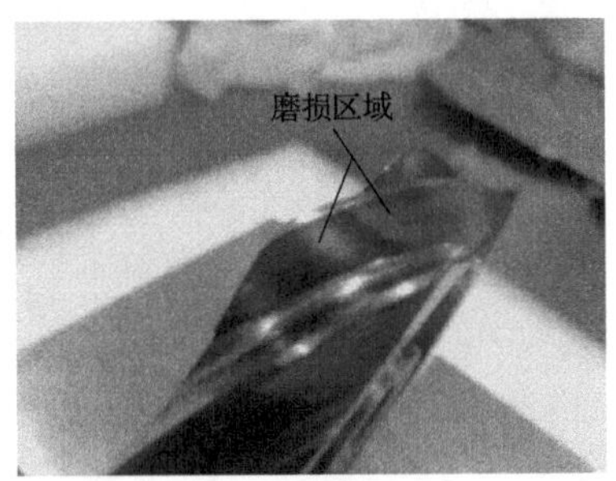

(b) 试验结束后

图 4.37　DLC 涂层线齿轮副试验前后齿面形貌

接触线附近表面更加光亮，但主、从动轮齿面涂层均未见明显的剥落和磨损。由图 4.37(a)和(b)可以看出，DLC 涂层线齿轮副在试验结束后，从动线齿轮表面颜色基本保持不变，接触线附近变得光亮，出现轻微的磨损，但并未出现涂层剥落的情况；主动线齿轮在接触线附近局部区域出现了涂层的剥落，但并未见大面积剥落的情形。在试验过程中，每级载荷结束后仔细观察主、从动线齿齿面形貌，发现负载在 6N·m 以内，主动线齿轮涂层并未出现剥落的情况；当继续增加负载，在 8N·m 和 10N·m 的条件下，DLC 涂层线齿轮副主动线齿局部区域出现了涂层剥落的情况。这主要是因为 DLC 涂层与基体结合强度有限，负载过大的情况下，导致涂层出现了局部的剥落情况。

在整个试验过程中，未涂层线齿轮线齿接触线附近磨损严重，经过涂层处理的线齿轮线齿接触线附近只出现轻微的磨损，表明在线齿轮齿面沉积 DLC 涂层和 TiAlN 涂层后，其耐磨性能得到显著提高，这对提高线齿轮的耐磨性和使用寿命具有十分重要的意义。

4.6 本章小结

研究和应用齿轮的摩擦、润滑设计理论，能够有效解决齿轮副传动过程中的噪声、振动、磨损等问题，提高齿轮传动性能。本章对不同工况下线齿轮的摩擦学设计理论进行了阐述，分别就线齿轮副的弹流油润滑设计理论、线齿轮副的弹流脂润滑设计理论、线齿轮副的固体润滑技术以及干摩擦工况下塑料线齿轮的设计理论进行了详细介绍。

第5章　线齿轮制造技术与装备

近年来，在线齿轮设计方法不断完善的同时，线齿轮的加工方法研究也获得了良好的进展。课题组研究的线齿轮加工方法包括靠模加工、数控铣削、数控滚削、数控磨削、数控搓齿、光固化成型(SLA)、选区激光熔化(selective laser melting，SLM)、电解精加工、激光微纳加工等。早期研究的线齿轮靠模加工方法操作简单且成本低，但是制造的线齿轮形状精度较差且容易变形。SLA 和 SLM 技术所加工的线齿轮具有较高的精度，并且可应用于加工各种构型的线齿轮。试验结果表明，应用 SLA 和 SLM 加工的线齿轮副能够稳定地输出设计的传动比。为了提高线齿轮的加工效率，后续分别研究线齿轮成形铣削、面铣削及滚削等加工方法；为了提高线齿轮的加工精度，又分别研究了电解擦削、磨削加工等加工方法。综合应用这些方法可以加工尺寸为 5～300mm 的线齿轮，其可以应用于小尺寸和中小功率等场合，如小型步行机器人、小型风力发电机、小型减速器等。最近，在微小线齿轮加工方法研究方面取得进展，分别研究了微小线齿轮激光微烧蚀和激光微烧结加工方法及工艺。已研究的线齿轮加工方法及其特点总结如表 5.1 所示，本章将分别阐述不同的线齿轮加工方法、工艺及其装备。

表 5.1　线齿轮已有的加工方法及其特点

加工方法	材料	齿轮外径	特点
靠模法	金属材料	5～30mm	粗加工、操作简单、成本低、精度低，仅用于早期研究中
成形铣削	尼龙、POM、铝合金、合金钢等	10～300mm	效率较高、精度较高、成本低、工艺简单，适用于小批量生产
面铣削	尼龙、POM、铝合金、合金钢等	10～300mm	效率较高、精度较高、刀具成本较高、工艺较复杂，适用于中小批量生产
滚削	尼龙、POM、铝合金、合金钢等	10～300mm	效率高、精度高、刀具成本高、工艺复杂，适用于大批量生产
磨削	金属材料	10～300mm	精加工、精度高、成本高
搓齿	金属材料	1～20mm	粗加工、效率高、精度低、成本低
SLA	光敏树脂等	5～100mm	粗加工、精度较高、成本高、效率低、不受构型限制、加工的线齿轮受力较小
SLM	不锈钢等金属材料	5～100mm	粗加工、精度较低、成本高、效率低、不受构型限制

续表

加工方法	材料	齿轮外径	特点
电解擦削	金属材料	5～300mm	精加工、表面精度高、设备成本低、效率低
激光微烧蚀	铝合金、不锈钢等	1～5mm	微加工、效率较高、精度较低
激光微烧结	不锈钢等金属材料	3～10mm	微加工、效率较高、精度较低、不受构型限制

注：POM 指聚甲醛。

5.1　线齿轮专用数控铣削加工技术与装备

5.1.1　线齿轮成形铣削加工方法

1. 指状铣刀铣削方法[66,67]

齿轮的齿面生成方法是：一条发生线（母线）沿着另一发生线（导线）运动得到。对于齿轮的切削加工，形成齿廓的刀刃主要有三种情况：

(1)刀刃为一个点，该点的运动路径与齿廓一致，切削出相应齿面。该情形下刀刃可为一个尖点，如尖头刨刀刨削轮齿，如图 5.1(a)所示；也可以为一个圆，并与工件相切于某一点，如砂轮磨削轮齿，如图 5.1(b)所示。

(2)刀刃为一段曲线，该曲线与母线相吻合，刀具沿导线运动便可得到轮齿，如图 5.1(c)所示。

(3)刀刃为一段曲线，但该曲线与齿廓形状无关，依靠曲线的展成运动包络出所需齿形，如滚齿、插齿等展成法加工，如图 5.1(d)所示。

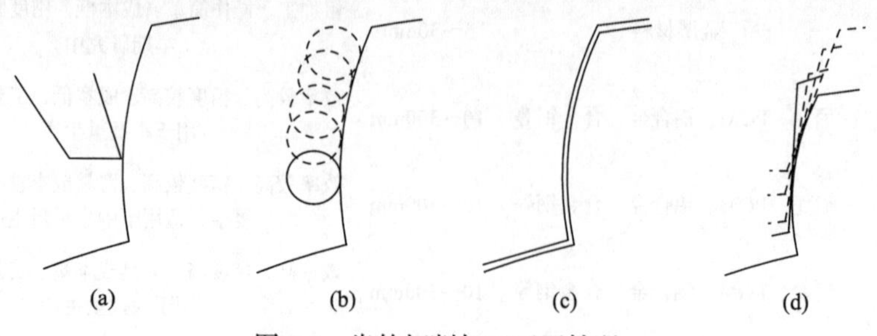

图 5.1　齿轮切削加工刀刃情况

本节的成形铣削加工方法为以上第二种情况，即在线齿轮接触线的法向截面上，成形铣刀的切削刃形与齿廓形状一致，通过刀具的成形运动切除齿槽部分得到线齿齿面，加工原理如图 5.2 所示。图 5.2(a)为外齿线齿轮的加工示意图，O_a 为接触线上的某点 M 法向齿廓圆弧或椭圆弧的圆心或椭圆心，MO_a 的反向延长线与铣刀轴线相交于 T_w 点，$|MT_w| = s_w$，则铣刀轴线上 T_w 点的迹线可以由接触线

偏移得到：

$$T_w = M + \overrightarrow{MT_w} \tag{5.1}$$

在第 2 章中已经讨论过由接触线偏移得到中心线，而 T_w 点的偏移方向与中心线偏移方向相反，则 T_w 的轨迹方程如式(5.2)所示，只需要确定 s_w 的大小便可以确定 T_w 点的轨迹，s_w 大小与铣刀的设计有关。

$$\boldsymbol{T}_w = \boldsymbol{M} - s_w(\sin\varphi \cdot \boldsymbol{\beta} \pm \cos\varphi \cdot \boldsymbol{\gamma}) \tag{5.2}$$

式中，φ 为翻转角。

图 5.2(b)为内齿线的加工示意图，其原理与外齿轮加工相似，不同的是 MO_b 的反向延长线与铣刀轴线交点 T_n 的偏移方向与中心线偏移方向相同，即

$$\boldsymbol{T}_n = \boldsymbol{M} + s_n(\sin\varphi \cdot \boldsymbol{\beta} \pm \cos\varphi \cdot \boldsymbol{\gamma}) \tag{5.3}$$

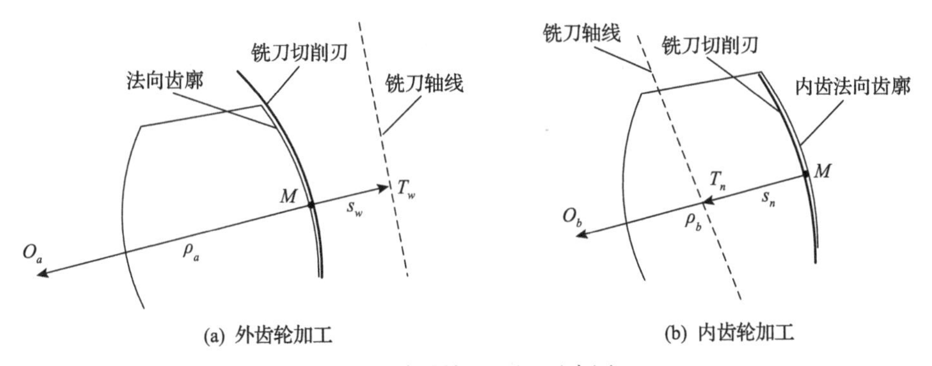

(a) 外齿轮加工　　(b) 内齿轮加工

图 5.2　铣削加工原理示意图

根据以上切削原理，铣刀轴线上的 T 点(T_w 或 T_n)由接触线偏移得到，而接触线为环绕在圆柱或圆锥体上的螺旋线，在加工过程中，如果毛坯固定不动，就需要刀具环绕毛坯做螺旋运动，这意味着机床主轴需要能够环绕工件做公转运动，显然是不现实的。现讨论接触线在固定坐标系下的轨迹，以圆锥螺旋线为主动接触线进行讨论，圆柱螺旋线是圆锥螺旋线的一个特例，不再做特殊说明。坐标系 O_{p1}-$x_{p1}y_{p1}z_{p1}$ 是将 O-xyz 的原点移动到接触线所在圆锥台小端顶点后绕 y 轴旋转一个半锥角 ϕ_1 得到的固定坐标系，如图 5.3 所示。

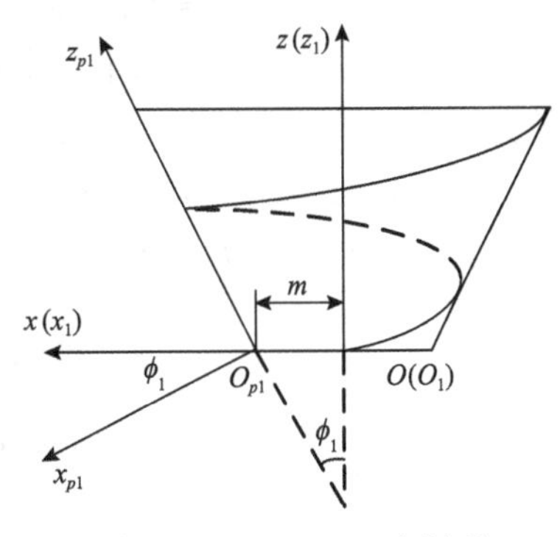

图 5.3　O_{p1}-$x_{p1}y_{p1}z_{p1}$ 坐标系

坐标系之间的变换矩阵为

$$\boldsymbol{M}_{O1}=\begin{bmatrix}\cos t & \sin t & 0 & 0\\ -\sin t & \cos t & 0 & 0\\ 0 & 0 & 1 & 0\\ 0 & 0 & 0 & 1\end{bmatrix} \tag{5.4}$$

$$\boldsymbol{M}_{p1O}=\begin{bmatrix}\cos\phi_1 & 0 & -\sin\phi_1 & -m\cos\phi_1\\ 0 & 1 & 0 & 0\\ \sin\phi_1 & 0 & \cos\phi_1 & -m\sin\phi_1\\ 0 & 0 & 0 & 1\end{bmatrix} \tag{5.5}$$

$$\boldsymbol{M}_{p11}=\boldsymbol{M}_{p1O}\boldsymbol{M}_{O1} \tag{5.6}$$

在 $O_1\text{-}x_1y_1z_1$ 坐标系下以半锥角形式表示的螺旋线参数方程为

$$\begin{cases}x^{(1)}=(m+nt\sin\phi_1)\cos t\\ y^{(1)}=(m+nt\sin\phi_1)\sin t, \quad t_s\leqslant t\leqslant t_e\\ z^{(1)}=nt\cos\phi_1\end{cases} \tag{5.7}$$

得该螺旋线在 $O_{p1}\text{-}x_{p1}y_{p1}z_{p1}$ 下的参数方程为

$$\begin{cases}x^{(p1)}=0\\ y^{(p1)}=0, \quad t_s\leqslant t\leqslant t_e\\ z^{(p1)}=nt\end{cases} \tag{5.8}$$

此坐标系下的接触线为一条直线，说明若工件能够环绕自身轴线做匀速转动，且转角为 t，则刀具仅需要做平移运动即可完成加工，显然，该方案比工件自身固定而刀具环绕工件做螺旋运动的加工方案更容易实现。在此坐标系下进行刀具偏移，得到刀轴与法向齿廓半径交点 T 的表达式，其中 m、n 为螺旋线参数，ϕ_1 为螺旋线所在圆锥半顶角，$s=s_w$(外齿轮加工)或 $s=s_n$(内齿轮加工)。之后的加工基于该坐标系，根据刀具与所选机床的不同建立变换关系，可计算出刀位点轨迹。工件绕自身轴线转动角度 t，铣刀上 T 点按照该轨迹运动便可完成线齿轮的加工。

$$\begin{cases}x=s\sin\phi_1\\ y=\pm s\cos\varphi\cos\left(\arctan\dfrac{m+nt\sin\phi_1}{n}\right)\\ z=\pm s\cos\varphi\sin\left(\arctan\dfrac{m+nt\sin\phi_1}{n}\right)+nt\end{cases} \tag{5.9}$$

1)外齿线齿轮成形铣刀设计

外齿线齿轮的加工选用成形立铣刀(指形铣刀)，铣刀轴线与 O_{p1}-$x_{p1}y_{p1}z_{p1}$ 坐标系的 x_{p1} 轴平行，垂直于螺旋线所在圆柱或圆锥的母线。图 5.4 分别是接触线为圆柱螺旋线和圆锥螺旋线的线齿轮加工示意图。

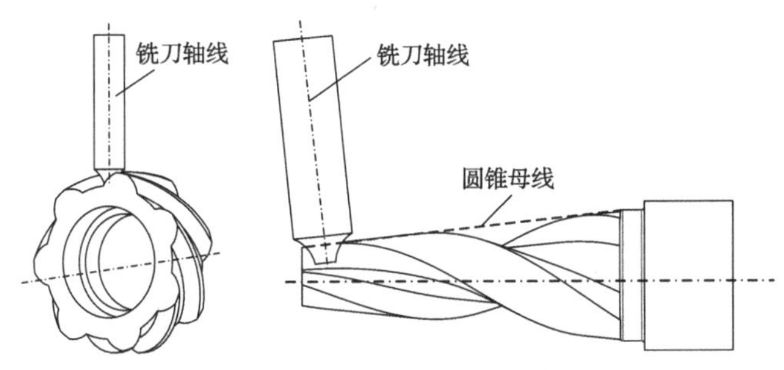

图 5.4　外齿线齿轮加工示意图

立铣刀的形状和关键参数及两侧齿廓切削示意图如图 5.5 所示，铣刀的尺寸参数应满足：

$$
\begin{cases}
h_1 = h_{fa} \\
\varphi = \varphi_a \\
h \geqslant h_{fa} + h_{aa} \\
d_j < k_a
\end{cases}
\tag{5.10}
$$

式中，h_{fa} 为凸齿的齿根高；h_{aa} 为凸齿的齿顶高；φ_a 为凸齿翻转角；k_a 为凸齿齿槽宽度。

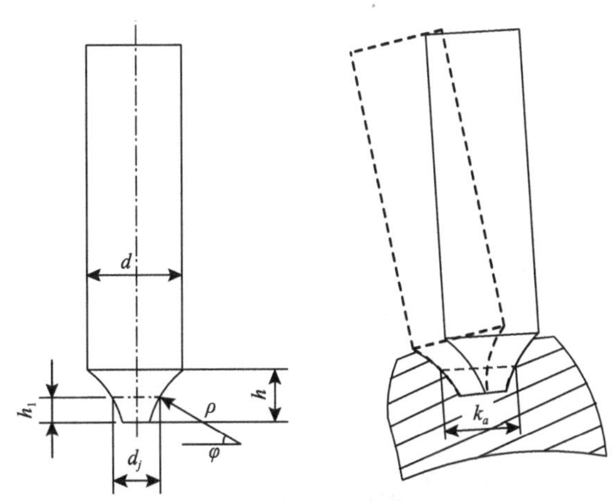

图 5.5　立铣刀形状与两侧齿廓切削

图 5.6 和图 5.7 分别是将圆柱表面和圆锥表面展开成平面的刀具轨迹示意图，

当加工以圆柱螺旋线作为接触线的线齿轮两侧齿面时，齿槽宽度始终相等，铣刀最少经过两次走刀将两侧齿面之间的部分完全去除；而当加工以圆锥螺旋线作为接触线的线齿轮两侧齿面时，由于齿槽宽度随半径增大逐渐增加，而铣刀的直径受圆锥台小端尺寸的限制，两次走刀后有可能在靠近大端的部分有中间残余部分，该部分需要再次走刀切除。

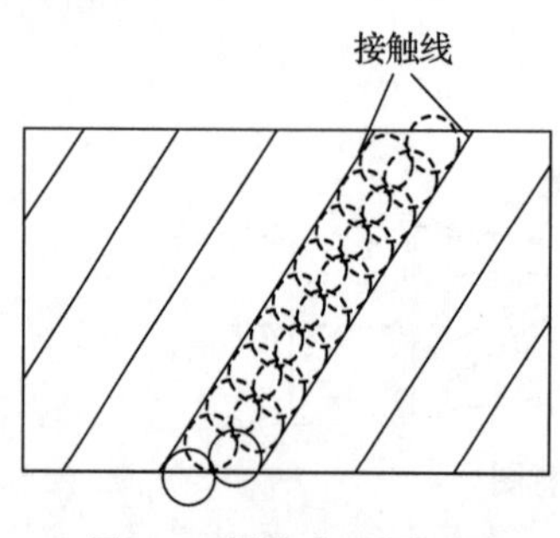

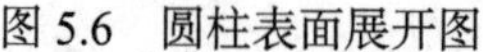
图 5.6　圆柱表面展开图

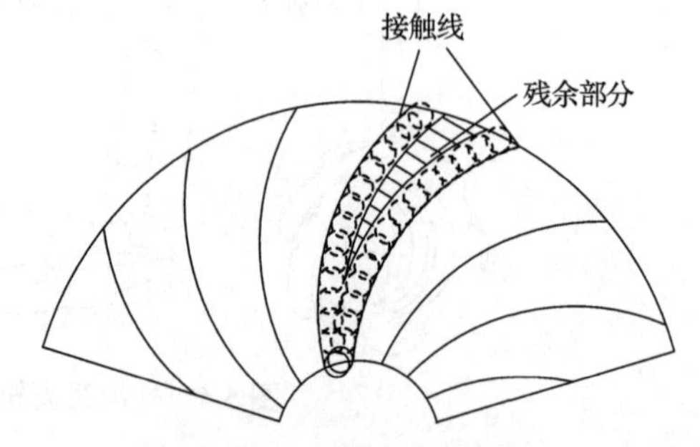

图 5.7　圆锥表面展开图

2）外齿线齿轮加工刀路轨迹计算

本节以圆锥螺旋线为主动接触线的线齿轮加工为例，计算在立式加工机床下加工过程中刀位点运动轨迹。如图 5.8 所示，坐标系 O_q-$x_q y_q z_q$ 是以圆锥小端圆上端点为原点，三个坐标轴方向与立式机床坐标系相同建立的工件坐标系。在机床旋转轴带动下工件以匀角速度旋转。$s_w = d_j / (2\cos\varphi)$。刀轴上的 T_w 点是实际加工中无法找到的，因此需要转换到刀轴线与刀底面的交点 D_w，二者之间的距离为

$$|T_w D_w| = \frac{d_j}{2}\tan\varphi + h_1 \tag{5.11}$$

$$\boldsymbol{M}_{qp1} = \begin{bmatrix} 0 & 0 & 1 & 0 \\ 0 & -1 & 0 & 0 \\ 1 & 0 & 0 & 0 \\ 0 & 0 & 0 & 1 \end{bmatrix} \tag{5.12}$$

求得在工件坐标系下刀位点 D_w 的轨迹方程如式（5.13）所示，正负号按照前面的原则根据刀具的相对偏移方向选取。

$$\begin{cases} x^q = \pm\dfrac{d_j}{2}\sin\left(\arctan\dfrac{m+nt\sin\phi_1}{n}\right)+nt \\ y^q = \pm\dfrac{d_j}{2}\cos\left(\arctan\dfrac{m+nt\sin\phi_1}{n}\right) \\ z^q = -h_1 \end{cases} \tag{5.13}$$

单个线齿两侧齿面上的接触线是由旋转得到的，因此在完成一侧齿面切削后，工件旋转角度 $\phi_{\text{near}} = \pi / N$ 后，另一侧齿面的接触线到达相同位置，按以上的偏移规则走刀加工另一侧齿面。以此为循环完成其他所有齿的加工。

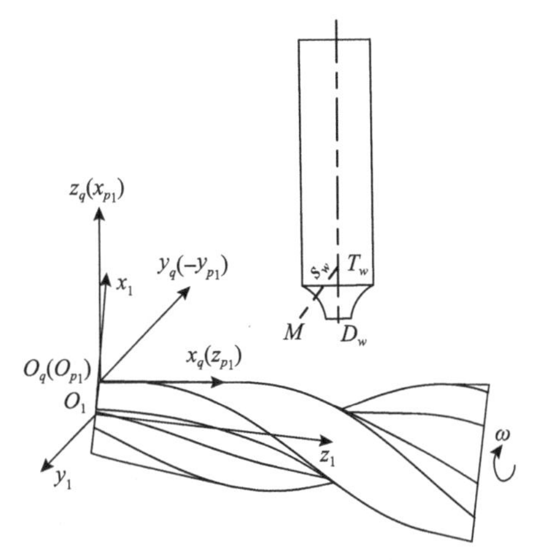

图 5.8　立式机床坐标系下的外齿线齿轮加工

3）加工实例

图 5.9 为通过指状铣刀所加工的线齿轮实例。

图 5.9　指状铣刀所加工的线齿轮实例

2. 盘铣刀铣削方法

1）成形铣刀设计

由线齿轮成形铣削加工理论可知，若工件能够绕其自身轴线做匀速旋转运动，且在一个运动周期内转过的角度为 t，则成形刀具仅需要沿着工件的轴线方向做相应的匀速直线运动即可完成加工。图 5.10 为双圆弧线齿轮进行成形铣削加工的示意图，其中，加工所采用的成形铣刀为盘形铣刀，也可以简称为盘铣刀。

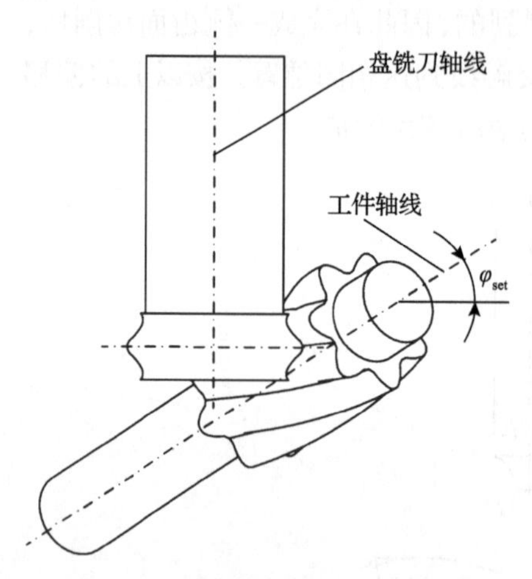

图 5.10　双圆弧线齿轮加工示意图

如图 5.10 所示的双圆弧线齿轮的加工过程中，假设工件轴线与盘铣刀轴线之间所夹锐角的余弦角为工件的安装角 φ_{set}，则安装角 φ_{set} 的取值由螺旋半径 m、螺距参数 n 等齿形参数确定：

$$\varphi_{set}=\arctan\left(\frac{m}{n}\right) \tag{5.14}$$

线齿轮的一对齿轮转子的端面齿形相同，仅旋向相反。因此，根据成形铣削加工的原理，加工两齿轮只需要一把盘铣刀，通过改变盘铣刀与工件之间的相对运动关系便可加工出一对双圆弧线齿轮副。

若已知拟加工齿轮的齿面，又称工件螺旋面，成形盘铣刀设计的关键在于求解其轴向截面廓形。其求解过程如下：在盘铣刀回转面与工件螺旋面之间总是存在一条相切的空间曲线，工件螺旋面在这条空间曲线上任一点的法线始终与该点绕盘铣刀轴线旋转的线速度矢量相垂直。由以上分析可知，根据工件螺旋面方程可以推导出盘铣刀回转面方程，进而通过求解得到盘铣刀的轴向截面廓形方程：

$$\begin{cases} R=\sqrt{X^2+Y^2} \\ Z=Z \end{cases} \tag{5.15}$$

图 5.11 为用于加工双圆弧线齿轮的成形盘铣刀的轴向截面廓形的示意图。图中，坐标系 O'-XYZ 为盘铣刀上的坐标系，Z 轴与盘铣刀轴线重合，D 为盘铣刀的刀头直径，H 为盘铣刀的刀宽。

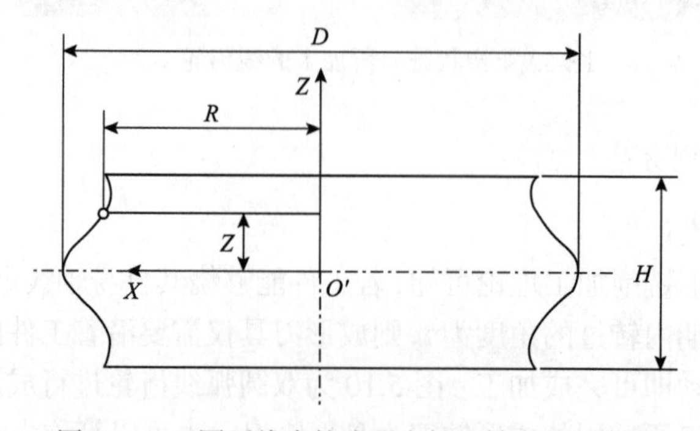

图 5.11　双圆弧线齿轮成形盘铣刀轴向截面廓形

2) 加工刀路轨迹计算

为了完成双圆弧线齿轮的加工，除了设计专用的成形盘铣刀，还需要计算出在专用于线齿轮加工的立式数控机床下加工过程中刀位点的运动轨迹，即加工刀路轨迹。如图 5.12 所示，坐标系 O_q-$x_qy_qz_q$ 为工件坐标系，其以平面 xOy 上的端圆上端点为坐标原点 O_q，且其坐标轴方向的选取与机床坐标系相同。考虑到实际加工中对刀操作的可行性，选择盘铣刀的轴线与其刀底面的交点 T 作为刀位点。

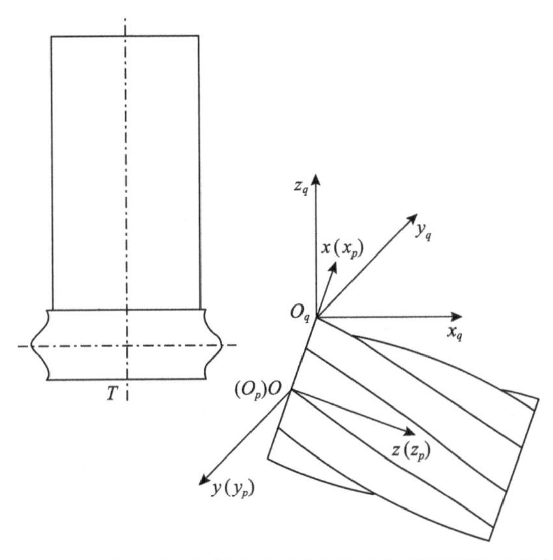

图 5.12　线齿轮专用数控机床坐标系下的双圆弧线齿轮加工

根据图 5.12 所示固定坐标系与工件坐标系之间的相对位置，可以得出两坐标系之间的坐标变换矩阵 $\boldsymbol{M}_{q0}$ ($\boldsymbol{M}_{qp}$)：

$$\boldsymbol{M}_{q0}=\boldsymbol{M}_{qp}=\begin{bmatrix}\sin\varphi_{\text{set}} & 0 & \cos\varphi_{\text{set}} & -(m+r)\sin\varphi_{\text{set}}\\ 0 & -1 & 0 & 0\\ \cos\varphi_{\text{set}} & 0 & -\sin\varphi_{\text{set}} & -(m+r)\cos\varphi_{\text{set}}\\ 0 & 0 & 0 & 1\end{bmatrix} \tag{5.16}$$

在固定坐标系 O-xyz 下，根据线齿轮成形铣削加工方法，由双圆弧线齿轮的齿形参数以及成形盘铣刀的关键尺寸可计算得到主动双圆弧线齿轮加工的走刀路径方程：

$$\begin{cases}x_0=0\\ y_0=-(m-r+D/2)\\ z_0=n\pi+nt\end{cases} \tag{5.17}$$

同理可得，在固定坐标系 $O_p\text{-}x_py_pz_p$ 下，从动双圆弧线齿轮加工的走刀路径方程为

$$\begin{cases} x_p = 0 \\ y_p = m - r + D/2 \\ z_p = n\pi + nt \end{cases} \tag{5.18}$$

可以求解出在工件坐标系 $O_q\text{-}x_qy_qz_q$ 下主、从动双圆弧线齿轮加工过程刀位点 T 的轨迹方程，以及与之联动的机床第四轴的转动角度 A：

$$\begin{cases} x_q = n(t+\pi)\cos\varphi_{\text{set}} - (m+r)\sin\varphi_{\text{set}} \\ y_q = \pm(m - r + D/2) \\ z_q = -n(t+\pi)\sin\varphi_{\text{set}} - (m+r)\cos\varphi_{\text{set}} - H/2 \\ A = \mp t \end{cases} \tag{5.19}$$

式中，正负号按照主、从动双圆弧线齿轮的加工选取。

根据双圆弧线齿轮加工刀路轨迹方程，完成单个齿槽切削后，由于各个齿是周向均布地依附于双圆弧线齿轮的轮体上，因此将工件旋转 $2\varphi_{Ri}(=2\pi/N_i)$ 后，再根据以上所设计的加工刀路轨迹完成下一齿槽切削。以此为循环，直至完成双圆弧线齿轮上所有齿的加工。

3）加工实例

图 5.13 为通过盘状铣刀所加工的线齿轮实例。

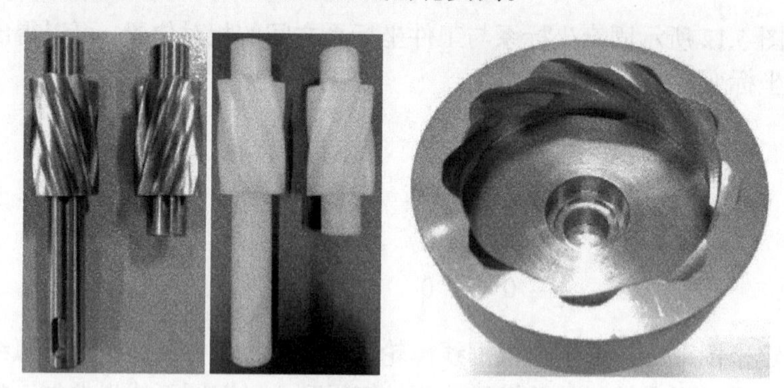

图 5.13　盘状铣刀所加工的线齿轮实例

5.1.2　线齿轮面铣削加工方法

1. 面铣削铣刀设计

本节先阐述圆柱线齿轮面铣削的铣刀设计方法[68]。

假设坐标系 $\sigma(O\text{-}xyz)$ 中存在一条平面曲线，其表达式为

$$S_0=(e+r\cos t,0,r\sin t) \tag{5.20}$$

以该平面曲线为主动接触线，则可知线齿轮 1 上从动接触线 S_1 的表达式为

$$S_1:\begin{cases}x_{j1}=\left(e+r\cos t+l_1'\varphi\right)\cos\varphi-l_1\sin\varphi\\ y_{j1}=\left(e+r\cos t+l_1'\varphi\right)\sin\varphi+l_1\cos\varphi\\ z_{j1}=r\sin t\\ \varphi=\dfrac{\left(l_1-l_1'\right)-\cos t\cos q_1}{l_1'\sin q_1}-\dfrac{e+r\cos t}{l_1'}\end{cases} \tag{5.21}$$

可知线齿轮 2 上从动接触线 S_2 的表达式为

$$S_2:\begin{cases}x_{j2}=\left(e+r\cos t-l_2'\varphi\right)\cos\varphi+l_2\sin\varphi\\ y_{j2}=\left(e+r\cos t-l_2'\varphi\right)\sin\varphi-l_2\cos\varphi\\ z_{j2}=r\sin t\\ \varphi=\dfrac{\left(-l_2+l_2'\right)\cos t\cos q_2}{l_2'\sin q_2}+\dfrac{e+r\cos t}{l_2'}\end{cases} \tag{5.22}$$

由此基于范成法加工原理可以构建出线齿轮齿面。模拟假想齿条与线齿轮啮合过程，用包含主动接触线 S_0 的假想齿条齿面进行包络，即可得到包含从动接触线 S_1、S_2 的线齿轮齿面。

当选定假想齿条齿面的法向齿形为圆弧时，在主动接触线 S_0 上任一点的法面内将接触点沿主法矢 $\boldsymbol{\beta}$ 偏转给定角度的方向，平移给定距离即可得到法向圆弧的圆心。然后，根据求得的法向圆弧的圆心，构建出法向圆弧。对 S_0 上所有接触点进行以上操作，得到假想齿条齿面如图 5.14 所示。坐标系 $\sigma(O\text{-}xyz)$ 中，假想齿条的齿面方程为

$$\begin{cases}x_{m1}=e+r\cos t-r_1\cos t\left(\cos q-\cos t_2\right)\\ y_{m1}=r_1\left(\sin q+\sin t_2\right)\\ z_{m1}=r\sin t-r_1\sin t\left(\cos q-\cos t_2\right)\end{cases} \tag{5.23}$$

式中，r_1 为主动接触线法面上圆弧的半径；q 为主法矢 $\boldsymbol{\beta}$ 偏转角度。

由空间曲面啮合原理基本方程 $\boldsymbol{v}_{12}\boldsymbol{n}=0$ 可得

$$\phi=\left(e+r\cos t-r_1\cos q\cos t+l_1'\varphi\right)\sin t_2-\left(l_1-l_1'+r\sin q\right)\cos t\cos t_2=0 \tag{5.24}$$

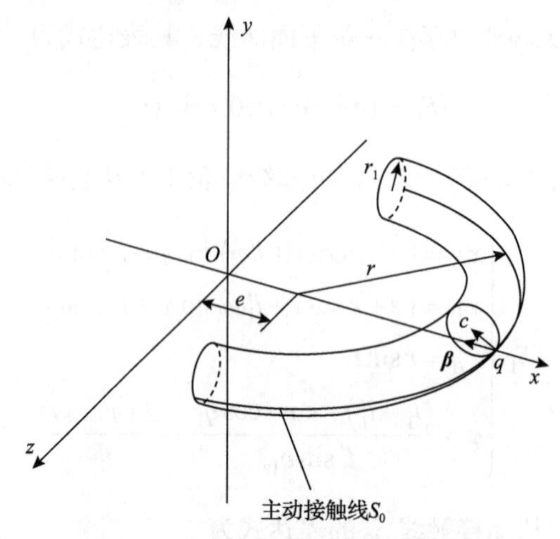

图 5.14　圆弧线齿轮假想齿条齿面

由矩阵变换可得圆弧线齿轮的齿面方程表达式为

$$\begin{cases} x_{m2} = \left(x_{m1} + l_1'\varphi\right)\cos\varphi - \left(l_1 + y_{m1}\right)\sin\varphi \\ y_{m2} = \left(x_{m1} + l_1'\varphi\right)\sin\varphi + \left(l_1 + y_{m1}\right)\cos\varphi \\ z_{m2} = z_{m1} \\ \varphi = -(e - l_1\cos t\cot t_2 + l_1'\cos t\cot t_2 \\ \qquad + r\cos t - r_1\cos q\cos t - r_1\cos t\cot t_2\sin q) / l_1' \end{cases} \tag{5.25}$$

式中，当$t_2 = -q$时，齿面方程即退化为从动接触线方程，将l_1、l_1'替换为$-l_2$、$-l_2'$即得到线齿轮 2 的齿面方程。

为了避免干涉并减少加工刀具数量，基于主动接触线构建的对应圆弧线齿轮 1、2 的一对假想齿条应具有以下特征：

(1)用于构建假想齿条上同齿两侧齿面的两条主动接触线具有相同的圆弧半径r；

(2)假想齿条的法向齿形由两段相切于接触点的一个凸圆弧和一个凹圆弧组成，且凸圆弧半径r_t大于凹圆弧半径r_a；

(3)一对假想齿条的法向齿形的凸圆弧和凹圆弧半径分别相等，且两个法向齿形在接触点处具有相同的法线方向。

一对假想齿条在同一接触点法向齿形关系如图 5.15 所示。

在假想齿条上的接触线S_0上任一点法平面内，主要工作圆弧的表达式为

$$\boldsymbol{r}_z(x,y,z) + r_1\cos(t_2)\frac{-\boldsymbol{\beta}}{|\boldsymbol{\beta}|} + r_1\sin(t_2)\boldsymbol{j} \tag{5.26}$$

式中，$\boldsymbol{r}_z(x,y,z)$ 为主要工作圆弧的圆心坐标。

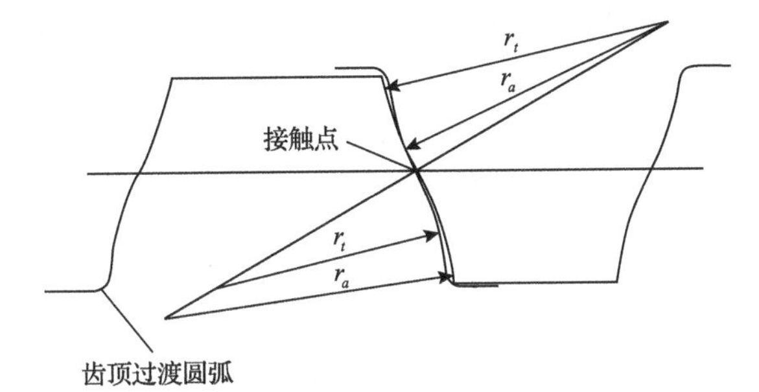

图 5.15　一对圆弧线齿轮的假想齿条法向齿形

假设在该法平面内过渡圆弧与主要工作圆弧在主要工作圆弧相位角 t_2 为 S 对应点处相切，可得过渡圆弧的表达式为

$$\boldsymbol{r}_z(x,y,z)+\left(r_1\cos s+r_2\cos s+r_2\cos t_3\right)\frac{-\boldsymbol{\beta}}{|\boldsymbol{\beta}|}+\left(r_1\sin s+r_2\sin s+r_2\sin t_3\right)\boldsymbol{j} \tag{5.27}$$

式中，r_2 为过渡圆弧的半径，当过渡圆弧与主要工作圆弧的圆心位于同一侧时，r_2 取负号；当过渡圆弧与主要工作圆弧的圆心位于不同侧时，r_2 取正号。

则假想齿条上的过渡齿面的齿面方程为

$$\begin{cases}x_{d1}=e+r\cos t-r_1(\cos q-\cos s)\cos t+r_2\left(\cos s+\cos t_3\right)\cos t\\ y_{d1}=r_1(\sin q+\sin s)+r_2\left(\sin s+\sin t_3\right)\\ z_{d1}=r\sin t-r_1(\cos q-\cos s)\sin t+r_2\left(\cos s+\cos t_3\right)\sin t\end{cases} \tag{5.28}$$

通过矩阵变换，由 $\boldsymbol{v}_{12}\boldsymbol{n}=0$ 可得过渡齿面的齿面方程为

$$\begin{cases}x_{d2}=\left(x_{d1}+l_1'\varphi\right)\cos\varphi-\left(l_1+y_{d1}\right)\sin\varphi\\ y_{d2}=\left(x_{d1}+l_1'\varphi\right)\sin\varphi+\left(l_1+y_{d1}\right)\cos\varphi\\ z_{d2}=z_{d1}\\ \varphi=-\left(\dfrac{e}{\cos t_1}+\left(l_1'-l_1\right)\cot t_3+r-r_1\cos q-r_1\cot t_3\right.\\ \qquad\left.\cdot(\sin q+\sin s)+\left(r_1+r_2\right)\cos s-r_2\cot t_3\sin s\right)\Big/\left(l\cos t_1\right)\end{cases} \tag{5.29}$$

式中，令 r_2 等于 0，则得到假想的齿条齿顶尖角在展成的过程中形成的过渡曲面。

同理圆锥线齿轮也可以通过面铣削方法进行加工。

当盘形铣刀旋转时，其轮齿上任一点运动轨迹为圆弧。因此，将平面曲线 S_0 设计为圆弧很容易通过刀具运动获得。按照假想冠轮设计方法，将假想冠轮法向齿形作为刀具截面形状，则当刀具旋转时铣刀刀刃形成假想冠轮的一侧齿面。控制刀具运动轨迹模拟假想冠轮和线齿轮毛坯间的包络过程，即可加工得到线齿轮。因此，为了便于加工，以圆弧作为交叉轴线齿轮主动接触线。当主动接触线 S_0 为圆弧时，假设其方程为

$$S_0:\begin{cases} x = a + r\cos t \\ y = b + r\sin t \\ z = c \end{cases} \tag{5.30}$$

式中，(a,b) 为圆弧圆心坐标；r 为接触线圆弧半径；c 为常数。

由此得到交叉轴线齿轮上从动接触线表达式为

$$\begin{cases} x_s = (a + r\cos t)(\cos\varphi\cos(i\varphi) + \sin\varphi\sin(i\varphi)\cos\theta) + c(b + r\sin t)\sin(i\varphi)\sin\theta \\ \qquad -(b + r\sin t)(\cos(i\varphi)\sin\varphi - \sin(i\varphi)\cos\varphi\cos\theta) \\ y_s = (b + r\sin t)(\cos\varphi\cos(i\varphi)\cos\theta + \sin\varphi\sin(i\varphi)) + c(b + r\sin t)\cos(i\varphi)\sin\theta \\ \qquad -(a + r\cos t)(\sin(i\varphi)\cos\varphi - \cos(i\varphi)\sin\varphi\cos\theta) \\ z_s = c\cos\theta + (b + r\sin t)\cos\varphi\sin\theta + (a + r\cos t)\sin\varphi\sin\theta \\ \varphi = -\arctan\left(\dfrac{c\cos t + \tan q(a + r\cos t)}{-c\sin t - \tan q(b + r\sin t)}\right) \end{cases} \tag{5.31}$$

对于式(5.31)，当 θ 等于线齿轮 1 轴线与 z_1 轴夹角 θ_1 时，该式为线齿轮 1 接触线 S_1 的表达式；当 θ 等于线齿轮 2 轴线与 z_1 轴夹角 θ_2 时，该式为线齿轮 2 接触线 S_2 的表达式。

为了减少加工刀具数量和降低刀具加工难度，本节采用一对相切于接触点的圆弧作为法向齿形，如图 5.16 所示。假设法向圆弧的半径为 r_1，则假想冠轮齿面方程可以表示为

$$\begin{cases} x = a + r\cos t - r_1\cos q\cos t - r_1\cos t\cos t_1 \\ y = b + r\sin t - r_1\cos q\sin t - r_1\cos t_1\sin t \\ z = r_1\sin q + r_1\sin t_1 + c \end{cases} \tag{5.32}$$

由此给出了作为冠轮上接触线的平面圆弧的表达式。则根据给出的法向圆弧半径 r_a、r_t 和偏转角 q，可以画出圆弧上任意一点的法面内齿形。将法向齿形曲线沿着平面曲线 $S_0(x(t), y(t), z(t))$ 进行扫掠，即得到交叉轴线齿轮假想冠轮的

齿面。

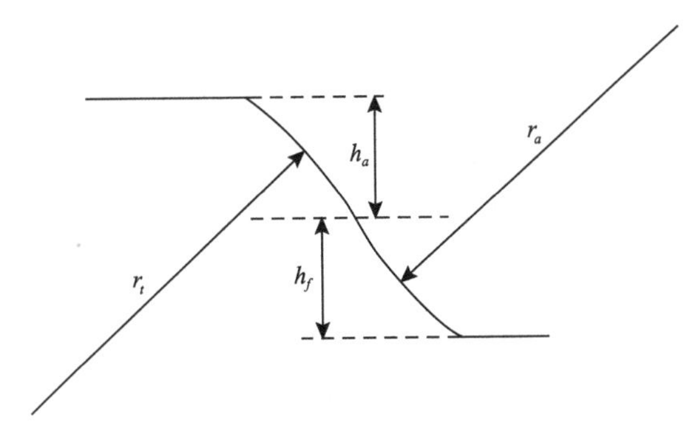

图 5.16　假想冠轮法向齿形

利用空间曲面共轭原理可以由假想冠轮齿面方程求解出交叉轴线齿轮齿面方程。根据 $\boldsymbol{v}_{12}\boldsymbol{n}=0$ 由矩阵变换可得两曲面共轭啮合应满足：

$$\begin{cases}\varphi=-\arctan\left(\dfrac{A}{B}\right)\\ A=\left(a+r\cos t-r_1\cos q_i\cos t-r_1\cos t\cos t_1\right)\tan t_1+\left[c+r_1\left(\sin q_i+\sin t_1\right)\right]\cos t\\ B=-\left(b+r\sin t-r_1\cos q_i\sin t-r_1\cos t_1\sin t\right)\tan t_1-\left[c+r_1\left(\sin q_i+\sin t_1\right)\right]\sin t\end{cases} \tag{5.33}$$

因此，以圆弧为主动接触线的交叉轴线齿轮齿面方程可以表示为

$$\begin{cases}x_{cm}=x_1(\cos(i\varphi)\cos\varphi+\sin(i\varphi)\cos\theta\sin\varphi)-y_1\left(\cos(i\varphi)\sin\varphi-\sin(i\varphi)\cos\theta\cos\varphi\right)\\ \qquad -z_1\sin(i\varphi)\sin\theta\\ y_{cm}=y_1(\sin(i\varphi)\sin\varphi+\cos(i\varphi)\cos\theta\cos\varphi)-x_1(\sin(i\varphi)\cos\varphi-\cos(i\varphi)\cos\theta\sin\varphi)\\ \qquad -z_1\cos(i\varphi)\sin\theta\\ z_{cm}=z_1\cos\theta+y_1\cos\varphi\sin\theta+x_1\sin\varphi\sin\theta\end{cases} \tag{5.34}$$

可以看出，当式中 $q_i=t_1+\pi$ 时，其退化为线齿轮上从动接触线表达式。这说明：当用来包络出线齿轮齿面的假想冠轮齿面上包含主动接触线 S_0 时，包络得到的是包含从动接触线 S_1、S_2 的线齿轮齿面。

当加工线齿轮副时，盘形铣刀旋转与工件的接触点形成主动接触线 S_1 随坐标系 $\sigma_3(O_3\text{-}x_3y_3z_3)$ 绕 z_1 轴旋转，锥形工件绕其轴线旋转，虚拟铣床四轴联动加工得到线齿轮。加工中使用的一对盘形铣刀如图 5.17 所示。盘形铣刀轴线始终垂直于水平面，且无轴向运动，盘形铣刀轴线在水平面内运动。为了保证加工出完整的

齿面，通常加工时刀具轨迹起始点位于 $t = t_s$ 之前，刀具轨迹终止点位于 $t = t_e$ 之后。以交叉轴线齿轮副为例论述交叉轴线齿轮副加工工艺。

图 5.17　交叉轴线齿轮副刀具

2. 面铣削加工路径设计

以交叉轴线齿轮副 b_3 为例，本节进行交叉轴线齿轮副的加工仿真[68]分析。当加工线齿轮副主动轮时，B 轴摆动平台转过半锥角 6.34°，从而使平面曲线位于水平面内。加工主动线齿轮的毛坯模型和主动线齿轮的加工仿真模型分别如图 5.18 和图 5.19 所示。图中绿色和紫色齿面分别是应用两把盘形铣刀 1 和 2 加工得到的。

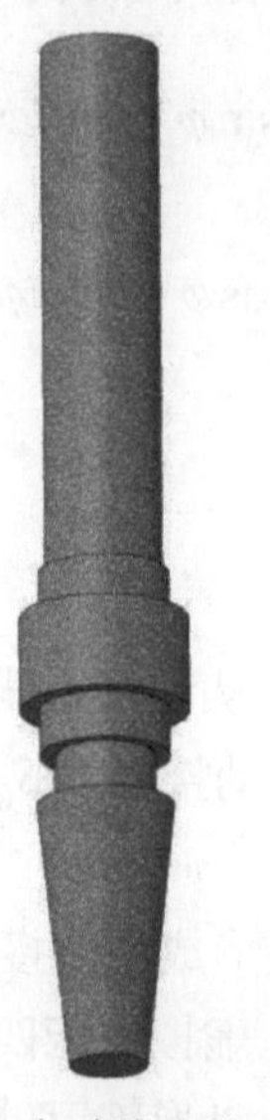

图 5.18　主动线齿轮毛坯

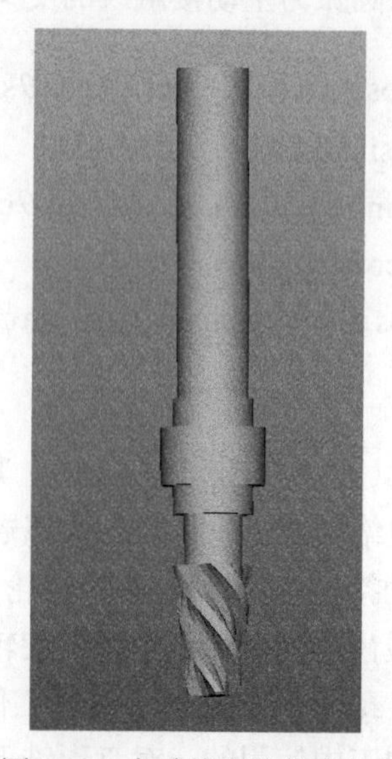

图 5.19　主动线齿轮仿真结果

使用盘形铣刀 1 加工线齿轮副主动轮齿面 1，铣刀轴线运动轨迹为

$$\begin{cases} x = 56.7\cos(17.427+t) \\ y = -56.7\sin(17.427+t) \\ z = -1 \\ \varphi = 9.0519t \end{cases}, \quad -5 \leqslant t \leqslant 30 \tag{5.35}$$

使用盘形铣刀 2 加工线齿轮副主动轮齿面 2，铣刀轴线运动轨迹为

$$\begin{cases} x = 56.7\cos(12.49+t) \\ y = -56.7\sin(12.49+t) \\ z = -1 \\ \varphi = 9.0519t \end{cases}, \quad -5 \leqslant t \leqslant 30 \tag{5.36}$$

当加工线齿轮副从动轮时，虚拟铣床第四轴卧式安装，摆动平台转过的角度为–6.43°，从而使平面曲线位于水平面内。加工从动线齿轮的毛坯模型和从动线齿轮的加工仿真模型分别如图 5.20 和图 5.21 所示。

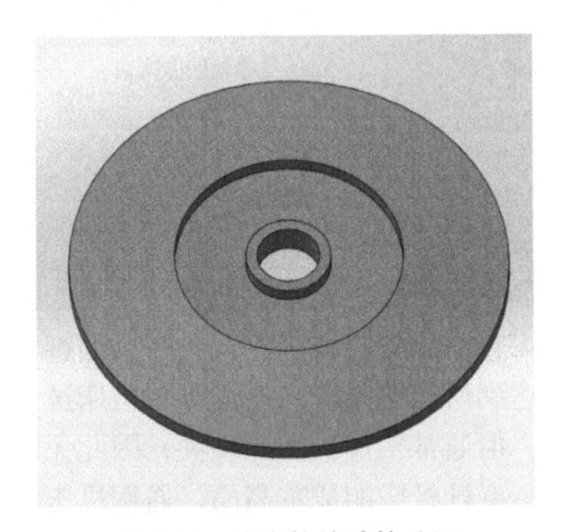

图 5.20　线齿轮从动轮毛坯

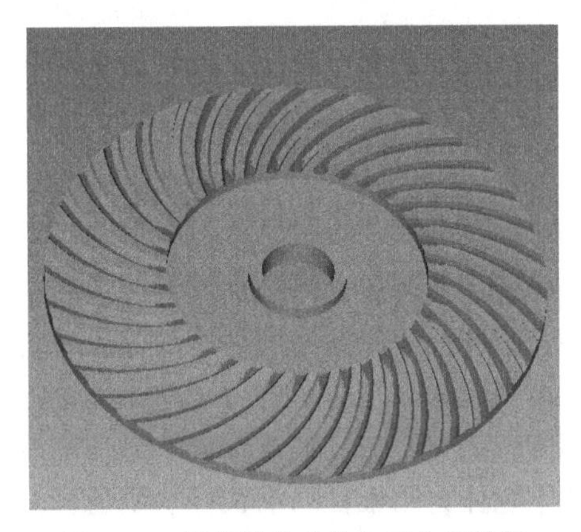

图 5.21　线齿轮从动轮加工仿真结果

应用盘形铣刀 1 加工线齿轮副的从动轮齿面 1，铣刀轴线运动轨迹为

$$\begin{cases} x = 56.7\cos(285.5269+t) \\ y = 56.7\sin(285.5269+t) \\ z = -1 \\ \varphi = -1.0062t \end{cases}, \quad -5 \leqslant t \leqslant 30 \tag{5.37}$$

应用盘形铣刀 2 加工线齿轮副的从动轮齿面 2，铣刀轴线运动轨迹为

$$\begin{cases} x = 56.7\cos(280.5250+t) \\ y = 56.7\sin(280.5250+t) \\ z = -1 \\ \varphi = -1.0062t \end{cases}, \quad -5 \leqslant t \leqslant 30 \tag{5.38}$$

3. 加工实例

图 5.22 为通过面铣削方法加工得到的线齿轮样件实物图。

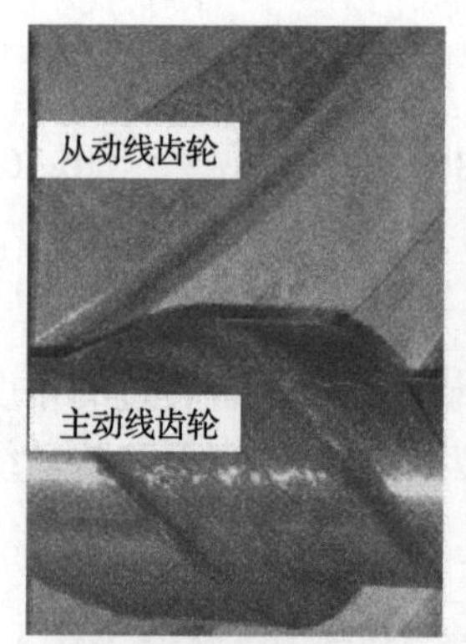

(a) 平行轴线齿轮副

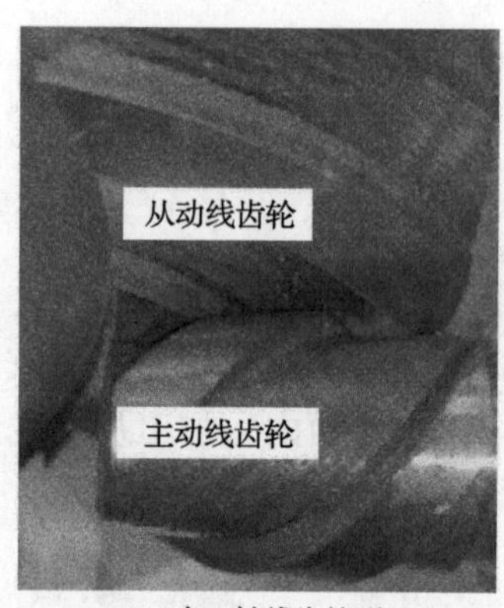

(b) 交叉轴线齿轮副

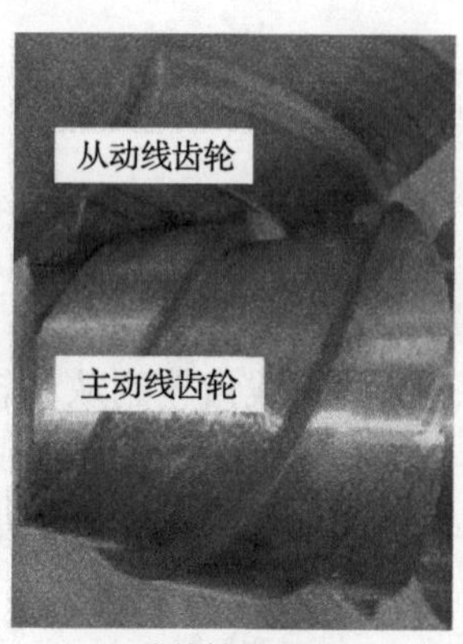

(c) 交错轴线齿轮副

图 5.22 面铣削方法所加工的线齿轮实例[69]

5.1.3 线齿轮专用数控铣削装备

运用线齿轮专门的加工方法，通用的四轴机床由于主轴或第四轴自身无法摆动，只能完成轮体为圆柱体的外齿线齿轮加工，对于内齿线齿轮或轮体为圆锥的外齿线齿轮，不能实现刀轴与工件轴线夹角达到所需的角度。通用五轴机床虽然第四轴能够绕与其轴线垂直的另一轴线摆动，但通常工作台不配顶尖，因此无法加工轮体为圆锥台的细长杆状线齿轮。另外，五轴机床的成本高昂。通用机床难以满足现有的线齿轮加工要求，所以课题组开发了线齿轮专用数控机床[70,71]。

为满足不同传动形式的内、外齿线齿轮加工，机床应能够实现以下几点要求：

(1) 机床应能带动工件绕自身回转轴线做整周回转运动。根据第 3 章提出的加工方法，为简化主轴运动，选择让工件自转的加工方案，需要机床带有绕 x 方向的旋转轴(第四轴或称 A 轴)。

(2) 刀具轴线与工件轴线之间的夹角可以在 0°～90°调整。以圆锥螺旋线为导线生成的线齿在加工过程中需要刀具轴线与圆锥母线始终保持垂直，另外加工内齿线齿轮时刀具轴线与工件轴线的夹角应等于螺旋升角，因此需要机床的第四轴带有绕 y 方向的摆动自由度(B 轴)且在加工过程中可固定角度。

(3) 机床能够加工细长轴类零件。线齿轮的齿数可以设计为 1，因此齿轮直径可以做到很小，主动轮常设计为齿轮轴，当轴向尺寸远大于径向尺寸时，零件属于细长杆件，需要配合顶尖加工。

(4) 机床 x、y、z、A 轴能实现联动。根据以上的刀路轨迹计算可知，圆柱形外齿线齿轮加工需要 x、A 两轴联动，圆锥形外齿线齿轮加工需要 x、y、A 三轴联动，内齿线齿轮加工需要 x、z、A 三轴联动。

(5) 机床所能加工的工件最大尺寸设定为 200mm×200mm×200mm。

根据以上工艺要求，为缩短研发周期，提高专用机床的可靠性，采用对三轴数控机床进行改装的方案，即选择合适的三轴数控机床母机后，在其现有工作台上加装其他零部件以实现 A 轴进给运动和 B 轴定位运动。

对于机床的选择，除需要考虑机床精度、价格等因素，还需要考虑与工装的匹配及行程等问题，如工作台面大小和最大承载重量，三个坐标轴的运动范围能否满足加工要求，主轴的高度、机床总体大小是否合适等。综合考虑各方面因素，选用 x、y、z 三个方向的行程分别为 800mm、500mm、550mm，工作台尺寸为 500mm×1050mm，最大承载质量为 600kg 的 V-850B 立式三轴数控机床。

为避免其他干涉，对机床移动导轨、工作台和主轴进行三维建模和装配，工作台上安装摆动平台工装后的三维模型如图 5.23 所示。选择三菱 M80 数控系统，配备 HF204S 三菱伺服电机。机床相关技术参数见表 5.2。最终加工装配并与采购件组装完成机床样机，实体工作台部分和整体实物图如图 5.24 所示和图 5.25 所示。

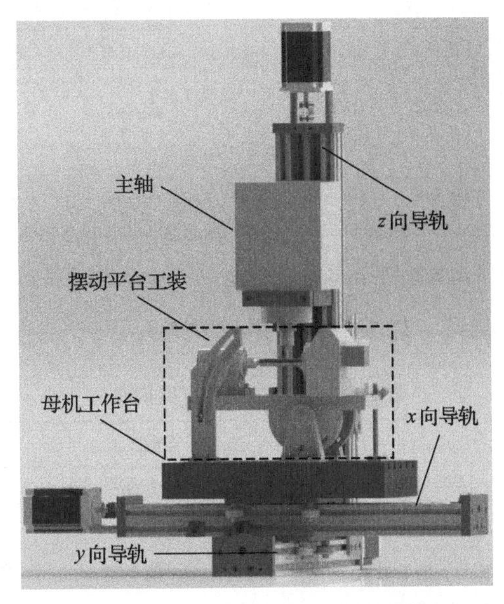

图 5.23　机床导轨与工装三维模型图

表 5.2　机床相关技术参数表

指标	值
x 轴行程	800mm
y 轴行程	500mm
z 轴行程	550mm
工作台	500mm×1050mm
工作台承重	600kg
主轴中心至立柱距离	550mm
主轴鼻端至工作台距离	105～655mm
快速进给（x、y、z）	16m/min
切削进给	8m/min
定位精度	JIS±0.005/300mm
重复定位精度	JIS±0.003/300mm
主轴伺服电机	7.5kW，8000r/min
机台质量	5.2t
外形尺寸（长×宽×高）	2600mm×2400mm×2800mm

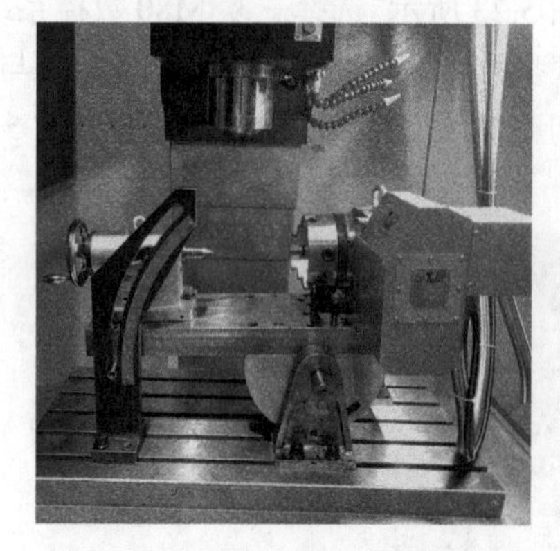

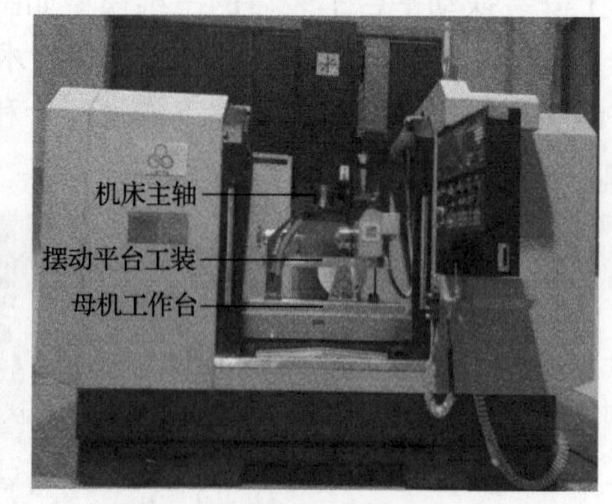

图 5.24　摆动平台工装实物图　　图 5.25　机床样机整体实物图

对机床进行精度测试，相关测试结果见表 5.3。

表 5.3　机床相关精度实测值

精度类型	实测精度值		
定位精度	x 轴 0.0073mm	y 轴 0.0056mm	z 轴 0.0064mm
重复定位精度	x 轴 0.0047mm	y 轴 0.0039mm	z 轴 0.0038mm
平行度	主轴与 z 轴 0.01mm	工作台面与 x 轴 0.02mm	工作台面与 y 轴 0.017mm
垂直度	主轴与 x 轴 0.008mm	主轴与 y 轴 0.01mm	工作台面与 z 轴 0.015mm

5.2　线齿轮专用数控滚削加工技术

5.2.1　线齿轮数控滚削加工原理

成形法加工齿轮所需机床结构简单、刀具成本低，但加工过程中存在分度运动，加工效率较低、精度差，通常用于齿轮单件制造和小批量生产[72,73]。因此，现代齿轮制造行业通常采用范成法进行齿轮的大批量制造。范成法加工齿轮是连续切削过程，不存在分度运动，加工效率高、加工精度好[74]。随着线齿轮设计理论及应用领域探索的不断发展，批量化生产方法和工具已经逐渐成为线齿轮产业化更迫切的需求。

范成法加工齿轮是基于齿轮啮合原理进行的。加工过程中，刀具运动形成其中一个齿轮(齿条)的齿面，形成的假想齿轮(齿条)和工件进行严格的啮合运动从而展成出齿轮齿廓[75]。当采用范成法加工齿轮时，刀具在空间内形成一个等速移动的假想齿条，齿轮毛坯以固定角速度绕轴线旋转并与假想齿条做啮合运动，从而完成被切齿轮的加工。线齿轮啮合传动过程为点接触，一对共轭啮合的线齿轮齿面不是空间共轭曲面，这与传统齿轮是有根本区别的。

5.2.2　范成法构建线齿轮模型

线齿轮假想齿条的建立包括齿面间距的确定和单个齿面的构建两部分[68]。

1. 假想齿条齿面间距的确定

本章中对平行轴平面曲线线齿轮副接触线公式进行了推导，推导得到的公式同样适用于基于范成法加工原理的平面曲线线齿轮副。当坐标系 $\sigma(O\text{-}xyz)$ 中平面曲线 S_0 表达式为 $(x(t),0,z(t))$ 时，从动接触线可以表示为

$$S_1:\begin{cases} x_1=\left(x(t)+l_1'\varphi\right)\cos\varphi-l_1\sin\varphi \\ y_1=\left(x(t)+l_1'\varphi\right)\sin\varphi+l_1\cos\varphi \\ z_1=z(t) \\ \varphi=\dfrac{-z'(t)\left(l_1-l_1'\right)\cos q_1}{l_1'\sin q_1\sqrt{(z'(t))^2+(x'(t))^2}}-\dfrac{x(t)}{l_1'} \end{cases} \tag{5.39}$$

将式(5.39)经过三角函数变换，得到从动接触线 S_1 表达式的另一种形式：

$$S_1:\begin{cases} x_1=\sqrt{{l_1}^2+f^2}\cos\left(\varphi+\arctan\left(\dfrac{l_1}{f}\right)\right) \\ y_1=\sqrt{{l_1}^2+f^2}\sin\left(\varphi+\arctan\left(\dfrac{l_1}{f}\right)\right) \\ z_1=z(t) \\ f=\dfrac{(l_1-l_1')-z'(t)\cos q_1}{\sin q_1\sqrt{(z'(t))^2+(x'(t))^2}},\quad \varphi=\dfrac{-z'(t)(l_1-l_1')\cos q_1}{l_1'\sin q_1\sqrt{(z'(t))^2+(x'(t))^2}}-\dfrac{x}{l_1'} \end{cases} \tag{5.40}$$

假设将主动接触线 S_0 沿 x 轴平移距离 b，得到 S_0' 表达式为 $(x(t)+b,0,z(t))$ 。由式(5.40)可知，当将 S_0 平移到 S_0' 时，f 的值保持不变，φ 值发生改变。因此，对应的从动接触线上 S_1' 任一点所在圆柱面半径不变，只是相对于 S_1 绕 z_1 轴转过角度 $-b/l_1'$。因此，当已知 l_1' 和齿数 z 时，可以求出同侧接触线之间轮齿间距 p 为

$$p=2pl_1'/z \tag{5.41}$$

2. 假想齿条单个齿面的构建

线齿轮传动过程实际上就是一对空间共轭曲线完成共轭啮合的过程。当假想齿条齿面为包含主动接触线 S_0 的空间曲面时，由该齿面包络得到的线齿轮齿面即为包含从动接触线 S_1、S_2 的空间曲面。基于平面曲线 S_0 构建的线齿轮假想齿条齿面，应满足以下特征：

(1)线齿轮假想齿条齿面包含主动接触线 S_0；

(2)用于加工共轭的线齿轮副的线齿轮假想齿条齿面相切，且切线为主动接触线 S_0；

(3)接触线上任一点的法面内，两条法向齿形曲线仅在接触点处相切接触，且齿形曲线应包含于另一齿面实体之内。

在确定主动接触线 S_0 表达式和法向齿形后，将法向齿形沿着主动接触线 S_0 进行扫掠即可得到线齿轮假想齿条齿面。将单个齿面以间距 p 进行阵列，即可得到线齿轮假想齿条，如图 5.26 所示。按照上述方法构建出线齿轮假想齿条，使假想

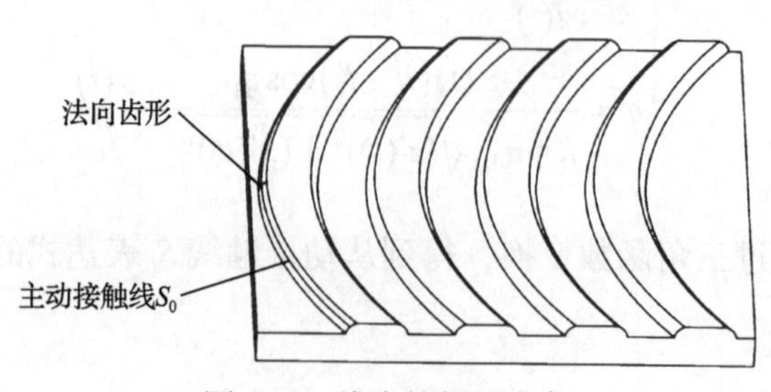

图 5.26　线齿轮假想齿条

齿条与线齿轮毛坯按照图 5.27 中坐标系位置关系进行强制啮合，即得到设计的线齿轮。

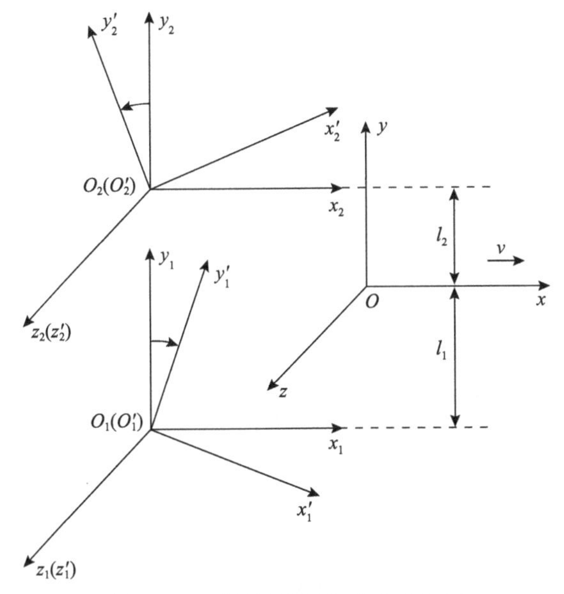

图 5.27　平行轴线齿轮基本坐标系

5.2.3　数控滚削构建线齿轮齿面模型

直线是最简单的平面曲线，为了便于平行轴平面曲线线齿轮的设计和制造，本节选择直线作为主动接触线。当选择主动接触线 S_0 为直线时，为了便于滚刀制造，将假想齿条法向齿形设计为圆弧。利用 5.2.2 节中的设计方法构建出线齿轮假想齿条，坐标系 $\sigma(O\text{-}xyz)$ 中其位置如图 5.28 所示。

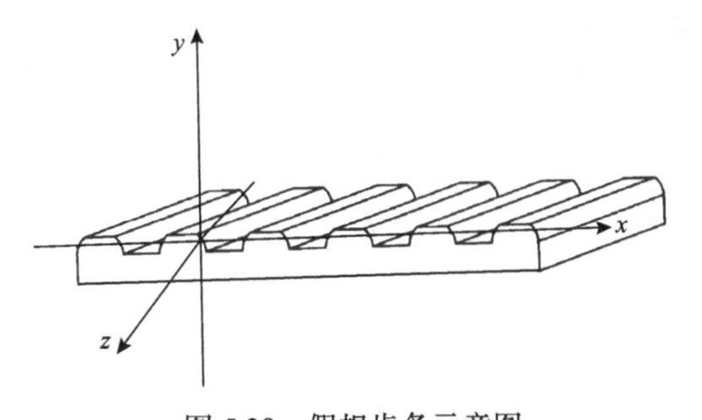

图 5.28　假想齿条示意图

假设翻转角为 q_1，圆弧半径为 ρ，则线齿轮对应的假想齿条的齿面方程可以表示为

$$\begin{cases} x_{ct} = t + b + \dfrac{(\cos q_1 + \cos t_2) k\rho}{\sqrt{1+k^2}} \\ y_{ct} = (\sin q_1 + \sin t_2)\rho \\ z_{ct} = kt - \dfrac{(\cos q_1 + \cos t_2)\rho}{\sqrt{1+k^2}} \end{cases} \tag{5.42}$$

根据空间曲面啮合原理，由假想齿条齿面包络得到线齿轮齿面。由 $\boldsymbol{v}_{12}\boldsymbol{n} = 0$ 可得包络出的线齿轮齿面方程：

$$\begin{cases} x_{cm} = \left(b + t + l_1'\varphi + \dfrac{k\rho(\cos q_1 + \cos t_2)}{\sqrt{k^2+1}} \right)\cos\varphi - \left[l_1 + \rho(\sin q_1 + \sin t_2) \right]\sin\varphi \\ y_{cm} = \left(b + t + l_1'\varphi + \dfrac{k\rho(\cos q_1 + \cos t_2)}{\sqrt{k^2+1}} \right)\sin\varphi + \left[l_1 + \rho(\sin q_1 + \sin t_2) \right]\cos\varphi \\ z_{cm} = kt - \dfrac{\rho(\cos q_1 + \cos t_2)}{\sqrt{k^2+1}} \\ \varphi = \dfrac{-k\cos t_2 (l_1' - l_1) - \sin t_2 \sqrt{k^2+1}(b+t) - k\rho\sin(q_1 - t_2)}{l_1' \sin t_2 \sqrt{k^2+1}} \end{cases} \tag{5.43}$$

可以看出，当 $t_2 = q_1 + \pi$ 时，线齿轮齿面方程(5.43)即退化为从动接触线 S_1 的表达式(5.39)。这说明，由包含平面曲线 S_0 的假想齿条齿面包络得到的为包含从动接触线 S_1 的轮齿曲面。根据齿面方程可以利用 MATLAB 等工具进行线齿轮建模，但 MATLAB 建立的模型不易于获得实体模型。因此，下面给出一种较为简便的建模方法。

首先，根据假想齿条端面齿形求解线齿轮端面齿形。假设假想齿条法平面内圆弧圆心坐标为 (u,v)，假想齿条同一齿两侧接触线的法向距离为 s。线齿轮端面内的假想齿条齿形可以表示为

$$\begin{cases} x_{d1} = (u + \rho\cos t) / \cos\beta_1 \\ y_{d1} = v + \rho\sin t \\ u = \mp \dfrac{s}{2} \pm \rho\cos q \\ v = \rho\sin q - l_1 + l_1' \end{cases} \tag{5.44}$$

式中，ρ 为圆弧半径；β_1 为直线与 x 轴夹角，式中正负号法向左侧齿形取上方符号，右侧齿形取下方符号。对于线齿轮 2，只需将 l_1、l_1' 换成 l_2、l_2' 即可。

则根据线齿轮端面内的假想齿条齿形由齿廓法线法可以求得线齿轮 1 的端面齿形表达式为

$$\begin{cases} x_d = x_{d1}\cos\phi - y_{d1}\sin\phi + l_1'\phi \\ y_d = x_{d1}\sin\phi + y_{d1}\cos\phi - l_1' \\ \mu = \arctan\left(\dfrac{d(y_{d1})}{d(x_{d1})}\right) \\ \phi = \dfrac{\pi}{2} - \mu - \arccos\left(\dfrac{x_{d1}\cos\mu + y_{d1}\sin\mu}{l_1'}\right) \end{cases} \tag{5.45}$$

利用 SolidWorks 的曲线精确绘制功能画出线齿轮端面齿形曲线与接触线，将端面齿形曲线沿接触线扫描即可得到线齿轮三维模型。

在设计时通常令 $l_1 \geqslant l_1'$，这样可以增加小齿轮齿厚，增加其弯曲疲劳强度，提高线齿轮副寿命。本节设计一对纯滚动线齿轮副 a_2 和一对非纯滚动线齿轮副 b_2 并将其小轮(主动轮)进行对比，线齿轮副主要设计参数如表 5.4 所示。

表 5.4　线齿轮副主要设计参数表

参数	线齿轮副 a_2	线齿轮副 b_2	单位
中心距 a	50	50	mm
传动比 i	4	4	—
距离 l_1	10	11	mm
距离 l_1'	10	10	mm
距离 l_2	40	39	mm
距离 l_2'	40	40	mm
凹圆弧半径 ρ_1	4.5	4.5	mm
凸圆弧半径 ρ_2	−5	−5	mm
偏转角 q	$-\frac{\pi}{6}$	$-\frac{\pi}{6}$	rad
假想齿条齿距 s	4	4	mm
螺旋角 β	−20	−20	(°)
主动轮齿数 z_1	7	7	—
从动轮齿数 z_2	28	28	—

将表 5.4 中的参数代入式(5.45)，得到线齿轮副 a_2 和线齿轮副 b_2 主动轮端面

齿形，如图 5.29 所示，线齿轮副 b_2 主动轮的齿厚比线齿轮副 a_2 主动轮的齿厚更大，而且线齿轮副 b_2 的主动轮接触点距离轴线更远，在相同载荷下齿面作用力更小，这有利于提高线齿轮副的寿命。

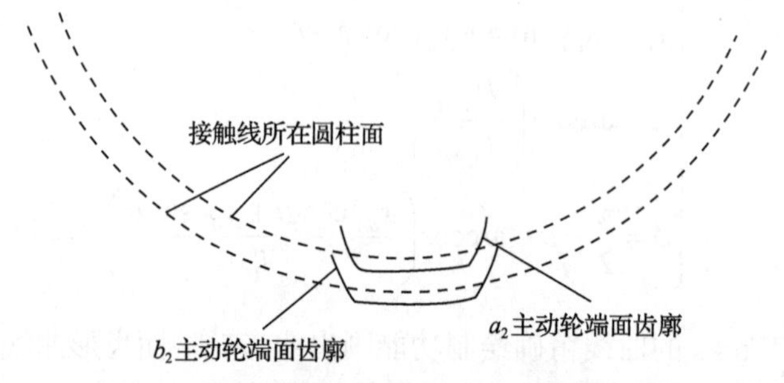

图 5.29 线齿轮副 a_2、b_2 主动轮端面齿形对比

根据求解出的线齿轮副 a_2 和线齿轮副 b_2 主动轮的端面齿形采用前面提出的线齿轮建模方法建立线齿轮三维模型，如图 5.30 所示。

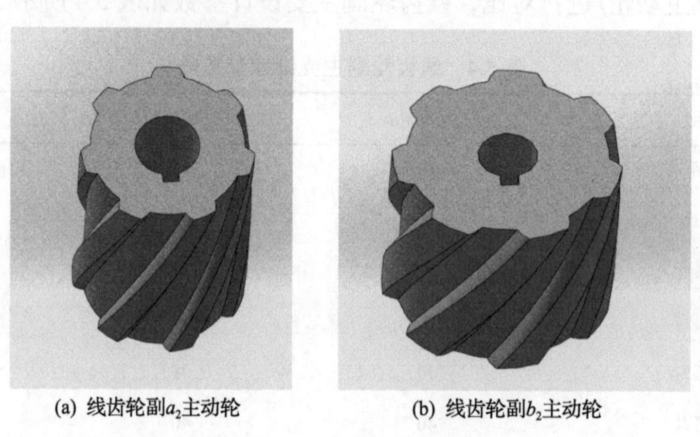

(a) 线齿轮副a_2主动轮 (b) 线齿轮副b_2主动轮

图 5.30 线齿轮副三维模型

5.2.4 线齿轮滚刀设计

为了便于滚刀设计和制造，令假想齿条的法向齿形为圆弧。当设计线齿轮滚刀时：首先，将假想齿条的法向齿形投射到滚刀端面上，得到滚刀端面内的齿条齿形；然后，利用齿形法线法求得滚刀的端面齿形；最后，将滚刀端面齿形转换到滚刀刀刃所在截面内，即可求得滚刀刃形曲线。在齿形转换过程中，齿条法向、线齿轮轴向以及滚刀轴向的关系如图 5.31 所示。

当已知假想齿条的法向齿形为圆弧时，滚刀端面的齿条齿形可以根据假想齿条法向齿形和滚刀螺旋角得到。假设假想齿条法面内，齿形表达式为

$$\begin{cases} x_{d1} = u + \rho\cos t \\ y_{d1} = v + \rho\sin t \end{cases} \tag{5.46}$$

将假想齿条法面内齿形投射到滚刀端面所在平面上，得到滚刀端面内假想齿条的齿形表达式为

$$\begin{cases} x_{d2} = (u + \rho\cos t)/\cos\beta_2 \\ y_{d2} = v + \rho\sin t \end{cases} \tag{5.47}$$

式中，β_2为滚刀节圆上的螺旋角。

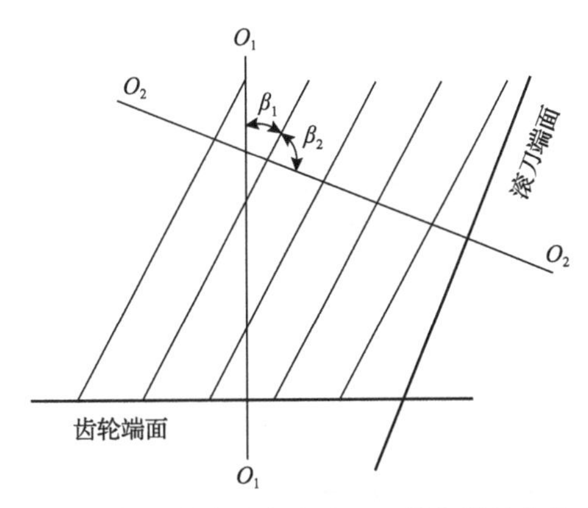

图 5.31　假想齿条法向和滚刀、线齿轮轴向关系

假设所选择的滚刀节圆半径为 r_g，由滚刀端面内假想齿条的齿形，可以应用齿廓法线法求得滚刀端面齿形表达式为

$$\begin{cases} x_{d3} = \left(r_g\varphi_1 - x_{d2}\right)\cos\varphi_1 + \left(y_{d2} - r_g\right)\sin\varphi_1 \\ y_{d3} = \left(y_{d2} - r_g\right)\cos\varphi_1 - \left(r_g\varphi_1 - x_{d2}\right)\sin\varphi_1 \\ \mu_t = \arctan\left(\dfrac{\mathrm{d}y_{d2}}{\mathrm{d}x_{d2}}\right) \\ \varphi_1 = \dfrac{y_{d2}\tan\mu_t + x_{d2}}{r_g} \end{cases} \tag{5.48}$$

求得滚刀基本蜗杆端面齿形后，将其绕滚刀轴线做螺旋运动，即可得到基本蜗杆齿面。基本蜗杆齿面的方程式为

$$\begin{cases} x_{c3} = x_{d3}\cos\theta - y_{d3}\sin\theta \\ y_{c3} = x_{d3}\sin\theta + y_{d3}\cos\theta \\ z_{c3} = p_3\theta \end{cases} \tag{5.49}$$

式中，θ 为引入的角度参数；p_3 为滚刀螺距。

假设滚刀的前刀面到 z_g 轴距离为 c。则令 $x_{c3}=c$，即得到滚刀的前刀面刃形。或者在求得基本蜗杆端面齿形后，直接将端面齿形上的点进行螺旋运动到滚刀前刀面上，求解出滚刀前刀面刃形，可得滚刀前刀面刃形为

$$\begin{cases} x_{q3}=c \\ y_{q3}=\sqrt{x_{d3}^2+y_{d3}^2-c^2} \\ z_{q3}=p_3\theta \end{cases} \tag{5.50}$$

为了防止求解出的滚刀前刀面刃形上的点过于分散，对于右旋滚刀，θ 值可按照表 5.5 确定。

表 5.5　θ 值计算规则

θ /rad	$3\pi/2+\theta_1-\theta_2$	$\pi/2-\theta_1-\theta_2$	$3\pi/2-\theta_1-\theta_2$	$\pi/2+\theta_1-\theta_2$
y_{d3}	+	+	−	−
x_{d3}	$<c$	$>c$	$<c$	$>c$

表 5.5 中，$\theta_1=\arctan\left|\dfrac{y_{d3}}{x_{d3}}\right|$，$\theta_2=\arcsin\left(\dfrac{c}{\sqrt{x_{d3}^2+y_{d3}^2}}\right)$。

5.2.5　线齿轮滚齿加工实例

以表 5.4 中线齿轮副为例设计一对用于加工该线齿轮副的滚刀，其中凸齿滚刀用于凹齿线齿轮的加工，凹齿滚刀用于凸齿线齿轮的加工。滚刀主要设计参数如表 5.6 所示。

表 5.6　线齿轮滚刀设计参数

参数名称	凸齿滚刀	凹齿滚刀	单位
滚刀头数 n_g	1	1	—
螺距 p_3	8.43	−8.43	mm
螺旋角 β_2	87.35	−87.35	(°)
节圆半径 r_g	29	29	mm
法向圆弧半径 ρ	5	4	mm

将表 5.6 中参数代入式(5.46)～式(5.48)求解出滚刀端面齿形并利用 MATLAB

绘图如图 5.32 所示。

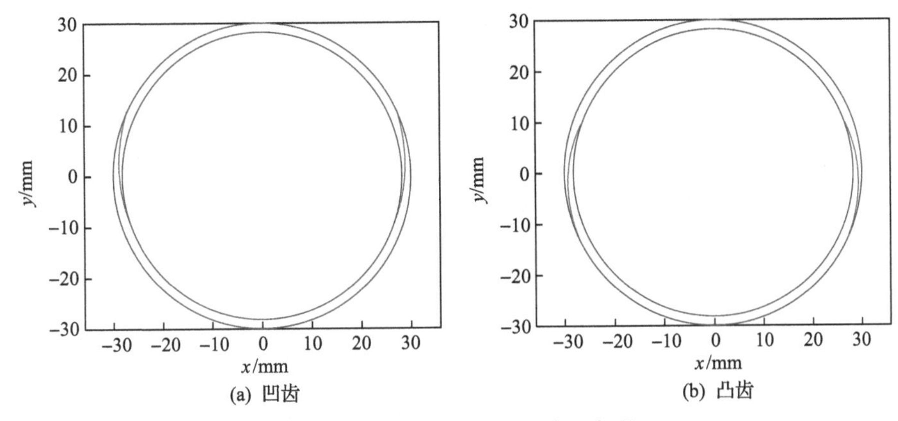

(a) 凹齿　　(b) 凸齿

图 5.32　凹齿和凸齿滚刀端面齿形

将滚刀端面齿形表达式代入式(5.50)中，令 $c = 0$，得到滚刀前刀面刃形曲线表达式。利用 MATLAB 绘制滚刀前刀面刃形曲线如图 5.33 所示。

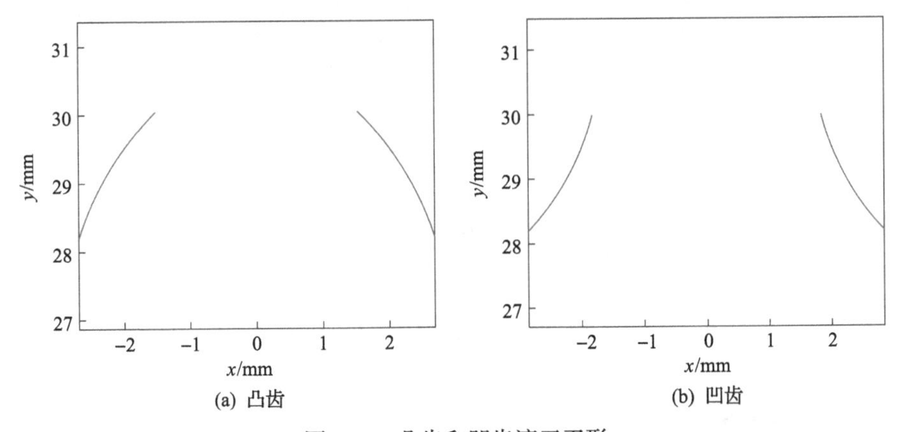

(a) 凸齿　　(b) 凹齿

图 5.33　凸齿和凹齿滚刀刃形

按照计算出的滚刀前刀面刃形曲线以表 5.6 中参数为例制造一对凸齿、凹齿线齿轮滚刀(图 5.34)。其中，图 5.34(a)为凸齿滚刀，用于加工线齿轮副从动轮；图 5.34(b)为凹齿滚刀，用于加工线齿轮副主动轮。

应用图 5.34 中的线齿轮滚刀进行线齿轮副 a_2、b_2 加工试验。以非纯滚动线齿轮副 b_2 为例，加工得到的线齿轮副样件如图 5.35(a)所示。将线齿轮副 a_2、b_2 的主动轮进行对比，如图 5.35(b)所示。可以看出，加工得到的线齿轮副主动轮端面齿形与图 5.30 中线齿轮三维模型端面齿形完全一致。线齿轮副 b_2 主动轮相较于线齿轮副 a_2 主动轮，其体积更大、齿宽更宽，这有利于提高线齿轮副的寿命。

(a) 凸齿

(b) 凹齿

图 5.34 凸齿线和凹齿线齿轮滚刀

(a) 线齿轮副b_2

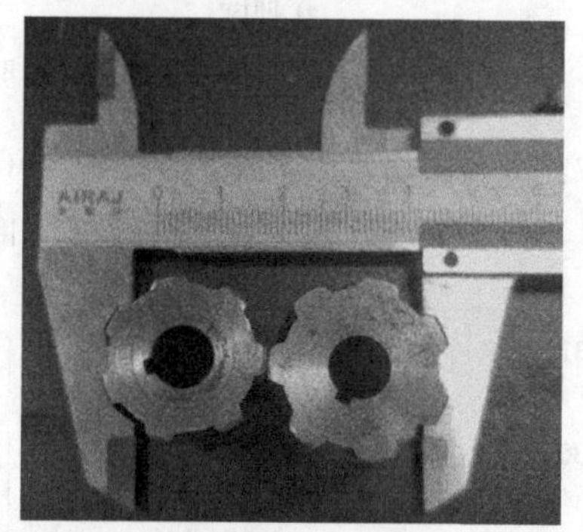
(b) 线齿轮副a_2、b_2主动轮

图 5.35 加工得到的线齿轮副样件

5.3 线齿轮专用数控磨削技术与装备

5.3.1 齿轮数控磨削加工方法

目前，齿轮磨削加工一般是基于展成法和成形法。线齿轮齿面形状是复杂的空间曲面，用展成法无法加工出圆锥线齿轮齿面，而且用展成法加工得到的圆柱线齿轮齿面和理论设计齿面也是有差别的。

考虑到线齿轮齿面形状的特殊性和复杂性，展成法无法满足线齿轮磨削加工要求，而成形法有很好的适应性，可以选择使用成形法磨削加工硬齿面线齿轮[76]。

1. 线齿轮成形砂轮设计

对线齿轮进行成形磨削加工，本节采用盘状成形砂轮。可以根据线齿轮齿面的生成规则得到成形砂轮轴向截面廓形。在使用成形砂轮加工线齿轮的齿面时，砂轮和线齿轮工件做相对螺旋运动，进而实现对齿面的磨削加工。在相对螺旋运动的任一瞬时，线齿轮接触线上存在这样一个啮合点，在该点的法平面上，成形砂轮轴向截面廓形与圆柱线齿轮线齿截面廓形存在一段相接触的圆弧曲线，砂轮轴向截面与啮合点法平面上线齿截面相对位置如图 5.36 所示。以该段圆弧曲线作为母线，通过做螺旋运动可以包络得到相应的圆柱线齿轮齿面。在磨削加工过程中，砂轮回转面和线齿轮齿面在空间中相接触的圆弧曲线的位置在空间中是固定不变的。因此，只要保证砂轮轴向截面与线齿轮接触线起始啮合点法平面上的线齿截面重合，并且保持不变，线齿轮工件就能绕圆柱线齿轮轴线做螺旋运动，即可实现对线齿轮齿面的磨削加工。

下面是用于磨削加工凸弧线齿轮的凹形廓成形砂轮轴向截面廓形，如图 5.37 所示。r 的大小等于线齿轮法向齿面圆弧半径，D 表示砂轮直径，D_1 表示磨削加工过程中成形砂轮和线齿轮接触线上对应位置点，绕砂轮轴向旋转形成的圆形直径，用来确定加工过程中砂轮的位置。h 表示砂轮厚度，h_1 表示砂轮上接触线对应点到砂轮端面的距离。

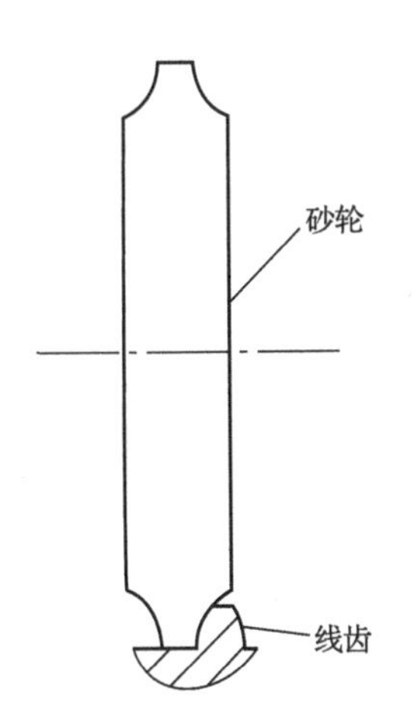

图 5.36　砂轮轴向截面与啮合点法平面上线齿截面相对位置

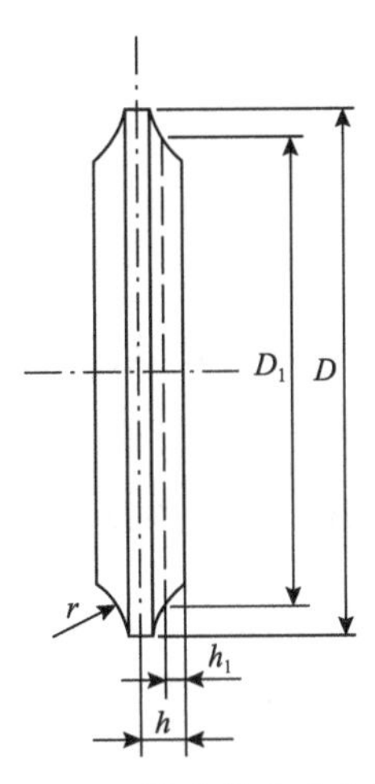

图 5.37　线齿轮成形砂轮轴向截面廓形

同时所述成形砂轮截面廓形有效部分高度应该大于被加工线齿轮的最大齿全高，砂轮宽度应该小于被加工线齿轮的最小齿槽宽度，避免砂轮的非工作侧与被加工线齿轮齿面干涉。

2. 圆柱线齿轮成形磨削加工方法

当加工接触线为圆柱螺旋线的圆柱线齿轮时，成形砂轮和圆柱线齿轮之间的相对位置关系如图 5.38 所示。

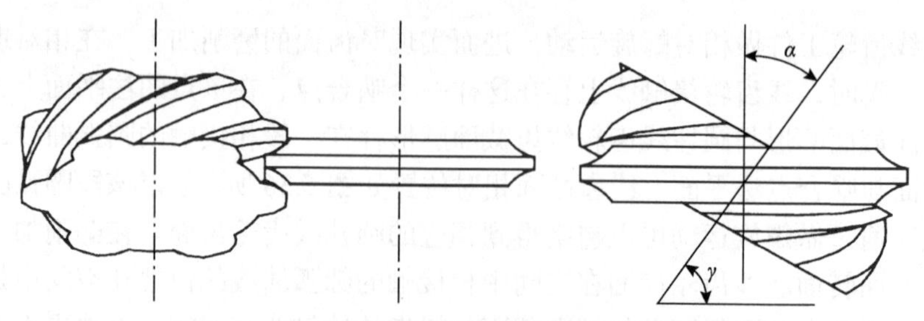

图 5.38 成形砂轮和圆柱线齿轮相对位置的示意图

在磨削加工前，调整砂轮轴线和圆柱线齿轮工件轴线之间的夹角γ，一般取$\gamma=\pi/2-\alpha$，其中α为圆柱线齿轮轮齿啮合线的螺旋角。

在磨削加工中，待加工的圆柱线齿轮工件和成形砂轮呈啮合状态，并以规定的轴交叉角γ同步旋转。同时，待加工的圆柱线齿轮工件以规定的方向进行相对进给运动，从而实现成形砂轮磨削圆柱线齿轮工件的加工过程，待磨削圆柱线齿轮工件在磨削加工中的运动规律为

$$\begin{cases} \phi_1=\dfrac{180t}{\pi} \\ x_1=nt \end{cases} \tag{5.51}$$

式中，ϕ_1为磨削时线齿轮绕自身轴线旋转的角度，(°)；x_1为磨削加工时圆柱线齿轮沿自身轴线方向移动的距离，mm；n为圆柱线齿轮接触线的螺旋参数；t为参变量。

3. 锥线齿轮成形磨削加工方法

当加工接触线为圆锥螺旋线的圆锥线齿轮时，成形砂轮和圆锥线齿轮之间的相对位置关系如图 5.39 所示。

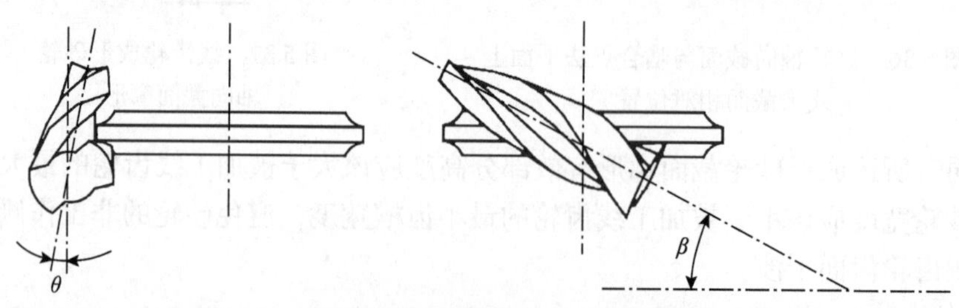

图 5.39 成形砂轮和圆锥线齿轮的相对位置示意图

在磨削加工前，先调整圆锥线齿轮的角度使圆锥线齿轮的圆锥母线和成形砂轮轴线在图 5.39 视图中是平行的，再调整圆锥线齿轮使得圆锥线齿轮的母线与成

形砂轮轴线之间的夹角为$\pi/2-\beta$，其中β为与该圆锥线齿轮进行啮合传动的圆柱线齿轮的螺旋角。

在磨削加工中，待加工的圆锥线齿轮工件和成形砂轮呈啮合状态，并按照所述相对位置同步旋转；同时，待加工的圆锥线齿轮工件以规定的方向进行相对进给运动，从而实现成形砂轮磨削线齿轮工件的加工过程。待磨削圆锥线齿轮工件在磨削加工过程中的运动规律的表达式为

$$\begin{cases} \phi_2 = \dfrac{\phi_1}{i_{12}} \\ x_2 = x_1 \end{cases} \tag{5.52}$$

式中，i_{12}为与该圆锥线齿轮啮合传动的圆柱线齿轮之间的传动比；ϕ_1为加工对应圆柱线齿轮时转过的角度；ϕ_2为加工圆锥线齿轮时绕自身轴线转过的角度；x_1为加工对应圆柱线齿轮沿自身轴线方向移动的距离；x_2为加工圆锥线齿轮沿自身轴线方向移动的距离。

5.3.2　齿轮数控磨削机床设计

线齿轮数控铣床只能用来加工齿面未经硬化的普通线齿轮，而且加工出来的线齿轮精度有限。为了完成对承载能力更强以及使用寿命更高的硬齿面线齿轮的加工，并且进一步提高线齿轮的精度，需要对线齿轮数控磨齿机进行开发[76]。

线齿轮数控磨齿机的设计是根据线齿轮成形磨削加工过程中砂轮和线齿轮的相对运动关系确定机床的整体布局方案，并且还需要保证线齿轮磨齿机操作方便、精度满足加工要求以及经济性要好。

1. 磨齿机的主要参数要求

为了满足线齿轮磨削加工要求，磨齿机主要参数应该满足下面几点要求：

(1) 磨齿机能够加工的线齿轮工件的最大外径为$\phi=200\text{mm}$，最大长度为$L=200\text{mm}$。

(2) 确定线齿轮工件的材料为 40Cr，经渗碳热处理表面硬化后齿面硬度能够达到 56～62HRC。结合线齿轮工件材料的硬度等特性以及国内现有磨齿机的技术水平，确定目标精度为表面粗糙度能够达到$Ra=0.25\sim0.4\mu\text{m}$。

(3) 线齿轮工件能够在第四轴的带动下绕自身轴线做回转运动，同时加工平台上面需要顶尖配合进行加工，来提升加工时整体结构的刚性。

(4) 磨齿机的x轴、y轴、z轴和A轴能够实现联动，同时需要机床能够带动加工平台绕B轴和C轴转动。

2. 磨齿机的总体布局方案

线齿轮磨齿机的运动可以分为切削加工运动和工件安装定位运动。切削加工运动是磨削加工过程中成形砂轮和待加工工件之间做相对切削运动，以完成线齿轮工件齿面余量的加工去除；工件安装定位运动是指让砂轮和齿轮工件在加工前能够按照设计的相对位置关系安装固定好。机床的运动一般仅由最为简单的直线运动和旋转运动组成，对于直线运动，一般以直线导轨作为承载件，滚珠丝杠作为传动件，电机作为动力件；而旋转运动则由电机输入动力配合分度机构实现。

根据线齿轮成形磨削加工原理，确定了线齿轮数控磨齿机的运动轴为三个移动轴和三个转动轴。虽然齿轮磨削加工的运动方案已经确定，但是线齿轮数控磨齿机仍然有多种结构布局形态与之对应。

参考现有的成熟机床结构布局，线齿轮数控磨齿机可以采用卧式和立式两种不同的结构布局方案。对于线齿轮数控磨齿机结构布局的选择应该遵循经济性、加工精度高、加工方便等几点原则。

基于以上几个应该遵循的原则，从加工过程中线齿轮工件的装卸定位、磨齿机的占地面积以及改装的经济性等方面考虑，确定选用立式方案比较合理，这种布局有下面几个优点：

(1)磨齿机结构简单，占地面积小，相较于卧式机床成本低；

(2)线齿轮工件装卸方便，装卸高度低；

(3)有利于冷却液进入流出，降低切削温度。

对立式机床方案进行优化改装，可以得到线齿轮数控磨齿机的总体布局如图 5.40 所示。

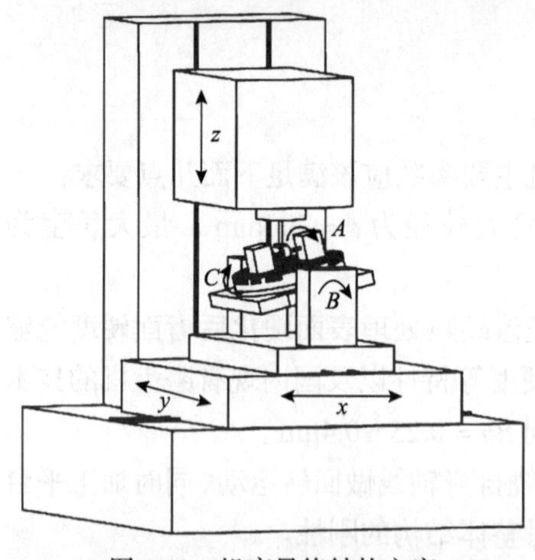

图 5.40　机床最终结构方案

由图 5.40 可知，线齿轮数控磨齿机包括床身、主轴、工作台以及各运动轴。线齿轮数控磨齿机的运动包括沿 x 轴、y 轴、z 轴方向的直线进给运动，以及绕 A 旋转轴、B 旋转轴和 C 旋转轴的旋转运动。

其中，x、y 轴伺服进给系统用于控制工作平台在水平面运动，z 轴伺服进给系统用于控制主轴沿竖直方向运动，A 轴用于控制工件绕其自身轴线旋转，同时与顶尖配合，用于固定线齿轮工件。B 轴和 C 轴控制工作台旋转，从而实现成形砂轮和齿轮工件按照设计的相对位置安装固定好。

当用线齿轮数控磨齿机磨削加工线齿轮时，磨齿机的 B 轴和 C 轴只需要在加工前按照设计的值转过一定角度后固定在该位置上，对于一个线齿轮工件的加工只需转动一次即可。因此，B 轴和 C 轴的转动和其余四轴的运动是相对独立的，在加工时只需保证 x 轴、y 轴、z 轴和 A 轴的联动即可，有效地降低了磨齿机的成本。

5.3.3 VERICUT 线齿轮磨削仿真

1. 线齿轮磨削加工仿真环境的搭建

在 VERICUT 软件中建立数控机床模型，就是将实际加工过程中数控机床按照运动方案分解成多个不同的组成结构，并对各个构件进行简单的三维模型建立，然后将这些模型按照实际加工过程中机床的运动方案在 VERICUT 软件中重新装配。

VERICUT 软件的机床库文件中包含了很多常见机床的模型，但是本节使用前文中设计的线齿轮数控磨齿机进行磨削仿真加工，因此需要创建线齿轮数控磨齿机的三维模型。由于 VERICUT 自带的三维建模功能比较简单，只能建立方块、圆柱体、圆锥体这三类形状的模型，因此首先运用 SolidWorks 软件建立线齿轮数控磨齿机各组成结构的三维模型，然后将模型文件输出为 VERICUT 软件能够识别的 STL 格式，最后将这部分模型分别添加到新建的线齿轮数控磨齿机相应的组件中去。

在 SolidWorks 软件中建立线齿轮数控磨齿机模型，如图 5.41 所示。

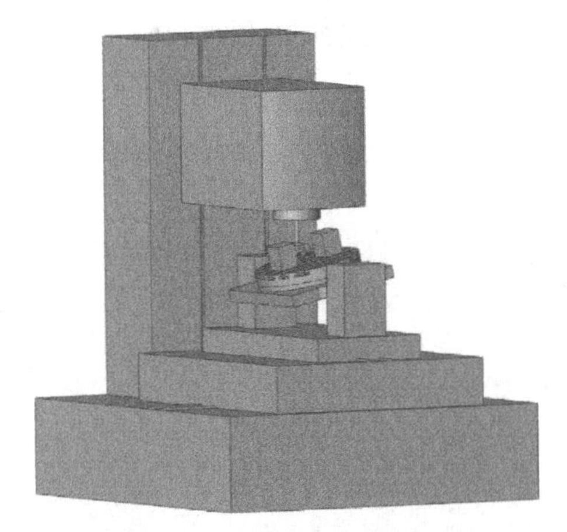

图 5.41　线齿轮数控磨齿机结构

将各组成结构的三维模型导入 VERICUT 软件中，并按照设计将各部分结构装配成线齿轮数控磨齿机模型。

线齿轮数控磨齿机共有 6 个运动轴，包括沿 x 轴、y 轴、z 轴方向的直线运动轴，以及绕 A 轴、B 轴、C 轴旋转的转动轴。旋转工作台可以绕 B 轴旋转一定的角度并固定。分度盘固定在旋转工作台中间且可绕 C 轴转动并固定，从而实现砂轮和线齿轮工件按照设计的相对位置安装固定。工件夹持机构安装在分度盘上，用于夹紧并驱动齿轮工件绕 A 轴旋转，完成磨削加工运动。

2. 线齿轮磨削加工仿真

采用 VERICUT 加工仿真软件对接触线为圆柱螺旋线的线齿轮进行成形磨削加工仿真，该线齿轮的基本参数如表 5.7 所示。

表 5.7　圆柱线齿轮基本参数

参数	取值
理论接触线螺旋半径 m/mm	32
理论接触线螺距 n/mm	12
线齿法向截面圆弧半径 r/mm	2
翻转角 φ/rad	π/6
接触线啮合点参数 t 的取值范围$[t_s, t_e]$/rad	[0, π/12]
齿数	6
齿宽/mm	20

在确定了线齿轮的基本参数之后，需要创建用于线齿轮磨削加工仿真时使用的工件毛坯模型。由于线齿轮毛坯是简单的圆柱体，因此可以直接在项目树下的“Stock”节点中添加模型，如图 5.42 所示，毛坯的直径为 66mm，高度为 20mm。

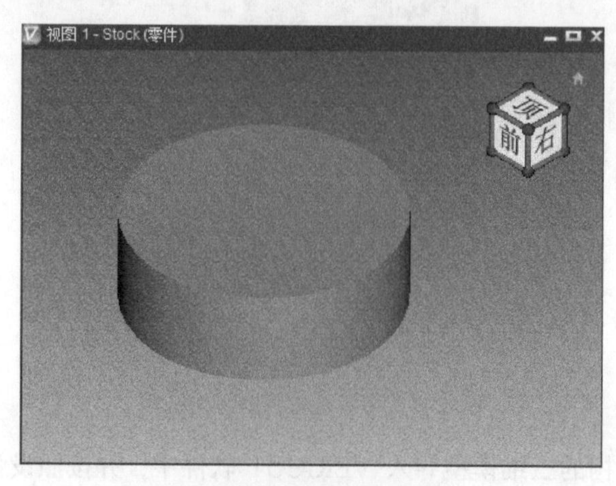

图 5.42　线齿轮毛坯模型

VERICUT 软件的刀具管理器中可以选择铣刀、车刀、砂轮等加工刀具，但是由于线齿轮齿面是空间复杂曲面不能用刀库中自带的砂轮进行磨削加工仿真，所以需要创建适用于线齿轮成形磨削加工的砂轮模型。

在 5.3.1 节中已经给出了线齿轮成形砂轮轴向界面廓形的设计方法，根据待加工线齿轮工件的参数，在 SolidWorks 软件中绘制出成形砂轮轴向截面廓形，并且将绘制的截面廓形保存为 DXF 格式的文件，然后将 DXF 文件输入 VERICUT 软件的刀具管理器中，得到如图 5.43 所示的砂轮轴向截面廓形。

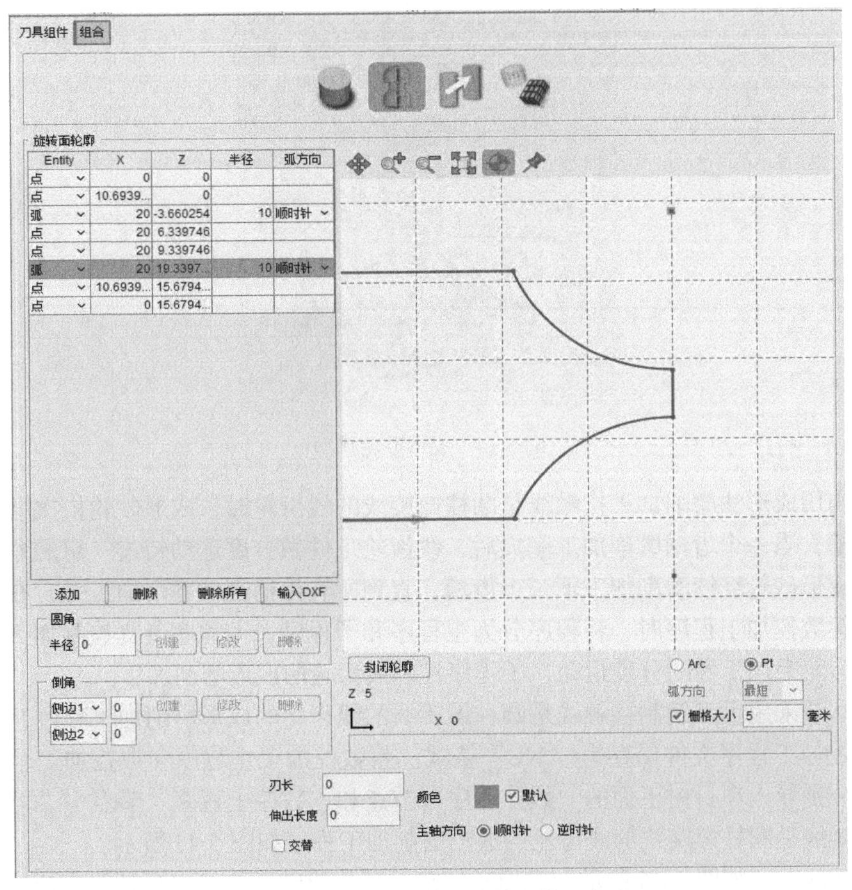

图 5.43　线齿轮成形砂轮轴向截面廓形

砂轮轴向截面廓形绕砂轮轴线旋转就可以得到成形砂轮的三维模型，然后在刀柄项目中设置好刀柄直径和长度，并且将刀柄轴线和砂轮轴线重合，就可以得到带刀柄的砂轮模型，如图 5.44 所示。同时将刀具的装夹点设置在刀柄上端面中心位置，砂轮的对刀点设置在砂轮底面中心位置。

在搭建好线齿轮数控磨齿机磨削加工仿真环境之后，还需要导入线齿轮数控加工程序才能实现磨削加工仿真。在编写数控加工程序时，数控程序应该做到在能够满足加工要求的前提下尽量简单。

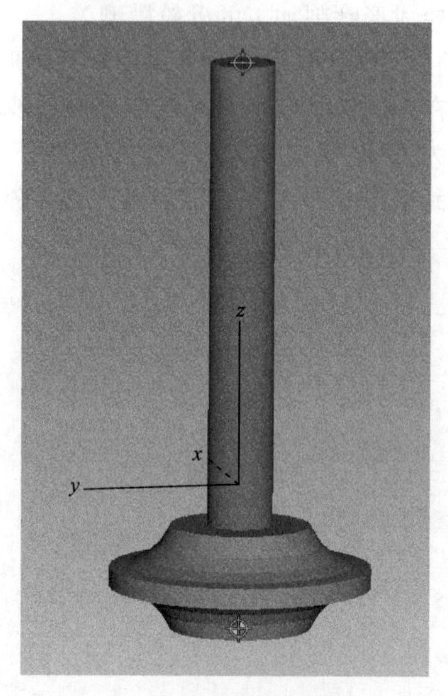

图 5.44 成形砂轮模型

当用成形法磨削加工接触线是圆柱螺旋线的线齿轮时，成形砂轮依次磨削每个齿槽，当一个齿槽磨削加工完成后，线齿轮工件做分度运动转过一定的角度，然后成形砂轮继续磨削加工下一个齿槽，直到所有齿槽都被磨削加工完。在编制线齿轮数控加工程序时，将程序分为主程序和子程序，主程序负责控制加工过程中线齿轮毛坯工件的分度运动，子程序控制线齿轮的成形磨削加工。

本节采用手工编制接触线是圆柱螺旋线的线齿轮的成形磨削加工程序，并且将数控加工程序文件保存为“.NC”格式。将数控加工主程序和数控加工子程序文件分别导入项目树下面的“数控程序”节点和“数控子程序”节点中，可以得到接触线是圆柱螺旋线的线齿轮的成形磨削加工程序如图 5.45 所示。

磨削时，如图 5.46 所示，成形砂轮在主轴的驱动下，绕自身轴线高速旋转，待加工线齿轮绕 A 轴旋转。在调整好砂轮和线齿轮的安装位置后，A 轴和 x 轴进行联动，从而实现砂轮和待加工线齿轮之间的螺旋运动和磨削加工。A 轴和 x 轴之间的联动关系满足如下公式：

$$x_A = n\varphi_A \tag{5.53}$$

式中，x_A 为待加工线齿轮沿 x 轴方向的进给量；n 为接触线的螺距；φ_A 为待加工

线齿轮绕 A 轴转过的角度。

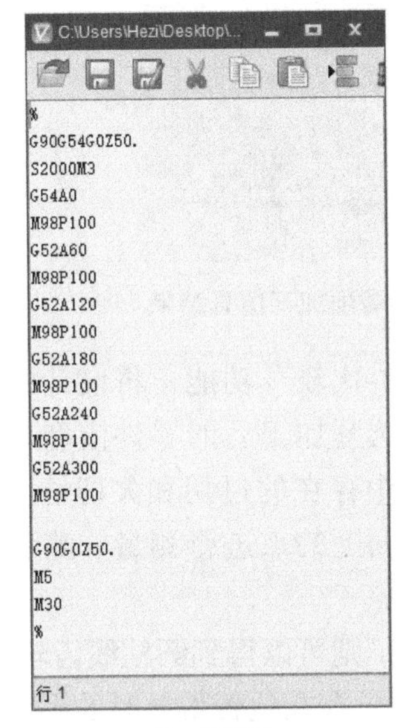

C:\Users\Hezi\Desktop\...

```
%
G90G54G0Z50.
S2000M3
G54A0
M98P100
G52A60
M98P100
G52A120
M98P100
G52A180
M98P100
G52A240
M98P100
G52A300
M98P100

G90G0Z50.
M5
M30
%
```

行 1

(a) 主程序

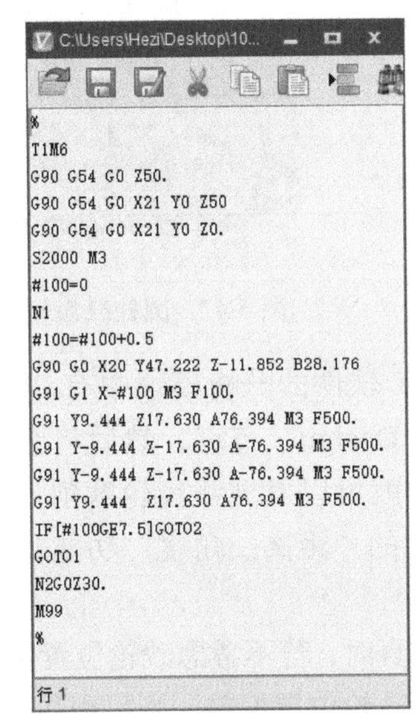

C:\Users\Hezi\Desktop\10...

```
%
T1M6
G90 G54 G0 Z50.
G90 G54 G0 X21 Y0 Z50
G90 G54 G0 X21 Y0 Z0.
S2000 M3
#100=0
N1
#100=#100+0.5
G90 G0 X20 Y47.222 Z-11.852 B28.176
G91 G1 X-#100 M3 F100.
G91 Y9.444 Z17.630 A76.394 M3 F500.
G91 Y-9.444 Z-17.630 A-76.394 M3 F500.
G91 Y-9.444 Z-17.630 A-76.394 M3 F500.
G91 Y9.444  Z17.630 A76.394 M3 F500.
IF[#100GE7.5]GOTO2
GOTO1
N2G0Z30.
M99
%
```

行 1

(b) 子程序

图 5.45　线齿轮的成形磨削加工程序

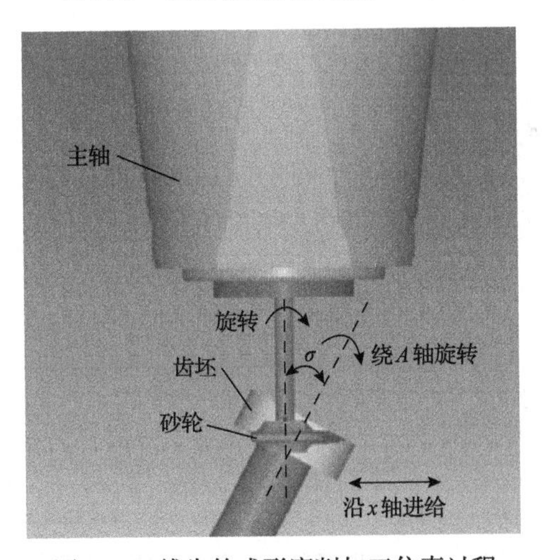

图 5.46　线齿轮成形磨削加工仿真过程

3. 仿真结果

在对接触线是圆柱螺旋线的线齿轮成形磨削加工仿真过程中，砂轮并没有出现和工件以及机床运动轴干涉、碰撞等错误情况。加工仿真完成后，最后得到的线齿轮成形磨削加工仿真模型如图 5.47 所示。

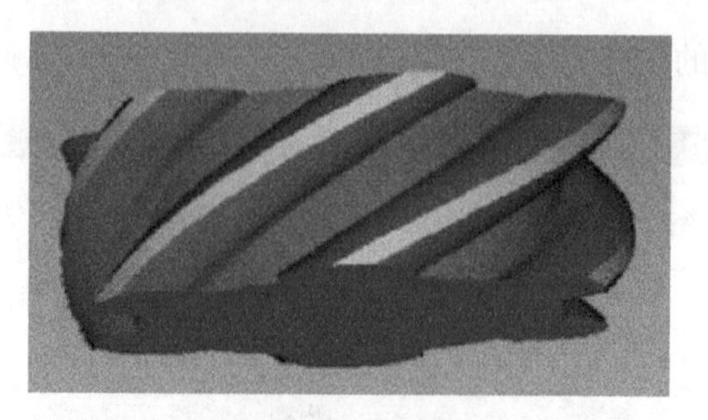

图 5.47　圆柱线齿轮成形磨削加工仿真结果

VERICUT 软件的分析模块中有“自动-比较”功能，将设计的理论模型导入项目树的“Design”节点，然后将磨削仿真加工后的零件模型与理论模型进行对比分析，就可以发现线齿轮磨削加工中存在的过切和欠切情况。也可以通过测量模块中的“距离、角度”功能对齿面上的点进行测量，测量出误差值的大小。

在加工仿真时，若不考虑砂轮位置偏差，则可以得到圆柱线齿轮的理论齿形；若设置不同的砂轮位置偏差，则可以得到砂轮存在位置偏差时的误差齿形。

对圆柱线齿轮进行磨削加工仿真，得到理论齿面与误差齿面的对比结果，如图 5.48 所示。

(a) 存在轴向误差$\Delta s_z = 0.20$mm

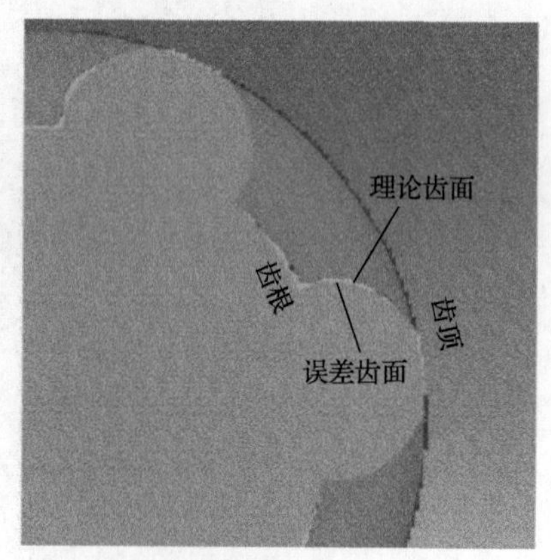

(b) 存在倾斜误差$\Delta\alpha = -0.01°$

图 5.48　理论齿面与误差齿面的对比结果[77]

在设置加工过程中砂轮中心沿 z_2 轴方向上的轴向误差为 0.20mm，得到砂轮中心沿 z_2 轴方向存在轴向偏移量 Δs_z=0.20mm 时的误差齿面，同时导入理论齿面作为“Design Point”，采用分析工具中的“自动-比较”功能，得到轴向误差 Δs_z=0.20mm 时，理论齿面与误差齿面的对比结果(图 5.48(a))。由图 5.48(a)可以看出，经磨削加工后的圆柱线齿轮沿齿高方向的线齿齿厚增大。应用测量工具，选取磨削齿面接触线上的啮合点进行测量，得到啮合点处的齿形误差值为 0.195mm。

设置加工过程中砂轮轴线绕 x_2 轴转动的角度误差为–0.01°，得到砂轮轴线存在倾斜误差 $\Delta\alpha$=–0.01°时的误差齿面，同时导入理论齿面作为“Design Point”，采用分析工具中的“自动-比较”功能，得到倾斜误差 $\Delta\alpha$=–0.01°时，理论齿面与误差齿面的对比结果(图 5.48(b))。由图 5.48(b)可以看出，经磨削加工后的圆柱线齿轮沿齿高方向的线齿齿厚减小。应用测量工具，选取磨削齿面接触线上的啮合点进行测量，得到啮合点处的齿形误差值为 0.013mm。

5.4　线齿轮专用搓齿加工技术与装备

5.4.1　线齿轮搓齿加工方法

线齿轮搓制加工将锻造工艺与轧制工艺结合，基于齿轮啮合原理通过范成法进行成形加工。在金属坯料通过模具间隙后，坯料受模具轧制作用截面产生变化，模具的特殊形状通过锻造作用对坯料施加压力，坯料由于金属材料受压产生塑性流动生成与模具对应的形状及尺寸，得到符合设计要求的线齿轮，如图 5.49 所示。

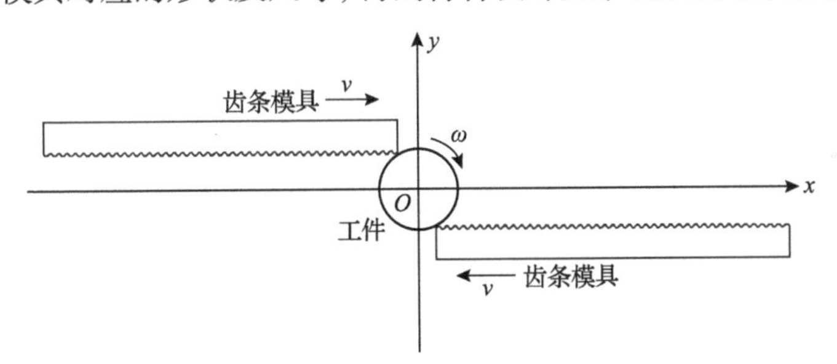

图 5.49　线齿轮搓制原理

线齿轮的搓制加工模具采用齿条模具。相比于齿轮模具，齿条模具通过增加轮齿数量以及设置齿高阶梯值的方式代替齿轮模具的径向进给，避免径向进给运动的能源损耗，也减小了齿条模具径向进给时刚性不足产生的较大振动对成形误差的影响。

齿条模具分为上齿条模具和下齿条模具，两齿条模具关于工件轴对称，两齿条模具的距离 Δd_y 为线齿轮的螺旋半径 m 与齿根高 h_f 差值的 2 倍，即有

$$\Delta d_y = 2\left(m - h_f\right) \tag{5.54}$$

齿条模具的齿形根据线齿轮齿形计算得到，齿条模具齿面与线齿轮齿面互为包络面，对所需加工得到的已知设计参数的线齿轮可根据齿廓法线法求得齿条模

具的齿形。在两齿条模具等速相对运动过程中，齿条模具的齿廓不断对工件轴坯进行挤压，工件轴坯表面金属材料在挤压力以及摩擦力的作用下发生塑性变形，在满足最小阻力定律条件下流动金属材料在齿条模具齿形凹槽中形成凸起，在凸起处形成凹槽[78]，最终形成初始设计的线齿轮齿形。

整个搓制过程按照加工特点分为三个阶段，即咬入阶段、精整阶段和退出阶段。每个阶段对线齿轮搓制成形的影响不同，通过分析线齿轮搓制过程中不同阶段的成形特点确定成形质量的影响因素。

1. 咬入阶段

咬入阶段是分析线齿轮搓制成形力、成形特点的主要阶段。

当咬入阶段开始时，以端面为研究对象，如图 5.50 所示。当齿条模具向右运动过程中恰好与工件开始接触时，在 y 轴方向上接触点 e_1 与工件待成形表面最高点的距离为 Δh ，表示齿条模具的咬入深度变化量为 Δh ， Δh 越大，工件材料的变形量越大，成形力也就越大，齿条模具的第一个轮齿在工件表面形成一部分齿槽。

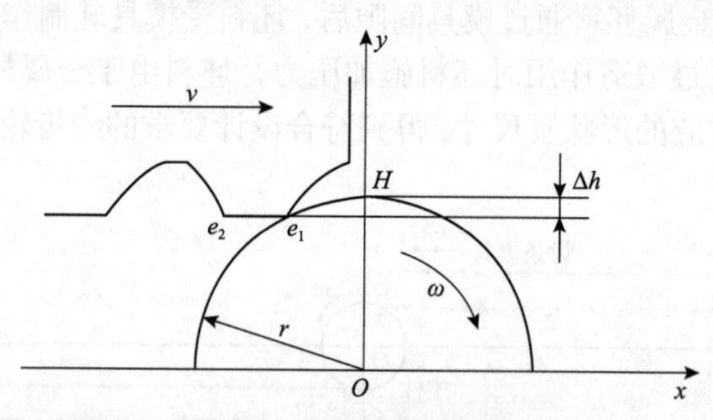

图 5.50　齿条模具开始咬入

在齿条模具成功咬入工件后，轮齿持续带动工件旋转，当齿条模具的第二个轮齿恰好与工件表面接触时，接触点为 e_2 ，齿条模具的第二个轮齿在工件表面继续形成一部分齿槽。在工件旋转一周后，工件表面形成一圈齿槽，这一过程称为线齿轮搓制的分齿，如图 5.51 所示。

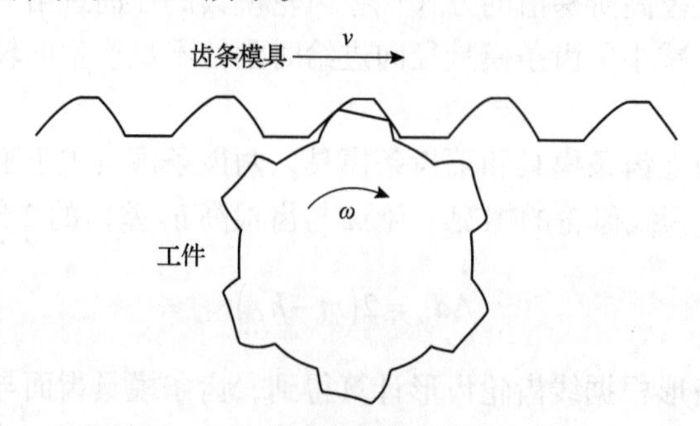

图 5.51　线齿轮搓制的分齿过程

在咬入阶段中为了减小分齿过程的成形力，通常将齿条模具的初始齿高减小，再逐渐增大齿高直至设计值。在对工件完成分齿过程后，齿条模具每齿高恒值增加，齿条模具对工件的咬入深度变化量 Δh 不变，工件表面的线齿轮齿廓逐渐成形。根据体积不变定律，当齿条模具齿高小于设计值时，齿槽处的金属材料变形量小于线齿轮齿顶成形需要的填充量，线齿轮齿形未成形完全，且齿顶未接触到齿条模具的齿底，接触侧齿顶凸起高度更大，若处理不当，将产生严重的“缝合”缺陷。

2. 精整阶段

精整阶段是保证线齿轮齿廓形状精度的重要阶段。

进入精整阶段后，线齿轮齿廓基本成形，如图 5.52 所示。在精整阶段，齿条模具的齿高和设计的线齿轮齿高相等，齿廓更加完整且不再变化，齿条模具的咬入深度变化量 Δh 几乎为零，齿条模具和工件之间的运动关系可以看成齿轮齿条的啮合运动，齿条模具齿顶不再相对于工件做径向进给运动，仅对工件已成形齿廓进行修形，改善咬入阶段中产生的“缝合”缺陷，提高齿面成形质量。

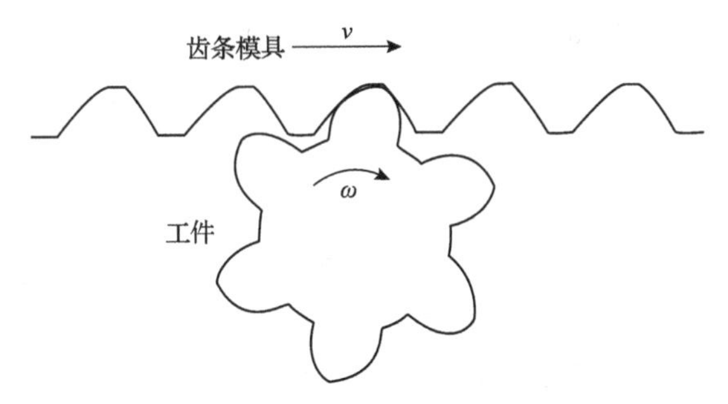

图 5.52　精整阶段线齿轮成形情况

齿条模具能够准确包络出完整的线齿轮齿廓，因此齿条模具在精整阶段齿廓为咬入阶段和退出阶段齿廓的基准，首先确定精整阶段的齿廓，再根据不同阶段的加工特点对齿廓进行修形，得到完整的齿条模具齿廓。在精整阶段，为保证线齿轮成形质量，齿条模具的齿槽体积未留有余量，工件材料几乎填充齿条模具的齿槽，当工件直径过大时，多余的工件材料造成齿条模具齿根处的应力急剧增大，容易产生轮齿折断，因此工件直径应通过数值计算或模拟仿真的方式进行确定。

3. 退出阶段

退出阶段是保证已成形线齿轮能够安全脱离齿条模具的阶段。

如图 5.53 所示，线齿轮成形完成后，通过退出阶段齿条模具齿部推力作用下脱离齿条模具。在退出阶段，齿条模具与线齿轮之间仍存在一定的相对滑动，为防止模具轮齿的齿顶尖角部分在线齿轮转动过程中划伤线齿轮齿面，减小模具轮齿对已成形齿面的影响，齿条模具的齿形呈变位分布，且变位系数逐渐减小，在模具轮齿的齿顶面和齿面的相交位置采用圆角连接，此时齿条模具对工件不再产生明显的挤压作用，工件变形部分会产生少量的弹性回复，对成形质量产生一定的影响。

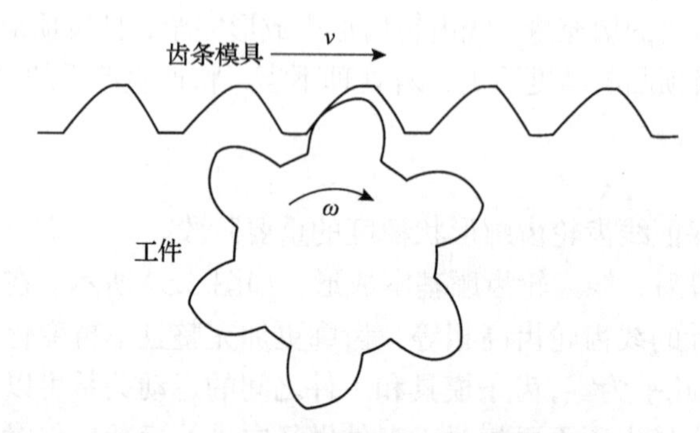

图 5.53　退出阶段线齿轮成形情况

5.4.2　线齿轮搓齿加工装备

线齿轮批量化加工方式以滚齿、插齿等切削加工方式为主，存在材料利用率低、资源消耗高、工艺复杂、金属流线分布不合理等缺点，导致齿轮的使用性能较差，寿命偏低。为提高加工效率和加工质量，采用搓制工艺加工线齿轮，作为一种塑性成形方法，搓制工艺将锻造技术和轧制技术相结合，通过一对齿条模具的同步相对运动，在工件表面包络形成线齿轮的齿面，加工过程中无切屑产生，大大提高了材料的利用率和成形效率，工艺流程简单。

线齿轮搓制装备的主运动为齿条模具的相对运动，在每个工件的加工周期内，齿条模具单向运动整个行程。结合线齿轮搓制装备的动作要求和设计任务，确定线齿轮搓制装备的功能要求如下：

(1) 自动化。为实现线齿轮批量化生产，自动化生产装备的设计是其中必要的一环，用机器代替部分甚至全部的手工劳动能够有效地提高生产效率。

(2) 通用性。线齿轮的齿形设计具有灵活性，对于同一接触线的不同线齿轮可能有着不同的齿廓，不同齿廓的线齿轮对应不同的搓制模具，应合理设置搓制模具的通用夹具。同样适用于搓制工艺的还有渐开线齿轮、花键、螺纹件等金属零件，应当纳入考虑的范围。

(3) 高精度。在齿条径向搓制工艺中，由两齿条相对进给运动对工件实现挤压，迫使工件表层金属发生塑性变形，在进给过程中，齿条与工件的距离应与设计值一致。

(4) 经济性。作为大批量生产装备，应考虑能源节约、资源合理利用的问题，降低生产成本，提高生产经济效益。

将线齿轮搓制装备的功能模块分为工件装夹机构、模具定位机构、滑台驱动机构和机架四个部分，如图 5.54 所示。

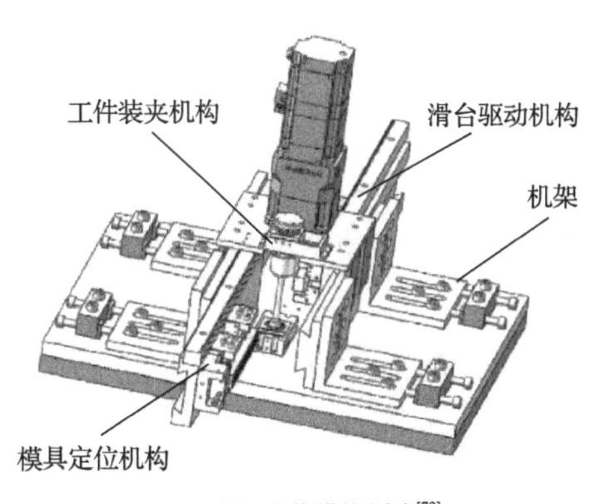

(a) 整机功能模块划分[79]

(b) 整机实物图

图 5.54　线齿轮搓制装备功能模块

1. 工件装夹机构

工件装夹机构的主要功能是夹持待加工工件，保证工件的定位精度和旋转精度，为工件初始位置的确定提供参考，确保工件的咬入过程顺利进行，避免在加工过程中工件发生位置的改变，影响成形过程。设计工件定位机构需要考虑工件在实际工况中结构尺寸与运动方面的特点，确定工件整体形状为圆柱体，设计参数如表 5.8 所示。

表 5.8　工件设计参数

工件材料	工件直径 d / mm	齿部长度 d_g / mm	工件总长 l_p / mm
6061	8～10	15～20	100～110

工件在加工过程中需要完成上下料动作以及沿轴线方向上由搓齿模具带动进行的旋转动作，在旋转过程中通过双顶尖的定位作用，限制工件除轴向旋转的自由度。

图 5.55 为工件装夹机构的结构示意图，上旋筒与上滑块之间采用螺纹连接，上顶尖通过旋转上旋筒实现上升和下降，在下降过程中顶住工件的上端，与下顶尖共同对工件定位。

2. 模具定位机构

模具的位置精度关系到成形过程中齿形分度精度、成形力大小以及齿形的成

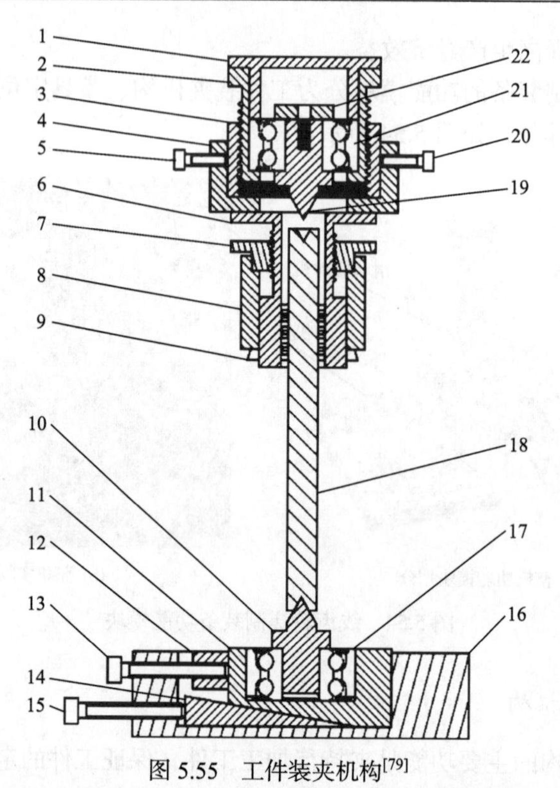

图 5.55　工件装夹机构[79]

1.上端盖；2.上旋筒；3.上滑块；4.上导向箱；5.左锁紧螺栓；6.卡筒；7.对心调节旋钮；8.套筒；9.对心楔块；10.下顶尖；11.下滑块；12.固定横梁；13.固定螺栓；14.下楔块；15.下调节螺栓；16.下导向箱；17.下角接触球轴承；18.工件；19.上顶尖；20.右锁紧螺栓；21.上角接触球轴承；22.上顶尖止动块

形质量等，主要包含两个方面的内容：一是两齿条模具之间的相对位置关系，二是两齿条模具与工件之间的相对位置关系。其中两齿条模具之间的相对位置关系需要保证关于工件中心轴对称，当设计齿轮齿数为奇数时，两齿条关于工件中心轴的距离需要相差半个齿距；当设计齿轮齿数为偶数时，两齿条关于工件中心轴的距离相等，保证两齿条的轮齿在工件上的挤压轨迹一致。模具定位机构用来调节两齿条模具之间的距离，尽可能减少在加工过程中发生错齿、乱齿现象，结构示意如图 5.56 所示。

模具定位机构分为三个作用模块：第一个作用模块是模具粗定位模块，包括两个模具支架和四个固定螺栓，将齿条模具放在模具支架上后旋紧固定螺栓进行粗定位；第二个作用模块是两齿条沿轴坯径向的间距调节模块，通过斜楔机构将间距调节螺栓的竖直位移转换为动楔块的水平位移，推动齿条沿轴坯径向移动，控制两齿条之间的距离为设计线齿轮的接触线螺旋直径；第三个作用模块是两齿条与轴坯的相位差调节模块，旋转相位差调节螺栓推动齿条向轴坯移动，保证两齿条相位一致。

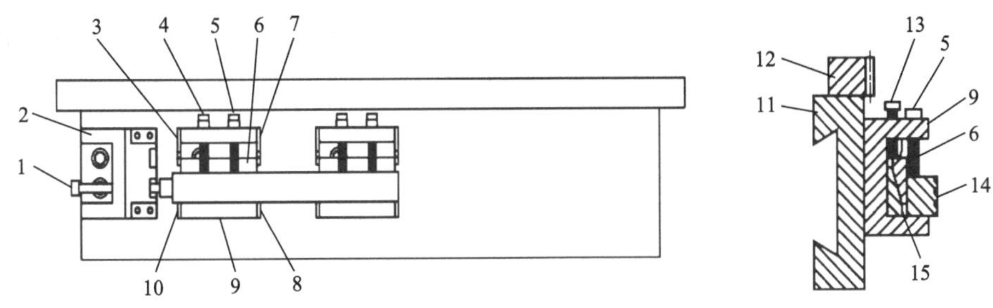

图 5.56　模具定位机构示意图[79]

1.相位差调节螺栓；2.相位差调节支架；3.左上限位块；4.左固定螺栓；5.右固定螺栓；6.动楔块；7.右上限位块；8.右下限位块；9.模具支架；10.左下限位块；11.滑台；12.传动齿条；13.间距调节螺栓；14.齿条模具；15.定楔块

3. 滑台驱动机构

滑台作为实现搓制工艺过程中主运动的载体，需要足够大的动力且强度满足轧制力大、运动平稳等特点，需要足够大的刚度减小在轧制力大的工艺特点下由滑台的变形产生的加工误差。

目前加工设备的导轨主要分为滑动导轨、滚动导轨、静压导轨、磁浮导轨及复合导轨[79]，其中滑动导轨结构简单、经济性好，在机床设备中使用较为普遍。图 5.57 为燕尾槽导轨，1 为滑台，2 为导轨基座，3 为斜铁。燕尾槽导轨具备承载能力强、振动抑制性能高、阻尼性好等优点，适合于线齿轮的搓制加工。燕尾槽导轨中导轨基座与机架固定，保证传动过程的稳定，滑台通过与传动齿条固定实现移动，两侧传动齿条对称设置，由一个传动齿轮带动，当传动齿轮旋转时既能带动两齿条相对运动，实现两滑台的主运动，又能保证在工作状态下两齿条运动的同步性，如图 5.57 所示。

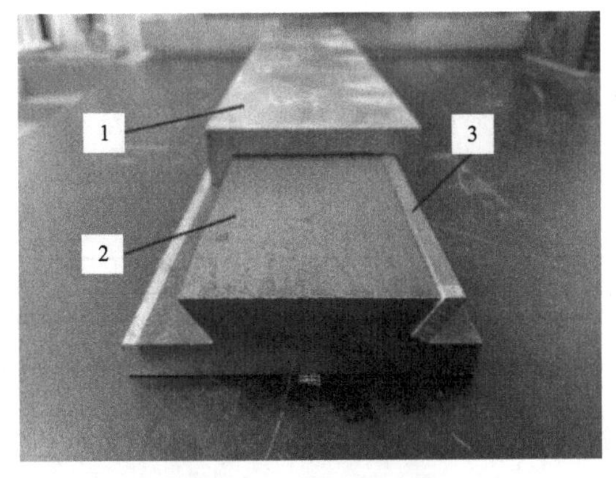

图 5.57　燕尾槽导轨

图 5.58 为齿轮齿条传动机构示意图，1 为左传动齿条，2 为左滑台，3 为左导

轨，4 为右传动齿条，5 为右滑台，6 为传动齿轮，7 为右导轨。通过传动齿轮的转动带动左传动齿条和右传动齿条相向运动，由电机驱动传动齿轮的旋转，如图 5.59 所示。

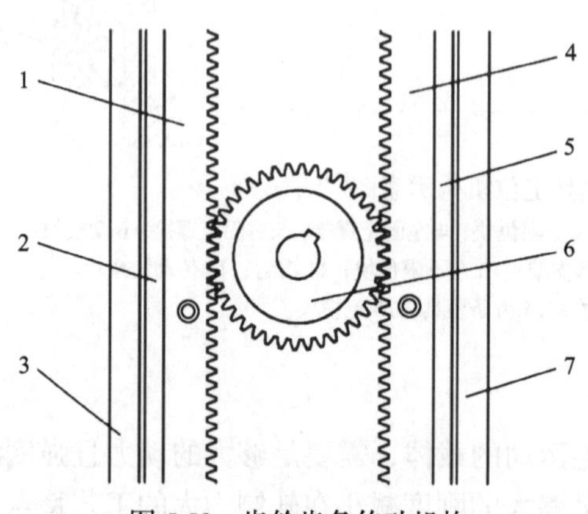

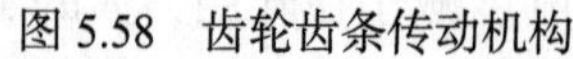
图 5.58　齿轮齿条传动机构

图 5.59　滑台驱动机构

图 5.59 为滑台驱动机构实物图，1 为伺服电机，2 为减速器，3 为左传动齿条，4 为右传动齿条，5 为传动齿轮。伺服电机通过减速器将动力传递给传动齿轮，在搓制过程中切向成形力 F_t 较大，容易引起传动齿轮轮齿折断。因此，需要对传动齿轮的齿根弯曲疲劳强度进行校核。这里选用的直齿轮模数 m_j=2mm，齿数 z_j=40，齿宽 b_j=20mm，根据式(5.55)计算齿根危险截面弯曲应力，其中 K 为载荷系数，由式(5.56)计算得到，各系数的选取查表[80]可得，如表 5.9 所示。计算得到 $\sigma_F=3.05\text{MPa}$，在安全系数取 1.5 的条件下，许用弯曲应力 $[\sigma_F]=326.67\text{MPa}$，弯曲应力小于许用值，滑台驱动机构能够正常工作。

$$\sigma_F=\frac{KF_tY_{F\alpha}Y_{sa}}{b_jm_j}\leqslant[\sigma_F] \tag{5.55}$$

$$K=K_AK_vK_\alpha K_\beta \tag{5.56}$$

表 5.9　弯曲应力计算系数

使用系数 K_A	动载系数 K_v	齿间荷载分配系数 K_α	齿向载荷分布系数 K_β	齿形系数 $Y_{F\alpha}$	校正系数 Y_{sa}
1.50	1.25	1.10	1.14	2.40	1.67

5.4.3　线齿轮搓制过程仿真模拟

对线齿轮搓制工艺的仿真模拟有利于搓制工艺参数制定以及搓制设备设计。金属塑性成形中材料流动特点、应力分布情况以及成形载荷大小等数据对分析线齿轮搓制工艺质量都有着重要的作用，基于有限元理论的模拟仿真软件 Deform-3D 专门用于金属塑性成形工艺的模拟仿真，针对不同金属塑性成形工艺提供相应的解决方案，输出金属单元体变形数据，能够快速准确地分析工艺参数对变形过程的影响。

有限元法能够有效地数值模拟塑性成形过程，将变形体划分为有限个单元体，通过节点将各单元体的场变量联系起来，组成总体方程，求解总体方程后得到问题的解。有限元法的计算方式将金属变形过程中各种变化的场变量以数值的形式精确地求解表示出来，能够定量地描述金属流动规律，为加工装备的选型设计提供参考。

在线齿轮搓制的仿真模拟中，对线齿轮搓制工艺参数合理性的判断需要从成形力、齿顶填充度、齿距累积误差三个方面进行分析，分析的结果为研究工艺参数对搓制成形质量的影响和线齿轮搓制设备的设计提供理论依据。

1. 成形力

成形力的数值模拟分析能够为搓制自动化装备的设计提供参考依据。如图 5.60 所示，线齿轮搓制工艺中的成形力可分解为切向力 F_t、径向力 F_r 和轴向力 F_n，其中切向力 F_t 的大小影响动力装置的输出，径向力 F_r 的大小决定机架结构的刚度，轴向力 F_n 的大小为工件装夹装置的强度设计提供参考。

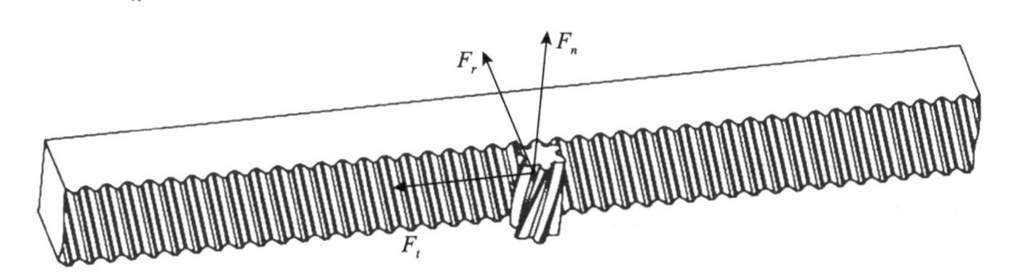

图 5.60　成形力分解示意图

当齿条模具在咬入阶段初始位置时，齿条模具恰好接触到工件表面，当齿条模具继续运动时，咬入齿的齿顶部分对工件表面金属进行挤压，受到齿条模具轮齿的阻力作用，金属流动沿齿条模具咬入齿的齿面方向，金属材料发生堆积，此时工件还未开始转动，模具轮齿便对工件表面金属产生切削作用，如图 5.61 所示。

当倾角 φ_1 取得推荐值 $\varphi_1 = 5'$ 时，由式(5.57)计算得到初始咬入深度 h_0：

$$h_0 = r - m + h_f - L_1 \tan\varphi_1 \tag{5.57}$$

其中咬入区域长度 L_1 取 130mm，求出初始咬入深度 h_0 为 0.71mm，相比于其他位置的咬入深度变化量，初始咬入深度变化量 Δh_0 最大。齿条模具上第一个咬入齿进入工件表层金属后，当与模具轮齿齿顶面接触的金属材料发生塑性流动后，工件在成形力矩作用下发生转动。

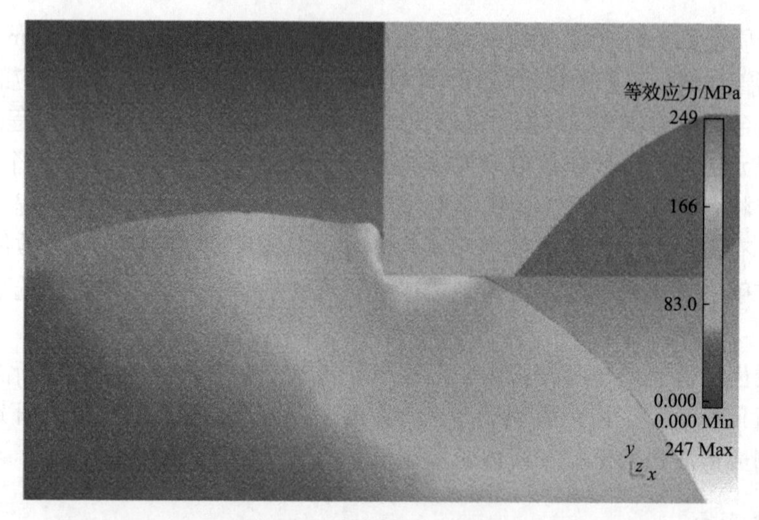

图 5.61　齿条模具开始咬入

在分齿过程中有多个齿在工件表面连续咬入，成形力逐渐增大到成形过程中的最大值，随着分齿过程的结束，咬入深度变化量减小，成形力也逐渐减小，在成形力变化曲线图中表现为初始阶段存在一个波峰。分齿过程结束后，由式(5.58)可得咬入深度变化量 Δh 为恒定值，成形力总体上呈现平稳趋势。

$$\Delta h = \frac{2\pi m}{N}\tan\varphi_1 \tag{5.58}$$

如图 5.62 所示，随着咬入齿逐渐压入工件，线齿轮齿廓逐步成形，在工件表面压入区域都存在较大的应力分布。

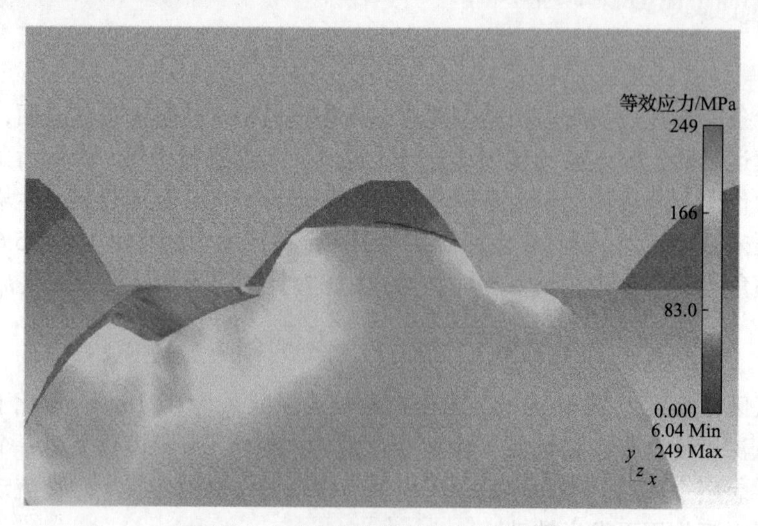

图 5.62　咬入阶段等效应力分布情况

进入精整区域后，齿条模具与工件之间可以看成齿轮齿条的啮合运动，此时工件表面的变形已基本完成，仅对齿面进行修形，因此应力主要分布在齿顶和齿底，如图 5.63 所示。

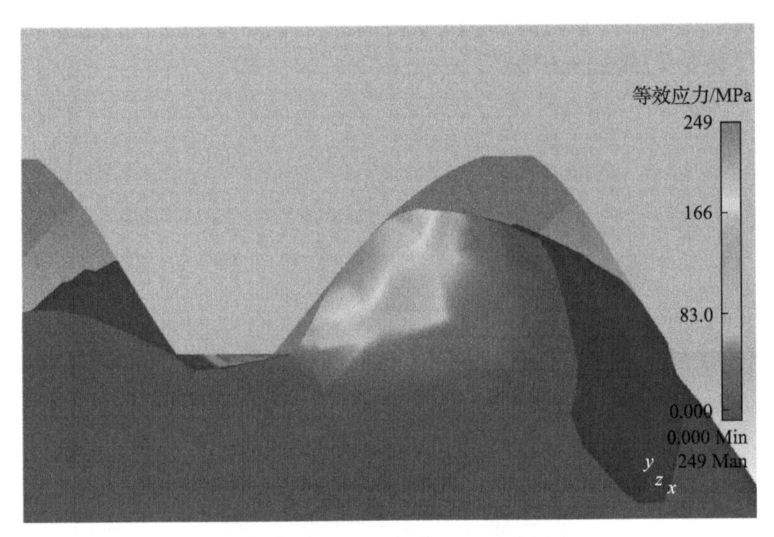

图 5.63　精整阶段等效应力分布情况

进入退出区域后，齿条模具的齿形呈变位分布，齿条模具的工作齿形逐渐远离工件上已成形的齿形，不再进行啮合运动，仅通过齿条模具齿顶的推力作用使工件继续转动，尽可能减小齿条模具的脱离过程对已成形线齿轮齿廓的影响，因此有少许应力分布在推力作用区域，如图 5.64 所示。

图 5.64　退出阶段等效应力分布情况

图 5.65 为后处理中齿条模具的载荷变化情况，齿条模具受到的作用力与成形力互为反作用力，因此齿条模具的载荷变化情况也是成形力的变化情况。可以看出，切向力 F_t 、径向力 F_r 和轴向力 F_n 的变化趋势一致，由于成形力的值不断变化，所以在分析工艺参数对成形力的影响及工艺设备的强度校核过程中取成形力的最大值代替变化的成形力值。

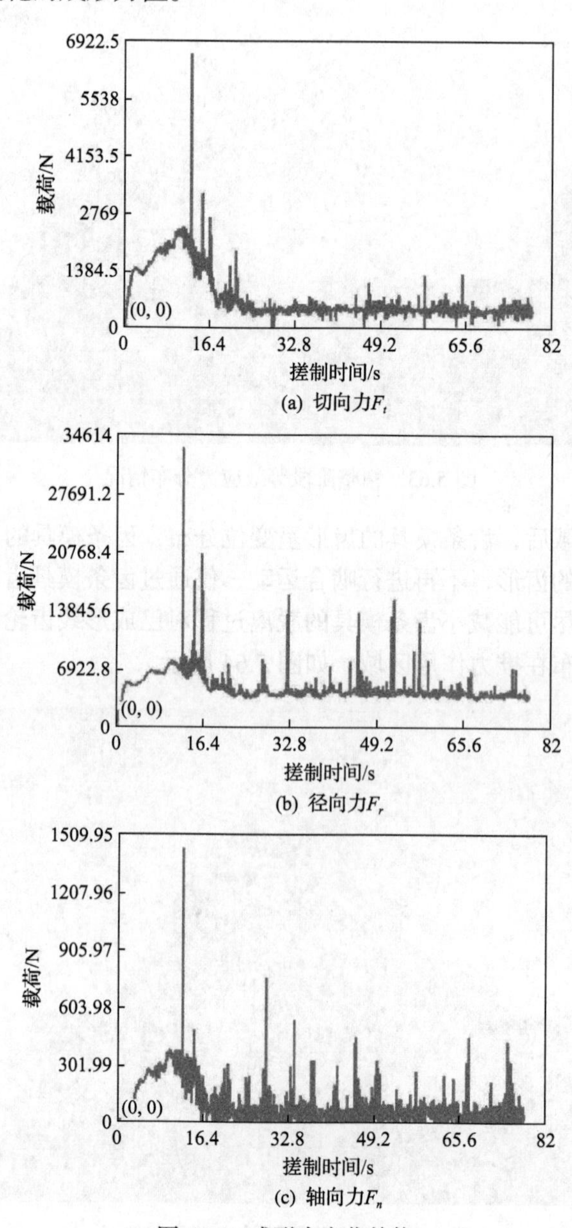

图 5.65　成形力变化趋势

2. 齿顶填充度

齿顶填充度指的是线齿轮成形过程中轮齿齿顶部分金属材料的实际体积与理论体积之比，忽略轮齿部分各轴截面表层金属沿轴向流动速度的差异，齿顶填充度也可为线齿轮成形过程中轮齿齿顶部分的实际端面面积 S_a 与理论端面面积 S_d 之比，比值为 K_1，则有

$$K_1 = \frac{S_a}{S_d} \times 100\% \tag{5.59}$$

当齿顶填充度低时，表示工件材料轴向流动大，引起填充齿顶部分的材料不足，端面齿廓填充不完全，如图 5.66 所示，工件齿顶形成的突耳需要在加工完成后进行二次加工，切除突耳，既增加了工序，又切断了金属纤维，影响齿轮的力学性能。

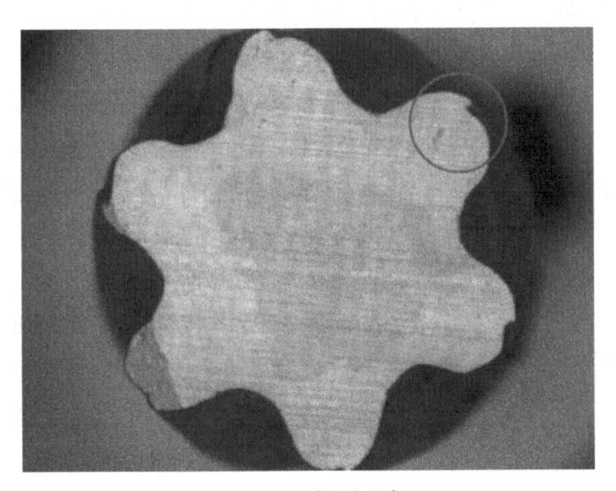

图 5.66　突耳现象

突耳现象的产生原因主要在于齿条模具单向运动时与工件之间存在特殊的范成运动，工件表面轮齿成形时两侧齿廓的金属受到的阻力情况不同、流动情况有差异等，如图 5.67 所示，两侧齿廓受摩擦作用的方向不同，在 F_{f1} 作用下左齿侧材料向齿顶方向移动，在 F_{f2} 作用下右齿侧材料向齿底方向移动。

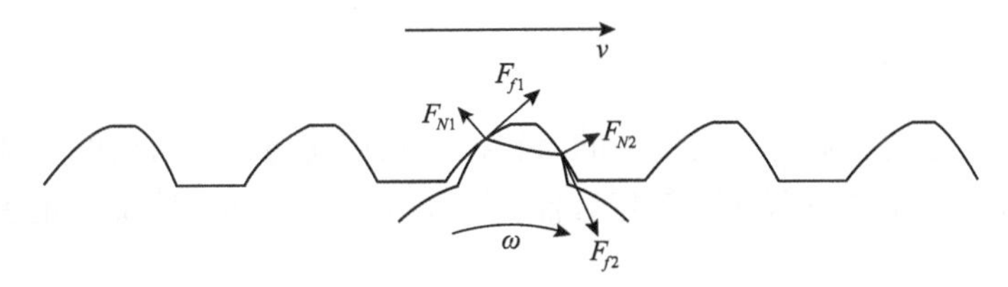

图 5.67　两侧齿廓受力情况

当齿顶填充度高时，齿条模具的齿底部分对工件齿顶突耳的增高起到抑制作用，会将工件齿顶形成的突耳缺陷压向齿顶中部，突耳弯曲折叠在工件齿顶，如图 5.68 黑色区域所示，这种现象称为“缝合”缺陷。

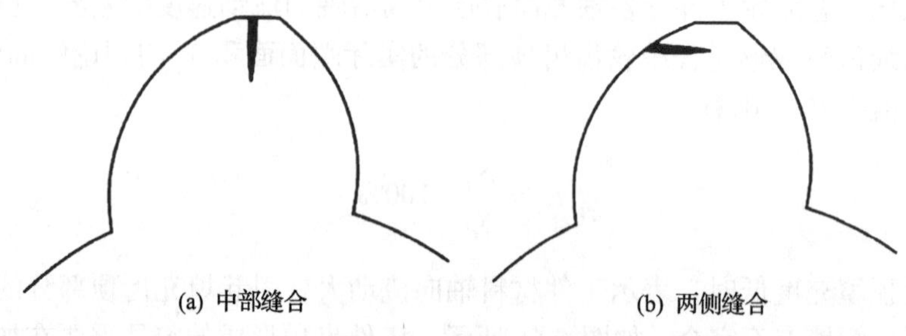

图 5.68　“缝合”缺陷

在不断压下的过程中，相邻两齿之间堆积的理想弹塑体金属材料在体积不变的条件下向两侧流动，不断对齿条模具的轮齿加压，引起齿条模具的齿根部分应力急剧上升，可能会造成轮齿折断。因此，对齿顶填充度进行合理分析能够减少搓制完成后齿顶修形的工作量，控制搓制工艺中突耳与缝合缺陷的产生，减小突耳的切削对齿轮力学性能的影响，同时避免过大的填充压力对齿条模具和成形装备的不利影响。

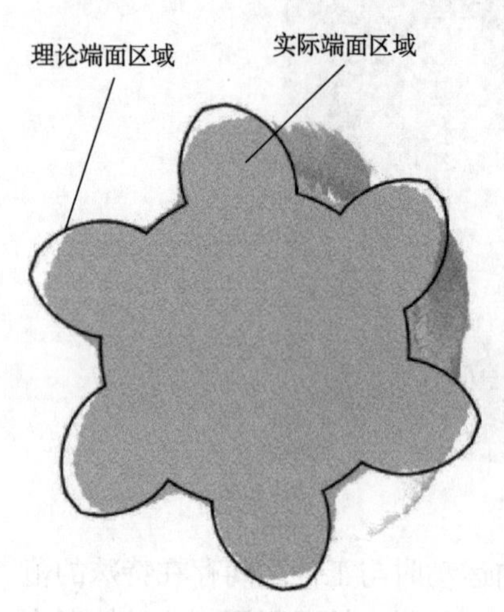

图 5.69　端面齿廓成形情况

由于线齿轮是通过空间共轭曲线传动的新型齿轮，所以线齿轮在接触线上进行点接触啮合，齿顶高的大小并不影响线齿轮的传动，因此对线齿轮齿顶填充度的评价主要目的在于分析工件表层金属轴向流动量，检测线齿轮齿顶部分成形情况，图 5.69 为体积不变条件下工件端面齿廓成形情况。

外侧黑色线条为理论端面齿廓，灰色区域轮廓为实际端面齿廓，可以看出实际加工后的工件材料并不能完全填充预先设计的齿顶。因此，工件的轴径通过等体积法求解得到，并保留一定的余量。

3. 齿距累积误差

线齿轮是通过点啮合实现传动的齿轮，齿轮传动通过一对空间共轭曲线点接触传递动力，齿面其余部分不参与啮合，因此线齿轮的加工质量评定主要依据接触线的成形精度。

结合搓制工艺的加工特点对误差项目进行分析，在搓制过程中，线齿轮的齿廓与齿条齿廓相互包络，并对多个轮齿不断修形，因此搓制出来的齿面成形精度较高。对齿面偏差的检测指标主要为接触线的形状偏差，其中圆柱螺旋线的形状偏差分为端面方向总偏差和柱面方向总偏差。端面方向总偏差指的是在端面上能将实际接触线的投影完全包容的两个以理论接触线端面投影为中间圆的同心圆之间的最小半径差，柱面方向总偏差指的是在柱面上能将实际接触线的投影完全包容的两条以理论接触线柱面投影为对称线的直线之间的最小距离，如图 5.70 所示。

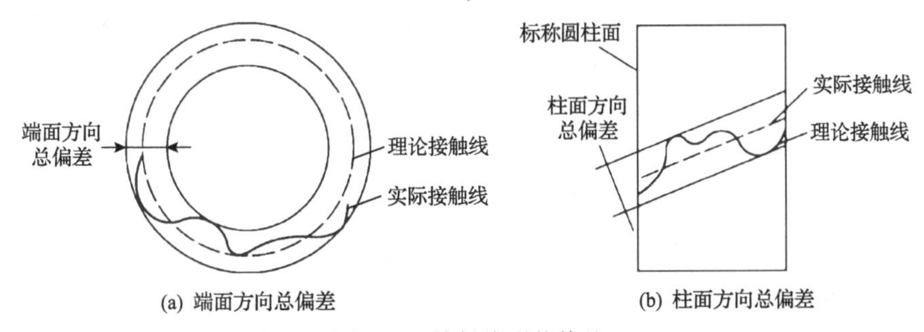

(a) 端面方向总偏差　(b) 柱面方向总偏差

图 5.70　接触线形状偏差

在实际搓制加工结束后得到的线齿轮模型应通过齿面接触斑点试验检测接触线的位置，将加工线齿轮作为主动轮，标准线齿轮作为从动轮组成线齿轮副进行传动，检测到的接触线的端面方向总偏差和柱面方向总偏差作为接触线形状偏差。在模拟仿真中齿面接触斑点试验不易实现，可结合搓制加工特点采用齿距累积误差 ΔF_P 对齿轮传动的准确性进行检测。线齿轮齿距累积误差 ΔF_P 可参考圆弧圆柱齿轮精度标准 GB/T 15753—1995《圆弧圆柱齿轮精度》定义为端面上任意两个同侧接触点在接触线所在圆柱面上的实际间距与公称间距的最大差值，如图 5.71 所示。

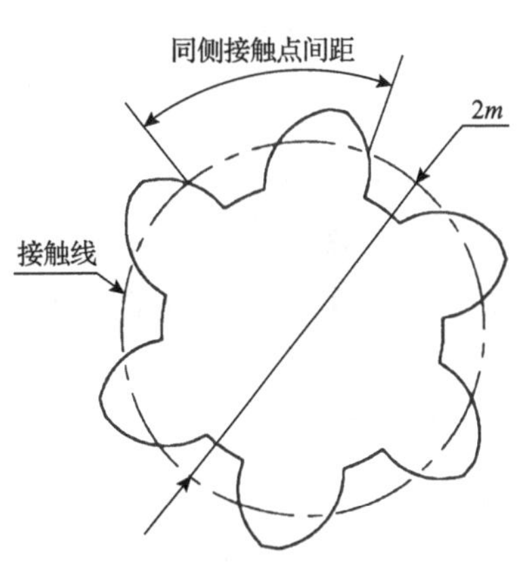

图 5.71　同侧接触点间距示意图

m 指线齿轮螺旋半径

5.4.4　线齿轮搓制加工与性能测试

1. 线齿轮搓制成形力正交试验

正交试验方法是一种针对多因素影响试验结果的求解最优因素水平组合的试验方法。正交试验设计通过正交表排列组合具有代表性的水平组合，通过分析代表性水平组合影响下的试验结果，了解全面试验的情况。

在线齿轮搓制过程中，对成形力的分析能够为自动化搓制装备的强度设计提供依据，当选型动力装置时，也需要提供成形力或成形力矩数值，因此对成形力的研究是线齿轮搓制工艺中的关键一环。搓制过程中的成形力大小和成形质量受到齿条模具参数、工件参数、进给速度等多种工艺参数的影响，在预成形线齿轮参数设计完成后，对应的齿条模具参数中齿条齿形的参数基本确定，尺寸参数根据搓齿板尺寸标准进行设计，对搓制过程中咬入阶段的倾角对成形力的影响研究已初步完成，因此齿条模具的参数已经确定，工件参数和进给速度可以作为试验因素。

参考目前对于花键、渐开线齿轮的成形力研究理论与应用实践，确定正交试验中对成形力大小和成形质量的影响因素为工件材料、工件直径和进给速度，分别记作 A、B、C。工件材料的水平选取依据材料的力学性能，主要包括伸长率、硬度、抗拉强度、端面收缩率等因素，还有与齿条模具的摩擦作用力大小，选取锻造铝合金 6061、低碳钢 20 号钢和中碳钢 45 号钢作为工件材料的水平。工件直径的水平选取 8.00mm、8.10mm 和 8.20mm。进给速度的水平根据齿条模具的行程确定为 10mm/s、20mm/s 和 30mm/s。因素水平表如表 5.10 所示。

表 5.10　因素水平表

水平	试验因素		
	工件材料(A)	工件直径(B) d / mm	进给速度(C) v / (mm / s)
1	6061	8.00	10
2	20 号钢	8.10	20
3	45 号钢	8.20	30

对于三因素三水平正交试验，选用等水平正交表 $L_9(3^4)$ 能够满足试验分析需求，在不考虑因素之间的交互作用条件下设计正交设计表 5.11。

表 5.11　正交设计表

水平	因素				结果		
	工件材料(A)	工件直径(B) d / mm	进给速度(C) v / (mm / s)	空列	最大切向成形力 F_t / N	齿顶填充度 K_1 / %	齿距累积误差 ΔF_P /μm
1	6061	8.00	10	1	2346.86	44.97	44.95
2	6061	8.10	30	2	2659.40	60.97	82.41
3	6061	8.20	20	3	3168.10	72.13	93.29
4	20 号钢	8.00	30	3	12946.68	44.86	58.45
5	20 号钢	8.10	20	1	14472.08	56.81	87.34
6	20 号钢	8.20	10	2	17031.52	70.23	110.76
7	45 号钢	8.00	20	2	9483.16	37.33	50.12
8	45 号钢	8.10	10	3	11192.29	58.24	74.70
9	45 号钢	8.20	30	1	12292.63	75.00	124.90

根据表 5.11 得到的 9 种试验方案对有限元仿真参数进行设置，通过搓制加工模拟仿真方式得到不同试验方案下的线齿轮搓制工艺评价指标的变化情况。

列出最大切向成形力 F_t 的直观分析计算表，如表 5.12 所示。极差 R_j 的大小反映出因素的水平值变化对试验结果的影响程度，根据极差 R_j 的大小得到最大切向成形力 F_t 的因素主次顺序为 A>B>C。对最大切向成形力 F_t 影响最大的是工件材料，其次是工件直径，最小的是进给速度。

表 5.12　最大切向成形力 F_t 的直观分析计算表

项目	工件材料(A)	工件直径(B) d / mm	进给速度(C) v / (mm / s)
K_{1j}	8174.36	24776.70	30570.67
K_{2j}	44450.28	28323.77	27123.34
K_{3j}	32968.08	32492.25	27898.71
k_{1j}	2724.79	8258.90	10190.22
k_{2j}	14816.76	9441.26	9041.11
k_{3j}	10989.36	10830.75	9299.57
R_j	12091.97	2571.85	1149.11

图 5.72 为最大切向成形力 F_t 的因素与效应关系图。在线齿轮搓制加工中，最大切向成形力 F_t 影响动力装置的选型和加工能耗情况，应尽量选取较小的最大切向成形力 F_t 工艺参数组合，由图 5.72 可得到最大切向成形力 F_t 影响因素的最优水平组合为 A1B1C2。

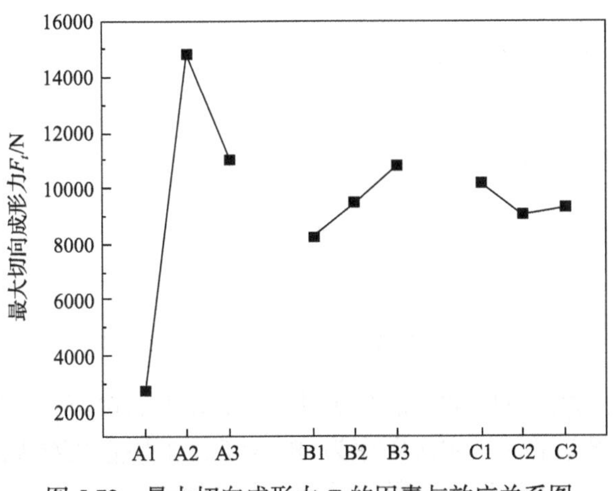

图 5.72　最大切向成形力 F_t 的因素与效应关系图

列出齿顶填充度 K_1 的直观分析计算表，如表 5.13 所示。根据极差 R_j 的大小得到齿顶填充度 K_1 的因素主次顺序为 B>C>A。对齿顶填充度 K_1 影响最大的是工件直径，其次是进给速度，影响最小的是工件材料。

表 5.13　齿顶填充度 K_1 的直观分析计算表

项目	工件材料(A)	工件直径(B) d / mm	进给速度(C) v / (mm / s)
K_{1j}	178.07	127.16	173.44
K_{2j}	171.90	176.02	166.27
K_{3j}	170.57	217.36	180.83
k_{1j}	59.36	42.39	57.81
k_{2j}	57.30	58.67	55.42
k_{3j}	56.86	72.45	60.28
R_j	2.5	30.07	4.85

图 5.73 为齿顶填充度 K_1 的因素与效应关系图。齿顶填充度 K_1 越大，表明线齿轮齿廓的成形质量越好，由图 5.73 可得到齿顶填充度 K_1 影响因素的最优水平组合为 A1B3C3。

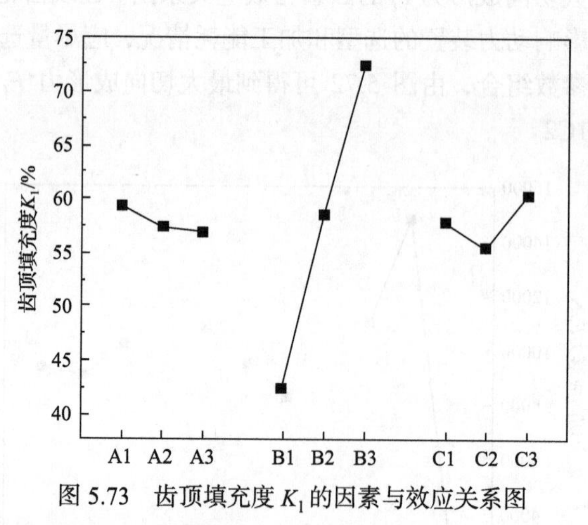

图 5.73　齿顶填充度 K_1 的因素与效应关系图

列出齿距累积误差 ΔF_P 的直观分析计算表，如表 5.14 所示。根据极差 R_j 的大小得到齿距累积误差的因素主次顺序为 B>A>C，工件直径对齿距累积误差 ΔF_P 的影响最大，其次是工件材料，影响最小的是进给速度。

表 5.14　齿距累积误差 ΔF_P 的直观分析计算表

项目	工件材料(A)	工件直径(B)/mm	进给速度(C)/(mm/s)
K_{1j}	220.65	153.52	230.41
K_{2j}	256.55	244.45	230.75
K_{3j}	249.72	328.95	265.76
k_{1j}	73.55	51.17	76.80
k_{2j}	85.52	81.48	76.92
k_{3j}	83.24	109.65	88.59
R_j	11.97	58.48	11.78

图 5.74 为齿距累积误差 ΔF_P 的因素与效应关系图。齿距累积误差 ΔF_P 越小，表明线齿轮的接触线位置偏差越小，由图 5.74 可得到齿距累积误差影响因素的最优水平组合为 A1B1C1。

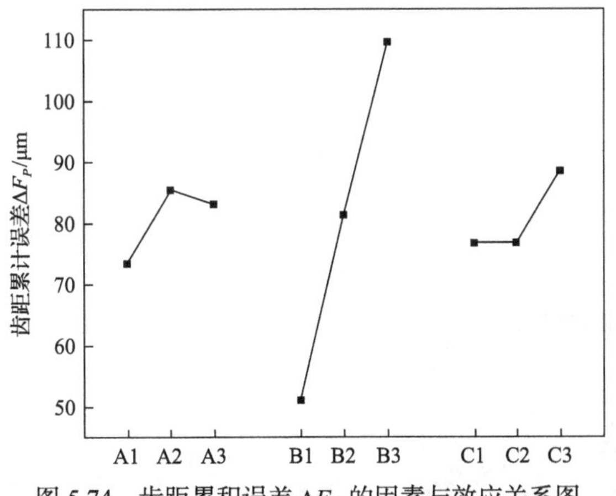

图 5.74　齿距累积误差 ΔF_P 的因素与效应关系图

试验结果表明，A 对最大切向成形力 F_t 影响较大，B 对齿顶填充度 K_1 和齿距累积误差 ΔF_P 的影响较大，因此将 B 作为主要因素，A 和 C 作为次要因素。其中 A1 水平都能获得较好的结果，B 对齿顶填充度 K_1 和齿距累积误差 ΔF_P 的影响最大，最优水平分别为 B3 和 B1，选取最优水平为 B1 时齿顶填充度 K_1 过小，难以减小突耳现象的影响，因此选择 B3 作为最优水平，C2 水平在齿距累积误差 ΔF_P 结果中与 C1 效果近似，因此选取最优水平组合为 A1B3C2，选取的工件材料为 6061，工件直径 $d = 8.20\text{mm}$，进给速度 $v = 20\text{mm/s}$。

2. 线齿轮搓制加工试验

通过正交试验得到加工参数中工件材料、工件直径、进给速度对成形力、成形质量的影响，利用开发的线齿轮搓制自动化装备对最优加工参数水平组合进行加工试验，验证线齿轮搓制工艺的可行性和搓制装备的可靠性。

影响搓制后的线齿轮质量的因素较多，在加工装备装配精度、工件材料均匀性、工件材料直径、工件与齿条模具的安装精度、工艺参数的选择等方面的误差都会影响成形结果。在完成搓制过程后，取出成形后的工件，对工件的成形质量进行分析，与相同工艺参数的模拟仿真结果进行对比，如图 5.75 所示。

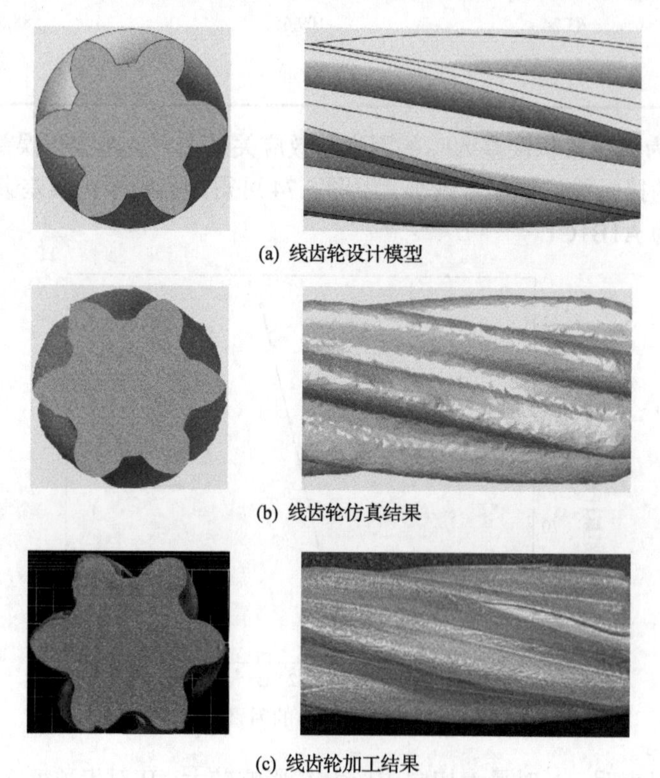

(a) 线齿轮设计模型

(b) 线齿轮仿真结果

(c) 线齿轮加工结果

图 5.75　线齿轮仿真及加工结果对比

可以看出加工后的线齿轮成形质量较好，与设计的线齿轮模型和仿真结果比较一致。如表 5.15 所示，通过对比线齿轮的设计、加工及仿真结果的评价指标数值，可以发现设计模型的评价参数在齿距累积误差部分会与仿真及加工结果有所差别，在齿顶填充度检测项目中，仿真及加工的齿形成形较好，加工与仿真结果近似，因此在完成线齿轮的设计后可以通过有限元仿真的方式对搓制过程进行模拟分析，得到合适的加工参数后再进行实际加工，为齿条模具的设计加工提供依据，并能够保证线齿轮搓制装备满足搓制成形力要求，完成正常的搓制加工。

表 5.15　线齿轮的设计、仿真及加工结果评价

项目	结果评价指标	
	齿顶填充度 K_1 / %	齿距累积误差 ΔF_P / μm
设计	100	0
仿真	72.13	93.29
加工	81.00	132.70

5.5　线齿轮的 3D 打印技术与工艺

5.5.1　线齿轮的 SLA 快速成型制造工艺

本节介绍一种线齿轮 SLA 加工工艺，其基本制造工艺[81]过程如下：首先，设计计算得到所需要线齿轮的主、从动齿轮的所有几何参数并建立 Pro/E 三维模型，同时利用 ANSYS 软件进行结构优化分析；然后，应用 Magics 软件进行支撑添加以及分层切片处理；最后，按所生成的激光扫描路径完成 SLA 加工。在本节的快速成型制造工艺研究中，线齿轮材料为光敏树脂，同时对于适用于 SLA 加工的线齿轮的建模、结构设计、受力分析等请读者参考《线齿轮》[1]第六章。

1. 线齿轮的 SLA 制造原理

采用 SLA 技术制造线齿轮零件过程中[82]，零件是在底板上一层层垂直堆积起来的。当零件有悬空部分时，即该部分第一层不是从底板上开始堆积的，这种情况就需要添加支撑，其目的是防止零件在激光扫描过程中出现塌陷现象，从而影响零件的形状精度和尺寸精度。所添加支撑会涉及支撑去除的难易问题，支撑去除的难易程度主要取决于选取的支撑类型。Magics 软件提供了若干种支撑类型，在其选择过程中，要根据零件的结构和各部位的形状精度要求来确定。

线齿轮机构由主动线齿轮和从动线齿轮组成，主动线齿轮结构由主动线齿轮基体和主动线齿组成，主动线齿轮基体在基板上一层层堆积成型，主动线齿是在垂直于底板方向上堆积成型的，在加工层厚足够小的情况下，不需要添加支撑。从动线齿轮结构由从动线齿轮基体和从动线齿组成，从动线齿轮基体在基板上一层层堆积成型，从动线齿处于悬空状态，与主动线齿不同的是，它不是在垂直于底板方向上生长的，从动线齿部分必须添加支撑，且从动线齿部分采用点型支撑，在成型件未完全固化时用刀片手工小心去除，防止破坏成型件，同时要保证成型件上没有残留的支撑，最后用无水酒精清洗。

2. 齿轮的 SLA 制造工艺参数及结果

本节介绍应用 CMET SOUP-600GS 激光快速成型设备制造线齿轮零件，它的主要设备参数为：半导体泵浦紫外固体激光器射频最大功率为 100mW，波长为 355nm，光斑直径为 0.1～0.5mm，动态聚焦系统、振镜典型扫描速度为 2m/s，层厚为 0.06～0.5mm，升降系统垂直分辨率为 1μm，重复精度为 10μm。

本节设计的线齿轮样品的制造工艺参数为：激光功率 45mW，层厚 0.06mm，扫描间距 0.08mm，扫描速度 3m/s，扫描方法为 *x-y* 分层正交扫描。线齿轮成型后，对零件做一些后处理，清除线齿表面的毛刺，进行喷砂和喷油，以提高成型件表面的质量。最后得到的主动轮和从动轮如图 5.76(a)和(b)所示。

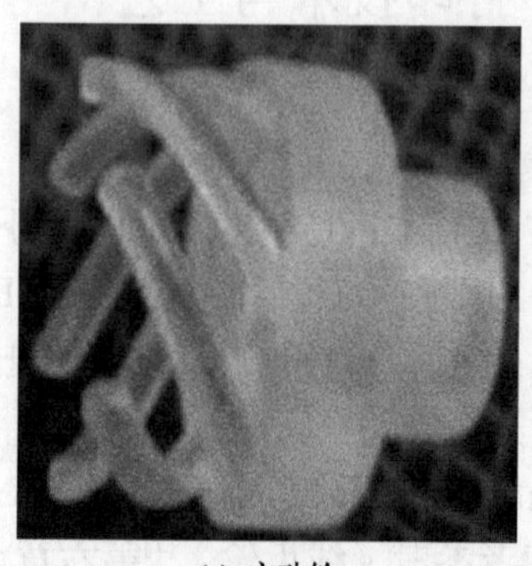

(a) 主动轮

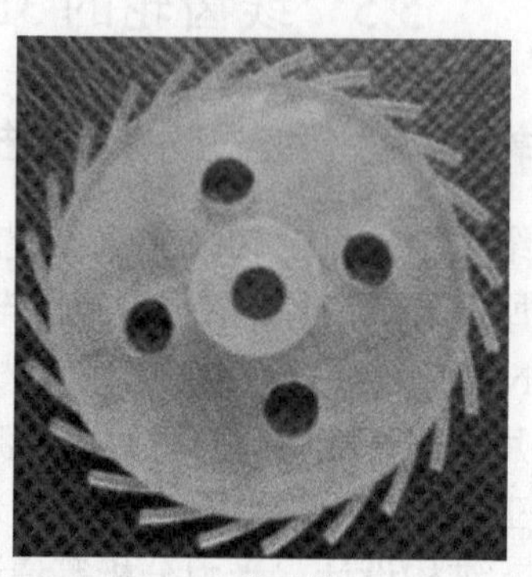

(b) 从动轮

图 5.76　SLA 工艺成型的线齿轮样品

SLA 工艺成型得到的线齿表面粗糙度为 *Ra*=20μm，经过后处理表面粗糙度达到 *Ra*=5μm，主动线齿与从动线齿能够实现连续稳定啮合传动；线齿直径 0.96mm，接近理论直径 1mm；线齿曲线形状精度与理论形状相似度达到 98%。

5.5.2　线齿轮的 SLM 快速成型制造工艺

本节采用 SLM 快速成型[83]设备，研究线齿轮制造工艺。其基本的制造工艺过程如下：首先，确定主动线齿的参数，应用设计理论和相关计算软件求得从动轮线齿的参数方程；其次，应用 Pro/E 进行三维建模仿真，并应用 ANSYS 软件进行结构优化分析；再次，应用 Magics 软件进行支撑添加以及分层切片处理；最后，生成激光扫描路径，依此进行快速成型加工。

1. 线齿轮的 SLM 制造原理

采用 SLM 技术制造线齿轮零件过程中，由于零件是在基板上一层一层垂直堆积起来的，所以当零件有悬空部分时，即该部分第一层不是从底板上开始堆积的，遇到此类情况就要添加支撑。添加支撑的目的是防止零件在激光扫描过程中出现塌陷现象，从而影响零件的形状精度和尺寸精度。因为零件悬空部分下面是金属粉末，当激光高速度扫描时，下面疏松的金属粉末承受不了激光的扫射压力以及熔化成型的该层金属压力就会出现塌陷现象。因此，必须添加支撑，但添加支撑会涉及支撑去除难易程度问题，支撑去除的难易程度主要取决于选取的支撑类型。Magics 软件提供了若干种支撑种类，在其选择过程中，需要根据零件具体部位的形状精度要求和结构来确定。

线齿轮机构由主动轮与从动轮组成。主动轮结构由主动轮基体和主动线齿组成，主动轮基体在基板上一层层堆积成型，主动线齿是在垂直于底板方向上堆积成型的，在加工层厚足够小的情况下，不需要添加支撑。从动轮结构由从动轮基体和从动线齿组成，从动轮基体在基板上一层层堆积成型，但是从动线齿处于悬空状态，与主动线齿不同，它不是在垂直于底板方向上生长的，因此从动线齿部分必须添加支撑。从动线齿支撑的去除：首先，利用线切割将主动轮和从动轮在基板上切割下来；然后，利用钳子等工具轻轻地将线齿下面的支撑去除，在支撑去除的过程要保证线齿不发生较大变形以及线齿表面不残留支撑。

从去除支撑难易程度、线齿表面粗糙度、线齿形状精度等几个方面考虑，本节设计了如下三种从动轮成型方案。

方案一：主动轮与从动轮底部全部添加支撑，便于主动轮和从动轮在底板上切割下来。主动轮与从动轮结构分别如图 5.77 和图 5.78 所示。

方案二：主动轮与从动轮直接在底板上成型，只在悬空部分添加支撑，即从动线齿部分添加支撑。主动轮与从动轮结构分别如图 5.77 和图 5.79 所示。

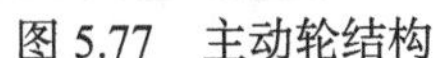

图 5.77　主动轮结构

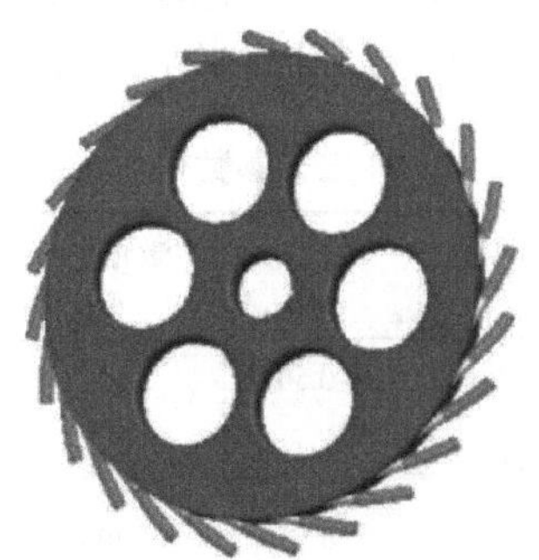

图 5.78　从动轮成型方案一

图 5.79　从动轮成型方案二

方案三：为了避免在去除支撑过程中线齿发生变形，从而影响其形状精度，将从动轮分为线齿(图 5.80(a))和轮体(图 5.80(b))两部分分别成型，成型后利用线切割将线齿和轮体在底板上切割下来，然后将线齿安装到轮体上，最后利用激光点焊将线齿固定。

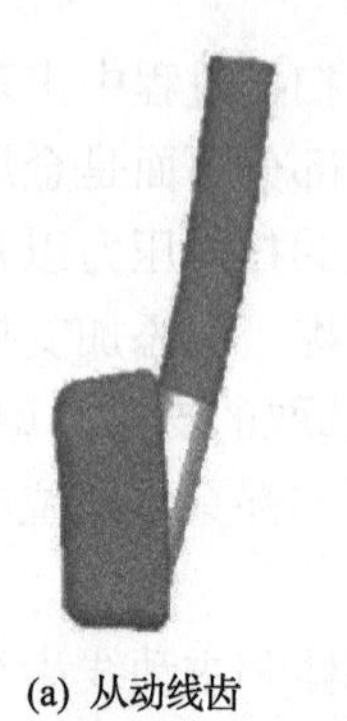
(a) 从动线齿

(b) 从动轮轮体

(c) 从动轮

图 5.80　从动轮成型方案三

2. 线齿轮的 SLM 制造工艺参数及结果

制造线齿轮的 SLM 装备选用华南理工大学与广州瑞通激光科技有限公司联合开发的 Dimetal-280 选区激光熔化快速成型设备，成型材料为 500 目 316L 气雾化不锈钢粉末。系统最大优势是使用 SPI 波长 1075mm 掺镱双包层连续式 200W 光纤激光器。成型缸、盛粉缸的升降精度以及铺粉装置的精度对成型质量有关键的影响，系统拥有升降精度达±5μm 的精密电机驱动双缸系统，实现 10～100μm 的粉厚铺设；系统配备高速高精度振镜扫描单元及进口聚焦透镜，保证在扫描范围内的激光斑点功率密度几乎一致。

决定线齿轮成型质量的主要参数指标包括尺寸精度、形状精度、表面粗糙度及致密度等。为了获得较理想的成型效果，在成型过程中需要克服关键的成型缺陷，如线齿部分发生球化、翘曲、塌陷、低致密度以及低表面粗糙度等问题。为了获得优化的工艺参数，设计了六因素三水平正交工艺试验，如表 5.16 所示。

表 5.16　SLM 工艺参数优化正交试验[83]

项目	扫描速度 /(mm/s)	扫描间距 /mm	离焦量 /mm	激光功率 /W	层厚 /mm	扫描方法
一级	150	0.050	–0.50	150	0.025	x 方向扫描
二级	200	0.065	0	180	0.040	x/y 垂直扫描
三级	300	0.080	0.5	200	0.050	纵向扫描

综合考察线齿轮零件的形状精度、尺寸精度、表面粗糙度与致密度等指标，获得了优化的工艺参数：激光功率为 180W、离焦量为零、扫描速度为 300mm/s、扫描间距为 0.08mm、铺粉层厚为 0.025mm、扫描方法为 x-y 分层正交扫描，使用以上优化参数制造线齿轮。按图 5.77～图 5.80 设计三种方案成型线齿轮零件。

成型方案一：针对主动轮结构(图 5.77)和从动轮结构(图 5.78)，选用点型支撑，如图 5.81 所示，图中蓝色部分为支撑。主动轮和从动轮以及从动线齿底部都添加支撑，便于主动轮和从动轮在底板上切割下来。其缺点是，零件不是在底板上直接成型，全部靠支撑支持，很容易发生部分塌陷现象。成型效果如图 5.82 所示。

由图 5.82 可以看出，主动轮和从动轮表面粗糙度较大，有一处发生较大的塌陷。主动轮与从动轮底部的粗糙度非常大，有结球现象。选用点型支撑，优点是从动轮线齿部分的支撑比较容易去除，去除支撑后的线齿粗糙度与其他部分没有较大差别。不足之处是线齿不能完全被支撑住，没有支撑的部分容易发生翘曲和塌陷现象(图 5.83)，从动线齿端部发生塌陷，原本是圆柱体形状变成非圆柱体形状，影响线齿的形状精度。

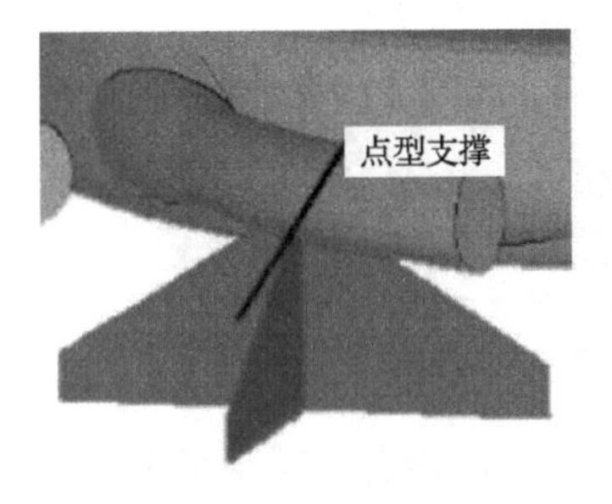

图 5.81　点型支撑

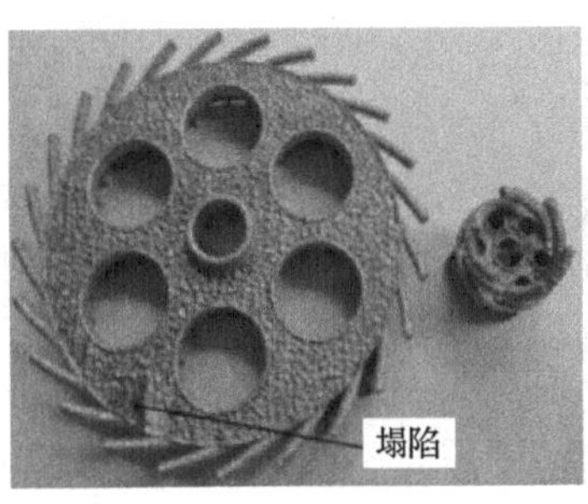

图 5.82　方案一成型线齿轮

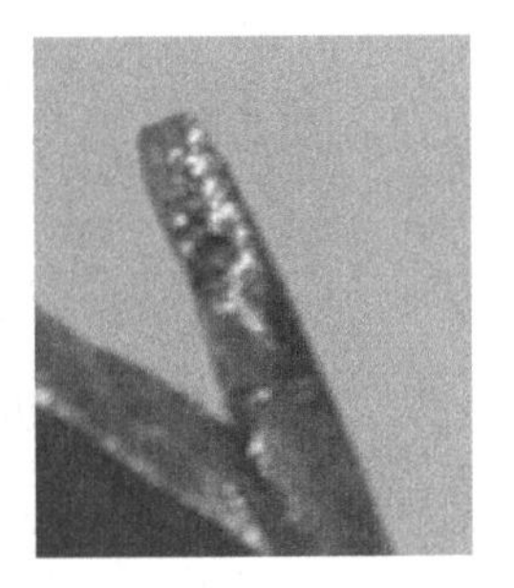

图 5.83　线齿塌陷

成型方案二：针对主动轮结构(图 5.77)和从动轮结构(图 5.79)，选用线型支撑，如图 5.84 所示，图中红色部分为支撑。主动轮与从动轮直接在基板上成型，只在悬空部分添加支撑，即从动轮线齿添加支撑，成型效果如图 5.85 所示。

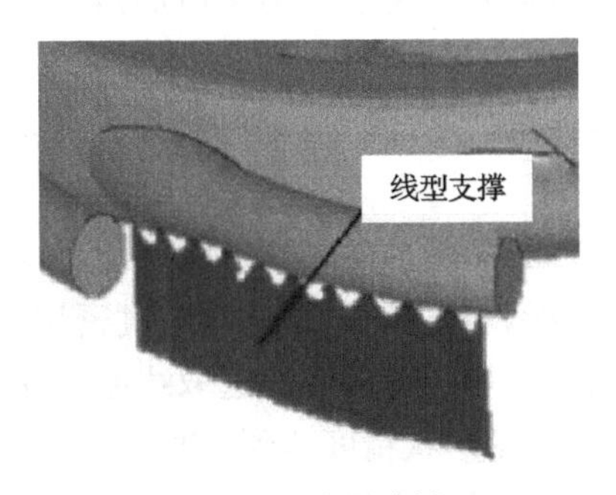

图 5.84　线型支撑

图 5.85　方案二成型线齿轮

由图 5.85 可以看出，主动轮和从动轮粗糙度较小，表面比较光滑，没有发生翘曲、塌陷等现象。从动线齿部分选用线型支撑，避免了线齿在激光扫描过程中发生塌陷、翘曲等现象；不足之处是在去除支撑的过程中容易造成线齿的微小变形，从而影响线齿的形状精度，同时会有部分支撑残留在线齿上，造成表面打磨困难，影响线齿的表面质量。

成型方案三：由于从动线齿处于悬空部分，如果整体成型从动线齿，下方必须添加支撑。为了避免在去除支撑过程中产生线齿变形。采用如图 5.77 所示的主动轮结构和如图 5.80 所示的从动轮结构。将从动轮分为线齿(图 5.86)和轮体分别成型，成型后利用钼丝将线齿和轮体在基板上切割下来，接着利用打磨机对线齿和轮体进行打磨，然后将线齿安装到轮体上，最后利用激光点焊将线齿固定在轮体上。其成型效果如图 5.87 所示。

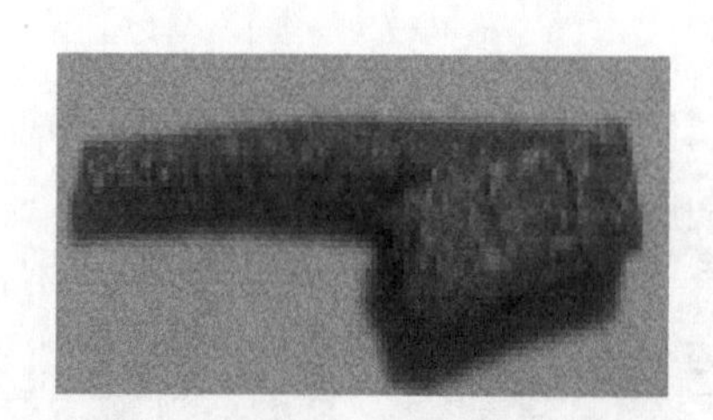

图 5.86　从动轮线齿

图 5.87　方案三成型线齿轮

由于线齿单独成型，不需要添加支撑，线齿部分的表面粗糙度减小很多。不足之处是线齿成型完后需要线切割、底面打磨，会产生装配误差。

3. 线齿轮的 SLM 制造结果分析

应用 SLM 工艺成型制造一对线齿轮需时较长，主要原因是加工层厚较低，以保证零件的尺寸精度、形状精度、表面粗糙度以及致密度。但从应用角度分析，通过 SLM 方法获得的金属线齿轮力学性能好，在传动过程中线齿不易变形。

这里，对利用 SLM 工艺制造得到的线齿轮的形状精度、尺寸精度、表面粗糙度、成型效率、制造成本等进行分析。

(1)形状精度：形状精度与 STL 格式数据三角面片的处理、分层切片误差、加工层厚设置、支撑的选取以及去除方法、铺粉装置的制造及运动精度密切相关，形状精度可以通过提高 STL 数据的处理精度、减小加工层厚和选取线型支撑来得到满足；本节试验的 SLM 工艺成型的线齿轮样品形状精度达到 95%。

(2)尺寸精度：尺寸精度受成型材料、扫描间距、光斑直径补偿和散热速度等因素影响；可以通过减小扫描间距，调整温控系统参数，选择合理的激光光斑直径补偿来得到满足；SLM 工艺成型的线齿轮样品的尺寸误差小于 0.03mm。

(3)表面粗糙度：表面粗糙度与扫描速度、扫描方法及加工层厚相关，可以通过增大激光扫描速度，采用分区扫描或 x-y 方向分层正交扫描，减小加工层厚来得到满足。SLM 工艺成型的线齿轮表面粗糙度较大，达到 Ra=25μm，需经打磨及涂蜡等后处理，才能满足传动要求。

(4) 成型效率：成型效率主要受加工层厚、激光扫描速度、扫描间距及扫描方法影响。SLM 成型线齿轮样品的加工层厚度为 0.025mm、扫描速度为 0.5m/s、扫描间距为 0.08mm、扫描方法为 *x-y* 方向分层正交扫描，SLM 成型一对线齿轮样品需时较长，效率不高；可以通过提高激光扫描速度、增大加工层厚或变密度成型来满足。

(5) 线齿轮样品的致密度达到 90%；线齿轮主要是以传递运动为主，负载较小，所以线齿硬度完全符合传动要求。

(6) 材料成本：主要是成型材料不锈钢粉末和保护气（氮气）。

(7) SLM 与 SLA 及靠模法制造的线齿轮进行对比，见表 5.17。

表 5.17　SLM 与 SLA 及靠模法成型方法对比

成型方法	因素			
	形状精度	表面粗糙度	强度	成本
靠模法	较差	达到要求	较大	较低
SLA	较好	须后处理	较小	较高
SLM	较好	须后处理	较大	中等

综合考虑 SLM 成型的线齿轮的形状精度、尺寸精度、表面粗糙度、成型效率和制造成本等因素，可知 SLM 工艺制造的线齿轮适合工业化应用。

5.6　线齿轮的金属粉末注射成形技术

目前，线齿轮的批量制造方法包括滚齿、插齿等切削加工方法，存在生产效率不高、材料利用率低、机械性能较差等缺点。金属粉末注射成形（metal powder injection molding，MIM）技术是传统粉末冶金技术和注塑成形技术相结合而产生的一种高新技术[84]。MIM 可用于线齿轮的加工制造，能实现全自动、大批量生产，其材料利用率可达 95%以上，可以有效降低线齿轮的生产成本和减少资源消耗。相较于传统机械加工方法，MIM 可以实现一次成形，其加工步骤简单，生产效率高。MIM 可以用于制造构型较为复杂的线齿轮，具有良好的可加工性和优良的力学性能，有利于提高线齿轮的强度和耐磨性。

5.6.1　金属粉末注射成形技术原理

MIM 的工艺流程如图 5.88 所示，使用 MIM 进行加工制造时，首先需要将用于制造零件的金属粉末和合适的黏结剂混合，在一定的温度下采用适当的方法将材料混炼成均匀的注射成形喂料，经过制粒过程后在加热状态下注射成形机将成形喂料微粒注入模腔内冷凝成形，冷凝后的零件为生坯，然后利用化学方法进行脱脂处理，可以去除约50%的黏结剂，脱脂时需保证生坯不坍塌，随后将生坯在接近但低于其熔点的高温下进行烧结，去除剩余的黏结剂，烧结的同时可以使零件致密化，从而得到最终产品[85,86]。图5.89为MIM制造的齿轮样品。

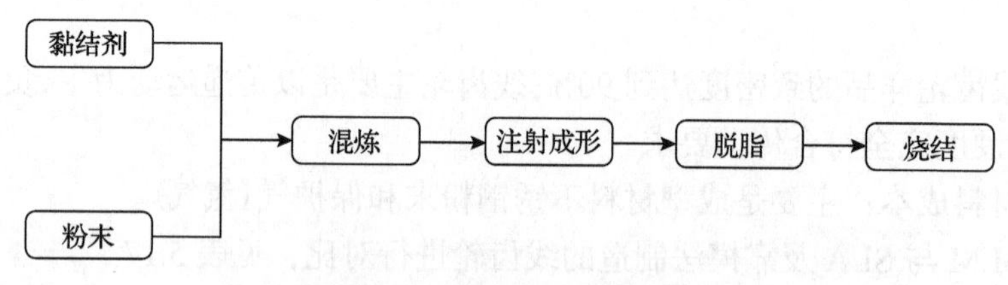

图 5.88　MIM 基本工艺流程

图 5.89　MIM 制造的齿轮

在MIM中，金属粉末的种类、特点和选用对产品质量有着很大的影响。金属粉末通常为微米级的球形颗粒，其主要材料可以是低合金钢、不锈钢、工具钢、硬质合金、高强度钢、钛合金、磁性材料等。近年来，一些新型材料如超合金、陶瓷粉末等也相继应用于MIM。目前，线齿轮材料主要采用45号钢、合金钢、铝合金和聚甲醛等，MIM丰富了线齿轮材料的可选性，且新型材料具有更好的物理和化学性质。MIM与SLM均采用金属粉末进行线齿轮制造，但MIM相较于SLM生产的线齿轮精度更高且具有大批量生产的优势。

在MIM中，黏结剂的主要功能是增加粉末的流动性，改善喂料黏度。黏结剂与粉末混炼制备喂料，两者可以进行注射制备生坯。黏结剂一般由三部分组成：低分子组元、高分子组元、表面活性剂。低分子组元在黏结剂中的比例最高，高分子组元在生坯中起到支撑的作用，表面活性剂分为分散剂、增塑剂、稳定剂。其中分散剂的主要功能是使粉末在喂料中分布均匀，增塑剂的主要功能是增强喂料的流动性，稳定剂的主要功能是防止颗粒团聚。

烧结是 MIM 技术的最后一步，决定了产品的性能。烧结通过形成粒子键降低了粉末颗粒的表面积，从而降低了粉末的表面能。随着颗粒间结合的增强，孔隙结构发生了显著的变化，材料的强度、延展性、耐蚀性、导电性和磁导率等性能得以提高。烧结后试样的后处理还包括致密化、热处理和表面处理等。通过熔浸和压力加工对烧结件进行进一步的致密化；通过去应力退火、回火和淬火进行后续热处理；表面处理则主要是表面硬化、表面精整和表面喷砂处理。图 5.90 为一种经过振动抛光的 MIM 加工的零件，其表面光洁度、光整度和光亮度高。若将后处理工艺用于 MIM 加工的线齿轮，也可得到表面性能优秀的线齿轮，因此采用 MIM 加工线齿轮具备较高的可行性。

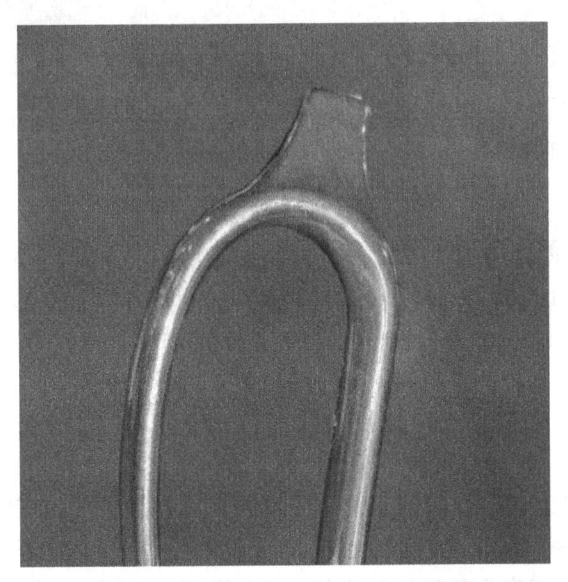

图 5.90　振动抛光后处理的 MIM 零件

5.6.2　金属粉末微注射技术

微小齿轮在微小机械领域具备应用潜力，应用场合包括微型机器人、微飞行器、微小医疗器械、微小型卫星(皮卫星)等。现有的微制造技术大多只适应渐开线圆柱齿轮，且存在效率低、精度差、尺寸限制等问题。线齿轮以其独特的设计，适合用于微小加工领域，目前微小线齿轮的加工方法主要为激光微铣削加工[87]，不适用于大批量生产，近年来发展的金属粉末微注射工艺与微小线齿轮形成了良好的适配性。

一般来说，用于传统粉末注射成形的材料也能应用于微注射成形，相比于传统粉末注射成形技术，粉末微注射成形制造的零部件尺寸更小、表面光洁度更高，生产效率更高。粉末微注射成形工艺主要由合模、预塑、微型腔抽真空、模具快速加热、精密计量注射充填、保压、冷却、模具快速冷却及开模、制品脱模等主要工序组成。

一些粉末微注射成形产品如图 5.91 所示[88]。粉末微型零部件主要有以下几类：①要求精密尺寸的微精密件；②要求质量精度的微量件；③既要求质量又要求尺寸精度的微量精密件具有表面微结构的成形件。线齿轮作为一种既要求质量又要求尺寸精度的精密零件，完全适用于 MIM 加工工艺。

(a) 铜流体控制件

(b) 316L流体控制板

(c) 硅晶圆齿轮

图 5.91　粉末微注射成形产品[88]

MIM 作为一种适用于线齿轮的加工工艺，在线齿轮的加工制造方面具有巨大的应用潜力。总而言之，MIM 工艺与线齿轮具有良好的适配性，线齿轮尤其是微小线齿轮的制造采用 MIM 工艺将是一种非常合适的选择。

5.7　线齿轮后处理二次加工技术与装备

采用 SLM 快速成型设备制造的不锈钢线齿轮样品表面粗糙度较大，影响传动稳定性及使用寿命。因此，有必要对 SLM 快速成型工艺制造的不锈钢线齿轮进行后处理，以得到更高表面质量的线齿轮。本节介绍 SLM 快速成型的不锈钢线齿轮样品的后处理工艺。

5.7.1　线齿轮的喷砂处理工艺

由于线齿轮的线齿是空间螺旋圆柱体，采用机械抛光难度很大，实例采用先机械喷砂，然后电解抛光对线齿轮表面进行处理[89]。

采用转盘式自动喷砂机去除线齿轮表面的毛刺，该机由主机、除尘箱、分离器、喷砂系统、空气压缩系统、电气系统等组成。影响喷砂效果的主要参数有磨料种类、磨料粒度、喷射距离、喷射角度、喷射时间、压缩空气压力等。由于线齿轮的线齿直径为 0.8mm，为了防止在喷砂过程中线齿发生塑性变形，必须选择合适的参数和磨料。综合考察线齿形状精度、表面粗糙度等指标，经过多次试验，获得优化的工艺参数为：磨料为直径 5μm 的玻璃珠，喷射距离为 150mm，喷射角度为 30°，喷射时间为 1min，压缩空气压力为 0.2MPa；使用以上参数对线齿轮处理后，表面粗糙度为 Ra=8μm，为电解抛光处理打下基础。

5.7.2　线齿轮的电解处理工艺

应用脉冲电化学光整工艺加工的零件表面机械性能优良，这种表面构成运动副后，不仅能降低摩擦系数和磨损，而且可提高零件接触刚度、疲劳强度和耐腐蚀性，这些特性使得脉冲电化学光整加工技术可能应用于 SLM 制造的线齿轮的精密光整加工。本节对线齿轮的脉冲电化学光整表面加工进行试验研究，重点讨论阴极工具形状、电流密度、脉冲参数、电解液浓度、加工温度、抛光时间等主要工艺参数对线齿轮表面质量的影响规律。

阳极工件材料：316L 不锈钢，表面经喷砂处理，表面粗糙度为 Ra=1.6μm。电解液主要成分：磷酸 85%与硫酸 98%混合水溶液，加入适量 CrO_3、甘油、磺基水杨酸等添加剂。脉冲加工电源：脉冲频率 6.20kHz，脉冲宽度 10～200μs。其他试验参数见表 5.18。

表 5.18　其他试验参数[90]

参数	取值
加工间隙/mm	1.3
极间电压/V	10～18
脉冲频率/kHz	6.20
电解液温度/℃	30～80

1. 阴极工具形状对表面质量的影响

阴极工具的结构设计是整个阴极设计中最核心的部分，该部分的设计好坏直接影响线齿轮线齿的形状精度、表面质量及加工效率。阴极设计的主要思想是根据线齿轮线齿的形状设计而成，如图 5.92 所示，为了保证主动线齿轮表面充分抛光，主动线齿轮阴极工具外圆直径应大于等于 1.5 倍主动线齿轮外圆直径，阴极工具的两侧端面上均匀分布着与主动线齿轮线齿形状相匹配的螺旋线圆柱孔；为了保证电解抛光过程中，阴极工具与阳极工件之间的抛光间隙，螺旋线圆柱孔直径应大于等于 2 倍主动线齿轮线齿直径。另外，为了保证线齿顶部在电解抛光过程中热量和气泡的析出，同时保证电解液的进给循环顺利，阴极工具的中间留有通气口；设计的主动线齿轮阴极工具既能满足合理的电极形状，又能满足电解液的进给需要。

图 5.92　主动线齿轮阴极工具

图 5.93(a)为主动轮电解装置分解图，电解装置由六角螺母 1、绝缘垫圈 3、阴极工具 4、绝缘导柱 5、底座 6 组成。阴极工具采用 SLM 成型加工，其材料为黄铜。在电解过程中，为了保证主动轮与阴极工具之间绝缘，主动轮 2 与阴极工具 4 之间必须安装绝缘垫圈 3，绝缘垫圈上有定位孔和定位柱分别与主动轮和阴极工具上的定位孔相配合，其目的是防止主动轮 2 在绝缘导柱 5 上旋转，导致主动线齿与阴极工具上的螺旋孔孔壁接触，从而造成短路。绝缘垫圈 3 与绝缘导柱 5 材料为环氧树脂。为了防止电解过程中析出的气泡压力波引起主动轮 2 的运动，在绝缘导柱的两端加工螺纹，利用六角螺母将主动轮完全固定，保证阳极工件与阴极工具之间的绝缘。在电解过程中，每根线齿在电解液中的深度不同，气泡析出速率也不同，为了保证每根线齿抛光均匀，阴极工具 4 与底座 6 以运动副相连接。在电解抛光过程中，通过旋转阴极工具 4 来驱动主动轮 2 旋转。主动轮电解装置的组合图如图 5.93(b)所示。

(a) 主动轮电解装置分解图　　(b) 主动轮电解装置组合图

图 5.93　主动轮电解装置原理图

1.六角螺母；2.主动轮；3.绝缘垫圈；4.阴极工具；5.绝缘导柱；6.底座

从动轮阴极工具如图 5.94 所示，它由两部分组成，上半部分与下半部分组成的空间曲线圆柱孔与从动轮线齿相匹配，曲线圆柱孔直径为从动轮线齿直径的 2 倍。从动轮阴极工具上面加工有通气口，为了保证电解过程中电解液的循环与气体析出。图 5.95(a)为从动轮电解装置分解图，它由六角螺母 1、阴极工具上半部分 2、绝缘垫圈 3、阴极工具下半部分 5、绝缘导柱 6 组成。阴极工具采用 SLM 成型加工，其材料为黄铜。在电解过程中，为了保证从动轮与阴极工具之间绝缘，从动轮 4 与阴极工具 2、5 之间必须安装绝缘垫圈 3，绝缘垫圈上有定位孔和定位柱分别与从动轮和阴极工具上的定位孔相配合。为了防止电解过程中析出的气泡压力波引起从动轮 4 的旋转运动，在绝缘导柱的一端加工螺纹，利用六角螺母将动轮完全固定，保证阳极工件与阴极工具之间的绝缘。从动轮电解装置组合图如图 5.95(b)所示。

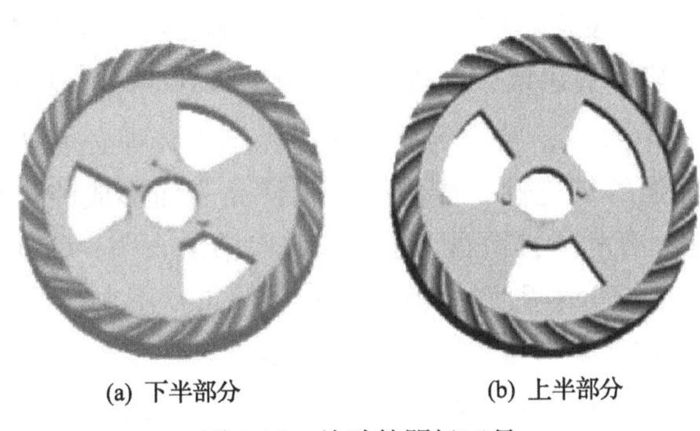

(a) 下半部分　　(b) 上半部分

图 5.94　从动轮阴极工具

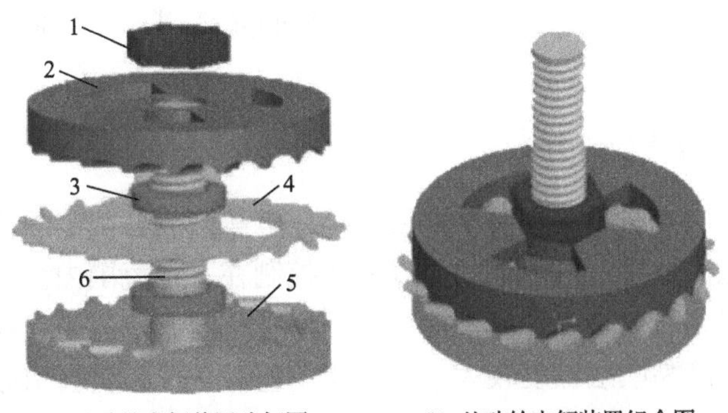

(a) 从动轮电解装置分解图　　(b) 从动轮电解装置组合图

图 5.95　从动轮电解装置原理图

1.六角螺母；2.阴极工具上半部分；3.绝缘垫圈；4.从动轮；5.阴极工具下半部分；6.绝缘导柱

2. 电解液浓度对表面质量的影响

电解液各成分的浓度对生产率、加工精度及表面质量都有很大影响。在其他条件确定的情况下，电解液浓度越大，导电能力越强。提高浓度对提高电能利用率有益，但电解液浓度过高易引起工件表面点蚀和杂散腐蚀，对表面质量反而不利[91-96]。为考察电解液各成分浓度对线齿轮表面加工效果的影响，采用磷酸-硫酸为主要成分的电解液对线齿轮表面进行抛光试验。

磷酸是抛光液的主要成分之一，在抛光过程中，既能起溶解作用，又能在零件表面形成磷酸盐保护膜，以阻止零件表面发生过腐蚀。磷酸含量过低，抛光液黏度小，离子扩散速度加快，金属溶解加快，不利于达到整平和抛光的效果；磷酸含量过高，则成本过高，且抛光慢。试验结果表明，当磷酸含量在600mL/L时，线齿轮抛光效果最好。硫酸是抛光液组成的另一重要组成部分。硫酸有助于提高抛光液的电导率和阳极电流效率。加入适量的硫酸有助于线齿轮表面整平，提高表面光亮度。硫酸含量过低，线齿表面难以整平；硫酸含量过高，会降低表面光亮度，以及发生过腐蚀现象。试验结果表明，当硫酸含量为350mL/L时，线齿轮样品的整平效果最佳。电解液中加入CrO_3后可以得到良好的抛光效果。每种含CrO_3的电解液，要得到良好的抛光结果，都必须维持一定的$Cr_2O_7^{2+}$形式存在，它有很强的氧化性，能使线齿轮样品表面形成钝化膜，避免线齿表面产生过腐蚀现象，有利于提高抛光质量。试验结果表明：CrO_3含量以70g/L为宜。当CrO_3含量大于50g/L时对线齿抛光质量的贡献不大，但当CrO_3含量过低时抛光质量明显下降。加入适量的甘油，能起到缓蚀作用，防止过腐蚀现象发生。研究结果表明，甘油含量以50mL/L为宜。加入适量的1-4丁炔二醇，能起到整平作用，有助于提高线齿表面的质量。试验结果表明，1-4丁炔二醇含量为20mL/L时效果最好。另外，还需要加入适量的光亮剂，如苯骈三氮唑、磺基水杨酸、苯甲酸等。

3. 温度对表面质量的影响

温度是影响抛光质量的重要因素之一。在电解液成分确定的情况下，线齿轮要取得良好的抛光效果，电解液的温度就要控制在一定范围内。当抛光温度较高时，阳极黏膜层难以维持，致使表面质量下降，甚至产生过抛或腐蚀的现象；若温度过低，则溶液黏膜层黏度较大，离子运动速度较慢，就会引起阳极溶解减缓或者完全遏制电解液的抛光作用，使其转变为腐蚀作用，抛光效果较差。因此，只有将温度控制在一定的范围之内，才能对线齿轮样品表面进行整平抛光。

电解液温度对线齿轮样品的表面抛光质量影响的试验表明：当溶液温度为60～70℃时，线齿轮样品获得理想的表面质量；当电解液温度高于80℃时，线齿发生过抛现象，对线齿圆柱度有较大影响；当温度低于40℃时，线齿表面的整平抛光效果较差，得到的表面粗糙度较大。因此，溶液温度通常取60～70℃。

4. 电流密度对表面质量的影响

当零件进行电解抛光时，在一定的电流密度下才能达到抛光效果。根据欧姆定律，加工电流 I 和极间电压 U、电导率 σ、电极面积 A、电极间隙之间的关系为

$$I = U\sigma A / \Delta \tag{5.60}$$

由于本试验所用的线齿轮样品大小一定，两极之间的距离保持不变，电导率基本不变；由式(5.60)可知，可以通过调节极间电压来控制抛光效果。试验结果表明：当电压低于 8V 时，线齿的表面整平效果不明显，光亮度也很差；当电压在 12～15V 时，线齿的表面整平效果最佳；当电压在 16～18V 时，线齿的表面整平效果变化不大，光亮度变差。所以，电解时电压取 12～15V。

5. 脉冲参数对表面质量的影响

脉冲电流能有效地改善阳极工件的溶解过程。脉冲输出波形如图 5.96 所示，在脉冲间歇时间内，加工间隙中的电解产物、析热、析气得以充分排出；在脉冲占有时间里，加工间隙中产生析气压力波，促进电解液流动，有利于获得稳定、理想的加工过程。脉冲频率 f、占空比 D、脉冲宽度 t_{on} 是电解电源最重要的参数，三者之间的关系为

$$t_{on} = D / f \tag{5.61}$$

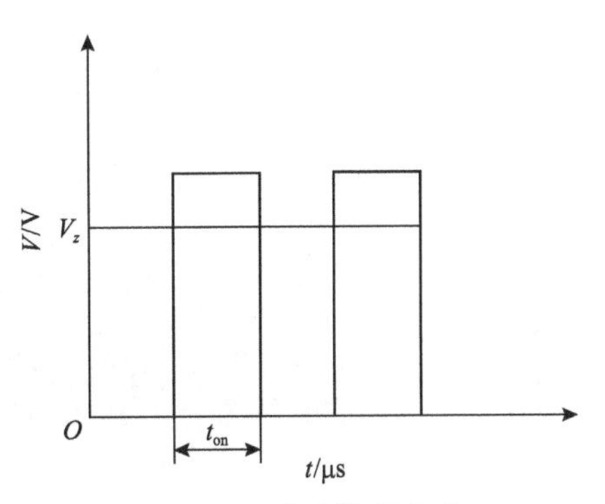

图 5.96　脉冲输出波形

试验结果表明：脉冲频率 f、占空比 D(脉冲占有时间与间歇时间之比)直接影响电解液的整平抛光能力，从而影响线齿的表面质量与加工效率。为了分析脉冲参数对线齿表面抛光效果的影响，分别调整脉冲占有时间与脉冲间歇时间进行抛光试验。试验结果表明，在脉冲占有时间一定的情况下，随着脉冲间歇时间增加，线齿的表面粗糙度减小。在脉冲间歇时间一定的情况下，随着脉冲占有时间增加，线齿的表面粗糙度增加。在占空比一定的情况下，随着脉冲频率增加，线齿的表面粗糙度减小；随着脉冲频率减小，线齿的表面粗糙度增加。因此，频率越高，占空比越小，脉冲效应就越强，得到的线齿的表面质量越好；当脉冲频率 f 为 10kHz、占空比 D 为 0.4 时，加工效果最好。

6. 抛光时间对表面质量的影响

准确地调节电解抛光的时间是获得良好结果的必要条件。试验结果表明，抛光速度在最初 2min 较大，随后逐渐缓慢下来甚至停止。线齿轮样品原来的表面光洁度越差，这种效应越明显。在试验中，当线齿轮样品的抛光时间为 1min 时，有明显的整平效果，但金属光泽较差；3min 时线齿轮的整平度和光亮度都为最好；5min 时线齿轮的光亮度很差，甚至出现腐蚀现象，但平整度下降不是很快。因此，线齿轮的抛光时间以 3min 为宜。

采用脉冲电解抛光对线齿轮样品表面进行加工，其装置如图 5.97 所示。经过多次试验得到的电解液配方及操作条件如下：磷酸(85%)取 600mL/L；硫酸(98%)取 350mL/L；CrO_3 取 70g/L；甘油取 50mL/L；1.4 丁炔二醇为 20mL/L；苯甲酸为 10mL/L；电解液温度为 60～70℃；极间电压为 12.15V；抛光时间为 3min；阴极与阳极面积之比为 2∶1；阴极材料为铜，阳极为线齿轮样品。

图 5.97　电解装置图

抛光试验过程中，需定期搅拌电解液，抛光后线齿轮样品表面呈明亮光泽，表面粗糙度由电解抛光前的 $Ra = 8.0\mu m$ 减小到 $Ra = 1.0\mu m$，主动线齿与从动线齿能够实现连续稳定的啮合传动。

使用仪器 RANGE7 采集线齿轮样品抛光后的表面空间坐标值，得到一系列数据并输入软件 Mimics 中进行三维模型重建，得到线齿轮抛光后的实际形状；将线齿轮样品的 CAD 模型与使用 Mimics 软件重建的模型进行重叠对比，以不同颜色来显示零件各处是否存在形状偏差及偏差的大小范围，结果显示偏差值均在 ±0.05mm(在允许偏差范围内)，偏差最大值为 0.035mm，平均偏差为 0.021mm；说明抛光后线齿轮样品的形状与 CAD 模型基本吻合，图 5.98 和图 5.99 分别为线齿轮样品表面抛光前后的图片。

图 5.98　线齿轮表面处理前

图 5.99　线齿轮表面处理后

5.7.3　线齿轮电解擦削精加工技术

电解抛光是一种加工工具与工件之间无接触的加工方式，所以不会造成线齿的变形。本节结合线齿轮的结构特点，提出并研究一种改进的电解磨削加工技术——电解擦削(electrochemical brushing，ECB)加工，即把电解加工与机械作用结合起来的加工技术，并应用该技术对线齿轮进行精加工，提高线齿轮的传动精度。

1. ECB 加工原理

结合电解抛光 316L 不锈钢的加工工艺[97]和电解作用与机械作用结合的加工技术[98,99]，针对线齿轮的精加工特点，本节提出并研究一种改进型的电解擦削加工技术，加工原理示意图如图 5.100 所示，在工具阴极的外表面，有一层柔软的绝缘布，能够渗透电解液从而与工件阳极之间形成通路。在工件阳极与工具阴极

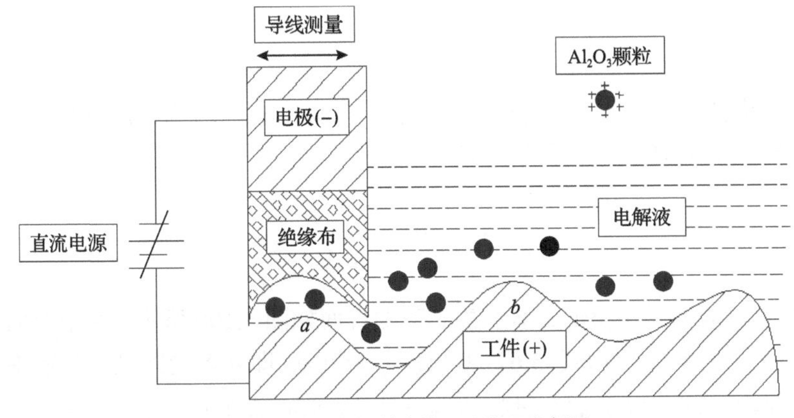

图 5.100　电解擦削加工原理示意图

的相对运动过程中，Al_2O_3 颗粒分布在电极阴极周围[100]，附着于绝缘布上，包裹着工件阳极，对工件阳极的钝化膜起到去除的作用。这种基于电解溶解和机械擦削作用去除材料的 ECB 加工将高于电解磨削(electrochemical grinding, ECM)加工的材料去除效率。

在 ECB 加工过程中，形成钝化薄膜的金属阳离子也是阳极析出的，所以钝化薄膜的形成服从法拉第电解定律，方程式[101]为

$$m = \eta k I t = \eta \frac{M}{nF} i S t \tag{5.62}$$

式中，m 为去除材料的质量，g；η 为电流效率；k 为元素的质量电化学当量，g/(A·s)；I 为电解电流，A；i 为电流密度，A/mm^2；S 为有效加工面积，mm^2；t 为加工时间，s；M 为相对原子质量；n 为化合价；F 为法拉第常数，96487C/mol。对于工件，由式(5.62)可知，工件体积去除量为[101]

$$V = \frac{m}{\rho} = \eta \frac{M}{nF\rho} i S t \tag{5.63}$$

设加工间隙为 Δ(mm)，阳极蚀除速度为 v_h(mm/s)，则

$$V = v_h S t \tag{5.64}$$

联立式(5.62)和式(5.63)，可得

$$v_h = \eta \frac{M}{nF\rho} i \tag{5.65}$$

在加工过程中，有

$$i = \varepsilon \frac{U_R}{\Delta} \tag{5.66}$$

式中，i 为电流密度；ε 为电解液电导率，$1/(\Omega \cdot \mathrm{cm})$；$U_R$ 为极间欧姆压降，V。联立式(5.65)和式(5.66)可得式(5.67)[101]：

$$v_h = \eta \varepsilon \frac{M}{nF} \frac{U_R}{\rho \Delta} \tag{5.67}$$

阴极工具表面是平整的，不平整的工件表面如图 5.100 所示，对于上面的点 a 和点 b，假设 $\Delta_a > \Delta_b$，由式(5.67)可知，$v_{ha} < v_{hb}$，即 a 点的阳极蚀除速率大于 b 点的阳极蚀除速率，随着加工时间的持续，a、b 两点到工具阴极的距离 Δ_a、Δ_b 会

越来越接近，当两点处于同一平面时，速度也相同。因此，这种加工方式有整平的作用，能够加工出与工具阴极相似表面质量的工件。

在 ECB 加工过程中，由于机械擦削作用去除了钝化薄膜，所以 ECB 的材料去除效率高于 ECM。在其他工作条件(电解液成分、电解液浓度、温度、电流密度、加工间隙、工件材料等)相同的情况下，设 λ 为 ECB 和 ECM 的材料去除效率比，其表达式为

$$\lambda = \frac{m_{\mathrm{ECB}}}{m_{\mathrm{ECM}}} = \frac{V_{\mathrm{ECB}}}{V_{\mathrm{ECM}}} \tag{5.68}$$

2. 线齿轮 ECB 加工方案设计

根据文献[102]和第 4 章相关内容，设计一对线齿轮副，它的角速度矢量夹角为120°，传动比为 4。根据 5.5 节制定的 SLM 加工工艺制造线齿轮试件，然后根据本节所述的 ECB 加工方法，设计适用的 ECB 加工方案，对粗加工试件进行 ECB 精加工，主要试验参数如表 5.19 所示。

表 5.19　ECB 加工主要试验参数[95]

参数名称	参数值
电解液主要成分及其质量百分比 /%	$NaNO_3$(10%) + H_2O
工具阴极材质	316L不锈钢
工件材质	316L不锈钢
极间间隙	1mm
极间压降	10V
工件表面粗糙度	34μm
阴极工具表面粗糙度	0.3μm

1) 主动线齿轮加工方案

由文献[102]，线齿轮的主动线齿中心线为圆柱螺旋线且线齿截面为圆形，设所需要加工线齿截面圆的直径为 D，中心线方程为

$$\begin{cases} x_1 = m\cos(\omega t) \\ y_1 = m\sin(\omega t), \quad -\dfrac{\pi}{4} \leqslant t \leqslant \dfrac{\pi}{4} \\ z_1 = nt \end{cases} \tag{5.69}$$

基于主动线齿形状，设计了 ECB 加工方案，如图 5.101 所示。

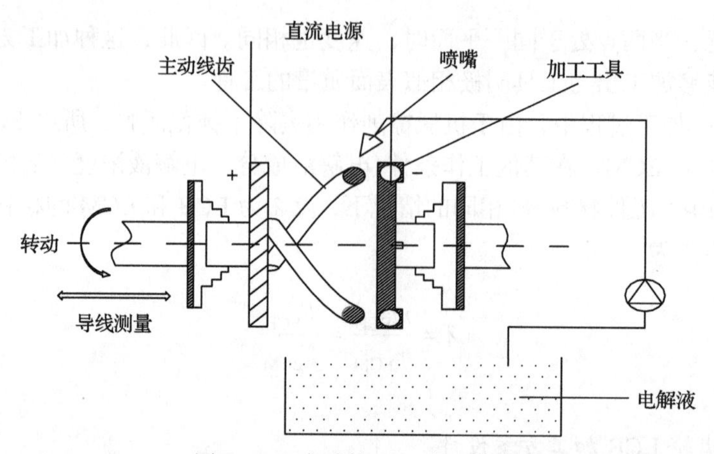

图 5.101　主动轮 ECB 加工方案

阴极工具分为六个加工区，它与主动线齿的线齿数相匹配，设主动线齿齿数为 6，设计的阴极工具如图 5.102 所示。加工区的截面形状是直径为 d 的圆形孔，且 D 和 d 满足：

$$d = D + 2h \tag{5.70}$$

式中，h 为加工间隙，也就是加工圆形孔内包覆的一层绝缘不纺布的厚度。这种柔性绝缘层可用绒布或毛毡，具有渗液的能力，电解液通过这种绝缘层的渗透而连接阳极工件和阴极工具从而形成回路。柔性绝缘层的厚度决定了加工间隙。

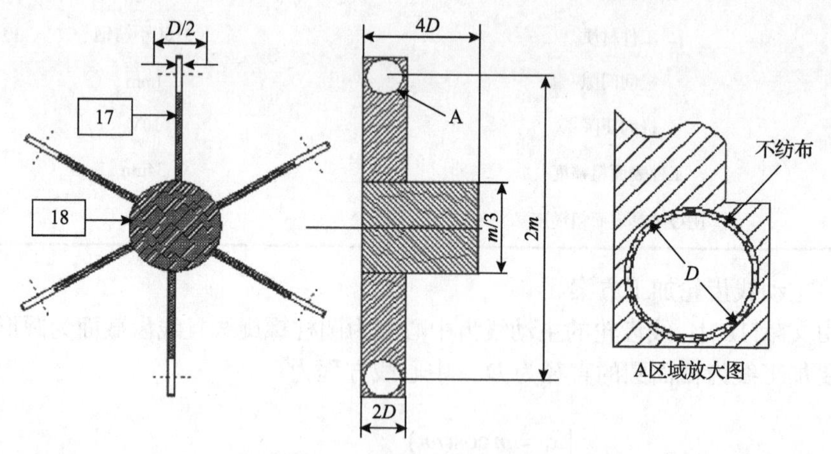

图 5.102　加工主动轮的阴极工具

如图 5.102 所示，加工主动轮的阴极工具沿轴线方向以速度 v(mm/s) 做匀速直线运动，围绕中心轴以角速度 ω(rad/s) 做匀速圆周运动。且在初始位置，线齿端面和阴极工具端面平行且同轴心。为了实现对中心线为圆柱螺旋线的主动线齿的精加工，直线速度 v 和转速 ω 应满足关系式：

$$v = n\omega \tag{5.71}$$

通过控制加工时间来控制主动轮的表面质量。在转速一定的情况下，加工时间越长，表面加工次数越多，表面质量越好，反之亦然。主动轮加工图如图 5.103 所示。设加工转速为 1r/s，表面粗糙度与加工时间的关系如图 5.104 所示。

图 5.103　主动轮加工图

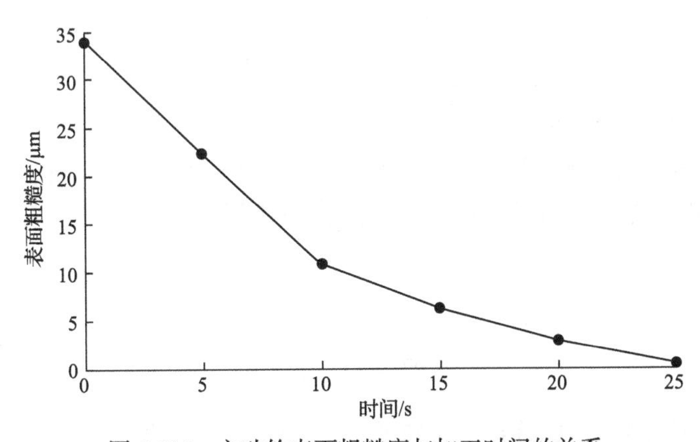

图 5.104　主动轮表面粗糙度与加工时间的关系

根据图 5.104，通过控制加工时间，对 SLM 粗加工成型的线齿轮主动轮进行 ECB 精加工，得到表面质量不同的主动轮。应用精加工主动轮与粗加工从动轮做啮合传动试验，得到瞬时传动比曲线，如图 5.105 所示，对应的平均传动比结果如表 5.20 所示。

由图 5.105 可以看出，随着主动轮表面粗糙度的降低，平均传动比有所提高。但是，当表面粗糙度 Ra 达到12μm 之后，传动比的改善不再明显。同时由图 5.105 可知，$Ra = 12$μm 和 $Ra = 2$μm 时，虽然平均传动比的变化不大，但变化幅度变小。

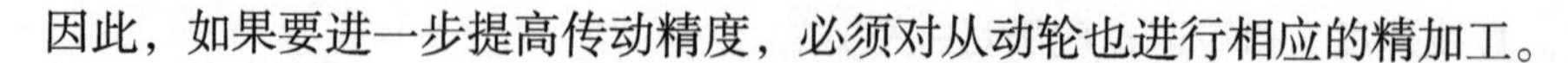
因此，如果要进一步提高传动精度，必须对从动轮也进行相应的精加工。

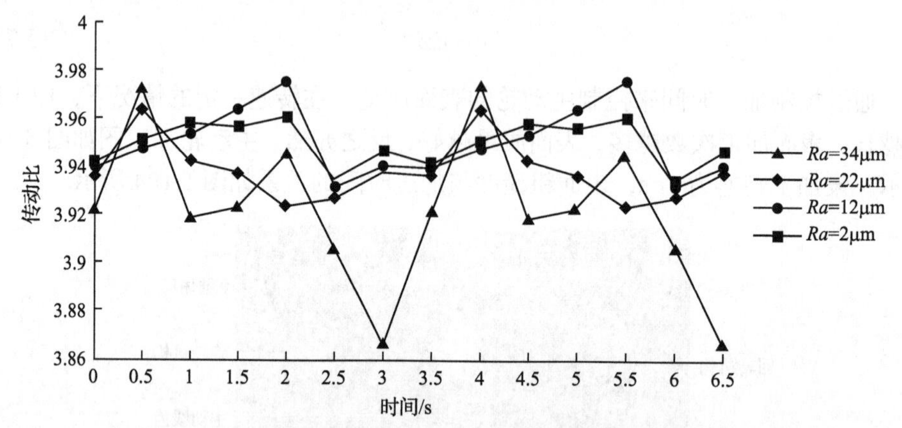

图 5.105　精加工的主动轮与粗加工的从动轮啮合传动所对应的瞬时传动比曲线

表 5.20　精加工的主动轮与粗加工的从动轮啮合传动所对应的平均传动比[95]

参数	取值			
主动线齿粗糙度 /μm	34	22	12	2
从动线齿粗糙度 /μm	34	34	34	34
平均传动比	3.922	3.938	3.950	3.949

2) 从动线齿轮加工方案

本节应用范成法对线齿轮从动线齿进行精加工。加工从动线齿的阴极工具与同这个从动轮啮合运动的主动轮的形状相似，差别在于线齿截面直径的大小不同，设阴极工具的线齿截面圆直径为 D_1，主动轮线齿截面圆直径为 D，则它们之间满足：

$$D_1 = D - 2h \tag{5.72}$$

式中，h 为加工间隙，也就是所包覆的一层绝缘不纺布的厚度。这样加工而成的从动线齿轮才能和主动线齿轮精确啮合。从动线齿轮加工原理如图 5.106 所示。

在从动轮的加工过程中，设工具阴极的转速为 ω_1，从动轮的转速为 ω_2，则它们之间应该满足：

$$\omega_1 = i_{12}\omega_2 \tag{5.73}$$

加工时间的长短和工具阴极表面质量的高低，决定了所加工的从动轮表面精度的高低，也就决定了线齿轮的传动精度。

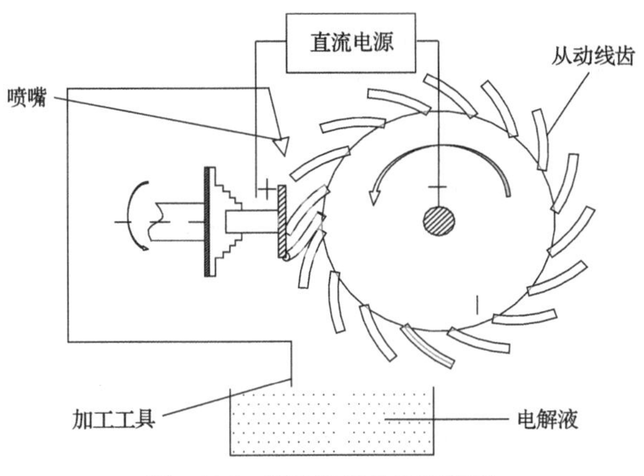

图 5.106　从动线齿轮加工简图

从动轮加工平台是基于运动学试验平台改装而成的，如图 5.107 所示，利用工具和工件的啮合运动实现从动轮的范成法精加工。设加工工具转速为 1r/s，从动线齿表面粗糙度与加工时间的关系如图 5.108 所示。

图 5.107　从动轮加工图

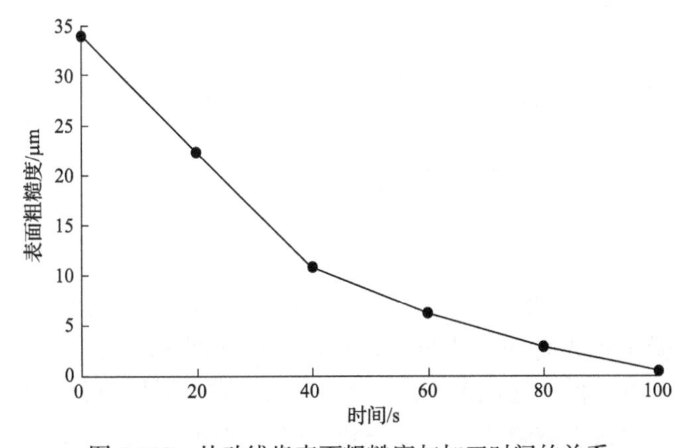

图 5.108　从动线齿表面粗糙度与加工时间的关系

由图 5.108 所示的运动学试验结果可知，只有主动轮和从动轮表面精度等级相对应的传动副才能得到较精确的传动精度。针对所加工的各个精度等级的传动副做运动学试验，平均传动比如表 5.21 所示，瞬时传动比如图 5.109 所示。

表 5.21　各个精度等级线齿轮传动副的平均传动比[95]

参数	取值				
主动线齿表面粗糙度 /μm	34	22	12	2	0.5
从动线齿表面粗糙度 /μm	34	22	12	2	0.5
平均传动比	3.922	3.961	3.970	3.938	3.993

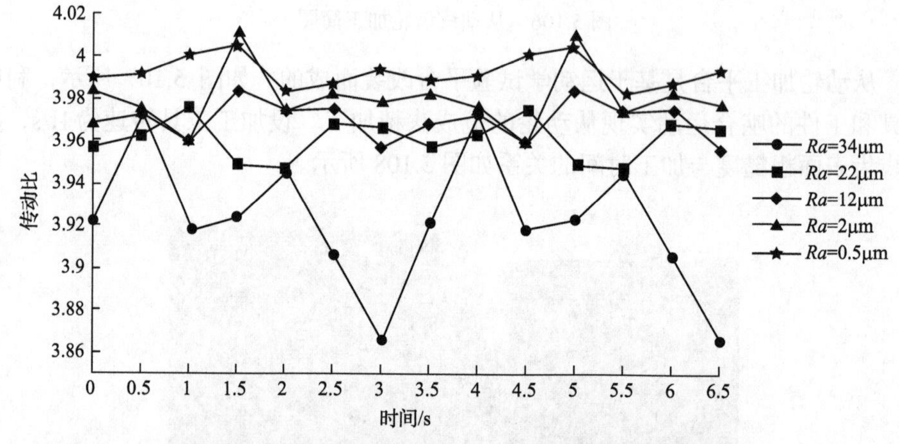

图 5.109　各个精度等级线齿轮传动副的瞬时传动比曲线

由表 5.21 可知，随着表面粗糙度的降低，平均传动比越来越接近于理论值。如图 5.109 所示，瞬时传动比的波动越来越小，这是由于传动线齿的表面连续性提高，使得啮合传动更平稳，而且传动过程中的噪声也明显降低。

5.8　线齿轮激光微纳加工技术与装备

5.8.1　线齿轮激光微烧蚀加工技术与装备

1. 加工装备

现有的微小齿轮微加工方法大部分只适用于平行轴传动的微小直齿圆柱齿轮，而适用于微小锥齿轮的工艺很少，且加工尺寸都比较大(>2mm)。纳秒脉冲激光铣削工艺成本较低，适用范围广，具有较高的灵活性，可应用于微小三维结构的加工。线齿轮激光微烧蚀加工设备和原理分别如图 5.110 和图 5.111 所示。

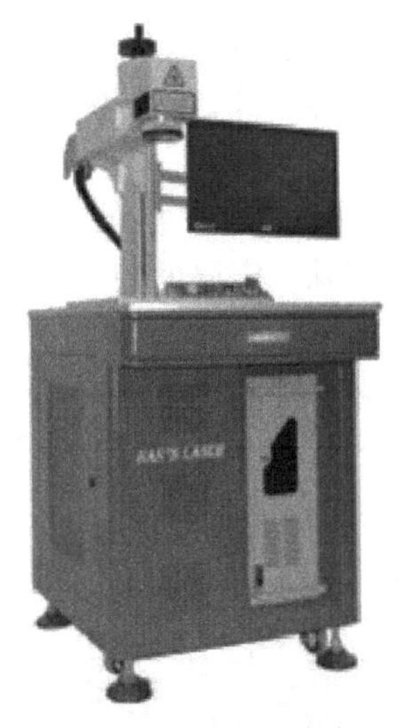

图 5.110　纳秒激光打标机

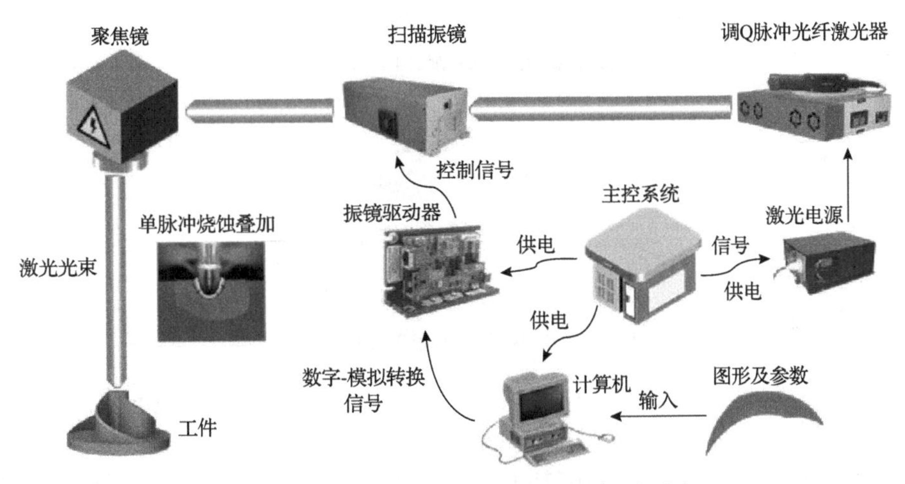

图 5.111　线齿轮激光微烧蚀加工设备原理图

2. 加工方法[87]

激光铣削是利用扫描振镜或运动平台或组合方法来控制激光光斑相对于毛坯的运动，可以去除毛坯不同位置的材料，即单个激光脉冲烧蚀的叠加。其中烧蚀直槽是纳秒脉冲激光铣削中最简单的情形，即光斑相对于靶材做直线运动，重叠率不同形成了形貌不一的烧蚀直槽。当加工其他更复杂的三维结构时，基本原理也是一样的，只是烧蚀坑的叠加更复杂。

圆锥线齿轮的核心是圆锥螺旋线，激光铣削加工即要考虑圆锥螺旋线的成型方法。逐层去除激光铣削加工方法分为两步减材过程：

(1)圆锥面的加工。图 5.112(a)为第一步微圆台的加工，毛坯为圆柱体，去除目标圆锥面上侧材料，得到圆台体，圆台体的侧面即为圆锥面，这一步需要保证圆锥面的形状精度。

(2)阿基米德柱面的加工。图 5.112(b)为第二步线齿轮齿体加工，毛坯为第一步所得到的圆台，在圆锥面上去除一定厚度的阿基米德柱面内侧及外侧材料，得到顶端为圆锥螺旋线的柱面，这一步的去除深度不需要十分精确，只要保证齿高，不去除过多基体材料，因为需要保证的是齿廓接触线——圆锥螺旋线的精度，齿轮轮体其他部分不参与啮合，因此没有形状精度要求，只要基体结构强度能支撑齿体即可。

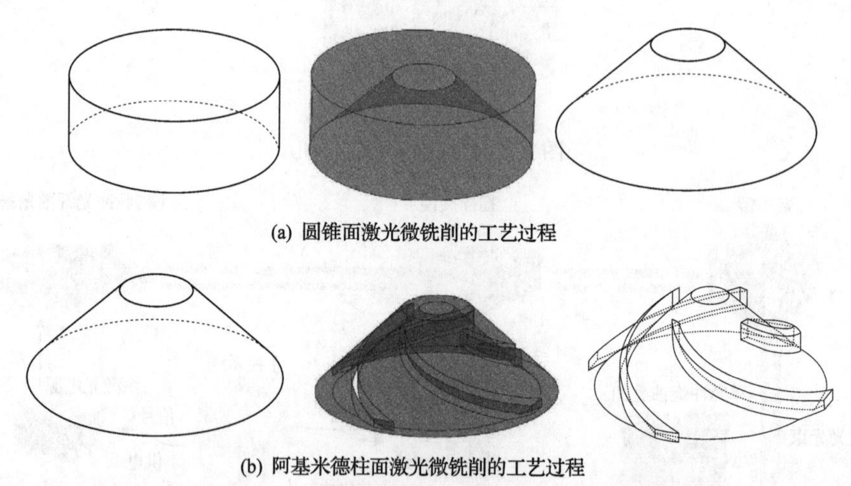

(a) 圆锥面激光微铣削的工艺过程

(b) 阿基米德柱面激光微铣削的工艺过程

图 5.112　圆锥螺旋线激光微铣削的工艺过程

第二步线齿齿体的加工中，由于激光扫描振镜在加工平面的重复精度达到±3μm，相对于热效应造成的形状误差来说是极高的，因此可以认为加工阿基米德柱面时，脉冲激光扫描形成的阿基米德螺线是准确的，齿体形状误差是热效应造成的表面缺陷及尺寸误差。按照两步法加工的微锥形线齿轮的线齿为竖直的柱体，由于纳秒脉冲激光的能量聚焦特性和能量扩散性，加工的结构有一定的深宽比限制，无法加工完全竖直的墙壁，墙壁有一定的倾斜角，而且结构顶部会产生烧蚀圆角，根部会有无法去除的区域。图 5.113 为线齿的某一竖直截面，设计接触线 C 与截面上的交点 P_0 在设计齿廓矩形截面的顶点上。由于纳秒激光微烧蚀的特性，所以顶角处会被多切除材料形成圆角 R，底角处材料不能被去除形成墙根，侧壁倾斜角为 α，如果按照设计齿廓加工，接触线会被切除，装配时一对齿廓会在圆角部分接触，造成传动误差。

加工齿廓时在侧向或纵向预留材料可以减小传动误差。图 5.113 中 A 和 B 为两种材料预留方式下齿廓结构横截面顶端圆角处的局部放大视图，A 情况为在侧向预留加工余量δ_w，B 情况为在纵向预留加工余量δ_h。留下加工余量可以使实际齿廓与设计接触线更接近，传动误差更小。

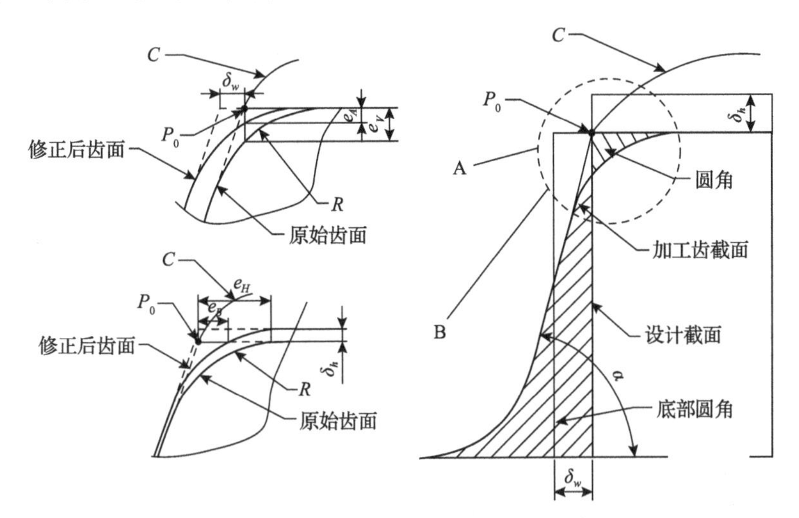

图 5.113　设计齿廓-实际齿廓

A 和 B 两种材料预留方式的选取和微装配的方向有关。e_V为垂直方向装配造成的接触误差，由式(5.74)给出；e_H为水平方向装配造成的接触误差，由式(5.75)给出。当选择纵向装配方式时，即齿轮由下往上安装，则选取 A 情况的横向材料预留方式，这时传动误差从 e_V降低到 e_A。当选择横向装配方式时，即齿轮由右往左安装，则选取 B 情况的横向材料预留方式，这时传动误差从 e_H降低到 e_B。在理想情况下，根据圆角半径 R 和侧壁倾斜角 α 选取适当的δ_w或δ_h，可以使 e_A或 e_B降为零，但是加工过程存在误差，一组加工参数只能得到 R 和 α 的范围。因此，制造误差造成的微锥形线齿轮传动误差无法完全消除。

$$e_V = R + \frac{1}{\sqrt{2}}\sqrt{R(1-3R+2R|\sec\alpha| + \cos(2\alpha)(-1-R+2R|\sec\alpha|))\sin^2\alpha\csc^2\alpha} \tag{5.74}$$

$$e_H = R(-1+|\sec\alpha|)\cot\alpha \tag{5.75}$$

其中，R、α 与纳秒脉冲激光烧蚀的工艺参数有关。取$\delta_w = e_H$，$\delta_h = e_V$，理论上可以使接触误差减为零。

图 5.114 为主、从动轮微锥形线齿轮构型，主、从动轮的齿廓截面平行于各自的轴线，垂直于所在位置的接触线，剩余部分为齿侧间隙，即第二步线齿齿体加工要去除的材料。

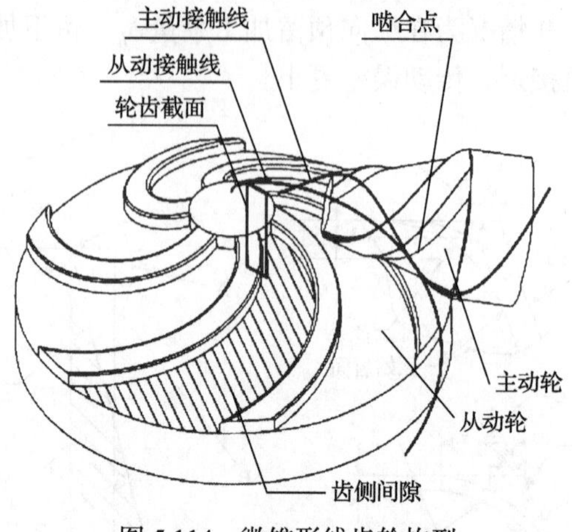

图 5.114 微锥形线齿轮构型

3. 加工结果

最终采用激光铣削的方法加工 11 级精度材料为有色金属的微小锥齿轮，如图 5.115 所示。

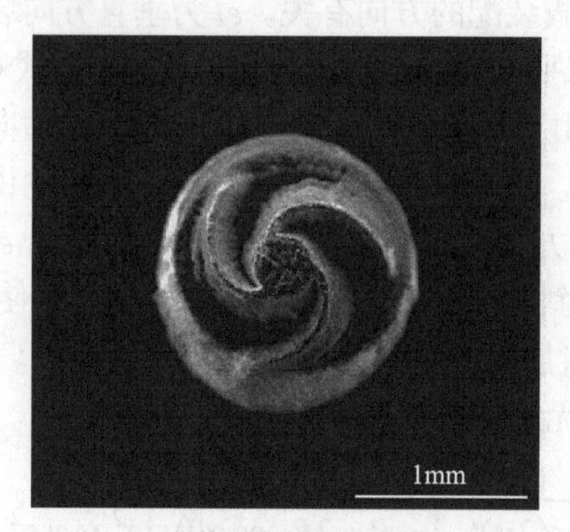

(a) 微锥形线齿轮SEM照片

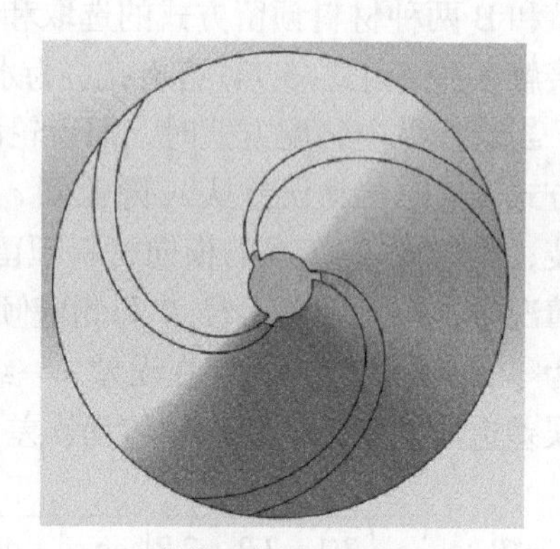

(b) 微锥形线齿轮设计模型

图 5.115 SEM 照片和设计模型对比

5.8.2 线齿轮激光微烧结加工技术与装备

1. 加工装备

纳秒激光微烧结技术和纳秒激光微铣削技术在激光源、光路系统、加工的零件尺寸以及精度上具有相似点。纳秒激光微铣削技术中激光可以直接对靶材进行逐层减材加工，而纳秒激光微烧结加工中需要额外的铺粉装置以实现逐层增材加工，这也意味着纳秒激光微铣削具有更高的加工效率。但是对于靶材内部或被遮挡的特征无法通过纳秒激光微铣削技术加工，而纳秒激光微烧结技术可以加工任意形状的零件。

图 5.116 和图 5.117 为线齿轮 3D 打印设备及其原理图。激光经过扩束镜和扫描系统，然后由一个焦距为 100mm 的聚焦镜片聚焦于工作平面。铺粉系统采用落粉的方式，在铺粉时，z 轴升降台先下降 90%的铺粉厚度，粉末从落粉盒落入成型仓中，然后通过压块将粉末压实，此时再通过刮刀的运动配合升降台的移动逐渐减小粉层厚度直至所需要的层厚，采用这种方式可以减小微细粉末相互黏结的影响。在完成一层粉末的铺置后，扫描系统控制光斑在工作平面内移动并且完成一层的烧结。图 5.117 中，激光源是波长为 1060nm 的脉冲光纤激光，脉冲宽度为 4～200ns，脉冲重复频率为 0～1000kHz，最大功率为 20W。激光光斑的移动速度由扫描系统控制在 0～10m/s 的范围内。z 轴升降台的最小分辨率为 0.1μm。

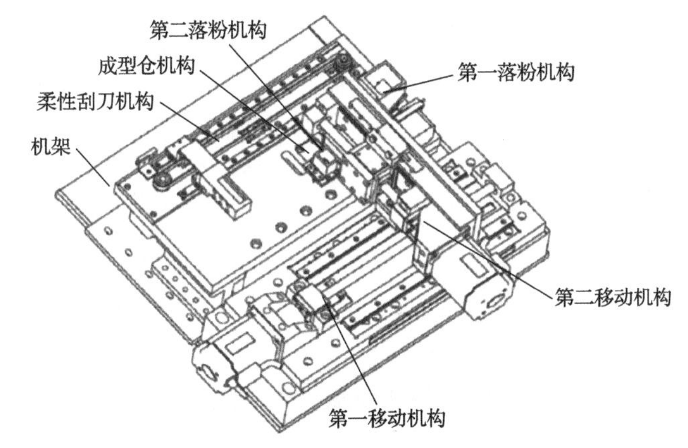

图 5.116　线齿轮 3D 打印设备

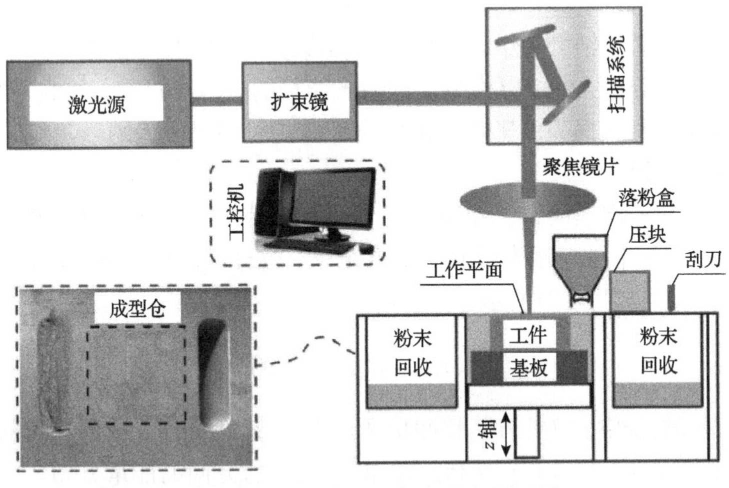

图 5.117　线齿轮 3D 打印设备原理图

2. 加工方法

纳秒激光微烧结技术也是基于“点-线-面-体”的成型原理，如图 5.118 所示。首先对三维结构进行切片及分层，并提取出每层中激光光斑的扫描路径。然后，当刮刀在基板上铺置一层粉末后，控制光斑按照扫描路径移动，粉末层吸收激光能量后发生熔化、流动、凝固等。单脉冲激光能量形成单个熔池，多个脉冲作用后则形成连续的单道轨迹以及单层烧结面。在基板上形成单层烧结面之后，烧结面连同基板下降一定距离，通过刮刀再次将粉末铺至烧结面上，并且对这一层的粉末再次烧结。重复整个过程，即实现三维结构的纳秒激光微烧结加工。

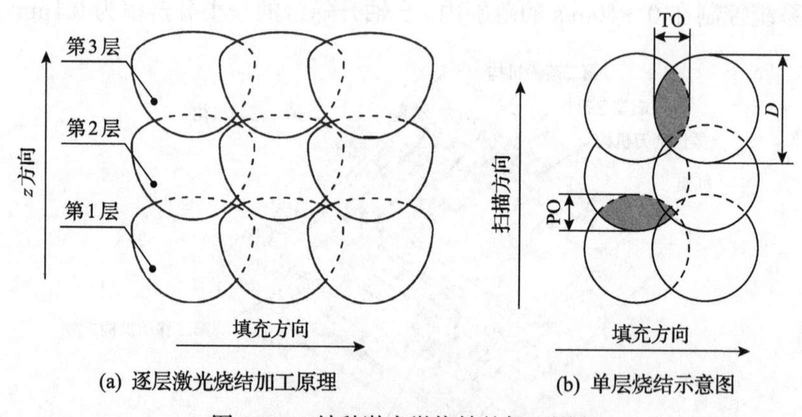

(a) 逐层激光烧结加工原理　(b) 单层烧结示意图

图 5.118　纳秒激光微烧结的加工原理

纳秒激光微烧结中单道轨迹的成型质量对三维结构的成型有较大的影响，通过以下步骤获得可行的单道轨迹加工工艺参数。

1）建立激光微烧结过程中单道轨迹的温度场解析模型及验证

相比于仿真分析，解析建模只考虑激光能量的热传导过程，忽略了熔池对流、反冲压力以及辐射热损失的影响，因此当计算的时间尺度为纳秒量级时，解析模型的计算速度较快。

首先建立基本物理模型，如图 5.119 所示。其次在建立热源模型时，利用如图 5.120 所示的粉末层对激光吸收率仿真结果（$f_i(z)$）计算得到激光能量分布表达式，如式(5.76)～式(5.79)所示：

$$q_i(x,y,z,t)=P_{\text{out}}f_i(x,y,t)f_i(z) \tag{5.76}$$

式中，P_{out} 为激光实际输出的单脉冲功率，如图 5.119(b)所示；$f_i(x,y,t)$ 为垂直于激光辐射方向的能量分布；$f_i(z)$ 为沿着激光辐射方向的能量分布。

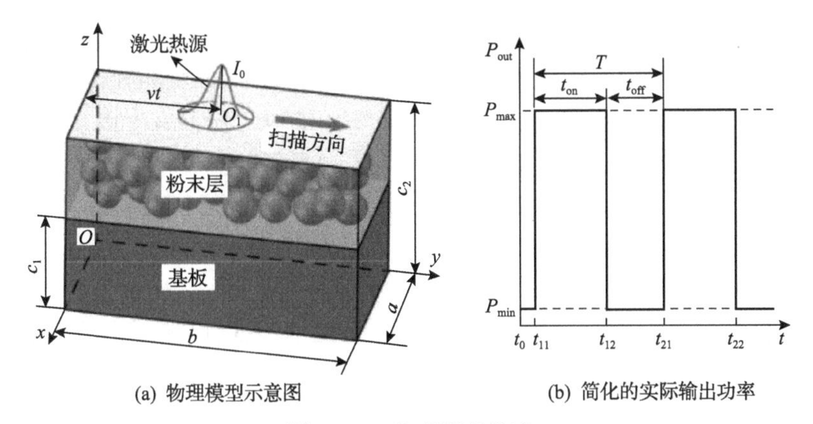

(a) 物理模型示意图　(b) 简化的实际输出功率

图 5.119　物理模型描述

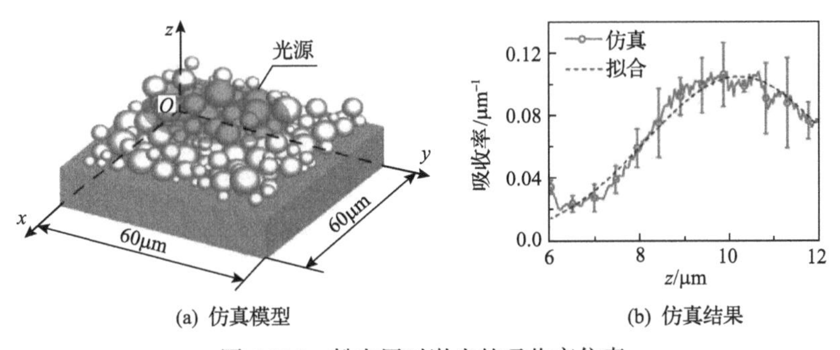

(a) 仿真模型　(b) 仿真结果

图 5.120　粉末层对激光的吸收率仿真

$$f_i(x,y,t)=\frac{2}{\pi\omega_0^2}\exp\left(-\frac{2\left[(x-x_0-vt)^2+(y-y_0)^2\right]}{\omega_0^2}\right) \tag{5.77}$$

式中，x_0 和 y_0 为激光束的扫描轨迹的起始点坐标；v 为扫描速度；ω_0 为聚焦在粉末层上表面的光斑半径。

$$\begin{cases} f_1(z)=0.104\exp\left(-\left(\dfrac{12\times10^{-6}-z-1.8\times10^{-6}}{2.956\times10^{-6}}\right)^2\right) \\ f_2(z)=1.35\exp\left(\dfrac{z-6\times10^{-6}}{1\times10^{-7}}\right) \end{cases} \tag{5.78}$$

在获得热源函数的基础上可以对热传导方程进行求解，具体的解析解通过分离变量法和格林函数法来推导，结果为

$$T_i(x,y,z,t)=\sum_{j=1}^{2}\left(\int_{\Omega_j}G_{ij}\Big|_{t'=0}F_j(r')\mathrm{d}x'\mathrm{d}y'\mathrm{d}z'+k_j/\alpha_j\int_0^t\mathrm{d}t'\int_{\Omega_j}G_{ij}q_j\mathrm{d}x'\mathrm{d}y'\mathrm{d}z'\right) \tag{5.79}$$

将计算结果与试验及仿真结果[103]进行对比，图 5.121 为纳秒激光烧结金属钴粉的过程中温度随时间的变化曲线。激光器总共输出 10 个脉冲到粉末层的表面，并且这 10 个脉冲作用在同一位置。激光器的输出频率、脉冲宽度以及单脉冲的能量分别为 25kHz、200ns 和 0.14mJ。图 5.121(a)所示的温度为椭圆形测量区域内的平均温度，测量区域的长轴和短轴分别为 70μm 和 50μm，且其中心与激光光斑中心重合。图 5.121(b)为激光光斑中心处的熔池深度随着时间的变化曲线，由于温度场的起伏变化，所以脉冲激光在粉末层产生了振荡的熔池。通过公式计算的温度曲线总体上与试验及仿真结果[104]相吻合，并且熔池深度也与仿真结果保持一致。与仿真模拟相比，解析解的计算速度较快[104-108]，当单道轨迹上作用了数百个纳秒脉冲时，利用解析解计算的温度场来辅助分析单道轨迹的成型质量将更有优势。

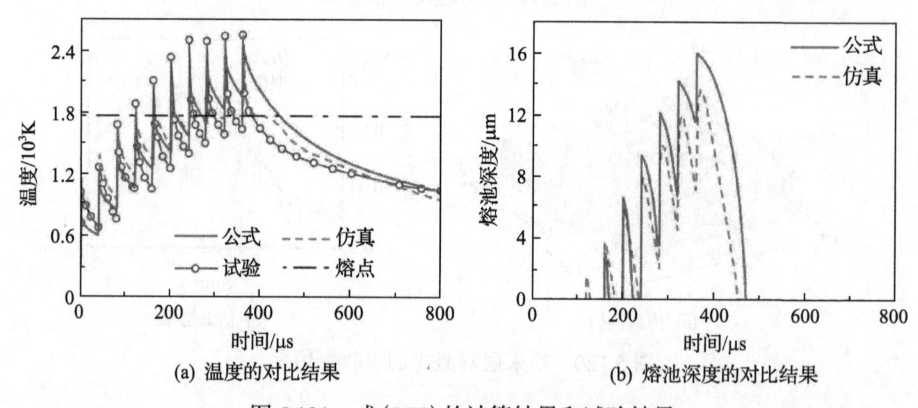

图 5.121　式(5.79)的计算结果和试验结果

2)单道轨迹烧结试验及成型质量分析

在激光加工中，功率密度对于加工性能和质量的控制具有重要的意义。为了研究单道轨迹的成型质量，选取表 5.22 所示的四组参数进行单道轨迹的烧结试验，脉冲宽度和粉末层厚度分别为 200ns 和 6μm。此外，根据式(5.79)对加工过程中的温度场进行计算，计算的物理模型尺寸为 $a=1000\mu m$ 、$b=1000\mu m$ 、$c_1=40\mu m$ 和 $c_2=46\mu m$ 。并且激光光斑从点 $A(80,50,46)$ 以扫描速度 v 沿着 y 轴的正方向移动。

表 5.22　单道轨迹烧结的试验参数

参数序号	平均功率/W	扫描速度/(mm/s)	频率/kHz
1	10	100、500、1000	25
2	5、10、13	70	250
3	10	800	250
4	10	300	250、500、750

图 5.122 为单道轨迹的四种典型的类型，分别为深孔轨迹、过热轨迹、间断轨迹、连续轨迹。这四种轨迹的形成与单脉冲的峰值功率密度及累加功率密度密切相关。

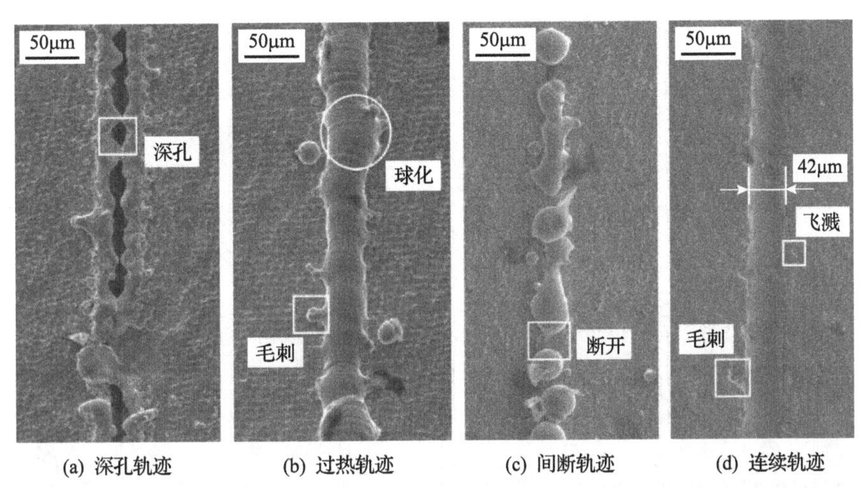

(a) 深孔轨迹　(b) 过热轨迹　(c) 间断轨迹　(d) 连续轨迹

图 5.122　不同参数下获得的单道轨迹 SEM 形貌

对四种轨迹的温度变化曲线进行分析，结论如下。

为了获得连续的单道轨迹，峰值功率密度 I_{si} 和累加功率密度 I_{ac} 需要满足的条件如式(5.80)所示。单道轨迹的烧结参数是可行的，这为微小圆锥线齿轮的加工参数选取及优化提供了指导。

$$\begin{cases} 0 < I_{si} \leqslant 0.8\text{W}/\mu\text{m}^2 \\ 4.2\times 10^3\,\text{W}/\mu\text{m}^2 \leqslant I_{ac} \leqslant 2.25\times 10^4\,\text{W}/\mu\text{m}^2 \end{cases} \tag{5.80}$$

微小圆锥线齿轮的激光微烧结加工需要对工艺参数进行研究，主要的工艺参数包括激光功率 P、扫描速度 v、扫描间距 d、两层扫描轨迹之间的夹角 θ、脉冲频率 f、层厚 h。理论上，层厚越小加工精度越高，然而最小层厚需要根据粉末的粒径以及铺粉情况来选取。层厚和脉冲频率分别设置为 6μm 和 600kHz，而激光功率、扫描速度、扫描间距、两层扫描轨迹之间的夹角则通过响应面试验分别确定为 10.75W、0.40mm/s、0.035mm、57.27°(主动轮)和 13.01W、0.25mm/s、0.045mm 和 81.82°(从动轮)。

3. 加工结果

如图 5.123 和图 5.124 所示，纳秒激光微烧结加工的微小圆锥线齿轮的精度等级在 ISO 8～ISO 10 级范围。

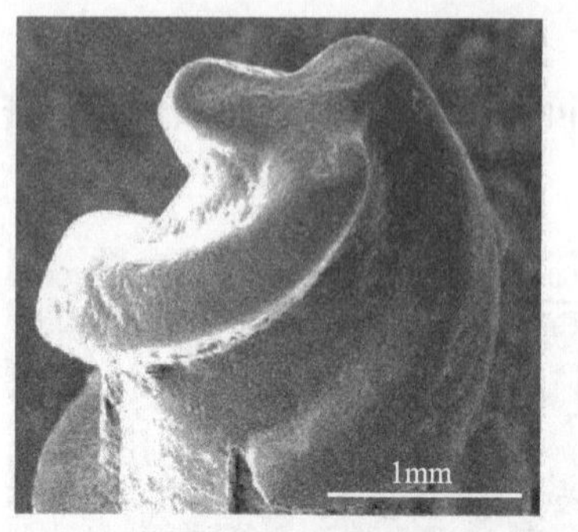

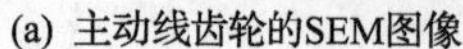

(a) 主动线齿轮的SEM图像

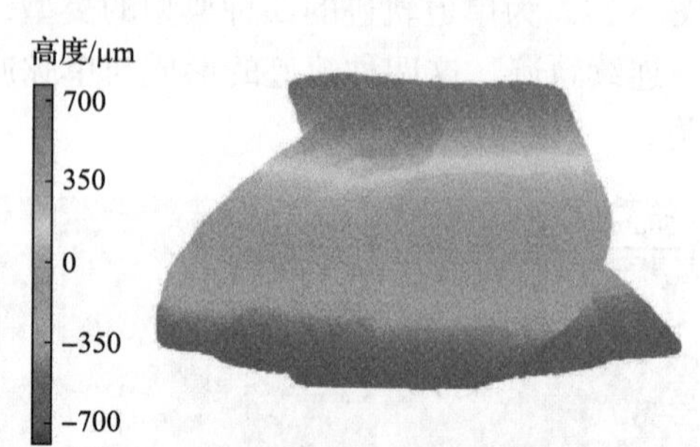

(b) 主动线齿轮的高度分布图

图 5.123　实际加工的微小圆锥主动线齿轮

(a) 从动线齿轮的SEM图像

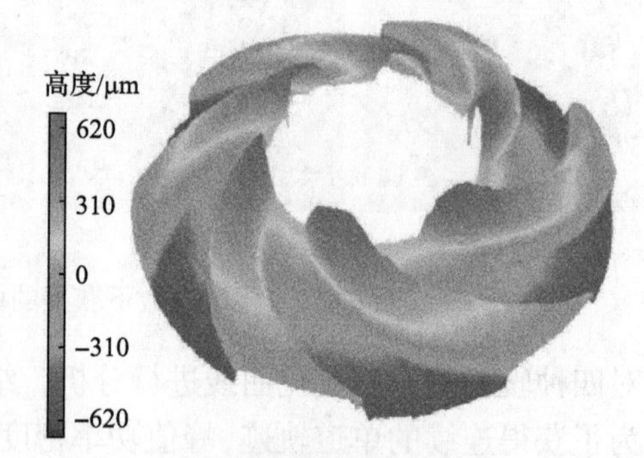

(b) 从动线齿轮的高度分布图

图 5.124　实际加工的微小圆锥从动线齿轮

5.9　本 章 小 结

本章对线齿轮的加工方法、工艺及装备进行了阐述。分别对线齿轮数控铣削、数控滚削、数控磨削加工、数控搓齿加工、光固化成型、选区激光熔化、金属粉末注射成形技术、电解精加工、激光微纳加工进行了介绍并分析了它们的特点，线齿轮的制造技术还在不断完善中。目前，线齿轮粗加工、精加工以及后处理加工技术与装备能够加工出尺寸范围 5～300mm 的线齿轮，满足常规应用需要。

第6章　线齿轮传动能力、误差分析、制造精度检测技术与装备

齿轮是机械设备的核心部位，其制造精度会影响整个设备的功能稳定性和使用寿命。因此，分析齿轮的加工误差来源、检测齿轮的加工精度，对控制齿轮制造精度起着至关重要的作用。线齿轮作为一种新型齿轮，其测试及检测相关理论与技术还在不断发展和完善中。课题组在线齿轮传动性能试验技术与装备、加工误差分析技术与装备、精度检测技术与装备等方面取得了一定的进展，本章将着重对其进行阐述。

6.1　线齿轮传动性能试验技术与装备

6.1.1　线齿轮传动性能试验台及原理

为了验证线齿轮传动比的准确性，自制了线齿轮运动学试验台[109]，如图 6.1 所示。该试验台的结构原理如图 6.2 所示，主要包括 OVW2-20-2MD 光电脉冲编码器、PCI-1716 数据采集卡、CHUO SEIKI 三维精密移动平台、分度盘、ESCAP 微直流电机、MPS-3003L-3 直流电源等。线齿轮运动学试验台的工作原理如图 6.3 所示，通过实时检测空载传动时从动轮的实际转速，计算出线齿轮的实际传动比，通过与设定的理论传动比进行对比，即可判定该传动副的运动连续性与平稳性。

线齿轮运动学试验包括以下六个步骤：

(1) 调整微直流电机的电源电压，通过光电脉冲编码器和数据采集系统确定不同电压时微直流电机的转速；

(2) 调整分度盘 9，使微直流电机 6 的旋转轴和从动轮 2 的旋转轴之间夹角为一定角度，然后调整三维精密移动平台 7 确保主动轮 5 的钩杆和从动轮 2 的钩杆正常啮合；

(3) 接通微直流电机 6 的直流电源，微直流电机旋转带动主动轮 5 转动，通过主、从动钩杆的啮合传动，主动轮带动从动轮旋转；

(4) 光电脉冲编码器 8 将角位移信号转换为数字脉冲信号，通过数据采集卡对信号进行实时采集；

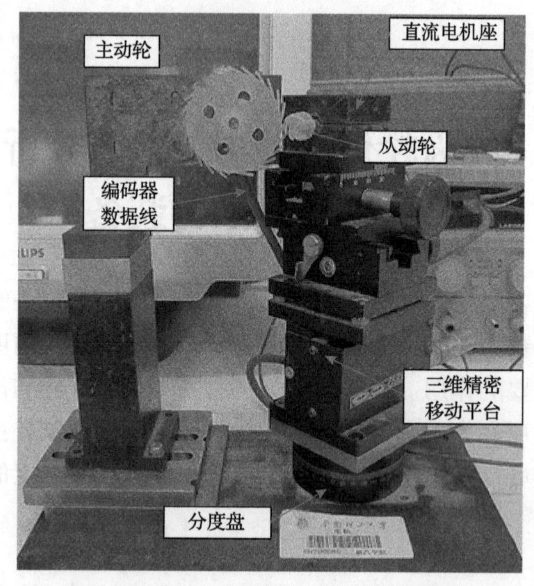

图 6.1　线齿轮运动学试验台实物图[110]

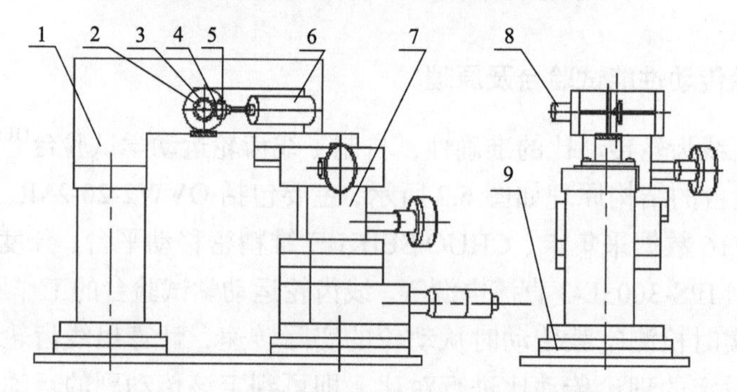

图 6.2　线齿轮运动学试验台原理简图[6]

1.支架；2.从动轮；3.从动钩杆；4.主动钩杆；5.主动轮；6.微直流电机；7.三维精密移动平台；8.光电脉冲编码器；9.分度盘

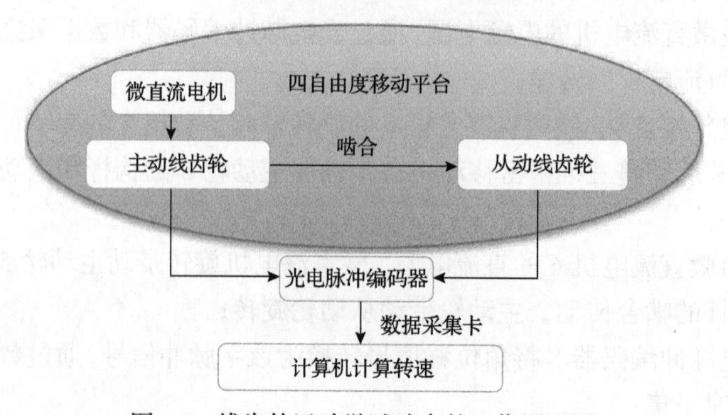

图 6.3　线齿轮运动学试验台的工作原理图

(5)运行数据采集软件，即可测得从动轮的瞬时转速，保存数据结果，为后续的数据处理做好准备；

(6)关闭微直流电机的直流电源，结束数据采集程序，对所测得的数据进行处理、分析。

随着线齿轮制造技术的不断发展，线齿轮及其减速器产品将进一步推广，此时，线齿轮的传动效率等各项传动性能的测定必不可少，针对通用齿轮传动试验台的不足和线齿轮传动性能测试的需求，课题组研制了一种面向线齿轮性能测试的传动试验台[110]。图 6.4 为线齿轮传动性能试验台的实物图，该试验台包括机械部分，控制、数据采集和处理部分，如图 6.5 所示。

图 6.4　线齿轮传动性能试验台实物图

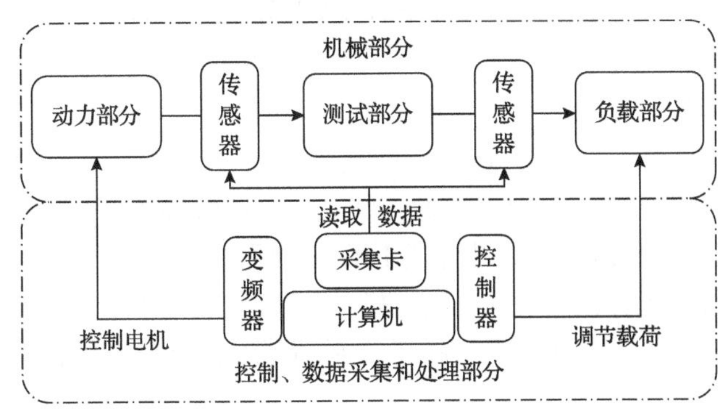

图 6.5　齿轮传动性能试验台组成[71]

1. 试验台结构方案

机械部分包括动力部分、测试部分、负载部分和传感器。动力部分负责提供动力，带动整个试验台运转，动力部分(电机)输出端连接一个转矩转速传感器，用于采集电机输出或齿轮箱输入的转矩和转速；中间部分安装待测试齿轮箱；齿轮箱输出部分连接负载部分(磁粉制动器)，其为齿轮箱提供设定的负载。同样，在负载部分和齿轮箱输出端之间，还要安装一个转矩转速传感器，用于采集齿轮箱输出的转矩和转速。通过两个转矩转速传感器可以得到输入转矩和输出转矩、输入转速和输出转速，则可以计算得到齿轮箱的效率、传动比等性能参数。同时，在测试系统中也可以加装其他传感器，这样可以得到其他更为详尽的齿轮装置的工作状态信息。例如，将温度传感器安装在齿轮箱油池或齿轮箱轴承处，以观测齿轮箱运行过程中的温度变化。试验台机械结构方案如图 6.6 所示。

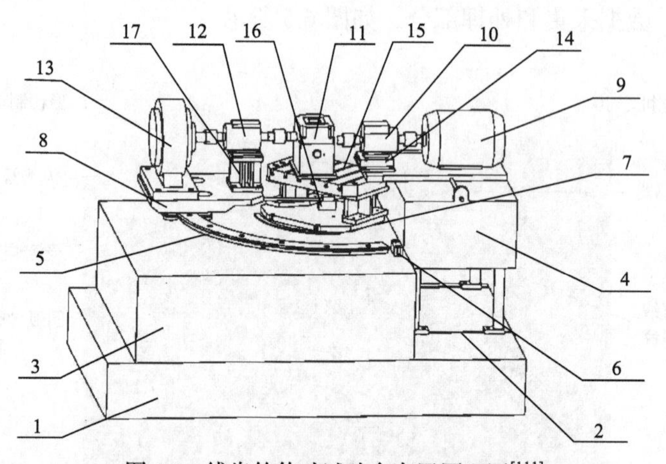

图 6.6　线齿轮传动试验台布置原理图[111]

1.基底；2.T 形槽；3.固定平台；4.直线位移台；5.圆弧导轨；6.挡板；7.机械式量角器；8.导轨滑台；9.电机；10.输入端转矩转速传感器；11.齿轮箱；12.输出端转矩转速传感器；13.磁粉制动器；14.输入端传感器支座；15.齿轮箱支座；16.角度传感器；17.输出端传感器支座

其中，4 表示一个 x-z 直线位移台，既可实现 x 轴方向移动，还能实现竖直升降运动，直线位移台 4 上面放置的则是试验台的动力部分，包括电机 9 和输入端转矩转速传感器 10；固定平台 3 表面安装了一个圆弧导轨 5，使得导轨滑台 8 可以实现 90°的偏转，但是单圆弧部分还不够，需要在 90°圆弧结束后引出一小段才可以让导轨上的滑板真正实现 90°的偏转，导轨外侧是挡板，用于防止滑台跌落平台；滑台上面则是负载部分，包括磁粉制动器和转矩转速传感器；中间放置的是齿轮箱垫板。

当需要调整齿轮装置中心距时，x-z 直线位移台往 x 方向移动即可，而当需要做交错轴齿轮传动时，将 x-z 直线位移台的 z 轴升降台调整即可。滑台在导轨上滑动，调整到合适角度时，需要固定，通过一个简单的夹紧装置即可实现，此即线齿轮传动试验台的机械部分设计方案。整个平台通过 3 个自由度(x-z 直线位移台和圆弧导轨)满足了试验台机械结构部分所需要求。

2. 试验台信号采集

由试验台基本机械结构可知，本试验台共有 4 路信号需要采集，包括输入端转矩转速传感器的信号和输出端转矩转速传感器的信号，此处采用研华 USB-4716 数据采集卡进行传感器信号接收，该采集卡使用通用串行总线(universal serial bus, USB)接口，可支持计算机热插拔，安装方便；有 16 位模拟信号输入通道，可为将来新增振动、温度等传感器预留信号通道。

3. 试验台数据处理

当试验进行时，能量从电机出发，经过一系列传动链，每一个传动链都会有能量损失，其中大部分能量最后会在制动器中消耗掉。为对齿轮箱的传动效率 η_g 以及齿轮啮合效率 η_m 进行计算，还需对采集到的数据进行处理。

齿轮传动试验台的总能量损耗 $P_{\text{total-loss}}$ 包括负载相关损耗 $P_{\text{load-dependent}}$ 和负载无关损耗 $P_{\text{load-independent}}$，总能量损耗可以通过输入能量 P_{input} 减去输出能量 P_{output} 得到。负载相关损耗一般在带有负载时的齿轮和轴承中产生，而负载无关损耗一般来自搅油损失和密封圈的阻力等。为分离负载相关损耗和负载无关损耗，一般需进行两个步骤，在某转矩转速下计算出总能量损耗，然后在相同转速并空载的条件下运行试验台，此时可认为负载相关损耗 $P_{\text{load-dependent}} \approx 0$，即 $P_{\text{total-loss}} \approx P_{\text{load-independent}}$，这样即可得到该转矩转速下负载相关损耗的具体值。为得到齿轮啮合损耗 P_{mesh}，需从负载相关损耗中减去轴承损耗 P_{bearing}。本节试验台齿轮箱为一对齿轮，两对轴承(主、从动轮各一对)，因此计算公式为 $P_{\text{load-dependent}} = P_{\text{mesh}} + 4P_{b,L}$，其中 $4P_{b,L}=P_{\text{bearing}}$。轴承损耗 $P_{b,L}$ 计算公式为 $P_{b,L} =0.5\omega\mu_b W_b d_{\text{bore}}$，其中 μ_b 为试验测得的全膜润滑下轴承平均摩擦系数，具体值可参考 SKF 手册，W_b 为轴承径向载荷，d_{bore} 为轴承内径。计算出轴承损失 $4P_{b,L}$ 后，可得到齿轮啮合损失 $P_{\text{mesh}} = (P_{\text{input}} - P_{\text{output}} - P_{\text{load-independent}}) - 4P_{b,L}$，最后，即可分别计算出齿轮箱传动效率 η_g 以及齿轮啮合效率 η_m：

$$
\begin{aligned}
\eta_g &= 1 - \frac{P_{\text{total-loss}}}{P_{\text{input}}} \\
\eta_m &= 1 - \frac{P_{\text{mesh}}}{P_{\text{input}}}
\end{aligned}
\tag{6.1}
$$

6.1.2 线齿轮弹流润滑试验台

摩擦副间的油膜厚度可以反映其接触区内真实的润滑情况，也是反映润滑介质的摩擦学性能的重要指标，光干涉法是目前最为精确的润滑膜厚测试方法之一[111]。为了测试线齿轮副的润滑膜厚度，课题组对光干涉试验台进行改装，如图 6.7 所示。改装的部分包括安装基座以及外置供油系统，如图 6.8 所示。

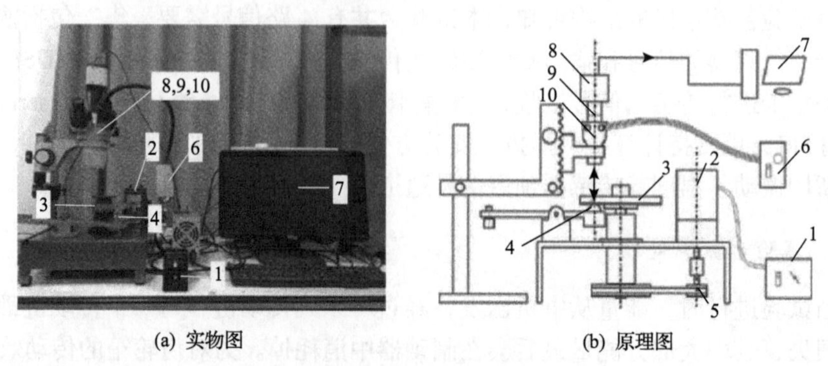

图 6.7　光干涉膜厚测量试验台[57]

1.调速器；2.电机；3.镀铬玻璃盘；4.球磨型；5.同步带；6.卤光灯；7.计算机；8.工业摄像机；9.滤光片；10.体显微镜

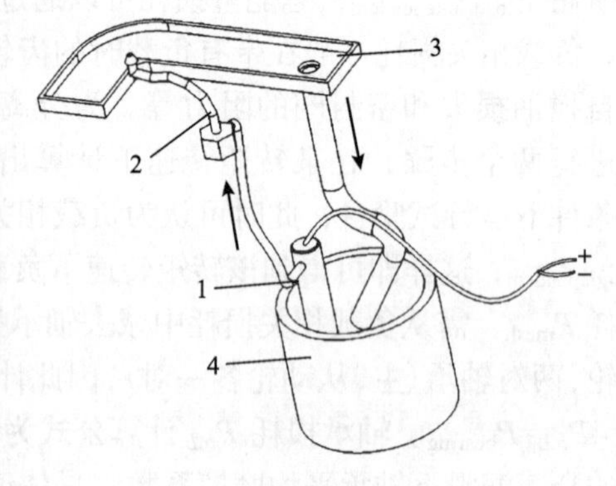

图 6.8　改装试验台的外置供油系统

1.油泵；2.竹节管；3.导油槽；4.油罐

使用该试验台测量摩擦副接触区域内某点的膜厚方法为：

(1)静止状态下，即零卷吸速度下测量接触区域相对光强；

(2)使试验台处于待测工况下，测量待测点相对光强；

(3)代入膜厚计算公式，输出待测点膜厚值。

膜厚计算公式为

$$h = \frac{\lambda^*}{4\pi n_d}\left[(-1)^k \arccos(\bar{I}) - \arccos(\bar{I}_0) + \left(\left|\sin\left(\frac{k\pi}{2}\right)\right| + k\right)\pi\right] \tag{6.2}$$

式中，λ^* 为入射单色光波长值，该试验台 λ^* 为 600nm；n_d 为润滑油折射率；k 为

干涉半级数；相对光强 $\overline{I}$ 则为

$$\overline{I}=\frac{2I-I_{\max}-I_{\min}}{I_{\max}-I_{\min}} \tag{6.3}$$

在实际测量中，使用由试验台获取的油膜图像的灰度值替代式(6.3)中的光强值。

6.2　线齿轮的精度检测技术与装备

6.2.1　线齿轮加工误差来源分析

1. 线齿轮齿坯加工误差分析

分析加工误差来源需要从加工方式入手，不同加工方式所产生的主要加工误差不同。使用聚甲醛棒料成品作为毛坯，圆柱度为 ±0.01mm，直线度为 ±0.01mm。棒料按照所设计的线齿轮齿宽切割为单个圆柱齿坯，将圆柱齿坯装夹在数控机床上钻齿坯中心孔，齿坯装夹误差会使得齿坯内孔与齿坯外圆产生偏心误差，如图 6.9 所示。

为了减小齿坯内孔与齿坯外圆的同轴度误差，以加工好的实际齿坯内孔作为基准，将齿坯装夹在车床上对齿坯外圆进行车削，切除偏心部分的余量，这需要齿坯具有一定的加工余量，如图 6.10 所示。但实际上线齿轮的传动性能只受接触线区域影响，只要保证非接触线区域不发生干涉即可，由于数控加工线齿轮的加工基准为齿坯内孔，所以可以忽略齿坯偏心误差对线齿轮加工精度的影响。

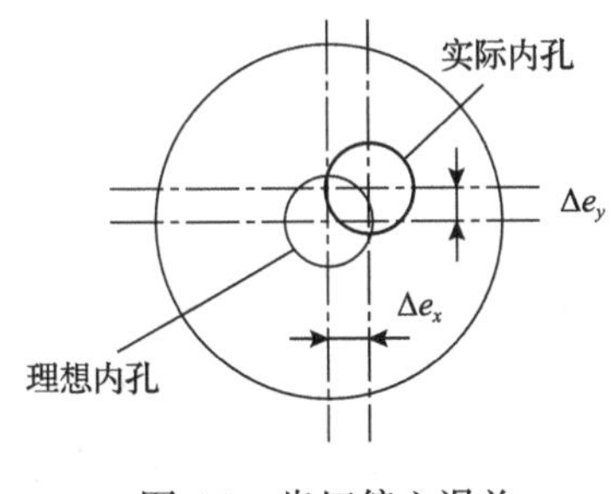

图 6.9　齿坯偏心误差

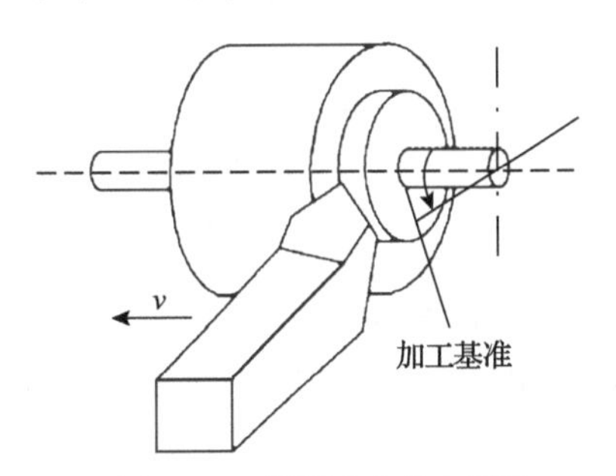

图 6.10　车削减小偏心误差

2. 线齿轮铣削加工误差分析

齿轮加工误差来源众多，比较复杂[112]，线齿轮也不例外。指状铣刀铣削线齿轮的加工误差主要是由齿坯定位误差、刀具廓形加工误差、机床 A 轴分度误差、铣削力导致材料塑性变形等引起的，按照误差产生的方向和类型可分为径向误差、切向误差、轴向误差和齿形误差等。

径向误差是指铣刀与被切齿轮之间理论径向距离与实际径向距离之差，主要是由刀具径向位置偏差、铣刀径向跳动、齿坯定位误差、铣刀轴方向的周期变动等引起的。如图 6.11(a)所示，Δz 为刀具径向位置偏差，其值可正可负。

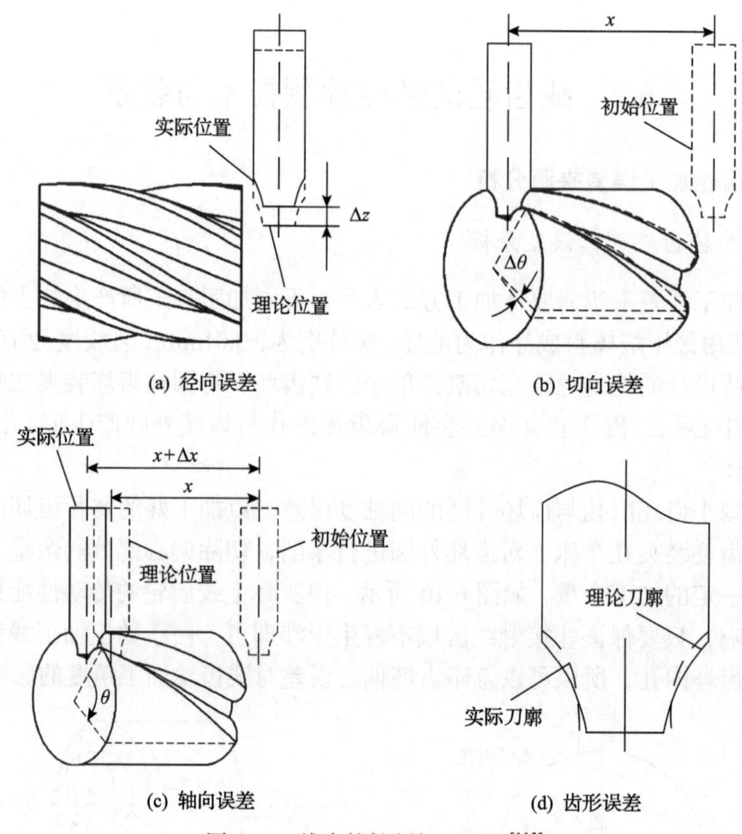

图 6.11　线齿轮铣削加工误差[113]

切向误差是指铣刀与齿轮的成形运动受到破坏或机床 A 轴的分度不准确而引起的加工误差。机床的分度涡轮产生回转误差，齿坯的回转角度呈周期性变化，使得铣刀与齿坯间的相对切屑位置不断移动，产生切向误差。如图 6.11(b)所示，假设刀具 x 轴的定位精度是准确的，当刀具移动 x 距离，A 轴转过的实际角度与理论角度之差为 $\Delta\theta$，该误差是由机床 A 轴分度不准确引起的，其值可正可负。

轴向误差是指铣刀沿着齿坯轴线方向移动的误差，主要是由机床导轨制造误差、导轨安装误差和齿坯轴线定位倾斜引起的。如图 6.11(c)所示，假设机床 A 轴的分度精度足够高，A 轴转过 θ 角，刀具理论应该移动 x 距离，实际上移动了

$x+\Delta x$，Δx 为移动误差，其值可正可负。

齿形误差主要是指铣刀廓形误差的复现，铣刀廓形的制造不够精确或长时间加工导致刀刃磨损等都可引起齿轮加工产生齿形误差。此外，进给量和刀刃的设计也会影响齿形的加工精度。如图 6.11(d)所示，刀具的制造存在误差，成形铣刀廓形的制造误差对齿轮齿形的影响较大。

3. 线齿轮磨削加工误差分析[77]

与铣削加工类似，在对线齿轮进行磨削加工时，也存在安装误差，砂轮和圆柱线齿轮工件之间的相对位置会偏离理想位置，导致加工出的齿面存在偏差。砂轮和圆柱线齿轮工件的相对位置偏差主要包括：砂轮轴线偏离理想轴心位置的偏心误差、砂轮沿其轴线方向上的轴向误差、砂轮主轴偏离理想方向的倾斜误差。

砂轮偏心误差和轴向误差示意如图 6.12 所示。当砂轮和圆柱线齿轮工件存在偏心误差时(图 6.12(a))，砂轮中心在砂轮平面上沿 x_2 轴方向上的偏移量为 Δs_x，沿 y_2 轴方向上的偏移量为 Δs_y，砂轮中心由 O_2 偏移到 O_2'。当砂轮和圆柱线齿轮工件存在轴向偏差时(图 6.12(b))，砂轮平面沿 z_2 轴方向上的偏移量为 Δs_z，砂轮中心沿 z_2 轴由 O_2 偏移到 O_2''。

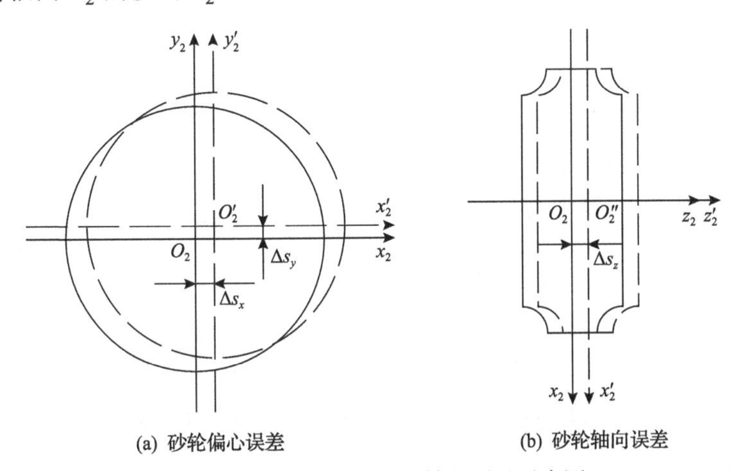

(a) 砂轮偏心误差　　(b) 砂轮轴向误差

图 6.12　砂轮偏心误差和轴向误差示意图

由空间坐标系转换规则可知，当砂轮相对圆柱线齿轮工件分别在 x_2、y_2 和 z_2 这 3 个方向上存在位置偏差时，相应产生的误差转换矩阵 $\boldsymbol{M}_{xx'}$、$\boldsymbol{M}_{yy'}$和 $\boldsymbol{M}_{zz'}$分别为

$$\boldsymbol{M}_{xx'}=\begin{bmatrix}1&0&0&\Delta s_x\\0&1&0&0\\0&0&1&0\\0&0&0&1\end{bmatrix}\tag{6.4}$$

$$
\boldsymbol{M}_{yy'}=\begin{bmatrix}1 & 0 & 0 & 0\\ 0 & 1 & 0 & \Delta s_y\\ 0 & 0 & 1 & 0\\ 0 & 0 & 0 & 1\end{bmatrix} \tag{6.5}
$$

$$
\boldsymbol{M}_{zz'}=\begin{bmatrix}1 & 0 & 0 & 0\\ 0 & 1 & 0 & 0\\ 0 & 0 & 1 & \Delta s_z\\ 0 & 0 & 0 & 1\end{bmatrix} \tag{6.6}
$$

砂轮倾斜误差是指砂轮轴线与待加工零件轴线之间的夹角偏离设计角度的大小。砂轮倾斜误差示意图如图 6.13 所示。当砂轮存在倾斜误差时，存在两种情况，即砂轮轴线绕 x_2 轴转动而产生的倾斜误差 $\Delta\alpha$（图 6.13（a））和砂轮轴线绕 y_2 轴转动而产生的倾斜误差 $\Delta\beta$（图 6.13（b））。

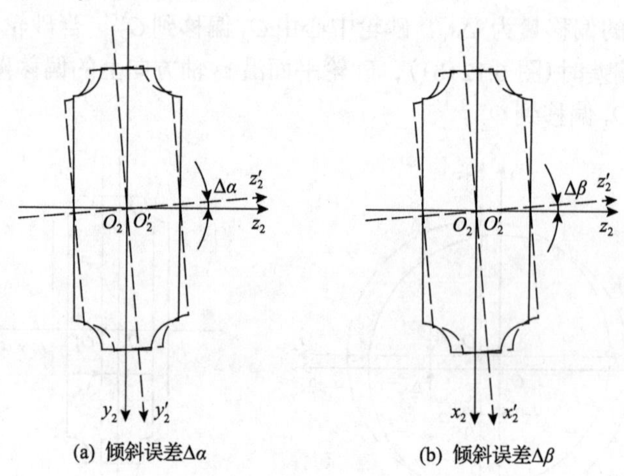

图 6.13　砂轮倾斜误差示意图

当砂轮存在倾斜误差 $\Delta\alpha$、$\Delta\beta$ 时，相应产生的误差转换矩阵 $\boldsymbol{M}_\alpha$、$\boldsymbol{M}_\beta$ 为

$$
\boldsymbol{M}_\alpha=\begin{bmatrix}1 & 0 & 0 & 0\\ 0 & \cos\Delta\alpha & \sin\Delta\alpha & 0\\ 0 & -\sin\Delta\alpha & \cos\Delta\alpha & 0\\ 0 & 0 & 0 & 1\end{bmatrix} \tag{6.7}
$$

$$
\boldsymbol{M}_\beta=\begin{bmatrix}\cos\Delta\beta & 0 & \sin\Delta\beta & 0\\ 0 & 1 & 0 & 0\\ -\sin\Delta\beta & 0 & \cos\Delta\beta & 0\\ 0 & 0 & 0 & 1\end{bmatrix} \tag{6.8}
$$

当砂轮相对圆柱线齿轮工件发生偏心误差和轴向误差时，砂轮中心偏离理想位置，但是砂轮轴线方向并未发生改变；当砂轮相对圆柱线齿轮工件发生倾斜误差时，砂轮轴线方向发生改变，但是砂轮中心并未发生改变。因此，砂轮的偏心误差、轴向误差和倾斜误差相互独立地影响着齿轮的加工精度。

根据以上对砂轮位置偏差的分析，可以求得砂轮在存在位置偏差情况下的误差转换矩阵为

$$\boldsymbol{M} = \boldsymbol{M}_{xx'}\boldsymbol{M}_{yy'}\boldsymbol{M}_{zz'}\boldsymbol{M}_{\alpha}\boldsymbol{M}_{\beta} \tag{6.9}$$

由此可以求得砂轮在存在位置偏差的情况下，实际接触线的坐标变换公式为

$$\begin{bmatrix} x_z^{(1)'} \\ y_z^{(1)'} \\ z_z^{(1)'} \\ 1 \end{bmatrix} = \boldsymbol{M} \begin{bmatrix} x_z^{(1)} \\ y_z^{(1)} \\ z_z^{(1)} \\ 1 \end{bmatrix} \tag{6.10}$$

式中，$x_z^{(1)'}$、$y_z^{(1)'}$ 和 $z_z^{(1)'}$ 为实际接触线在坐标系 $O_1\text{-}x_1y_1z_1$ 中的坐标值。

可以求得砂轮在存在位置偏差的情况下，实际齿面上点的坐标变换公式为

$$\begin{bmatrix} x_1' \\ y_1' \\ z_1' \\ 1 \end{bmatrix} = \boldsymbol{M} \begin{bmatrix} x_1 \\ y_1 \\ z_1 \\ 1 \end{bmatrix} \tag{6.11}$$

式中，x_1'、y_1' 和 z_1' 为实际齿面上的点在坐标系 $O_1\text{-}x_1y_1z_1$ 中的坐标值。

当对线齿轮接触区域的误差进行分析时，首先选择理论接触线上的任一啮合点 P，在齿轮坐标系 $O_1\text{-}x_1y_1z_1$ 中，$\overrightarrow{O_1P} = [x_p, y_p, z_p]$；然后在实际齿面的实际接触线上选择对应的啮合点 P'，在齿轮坐标系 $O_1\text{-}x_1y_1z_1$ 中，$\overrightarrow{O_1P'} = [x_p', y_p', z_p']$。接触线上啮合点的误差值 δ 为

$$\delta = \left|\overrightarrow{OP_1} - \overrightarrow{O_1P'}\right| = \sqrt{\left(x_p - x_p'\right)^2 + \left(y_p - y_p'\right)^2 + \left(z_p - z_p'\right)^2} \tag{6.12}$$

为了便于分析造成接触线误差的因素，运用 Mathematica 软件同时构造理想齿面和误差齿面模型，然后分析砂轮在不同的位置偏差下对圆柱线齿轮齿形的影响规律，进而对造成齿形误差的因素进行分离，为砂轮安装参数的调整提供指导。为具体说明砂轮与圆柱线齿轮工件在不同类型的相对位置偏差下，不同偏差值对圆柱线齿轮接触线误差值以及齿形的影响规律，以下通过实例进行分析。选取右

旋圆柱线齿轮的左侧螺旋齿面作为分析对象，选取的圆柱线齿轮参数如表 6.1 所示。

表 6.1 圆柱线齿轮基本参数

参数	取值
理论接触线螺旋半径 m/mm	32
理论接触线螺距 n/mm	12
线齿法向截面圆弧半径 r/mm	2
翻转角 φ/rad	π/6
接触线啮合点参数 t 的取值范围[t_s, t_e]/rad	[0, π/12]
齿数	6
齿宽/mm	20

在实例计算中，分别求得圆柱线齿轮的理论接触线方程和理论齿面方程，并且可以求得砂轮和圆柱线齿轮工件在存在不同类型相对位置偏差情况下的实际接触线方程和实际齿面方程。通过 Mathematica 软件同时绘制理论齿形和实际齿形模型，可以对圆柱线齿轮接触线误差的大小进行计算，并且对圆柱线齿轮齿形误差的规律进行分析。

1) Δs_x 引起的齿形误差分析

当砂轮中心沿 x_2 轴方向上的偏移量分别为 $\Delta s_x=-0.20$mm 和 $\Delta s_x=0.20$mm 时，误差齿形如图 6.14 所示。计算结果表明，此时接触线上对应啮合点处的齿形误差值均为 0.200mm。当 $\Delta s_x<0$ 时，接触线的螺旋半径增加；当 $\Delta s_x>0$ 时，接触线的螺旋半径减小。由图 6.14 可以看出，Δs_x 的存在会造成齿厚误差，同时齿形误差的大小不会沿齿宽方向发生改变。当 $\Delta s_x<0$ 时，齿顶齿厚增大，齿根齿厚减小；当 $\Delta s_x>0$ 时，齿顶齿厚减小，齿根齿厚增大。

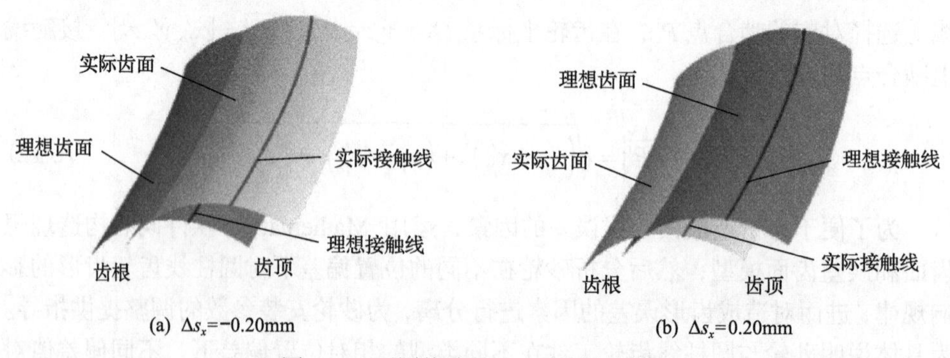

(a) $\Delta s_x=-0.20$mm　　(b) $\Delta s_x=0.20$mm

图 6.14 不同偏移量 Δs_x 下的误差齿形

2) Δs_y 引起的齿形误差分析

当砂轮中心沿 y_2 轴方向上的偏移量分别为 $\Delta s_y = -0.20$mm 和 $\Delta s_y = 0.20$mm 时，误差齿形如图 6.15 所示。计算结果表明，此时接触线上对应啮合点处的齿形误差值均为 0.190mm，Δs_y 对接触线的螺旋半径几乎没有影响，但是会改变砂轮切入点和切出点的位置。由图 6.15 可以看出，Δs_y 对齿厚的影响远小于 Δs_x 对齿厚的影响，当 $\Delta s_y<0$ 时，会导致砂轮实际切入点位置比理论切入点位置靠后；当 $\Delta s_y>0$ 时，会导致砂轮实际切入点位置比理论切入点位置靠前。

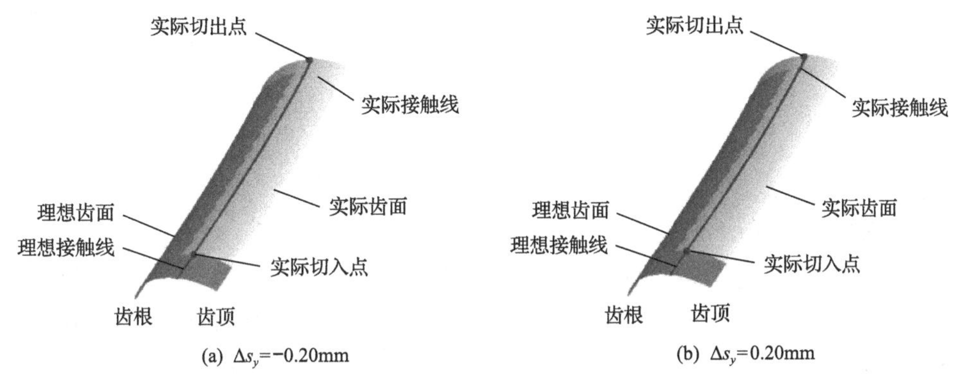

(a) $\Delta s_y=-0.20$mm　(b) $\Delta s_y=0.20$mm

图 6.15　不同偏移量 Δs_y 下的误差齿形

3) Δs_z 引起的齿形误差分析

当砂轮中心沿 z_2 轴方向上的偏移量分别为 $\Delta s_z = -0.20$mm 和 $\Delta s_z = 0.20$mm 时，误差齿形如图 6.16 所示。计算结果表明，此时接触线上对应啮合点处的齿形误差值均为 0.200mm。由图 6.16 可以看出，Δs_z 的存在会造成齿厚误差，当 $\Delta s_z<0$ 时，齿厚减小；当 $\Delta s_z>0$ 时，齿厚增大；同时齿形误差的大小不会沿齿宽方向发生改变。

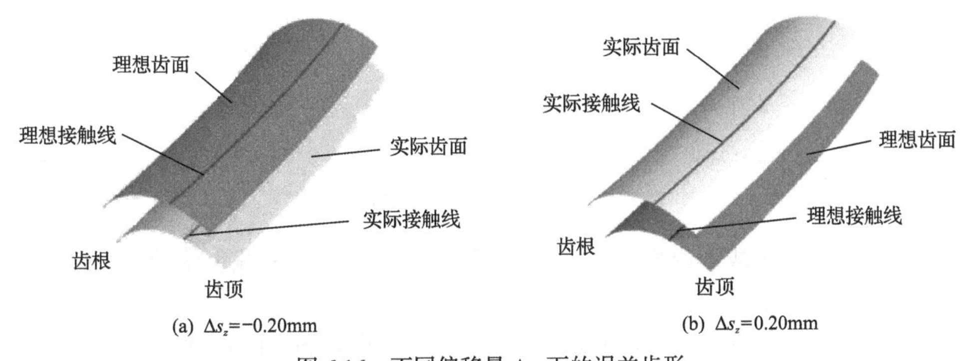

(a) $\Delta s_z=-0.20$mm　(b) $\Delta s_z=0.20$mm

图 6.16　不同偏移量 Δs_z 下的误差齿形

4) $\Delta\alpha$ 引起的齿形误差分析

当砂轮轴线绕 x_2 轴转动所产生的倾斜误差分别为 $\Delta\alpha = -0.01°$和 $\Delta\alpha = 0.01°$时，

误差齿形如图 6.17 所示。计算结果表明，此时接触线上对应啮合点处的齿形误差值均为 0.012mm。由图 6.17 可以看出，$\Delta\alpha$ 的存在会造成齿厚误差，当 $\Delta\alpha<0$ 时，齿厚减小；当 $\Delta\alpha>0$ 时，齿厚增大；同时齿形误差的大小不会沿齿宽方向发生改变。

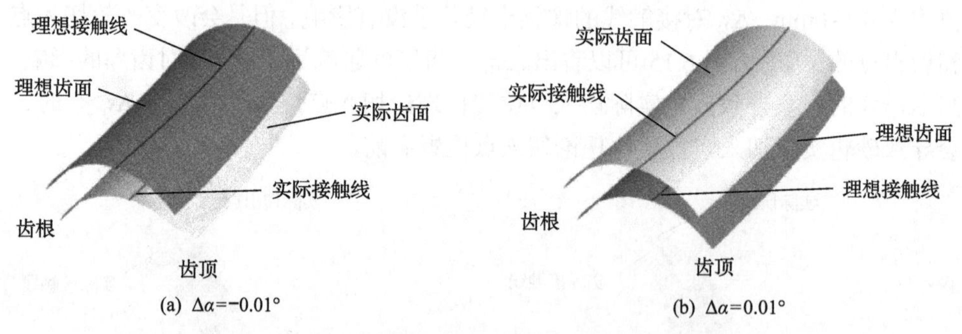

(a) $\Delta\alpha=-0.01°$　(b) $\Delta\alpha=0.01°$

图 6.17　不同倾斜误差 $\Delta\alpha$ 下的误差齿形

5) $\Delta\beta$ 引起的齿形误差分析

当砂轮轴线绕 y_2 轴转动所产生的倾斜误差分别为 $\Delta\beta=-0.01°$ 和 $\Delta\beta=0.01°$ 时，误差齿形如图 6.18 所示。计算结果表明，此时接触线上对应啮合点处的齿形误差值均为零，$\Delta\beta$ 的存在不会造成接触线误差。由图 6.18 可以看出，不论 $\Delta\beta<0$，还是 $\Delta\beta>0$ 都会造成齿顶齿厚减小，齿根齿厚增大；同时 $\Delta\beta$ 对齿厚的影响远小于 $\Delta\alpha$ 对齿厚的影响。

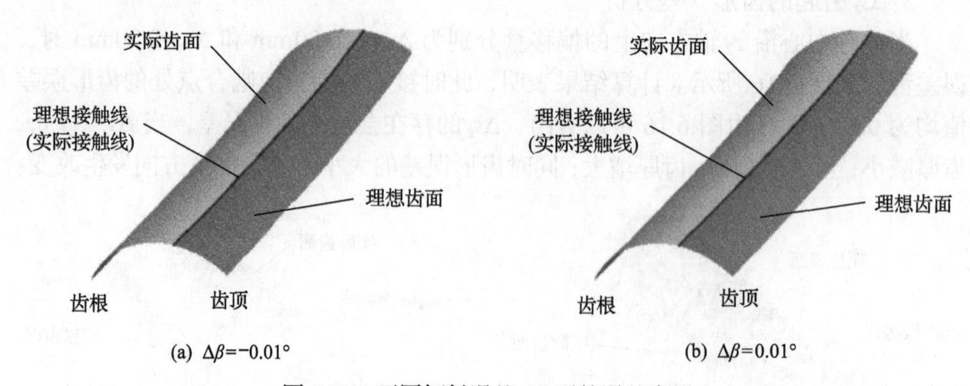

(a) $\Delta\beta=-0.01°$　(b) $\Delta\beta=0.01°$

图 6.18　不同倾斜误差 $\Delta\beta$ 下的误差齿形

通过对线齿轮成形磨削加工过程中砂轮位置偏差对圆柱线齿轮齿面的影响进行分析，得到以下结论：

(1) 砂轮不同类型的位置偏差对齿形的影响形式和程度不同。偏移量 Δs_x、Δs_y 和 $\Delta\alpha$ 会导致齿形沿着齿高方向不同位置的齿厚变化不同；而偏移量 Δs_z、$\Delta\beta$ 会导致齿形沿齿高方向的齿厚全部增大或减小。

(2) 在砂轮存在倾斜误差的情况下，砂轮轴线绕 x_2 轴转动所造成的啮合点误差和齿形误差远大于砂轮轴线绕 y_2 轴转动所造成的相应误差，所以在加工中需要注意控制砂轮轴线绕 x_2 轴的转动误差。

(3) 在实际加工过程中，各项误差因素一般是同时存在的，因此啮合点误差和齿形误差是由多种误差共同作用造成的。根据磨削加工得到的实际线齿轮齿面的变化规律，可以找出产生齿形误差的主要因素，然后根据误差因素来调整砂轮的安装位置，在后续的成形磨削过程中通过调整来消除误差因素，提升加工精度。

6.2.2　线齿轮制造精度检测方法

1. 法向齿廓与端面齿廓的转换[113]

线齿轮齿廓设计包括端面齿廓设计和法向齿廓设计，可采用端面齿廓沿接触线扫掠形成轮齿，也可采用法向齿廓沿接触线扫掠形成轮齿。基于端面齿廓设计的轮齿，可以采用立式铣削方法进行加工，但是在设计指状铣刀时，需将端面齿廓转换为法向齿廓。基于法向齿廓设计的轮齿，在进行端面齿廓检测时，需将法向齿廓转换为端面齿廓。

本节以端面圆弧齿廓为例，阐述端面齿廓与法向齿廓转换的方法。

建立如图 6.19 所示的空间坐标系，坐标系 $O_3\text{-}x_3y_3z_3$ 为轮齿端平面所在坐标系，即轮齿端平面与平面 $x_3O_3y_3$ 共面，该坐标系固定不变，坐标系 $O_4\text{-}x_4y_4z_4$ 为轮齿法平面所在坐标系，即轮齿法平面与平面 $x_4O_4y_4$ 共面，由平面 $x_3O_3y_3$ 绕 $x_3(x_4)$ 旋转角度 θ_1 得到，轮齿的法向齿廓为圆心在 $x_3(x_4)$ 轴上的圆弧齿廓。如图 6.20 所示，接触点 A 所在法平面为 $x_4O_4y_4$，法平面与端平面的夹角为 θ_1，该夹角也为坐标轴 y_3 与坐标轴 y_4 的夹角。

接触线在 A 点处的切线与坐标轴 y_3 的夹角为 $\arctan(m/n)$，θ_1 与其互补，则 $\theta_1=\arctan(-n/m)$，坐标系 $O_4\text{-}x_4y_4z_4$ 变换到坐标系 $O_3\text{-}x_3y_3z_3$ 的变化矩阵为

$$\boldsymbol{M}_{34}=\begin{bmatrix}1 & 0 & 0 & 0\\ 0 & \cos\theta_1 & -\sin\theta_1 & 0\\ 0 & \sin\theta_1 & \cos\theta_1 & 0\\ 0 & 0 & 0 & 1\end{bmatrix} \tag{6.13}$$

法向齿廓方程在转动坐标系 $O_4\text{-}x_4y_4z_4$ 下可表示为

$$\boldsymbol{R}_{c1}(t_c)=\begin{bmatrix}r\cos t_c+m\\ r\sin t_c\\ nt_c\\ 1\end{bmatrix} \tag{6.14}$$

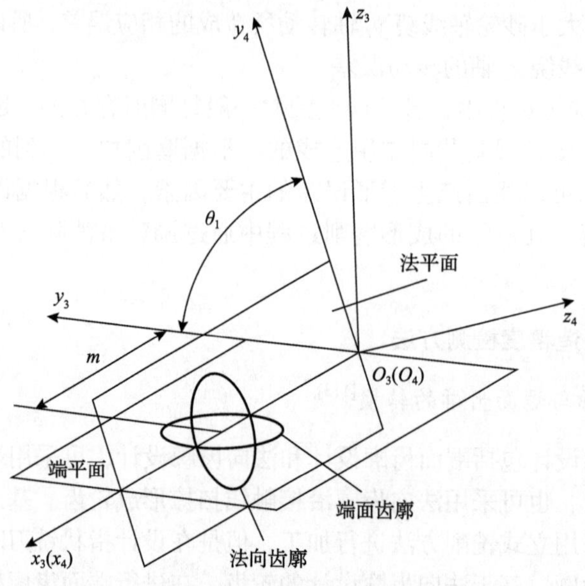

图 6.19　齿廓转换坐标系

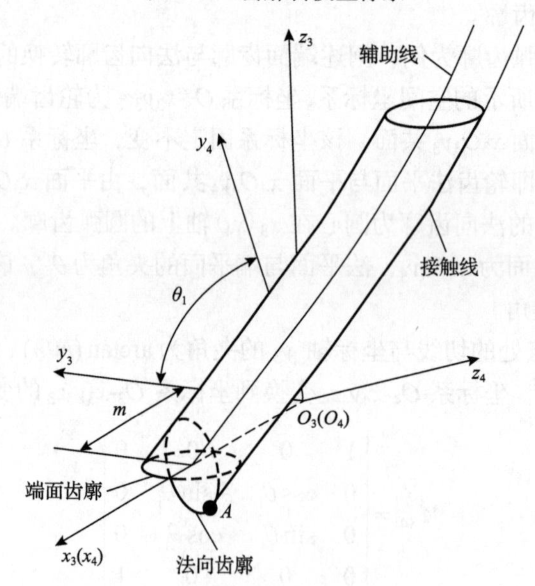

图 6.20　法向齿廓与端面齿廓的转换

法向齿廓在固定坐标系 O_3-$x_3y_3z_3$ 下可表示为

$$\boldsymbol{R}_{c2}(t_c)=\boldsymbol{M}_{34}\boldsymbol{R}_{c1}(t_c)=\begin{bmatrix} r\cos t_c+m \\ r\cos\theta_1\sin t_c \\ r\sin\theta_1\sin t_c \\ 1 \end{bmatrix} \tag{6.15}$$

接触线在固定坐标系 $O_3\text{-}x_3y_3z_3$ 下的方程可表示为

$$\boldsymbol{r}(t)=\begin{bmatrix}\cos t & -\sin t & 0 & 0\\ \sin t & \cos t & 0 & 0\\ 0 & 0 & 1 & nt\\ 0 & 0 & 0 & 1\end{bmatrix} \tag{6.16}$$

法向齿廓在固定坐标系 $O_3\text{-}x_3y_3z_3$ 下沿着接触线扫掠，形成齿面方程为

$$\boldsymbol{\Sigma}(t,\theta,t_c)=\boldsymbol{r}(t)\boldsymbol{R}_{c2}(t_c)=\begin{bmatrix}(r\cos t_c+m)\cos t+r\cos\theta_1\sin t\sin t_c\\ (r\cos t_c+m)\sin t-r\cos\theta_1\sin t\sin t_c\\ nt+r\sin\theta\sin t_c\\ 1\end{bmatrix} \tag{6.17}$$

齿面方程 $\boldsymbol{\Sigma}(t,\theta)$ 中 $z=0$ 可得端面齿廓在固定坐标系 $O_3\text{-}x_3y_3z_3$ 下的方程为

$$\boldsymbol{R}_{c3}(t_c)=\begin{bmatrix}(r\cos t_c+m)\cos\left(\dfrac{-r\sin\theta_2\sin t_c\tan\theta_2}{m}\right)+r\cos\theta_2\sin t_c\sin\left(\dfrac{-r\sin\theta_2\sin t_c\tan\theta_2}{m}\right)\\ (r\cos t_c+m)\sin\left(\dfrac{-r\sin\theta_2\sin t_c\tan\theta_2}{m}\right)-r\cos\theta_2\sin t_c\cos\left(\dfrac{-r\sin\theta_2\sin t_c\tan\theta_2}{m}\right)\end{bmatrix} \tag{6.18}$$

式中，r 为线齿半径；m 为接触线螺旋半径；t_c、θ_2 为接触线参数。

以上就是法向齿廓转换为端面齿廓的全部步骤。

反之，端面齿廓也可以转换为法向齿廓，其转换方法类似，步骤相反，这里不再赘述。

2. 检测项目的确定[113]

由于线齿轮是一种新型齿轮，圆柱齿轮相关标准所定义的偏差项目在圆柱线齿轮的应用上不能完全适用，需要结合线齿轮的啮合特点并参考现行齿轮标准来确定线齿轮的检测项目。结合线齿轮的构造特点，线齿轮的精度主要和三部分有关，分别为接触线、齿廓和齿距。接触线是保证线齿轮副能够精确传动的基础，而齿廓和齿距会影响传动平稳性。

设定圆柱螺旋线为接触线的圆柱线齿轮，其接触线的加工精度可以用螺旋线偏差来表示。如图 6.21 所示，由端面廓形可获得齿轮的齿廓和齿距，从齿廓中可获得齿高和齿厚，对应的偏差项目为齿距偏差、齿高偏差和齿厚偏差，为了保证线齿轮副在啮合传动时，齿根与齿顶不发生干涉，除了检验齿高偏差，还需要检验齿根圆直径偏差，齿根圆直径偏差过大，也会引起单个齿轮在传动时轮齿受力

不均匀。以上是从线齿轮的特点进行分析，下面将结合现行齿轮标准进行讨论。

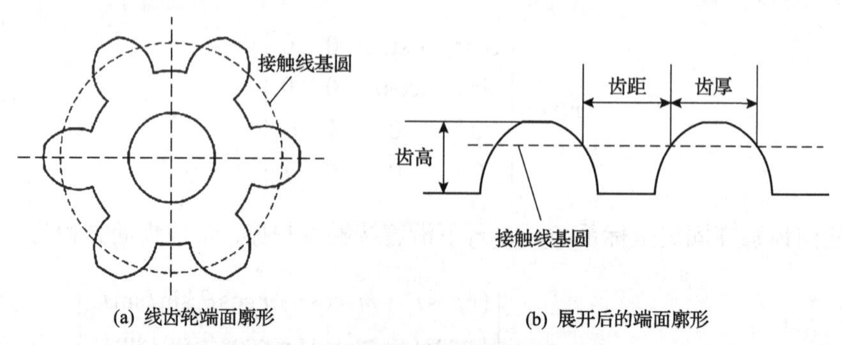

图 6.21　线齿轮端面廓形及其展开形式

先讨论单个轮齿的偏差项目，现行标准 GB/T 10095《圆柱齿轮 ISO 齿面公差分级制》对圆柱齿轮的螺旋线偏差和齿廓偏差进行定义，螺旋线偏差能够适用于线齿轮，但是该标准对齿廓偏差的定义是实际齿廓与设计齿廓的偏移量，这显然不适用于线齿轮，因为线齿轮只需保证接触线附近齿廓的加工精度，其他不参与啮合传动的齿廓只要不产生干涉便可忽略，可从齿廓中获取接触线所在位置的齿厚偏差、齿高偏差，然后将其他不参与啮合部分的实际齿廓与理论齿廓进行对比，确定在传动过程中是否会发生干涉。

然后讨论多个轮齿之间齿面的偏差项目，对应在圆柱齿轮上有齿距偏差和径向跳动等，这些偏差项目在标准 GB/T 10095 和 GB/Z 18620《圆柱齿轮 检验实施规范》给出了定义。圆柱线齿轮相邻的两个线齿之间在相对应的位置处处等距，因此这些项目理论上都可适用，齿距偏差可从端面廓形中获取，径向跳动理论上也可从端面廓形中获取，但实际上会引入拟合误差，因此可采用精度高、可靠性高的直接法测量。

以上讨论的误差项目都是表征单个齿轮的几何加工精度，其他偏差项目，如一齿切向综合偏差、一齿径向综合偏差、切向综合总偏差和径向综合总偏差等，是基于齿轮啮合原理进行检验的，其检验方法是将被测齿轮与精度已知的高精度齿轮进行双面无侧隙啮合得出误差，由于线齿轮是新型齿轮，其精度等级的划分及检测的相关标准尚未完善，所以线齿轮设计灵活的特性使得其在标准化上具有一定难度，难以获得作为啮合检验基准的标准齿轮，因此暂时不考虑这些偏差项目。

综上所述，本节所确定的圆柱线齿轮偏差项目如表 6.2 所示，这些偏差项目可从被测线齿轮的接触线或端面廓形中获得。

3. 测量原理[113]

1)线齿轮接触线检测原理

线齿轮接触线的检测原理如图 6.22 所示，齿轮绕 x 轴(齿轮中心线)旋转，测

表 6.2　圆柱线齿轮偏差项目

偏差类型	偏差项目
运动准确性的评定指标	接触线基圆径向跳动
运动平稳性的评定指标	接触线基圆齿距偏差、螺旋线偏差
载荷分布均匀性的评定指标	齿根圆直径偏差、齿高偏差
齿轮副侧隙的评定指标	接触线基圆齿厚偏差

头沿着齿轮 x 轴(齿轮中心线)的负方向运动，可获得线齿轮接触线的加工误差，该测量方法也称为展成法。

由于测头顶部圆球的直径会引起测量误差，为了减小测头引起的误差，需要设置测头与被测轮齿在起测点的初始位置。如图 6.23 所示，轮齿的中线绕 O 点偏转 γ 角度，测头与被测轮齿齿面在被测点 A 的公法线 n 平行于 x 轴，公法线 n 也是测头中线，直线 l_{OA} 与轮齿中线夹角为 δ ，m 为接触线螺旋半径，因此 A 点的坐标为 $\left(m\sin(\gamma+\delta), m\cos(\gamma+\delta)\right)$ 。

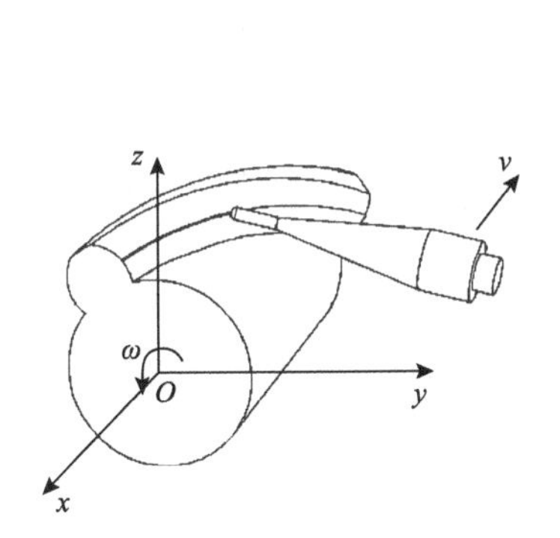

图 6.22　接触线检测原理

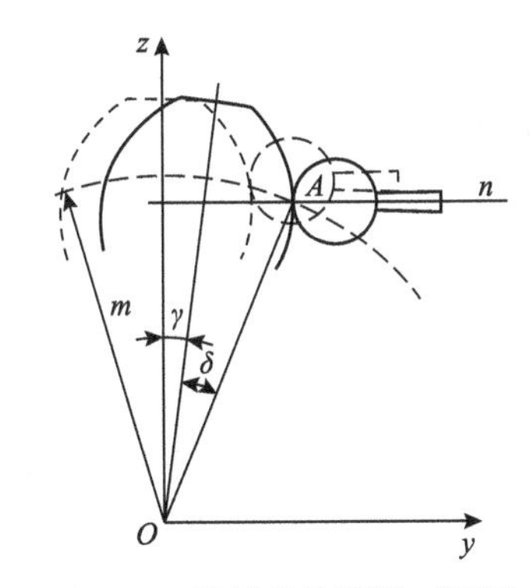

图 6.23　接触线检测端面视图

轮齿中线绕 O 点偏转 γ 角度，相当于轮齿上的每一个点都绕 O 点偏转 γ 角度。角度 γ 的求解方法如图 6.24 所示，A' 点偏转 γ 角度到达 A 点，此时 A' 点的法线 n' 与 A 点的法线 n 夹角为 γ，法线 n 与 x 轴平行，则 n' 与 x 轴的夹角为 γ。因此，求解端面齿廓方程在被测点处的法线，该法线与 x 轴的夹角即为所需的偏转角 γ。本节以端面圆弧齿廓为例，给出求解方法。

端面圆弧齿廓的方程为

$$(x-a)^2+(y-b)^2=r^2,\quad x_1<x<x_2, y_1<y<y_2, a>0 \tag{6.19}$$

其中，a、b、x_1、x_2、y_1、y_2 分别为齿廓参数；r 为线齿半径。

联立：

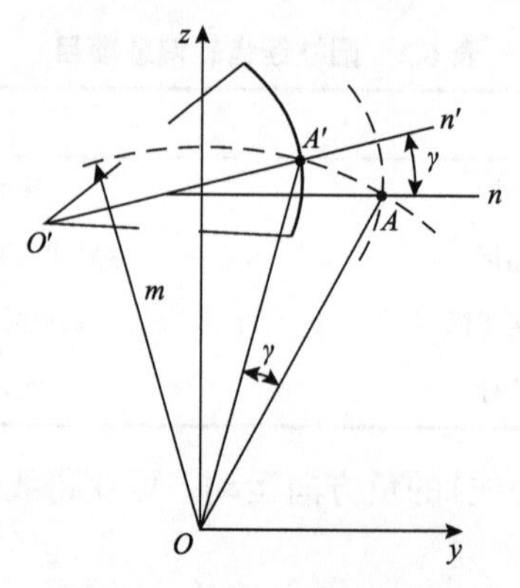

图 6.24 角度 γ 的求解方法

$$\begin{cases}(x-a)^2+(y-b)^2=r^2\\x^2+y^2=m^2\\y>0\end{cases},\quad x_1<x<x_2,y_1<y<y_2,a>0 \tag{6.20}$$

令 $a^2+b^2+m^2=A$，$2m^2+2mr+r^2=B$，$bm^2-br^2+b^3=C$，可求得 A' 点坐标（$x_{A'},y_{A'}$）：

$$\begin{cases}x_{A'}=\dfrac{A-r^2}{2a}-\dfrac{b\left\{a^2b-a\left[(-A+B)(A-B-4mr)\right]^{1/2}+C\right\}}{2a\left(a^2+b^2\right)}\\y_{A'}=\dfrac{a^2b-a\left[(-A+B)(A-B-4mr)\right]^{1/2}+C}{2\left(a^2+b^2\right)}\end{cases} \tag{6.21}$$

法线 n' 的方程为

$$\frac{x-a}{x_{A'}-a}=\frac{y-b}{y_{A'}-b} \tag{6.22}$$

$$\begin{aligned}\tan\gamma&=\frac{x_A-a}{y_A-b}\\&=\frac{a-\left(A-r^2-b\left\{a^2b-a\left[(-A+B)(A-B+4mr)\right]^{1/2}+C\right\}\Big/\left(a^2+b^2\right)\right)\Big/(2a)}{b-\left\{a^2b-a\left[(-A+B)(A-B+4mr)\right]^{1/2}+C\right\}\Big/\left(2a^2+2b^2\right)}\end{aligned} \tag{6.23}$$

法线方程与 x 轴的夹角即为偏转角 γ，因此通过求解方程的斜率即可得出偏

转角 γ 。

2)线齿轮端面廓形检测原理

图 6.25 为端面齿廓检测原理示意图，齿轮绕齿轮中心旋转，检测传感器在 x、z 方向保持不动，齿轮旋转一周得到齿轮齿廓。

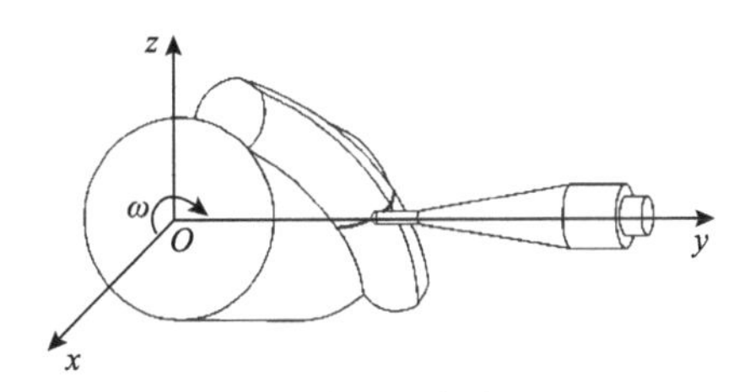

图 6.25　端面齿廓检测原理

细化检测过程如图 6.26 所示，被测线齿轮以角速度 ω 匀速转动，测头在 x、z 方向保持不动，被测线齿轮与测头的相对位置由 A 变化到 C，测头始终指向被测线齿轮中心，整合所有位置可得到图 6.26(d)。

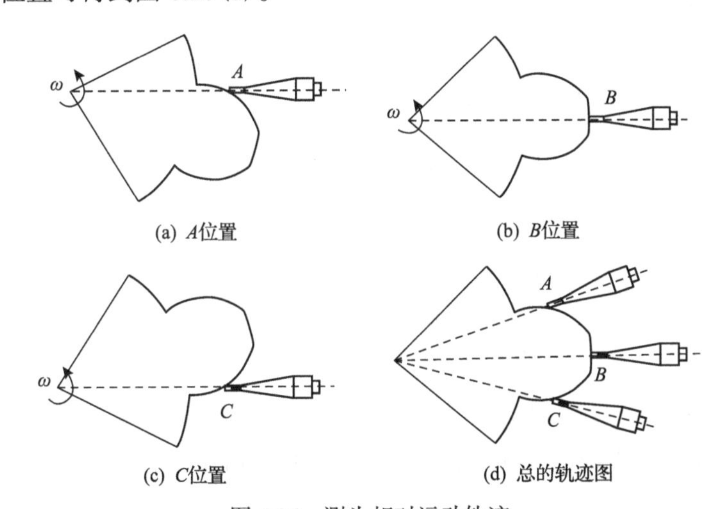

图 6.26　测头相对运动轨迹

在测头半径与被测线齿轮的相对大小相差较大的情况下，测头半径所引起的误差可以忽略不计，否则同样需要进行误差修正。以齿轮中心为坐标原点，轮齿中线为坐标 x 轴，建立如图 6.27 所示的平面坐标系 $O\text{-}xy$，r_1 为测头起测半径，一般大于被测线齿轮的齿根圆半径、小于螺旋半径 m，r_2 为测头半径。

如图 6.27 所示，测头中线指向坐标原点，与 x 轴的夹角为 θ，测头圆球中心 O_1 与坐标原点 O 的连线所在方向的向量记为 $\overrightarrow{OO_1}$ ，被测点 A 与坐标原点 O 的连线所在方向的向量记为 $\overrightarrow{OA}$ ，$\overrightarrow{OO_1}$ 与 $\overrightarrow{OA}$ 的夹角为 β，测头测得的数据 l_m 为 CD 的长度 l_{CD} 加上 A 点在 $\overrightarrow{OO_1}$ 方向上的加工误差 $\varDelta_{AOD}$，则 $\left|\overrightarrow{OO_1}\right|$ 的长度为

$$l_{OO_1} = r_1 + r_2 + l_m = r_1 + r_2 + l_{CD} + \varDelta_{AOD} \tag{6.24}$$

齿廓在 A 点的切线 AB 与 x 轴夹角为 α，因此可得

$$l_{AE} = r_2 \sin(\theta + \alpha - \pi/2) \tag{6.25}$$

$$l_{OA} = \sqrt{l_{OO_1}^2 + r_2^2 - 2l_{OO_1}\left(r_2 - l_{AE}^2/r_2\right)} \tag{6.26}$$

$$\beta = \arcsin\left(l_{AE}/l_{OA}\right) \tag{6.27}$$

则 A 点可用极坐标(l_{OA}，θ–β)表示。

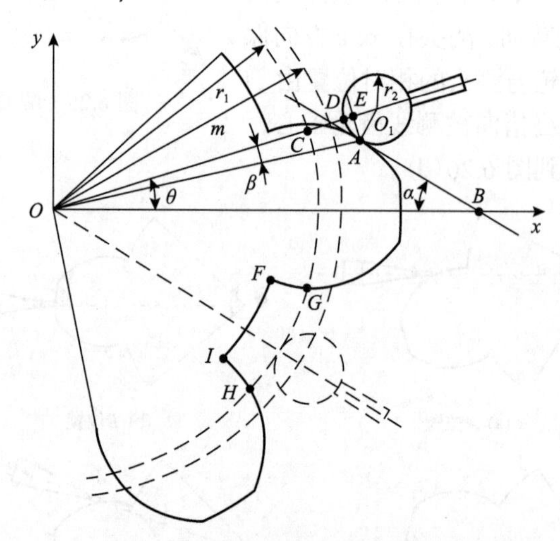

图 6.27　端面齿廓检测端面视图

如图 6.27 所示，r_1 以内的多边形区域 $FGHI$ 为未检测区域，该区域也是非接触区域，在不发生干涉的情况下该区域不会影响线齿轮传动，故可以忽略。

3) 径向跳动的测量原理

径向跳动是指将测头放置在被测齿轮的每个齿槽中，测出测头与基准轴线的最大和最小径向距离之差，对于圆柱线齿轮，测量位置是接触线基圆所在位置。测量方法与 GB/Z 18620.2—2008《圆柱齿轮　检验实验规范　第 2 部分：径向综合偏差、径向跳动、齿厚和侧隙的检验》所提出的方法相同，可采用两齿面接触测量法，如图 6.28 所示，被测齿轮做旋转运动，测头依次进入每个齿槽，并与齿槽间的两齿面相接触。

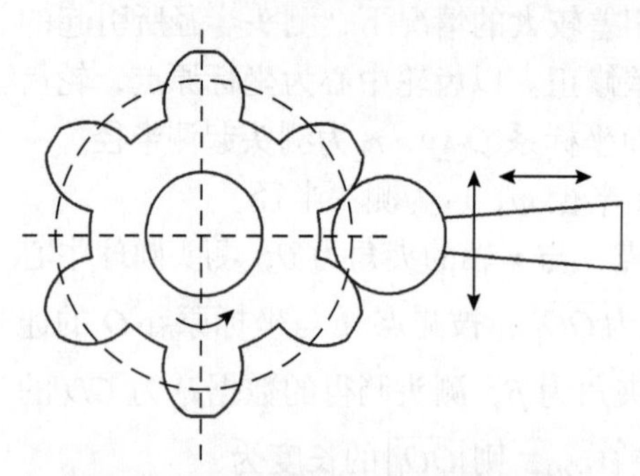

图 6.28　径向跳动两齿面接触测量法

6.2.3　线齿轮精度检测装备

6.2.2 节中所讨论的圆柱线齿轮偏差项目，需要相应的检测设备来对齿轮进行测量，尽量将多个项目在一台设备上完成，检测装置要保证测头与被测齿轮能够实现所给定的相对运动，应满足以下几点要求：

(1) 检测装置能够带动被测齿轮绕自身旋转轴线做整周回转运动。根据 6.2.2 节中的接触线和端面廓形的检测方法，为了简化运动和方便坐标系的建立，选择被测齿轮绕自身中心轴转动的检测方式，需设计旋转轴(可称为第四轴或 A 轴)。

(2) 测头轴线与被测齿轮轴线在水平面上互相垂直，测头沿着被测齿轮轴线做直线运动。以被测齿轮轴向所在方向为 x 轴，沿 x 轴方向需设计一个移动自由度。

(3) 能够调节测头的初始位置，保证测头沿着被测齿轮轴线的垂直方向来回运动，实现测头的测量运动。以被测齿轮轴线的水平垂直方向为 y 轴，在 y 轴上需设计一个移动自由度来保证测头的测量运动。z 轴同时垂直于 x、y 轴，z 轴方向的运动用于调节测头高度。

(4) 检测装置能够实现被测齿轮的快速装夹和适应不同尺寸线齿轮的装夹。从使用者的角度来设计装夹被测齿轮的装夹机构，以达到方便使用和快速装夹的目的，节约使用者的学习和操作时间。

(5) 检测装置 x、y、A 轴能够实现联动。由以上测头路径规划可知，实现单个齿的测量需要 x、A 两轴联动，实现多齿的连续测量需要 x、y、A 三轴联动。

1. 线齿轮加工精度检测装置工作原理[113]

圆柱螺旋线的形成可拆分为最简单的旋转运动和直线运动，以圆柱螺旋线为接触线的线齿轮的检测也可拆分为类似的旋转和直线运动，对于直线运动，一般以旋转电机为动力源，直线导轨为承重和导程件，滚珠丝杆为动力传递件；而旋转运动是直接通过旋转电机输入扭矩来实现的。检测装置的运动分配应遵循以下三个原则：

(1) 尽量减小移动部件的质量；

(2) 尽量减少测量链；

(3) 有利于保证检测装置的刚度，缩小检测装置的体积。

基于此原则，课题组开发的线齿轮加工精度检测装置如图 6.29 所示，检测装置包括机械系统、控制系统和驱动系统三部分。机械系统是运动执行件和支撑钢件等；控制系统是控制机械系统完成检测运动的主控系统；驱动系统是动力源头，驱动各部件完成检测运动。检测装置的工作原理如图 6.30 所示，检测传感器在空间上具有沿 x、y、z 轴直线运动的三个移动自由度，被测线齿轮安装在 A 轴上，具有绕 A 轴运动的转动自由度。x、y 两轴上分别设置光栅尺，分辨率为 1μm，行程为 100mm，负责采集 x、y 两轴的位移信息。z 轴上设置千分旋钮和千分刻度尺，能够实现 z 轴的精确定位。

检测传感器主要由高精度位移式传感器构成，负责被测齿轮齿面信息的采集，

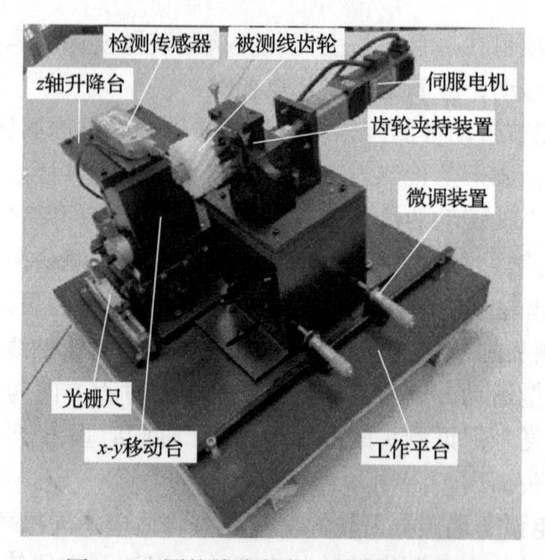

图 6.29　圆柱线齿轮加工精度检测装置

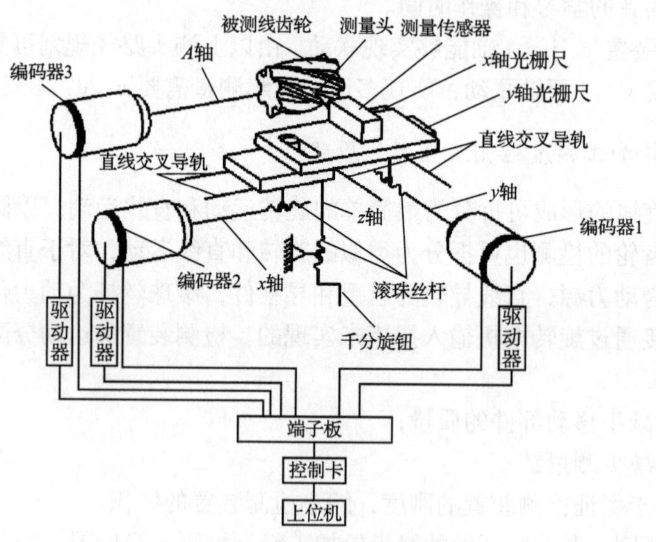

图 6.30　检测装置工作原理

输出稳定的信号。伺服电机通过联轴器将运动传递给旋转轴 A 轴，驱动 A 轴的旋转运动，伺服电机内置编码器采集 A 轴的位置信息，上位机将采集的位置数据进行处理，获取 A 轴在当前位置相对初始位置所转过的角度，该角度也是被测线齿轮在检测时转过的角度。

控制系统主要分为上位机(包括运行在上位机上的控制程序)、驱动器和控制卡。上位机向控制卡发送检测信号，控制卡将信号处理之后发送给电机驱动器，电机驱动器带动伺服电机转动，为检测装置的检测运动输入动力源。数据采集模块集成在控制卡中，控制卡通过端子板采集外部硬件的信息，上位机发出采集信号，并将读取到的信息保存在本地磁盘中。外部硬件的信息也是同步采集，可避免数据在时间上产生错位。控制程序运行在上位机中，程序采用 C++编写。

2. 检测试验与数据采集[113]

1)接触线的测量与数据采集

以圆柱线齿轮为研究对象，其接触线为圆柱螺旋线，可由空间旋转运动与直线运动相结合形成，分别对应到检测装置上 A 轴的旋转运动和 x 轴的直线运动，接触线的测量步骤如下。

(1)参数设置。

与检测运动有关的参数包括接触线参数和伺服驱动器参数。螺距参数 n、螺旋半径 m 和螺旋升角 ε 是形成螺旋线的基础参数，也是本节所设计的圆柱线齿轮的基础参数。如图 6.31 所示，被测线齿轮的齿宽为 x_w，则每测一个线齿测头需要沿着 x 轴方向移动 x_w 的距离，对应 A 轴需转过 θ_A 角度。根据螺旋线的特点，可以得到以下关系：

$$\frac{2\pi}{\theta_A}=\frac{n}{x_w} \tag{6.28}$$

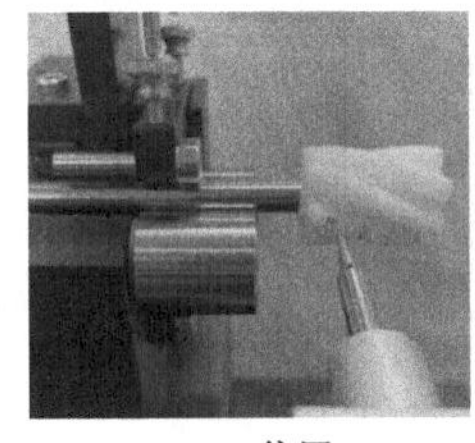
(a) A位置

(b) B位置

(c) C位置

(d) D位置

图 6.31　接触线的测量

设计参数 m、n 为已知量，因此可以根据被测齿轮的齿宽 x_w 来确定完成检测运动 A 轴所转过的角度。伺服电机设置电子齿轮比之后，转一整圈接收 P_0 个脉冲，测头沿 x 轴移动一个齿宽的距离接收 P_w 个脉冲，因此可以得到 A 轴与 x 轴实现联动的脉冲数之比为

$$\frac{2\pi}{\theta_A}=\frac{P_0}{P_A} \tag{6.29}$$

本节所测线齿轮接触线的螺距 n 为 60mm、螺旋半径 m 为 30mm、齿宽 x_w 为 30mm，可得 A 轴所转过的角度 θ_A 为 $\pi/10$。通过文献[113]中 4.3.2 节可知 P_0 为 10000，可得 P_A 为 500，每接收一个脉冲 x 轴移动 1μm，根据齿宽可得 P_w 为 30000。

脉冲数 P_A 和 P_w 需要在同一段时间内完成发送，其值的计算过程已经集成在控制程序中，输入被测线齿轮的参数即可自动计算所需要的脉冲数，并通过插补运动完成检测。

(2) 检测试验。

根据前面的误差修正，结合被测线齿轮的参数可计算 A 点的坐标，为了减小测头圆球半径所引起的测量误差，在完成坐标轴的初始化之后需要对测头的位置进行调整，将测头移动到修正后的 A 点所在位置即可，调节好被测齿轮的位置，然后可以开始测量。测量过程如图 6.31 所示，这里以主动线齿轮的检测为例来进行阐述。测头分别经过 A、B、C、D 四个位置。齿数不多可选择测量所有齿面上的接触线，齿数太多则根据情况选择性测量，测量的齿数要足够多，结果才准确，本节被测线齿轮副从动轮为 18 个轮齿，因此取一半，即 9 个轮齿，每隔一个轮齿测量一次，被测主动轮轮齿为 6，齿数较少需测量所有线齿。与从动线齿轮的检测原理和过程一样，这里不再赘述。

(3) 数据采集。

检测装置将采集的点云数据保存为 $(\theta, \Delta m, x)$ 的形式，其中，Δm 为齿面上被测点的加工误差，θ 为被测线齿轮转过的相对角度，x 为检测传感器当前 x 轴的坐标值。这里的 θ 不能通过控制卡给伺服控制器发送的脉冲数来计算，而是应该通过编码器采集的数据来计算，伺服电机编码器读取到的数值为脉冲数，编码器规格为 24bit，转换成相应的数值为 2^{24}，即转一圈伺服控制器接收 2^{24} 个脉冲或者控制卡需发送 2^{24} 个脉冲，则 θ 的计算公式为

$$\theta = \frac{P}{2^{23}}\pi \tag{6.30}$$

式中，P 为被测线齿轮相对于初始位置转过 θ 角度所需脉冲数。

以 $(\theta, \Delta m, x)$ 形式存储数据能够方便数据采集和记录，不是标准的坐标形式，不方便直接对采集数据进行分析，因此需要转换为在 O-xyz 空间坐标系下的表示形式，转换公式为

$$\begin{cases} x_g = m\cos\theta \\ y_g = m\sin\theta \\ z_g = x \end{cases} \tag{6.31}$$

式中，$m = \Delta m + y_0$，y_0 为检测传感器 y 轴坐标值。

分别测量左齿面与右齿面，由于左右齿面的数据相差不大，所以只给出左齿面的数据，如表 6.3 和表 6.4 所示。

表 6.3　从动线齿轮左齿面接触线误差　　（单位：μm）

轮齿编号	1	3	5	7	9	11	13	15	17
误差	5	7	6	6	7	5	5	6	5

表 6.4　主动线齿轮左齿面接触线误差　　（单位：μm）

轮齿编号	1	2	3	4	5	6
误差	8	7	6	7	8	7

2) 端面廓形的测量与数据采集

端面廓形的获取可得出轮齿的齿高、齿厚和齿距，并求出误差和偏差，误差是实际值与理论值之差，偏差是实际值与平均值之差。

(1) 参数设置。

测量多个端面廓形，在完成每一个端面的测量后，测头沿 x 轴移动到下一个端面进行测量，如此重复，直到测完所有已设定好的端面。根据被测线齿轮齿宽大小确定测量端面个数，本节被测主、从动线齿轮的齿宽均为 20mm，可选择测量三个端面，每个端面垂直距离 5mm。

(2) 检测试验。

进行端面廓形的测量，同样需要调节 z 轴高度，使得测头中线与夹持棒中线在同一水平面上。y 轴的起测坐标可灵活处理，只需保证所测齿廓包含接触线即可，检测过程如图 6.32 所示。图 6.33 为单个轮齿的测量轨迹，通过 A 轴的旋转，测头与被测线齿轮齿面的相对位置发生改变。

(a) 从动轮的测量

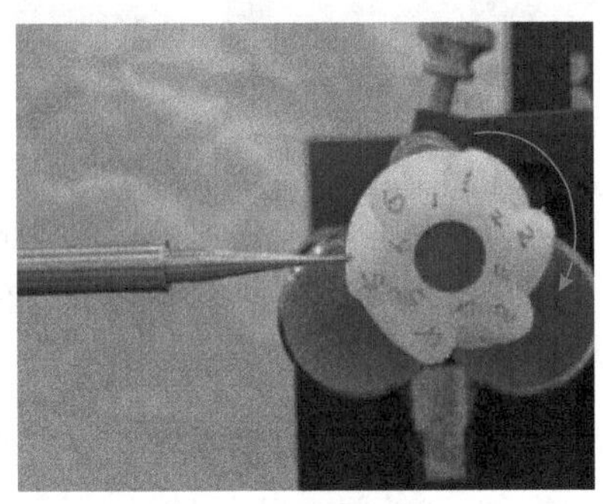

(b) 主动轮的测量

图 6.32　端面廓形的测量

如图 6.34 所示，测头分别经过轮齿 1、轮齿 3 和轮齿 5，测量时为连续测量，为了表示测头的移动状态，兼顾全文篇幅，考虑到主、从动线齿轮的检测方法一致，因此只给出其中之一的检测示意图。

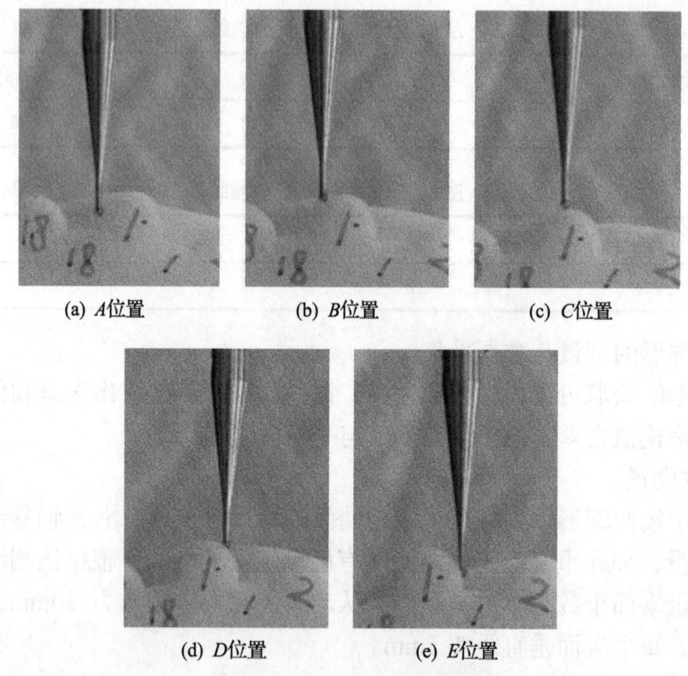

(a) A位置　(b) B位置　(c) C位置

(d) D位置　(e) E位置

图 6.33　单个轮齿测量轨迹

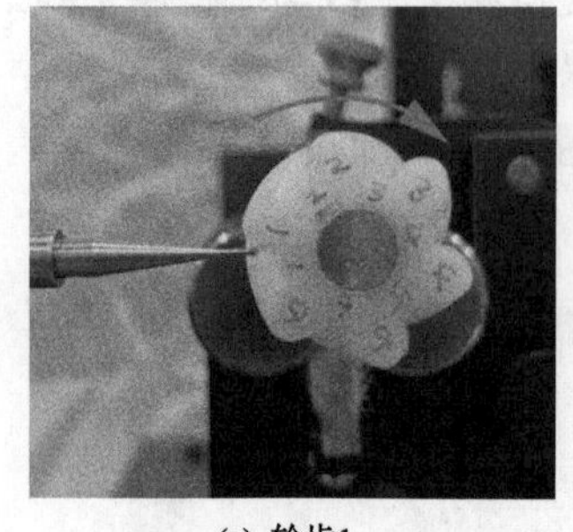

(a) 轮齿1

(b) 轮齿3

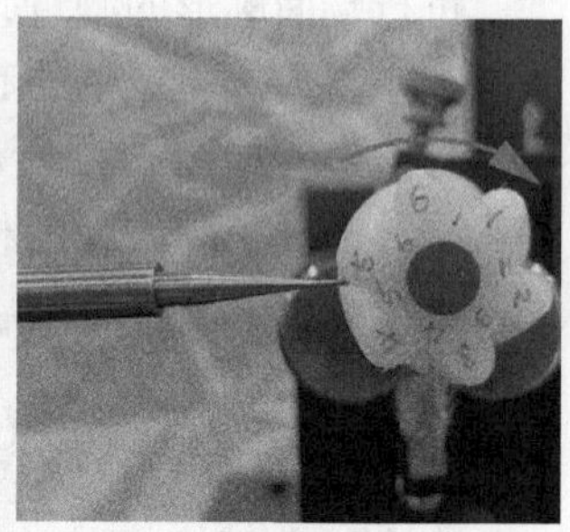

(c) 轮齿5

图 6.34　不同轮齿测量轨迹

(3)数据采集。

端面廓形的数据保存形式与接触线的数据保存形式有所不同，采用$(\theta, \Delta m, k)$的形式存储，θ为被测齿轮转过的角度，Δm为被测点的加工误差，k为端面序号。每一个端面廓形可在平面极坐标下表示，保存的$(\theta, \Delta m, k)$数据加上检测传感器在y轴的坐标，可将数据还原，因此得到$(\theta, y+\Delta m, k)$，所采集的主、从动线齿轮端面廓形如图 6.35 所示。

通过端面廓形提取每个轮齿的数据，逐一获取齿高、齿厚和齿距，再将实际数据与理论数据进行求差，可得到误差。这部分的数据提取与计算程序集成在控制程序中。所设计的从动线齿轮理论外圆半径为 31.8mm，主动线齿轮理论外圆半径为 11.8mm。主、从动线齿轮的接触线基圆齿厚均为 10472μm，齿距均为 20944μm。所测量结果如表 6.5～表 6.10 所示。

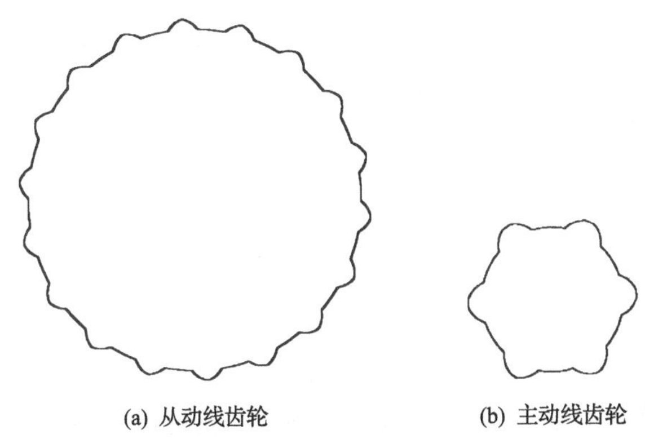

图 6.35　端面廓形测量结果

表 6.5　从动线齿轮齿厚误差　（单位：μm）

轮齿编号	测量值	误差	轮齿编号	测量值	误差	轮齿编号	测量值	误差
1	10478	6	7	10480	9	13	10477	5
3	10467	–5	9	10479	7	15	10480	8
5	10465	–7	11	10476	4	17	10468	–4

表 6.6　从动线齿轮齿距误差　（单位：μm）

轮齿编号	测量值	误差	轮齿编号	测量值	误差	轮齿编号	测量值	误差
1	20937	–7	7	20954	10	13	20936	–8
3	20952	8	9	20951	7	15	20934	–10
5	20956	12	11	20938	–6	17	20949	5

表 6.7　从动线齿轮齿高误差　（单位：μm）

轮齿编号	测量值	误差	轮齿编号	测量值	误差	轮齿编号	测量值	误差
1	31787	–13	7	31806	6	13	31816	16
3	31792	–8	9	31811	11	15	31810	10
5	31797	–3	11	31818	18	17	31815	5

表 6.8　主动线齿轮齿厚误差　（单位：μm）

轮齿编号	测量值	误差	轮齿编号	测量值	误差	轮齿编号	测量值	误差
1	10465	–7	3	10480	8	5	10477	5
2	10469	–3	4	10476	4	6	10466	–6

表 6.9　主动线齿轮齿距误差　（单位：μm）

轮齿编号	测量值	误差	轮齿编号	测量值	误差	轮齿编号	测量值	误差
1	20949	5	3	20938	–6	5	20953	9
2	20952	8	4	20934	–8	6	20951	7

表 6.10　主动线齿轮齿高误差　（单位：μm）

轮齿编号	测量值	误差	轮齿编号	测量值	误差	轮齿编号	测量值	误差
1	31816	16	3	31790	–10	5	31792	–8
2	31813	13	4	31787	–13	6	31810	10

3）径向跳动测量与数据采集

测量径向跳动之前需将测头更换为径向跳动测头，根据被测线齿轮的设计参数选择径向跳动测头的球直径，如图 6.36 所示，需保证圆球能与相邻两个轮齿的不同侧齿面在接触线基圆处相接触。通过计算得出球直径为 7.55mm，考虑经济性，使用球直径为 7.5mm 的径向跳动测头代替，相关参数如图 6.37 所示，材料为钨钢，螺纹规格与检测传感器不匹配，因此需要螺纹转接头。

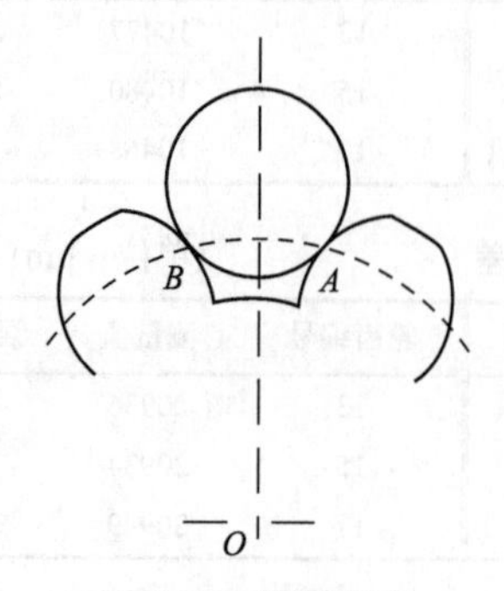

图 6.36　测量原理

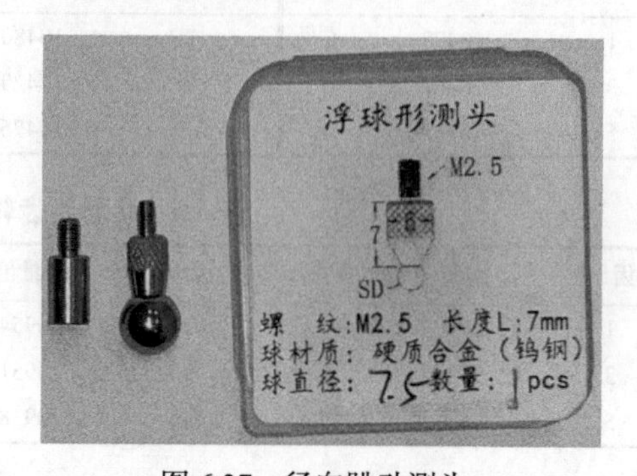

图 6.37　径向跳动测头

径向跳动的测量是将测头伸入齿槽与两齿面相接触，如此循环直到测完一圈。从动轮共测 18 个齿，如图 6.38 所示，分别为齿槽 1、齿槽 3 和齿槽 5 的测量示意图，测量结果如表 6.11 所示。主动轮共测 6 个齿，如图 6.39 所示，分别为齿槽 1、齿槽 4 和齿槽 6 的测量示意图，测量结果如表 6.12 所示。

3. 精度评定[113]

目前，线齿轮精度标准和精度等级划分等方面的相关研究较少，相关标准尚不完善，由于圆柱线齿轮轮齿之间对应点的距离相等，所以对线齿轮的精度评定可参考圆柱齿轮的相关标准，线齿轮接触线基圆、齿数和齿宽分别对应普通圆柱

(a) 齿槽1

(b) 齿槽3

(c) 齿槽5

图 6.38　从动轮径向跳动检测示意图

表 6.11　从动轮径向跳动测量值　（单位：μm）

齿槽编号	测量值	齿槽编号	测量值	齿槽编号	测量值
1	12	7	11	13	18
2	1	8	24	14	–2
3	11	9	12	15	–3
4	0	10	15	16	13
5	–4	11	5	17	26
6	23	12	8	18	22

(a) 齿槽1

(b) 齿槽4

(c) 齿槽6

图 6.39　主动轮径向跳动检测示意图

表 6.12　主动轮径向跳动测量值　（单位：μm）

齿槽编号	测量值	齿槽编号	测量值	齿槽编号	测量值
1	0	3	–23	5	–7
2	–17	4	–16	6	–2

齿轮的分度圆、齿数和齿宽。在接触线基圆和分度圆直径相等、齿数和齿宽相等的情况下，线齿轮精度等级的划分可借鉴圆柱齿轮精度等级的划分。由前面的分析已知线齿轮副啮合时齿根圆与齿高不发生干涉，而齿厚偏差需根据齿轮副齿侧间隙和齿轮使用要求等方面综合考虑来确定，所以这两项暂时不考虑。通过查表得到其他四项的允许偏差值。主、从动圆柱线齿轮相关项目的允许偏差值分别

如表 6.13 和表 6.14 所示。其中，从动圆柱线齿轮的分度圆直径为 60mm，齿数为 18，齿宽为 20mm；主动圆柱线齿轮的分度圆直径为 20mm，齿数为 6，齿宽为 20mm。

表 6.13　从动圆柱线齿轮相关项目允许偏差值　（单位：μm）

检验项目	精度等级			
	5	6	7	8
螺旋线总偏差 F_β	7.0	10.0	14.0	20.0
单个齿距偏差 $\pm f_{pt}$	6.0	8.5	12.0	17.0
径向跳动公差 F_r	15	21	30	43
齿根圆直径偏差 $\pm E_{df}$	21	21	26	26

表 6.14　主动圆柱线齿轮相关项目允许偏差值　（单位：μm）

检验项目	精度等级			
	5	6	7	8
螺旋线总偏差 F_β	7.0	9.5	14.0	19.0
单个齿距偏差 $\pm f_{pt}$	5.0	7.5	10.5	15
径向跳动公差 F_r	11	16	23	32
齿根圆直径偏差 $\pm E_{df}$	19	19	23	23

由文献[113]第 4 章可知，从动圆柱线齿轮的接触线偏差为 7μm，齿距偏差为 11μm，径向跳动为 30μm，齿根圆直径偏差为 22μm。主动圆柱线齿轮的接触线偏差为 8μm，齿距偏差为 10.5μm，径向跳动为 23μm，齿根圆直径偏差为 20μm。对照表 6.13 和表 6.14 中的精度等级，可以判断主、从动圆柱线齿轮的加工精度为 7 级精度。

6.3　本 章 小 结

本章针对线齿轮传动能力与性能试验、误差理论分析、制造精度检测技术及装备进行了阐述。首先介绍了线齿轮传动能力和传动性能试验技术与装备；其次分析了线齿轮加工误差的来源，包括线齿轮齿坯加工误差、线齿轮铣削和磨削加工误差对最终线齿轮加工误差的影响；最后介绍了线齿轮制造精度的检测方法，根据线齿轮的设计理论及结构特点，给出了其检测原理并确定了检测项目。

第 7 章　线齿轮典型应用

7.1　纯滚动平行轴线齿轮减速箱

7.1.1　纯滚动平行轴线齿轮齿形分析

平行轴线齿轮是线齿轮最基础的构型之一，其主要特点是线齿轮副的两条接触线均为圆柱螺旋线。通常，采用成形铣削加工方法对平行轴线齿轮进行制造[66]。在对平行轴线齿轮进行加工前，首先要根据平行轴线齿轮参数设计相应的成形铣刀[67]。指状铣刀的刀具轮廓曲线是线齿轮的法向齿廓，本节研究的平行轴线齿轮的齿廓设计是线齿轮的端面齿廓设计。垂直于线齿轮轴线的截面为线齿轮端面，线齿轮端面与齿面的交线为线齿轮端面齿廓，简称线齿轮齿廓。在平行轴线齿轮的端面齿廓上，每一点都对应着一条平行轴线齿轮接触线。因此，为了设计相应的专用指状铣刀，需要将平行轴线齿轮的端面齿廓转换为法面齿廓[114]。端面齿廓和法面齿廓之间存在一定的夹角，设该角度为 φ_d，端面齿廓和法面齿廓之间的坐标变换矩阵表达式为

$$\boldsymbol{M}_{pn}=\begin{bmatrix}1 & 0 & 0 & 0\\ 0 & \cos\varphi_d & -\sin\varphi_d & 0\\ 0 & \sin\varphi_d & \cos\varphi_d & 0\\ 0 & 0 & 0 & 1\end{bmatrix} \tag{7.1}$$

一条接触线的方程可以表示为

$$\boldsymbol{R}=\begin{bmatrix}-m\cos t\\ m\sin t\\ nt\\ 1\end{bmatrix} \tag{7.2}$$

端面和法面之间的夹角可以表示为

$$\varphi_d=\arctan\left(\frac{m}{n}\right) \tag{7.3}$$

平行轴线齿轮的端面齿廓可以表示为

$$\boldsymbol{F}=\begin{bmatrix} f_x \\ f_y \\ 0 \\ 1 \end{bmatrix} \tag{7.4}$$

于是，平行轴线齿轮的法面齿廓可以通过式(7.5)求解：

$$\boldsymbol{F}_n=\boldsymbol{M}_{pn}\boldsymbol{F} \tag{7.5}$$

平行轴线齿轮的法面齿廓求解方法为

$$\boldsymbol{F}_n=\begin{bmatrix} 1 & 0 & 0 & 0 \\ 0 & \cos\varphi_d & -\sin\varphi_d & 0 \\ 0 & \sin\varphi_d & \cos\varphi_d & 0 \\ 0 & 0 & 0 & 1 \end{bmatrix}\begin{bmatrix} f_x \\ f_y \\ 0 \\ 1 \end{bmatrix} \tag{7.6}$$

于是，给定齿廓方程和线齿轮接触线方程，即可通过上述转换关系求解获得平行轴线齿轮副的法面齿廓方程，进而设计平行轴线齿轮副的专用加工铣刀。

7.1.2　纯滚动平行轴线齿轮加工实例

下面给出一个设计实例，假定平行轴线齿轮副的两条齿廓曲线方程 F_a 和 F_b 分别为

$$F_a=\begin{cases} f_x=10\cos t_1+10t_1\sin t_1+4.999 \\ f_y=10\sin t_1-10t_1\cos t_1+0.087 \end{cases} \tag{7.7}$$

$$F_b=\begin{cases} f_x=20\cos t_1+20t_1\sin t_1+10 \\ f_y=20\sin t_1-20t_1\cos t_1+0.174 \end{cases} \tag{7.8}$$

同时设置该线齿轮副的一对主动接触线和从动接触线的螺距值分别为 270mm 和 540mm。于是，平行轴线齿轮副的法向齿廓可以经过转换获得，其方程为

$$F_{an}=\begin{cases} f_x=10\cos t_1+10t_1\sin t_1+4.999 \\ f_y=8.66\sin t_1-8.66t_1\cos t_1+0.075 \end{cases} \tag{7.9}$$

$$F_{bn}=\begin{cases} f_x=20\cos t_1+20t_1\sin t_1+10 \\ f_y=17.32\sin t_1-17.32t_1\cos t_1+0.15 \end{cases} \tag{7.10}$$

根据式(7.9)和式(7.10)，应用商业 CAD 软件绘制平行轴偏心渐开线齿形线齿

轮副的成形铣刀廓形图，如图 7.1 所示。

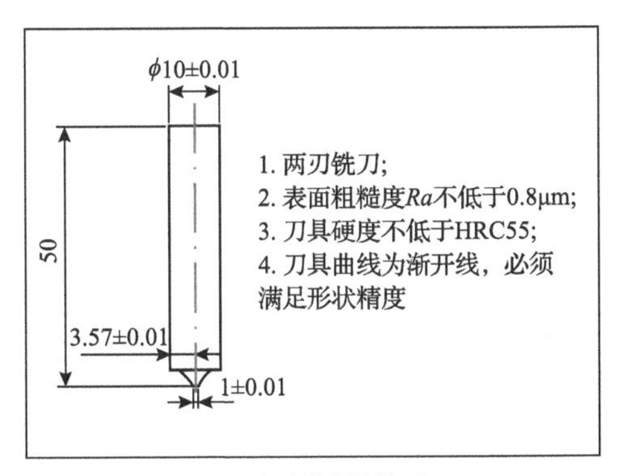

(a) 主动线齿轮铣刀

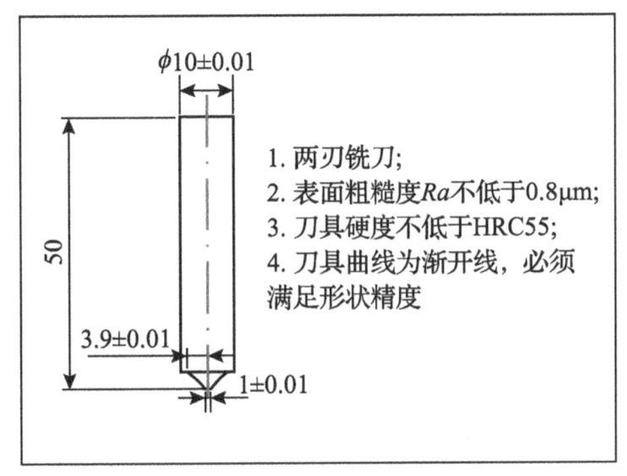

(b) 从动线齿轮铣刀

图 7.1 线齿轮成形铣刀 CAD 图(单位：mm)

然后，加工获得所需平行轴线齿轮成形铣刀，如图 7.2 所示。

齿轮坯料采用聚甲醛材料，主动线齿轮齿坯为外径 40mm、高 50mm、内孔 14mm 的圆柱坯料；从动线齿轮齿坯为外径 80mm、高 50mm、内孔 14mm 的圆柱坯料。最后，通过成形加工工艺，获得平行轴线齿轮实物，如图 7.3 所示。

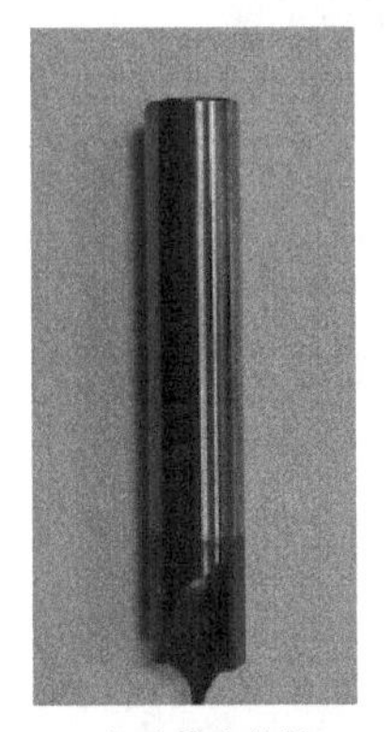

(a) 主动线齿轮铣刀

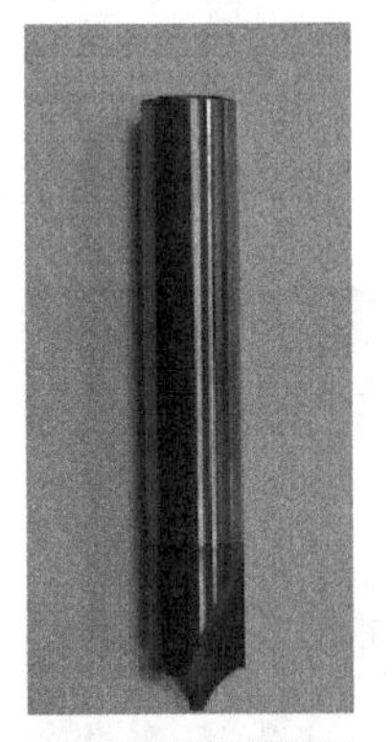

(b) 从动线齿轮铣刀

图 7.2 线齿轮成形铣刀

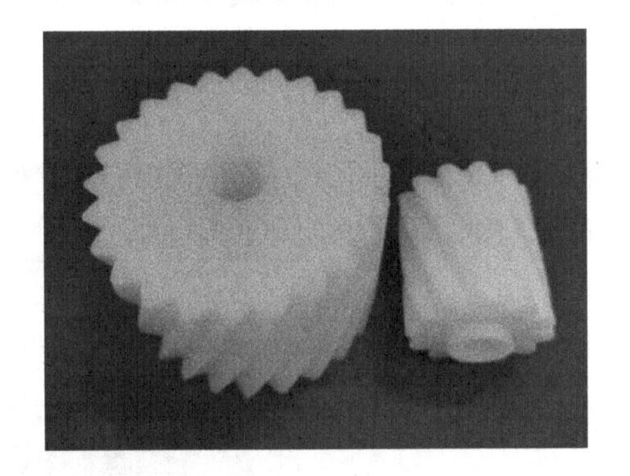

图 7.3 平行轴线齿轮样件实物

7.1.3 纯滚动平行轴线齿轮减速箱性能测试

设计齿轮箱箱体及齿轮轴等零部件，通过装配即可获得纯滚动平行轴线齿轮箱。本节设计的纯滚动平行轴线齿轮箱的箱体图纸如图 7.4 所示。

同时，通过设计对照的渐开线齿轮箱，与纯滚动平行轴线齿轮箱进行性能对比试验。具体地，设计、加工得到一对模数为 2mm、齿宽为 50mm，齿数分别为 18 和 36 的普通圆柱直齿渐开线齿轮副，其加工精度为 7 级。对比试验的两个齿轮箱实物如图 7.5 和图 7.6 所示。

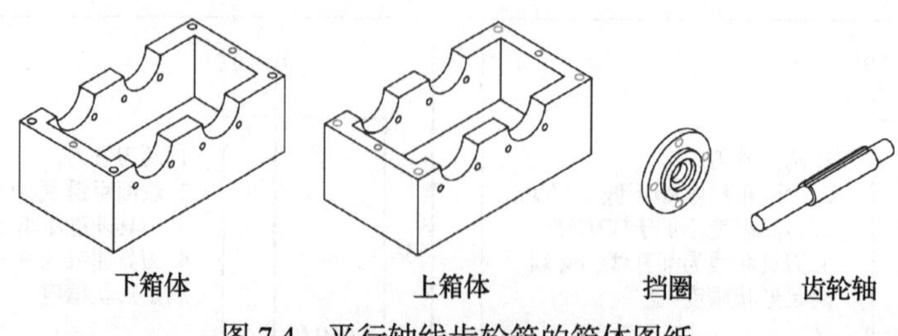

图 7.4 平行轴线齿轮箱的箱体图纸

(a) 平行轴线齿轮箱

(b) 普通圆柱直齿渐开线齿轮箱

图 7.5 对比试验的两个齿轮箱实物图(拆去上箱盖)

图 7.6 对比试验的两个齿轮箱实物图(外观)

在自制的线齿轮运动学试验台上(图 7.7)，依次安装两个齿轮箱并进行运动学试验和啮合效率试验。其中，啮合效率试验分为两种工况条件进行：①干摩擦条件；②脂润滑条件。试验中，主动轮转速为 300r/min，扭矩设定为 500N·mm。

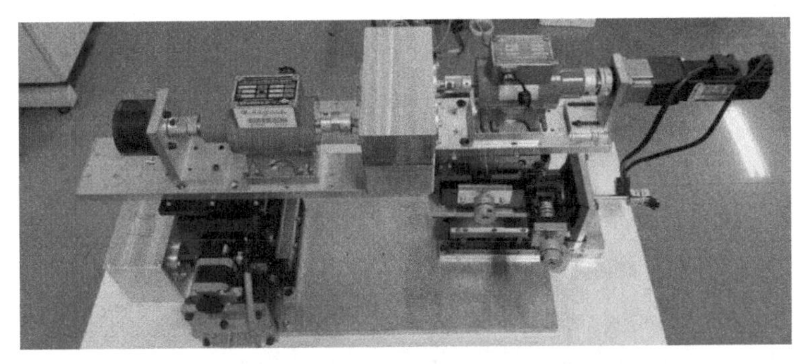

图 7.7　运动学试验和啮合效率试验

最后，在 ANSYS Workbench 软件中计算两齿轮箱在载荷为 500N·mm 时的最大接触应力。经过测试，两款齿轮箱的运动学试验和啮合效率试验的对比结果如图 7.8 和图 7.9 所示。

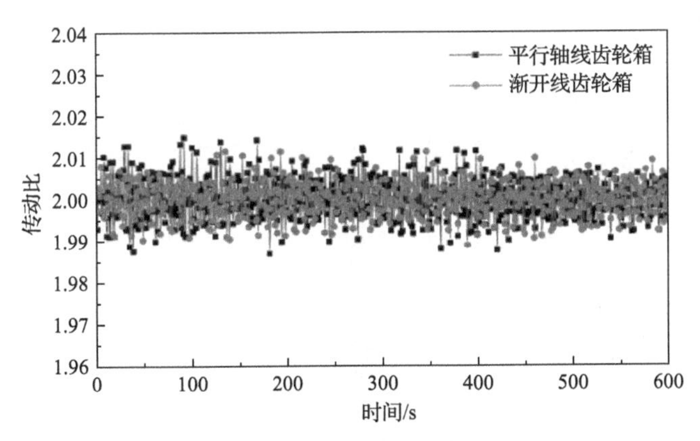

图 7.8　运动学试验结果

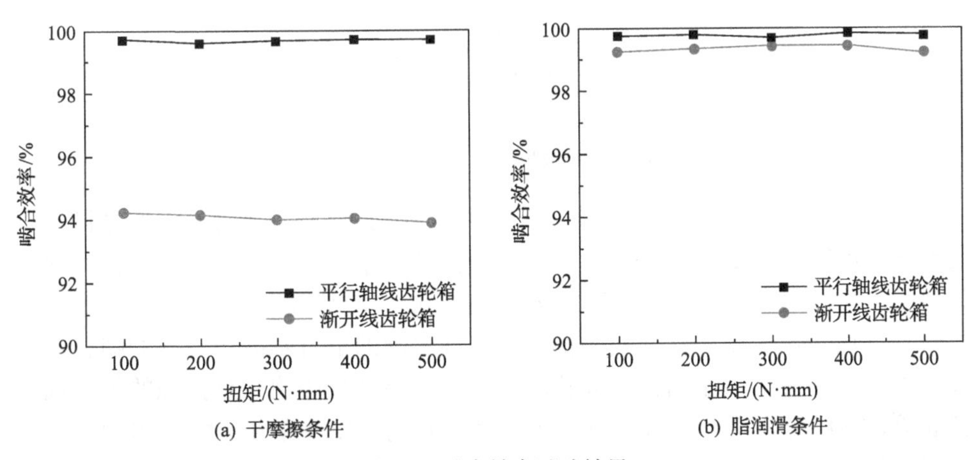

图 7.9　啮合效率试验结果

经过计算机求解，最终获得两齿轮副的接触应力，如图 7.10 和图 7.11 所示。

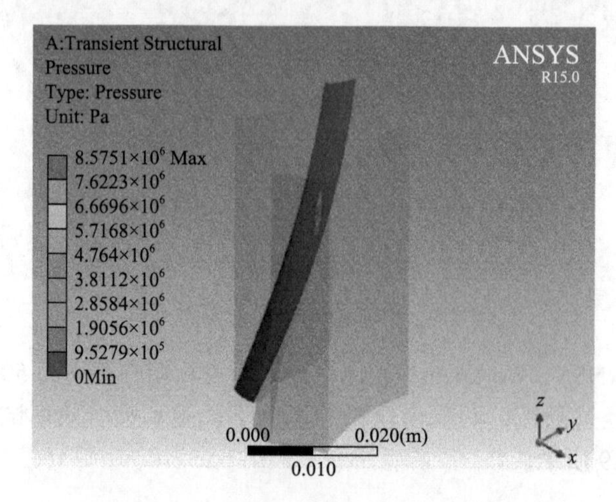

图 7.10　平行轴线齿轮副接触应力仿真试验

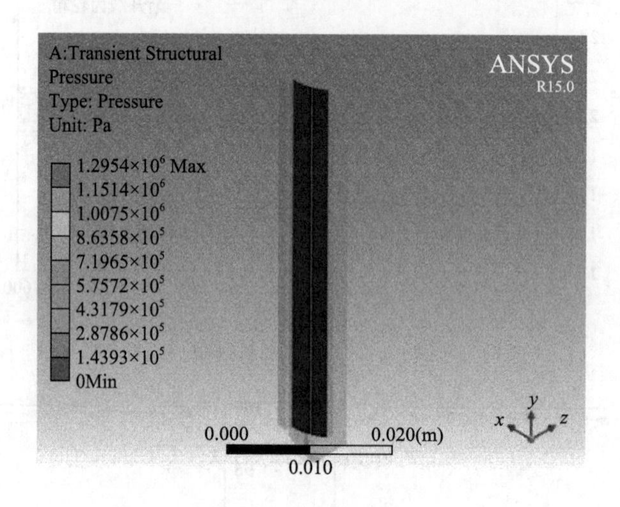

图 7.11　渐开线齿轮副接触应力仿真试验

由图 7.10 和图 7.11 可以看出，平行轴线齿轮副的接触形式不同于普通圆柱直齿渐开线齿轮副的接触形式，平行轴线齿轮副属于点接触，渐开线齿轮副则属于线接触。由运动学试验结果可知，两个齿轮箱的传动都很稳定。啮合效率试验结果说明了两个齿轮箱的啮合效率都很高，纯滚动的平行轴线齿轮副的啮合效率在干摩擦的条件下高于渐开线齿轮副。仿真试验结果表明，点接触的平行轴线齿轮副的接触应力(约 8.6MPa)大于渐开线齿轮副的接触应力(约 1.3MPa)，平行轴线齿轮副的承载能力相比渐开线齿轮副较弱。综上所述，纯滚动平行轴线齿轮箱为纯滚动传动，其传动过程中无摩擦损耗，传动效率高，可用于小功率机电产品。

7.2 海上风机模型中的线齿轮变速器

在齿轮行业，聚甲醛(POM)与尼龙(PA66)是主要的塑料齿轮材料。聚甲醛材料光滑致密，耐磨性和抗腐蚀能力强，其材料综合性能好。聚甲醛材料用于齿轮产品时具备良好的自润滑性和减振耐磨性，是塑料齿轮产品的首选材料之一[115]。塑料产品的一般生产工艺为注塑工艺，其基本原理是通过加热熔化塑料原料，然后通过注塑机将熔化的塑料液体注射至产品模腔中，经过保压、冷却和脱模后获得塑料制件。塑料齿轮产品一般通过注塑工艺生产，采用注塑工艺生产齿轮产品，生产效率极高，原材料利用率高，通常一次成型不需后处理，是塑料齿轮产品批量化生产的优选。

7.2.1 海上风机模型中的线齿轮模型

风力发电是现代新能源的典型，海上风力发电安装在海洋区域，对陆地无噪声污染、不占据陆地面积、安全性高，是世界上发展最快的绿色新能源之一[116]。海上风力发电机的主要结构包括基座、立柱、风电叶片、齿轮变速器、发电机组[117]。其基本工作原理是通过叶片采集风能，使叶片旋转具备机械能，叶片连接变速箱，经变速箱变速后传动至发电机组，最终获得电能。

在海上风机模型中，重点体现齿轮变速器在风力发电机中的作用，采用齿轮箱可视化的设计，使海上风机模型在工作时，其齿轮传动装置可视化。

首先，根据海上风力发电机的尺寸等比例缩小确定海上风机模型的基本尺寸；然后设计相应的海上风机模型的基座、立柱、风电叶片、线齿轮副、电动机、机箱等零部件；接着设计电路系统；最后将所设计制造和购买的零部件经过组装获得海上风机模型。选用纯滚动平行轴线齿轮副为海上风机模型的变速齿轮装置，采用圆弧齿廓作为平行轴线齿轮副的端面齿廓，本例平行轴线齿轮副的设计参数如表7.1所示。

表7.1　海上风机模型中的平行轴线齿轮副的部分设计参数

平行轴线齿轮副	齿廓圆弧半径/mm	接触线螺距/mm	齿轮最大外径/mm	齿数	齿轮宽度/mm
主动线齿轮	0.8	32	8	8	10
从动线齿轮	1.2	48	12	12	10

应用SolidWorks软件建立两个平行轴线齿轮模型，如图7.12所示。

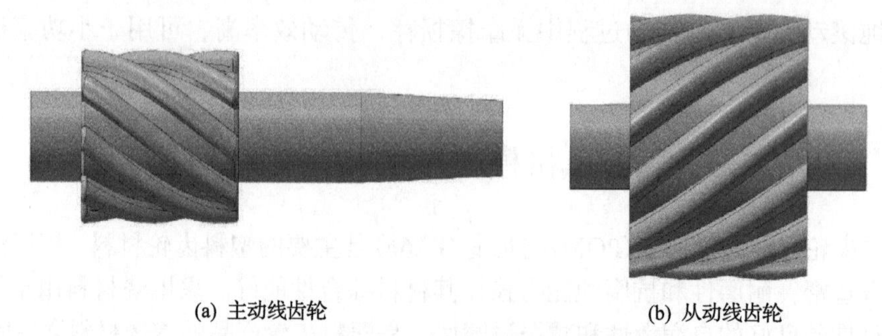

图 7.12　平行轴线齿轮模型

7.2.2　海上风机模型实物

经过开模注塑，生产得到聚甲醛材料的平行轴线齿轮实物，如图 7.13 所示。

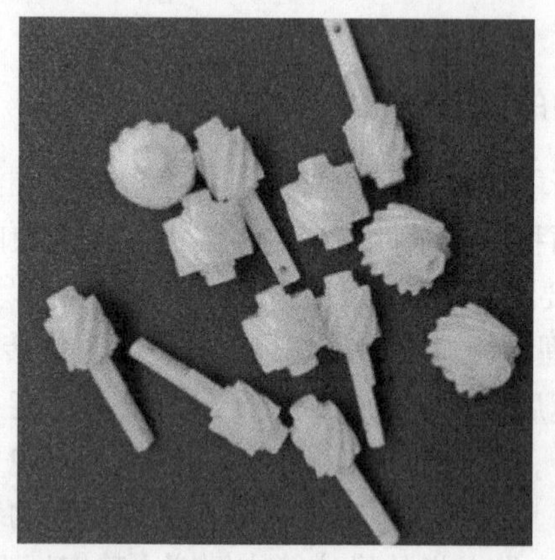

图 7.13　平行轴线齿轮注塑件

采用齿轮箱可视化的结构设计海上风机模型，如图 7.14 所示，重点突出变速器在海上风力发电机中的作用，使海上风机模型的特点鲜明。

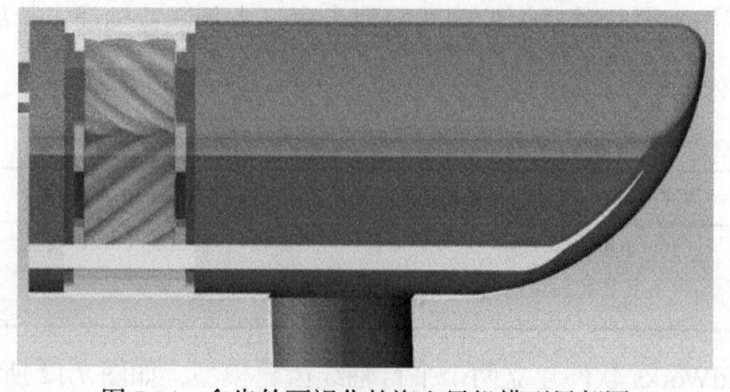

图 7.14　含齿轮可视化的海上风机模型局部图

最后，采用注塑工艺，生产制造了海上风机模型的其他主要零部件，经过组装，获得了海上风机模型产品，如图 7.15 所示。

(a) 白色款

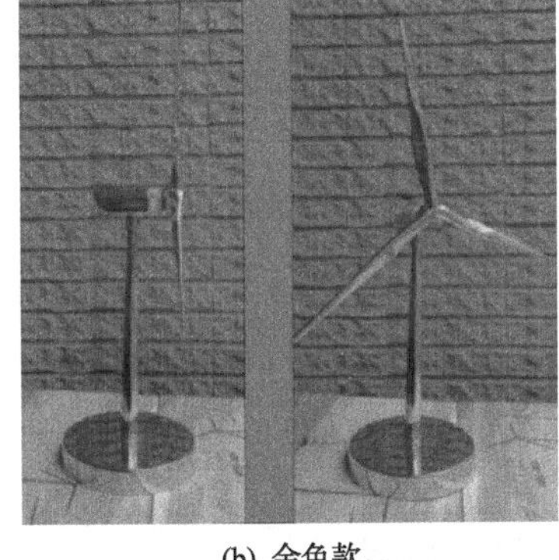

(b) 金色款

图 7.15　含可视线齿轮变速箱的海上风机模型实物图

7.3　线齿轮行星齿轮减速器

7.3.1　线齿轮行星齿轮减速器设计

少齿差减速原理又称圆周游标减速原理，其内部的运动件之间具有相对运动，存在度量差，利用两运动件的微差累积以达到增大扭矩和降低转速的效果[118]。行星传动是区别于定轴传动的一种传动方式，其在传动过程中至少存在一个齿轮的几何轴线是不固定的，并绕着某一轴线公转。当行星传动只有一个自由度时，即只需要提供一个输入便可得到固定输出时称其为简单行星传动；当具有两个自由度时，称其为差动行星传动，此时需要同时给定两个输入才能有确定的输出[119]。

本节设计的少齿差行星线齿轮减速器，以径向依附于轮体的凹凸弧齿廓内啮合线齿轮副作为传动部件，是内齿线齿轮的首度设计与应用。本节以 NN 型少齿差传动机构为例设计一款线齿轮行星齿轮减速器，如图 7.16 所示，共需要设计两对线齿轮副作为传动部件。

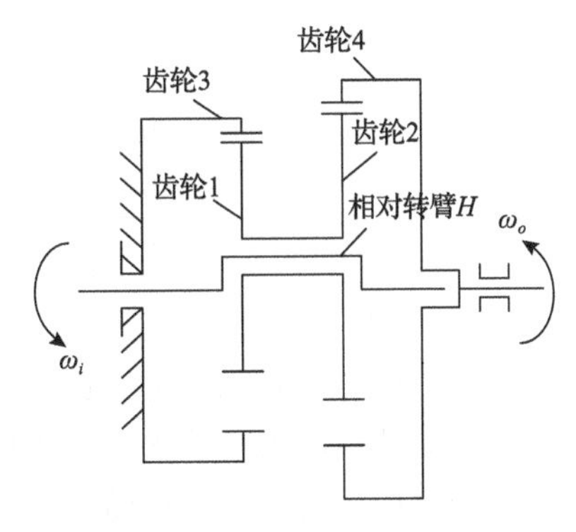

图 7.16　NN 型少齿差传动机构示意图

线齿轮接触线统一为圆柱螺旋线，其格式为

$$\begin{cases} x_1^{(2)} = m\cos t \\ y_1^{(2)} = m\sin t, \quad t_s \leqslant t \leqslant t_e \\ z_1^{(2)} = nt \end{cases}$$

每个线齿轮的设计分别如下。

线齿轮 1 接触线：

$$\begin{cases} x_1^{(1)} = 28\cos t \\ y_1^{(1)} = 28\sin t, \quad 0 \leqslant t \leqslant 0.35\pi \\ z_1^{(1)} = 15t \end{cases} \tag{7.11}$$

线齿轮 2 接触线：

$$\begin{cases} x_2^{(1)} = 32\cos t \\ y_2^{(1)} = 32\sin t, \quad 0 \leqslant t \leqslant 0.3\pi \\ z_2^{(1)} = 15t \end{cases} \tag{7.12}$$

线齿轮 3 接触线：

$$\begin{cases} x_3^{(2)} = 32\cos t \\ y_3^{(2)} = 32\sin t, \quad 0 \leqslant t \leqslant 49/160\pi \\ z_3^{(2)} = 120/7t \end{cases} \tag{7.13}$$

线齿轮 4 接触线：

$$\begin{cases} x_4^{(2)} = 36\cos t \\ y_4^{(2)} = 36\sin t, \quad 0 \leqslant t \leqslant 4/15\pi \\ z_4^{(2)} = 135/8t \end{cases} \tag{7.14}$$

减速器可正反双向传动，设计为闭式箱体，同时考虑轴承、配重、润滑等实际因素，本节以圆弧齿廓的平行轴线齿轮为例，设计线齿轮专用铣刀并在线齿轮专用数控铣床上进行加工试验，其理论传动比为 63。采用自制专用数控铣床加工得到以圆柱螺旋线为接触线的双联外齿线齿轮、以圆柱螺旋线为接触线的内齿线齿轮，其实物如图 7.17 所示，少齿差行星减速器中各线齿轮类型与相关参数如表 7.2 所示。

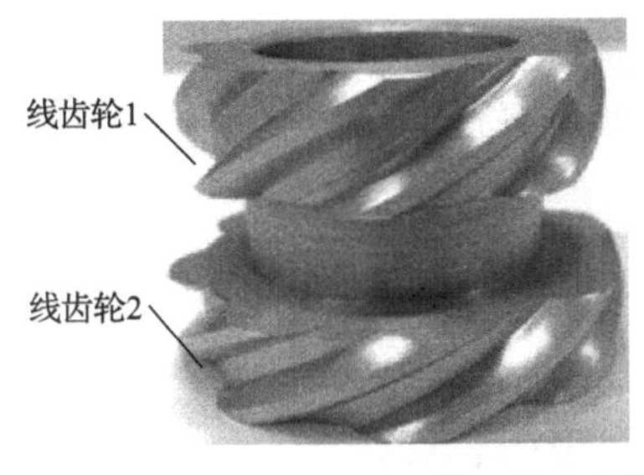

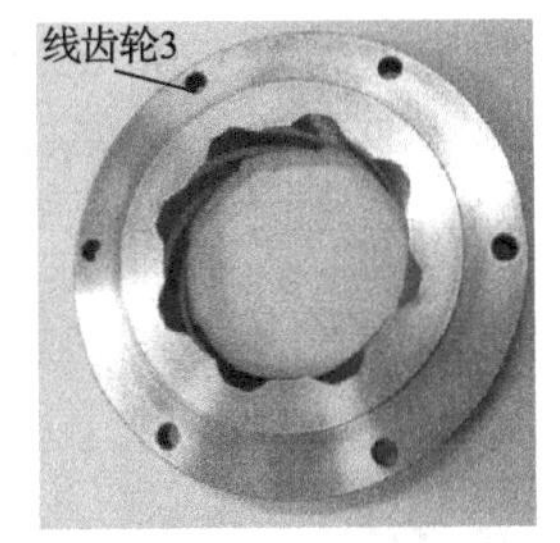

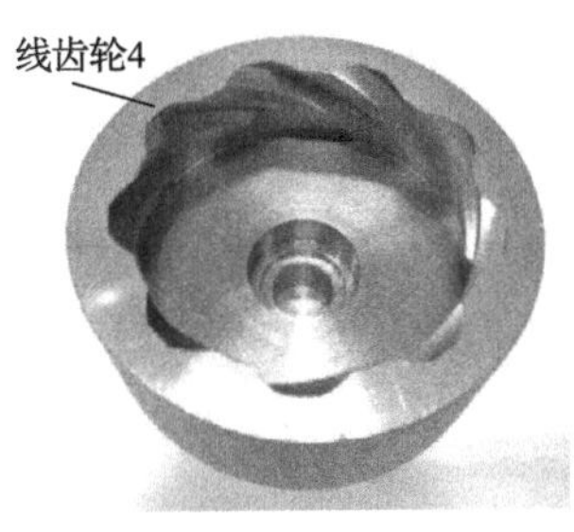

图 7.17　双联外齿线齿轮和内齿线齿轮实物图

表 7.2　少齿差行星减速器中内、外齿线齿轮的相关参数

齿轮		1	2	3	4
齿轮类型		外齿	外齿	内齿	内齿
齿廓形式		凸	凸	凹	凹
齿廓半径/mm		10	10	17.5	17.5
翻转角 φ/(°)		30	30	30	30
接触线参数	m/mm	28	32	32	36
	n/mm	15	15	15	15
	ϕ_1	0	0	0	0

该减速器剖切模型和实物如图 7.18 所示。

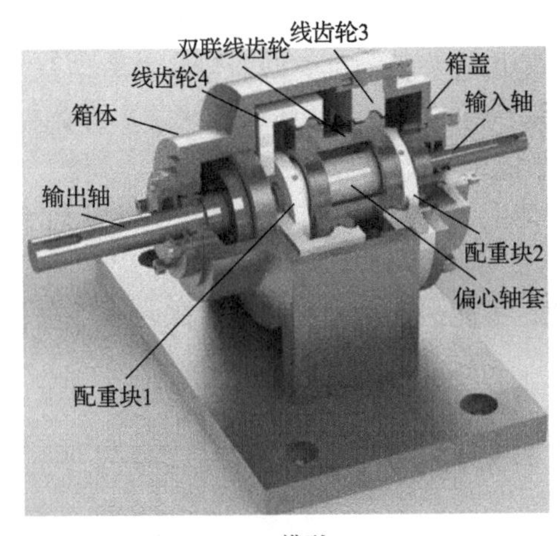

(a) 模型

(b) 实物

图 7.18　少齿差线齿轮减速器

7.3.2　线齿轮行星齿轮减速器性能测试

减速器的运动性能测试在线齿轮传动试验台上完成，试验台如图 7.19 所示，电机提供恒定的输入转速，额定转速为 1500r/min。磁粉制动器提供载荷，传感器采集瞬时转速和转矩数据，其精度为 ±0.2%，采样频率每秒 10 次。调节试验台的输入、输出轴在同一直线上，对减速器进行测试。

图 7.19　传动试验台

通过试验测试可知，少齿差行星减速器的平均传动比为 63.078，最大传动比误差为 0.61%，标准差为 0.142；线齿轮减速器的瞬时传动比误差较小，传动平稳。

由图 7.20 可以看出，少齿差行星减速器的传动比存在一定的误差，主要是由于：

(1) 对于 NN 型少齿差齿轮传动，行星轮偏心公转，共有两对齿轮参与啮合。零件的制造、装配误差等因素使得偏心轴偏心距、输入端线齿轮副螺旋半径差、输出端线齿轮副螺旋半径差三者难以保证严格相等；

(2) 减速器中 6 个轴承并不都安装于箱体上，从输入轴到输出轴之间涉及轴承安装的多个零件难以保证很高的同轴度；

(3) 减速器的行星轮做高转速离心运动，可能引入动不平衡而带来啮合冲击，造成润滑油膜不稳定或难以形成；

(4) 齿轮加工过程中存在误差。

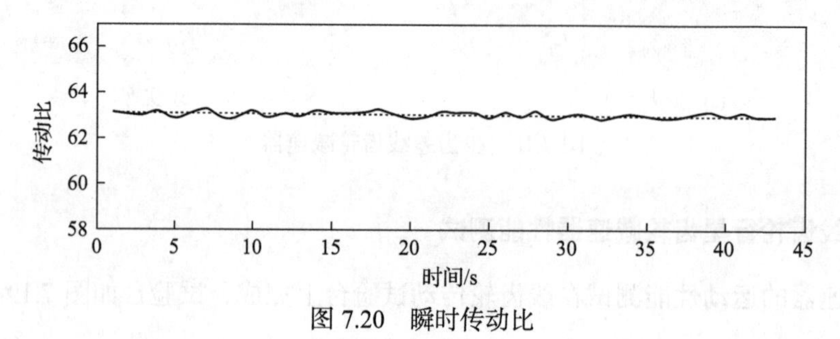

图 7.20　瞬时传动比

本节对少齿差行星减速器进行了传动试验，试验数据显示，线齿轮减速器传动较为平稳，直接说明了线齿轮具备实际应用的可行性，对线齿轮的应用和设计具有一定的指导意义。

7.4　线齿轮流量泵

液压泵作为液压系统的动力元件，是整个液压系统中的核心部件之一，起着将机械能转换为液压能的作用[120]。齿轮泵具有结构简单、可靠性高以及抗油污染能力强等优点，已被广泛应用于航空航天、船舶、车辆、医疗器械、食品工程等领域[121,122]。

7.4.1　双圆弧线齿轮设计

外啮合齿轮泵具有结构简单、价格低廉、体积小、重量轻以及易于加工和维护等优点[123]。图 7.21 为外啮合渐开线齿轮泵的内部结构示意图，通常其中的一对齿轮转子是相同的，在轴向浮动侧板上加工有两个凹槽，用于排出困油区域内的压力油，同时，使得液压油顺着凹槽流向轴向浮动侧板的后侧，从而充满侧板与泵端盖之间的间隙，并对侧板产生一定的压紧力，进而起到补偿侧板与齿轮端面之间轴向间隙的作用，减少端面泄漏。

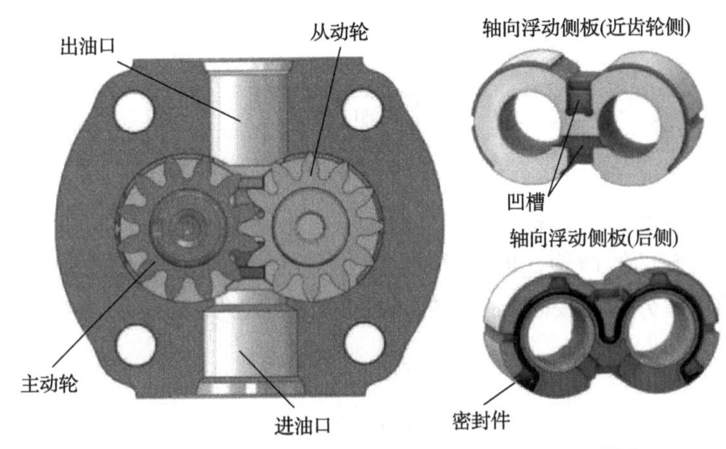

图 7.21　外啮合渐开线齿轮泵及其轴向浮动侧板[124]

然而，外啮合渐开线齿轮泵在传动过程中会出现困油现象，当前一对轮齿脱开啮合时，困油容积中的油液又被突然释放，从而会对齿轮泵的输出流量和压力造成一定的波动，进而对齿轮泵的输出性能产生影响[125]。

平行轴线齿轮具有纯滚动、点接触的特点。本节所提出的双圆弧线齿轮泵的端截面[126]如图 7.22 所示，其设计理论将在本节详细阐述。

对于双圆弧线齿轮，其任意一个线齿的齿面生成方法是：由沿着正转和反转两条接触线扫描得到的线齿齿面共同构成，两条接触线分别称为第一接触线 r_1 和第二接触线 r_2。其中，同一个线齿上的第二接触线 r_2 的生成方法是：由该线齿轮正转下的第一接触线 r_1 绕其轴线沿反转方向旋转角度 φ_R 得到。因此，根据 φ_{R1} 和 φ_{R2} 的取值，可以由主、从动线齿轮上任一线齿的第一接触线分别得到其反转下的第二接触线。线齿厚度 s_i 和齿槽宽 e_i 与 φ_{Ri} 的关系式为

$$\begin{aligned} s_i &= \varphi_{Ri} \\ e_i &= \frac{2\pi}{N_i} - \varphi_{Ri} \end{aligned} , \quad i = 1,2 \tag{7.15}$$

式中，N_1 为主动线齿轮的齿数；N_2 为从动线齿轮的齿数。

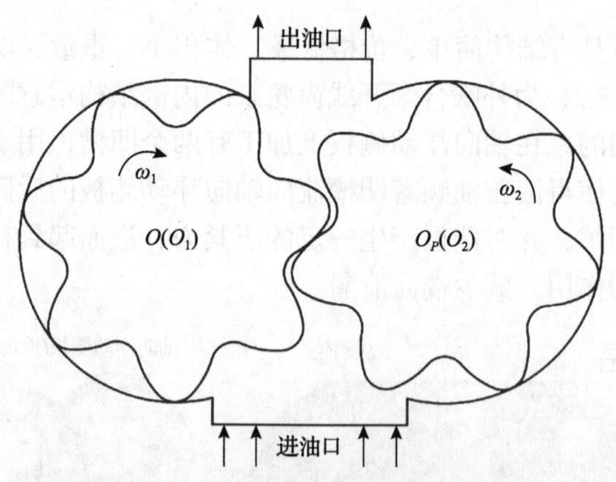

图 7.22 双圆弧线齿轮泵工作原理图

为了减少双圆弧线齿轮泵的径向泄漏，本节将双圆弧线齿轮设计为理论上无侧隙且可正反转的线齿轮，也就是说，其主动线齿轮和从动线齿轮的线齿厚 s_i 和齿槽宽 e_i 的取值分别需要满足一定的条件[127]，如式(7.16)所示：

$$\begin{cases} s_1 = e_2 \\ s_2 = e_1 \end{cases} \tag{7.16}$$

根据式(7.15)及式(7.16)，求得第二主动接触线 $\boldsymbol{r}_2^{(1)}$ 的参数方程为

$$\boldsymbol{r}_2^{(1)}(t) = \begin{pmatrix} m\cos(t + \varphi_{R1}) \\ m\sin(t + \varphi_{R1}) \\ n\pi + nt \end{pmatrix}, \quad t_{s1} \leqslant t \leqslant t_{e1} \tag{7.17}$$

同理可得第二从动接触线 $\boldsymbol{r}_2^{(2)}$ 的参数方程为

$$\boldsymbol{r}_2^{(2)}(t)=\begin{pmatrix}(m-a)\cos(t-\varphi_{R2})\\(a-m)\sin(t-\varphi_{R2})\\n\pi+nt\end{pmatrix},\quad t_{s2}\leqslant t\leqslant t_{e2} \tag{7.18}$$

应用扫描法可以求解得到主动线齿和从动线齿的齿面参数方程。在坐标系 $O_1\text{-}x_1y_1z_1$ 下，主动线齿上的第一主动线齿齿面 $\boldsymbol{\Sigma}_1^{(1)}$ 和第二主动线齿齿面 $\boldsymbol{\Sigma}_2^{(1)}$ 的参数方程表达式分别为

$$\boldsymbol{\Sigma}_1^{(1)}(t,\theta)=\begin{pmatrix}\left[m-\rho(\sin\varphi+\cos\theta)\right]\cos t+\dfrac{n\rho(-\cos\varphi+\sin\theta)}{\sqrt{m^2+n^2}}\sin t\\\left[m-\rho(\sin\varphi+\cos\theta)\right]\sin t-\dfrac{n\rho(-\cos\varphi+\sin\theta)}{\sqrt{m^2+n^2}}\cos t\\n\pi+nt+\dfrac{m\rho(-\cos\varphi+\sin\theta)}{\sqrt{m^2+n^2}}\end{pmatrix} \tag{7.19}$$

$$\boldsymbol{\Sigma}_2^{(1)}(t,\theta)=\begin{pmatrix}\left[m-\rho(\sin\varphi+\cos\theta)\right]\cos(t+\varphi_{R1})+\dfrac{n\rho(\cos\varphi+\sin\theta)}{\sqrt{m^2+n^2}}\sin(t+\varphi_{R1})\\\left[m-\rho(\sin\varphi+\cos\theta)\right]\sin(t+\varphi_{R1})-\dfrac{n\rho(\cos\varphi+\sin\theta)}{\sqrt{m^2+n^2}}\cos(t+\varphi_{R1})\\n\pi+nt+\dfrac{m\rho(\cos\varphi+\sin\theta)}{\sqrt{m^2+n^2}}\end{pmatrix} \tag{7.20}$$

同理可得，在坐标系 $O_2\text{-}x_2y_2z_2$ 下，从动线齿上的第一从动线齿齿面 $\boldsymbol{\Sigma}_1^{(2)}$ 和第二从动线齿齿面 $\boldsymbol{\Sigma}_2^{(2)}$ 的参数方程表达式分别为

$$\boldsymbol{\Sigma}_1^{(2)}(t,\theta)=\begin{pmatrix}\left[-m+\rho(\sin\varphi+\cos\theta)\right]\cos t+\dfrac{n\rho(-\cos\varphi+\sin\theta)}{\sqrt{m^2+n^2}}\sin t\\\left[m-\rho(\sin\varphi+\cos\theta)\right]\sin t+\dfrac{n\rho(-\cos\varphi+\sin\theta)}{\sqrt{m^2+n^2}}\cos t\\n\pi+nt-\dfrac{m\rho(-\cos\varphi+\sin\theta)}{\sqrt{m^2+n^2}}\end{pmatrix} \tag{7.21}$$

$$\boldsymbol{\Sigma}_2^{(2)}(t,\theta)=\begin{pmatrix}\left[-m+\rho(\sin\varphi+\cos\theta)\right]\cos(t-\varphi_{R2})+\dfrac{n\rho(\cos\varphi+\sin\theta)}{\sqrt{m^2+n^2}}\sin(t-\varphi_{R2})\\ \left[m-\rho(\sin\varphi+\cos\theta)\right]\sin(t-\varphi_{R2})+\dfrac{n\rho(\cos\varphi+\sin\theta)}{\sqrt{m^2+n^2}}\cos(t-\varphi_{R2})\\ n\pi+nt-\dfrac{m\rho(\cos\varphi+\sin\theta)}{\sqrt{m^2+n^2}}\end{pmatrix}\tag{7.22}$$

第一、第二主动线齿齿面及第一、第二从动线齿齿面分别由其线齿法向齿廓沿其接触线及中心线扫描得到，而不同齿面的法向齿廓均处于不同法平面上。为了进行完整的齿形设计，对于平行轴外啮合齿轮通常对其端面齿形建立数学模型，再通过空间坐标转换，得到齿轮的螺旋面方程。

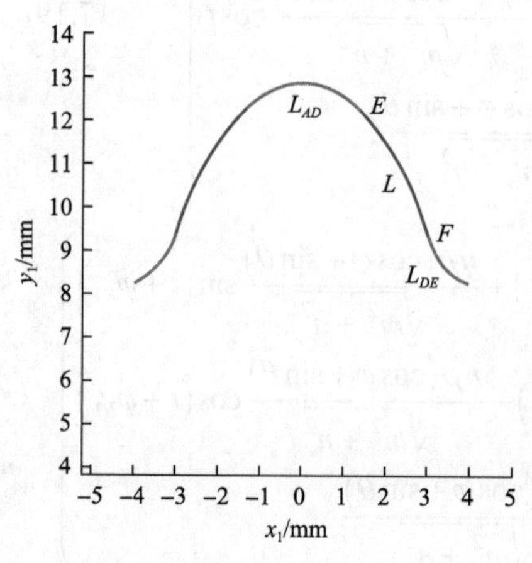

图 7.23　双圆弧线齿轮端面齿形

本节所提出的双圆弧线齿轮单个线齿的端面齿形如图 7.23 所示。其是由齿顶圆弧 L_{AD}、齿根圆弧 L_{DE} 与线齿端面齿廓 L 光滑连接构成的，其中齿顶圆弧 L_{AD} 和齿根圆弧 L_{DE} 为节点中心圆弧。假设齿顶圆弧 L_{AD} 与线齿端面齿廓 L 的连接点为 E，齿根圆弧 L_{DE} 与线齿端面齿廓 L 的连接点为 F。

为保证双圆弧线齿轮端面齿形上的三段齿廓曲线光滑连接需要满足连续性条件，即任意一段圆弧曲线与线齿端面齿廓曲线之间存在一个共同交点，且这两段曲线在交点处的一阶导数相等，如式(7.23)所示。根据连续性条件可以求解出线齿法向齿廓偏转角 φ 以及齿顶圆弧或齿根圆弧半径 r 等齿形参数。

$$\begin{cases}L_{AD}(E)=L(E)\\ L_{DE}(F)=L(F)\end{cases}$$
$$\begin{cases}\dfrac{\mathrm{d}L_{AD}(E)}{\mathrm{d}\theta_{AD}}=\dfrac{\mathrm{d}L(E)}{\mathrm{d}\theta}\\ \dfrac{\mathrm{d}L_{DE}(F)}{\mathrm{d}\theta_{DE}}=\dfrac{\mathrm{d}L(F)}{\mathrm{d}\theta}\end{cases}\tag{7.23}$$

式中，θ_{AD} 为齿顶圆弧 L_{AD} 的圆心角；θ_{DE} 为齿根圆弧 L_{DE} 的圆心角。

由以上公式可知，本节所提出的双圆弧线齿轮泵的齿形和螺旋半径 m、螺距参数 n、齿数 N_i 、法面圆弧半径 ρ 以及齿宽 B 等基本参数有关，一旦以上齿形参数确定，就可以建立精确的双圆弧线齿轮齿形的数学模型。

7.4.2　扫过面积法

齿轮泵在工作过程中，由于其内部齿轮转子进行着周期性运动，泵腔内部的各控制体体积呈现周期性变化，因而齿轮泵的瞬时输出流量也会出现周期性的脉动[128]。瞬时流量特性作为齿轮泵的重要输出特性之一，与齿轮泵的出口压力脉动特性有着直接的联系，其对齿轮泵以及整个液压系统的噪声、振动、可靠性等工作特性都会产生一定的影响，故本节将对齿轮泵的理论瞬时流量特性进行研究。对于任何齿形的齿轮泵，在不考虑介质黏度影响的情况下，都可以采用容积变化法直接推导出其作为直齿时的理论流量公式，且所推导的公式具有相当高的精确性[129]。因此，本节采用“扫过面积法”直接分析齿轮泵的“瞬时排量”，从而得出理想结论，为双圆弧线齿轮的部分齿形参数选取提供一定的指导作用。

如图 7.24 所示，任意曲线 abc 绕中心点 O 旋转角度 ψ 所扫过的不规则面积始终等于该曲线端点 a、c 所对应的半径 Oa、$Od(Oc)$ 旋转相同角度 ψ 所扫过的两扇形面积之差。

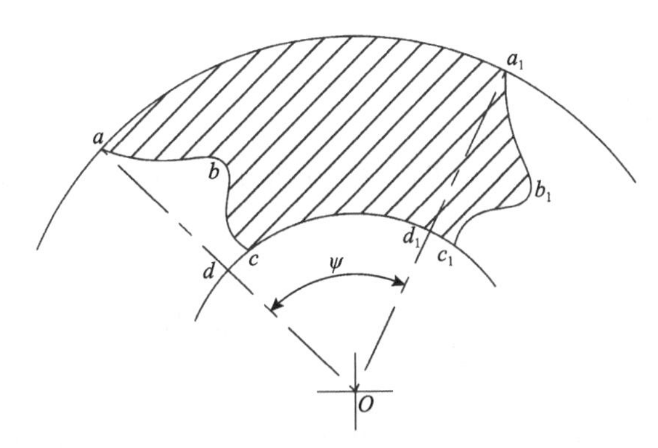

图 7.24　任意曲线旋转扫过的面积

曲线 abc 绕中心点 O 旋转角度 ψ 后，所扫过的面积为

$$A_{abcc_1b_1a_1a} = A_{abcd_1a_1a} + A_{a_1d_1c_1b_1a_1} \tag{7.24}$$

由于 $A_{adcba} = A_{a_1d_1c_1b_1a_1}$ ，所以 $A_{abcc_1b_1a_1a} = A_{adcba} + A_{abcd_1a_1a} = A_{add_1a_1a}$ 。

7.4.3　理论流量计算

根据“扫过面积法”分析，在不考虑油液黏度影响和泄漏的理想条件下，可以推导得到一对齿数相等的齿轮泵齿轮转过角度 ψ 时泵的端面空隙部分面积变化量 δ 的表达式[130]：

$$\delta=R_e^2\psi-R^2\left(2-\cos\varphi_{\rm qcp}\right)\sin\varphi_{\rm qcp}+R^2\left[2-\cos\left(\varphi_{\rm qcp}-\psi\right)\right]\sin\left(\varphi_{\rm qcp}-\psi\right) \tag{7.25}$$

式中，R_e 为齿轮齿顶圆半径；R 为齿轮节圆半径；$\varphi_{\rm qcp}$ 为齿轮四分之一周节所对应的圆心角，即 $\varphi_{\rm qcp}=\pi/(2N_i)$。

当两齿轮泵齿轮转过四分之一周节，即 $\psi=\varphi_{\rm qcp}$ 时，由式(7.25)可得端面扫过面积变化量 δ_1 的表达式为

$$\delta_1=R_e^2\varphi_{\rm qcp}-R^2\left(2-\cos\varphi_{\rm qcp}\right)\sin\varphi_{\rm qcp} \tag{7.26}$$

设齿轮齿宽为 B，假设作为直齿齿轮泵，齿轮旋转一周时的排量 V 的表达式为

$$V=B\left[2\pi R_e^2-4N_iR^2\left(2-\cos\frac{\pi}{2N_i}\right)\sin\frac{\pi}{2N_i}\right] \tag{7.27}$$

为了分析齿轮泵的理论瞬时流量脉动，则要将式(7.25)对自变量转角 ψ 求一阶导数，从而得到齿轮泵齿轮端面扫过面积变化率，有

$$\frac{{\rm d}\delta}{{\rm d}\psi}=R_e^2-2R^2\cos\left(\varphi_{\rm qcp}-\psi\right)+R^2\cos2\left(\varphi_{\rm qcp}-\psi\right) \tag{7.28}$$

将式(7.28)对自变量转角 ψ 再进行一次求导并令其为零，则可求解出 ${\rm d}\delta/{\rm d}\psi$ 的极值为

$$\frac{{\rm d}^2\delta}{{\rm d}\psi^2}=-2R^2\sin\left(\varphi_{\rm qcp}-\psi\right)+2R^2\sin2\left(\varphi_{\rm qcp}-\psi\right)=0 \tag{7.29}$$

由式(7.29)可得，当 $\psi=\varphi_{\rm qcp}$ 时，$\dfrac{{\rm d}^2\delta}{{\rm d}\psi^2}=0$，$\dfrac{{\rm d}\delta}{{\rm d}\psi}$ 取极大值为

$$\left(\frac{{\rm d}\delta}{{\rm d}\psi}\right)_{\max}=R_e^2-R^2 \tag{7.30}$$

同理可得，当 $\psi=0$ 时，${\rm d}\delta/{\rm d}\psi$ 取极小值为

$$\left(\frac{{\rm d}\delta}{{\rm d}\psi}\right)_{\min}=R_e^2-2R^2\cos\varphi_{\rm qcp}+R^2\cos2\varphi_{\rm qcp} \tag{7.31}$$

由式(7.26)可求出端面扫过面积平均变化率为

$$\left(\frac{\mathrm{d}\delta}{\mathrm{d}\psi}\right)_{\mathrm{m}}=R_e^2-\frac{2N_i}{\pi}R^2\left(2-\cos\varphi_{\mathrm{qcp}}\right)\sin\varphi_{\mathrm{qcp}} \tag{7.32}$$

因此，可以得出泵作为直齿时的流量不均匀系数 Γ 的表达式为

$$\Gamma=\frac{\left(\dfrac{\mathrm{d}\delta}{\mathrm{d}\psi}\right)_{\max}-\left(\dfrac{\mathrm{d}\delta}{\mathrm{d}\psi}\right)_{\min}}{\left(\dfrac{\mathrm{d}\delta}{\mathrm{d}\psi}\right)_{\mathrm{m}}}=\frac{-R^2+2R^2\cos\varphi_{\mathrm{qcp}}-R^2\cos 2\varphi_{\mathrm{qcp}}}{R_e^2-\dfrac{2N_i}{\pi}R^2\left(2-\cos\varphi_{\mathrm{qcp}}\right)\sin\varphi_{\mathrm{qcp}}} \tag{7.33}$$

由以上理论计算分析可知，对于任何齿形的齿轮泵，在同一端截面上来看，其齿轮端面扫过面积变化量对自变量转角所求的一阶导数不为零，换而言之，其在同一端截面上的瞬时流量脉动量也不为零；为消除这部分流量脉动，需要使螺旋齿轮各截面的瞬时流量进行相互补偿。因此，对于双圆弧线齿轮，由于其端面齿形是对称的，所以齿轮上下两端面只需要错开四分之一周节的整数倍即可，换而言之，其重合度的选取应满足特定的条件，如式(7.34)所示：

$$\xi=\varepsilon_\beta=\frac{1}{4}\kappa,\quad \kappa=5,6,7 \tag{7.34}$$

经过推导可得齿宽 B 的选取是由重合度以及其余齿形基本参数共同确定的，如式(7.35)所示：

$$B=\frac{2\pi n\xi}{N_i} \tag{7.35}$$

7.4.4　设计实例

选取表 7.3 所示的设计参数以建立双圆弧线齿轮泵的齿轮研究模型。

表 7.3　双圆弧线齿轮副的设计参数

参数	m/mm	n/mm	$N_i\,(i=1,2)$	ρ/mm	ξ
取值	11	30	7	8	1.5

根据表 7.3 所示的参数，由式(7.35)可求得该齿轮研究模型的齿宽 $B=40.392\mathrm{mm}$。同时，根据式(7.19)～式(7.23)，经过计算可得在端平面 $x_1O_1y_1$ 上主动双圆弧线齿轮单个齿的端面齿廓，其端面齿形由第一主动线齿端面齿廓 $\boldsymbol{L}_1^{(1)}$、

第二主动线齿端面齿廓 $\boldsymbol{L}_2^{(1)}$ 、第一主动齿根圆弧 $\boldsymbol{L}_{DE1}^{(1)}$、第二主动齿根圆弧 $\boldsymbol{L}_{DE2}^{(1)}$ 以及主动齿顶圆弧 $\boldsymbol{L}_{AD}^{(1)}$ 等齿廓曲线共同构成，以上所述齿廓的参数方程为

$$\boldsymbol{L}_1^{(1)}(\theta_1)=\begin{pmatrix}(5.9556-8\cos\theta_1)\cos\left((68.3009-88\sin\theta_1)/30\sqrt{1021}-\pi\right)\\+(-186.2752+240\sin\theta_1)/\sqrt{1021}\sin\left((68.3009-88\sin\theta_1)/30\sqrt{1021}-\pi\right)\\(5.9556-8\cos\theta_1)\sin\left((68.3009-88\sin\theta_1)/30\sqrt{1021}-\pi\right)\\-(-186.2752+240\sin\theta_1)/\sqrt{1021}\cos\left((68.3009-88\sin\theta_1)/30\sqrt{1021}-\pi\right)\end{pmatrix}$$
$$2.0750\leqslant\theta_1\leqslant2.4806 \tag{7.36}$$

$$\boldsymbol{L}_2^{(1)}(\theta_2)=\begin{pmatrix}(5.9556-8\cos\theta_2)\cos\left((-68.3009-88\sin\theta_2)/30\sqrt{1021}-6\pi/7\right)\\+(186.2752+240\sin\theta_2)/\sqrt{1021}\sin\left((-68.3009-88\sin\theta_2)/30\sqrt{1021}-6\pi/7\right)\\(5.9556-8\cos\theta_2)\sin\left((-68.3009-88\sin\theta_2)/30\sqrt{1021}-6\pi/7\right)\\-(186.2752+240\sin\theta_2)/\sqrt{1021}\cos\left((-68.3009-88\sin\theta_2)/30\sqrt{1021}-6\pi/7\right)\end{pmatrix}$$
$$-2.4806\leqslant\theta_2\leqslant-2.0750 \tag{7.37}$$

式中，θ_1 和 θ_2 分别为第一线齿法向齿廓和第二线齿法向齿廓的圆心角，即从法面圆弧圆心到法面圆弧上任一点的矢量与 x_M 轴的正方向之间所夹的锐角。

$$\boldsymbol{L}_{DE1}^{(1)}(\theta_{DE1})=\begin{pmatrix}-11\cos(\pi/14)+1.8511\cos\theta_{DE1}\\11\sin(\pi/14)+1.8511\sin\theta_{DE1}\end{pmatrix},\quad -1.0562\leqslant\theta_{DE1}\leqslant-\frac{\pi}{14} \tag{7.38}$$

$$\boldsymbol{L}_{DE2}^{(1)}(\theta_{DE2})=\begin{pmatrix}-11\cos(3\pi/14)+1.8511\cos\theta_{DE2}\\-11\sin(3\pi/14)+1.8511\sin\theta_{DE2}\end{pmatrix},\quad \frac{3\pi}{14}\leqslant\theta_{DE2}\leqslant1.5050 \tag{7.39}$$

式中，θ_{DE1} 和 θ_{DE2} 分别为第一齿根圆弧和第二齿根圆弧的圆心角。显然，式(7.38)所表示的第一主动齿根圆弧和式(7.39)所表示的第二主动齿根圆弧都为节点中心圆弧，并且第一主动齿根圆弧与第一主动线齿端面齿廓对应相切，第二主动齿根圆弧则与第二主动线齿端面齿廓对应相切。

$$\boldsymbol{L}_{AD}^{(1)}(\theta_{AD})=\begin{pmatrix}-11\cos(\pi/14)+1.8511\cos\theta_{AD}\\-11\sin(\pi/14)+1.8511\sin\theta_{AD}\end{pmatrix},\quad 2.5409\leqslant\theta_{AD}\leqslant4.1911 \tag{7.40}$$

同理可得，在端平面 $x_2O_2y_2$ 上从动双圆弧线齿轮单个线齿的端面齿廓，其端面齿形由第一从动线齿端面齿廓 $\boldsymbol{L}_1^{(2)}$ 、第二从动线齿端面齿廓 $\boldsymbol{L}_2^{(2)}$ 、第一从动齿根圆弧 $\boldsymbol{L}_{DE1}^{(2)}$ 、第二从动齿根圆弧 $\boldsymbol{L}_{DE2}^{(2)}$ 以及从动齿顶圆弧 $\boldsymbol{L}_{AD}^{(2)}$ 等齿廓曲线共同构成。由于平面 $x_2O_2y_2$ 和平面 $x_1O_1y_1$ 在同一平面内，所以这些齿廓的参数方程表达式分别为

$$\boldsymbol{L}_1^{(2)}(\theta_1)=\begin{pmatrix}(-5.9556+8\cos\theta_1)\cos\left((-68.3009+88\sin\theta_1)/30\sqrt{1021}-\pi\right)\\+(-186.2752+240\sin\theta_1)/\sqrt{1021}\sin\left((-68.3009+88\sin\theta_1)/30\sqrt{1021}-\pi\right)\\(5.9556-8\cos\theta_1)\sin\left((-68.3009+88\sin\theta_1)/30\sqrt{1021}-\pi\right)\\+(-186.2752+240\sin\theta_1)/\sqrt{1021}\cos\left((-68.3009+88\sin\theta_1)/30\sqrt{1021}-\pi\right)\end{pmatrix}$$
$$2.0750\leqslant\theta_1\leqslant2.4806\tag{7.41}$$

$$\boldsymbol{L}_2^{(2)}(\theta_2)=\begin{pmatrix}(-5.9556+8\cos\theta_2)\cos\left((68.3009+88\sin\theta_2)/30\sqrt{1021}-8\pi/7\right)\\+(186.2752+240\sin\theta_2)/\sqrt{1021}\sin\left((68.3009+88\sin\theta_2)/30\sqrt{1021}-8\pi/7\right)\\(5.9556-8\cos\theta_2)\sin\left((68.3009+88\sin\theta_2)/30\sqrt{1021}-8\pi/7\right)\\+(186.2752+240\sin\theta_2)/\sqrt{1021}\cos\left((68.3009+88\sin\theta_2)/30\sqrt{1021}-8\pi/7\right)\end{pmatrix}$$
$$-2.4806\leqslant\theta_2\leqslant-2.0750\tag{7.42}$$

$$\boldsymbol{L}_{DE1}^{(2)}(\theta_{DE1})=\begin{pmatrix}11\cos(\pi/14)-1.8511\cos\theta_{DE1}\\-11\sin(\pi/14)-1.8511\sin\theta_{DE1}\end{pmatrix},\quad -1.0562\leqslant\theta_{DE1}\leqslant-\frac{\pi}{14}\tag{7.43}$$

$$\boldsymbol{L}_{DE2}^{(2)}(\theta_{DE2})=\begin{pmatrix}11\cos(3\pi/14)-1.8511\cos\theta_{DE2}\\11\sin(3\pi/14)-1.8511\sin\theta_{DE2}\end{pmatrix},\quad \frac{3\pi}{14}\leqslant\theta_{DE2}\leqslant1.5050\tag{7.44}$$

$$\boldsymbol{L}_{AD}^{(2)}(\theta_{AD})=\begin{pmatrix}11\cos(\pi/14)-1.8511\cos\theta_{AD}\\11\sin(\pi/14)-1.8511\sin\theta_{AD}\end{pmatrix},\quad 2.5409\leqslant\theta_{AD}\leqslant4.1911\tag{7.45}$$

根据式(7.36)～式(7.45)得到一对双圆弧线齿轮副的闭合端面齿廓之后可以通过 CAD 软件的“扫描”功能分别建立其单个齿的三维实体模型。在建模过程中，采用双圆弧线齿轮的轴线作为扫描线，且线齿上任一接触线作为引导线。最后，结合 CAD 软件的“实体阵列”功能，分别建立主、从动双圆弧线齿轮所有

齿的实体模型，如图 7.25 所示。

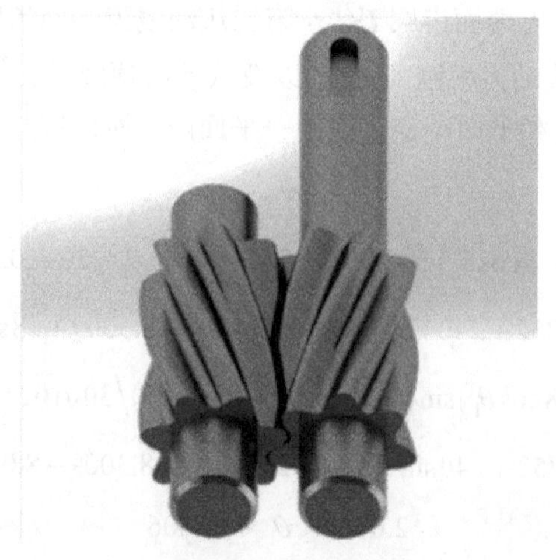

图 7.25　双圆弧线齿轮副的三维实体模型

7.4.5　线齿轮泵试验

本节通过将双圆弧线齿轮泵样机与目前行业内常用的外啮合齿轮泵进行性能对比测试试验，检验所提出的双圆弧线齿轮泵应用的可行性。

根据试验工况，为了符合对比测试的要求，本节选用 7.4.4 节设计的双圆弧线齿轮副加工的钢材双圆弧线齿轮副样件进行样机性能测试试验，与设计和制造的各零部件装配得到了双圆弧线齿轮泵样机，实物如图 7.26 所示。

图 7.26　双圆弧线齿轮泵样机实物

渐开线齿轮泵是目前应用最广泛的商用外啮合齿轮泵。因此，本节选取型号为 CB-B10 的渐开线齿轮泵作为性能测试试验对比样机，其额定流量为 10L/min，额定压力为 2.5MPa，额定转速为 1450r/min，实物如图 7.27 所示。该齿轮泵泵体内开设有卸荷槽，用于缓解困油现象所带来的影响。

图 7.27　渐开线齿轮泵样机实物

本节所设计的双圆弧线齿轮泵样机与测试对比的渐开线齿轮泵样机的相关技术参数如表 7.4 所示。由表 7.4 可知，两齿轮泵样机参数相似，符合对比测试条件。本节基于液压齿轮泵相关行业标准进行性能测试试验方案的制订，从而对容积效率、出口压力脉动等齿轮泵重要性能指标进行测试。

表 7.4　齿轮泵样机关键参数

参数	双圆弧线齿轮泵	渐开线齿轮泵
齿数 N_i	7	15
中心距 a/mm	22	30
齿顶圆直径 d_a/mm	25.702	34
齿宽 B/mm	40.392	20
整体尺寸/(mm×mm×mm)	65×65×90	66×69×96

容积效率是指实际输出流量与空载排量和轴的转速乘积之比，是评价齿轮泵性能的重要指标。根据相关齿轮泵行业标准可得容积效率的计算公式[131]为

$$\eta_v = \frac{V_{2,e}}{V_{2,i}} = \frac{q_{v2,e}/n_e}{q_{v2,i}/n_i} \times 100\% \tag{7.46}$$

式中，$V_{2,e}$ 为试验压力时齿轮泵的排量，mL/r；$V_{2,i}$ 为空载排量，mL/r；$q_{v2,e}$ 为试验压力时的输出流量，L/min；$q_{v2,i}$ 为空载压力时的输出流量，L/min；n_e 为试验压力时齿轮泵的转速，r/min；n_i 为空载压力时齿轮泵的转速，r/min。

在渐开线齿轮泵样机的额定转速下，分别检测两样机在空载压力至额定压力范围内的五个等分压力点的实际输出流量。出口压力由试验回路中的节流阀进行调节。并根据式(7.46)计算得到不同出口压力下齿轮泵样机的容积效率，如表 7.5 所示。

表 7.5　不同出口压力的容积效率

出口压力/MPa	容积效率/%	
	双圆弧线齿轮泵	渐开线齿轮泵
0.5	97.38	96.78
1	95.21	94.48
1.5	92.97	91.56
2	90.38	88.63
2.5	87.66	85.28

根据表 7.5 绘制双圆弧线齿轮泵样机与渐开线齿轮泵样机在额定转速、不同出口压力时的容积效率对比曲线，如图 7.28 所示。

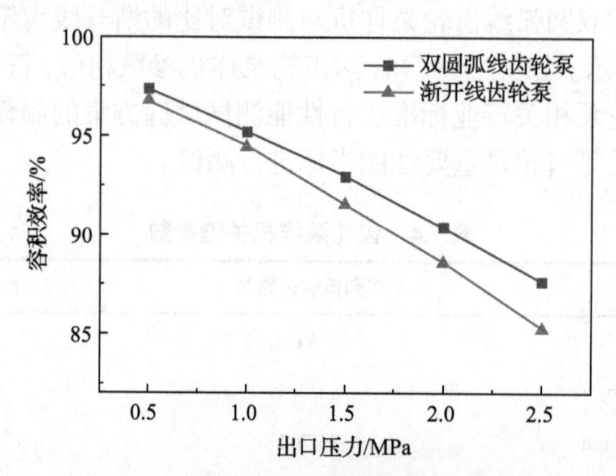

图 7.28　不同出口压力的容积效率对比曲线

由图 7.28 可以看出，随着出口压力增大，由于泄漏量也增大，所以双圆弧线齿轮泵样机和渐开线齿轮泵样机的容积效率都有不同程度的下降。但是在额定工况下的容积效率均大于 85%，符合行业标准的性能要求。

在额定工况下，利用压力传感器检测管路内的压力，将检测到的压力值转换为电压信号后通过数据采集卡传递给上位机，在上位机中通过以 LabVIEW 软件为平台所搭建的虚拟测试系统对传感器传递的数据处理后，将其实时显示在 LabVIEW 前面板上，并记录压力数据。通过测试得到双圆弧线齿轮泵样机和渐开线齿轮泵样机的出口压力脉动曲线，分别如图 7.29 和图 7.30 所示。

由图 7.29 和图 7.30 可以看出，在渐开线齿轮泵样机的额定工况下，双圆弧线齿轮泵样机和渐开线齿轮泵样机围绕额定压力上下波动的范围均符合行业标准要求(不大于±0.2MPa)。但是，双圆弧线齿轮泵样机出口压力脉动范围仅为渐开线齿轮泵样机出口压力脉动范围的 67.26%，压力脉动显然更小。而压力脉动是泵工作时产生噪声的重要原因之一[132]，因此通过出口压力脉动曲线对比可以间接地反映出双圆弧线齿轮泵样机产生的噪声小于渐开线齿轮泵样机产生的噪声。

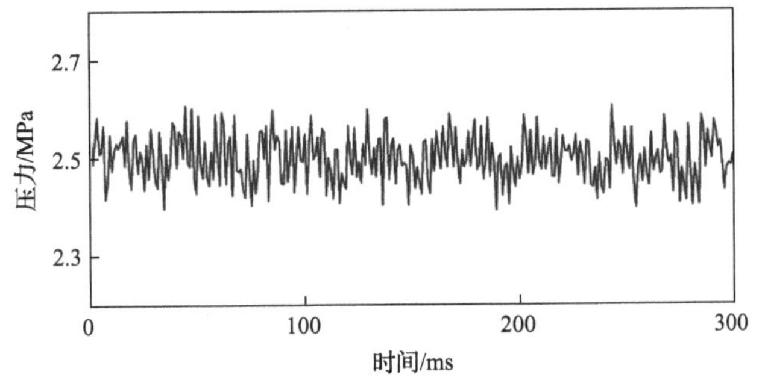

图 7.29　双圆弧线齿轮泵出口压力脉动曲线

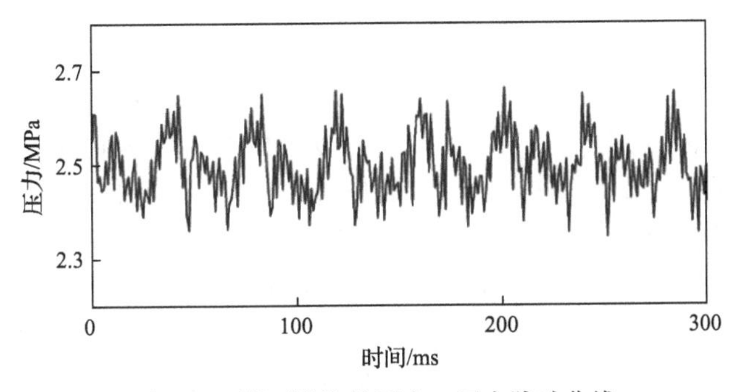

图 7.30　渐开线齿轮泵出口压力脉动曲线

综上所述，在相同测试工况下，通过对两齿轮泵样机的容积效率以及出口压力脉动进行对比测试的结果可知，本节所设计的双圆弧线齿轮泵样机的性能优于商用渐开线齿轮泵样机。

7.5　轻量型平行轴线齿轮减速器

7.5.1　轻量型平行轴线齿轮副设计

轻量型齿轮减速器是齿轮减速器的重要发展方向之一[133]，其需求巨大[134,135]。结构轻量化是齿轮轻量化设计的主要方向。渐开线齿轮减速器的轻量化设计主要包括两个方向[136,137]：一方面是减小齿轮尺寸和体积；另一方面是将减速器设计为少齿差行星齿轮减速器和谐波齿轮减速器等特定传动系。在渐开线齿轮轻量化设计方法中，最常见的设计方法即降低齿轮模数和变位齿轮设计，渐开线齿轮模数越小，齿轮尺寸越小。标准渐开线齿轮由于根切限制，其齿数不少于 17，而变位齿轮可以更少齿数。线齿轮是一种基于空间共轭曲线啮合理论的新型齿轮，它可以做到更少的齿数，更小的尺寸。

本节以扫地机器人减速器为例，对轻量型平行轴线齿轮副进行介绍。首先给

定轻量型平行轴线齿轮副的主动接触线方程和从动接触线方程，分别为

$$
\boldsymbol{R}_1^1 = \begin{cases} x_M^{(1)} = -4\cos t \\ y_M^{(1)} = 4\sin t \\ z_M^{(1)} = -5 - 1.6t \end{cases} \tag{7.47}
$$

$$
\boldsymbol{R}_2^2 = \begin{cases} x_M^{(2)} = 8\cos t \\ y_M^{(2)} = 8\sin t \\ z_M^{(2)} = -12.8t \end{cases} \tag{7.48}
$$

图 7.31　轻量型平行轴线齿轮副模型

给定主动线齿轮和从动线齿轮的齿数分别为 2 和 16，两齿轮齿宽均为 8mm。以圆角等边三角形为法向齿廓扫掠获得线齿轮线齿实体，其中圆角等边三角形的圆角直径为 1mm，三角形高为 2.5mm。接着，对尺寸较大的平行轴线齿轮进行常规的结构轻量化设计，给定其加强筋厚度为 1mm。最后，获得完整的平行轴线齿轮副模型，如图 7.31 所示。

所设计的线齿轮，齿轮内孔为 4mm，接触线处的线齿齿厚约为 1.6mm，相同齿厚的渐开线齿轮的模数为 1mm。

由图 7.31 直观可见，轻量型平行轴线齿轮副具备两个轻量化特征：①齿数少；②体积小。一方面，齿数少的线齿轮，在相同轮齿大小的条件下，可以做到更小的尺寸；另一方面，轻量型平行轴线齿轮副突破了普通齿轮径向尺寸的限制[35]，即齿轮副的传动比和齿轮的直径(如渐开线节圆直径)没有直接的关系，可以在相同径向尺寸下达到更大的传动比。在减速比同为 8 的情况下，标准渐开线齿轮副通常需要两级齿轮传动，至少 4 个齿轮。若按照渐开线齿轮模数 1mm、齿宽 2mm、齿轮内孔 4mm、小齿轮 17 齿、大齿轮 48 齿进行分析计算，则在减速比同为 8 的条件下，轻量型平行轴线齿轮减速器相比渐开线齿轮减速器，可以减少 50%的齿轮数量，79%的齿轮材料。

7.5.2　应用于扫地机器人的齿轮箱设计

已知某扫地机器人齿轮箱传动比为 62.24，由四级渐开线齿轮副组成，各级齿轮副的参数如表 7.6 所示。

某扫地机器人驱动轮齿轮箱实物如图 7.32 所示。

表 7.6　某扫地机器人驱动轮齿轮箱

渐开线齿轮副	第一级	第二级	第三级	第四级
模数/mm	0.5	0.5	0.7	0.8
小齿轮齿宽/mm	5	5	6	7
大齿轮齿宽/mm	3.5	3.5	4	5.5
小齿轮齿数	12	15	13	11
大齿轮齿数	33	41	37	32

经测量，该扫地机器人驱动轮齿轮箱尺寸为长 85mm、宽 36mm、高 16mm。拆解全部齿轮，在精密电子秤上进行称重，其总质量为 8.2552g，齿轮材料为聚甲醛，其密度为 1.42g/cm^3，可以求得齿轮总体积为 5.8135cm^3。

针对上述扫地机器人驱动轮齿轮箱，采用轻量型平行轴线齿轮副进行设计。将轻量型平行轴线齿轮减速器设计成两级齿轮减速器，每一级齿轮副减速比均为 8，齿轮箱总减速比为 64。采用 3D 打印获得线齿轮减速器样品，如图 7.33 所示。

图 7.32　某扫地机器人驱动轮齿轮箱

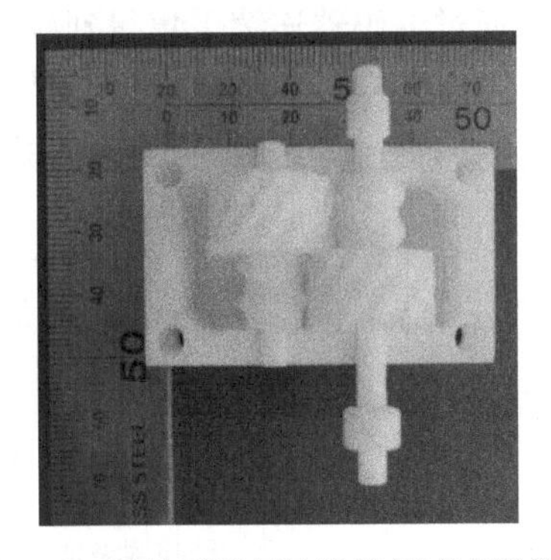

图 7.33　轻量型平行轴线齿轮减速器样品

图 7.33 中的线齿轮减速器，由 4 个线齿轮和齿轮箱箱体组成，其总体尺寸为长 43mm、宽 28mm、高 21mm，4 个线齿轮的总体积为 3.4203cm^3。因此，与上述某扫地机器人驱动轮齿轮箱相比，齿轮数量减少了 50%，齿轮材料减少了 41%。

7.5.3　轻量型平行轴线齿轮减速器试验

基于上述 3D 打印制造的轻量型平行轴线齿轮减速器样机，本节对其进行运动学试验，直接验证其运动学性能。自主研制开发了一个小型简易平行轴线齿轮运动学试验台，将所获得的轻量型平行轴线齿轮减速器样机安装在该试验台上进行运动学试验，如图 7.34 所示。

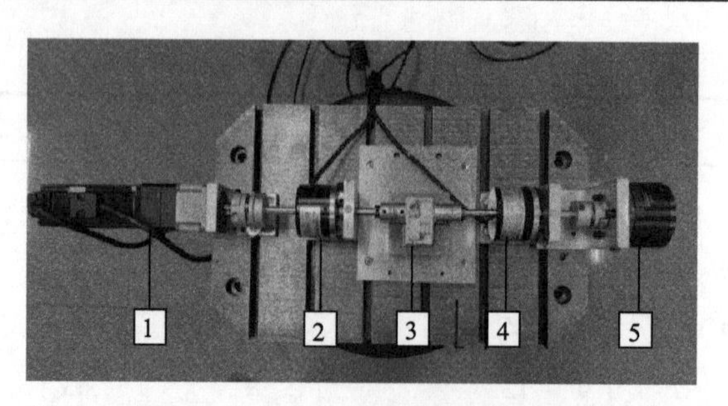

图 7.34　轻量型平行轴线齿轮减速器运动学试验图

在图 7.34 所示的试验台中，1 为伺服电机，2 为输入轴编码器，3 为平行轴线齿轮减速器，4 为输出轴编码器，5 为磁阻尼器。伺服电机将动力传递至轻量型平行轴线齿轮减速器，减速器输出轴连接磁阻尼器，磁阻尼器提供负荷，试验通过编码器采集减速器的传动比数据。

该试验中，电机转速设为 300r/min，编码器的采样频率设为 10Hz，磁阻尼器的载荷设置为 100N·mm，分别测试减速器的正向传动(输入轴顺时针旋转)和反向传动(输入轴逆时针旋转)性能。

通过编码器连续采集得到减速器的转速和转角数据，可以获得其传动比数据。为了减少采样过程中电机振动带来的误差，采用 6 点中值滤波对所采集的瞬时传动比数据进行处理[138]，处理后的传动比数据如图 7.35 所示。

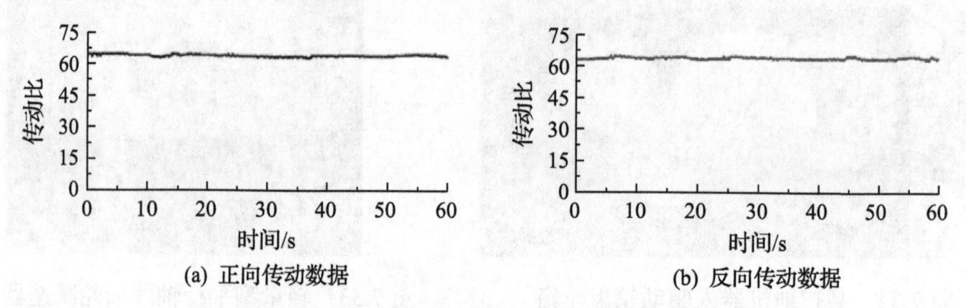

(a) 正向传动数据　　(b) 反向传动数据

图 7.35　轻量型平行轴线齿轮减速器传动比数据

同时，根据采集得到的传动比数据以及齿轮箱输入轴和输出轴转角数据，轻量型平行轴线齿轮减速器样机的传动比误差分析结果如表 7.7 所示。

表 7.7　轻量型平行轴线齿轮减速器样机的传动比误差数据

线齿轮传动比误差分析	标准差	极差
正向传动	0.369	1.83
反向传动	0.384	1.82

由表 7.7 可知，轻量型平行轴线齿轮减速器样机，按所设定的传动比稳定传

动，正向传动和反向传动的运动学性能一致，其最大传动比波动不超过 3%，可以满足扫地机器人的日常使用需求。试验中的减速器样机的传动比波动主要是由 3D 打印线齿轮的制造误差和试验中的电机振动导致的，这些问题有待于后续研究。运动学试验直接证明了轻量型平行轴线齿轮减速器设计方法的正确性。

根据实际使用需求，再次对轻量型平行轴线齿轮箱的箱体进行合理的优化设计，使轻量型平行轴线齿轮减速器可以和普通扫地机器人减速器一样，直接和驱动电机相连。本例的轻量型平行轴线齿轮减速器样机实物如图 7.36 和图 7.37 所示。

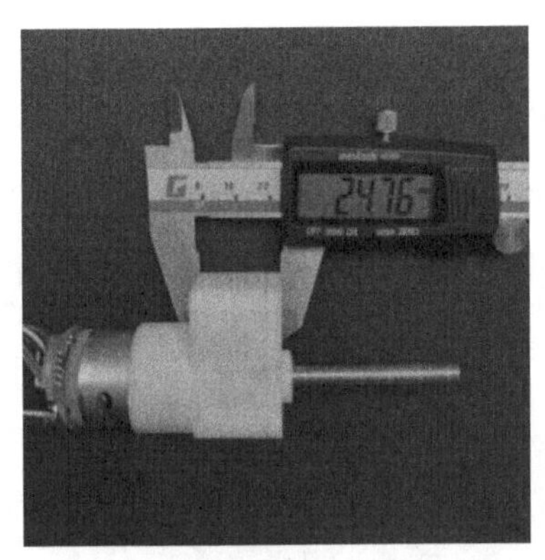

图 7.36　轻量型平行轴线齿轮减速器样机实物外观

图 7.37　轻量型平行轴线齿轮减速器样机的分拆零件实物

7.5.4　疲劳寿命计算

最后，对轻量型平行轴线齿轮减速器进行寿命估算。根据实际情况可知，本例某款扫地机器人共有三个行走轮：一个随动轮、两个驱动轮。驱动轮与地面之间的滑动摩擦系数约为 0.5[115]，扫地机器人整机自重约 3kg，其驱动轮半径约为 30mm。本例扫地机器人在日常工作中主要分为两种情况：第一种工作情况为快速启动、换向、突然停止等工作扭矩较大的情况；第二种工作情况为匀速前进、缓慢转弯等扭矩较小的工作情况。对于第一种工作情况，其极端条件为扫地机器人驱动轮与地面打滑，此时，单个扫地机器人驱动轮所承受的扭矩不超过 150N·mm；对于第二种工作情况，扫地机器人驱动轮需要克服的阻力包括扫地机器人行走轮与地面的滚动摩擦阻力、驱动轮齿轮箱的摩擦阻力，主刷、边刷和抹布与地面的摩擦阻力，以及地面不平整带来的阻力等，该情况较为复杂，本节按照总摩擦系数为 0.2 进行计算校核，即单个扫地机器人驱动轮所承受的扭矩为 60N·mm。给定轻量型平行轴线齿轮减速器的材料为聚甲醛，仿真试验结果如图 7.38 所示，第一

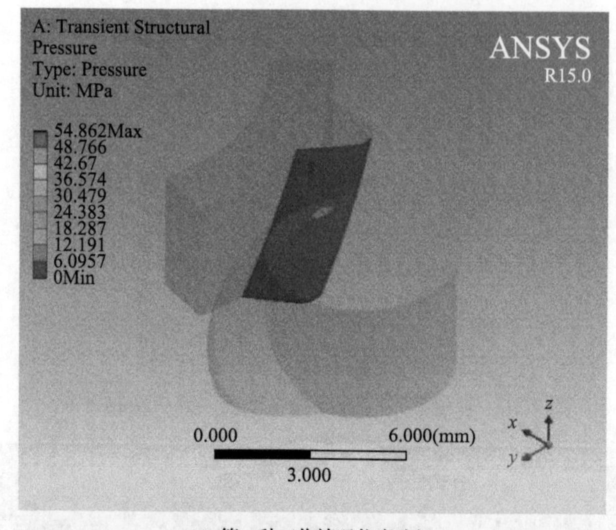

(a) 第一种工作情况仿真分析

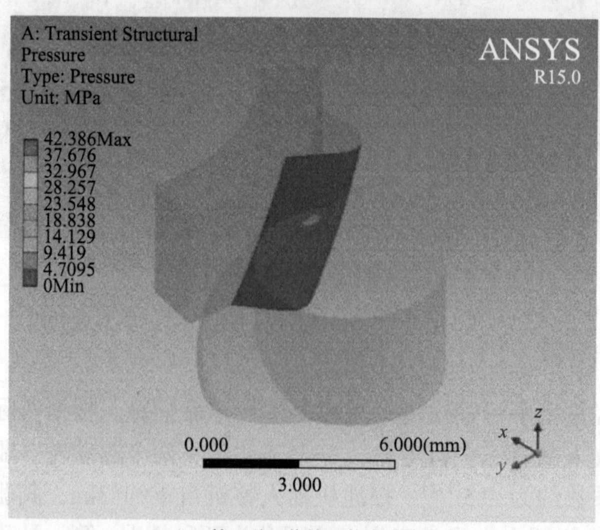

(b) 第二种工作情况仿真分析

图 7.38　轻量型平行轴线齿轮副接触应力仿真试验

种工作情况下的轻量型平行轴线齿轮的最大接触应力为 54.86MPa，第二种工作情况下的轻量型平行轴线齿轮的最大接触应力为 42.39MPa。

将脉动循环接触应力转换为等效接触应力[139]，第一种工作情况下轻量型平行轴线齿轮的等效接触应力为 48.32MPa，第二种工作情况下轻量型平行轴线齿轮的等效接触应力为 30.61MPa。由聚甲醛材料的疲劳极限数据可知，第一种工作情况下轻量型平行轴线齿轮的寿命为 6.25×10^6 次循环；第二种工作情况下轻量型平行轴线齿轮的等效接触应力值小于聚甲醛材料的疲劳极限，因此属于无限寿命设计。因此，轻量型平行轴线齿轮减速器的寿命为第一种工作情况下运行 6.25×10^6 次循环。扫地机器人的驱动轮转速约为 150r/min，因此轻量型平行轴线齿轮箱第二级小齿轮每分钟参与啮合的次数为 1200 次，则理论上扫地机器人在第一种工作情况下连续运行 86.8h 后小齿轮会发生疲劳失效。实际上，扫地机器人在日常工作中，其主要工作情况为第二种工作情况，假设第一种工作情况占总工作时间的 10%，并且扫地机器人每天运行约 1h，那么用于扫地机器人的轻量型平行轴线齿轮减速器预计可以正常工作约 868 天。

7.6　无侧隙双向传动的共面线齿轮

在平整路面上，轮式机器人的移动速度快、移动效率高。在崎岖地形中，机器人需要具备越过障碍物的能力，足式机器人更适用于复杂地形中，但其缺点是移动速度低、控制难度大。而轮足复合式移动机器人兼具轮式和足式的优点。

7.6.1　共面线齿轮设计理论

已有的线齿轮机构的主动线齿接触线通常是圆柱螺旋线，在相交轴传动的情况下，圆柱螺旋线的常值啮合半径无法和相交轴变化的轴间距相适应，导致空间利用率低、滑动率大。为了进一步实现对滑动率的控制，这里将共面线齿轮副的主动线齿接触线由圆柱螺旋线扩展到顶角可变的圆锥螺旋线[140]。

图 7.39 为共面线齿轮副坐标体系。在坐标系 O_1-$x_1y_1z_1$ 中，主动线齿接触线表达式为

$$\boldsymbol{R}_1^1=\begin{cases}x_1=-(m_1+n_1t\sin\theta_1)\cos t\\y_1=(m_1+n_1t\sin\theta_1)\sin t\\z_1=-n_1t\cos\theta_1\end{cases}\tag{7.49}$$

式中，θ_1 为半圆锥顶角；m_1、n_1 为螺旋参数。当 $\theta_1=0$ 时，主动线齿接触线是一条圆柱螺旋线；当 $\theta_1\in(0,\theta_0]$ 且 $\theta_1\neq\pi/2$ 时，主动线齿接触线是一条圆锥螺旋线，θ_1 为半圆锥顶角；当 $\theta_1=\pi/2$ 时，主动线齿接触线是一条平面螺线。

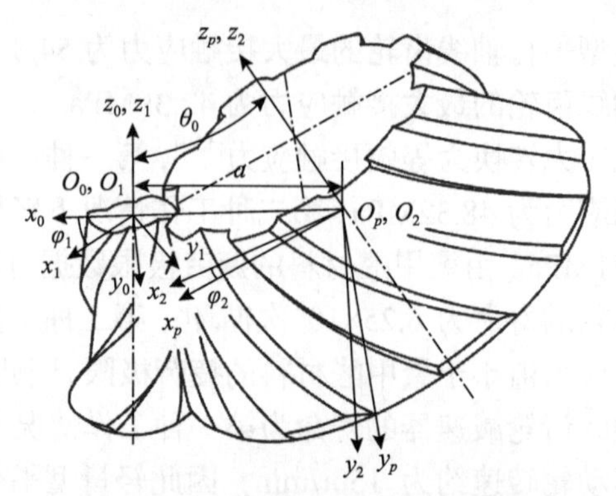

图 7.39　共面线齿轮副坐标体系

主动线齿轮和从动线齿轮分别以角速度 ω_1 和 ω_2 绕轴 z_1 和轴 z_2 旋转，一定时间内，主动线齿轮和从动线齿轮分别转过角度 φ_1 和 φ_2，由空间曲线啮合方程，以圆锥螺旋线构造主动线齿的共面线齿轮机构啮合方程为

$$(\omega_1 + \omega_2 \cos\theta_0)(x_1 \sin\varphi_1 + y_1 \cos\varphi_1) = 0 \tag{7.50}$$

从动线齿接触线是一条与主动线齿接触线共轭的空间曲线，根据空间曲线啮合理论，在坐标系 $O_2\text{-}x_2y_2z_2$ 下，从动线齿接触线表达式为

$$\boldsymbol{R}_2^2 = \boldsymbol{M}_{2p}\boldsymbol{M}_{p0}\boldsymbol{M}_{01}\boldsymbol{R}_1^1 = \begin{cases} x_2 = \left[(a-m_1)\cos\theta_0 + n_1 t\sin(\theta_0-\theta_1)\right]\cos\dfrac{t}{i} \\ y_2 = \left[(a-m_1)\cos\theta_0 + n_1 t\sin(\theta_0-\theta_1)\right]\sin\dfrac{t}{i} \\ z_2 = -n_1 t\cos(\theta_0-\theta_1) + (a-m_1)\sin\theta_0 \end{cases} \tag{7.51}$$

由式(7.51)可知，从动线齿接触线可能是一条圆柱螺旋线、圆锥螺旋线或平面螺线。

为消除从动线齿接触线 $\boldsymbol{R}_2^2$ 数学表达形式中 $z_2(t)$ 的常数项，将坐标系 $O_2\text{-}x_2y_2z_2$ 向轴 z_2 正方向平移距离 $(a-m_1)\sin\theta_0$，形成新随动坐标系 $O_{2'}\text{-}x_{2'}y_{2'}z_{2'}$。在随动坐标系 $O_{2'}\text{-}x_{2'}y_{2'}z_{2'}$ 中，$\boldsymbol{R}_2^2$ 的表达式的形式与 $\boldsymbol{R}_1^1$ 是一致的，如式(7.52)所示：

$$\boldsymbol{R}_2^{2'} = \begin{cases} x_2 = \left[(a-m_1)\cos\theta_0 + n_1 t\sin(\theta_0-\theta_1)\right]\cos\dfrac{t}{i} \\ y_2 = \left[(a-m_1)\cos\theta_0 + n_1 t\sin(\theta_0-\theta_1)\right]\sin\dfrac{t}{i} \\ z_2 = -n_1 t\cos(\theta-\theta_1) \end{cases} \tag{7.52}$$

主动线齿接触线所在的随动坐标系 $O_1\text{-}x_1y_1z_1$ 和从动线齿接触线所在的随动坐

标系 $O_{2'}$-$x_{2'}y_{2'}z_{2'}$，统称为坐标系 O_m-$x_my_mz_m$，它通常用于描述主动线齿接触线和从动线齿接触线。根据式(7.49)和式(7.52)，一对线齿轮副接触线的通用数学表达式为

$$\boldsymbol{R}_{j1}^{m}=\begin{cases}x_j=k_j\left(m_j+n_jt_j\sin\theta_j\right)\cos t_j\\ y_j=\left(m_j+n_jt_j\sin\theta_j\right)\sin t_j\\ z_j=-n_jt_j\cos\theta_j\end{cases},\quad j=1,2 \tag{7.53}$$

式中，$\boldsymbol{R}_{11}^{m}$为主动线齿接触线；$\boldsymbol{R}_{21}^{m}$为从动线齿接触线；t_j为接触线方程的参变量，$t_j\in[t_{js},t_{je}]$，t_{js}和 t_{je}分别是初始啮合点和终止啮合点；θ_j为线齿接触线的半圆锥顶角；m_j、n_j为螺旋参数；k_j为旋向参数，$k_j=1$ 时圆锥螺旋线为左旋，$k_j=-1$ 时圆锥螺旋线为右旋。

为实现共面线齿轮可正反转无侧隙双向传动，每个线齿上的接触线数量为两条，线齿两侧的两个空间圆柱形曲面上各分布有一条接触线，包括第一线齿接触线 $\boldsymbol{R}_{j1}^{m}$和第二线齿接触线 $\boldsymbol{R}_{j2}^{m}$。即主动线齿轮的一个主动线齿上包含了第一主动线齿接触线 $\boldsymbol{R}_{11}^{m}$和第二主动线齿接触线 $\boldsymbol{R}_{12}^{m}$，从动线齿轮的一个从动线齿上包含了第一从动线齿接触线 $\boldsymbol{R}_{21}^{m}$和第二从动线齿接触线 $\boldsymbol{R}_{22}^{m}$。当主动线齿轮正转时，$\boldsymbol{R}_{11}^{m}$和 $\boldsymbol{R}_{21}^{m}$啮合传动；当主动线齿轮反转时，$\boldsymbol{R}_{12}^{m}$和 $\boldsymbol{R}_{22}^{m}$啮合传动。

第二线齿接触线 $\boldsymbol{R}_{j2}^{m}$由第一线齿接触线 $\boldsymbol{R}_{j1}^{m}$绕线齿轮转轴旋转角度 φ_{jFR}得到。因为线齿在轮体上是周向均布的，所以与一个线齿第二接触线相邻的另一线齿的第一接触线 $\boldsymbol{R}_{j1ne}^{m}$，可以由 $\boldsymbol{R}_{j1}^{m}$绕线齿轮转轴旋转角度 $2\pi/N_j$得到，如图 7.40 所示。其中，N_1是主动线齿轮的齿数，N_2是从动线齿轮的齿数。

φ_{1FR}和 φ_{2FR}取值的大小分别决定了主动线齿轮和从动线齿轮上的第一线齿接触线及第二线齿接触线的相对位置。第二主动线齿接触线 $\boldsymbol{R}_{12}^{m}$和第二从动线齿接触线 $\boldsymbol{R}_{22}^{m}$也是一对共轭曲线，满足空间曲线啮合方程(7.54)：

$$\boldsymbol{M}_{22'}\boldsymbol{R}_{22}^{m}=\boldsymbol{M}_{2p}\boldsymbol{M}_{p0}\boldsymbol{M}_{01}\boldsymbol{R}_{12}^{m} \tag{7.54}$$

φ_{1FR}和 φ_{2FR}的取值也决定了线齿厚度和齿槽宽。线齿厚度和齿槽宽可以在线齿轮径向截面、法截面和轴截面中定义。根据线齿轮的啮合原理，当主动线齿轮从同一位置开始正转或者反转时，第一主动线齿接触线 $\boldsymbol{R}_{11}^{m}$和第二主动线齿接触线 $\boldsymbol{R}_{12}^{m}$上的两个接触点同时落在同一轴截面上。因此，在轴截面上线齿厚度和齿槽宽，即线齿厚度和齿槽宽是沿着接触线所包络形成的假想圆锥面的母线方向。

线齿厚度和齿槽宽均为常值，与啮合点的位置无关。在一个轴截面中，线齿厚度 s_j 是 $\boldsymbol{R}_{j1}^{m}$ 和 $\boldsymbol{R}_{j2}^{m}$ 两条曲线与该轴截面形成的两个交点之间的连线，齿槽宽 e_j 是 $\boldsymbol{R}_{j1ne}^{m}$ 和 $\boldsymbol{R}_{j2}^{m}$ 两条曲线与该轴截面形成的两个交点之间的连线，如图 7.41 所示。

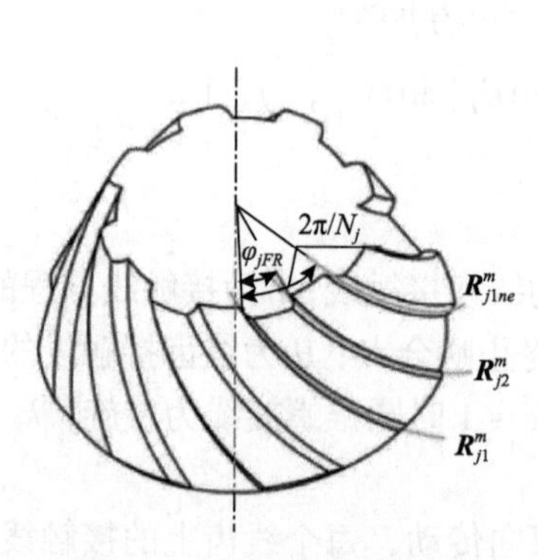

图 7.40　接触线示意图

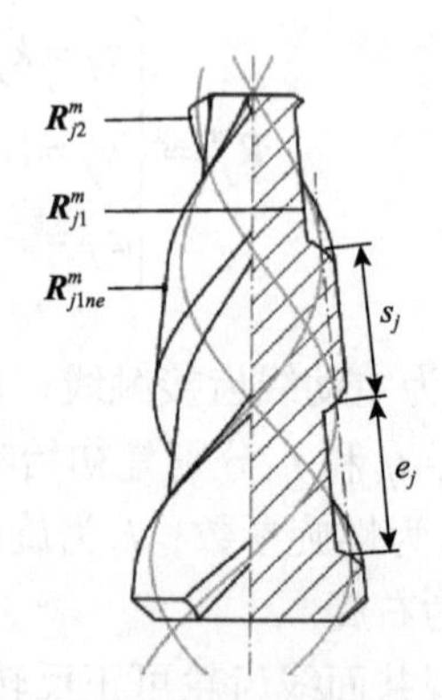

图 7.41　线齿厚度和齿槽宽示意图

由式(7.53)和式(7.54)可得线齿厚度和齿槽宽表达式：

$$
\begin{aligned}
s_j &= n_j \varphi_{jFR} \\
e_j &= n_j \left(\frac{2\pi}{N_j} - \varphi_{jFR} \right)
\end{aligned}
\tag{7.55}
$$

一对无侧隙双向传动的线齿轮需要满足正确啮合条件，即主动线齿轮的线齿厚度和从动线齿轮的齿槽宽相等，从动线齿轮的线齿厚度和主动线齿轮的齿槽宽相等，表示为

$$
\begin{aligned}
s_1 &= e_2 \\
s_2 &= e_1
\end{aligned}
\tag{7.56}
$$

通过式(7.53)、式(7.55)和式(7.56)得到，第二主动线齿接触线 $\boldsymbol{R}_{12}^{m}$ 和第二从动线齿接触线 $\boldsymbol{R}_{22}^{m}$ 的表达式为

$$
\boldsymbol{R}_{j2}^{m} = \begin{cases}
x_j = k_j m_j' \cos\left(t_j + \dfrac{\pi}{N_j} \right) \\
y_j = m_j' \sin\left(t_j + \dfrac{\pi}{N_j} \right), \quad j = 1,2 \\
z_j = -n_j t_j \cos\theta_j
\end{cases}
\tag{7.57}
$$

式中，$m'_j = m_j + n_j t_j \sin\theta_j$。

这里提出的新型线齿包括三个面，即 $\boldsymbol{\Sigma}_{j1}^m$、$\boldsymbol{\Sigma}_{j2}^m$ 和 $\boldsymbol{\Sigma}_{j3}^m$。其中，曲面 $\boldsymbol{\Sigma}_{j1}^m$ 和 $\boldsymbol{\Sigma}_{j2}^m$ 分别位于线齿两侧面，$\boldsymbol{\Sigma}_{j3}^m$ 为线齿上齿面。两条接触线 $\boldsymbol{R}_{j1}^m$ 和 $\boldsymbol{R}_{j2}^m$ 分别位于 $\boldsymbol{\Sigma}_{j1}^m$ 和 $\boldsymbol{\Sigma}_{j2}^m$ 上。线齿的法向齿廓位于接触线任意一点的法面上，法向齿廓是一段与对应的接触线相交的半径为 r 的圆弧。对于曲面 $\boldsymbol{\Sigma}_{j1}^m$ 和 $\boldsymbol{\Sigma}_{j2}^m$，它们有各自对应的法向齿廓。当法向齿廓以接触线作为引导线运动时，就可以形成线齿的齿面。由于接触线是空间曲线，所以为了确定曲面 $\boldsymbol{\Sigma}_{j1}^m$ 和 $\boldsymbol{\Sigma}_{j2}^m$ 的位置，并且满足不干涉条件，这里需要设定第二个约束。

新型线齿结构示意图如图 7.42 所示。这里，定义法向齿廓圆弧的圆心所形成的轨迹为齿厚辅助线。齿厚辅助线有两个作用，一是规定法向齿廓恒垂直于接触线切矢 $\boldsymbol{\alpha}$，二是规定齿廓圆弧的半径恒为 r。齿厚辅助线包括第一齿厚辅助线 $\boldsymbol{R}_{j1c}^m$ 和第二齿厚辅助线 $\boldsymbol{R}_{j2c}^m$，第一齿厚辅助线和第二齿厚辅助线均在第一线齿接触线和第二线齿接触线之间，第一(或第二)齿厚辅助线由第一(或第二)线齿接触线上每一点平移 $\overrightarrow{MM_1}$ (或 $\overrightarrow{MM_2}$)得到。

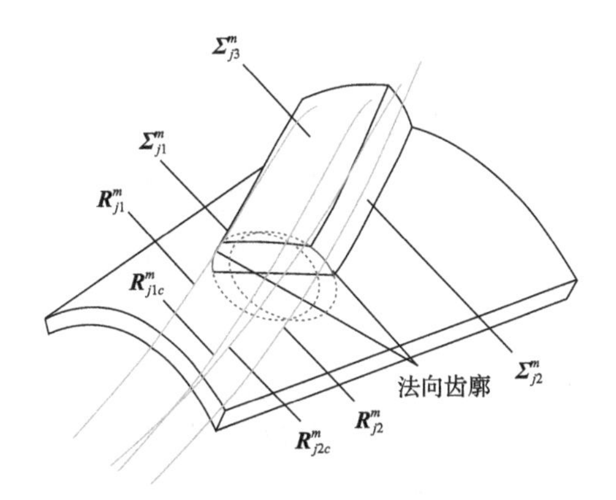

图 7.42　新型线齿结构示意图

曲面 $\boldsymbol{\Sigma}_{j1}^m$ 和 $\boldsymbol{\Sigma}_{j2}^m$ 由两段圆弧齿廓分别沿着对应的接触线和齿厚辅助线运动生成。在接触线上的任意一点 M，$\overrightarrow{MM_1}$ 和 $\overrightarrow{MM_2}$ 垂直于点 M 处切矢 $\boldsymbol{\alpha}$，齿厚辅助线可以使得法向齿廓恒垂直于接触线切矢 $\boldsymbol{\alpha}$。

如图 7.42 所示，设定一个辅助坐标系 O_q-$x_q y_q z_q$，它是固定坐标系，其中 z_q 轴与啮合线重合，x_q 轴位于主动线齿轮、从动线齿轮的轴线所形成的平面内。

坐标系 O_q-$x_q y_q z_q$ 与坐标系 O_m-$x_m y_m z_m$ 的转换矩阵为

$$
\boldsymbol{M}_{mq}=\begin{bmatrix} -k_j\cos\theta_j\cos t_j & -k_j\sin\theta_j & -k_j\sin\theta_j\cos t_j & k_jm_j\cos t_j \\ -\cos\theta_j\sin t_j & \cos t_j & -\sin\theta_j\sin t_j & m_j\sin t_j \\ -\sin\theta_j & 0 & \cos\theta_j & 0 \\ 0 & 0 & 0 & 1 \end{bmatrix} \tag{7.58}
$$

在坐标系 $O_q\text{-}x_qy_qz_q$ 中,第一齿厚辅助线方向向量 $\overrightarrow{MM_1}$ 和第二齿厚辅助线方向向量 $\overrightarrow{MM_2}$ 均垂直于接触线点 M 处切矢 $\boldsymbol{\alpha}^q$,即 $\overrightarrow{MM_1}$ 和 $\overrightarrow{MM_2}$ 均在接触线点 M 处的法平面 π 内。方向向量 $\overrightarrow{MM_1}$ 的起始点位于第一线齿接触线上的接触点 M,而方向向量 $\overrightarrow{MM_2}$ 的起始点位于第二线齿接触线上的接触点 M。

在 $O_q\text{-}x_qy_qz_q$ 坐标系中，接触线点 M 处切矢 $\boldsymbol{\alpha}^q$ 的表达式为

$$
\boldsymbol{\alpha}^q=\begin{bmatrix} 0 \\ \dfrac{m_j'}{\sqrt{n_j^2+m_j'^2}} \\ -\dfrac{n_j}{\sqrt{n_j^2+m_j'^2}} \end{bmatrix} \tag{7.59}
$$

向量 $\boldsymbol{x}=[1\quad 0\quad 0]^{\mathrm{T}}$ 指向线齿轮轮体回转轴线,用于引导线齿齿廓相对于轮体“外凸”。向量 $\boldsymbol{k}$ 在法面内与向量 $\boldsymbol{x}$ 垂直，表达式为

$$
\boldsymbol{k}=\boldsymbol{x}\times\boldsymbol{\alpha}^q=\begin{bmatrix} 0 \\ \dfrac{n_j}{\sqrt{n_j^2+m_j'^2}} \\ \dfrac{m_j'}{\sqrt{n_j^2+m_j'^2}} \end{bmatrix} \tag{7.60}
$$

第二齿厚辅助线方向向量 $\overrightarrow{MM_1^q}$ 和 $\overrightarrow{MM_2^q}$ 表达式为

$$
\overrightarrow{MM_{1(2)}^q}=r(\boldsymbol{x}\sin\phi\pm\boldsymbol{k}\cos\phi)=r\begin{bmatrix} \sin\phi \\ \pm\dfrac{n_j\cos\phi}{\sqrt{m_j'^2+n_j^2}} \\ \pm\dfrac{m_j'\cos\phi}{\sqrt{m_j'^2+n_j^2}} \end{bmatrix} \tag{7.61}
$$

式中，r 为圆弧齿廓的圆弧半径；ϕ 为翻转参数，可确定线齿相对于轮体“外凸”

的程度，通常取 $\phi = 30°$ [61]。

在 O_m-$x_m y_m z_m$ 坐标系中，由转换矩阵 $\boldsymbol{M}_{mq}$ 可得 $\overrightarrow{MM_1^m}$ 和 $\overrightarrow{MM_2^m}$ 的表达式：

$$\overrightarrow{MM_{1(2)}^m} = -r\sin\phi\begin{bmatrix} k_j\cos\theta_j\cos t_j \\ \cos\theta_j\sin t_j \\ \sin\theta_j \end{bmatrix} \pm \frac{r\cos\phi}{\sqrt{m_j'^2 + n_j^2}}\begin{bmatrix} -k_j\left(n_j\sin t_j + m_j'\sin\theta_j\cos t_j\right) \\ n_j\cos t_j - m_j'\sin\theta_j\sin t_j \\ m_j'\cos\theta_j \end{bmatrix} \tag{7.62}$$

由式(7.53)、式(7.58)、式(7.59)、式(7.61)和式(7.62)，可以求得在坐标系 O_m-$x_m y_m z_m$ 中齿厚辅助线的参数方程为

$$\begin{aligned} \boldsymbol{R}_{j1c}^m &= \boldsymbol{R}_{j1}^m + \overrightarrow{MM_1^m} \\ \boldsymbol{R}_{j2c}^m &= \boldsymbol{R}_{j2}^m + \boldsymbol{M}_{j2j1}^m\overrightarrow{MM_2^m} \end{aligned} \tag{7.63}$$

式中，$\boldsymbol{R}_{11c}^m$ 和 $\boldsymbol{R}_{12c}^m$ 分别为主动线齿轮的第一齿厚辅助线和第二齿厚辅助线；$\boldsymbol{R}_{21c}^m$ 和 $\boldsymbol{R}_{22c}^m$ 分别为从动线齿轮的第一齿厚辅助线和第二齿厚辅助线。

在坐标系 O_m-$x_m y_m z_m$ 中，齿面 $\boldsymbol{\Sigma}_{j1}^m$ 和 $\boldsymbol{\Sigma}_{j2}^m$ 的曲面参数方程表达式为

$$\begin{aligned} \boldsymbol{\Sigma}_{j1}^m &= \boldsymbol{R}_{j1}^m + \overrightarrow{MM_1^m} + \boldsymbol{r}_{j1} \\ \boldsymbol{\Sigma}_{j2}^m &= \boldsymbol{R}_{j2}^m + \boldsymbol{M}_{j2j1}^m\left(\overrightarrow{MM_2{}^m} + \boldsymbol{r}_{j2}\right) \end{aligned} \tag{7.64}$$

式中

$$\begin{aligned} \boldsymbol{r}_{j1} &= r\sin\delta\begin{bmatrix} k_j\cos\theta_j\cos t_j \\ \cos\theta_j\sin t_j \\ \sin\theta_j \end{bmatrix} + \frac{r\cos\delta}{\sqrt{m_j'^2 + n_j^2}}\begin{bmatrix} -k_j\left(n_j\sin t_j + m_j'\sin\theta_j\cos t_j\right) \\ n_j\cos t_j - m_j'\sin\theta_j\sin t_j \\ m_j'\cos\theta_j \end{bmatrix} \\ \boldsymbol{r}_{j2} &= r\sin\delta\begin{bmatrix} k_j\cos\theta_j\cos t_j \\ \cos\theta_j\sin t_j \\ \sin\theta_j \end{bmatrix} - \frac{r\cos\delta}{\sqrt{m_j'^2 + n_j^2}}\begin{bmatrix} -k_j\left(n_j\sin t_j + m_j'\sin\theta_j\cos t_j\right) \\ n_j\cos t_j - m_j'\sin\theta_j\sin t_j \\ m_j'\cos\theta_j \end{bmatrix} \end{aligned} \tag{7.65}$$

7.6.2　基于滑动率的参数选取准则

主动线齿轮的滑动率 σ_1 和从动线齿轮的滑动率 σ_2 分别为

$$\sigma_1 = 1 - \frac{\sqrt{n_1^2 + \frac{m_2'^2}{i}}}{\sqrt{n_1^2 + m_1'^2}} \tag{7.66}$$

$$\sigma_2 = 1 - \frac{\sqrt{n_1^2 + m_1'^2}}{\sqrt{n_1^2 + \frac{m_2'^2}{i}}} \tag{7.67}$$

式中，$m_j' = m_j + n_j t_j \sin\theta_j \, (j=1, 2)$。

对于纯滚动的线齿轮副，相互啮合的齿面始终保持纯滚动的关系。在一对接触线的啮合过程中，始终满足：

$$\sigma_1 = \sigma_2 = 0 \tag{7.68}$$

由式(7.68)可得

$$\begin{cases} m_2 = i m_1 \\ \sin\theta_2 = i \sin\theta_1 \end{cases} \tag{7.69}$$

式中，i 为传动比。

式(7.69)即为纯滚动条件下的参数选取准则。这种参数选取准则适用于不具备润滑条件或齿面相对滑动会带来显著负面影响的场合。

在有润滑的情况下，如果一对齿轮副相互啮合的两个齿面可以保持一定的相对滑动，齿面之间易于形成油膜，齿面磨损小，传动效率高。在一对接触线的啮合过程中，始终满足：

$$\begin{cases} |\sigma_1| > 0 \\ |\sigma_2| > 0 \end{cases} \tag{7.70}$$

即主动线齿轮的滑动率 σ_1 和从动线齿轮的滑动率 σ_2 均在一定范围内波动，且不为零。由式(7.70)，可得

$$\begin{cases} m_2 = k i m_1 \\ \sin\theta_2 = i \sin\theta_1 \\ k \neq 1 \end{cases} \tag{7.71}$$

式(7.71)即为滑动率不为零条件下的参数选取准则。这种参数选取准则适用于具备润滑条件的场合。这种线齿轮副不存在滑动率为零的啮合点，因此可以减

少齿面疲劳点蚀的情况。

7.6.3　无侧隙双向传动的线齿轮三维建模

这里应用 SolidWorks 软件，对三对线齿轮副进行实体建模。先参考基于滑动率的参数选取准则和基于压力角的参数选取准则，确定三对传动比不同的垂直交叉轴线齿轮副的参数，如表 7.8 所示。

表 7.8　垂直交叉轴线齿轮副参数

序号	m_1 /mm	n_1 /mm	θ_1 /(°)	m_2 /mm	i	θ_0 /(°)	N_1
1	2.4	7	5.8	24	10	90	2
2	2.4	6	4.6	30	12.5	90	2
3	1.8	5	3	36	20	90	2

将线齿轮副 1 的参数代入式(7.53)，分别得到第一主动线齿接触线和第一从动线齿接触线的表达式：

$$\boldsymbol{R}_{11}^{m}=\begin{cases}x_1=-(2.4+7t_1\sin 5.8°)\cos t_1\\ y_1=(2.4+7t_1\sin 5.8°)\sin t_1\\ z_1=-7t_1\cos 5.8°\end{cases}\tag{7.72}$$

$$\boldsymbol{R}_{21}^{m}=\begin{cases}x_2=(24+70t_2\sin 84.2°)\cos t_2\\ y_2=(24+70t_2\sin 84.2°)\sin t_2\\ z_2=-70t_2\cos 84.2°\end{cases}\tag{7.73}$$

将线齿轮副 4 的参数代入式(7.57)，分别得到第二主动线齿接触线和第二从动线齿接触线的表达式：

$$\boldsymbol{R}_{12}^{m}=\begin{cases}x_1=-(2.4+7t_1\sin 5.8°)\cos(t_1+\pi/2)\\ y_1=(2.4+7t_1\sin 5.8°)\sin(t_1+\pi/2)\\ z_1=-7t_1\cos 5.8°\end{cases}\tag{7.74}$$

$$\boldsymbol{R}_{22}^{m}=\begin{cases}x_2=(24+70t_2\sin 84.2°)\cos(t_2+\pi/20)\\ y_2=(24+70t_2\sin 84.2°)\sin(t_2+\pi/20)\\ z_2=-70t_2\cos 84.2°\end{cases}\tag{7.75}$$

将线齿轮副 4 的参数代入式(7.63)，分别得到四条齿厚辅助线的表达式：

$$
\boldsymbol{R}_{11c}^{m}=\begin{cases}x_1=-\left(2.4+7t_1\sin 5.8^\circ\right)\cos t_1+\sin 30^\circ\cos 5.8^\circ\cos t_1\\ \qquad+\dfrac{\cos 30^\circ\left[2.4\sin t_1+\left(2.4+7t_1\sin 5.8^\circ\right)\sin 5.8^\circ\cos t_1\right]}{\sqrt{\left(2.4+7t_1\sin 5.8^\circ\right)^2+2.4^2}}\\ y_1=\left(2.4+7t_1\sin 5.8^\circ\right)\sin t_1-\sin 30^\circ\cos 5.8^\circ\sin t_1\\ \qquad+\dfrac{\cos 30^\circ\left[2.4\cos t_1-\left(2.4+7t_1\sin 5.8^\circ\right)\sin 5.8^\circ\sin t_1\right]}{\sqrt{\left(2.4+7t_1\sin 5.8^\circ\right)^2+2.4^2}}\\ z_1=-7t_1\cos 5.8^\circ-\sin 30^\circ\sin 5.8^\circ+\dfrac{\sin 30^\circ\cos 5.8^\circ\left(2.4+7t_1\sin 5.8^\circ\right)}{\sqrt{\left(2.4+7t_1\sin 5.8^\circ\right)^2+2.4^2}}\end{cases}\tag{7.76}
$$

$$
\boldsymbol{R}_{21c}^{m}=\begin{cases}x_2=\left(24+70t_2\sin 84.2^\circ\right)\cos t_2+\sin 30^\circ\cos 84.2^\circ\cos t_2\\ \qquad-\dfrac{\cos 30^\circ\left[24\sin t_2+\left(24+70t_2\sin 84.2^\circ\right)\sin 84.2^\circ\cos t_2\right]}{\sqrt{\left(24+70t_2\sin 84.2^\circ\right)^2+24^2}}\\ y_2=\left(24+70t_2\sin 84.2^\circ\right)\sin t_2-\sin 30^\circ\cos 84.2^\circ\sin t_2\\ \qquad+\dfrac{\cos 30^\circ\left[24\cos t_2-\left(24+70t_2\sin 84.2^\circ\right)\sin 84.2^\circ\sin t_2\right]}{\sqrt{\left(24+70t_2\sin 84.2^\circ\right)^2+24^2}}\\ z_2=-70t_2\cos 84.2^\circ-\sin 30^\circ\sin 84.2^\circ+\dfrac{\sin 30^\circ\cos 84.2^\circ\left(24+70t_2\sin 84.2^\circ\right)}{\sqrt{\left(24+70t_2\sin 84.2^\circ\right)^2+24^2}}\end{cases}\tag{7.77}
$$

$$
\boldsymbol{R}_{12c}^{m}=\begin{cases}x_1=-\left(2.4+7t_1\sin 5.8^\circ\right)\cos\left(t_1+\pi/2\right)+\sin 30^\circ\cos 5.8^\circ\cos\left(t_1+\pi/2\right)\\ \qquad-\dfrac{\cos 30^\circ\left[2.4\sin\left(t_1+\pi/2\right)+\left(2.4+7t_1\sin 5.8^\circ\right)\sin 5.8^\circ\cos\left(t_1+\pi/2\right)\right]}{\sqrt{\left(2.4+7t_1\sin 5.8^\circ\right)^2+2.4^2}}\\ y_1=\left(2.4+7t_1\sin 5.8^\circ\right)\sin\left(t_1+\pi/2\right)-\sin 30^\circ\cos 5.8^\circ\sin\left(t_1+\pi/2\right)\\ \qquad-\dfrac{\cos 30^\circ\left[2.4\cos\left(t_1+\pi/2\right)-\left(2.4+7t_1\sin 5.8^\circ\right)\sin 5.8^\circ\sin\left(t_1+\pi/2\right)\right]}{\sqrt{\left(2.4+7t_1\sin 5.8^\circ\right)^2+2.4^2}}\\ z_1=-7t_1\cos 5.8^\circ-\sin 30^\circ\sin 5.8^\circ-\dfrac{\sin 30^\circ\cos 5.8^\circ\left(2.4+7t_1\sin 5.8^\circ\right)}{\sqrt{\left(2.4+7t_1\sin 5.8^\circ\right)^2+2.4^2}}\end{cases}\tag{7.78}
$$

$$
\boldsymbol{R}_{22c}^{m}=\begin{cases}
x_2=(24+70t_2\sin 84.2^\circ)\cos(t_2+\pi/20) \\
\qquad +\sin 30^\circ\cos 84.2^\circ\cos(t_2+\pi/20)+\dfrac{24\cos 30^\circ\sin(t_2+\pi/20)}{\sqrt{(24+70t_2\sin 84.2^\circ)^2+24^2}} \\
y_2=(24+70t_2\sin 84.2^\circ)\sin(t_2+\pi/20) \\
\qquad -\sin 30^\circ\cos 84.2^\circ\sin(t_2+\pi/20)-\dfrac{24\cos 30^\circ\cos(t_2+\pi/20)}{\sqrt{(24+70t_2\sin 84.2^\circ)^2+24^2}} \\
z_2=-70t_2\cos 84.2^\circ-\sin 30^\circ\sin 84.2^\circ-\dfrac{\sin 30^\circ\cos 84.2^\circ(24+70t_2\sin 84.2^\circ)}{\sqrt{(24+70t_2\sin 84.2^\circ)^2+24^2}}
\end{cases}
\tag{7.79}
$$

同理，应用以上方法可以得到线齿轮副 2 和线齿轮副 3 的各个曲线方程。然后，应用 SolidWorks 进行实体建模，得到三对垂直交叉轴线齿轮副的三维模型，如图 7.43 所示。

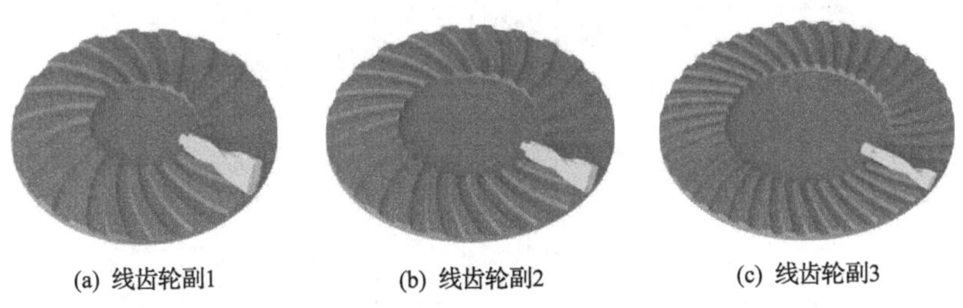

(a) 线齿轮副1　　(b) 线齿轮副2　　(c) 线齿轮副3

图 7.43　线齿轮副三维模型图

7.6.4　基于线齿轮减速器的轮足复合移动机器人

本节设计并研究一种垂直交叉轴线齿轮单级减速器，将垂直交叉轴线齿轮减速器运用于轮足复合移动机器人，制作轮足复合移动机器人的物理样机，测试其实际工作性能。

对于垂直交叉轴线齿轮副，其主动线齿轮的形状较为细长，因此设计成齿轮轴的形式。为了使线齿轮具有较好的啮合刚度，主动线齿轮和从动线齿轮的支承方式均采用跨置式支承，避免了悬臂式支承设计导致的承载能力降低、振动与噪声增加的问题。在线齿轮副的轴向设计了可靠的定位、紧固措施，以防止轴向窜动。交叉轴线齿轮减速器的组成如图 7.44 所示。

为了验证移动机器人的轮式和足式两种结构相互转换的可行性以及移动平台在楼梯上的连续通过性能，本节设计搭建了物理样机并进行了物理样机试验，如图 7.45 所示。可自锁变形轮和移动平台的物理样机尺寸如表 7.9 所示，可自锁变形轮主要采用铝材数控机床加工，部分受力较小的结构件采用光敏树脂的 SLA 技术制造，以减轻移动平台的总质量。

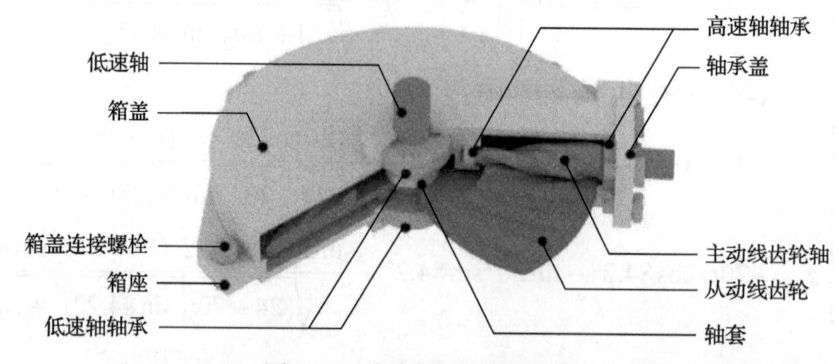

图 7.44　线齿轮减速器的结构

图 7.45　物理样机

表 7.9　可自锁变形轮和移动平台的物理规格

项目		规格
可自锁变形轮	直径	280mm
	宽度	110mm
	电机	42HS22 步进电机×4
	减速机	10∶1 行星减速机×4
	极限越障高度	392mm
	变形时间	≤ 5s
移动平台	尺寸	1000mm×700mm×280mm（长×宽×高）
	电机	57HS22 步进电机×4 保持转矩 2.4N·m

续表

项目		规格
移动平台	减速机	10∶1 直交叉轴线齿轮减速器×4 额定输出转矩 20N·m
	最高运行速度	2m/s
	传感器	WT61C 六轴数字姿态传感器分辨率：0.0005*g*

变形轮每个外轮缘两端均设计有斜面，在轮式结构模式下，三段外轮缘两两搭接，实现相对定位，并通过丝杆机构自锁，实现轮式结构的形状保持。当移动机构快速移动时，变形轮始终保持轮式结构。

采用基于 MPU6050 陀螺加速度计的 WT61C 六轴数字姿态传感器，通过试验验证移动平台在楼梯上的运动规律。传感器安装于车身平面正中间位置，距离地面高度(轮式状态下)为 280mm。

试验中楼梯的踏步宽度和踏步高度均为 280mm，坡度为 29.7°，数量为 14 级，楼梯材质为瓷砖。变形轮在电机的驱动下，由轮式结构模式变形至足式结构的异形轮模式，变形角为 55.75°可以在楼梯上平稳运行，没有出现底盘碰撞、倾翻等现象，如图 7.46 所示。

图 7.46　物理样机楼梯爬行试验

7.7　本 章 小 结

本章为线齿轮的典型应用，介绍了有关线齿轮的几种典型应用。根据线齿轮的纯滚动传动特点，研究了其在纯滚动齿轮箱上的应用可行性，试验表面纯滚动线齿轮可以以更低的损耗进行传动；基于线齿轮灵活设计的特征，探索了线齿轮在玩具等功率较小场景的应用，具体设计了一款含线齿轮副的海上风机模型，采用注塑工艺制备的小型线齿轮，可以满足小功率机电产品需求；基于线齿轮的成形加工工艺，开发了一种线齿轮行星齿轮减速器，与同级别产品相比，具有体积小、传动稳定可靠、传动效率高的特点；此外，在线齿轮啮合理论的基础上，开发了一款双圆弧线齿轮泵，在相同测试工况下，双圆弧线齿轮泵样机的容积效率及出口压力脉动等输出性能更优；针对平行轴线齿轮副的结构特点，提出了一种轻量型平行轴线齿轮箱，并将其应用于扫地机器人驱动轮中，可以大大减少齿轮数量和齿轮材料，具备广泛的应用前景；最后，在无侧隙双向传动的共面线齿轮的设计理论基础上，设计了一种单级垂直交叉轴线齿轮减速器，可以实现狭小空间内的转矩传递，其应用案例之一为一种轮足复合移动机器人。简而言之，线齿轮的应用场景呈现多样化，其应用场景将越来越广。

参 考 文 献

[1] 陈扬枝. 线齿轮[M]. 北京: 科学出版社, 2014.

[2] 朱文坚, 黄平, 吴昌林. 机械设计[M]. 北京: 高等教育出版社, 2005.

[3] 王树人. 齿轮啮合理论简明教程[M]. 天津: 天津大学出版社, 2005.

[4] 邢广权. 微小弹性啮合轮传动的刚性模型啮合理论与大变形传动力[D]. 广州: 华南理工大学, 2006.

[5] Chen Y Z, Xing G Q, Peng X F. The space curve mesh equation and its kinematics experiment[J]. Proceedings of 12th IFToMM World Congress, Besancon, 2007: 18-21.

[6] Chen Z, Chen Y Z, Ding J. A generalized space curve meshing equation for arbitrary intersecting gear[J]. Proceedings of the Institution of Mechanical Engineers, Part C: Journal of Mechanical Engineering Science, 2013, 227(7): 1599-1607.

[7] 陈扬枝, 吕月玲. 一种空间交错轴齿轮机构: 中国, CN201210449290.9[P]. 2016-01-20.

[8] 陈扬枝, 吕月玲. 一种空间交错轴齿轮机构: 中国, CN201220592270.2[P]. 2013-04-17.

[9] Chen Y Z, Xie X D. Planar helix driving contact curve line gear mechanism[C]. Advances in Mechanical Design, Singapore, 2017: 11-22.

[10] Chen Y Z, Lv Y L, Ding J, et al. Fundamental design equations for space curve meshing skew gear mechanism[J]. Mechanism and Machine Theory, 2013, 70: 175-188.

[11] Chen Y Z, Xiao X P, Zhang D P, et al. Design method of a novel variable speed ratio line gear mechanism[J]. Proceedings of the Institution of Mechanical Engineers, Part C–Journal of Mechanical Engineering Science, 2021, 235(6): 1071-1084.

[12] 陈扬枝, 陈汉飞. 斜交轴线齿轮线齿精确几何模型的构建方法[J]. 华南理工大学学报(自然科学版), 2017, 45(9): 12-18.

[13] Ding J, Chen Y Z, Lv Y L. Design of space-curve meshing-wheels with unequal tine radii[J]. Strojniški Vestnik—Journal of Mechanical Engineering, 2012, 58(11): 633-641.

[14] Chen Y Z, Huang H, Lv Y L. A variable-ratio line gear mechanism[J]. Mechanism and Machine Theory, 2016, 98: 151-163.

[15] Chen Y Z, Liang S K, Ding J. The equal bending strength design of space curve meshing wheel[J]. Journal of Mechanical Design, 2014, 136(6): 061001.

[16] 邓效忠, 方宗德, 魏冰阳, 等. 高重合度弧齿锥齿轮加工参数设计与重合度测定[J]. 机械工程学报, 2004, 40(6): 95-99.

[17] Chen Y Z, Chen Z, Zhang Y. Contact ratio of spatial helix gearing mechanism[C]. ASME International Mechanical Engineering Congress and Exposition, Houston, 2013: 1529-1536.

[18] 吕月玲. 交错轴线齿轮设计理论研究[D]. 广州: 华南理工大学, 2017.

[19] Liu H R. A new kind of spherical gear and its application in a robot's wrist joint[J]. Robotics and Computer Integrated Manufacturing, 2009, 25(4-5): 732-735.

[20] Avens R S, Rawle S L. Razor with floatably secured shaving blade member: US, 20080260429[P]. 2010-04-29.

[21] Stierle P, Wiker J, Sulea M M, et al. Portable power tool with protective cover: US, 20040522975[P]. 2006-06-20.

[22] Chen Y Z, He C, Lyu Y L. Basic theory and design method of variable shaft angle line gear mechanism[J]. Strojniški Vestinik—Journal of Mechanical Engineering, 2021, 67(7-8): 352-362.

[23] Zhang G Q, Du J J, To S. Study of the workspace of a class of universal joints[J]. Mechanism and Machine Theory, 2014, 73: 244-258.

[24] Litvin F L, Seireg A. Theory of gearing[J]. Journal of Mechanical Design, 1992, 114(1): 212.

[25] Tsay C B, Fong Z H. Tooth contact analysis for helical gears with pinion circular arc teeth and gear involute shaped teeth[J]. Journal of Mechanisms, Transmissions, and Automation in Design, 1989, 111(2): 278-284.

[26] Anderson N E, Loewenthal S H. Efficiency of nonstandard and high contact ratio involute spur gears[J]. Journal of Mechanisms, Transmissions, and Automation in Design, 1986, 108(1): 119-126.

[27] Xie X S, Yang H C. Kinematic errors on helical gear of triple circular-arc teeth[J]. Journal of Mechanical Science and Technology, 2014, 28(8): 3137-3146.

[28] Li X, Chen B K, Wang Y W, et al. Mesh stiffness calculation of cycloid-pin gear pair with tooth profile modification and eccentricity error[J]. Journal of Central South University, 2018, 25(7): 1717-1731.

[29] Chen Y Z, Yao L. Design formulae for a concave convex arc line gear mechanism[J]. Mechanical Sciences, 2016, 7(2): 209-218.

[30] 林一帆. 塑料线齿轮的啮合效率和磨损研究[D]. 广州: 华南理工大学, 2021.

[31] Dong H, Liu Z Y, Duan L L, et al. Research on the sliding friction associated spur-face gear meshing efficiency based on the loaded tooth contact analysis[J]. PLoS One, 2018, 13(6): e0198677.

[32] Li W, Fan X Q, Li H, et al. Probing carbon-based composite coatings toward high vacuum lubrication application[J]. Tribology International, 2018, 128: 386-396.

[33] Chen Y Z, Luo L, Hu Q. The contact ratio of a space-curve meshing-wheel transmission mechanism[J]. Journal of Mechanical Design, 2009, 131(7): 1.

[34] Chen Z, Ding H F, Li B, et al. Geometry and parameter design of novel circular arc helical gears for parallel-axis transmission[J]. Advances in Mechanical Engineering, 2017, 9(2): 1-11.

[35] 吴序堂. 齿轮啮合原理[M]. 2 版. 西安: 西安交通大学出版社, 2009.

[36] Litvin F L, Fuentes A. Gear Geometry and Applied Theory[M]. 2nd ed. New York: Cambridge University Press, 2004.

[37] Chen Z, Ding H F, Zeng M. Nonrelative sliding gear mechanism based on function-oriented design of meshing line fanctions for parallel axes transmission[J]. Advances in Mechanical Engineering, 2018, 10(9): 1-13.

[38] Chen Z, Zeng M. Nonrelative sliding of spiral bevel gear mechanism based on active design of meshing line[J]. Proceedings of the Institution of Mechanical Engineers, Part C–Journal of Mechanical Engineering Science, 2019, 233(3): 1055-1067.

[39] Chen Z, Zeng M. Design of pure rolling line gear mechanisms for arbitrary intersecting shafts[J]. Proceedings of the Institution of Mechanical Engineers, Part C–Journal of Mechanical Engineering Science, 2019, 233(15): 5515-5531.

[40] 陈祯, 李波, 曾鸣, 等. 平行轴外啮合传动的平-凸啮合纯滚动齿轮机构: 中国, CN108533680B[P]. 2019-12-17.

[41] 陈祯, 李波, 曾鸣, 等. 平行轴外啮合传动的凸-平啮合纯滚动齿轮机构: 中国, CN108533679B[P]. 2023-07-25.

[42] 陈祯, 李波, 曾鸣, 等. 平行轴内啮合传动的平-凸啮合纯滚动齿轮机构: 中国, CN108533681B[P]. 2019-12-17.

[43] 陈祯, 李波, 曾鸣, 等. 平行轴内啮合传动的凸-平啮合纯滚动齿轮机构: 中国, CN108533682B[P]. 2019-09-17.

[44] 陈祯, 丁华锋, 曾鸣, 等. 用于交叉轴传动的凸-凹啮合纯滚动螺旋锥齿轮机构: 中国, CN108533685B[P]. 2020-01-17.

[45] 陈祯, 文国军, 曾鸣, 等. 用于交叉轴传动的凹-凸啮合纯滚动锥齿轮机构: 中国, CN108533686B[P]. 2020-01-17.

[46] 陈祯, 丁华锋, 曾鸣, 等. 用于交叉轴传动的凸-凸啮合纯滚动螺旋锥齿轮机构: 中国, CN108533683B[P]. 2020-01-17.

[47] 陈祯, 文国军, 曾鸣, 等. 用于交叉轴传动的平-凸啮合纯滚动锥齿轮机构: 中国, CN108691954B[P]. 2019-12-17.

[48] 陈祯, 丁华锋, 曾鸣, 等. 用于交叉轴传动的凸-平啮合纯滚动螺旋锥齿轮机构: 中国, CN108533684B[P]. 2019-12-17.

[49] Fuentes-Aznar A, Iglesias-Victoria P, Eisele S, et al. Fillet geometry modeling for nongenerated gear tooth surfaces[C]. Proceedings of the International Conference on Power Transmissions, Chongqing, 2016: 431-436.

[50] Chen Z, Zeng M, Fuentes-Aznar A. Geometric design, meshing simulation, and stress analysis of pure rolling cylindrical helical gear drives[J]. Proceedings of the Institution of Mechanical

Engineers, Part C–Journal of Mechanical Engineering Science, 2020, 234(15): 3102-3115.

[51] Sheveleva G I, Volkov A E, Medvedev V I. Algorithms for analysis of meshing and contact of spiral bevel gears[J]. Mechanism and Machine Theory, 2007, 42(2): 198-215.

[52] Chen Z, Zeng M, Fuentes-Aznar A. Computerized design, simulation of meshing and stress analysis of pure rolling cylindrical helical gear drives with variable helix angle[J]. Mechanism and Machine Theory, 2020, 153: 103962.

[53] Chen Z, Lei B, Zeng M, et al. Computerized design, simulation of meshing and stress analysis of pure rolling internal helical gear drives with combined tooth profiles[J]. Mechanism and Machine Theory, 2022, 176: 104959.

[54] Chen Z, Zeng M, Fuentes-Aznar A. Geometric design, meshing simulation, and stress analysis of pure rolling rack and pinion mechanisms[J]. Journal of Mechanical Design, 2020, 142(3): 031122.

[55] 波波夫. 接触力学与摩擦学的原理及其应用[M]. 李强, 雒健斌, 译. 北京: 清华大学出版社, 2011.

[56] 温诗铸, 杨沛然. 弹性流体动力润滑[M]. 北京: 清华大学出版社, 1992.

[57] 朱安仕. 线齿轮副弹流脂润滑研究[D]. 广州: 华南理工大学, 2018.

[58] Winter H , Plewe J. Calculation of slow speed wear of lubricated gears[J]. Gear Technology, 1985, 2(6): 8-16.

[59] Lin Y F, Chen Y Z. Effects of misalignment on the sliding rates of parallel line gear pair[J]. IOP Conference Series: Materical Science and Engineering, 2021, 1102(1): 012014.

[60] 陈汉飞. 交叉轴线齿轮副弹流油润滑设计理论研究[D]. 广州: 华南理工大学, 2017.

[61] Chen Y Z, Chen H F, Lyu Y L, et al. Study on geometric contact model of elastohydrodynamic lubrication of arbitrary intersecting line gear[J]. Lubrication Science, 2018, 30(7): 387-400.

[62] 黄平. 摩擦学教程[M]. 北京: 高等教育出版社, 2008.

[63] 刘维民, 夏延秋, 付兴国. 齿轮传动润滑材料[M]. 北京: 化学工业出版社, 2005.

[64] Chen Y Z, Lin Y F. A calculation method for friction coefficient and meshing efficiency of plastic line gear pair under dry friction conditions[J]. Friction, 2021, 9(6): 1420-1435.

[65] 万玉林. 多弧离子镀制备 TiAlN 和 DLC 涂层的工艺方法及其对线齿轮副摩擦学性能的影响[D]. 广州: 华南理工大学, 2019.

[66] Chen Y Z, Yao L. Study on a method of CNC form milling for the concave convex arc line gear[J]. The International Journal of Advanced Manufacturing Technology, 2018, 99(9): 2327-2339.

[67] Chen Y Z, Hu Y S, Lyu Y L, et al. Development of a form milling method for line gear: Principle, CNC machine, cutter, and testing[J]. The International Journal of Advanced Manufacturing Technology, 2020, 107(3): 1399-1409.

[68] 张道平. 平面曲线线齿轮的设计理论与制造工艺研究[D]. 广州: 华南理工大学, 2021.

[69] Xiao X P, Chen Y Z, Ye C K, et al. Study on face-milling roughing method for line gears—Design, manufacture, and measurement[J]. Mechanism and Machine Theory, 2022, 170: 104684.

[70] 胡延松. 少齿差行星线齿轮减速器与线齿轮数控铣削方法研究及机床开发[D]. 广州: 华南理工大学, 2019.

[71] 姚莉. 凹凸弧线齿轮的设计理论与数控加工方法[D]. 广州: 华南理工大学, 2018.

[72] 汪诤. 渐开线齿轮轮齿滑动率分析[J]. 兰州交通大学学报, 2014, 33(4): 160-163.

[73] 田培棠. 齿轮刀具设计与选用手册[M]. 北京: 国防工业出版社, 2011.

[74] 李先广. 当今制齿技术及制齿机床[J]. 现代制造工程, 2002, (11): 66-68.

[75] 李特文. 齿轮啮合原理[M]. 2 版. 卢贤占, 译. 上海: 上海科学技术出版社, 1984.

[76] 何高伟. 硬齿面线齿轮成形磨削加工方法与装备的研究[D]. 广州: 华南理工大学, 2020.

[77] 何高伟, 陈扬枝. 砂轮位置偏差对圆柱线齿轮齿形影响的分析[J]. 现代制造工程, 2020, (10): 18-25.

[78] 陈扬枝, 杨辅标, 吴迪. 一种线齿轮自动搓齿机: 中国, CN115090803B[P]. 2023-05-23.

[79] 屈重年, 伍良生, 肖毅川, 等. 机床导轨技术研究综述[J]. 制造技术与机床, 2012, (1): 30-36.

[80] 朱文坚, 黄平, 刘小康. 机械设计[M]. 2 版. 北京: 高等教育出版社, 2008.

[81] 杜艳迎, 刘凯, 陈云. 金属塑性成形原理[M]. 武汉: 武汉理工大学出版社, 2020.

[82] 孙磊厚, 陈扬枝, 傅小燕, 等. 空间曲线啮合轮的光固化快速成型制造工艺研究[J]. 现代制造工程, 2011, (8): 6-11.

[83] Chen Y Z, Sun L H, Wang D, et al. Investigation into the process of selective laser melting rapid prototyping manufacturing for space-curve-meshing-wheel[J]. Advanced Materials Research, 2010, 135: 122-127.

[84] 李笃信, 黄伯云. 金属注射成形技术的研究现状[J]. 材料科学与工程, 2002, 20(1): 136-139.

[85] 曲选辉. 粉末注射成形的研究进展[J]. 中国材料进展, 2010, 29(5): 42-47.

[86] 林驰皓. 热管理铜基材料的金属注射成形技术研究[D]. 贵阳: 贵州大学, 2023.

[87] 谢雄敦. 线齿轮激光烧蚀微加工方法与技术[D]. 广州: 华南理工大学, 2021.

[88] 贺毅强, 胡建斌, 张奕, 等. 粉末注射成形的成形原理与发展趋势[J]. 材料科学与工程学报, 2015, 33(1): 139-144.

[89] 孙磊厚. 空间曲线啮合轮传动机构的制造工艺研究[D]. 广州: 华南理工大学, 2011.

[90] 西田正孝. 应力集中[M]. 李安定, 译. 北京: 机械工业出版社, 1986.

[91] 郝杰芬. 不锈钢电解抛光[J]. 表面技术, 2000, 29(3): 36-37.

[92] 韦瑶, 杜高昌, 蓝伟强. 电化学抛光工艺的研究及应用[J]. 表面技术, 2001, 30(1): 19-20,

24.

[93] Chen S C, Tu G C, Huang C A. The electrochemical polishing behavior of porous austenitic stainless steel（AISI 316L）in phosphoric-sulfuric mixed acids[J]. Surface and Coatings Technology, 2005, 200(7): 2065-2071.

[94] Datta M, Landolt D. Electrochemical machining under pulsed current conditions[J]. Electrochimica Acta, 1981, 26(7): 899-907.

[95] Chen Y Z, He E Y, Chen Z. Investigations on precision finishing of space curve meshing wheel by electrochemical brushing process[J]. The International Journal of Advanced Manufacturing Technology, 2013, 67(9): 2387-2394.

[96] Hryniewicz T. Concept of microsmoothing in the electropolishing process[J]. Surface and Coatings Technology, 1994, 64(2): 75-80.

[97] Lee S J, Lee Y M, Chung M Y. Metal removal rate of the electrochemical mechanical polishing technology for stainless steel-the electrochemical characteristics[J]. Proceedings of the Institution of Mechanical Engineers, Part B–Journal of Engineering Manufacture, 2006, 220(4): 525-530.

[98] Takahata K, Aoki S, Sato T. Fine surface finishing method for 3-dimensional micro structures[J]. IEICE Transactions on Electronics, 1997, 80(2): 291-296.

[99] Pa P S. Synchronous finishing processes using a combination of grinding and electrochemical smoothing on end-turning surfaces[J]. The International Journal of Advanced Manufacturing Technology, 2009, 40(3): 277-285.

[100] Kals R T A. Fundamentals on the Miniaturization of Sheet Metal Working Processes[M]. Erlangen: Meisenbach, 1998.

[101] 王长丽. 锌合金和铝合金超塑微挤压研究[D]. 哈尔滨: 哈尔滨工业大学, 2001.

[102] Chen Y Z, Chen Z, Ding J. Space curve mesh driving pair and polyhedral space curve mesh transmission: US 20130145876[P]. 2013-06-13.

[103] Song H Y, Wu M C, Liu W D, et al. Thermal modeling and validation via time-resolved temperature measurements for nanosecond laser irradiation of a powder bed of micro metal particles[J]. Optics & Laser Technology, 2022, 152: 107981.

[104] Mirkoohi E, Seivers D E, Garmestani H, et al. Heat source modeling in selective laser melting[J]. Materials, 2019, 12(13): 2052.

[105] Ning J Q, Mirkoohi E, Dong Y Z, et al. Analytical modeling of 3D temperature distribution in selective laser melting of Ti-6Al-4V considering part boundary conditions[J]. Journal of Manufacturing Processes, 2019, 44: 319-326.

[106] Mirkoohi, Sievers D E, Garmestani H, et al. Three-dimensional semi-elliptical modeling of melt pool geometry considering hatch spacing and time spacing in metal additive

manufacturing[J]. Journal of Manufacturing Processes, 2019, 45: 532-543.

[107] Ning J Q, Sievers D E, Garmestani H, et al. Analytical modeling of in-process temperature in powder bed additive manufacturing considering laser power absorption, latent heat, scanning strategy, and powder packing[J]. Materials, 2019, 12(5): 808.

[108] Loh L E, Song J, Guo F L, et al. Analytical solution of temperature distribution in a nonuniform medium due to a moving laser beam and a double beam scanning strategy in the selective laser melting process[J]. Journal of Heat Transfer, 2018, 140(8): 082302.

[109] 陈祯. 同平面轴等直径钩杆空间螺旋线齿轮设计理论研究[D]. 广州: 华南理工大学, 2013.

[110] 陈扬枝, 朱安仕, 姚莉, 等. 一种线齿轮传动试验台: 中国, CN205898448U[P]. 2017-01-18.

[111] 陈英俊. 弹性流体动力脂润滑机理与实验研究[D]. 广州: 华南理工大学, 2014.

[112] 李南, 吴艳花. 齿轮的数控加工原理及误差分析[J]. 机床与液压, 2005, 33(6): 64-65.

[113] 刘雾. 圆柱线齿轮加工精度检测方法与技术研究[D]. 广州: 华南理工大学, 2023.

[114] He C, Chen Y Z, Lin W J, et al. Research on the centre distance separability of parallel shaft line gear pair[J]. Proceedings of the Institution of Mechanical Engineers, Part C–Journal of Mechanical Engineering Science, 2022, 236(6): 3261-3274.

[115] 曾正明. 机械工程材料手册:非金属材料[M]. 7 版. 北京: 机械工业出版社, 2009.

[116] 闵兵, 王梦川, 傅小荣, 等. 海上风电是风电产业未来的发展方向: 全球及中国海上风电发展现状与趋势[J]. 国际石油经济, 2016, 24(4): 29-36.

[117] 生伟凯, 刘卫, 杨怀宇. 国内外风电齿轮箱设计技术及主流技术路线综述与展望[J]. 风能, 2012, (4): 40-44.

[118] 梁锡昌, 吕宏展. 减速器的分类创新研究[J]. 机械工程学报, 2011, 47(7): 1-7.

[119] 钟梁亮. 渐开线少齿差行星齿轮传动啮合特性研究[D]. 湘潭: 湘潭大学, 2013.

[120] 何存兴. 液压元件[M]. 北京: 机械工业出版社, 1982.

[121] Lppoliti L, Hendrick P. Influence of the supply circuit on oil pump performance in an aircraft engine lubrication system[C]. Turbine Technical Conference and Exposition, New York, 2013: 9-10.

[122] Qi F, Dhar S, Nichani V H, et al. A CFD study of an electronic hydraulic power steering helical external gear pump: Model development, validation and application[J]. SAE International Journal of Passenger Cars–Mechanical Systems, 2016, 9(1): 346-352.

[123] 周洋. 高性能圆弧齿轮泵关键技术研究[D]. 哈尔滨: 哈尔滨工业大学, 2016.

[124] Rundo M. Models for flow rate simulation in gear pumps: A review[J]. Energies, 2017, 10(9): 1261.

[125] 李玉龙, 唐茂. 困油压力对齿轮泵流量脉动的影响分析[J]. 农业工程学报, 2013, 29(20):

60-66.

[126] 陈扬枝, 鄞伟杰, 肖小平. 一种双圆弧线齿轮泵: 中国, CN114151330A[P]. 2022-03-08.

[127] Chen Y Z, Li Z, Xie X D, et al. Design methodology for coplanar axes line gear with controllable sliding rate[J]. Strojniški Vestnik—Journal of Mechanical Engineering, 2018, 64(6): 362-372.

[128] 柴彬堂, 刘军. 齿轮泵的噪声与控制[J]. 通用机械, 2009,(4): 80-83.

[129] 张开峰, 张长兴. 齿轮泵新齿形的探讨[J]. 机床与液压, 1979,(2): 20-34.

[130] Li G Q, Zhang L F, Han W F. Profile design and displacement analysis of the low pulsating gear pump[J]. Advances in Mechanical Engineering, 2018, 10(3): 1-11.

[131] 许文纲, 王志颖, 孙闯, 等. 转频调制下齿轮泵压力脉动机理[J]. 航空学报, 2022, 43(9): 213-226.

[132] 吴伟云. 圆弧齿形低噪音齿轮液压泵研制[D]. 济南: 山东大学, 2019.

[133] Uemura M, Mitabe Y, Kawamura S. Simultaneous gravity and gripping force compensation mechanism for lightweight hand-arm robot with low-reduction reducer[J]. Robotica, 2019, 37(6): 1090-1103.

[134] 肖望强. 矿用减速器双压力角弧齿锥齿轮轻量化设计与制造[J]. 煤炭学报, 2014, 39(11): 2348-2354.

[135] Hailu H N, Redda D T. Design and development of power transmission system for green and light weight vehicles: A review[J]. The Open Mechanical Engineering Journal, 2018, 12(1): 81-94.

[136] 刘萍. 空天用泵轻量化的齿廓逆向设计方法及高形技术[J]. 流体机械, 2020, 48(7): 33-37.

[137] 董惠敏, 侯秋凉, 王德伦. 面向风电齿轮箱轻量化的双壁整体式行星架的结构优化设计[J]. 机械传动, 2013, 37(11): 4-8, 66.

[138] 从建力, 王源, 杨翠平, 等. 智能手机检测车辆振动加速度数据预处理方法[J]. 数据采集与处理, 2019, 34(2): 349-357.

[139] 林锋. 风电齿轮箱齿轮的疲劳寿命及点蚀下可靠度的计算[D]. 杭州: 浙江理工大学, 2017.

[140] 李政. 基于线齿轮减速器的轮足复合移动机器人研究[D]. 广州: 华南理工大学, 2018.

后　记

首先感谢线齿轮课题组全体老师和研究生！2003 年，我产生了线齿轮设计的基本思想及结构雏形，2005 年申请了第一件有关线齿轮的国内发明专利。20 多年来，我与团队几十位研究生共同奋斗，从无到有，从零到一，再从一到十，独创了线齿轮空间曲线啮合理论、线齿轮设计理论、制造技术基础和应用基础。感谢研究生把无悔的青春献给了线齿轮的创新、创造和创业中！按获得博士学位的时间顺序，以线齿轮为博士学位论文研究内容的有陈祯博士、何恩义博士、丁江博士、吕月玲博士、姚莉博士、谢雄敦博士、林一帆博士、何超博士和肖小平博士，还有在读博士研究生邵琰杰、郑茂溪、何伟涛、李政。以线齿轮为硕士学位论文研究内容的有刑广权、彭雪飞、向小勇、罗亮、胡强、梁顺可、孙磊厚、傅小燕、杨晶晶、崔秀燕、黄淮、陈汉飞、朱安仕、李政、胡延松、万玉林、何高伟、张道平、肖海飞、刘雾、叶长坤、曾昭呼、杨辅标、鄞伟杰、胡晓晓，还有在读硕士研究生李湘彬、杨依敏、张钦淞等。

感谢各位同事给予我的支持与帮助！感谢国家教学名师、摩擦学名家黄平教授。自 1997 年以来，我与黄平教授同事，2008 年开始共用一个办公室直到他 2022 年荣休。黄平教授于我亦师亦友，他纯粹科研的理念与坚持，给我很大的影响，他作为国家级教学团队负责人为全系带来了自由、平等、合作的教学科研工作氛围，使得我能够在担任华南理工大学机械与汽车工程学院机械学系主任期间还能静心专注于线齿轮研究和信息机械学术团队负责人工作。这里也要感谢华南理工大学机械与汽车工程学院机械学系全体老师对我工作的全面支持，让我没有太多分心于繁杂事务。感谢国家杰青、机构学名家张宪民院长对线齿轮研究工作的肯定和支持，他为学院创造了良好的科研工作氛围。

特别感谢各位学界前辈名师给予我的鼓励、肯定和帮助！教育部长江学者、并联机构著名专家、天津大学机械工程学院原院长黄田教授在华威大学任兼职教授，我做访问学者期间与黄田教授交流，受益匪浅。2007 年我应邀参加大连理工大学王德伦教授组织的暑期国际机构学研讨会，得到了国内外知名机构学家的肯定和鼓励，特别是清华大学杨廷力教授和英国皇家工程院院士、伦敦国王学院戴建生教授等，给予我鼓励和启发。感谢齿轮学界专家对线齿轮研究的长期支持和肯定，特别是教育部长江学者、北京工业大学石照耀教授，河南科技大学邓效忠教授，郑州机械研究所有限公司原总工王长路研究员，郑州大学吴晓玲教授，北京航空航天大学王延忠教授，重庆大学高端装备机械传动全国重点实验室朱才朝教授和宋朝省教授等。特别感谢中国机械工程学会机械设计分会原理事长、浙江大学原副校长冯培恩教授和谭建荣院士给予我报告交流机会和肯定。特别感谢中国工程院院士、重庆大学校长王树新教授和加拿大工程院院士、香港中文大学杜如虚教授为首部《线齿轮》专著出版撰写了专家推荐书，对线齿轮理论的学术价值给予了充分肯定。

特别感恩我的硕博研究生导师浙江大学机械系原系主任全永昕教授！在 1995 年博士毕业后的前几年，我的科研和生活遇到困境，先生一直给予我鞭策和鼓励。先生赠予我亲手写的自传文稿，先生排除万难重建“文化大革命”后浙江大学机械系的经历给我极大的震撼，也给了我前行的动力。2005 年后，我专注于线齿轮理论研究，每次去杭州出差都与先生当面请教和讨论。2013 年我应科学出版社约稿准备出书时，恩师建议我把原来自定义的拗口的新机构术语“微小弹性啮合轮或空间曲线啮合轮”定名为简洁明了的术语“线齿轮(line gear)”。2014 年《线齿轮》由科学出版社首次出版发行，我专程送书给先生惠存。一周后，我在广州华南理工大学收到了先生亲手为我刻的私章，我此后赠书就用这枚私章。先生千古，先生求是创新的精神、待生如子的情怀永远流传后人！

特别感谢国家留学基金管理委员会资助及合作导师 Derek. G. Chetwynd 和 X. Liu(刘贤萍博士)！2003 年 9 月至 2004 年 9 月，我在英国华威大学做访问学者期间，利用纳米技术与微工程中心的欧洲重点实验室条件，深入研究了本人提出的“弹性啮合与摩擦耦合轮传动的几何与力学模型及实验”，2003 年 12 月第一篇合作论文获得国际会议最佳论文奖，第二篇合作论文在国际机构学与机器科学联合会(IFToMM)会刊 *Mechanism and Machine Theory* 发表，这是我的第一篇机构学领域的 SCI 期刊论文，我也完成了从摩擦学到机构学研究的过渡。毕业于牛津大学的 Chetwynd 教授，作为 *Journal of Precision Engineering* 主编，具有敏锐的学术判断力，他对我研究课题的原创性思想给予了充分肯定，在完成两篇合作论文过程中对英文论文的力学模型修正和写作提供了很大帮助，他让我增强了做机构学原创基础性理论研究的学术自信心。刘贤萍博士自主研发的多功能表面摩擦力原子力显微镜曾获得英国皇家学会发明奖，她自主研发的超高精度动态摩擦力测试试验台为我的课题研究提供了必要条件。

特别感谢国家自然科学基金委员会(NSFC)等研究资助政府机构对线齿轮基础研究给予的持续资助！1995 年博士毕业后的前十年时间，我做过一些基础性研究探索，例如，和黄平教授合作原创发明了“弹性啮合与摩擦耦合带传动机构”。但是，由于未能获得任何研究资助，也没有实验研究条件，基础研究难以为继。2004 年留学回国后，2005 年我获得教育部留学回国人员科研启动基金项目(2.5 万元)，这是我的第一个政府资助项目。此后，我连续获得 1 项广东省自然科学基金项目(2006)“一种微机器人轮式驱动器的设计理论和动力学性能”和 1 项 NSFC-

广东省自然科学联合基金重点项目(2006)“类球形有机大分子抛光液设计及其原子级抛光机理”(U0635002)子项目，3 项国家自然科学基金面上项目“基于空间曲线啮合方程的微小机械传动机构设计理论”(50775074)、“新啮合原理斜交齿轮的设计理论与制造技术基础”(51175180)、“线齿轮副的润滑理论与技术基础”(51575191)，1 项中央高校基本科研业务费重点培育项目(2018)“线齿轮微纳传动理论、技术与应用基础研究”和 1 项广州市科学研究计划项目(2019)“微线齿轮激光精密加工理论与技术”。另外，国内其他后来研究者也获得过各类基金项目资助，共同推动线齿轮研究的进展。例如，陈祯博士在中国地质大学(武汉)工作期间获得 1 项国家自然科学基金面上项目“齿廓关键控制点驱动的纯滚动圆柱齿轮设计方法研究”(52275073)、1 项湖北省自然科学基金面上项目、1 项重庆市自然科学基金面上项目；肖小平博士获得 1 项国家自然科学基金青年科学基金项目“新型微小齿轮的啮合行为直接调控及其激光微铣削方法研究”(52405056)等。感谢以上项目支持，课题组才得以持续 20 多年研究线齿轮基础理论。

特别感谢对线齿轮产业化工作持续给予资助的公司和政府机构！2013～2016 年，我承担了华为技术有限公司委托开发项目“IPC 精密传动系统设计方法研究”和“传动部件长期可靠性验证方法研究”；2017～2018 年，我获得了广东省佛山市南海区政府产业化基金项目“第一代线齿轮加工专用数控铣床开发与应用”和广州市黄浦区开发区 2018 年第三批创业英才项目“线齿轮减速器”等的支持，2017 年以来持续开展了线齿轮产业化工作。

特别感谢本著作的合著者！

最后，感谢线齿轮研究和开发应用的后继者！线齿轮研究至今已 20 余年，但是，仍然有较大的研究空间，特别是产业化工作刚刚起步，线齿轮工业应用的标准化工作还没有做，道阻且长。正如传统工业齿轮，经历了近 500 年的研究和应用，伴随着人类社会整个工业化和现代化的进程，现今对它的研究工作仍然在不断进展和完善中。

本专著献给以上我要感谢的人们和资助机构！我坚信中国人发明的线齿轮，在不久的将来一定会得到广泛应用，造福于人类社会。

陈扬枝

2024 年 5 月